Ihre Arbeitshilfen zum Download:

Die folgenden Arbeitshilfen stehen für Sie zum Download bereit:

- Gesetzestexte
- Urteile und Entscheidungen
- Verwaltungsanweisungen
- Anhang-Checklisten

Den Link sowie Ihren Zugangscode finden Sie am Buchende.

Jahresabschluss

Prof. Dr. Joachim S. Tanski

Jahresabschluss

Bilanzen nach Handels- und Steuerrecht

6. Auflage

Haufe Group
Freiburg · München · Stuttgart

Bibliografische Information der Deutschen Nationalbibliothek

Die Deutsche Nationalbibliothek verzeichnet diese Publikation in der Deutschen Nationalbibliografie; detaillierte bibliografische Daten sind im Internet über http://dnb.dnb.de abrufbar.

Print: ISBN 978-3-648-14733-7   Bestell-Nr.:   01116-0006
ePDF: ISBN 978-3-648-14734-4   Bestell-Nr.:   01116-0154

Prof. Dr. Joachim S. Tanski
Jahresabschluss
6. Auflage, Januar 2021

© 2021 Haufe-Lexware GmbH & Co. KG, Freiburg
www.haufe.de
info@haufe.de

Bildnachweis (Cover): © Artishok, Shutterstock

Produktmanagement: Dipl.-Kfm. Kathrin Menzel-Salpietro
Lektorat: Hans-Jörg Knabel

Inhaltsübersicht

> **Hinweis:**   **!**
>
> Einen detaillierteren Einblick in die Struktur dieses Buchs gibt Ihnen das nun folgende Inhaltsverzeichnis.

Inhaltsverzeichnis

Vorwort zur 6. Auflage

Nur zwei Jahre nach Erscheinen der 5. Auflage wurde diese 6. Auflage erforderlich. Das hat zwei wesentliche Gründe. Zum einen erfreut sich dieses Buch einer ungebrochen hohen Nachfrage bei seinen Lesern, was die verlagsseitigen Bestände schnell dahinschmelzen ließ. Zum anderen dreht sich das Rad der Änderungen weiter mit hoher Geschwindigkeit – für die Steuerbilanz wie üblich noch schneller als für die Handelsbilanz. Zahlreiche Aktualisierungen am Inhalt sind notwendig geworden, weil Änderungen in der Rechtslage und der Verwaltungsmeinung sowie eine Vielzahl neuer Rechtsprechungen von BFH, FG und EuGH kritisch einzuarbeiten waren, um den Leser umfassend und zeitgerecht zu informieren.

Bei dieser Gelegenheit wurden einige Kapitel vollständig überarbeitet, um die Informationen weiter zu strukturieren und mit neuen Beispielen, Grafiken und Praxisfällen anzureichern. Dazu gehören u. a. die Kapitel zu den Herstellungskosten, den steuerlichen Teilwert und den Rückstellungen. Erstmalige Aufnahme fanden u. a. die Schlagworte »Forschungszulage«, »Unternehmergesellschaft« und »virtuelle Güter« (z. B. Bitcoin).

Wenn Sie konkrete Fragen zum Inhalt dieses Buchs, Hinweise oder Anregungen haben, dann freue ich mich auf Ihre Nachricht an Jahresabschluss@online.de.

Ich wünsche allen Lesern weiterhin viel Erfolg und gutes Gelingen beim Erstellen von Jahresabschlüssen oder bei Examensvorbereitungen.

Berlin, 22. November 2020   *Joachim S. Tanski*

Vorwort zur 1. Auflage

Das Bilanzrechtsmodernisierungsgesetz hat dem deutschen Bilanzrecht die erste große Veränderung seit 25 Jahren gebracht, die zu teilweise erheblich neuen Denkweisen vor allem für die Handelsbilanz, aber auch für die Steuerbilanz führt. Beispielsweise seien hier nur die – partiell missglückte, partiell überflüssige – Annäherung an internationale Bilanzierungsgepflogenheiten oder die weitere Lockerung des Maßgeblichkeitsprinzips genannt. Dies macht es erforderlich, sich in allen Bereichen des Jahresabschlusses neu zu orientieren. Für den ersten nach neuem Recht aufzustellenden Jahresabschluss wird deshalb dieses Buch vorgelegt als eine verlässliche, praxisnahe und präzise Wegleitung durch den gewandelten handels- und steuerrechtlichen Jahresabschluss.

Inhaltlich deckt dieses Buch den gesamten Bereich der Erstellung von Jahresabschlüssen ab. Der Schwerpunkt liegt auf den handels- und steuerrechtlichen Wertansätzen sowie der Darstellung in den einzelnen Posten von Bilanz und Gewinn- und Verlustrechnung. Randthemen wie z. B. die Veröffentlichung (Publizität) oder die Prüfung des Jahresabschlusses werden in gebotener Kürze ebenso behandelt wie die Rechtsfolgen bei Bilanzverstößen, die in letzter Zeit größere Bedeutung erlangten.

Großer Wert wurde bei der Konzeption dieses Buchs auf eine leichte Verständlichkeit einerseits und große Praxisnähe andererseits gelegt. Wo irgendwie vermeidbar, wurde deshalb auf lange Theoriedarstellungen verzichtet, um ausreichend Platz für eine systematische Darstellung der Materie zu haben. Unterstützung findet der Leser dabei durch zahlreiche Praxisfälle, die Einarbeitung bedeutsamer Rechtsprechung, sowie die Illustration durch Beispiele, Übersichten und Grafiken. In die Gestaltung dieses Buchs flossen dabei auch die jahrzehntelange Erfahrung des Autors aus der Aufstellung und Prüfung von Jahresabschlüssen unterschiedlicher Branchen sowie aus der Durchführung von Lehrgängen für angehende und fertige Wirtschaftsprüfer, Bilanzbuchhalter und Innenrevisoren, aber auch von Vorlesungen und Seminaren für Studenten ein.

Zielgruppe für dieses Buch sind daher zunächst alle Praktiker, die in der (Mit-)Verantwortung für die Aufstellung von Jahresabschlüssen stehen, wie beispielsweise Leiter Rechnungswesen oder Finanzen, Gruppenleiter Buchhaltung, Steuerberater, Geschäftsführer. Aber auch alle in der Ausbildung befindlichen Wirtschaftsprüfer und Bilanzbuchhalter sowie Studenten an Universitäten und Fachhochschulen in praxisnahen Vorlesungen bzw. Seminaren sind angesprochen.

Ich freue mich über Ihre Wünsche, Anregungen oder konstruktiven Hinweise zu diesem Buch, die Sie mir gerne unter tanski@th-brandenburg.de mitteilen können.

Berlin, 2. November 2010   *Joachim S. Tanski*

1 Grundregeln der Bilanzierung und Buchführung

1.1 Bilanzierungs- und Buchführungspflicht

Buchführung und **Bilanzierung** sind nicht notwendigerweise eine Einheit. Es muss unterschieden werden zwischen der Verpflichtung, bestimmte Geschäftsvorfälle aufzuzeichnen (Aufzeichnungs- oder Buchführungspflicht) und der Verpflichtung zum Abschluss dieser Aufzeichnungen (Abschluss- oder Bilanzierungspflicht). So ist zwar die Buchführung Voraussetzung für einen Abschluss, jedoch gilt dies nicht umgekehrt. Auch ist es denkbar, dass eine Buchführung ordnungsgemäß ist, nicht jedoch der nachfolgende Abschluss.

Jeden Kaufmann trifft eine Reihe von **Buchführungspflichten**, die sich nicht nur aus dem HGB ergeben. Zwar wird Buchführung meistens als Synonym für die kaufmännische Buchführung des HGB angesehen, jedoch gibt es noch eine Reihe weiterer Buchführungspflichten, so z. B.

- bei Betrieben, die eine Besamungsstation betreiben, Aufzeichnungen u. a. über die Gewinnung, Abgabe und Verwendung des Samens nach § 18 Abs. 8 des Tierzuchtgesetzes (TierZG),
- weitreichende Aufzeichnungen über den Kauf und Verkauf von Medikamenten in Apotheken (§ 22 Apothekenbetriebsverordnung) oder
- haben Hebammen und Entbindungspfleger über die in Ausübung des Berufs getroffenen Feststellungen und Maßnahmen sowie über verabreichte und angewendete Arzneimittel die erforderlichen Aufzeichnungen (nach landesrechtlichen Vorschriften, so z. B. § 5 HebBOBbg) zu führen und mindestens zehn Jahre aufzubewahren (sog. Hebammenbuch).

1.1.1 Handelsrechtliche Regelungen

Die gesamten handelsrechtlichen Buchführungs- und Bilanzierungsregeln finden sich im Dritten Buch (§§ 238–339 HGB mit dem Titel »Handelsbücher«) des **Handelsgesetzbuchs**. Dieses Dritte Buch enthält die folgenden sechs Abschnitte:

- 1. Abschnitt (§§ 238 ff. HGB)
  Dieser Abschnitt enthält Vorschriften für Einzelkaufleute und Personengesellschaften, soweit diese nicht unter das Publizitätsgesetz fallen, und allgemeine Vorschriften für alle anderen Kaufleute.

- 2. Abschnitt (§§ 264 ff. HGB)
  Dieser Abschnitt enthält Spezialregelungen für Kapitalgesellschaften (AG, KGaA, GmbH).
  — für den Jahresabschluss (1. Unterabschnitt, §§ 264 ff. HGB),
  — den Konzernabschluss (2. Unterabschnitt, §§ 290 ff. HGB),
  — die Abschlussprüfung (3. Unterabschnitt, §§ 316 ff. HGB),
  — die Offenlegung (4. Unterabschnitt, §§ 325 ff. HGB),
  — die Verordnungsermächtigung für Formblätter und andere Vorschriften (5. Unterabschnitt, §§ 330 HGB) und
  — die Straf- und Bußgeldvorschriften (6. Unterabschnitt, §§ 331 ff. HGB).
  Diese Spezialregelungen ergänzen die auch für Kapitalgesellschaften geltenden allgemeinen Regelungen des 1. Abschnitts.
- 3. Abschnitt (§§ 336 ff. HGB)
  Dieser Abschnitt enthält für Genossenschaften ergänzende Regelungen zusätzlich zu den Regelungen des 1. und 2. Abschnitts.
- 4. Abschnitt (§§ 340 ff. HGB)
  In diesem Abschnitt finden sich die Regelungen für bestimmte Geschäftszweige (z. B. Banken).
- 5. Abschnitt (§§ 342 f. HGB)
  Hier ist nur das zur Aufstellung weiterer Regeln installierte Rechnungslegungsgremium geregelt.
- 6. Abschnitt (§§ 342b ff. HGB)
  Die hier vorgesehene Prüfstelle für Rechnungslegung ist derzeit nicht eingerichtet.

Die **handelsrechtliche Buchführungspflicht** ergibt sich aus § 238 Abs. 1 S. 1 HGB, wonach jeder Kaufmann verpflichtet ist, Bücher zu führen und in diesen seine Handelsgeschäfte und die Lage seines Vermögens nach den Grundsätzen ordnungsmäßiger Buchführung ersichtlich zu machen. **Kaufmann** i. S. dieser Norm ist jeder Kaufmann gem. §§ 1–6 HGB.

Der nichtkaufmännische **Kleingewerbetreibende** (früher: Minderkaufmann) i. S. des § 1 Abs. 2, 2. Halbs. HGB braucht keine Bücher zu führen; für ihn ist es deshalb auch nicht notwendig, ein Inventar und eine Bilanz aufzustellen oder Briefabschriften aufzubewahren. Der Kleingewerbetreibende ist dadurch gekennzeichnet, dass sein Unternehmen keinen nach Art oder Umfang in kaufmännischer Weise eingerichteten Geschäftsbetrieb erfordert. Ob ein solcher Geschäftsbetrieb erforderlich ist, richtet sich eher nach qualitativen als nach quantitativen Merkmalen. Zur Einstufung als Kleingewerbetreibender kommt es damit auf den Umfang der Geschäfte, der Kreditfinanzierung und/oder den Bestand des Umlaufvermögens an, nicht dagegen auf den Wert eines einzelnen Geschäfts.[1]

Die formellen Anforderungen an die durch den Kaufmann zu führenden Bücher sind in § 239 HGB geregelt.

Durch § 241a HGB, der durch das BilMoG eingefügt wurde, werden einzelkaufmännische **Kleinunternehmen** von der Pflicht zur handelsrechtlichen Buchführung sowie zur Aufstellung des Inventars befreit (**Buchführungsbefreiung**). Es steht ihnen damit frei, ob sie die §§ 238–241 HGB anwenden. Mit diesem Wahlrecht ist die Befreiung von der Anfertigung des Jahresabschlusses verbunden (§ 242 Abs. 4 HGB). Voraussetzung dafür ist, dass der Einzelkaufmann am Stichtag *zweier* aufeinander folgender Geschäftsjahre[2]

- Umsatzerlöse bis einschließlich 600.000 Euro und
- einen Jahresüberschuss bis einschließlich 60.000 Euro

aufweist.[3] Diese Einzelkaufleute sind deshalb – bei Vorliegen einer Steuerpflicht – lediglich zu einer Rechnungslegung im Sinne einer Einnahmen-Überschuss-Rechnung gem. § 4 Abs. 3 EStG verpflichtet.[4]

Mit der Tatbestandsvoraussetzung, dass das Unterschreiten dieser **Schwellenwerte** an den Abschlussstichtagen von *zwei* aufeinander folgenden Geschäftsjahren vorliegen muss, sollen eine gewisse Kontinuität in der Rechnungslegung erzeugt und der ständige Wechsel zwischen handelsrechtlicher Rechnungslegung und nur steuerlicher Rechnungslegung vermieden werden.

Obwohl das *Steuerrecht* die Zweijahresbetrachtung nicht kennt, verzichtet in der Praxis die Finanzverwaltung bei nur einmaliger Überschreitung der Schwellenwerte häufig auf die Erstellung eines Jahresabschlusses. Trotzdem wäre hier eine identische Regelung sinnvoll gewesen.

Es ist nicht erforderlich, dass ein Jahresabschluss nach Maßgabe der handelsrechtlichen Vorschriften aufgestellt wird, um festzustellen, dass eine gesetzliche Verpflichtung dazu nicht besteht. Es genügt hier, wenn nach *überschlägiger Ermittlung* unter Berücksichtigung der handelsrechtlichen Vorschriften zum Jahresabschluss ein Über-

---

1   Vgl. FG Brandenburg, Urteil v. 21.06.2011, 5 K 5148/07, EFG 2012, S. 217, die dort für den Grundstückshandel genannten Merkmale lassen sich leicht auf andere Branchen übertragen; ergänzend: Kort (Kriterien).
2   § 241a Abs. 1 S. 2 HGB setzt hierzu ein Korrektiv für den Fall der Neugründung.
3   Diese Schwellenwerte entsprechen den Werten des § 141 AO, jedoch müssen handelsrechtlich beide Schwellen unterschritten sein, während abgabenrechtlich das Überschreiten einer Schwelle die Buchführungspflicht nach sich zieht, sodass im Grenzfall handelsrechtliche und steuerrechtliche Buchführungspflicht auseinanderfallen.
4   Vgl. ergänzend Heyd/Kreher (BilMoG), S. 18.

schreiten der Schwellenwerte nicht zu erwarten ist. In entsprechender Weise ist fort-dauernd zu überwachen, ob die Befreiungsvoraussetzungen vorliegen.[5]

Kleinstunternehmen, die nicht unter die vorstehende Ausnahme fallen (insbes. alle Kapitalgesellschaften), müssen kaufmännische Bücher führen; für diese soll jedoch über eine Änderung der EU-Richtlinie eine Befreiung herbeigeführt werden.[6]

Der jährlich durchzuführende **Abschluss der Bücher** ist der aus Bilanz sowie Gewinn- und Verlustrechnung bestehende Jahresabschluss (§ 242 Abs. 3 HGB, Legaldefinition des Jahresabschlusses); für Kapitalgesellschaften ist der Anhang gem. § 264 Abs. 1 S. 1 HGB Bestandteil des Jahresabschlusses. Die Verpflichtung zur Aufstellung von Bilanz sowie Gewinn- und Verlustrechnung ergibt sich aus § 242 Abs. 1 und 2 HGB.

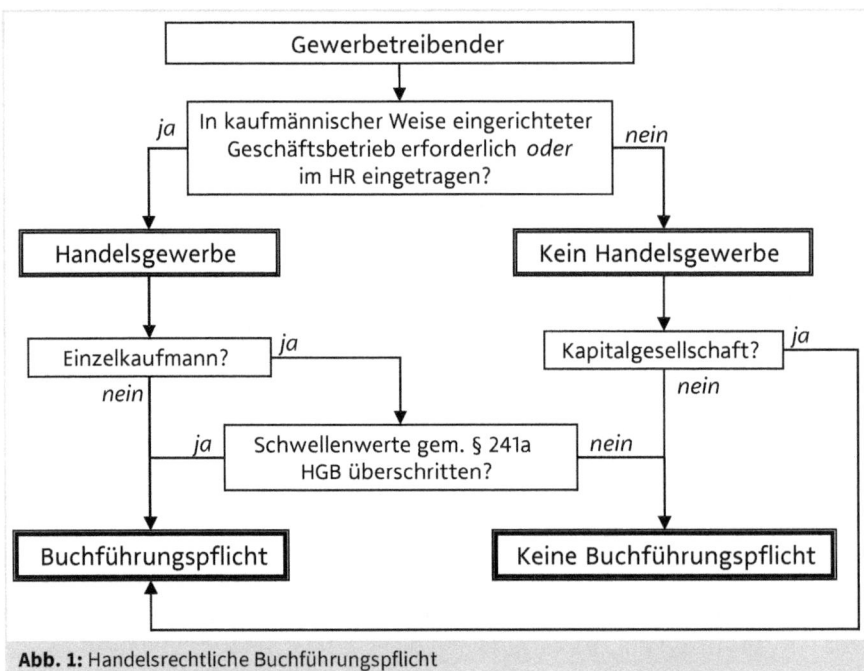

Abb. 1: Handelsrechtliche Buchführungspflicht

Unternehmen dürfen *zusätzlich* zum handelsrechtlichen Einzelabschluss auch noch einen Abschluss nach **International Financial Reporting Standards (IFRS)** aufstellen. Dieser Abschluss darf jedoch für Informationszwecke, insbesondere für die **Offenlegung**, eingesetzt werden. Der *handelsrechtliche Einzelabschluss* bleibt grundsätzlich die Basis für

---

5   BT-Druck. 16/10067 v. 30.7.2008, S. 46 f.
6   Vgl. BT-Drucks. 17/4813 v. 18.2.2011, Frage 24.

- alle gesellschaftsrechtlichen Belange, insbesondere auch die Ausschüttungsbemessung,
- die Steuerbilanz, soweit der Maßgeblichkeitsgrundsatz reicht, und
- Berechnungen (z. B. Feststellung einer Überschuldung) bei drohender bzw. bestehender Insolvenz.

Während der vorstehend beschriebene Einzelabschluss immer von jedem einzelnen Unternehmen aufzustellen ist, wird ein zusätzlicher **Konzernabschluss**[7] nur bei bestimmten Unternehmensverbänden erforderlich. Konzerne entstehen regelmäßig, wenn eine Gruppe von Unternehmen derart gestaltet ist, dass im einfachsten Fall ein Mutterunternehmen die einheitliche Leitung auch über die untergeordneten Tochterunternehmen ausübt. Die Pflicht zur Aufstellung eines Konzernabschlusses ergibt sich aus §§ 290 ff. HGB sowie ggf. aus § 11 ff. PublG. Für kapitalmarktorientierte Konzerne ist ein IFRS-Konzernabschluss[8] (ohne zusätzlichen HGB-Konzernabschluss) zu erstellen (§ 315a HGB).

1.1.2 Steuerrechtliche Regelungen

Die Personen, die nach anderen Gesetzen als den Steuergesetzen Bücher und Aufzeichnungen zu führen haben, die auch für die Besteuerung von Bedeutung sind, haben diese Verpflichtungen, die ihnen nach den anderen Gesetzen obliegen, gem. § 140 AO auch für die Besteuerung zu erfüllen (**derivative Steuerbuchführungspflicht**). »Andere Gesetze« i. S. d. § 140 AO können auch ausländische Rechtsnormen sein.[9]

Durch diese Vorschrift werden die außersteuerlichen Buchführungs- und Aufzeichnungsvorschriften für das Steuerrecht nutzbar gemacht, ohne dass es einer gesonderten steuerlichen Buchführungspflicht bedarf. Verstöße gegen außersteuerliche Buchführungs- und Aufzeichnungspflichten werden wie Verstöße gegen steuerrechtliche Buchführungs- und Aufzeichnungsvorschriften behandelt.[10]

In Betracht kommen vor allem die handelsrechtlichen Buchführungsvorschriften der §§ 238 ff. HGB, jedoch auch alle Regelungen für bestimmte Berufe, Branchen oder Betriebe. Den nichtsteuerlichen Gesetzen wird dabei i. d. R. eine gewisse Vorrangstellung eingeräumt; ist z. B. die nach einem anderen Gesetz vorgeschriebene Aufbewahrungsfrist für die Bücher kürzer als die steuerliche Aufbewahrungsfrist, so gilt auch steuerlich die kürzere Aufbewahrungsfrist.[11]

---

7   Vgl. einführend Küting u. a. (Konzernrechnungslegung).
8   Abschluss nach International Financial Reporting Standards (IFRS).
9   BFH, Urteil v. 14.11.2018, I R 81/16, DStR 2019, S. 876.
10 AEAO zu § 140 AO.
11 BFH v. 2.2.1982, BStBl. II, S. 409.

Sofern sich nicht bereits nach § 140 AO eine Buchführungspflicht ergibt, kann sich eine Buchführungspflicht für gewerbliche Unternehmer (i. S. des § 1 Abs. 1 GewStDV) sowie für Land- und Forstwirte eine steuerliche Buchführungspflicht nach § 141 AO ergeben (**originäre Steuerbuchführungspflicht**). Nicht betroffen von dieser Vorschrift sind demzufolge Freiberufler.

Die Buchführungspflicht nach § 141 AO tritt ein, wenn eine der folgenden Grenzen überschritten wird:

Sachverhalt	Grenze in EUR
1. Umsätze im Kalenderjahr	600.000
2. Betriebsvermögen	entfallen
3. Wirtschaftswert der selbst bewirtschafteten land- und forstwirtschaftlichen Flächen	25.000
4. Gewinn aus Gewerbebetrieb im Wirtschaftsjahr	60.000
5. Gewinn aus Land- und Forstwirtschaft im Kalenderjahr	60.000

und die formale Voraussetzung der **Bekanntgabe der Buchführungspflicht** durch die Finanzbehörde (§ 141 Abs. 2 AO) erfüllt ist. Zur Ermittlung der Umsatzgrenzen sind sämtliche Umsätze des Unternehmens einzubeziehen, so beispielsweise auch steuerfreie Auslandsumsätze.[12] Mit dieser Buchführungspflicht besteht gleichzeitig die Verpflichtung aufgrund von jährlichen Bestandsaufnahmen (Inventuren) Abschlüsse zu machen (§ 141 Abs. 1 S. 1 AO). Für Einzelheiten wird auf die entsprechenden handelsrechtlichen Regelungen verwiesen (§ 141 Abs. 1 S. 2 AO); darin zeigt sich, dass sich das Steuerrecht insoweit sehr eng an das Handelsrecht anlehnt. Die **Maßgeblichkeit** der Handelsbilanz für die Steuerbilanz wird deshalb bereits durch § 141 AO begründet und auch sogleich durchbrochen (»sofern sich nicht aus den Steuergesetzen etwas anderes ergibt«).

Diese originäre steuerliche Buchführungspflicht ist besonders wichtig für nichtkaufmännische Kleingewerbetreibende, die handelsrechtlich nicht buchführungspflichtig sind und auch freiwillig keine Bücher führen (wollen), jedoch eine der in § 141 AO genannten Grenzen überschreiten.

Weitere Regelungen zur Buchführung finden sich in den §§ 142 ff. AO:
- Ergänzende Vorschriften für Land- und Forstwirte (§ 142 AO)
- Aufzeichnung des Wareneingangs (§ 143 AO)
- Aufzeichnung des Warenausgangs (§ 144 AO)
- Allgemeine Grundanforderungen (§ 145 AO)
- Ordnungsvorschriften für die Buchführung und für Aufzeichnungen (§ 146 AO)

---

12 BFH, Urteil v. 7.10.2009, II R 23/08, BFH/NV 2010, S. 90.

- Ordnungsvorschrift für die Buchführung und für Aufzeichnungen mittels elektronischer Aufzeichnungssysteme; Verordnungsermächtigung (§ 146a AO)
- Kassen-Nachschau (§ 146b AO)
- Ordnungsvorschriften für die Aufbewahrung von Unterlagen (§ 147 AO)
- Besondere Aufbewahrungsvorschriften für Steuerpflichtige mit Überschusseinkünften von mehr als 500.000 Euro (§ 147a AO)
- Bewilligung von Erleichterungen (§ 148 AO)

Durch den Verweis der §§ 140 und 141 AO auf die handelsrechtlichen Vorschriften der Buchführung, ist bereits klargestellt, dass die handelsrechtlichen Grundsätze ordnungsgemäßer Buchführung und Bilanzierung auch für das Steuerrecht gelten, d. h., dass die Normen des Handelsrechts auch für das Steuerrecht maßgeblich sind. Für die Bilanzierung wird dieses Maßgeblichkeitsprinzip jedoch nochmals durch § 5 Abs. 1 EStG betont.

1.2 Die Maßgeblichkeit der Handelsbilanz für die Steuerbilanz

1.2.1 Das Maßgeblichkeitsprinzip

1.2.1.1 Generelle Maßgeblichkeit

Grundsätzlich gilt, dass für Bilanzierung und Bewertung in der Steuerbilanz die Wertansätze der Handelsbilanz maßgeblich sind (**Maßgeblichkeitsprinzip**).[13] Dieses Maßgeblichkeitsprinzip ist in § 5 Abs. 1 EStG kodifiziert und gilt für Gewerbetreibende, die aufgrund gesetzlicher Vorschriften (§ 238 ff. HGB) verpflichtet sind, Bücher zu führen und regelmäßig Abschlüsse zu machen, oder die ohne solche Verpflichtung Bücher führen und regelmäßig Abschlüsse machen. Das Maßgeblichkeitsprinzip besteht nicht bei Gewinnermittlung gem. § 4 Abs. 1 und Abs. 3 EStG.

Übersehen wird bei dieser Darstellung des Maßgeblichkeitsprinzips fast immer die Bedeutung der Abgabenordnung. Bereits aufgrund des § 140 AO ist der Steuerpflichtige gehalten, die nach anderen Gesetzen ggf. bestehende Buchführungspflicht auch für Zwecke der Besteuerung zu erfüllen. Dadurch gewinnen z. B. die § 238 ff. HGB auch für die Besteuerung bereits an Bedeutung, ohne dass es des § 5 Abs. 1 EStG bedarf. Dies gilt auch für den Fall der Buchführungspflicht gem. § 141 AO, da in dieser Vorschrift ausdrücklich auf das HGB Bezug genommen wird.[14] Die besondere Bedeu-

---

13 Für grundsätzliche Ausführungen m. w. N. vgl. Freericks (Bilanzierungsfähigkeit), S. 280 ff.
14 Zum Verhältnis von handelsrechtlicher zu steuerrechtlicher Rechnungslegung vgl. Wichmann (Frage).

tung des § 5 Abs. 1 EStG liegt deshalb in der Bezugnahme auf die handelsrechtlichen Grundsätze ordnungsmäßiger Buchführung.[15]

Besteht hinsichtlich der Bilanzierung handelsrechtlich ein Aktivierungs- oder Passivierungsgebot, so besteht wegen des Maßgeblichkeitsprinzips für das Steuerrecht ebenfalls das Gebot, einen entsprechenden Ansatz vorzunehmen. Entsprechendes gilt umgekehrt bei handelsrechtlichen Aktivierungs- oder Passivierungsverboten.

1.2.1.2 Durchbrechung der Maßgeblichkeit

Bei handelsrechtlichen Bilanzierungswahlrechten besteht zwar theoretisch ebenfalls das Maßgeblichkeitsprinzip, jedoch gilt hier durch Gesetz und Rechtsprechung die **Durchbrechung des Maßgeblichkeitsprinzips.** Die Rechtsprechung[16] neigt sogar dazu, handelsrechtliche Bilanzierungswahlrechte nicht zu berücksichtigen und stattdessen bei Aktivierungswahlrechten eine steuerliche Aktivierungspflicht und bei handelsrechtlichen Passivierungswahlrechten ein steuerliches Passivierungsverbot anzunehmen, sofern im Steuerrecht nicht ausdrücklich anderes bestimmt ist. Für Zwecke der Besteuerung soll dadurch ein zu geringer Gewinnausweis vermieden werden.

Auch hinsichtlich der Bewertung bereits bilanzierter Gegenstände gilt das Maßgeblichkeitsprinzip, d. h., der in der Handelsbilanz vorgeschriebene oder gewählte Wert ist auch in die Steuerbilanz zu übernehmen. Besteht für die Steuerbilanz ein Bewertungswahlrecht, so ist auch für die Steuerbilanz der in der Handelsbilanz angesetzte Wert zu übernehmen; das steuerliche Bewertungswahlrecht kommt dann für die Gewinnermittlung gem. § 5 Abs. 1 EStG nicht zum Tragen.

Genau wie für die Bilanzierung wird das Maßgeblichkeitsprinzip auch für die Bewertung verschiedentlich durchbrochen. Vor allem ist hier § 5 Abs. 6 EStG zu nennen, nach dem das Maßgeblichkeitsprinzip nur gilt, wenn dadurch nicht gegen die Bewertungsvorschriften z. B. des § 6 EStG verstoßen wird. Als Beispiel sei der derivative Firmenwert angeführt, der in der Handelsbilanz planmäßig abzuschreiben ist (§ 253 Abs. 3 S. 1 i. V. m. § 246 Abs. 1 S. 4 HGB), während er in der Steuerbilanz auf 15 Jahre abgeschrieben werden muss (§ 7 Abs. 1 EStG). Auch durch § 7 EStG kann das Maßgeblichkeitsprinzip durchbrochen werden; liegt beispielsweise in der Handelsbilanz die degressive Abschreibungsquote über den Grenzen des § 7 Abs. 2 EStG, so ist in der Steuerbilanz nur der steuerlich maximal zulässige Wert anzusetzen.

Es gibt jedoch noch weitere wesentliche Fälle einer Durchbrechung des Maßgeblichkeitsprinzips, die darauf beruhen, dass steuerlich bestimmte Aufwendungen nicht oder

---

15   Eine ähnliche Auffassung vertritt Freericks (Bilanzierungsfähigkeit), S. 282.
16   BFH v. 3.2.1969, GrS 2/68, BStBl. II, S. 251.

nur teilweise anerkannt werden. Zu den nur teilweise zulässigen Aufwendungen (Betriebsausgaben) zählen die in § 4 Abs. 5 EStG aufgeführten Aufwendungen für Geschenke an Betriebsfremde, bestimmte Aufwendungen für Bewirtung, Aufwendungen für bestimmte Gästehäuser etc. Gegebenenfalls ist bei diesen Aufwendungen § 4 Abs. 7 EStG zu beachten, der besondere Anforderungen an die Buchführung vorsieht.

Weiterhin besteht für bestimmte Steuerarten ein steuerliches Abzugsverbot der Steuerzahlungen (Einkommensteuer, Körperschaftsteuer u. a.), dagegen werden diese Steuerarten in der handelsrechtlichen Gewinn- und Verlustrechnung als Aufwand abgezogen und mindern somit den Handelsbilanzgewinn.

Im Prinzip kann man sich merken, dass der Gewinnausweis der Steuerbilanz i. d. R. nicht kleiner als in der Handelsbilanz sein wird.

1.2.1.3 Umkehrung der Maßgeblichkeit

In der Praxis ist nicht selten zu beobachten, dass die Handelsbilanz an die Steuerbilanz angelehnt wird, statt eine Anlehnung der Steuerbilanz an die Handelsbilanz vorzunehmen. Diese Tatsache wird als **Umkehrung des Maßgeblichkeitsprinzips** bezeichnet und beruht darauf, dass der Buchführungspflichtige handelsrechtlichen Buchführungsregeln unterliegt, die weniger streng als die steuerrechtlichen Regeln sind (z. B. der Einzelkaufmann); diese Handelsbilanz ist darüber hinaus für externe Informationsempfänger von untergeordneter Bedeutung. Es wird in diesem Fall häufig nur eine Bilanz entsprechend den strengeren steuerrechtlichen Normen (Steuerbilanz) erstellt, die dann zugleich auch Handelsbilanz gem. § 242 HGB ist. Dadurch wird eine erhebliche Arbeitsvereinfachung bewirkt, ohne dass i. d. R. irgendwelche Nachteile entstehen. Externe Informationsempfänger (z. B. eine Bank im Fall der Kreditgewährung) bevorzugen oder verlangen ohnehin meistens Einblick in die Steuerbilanz, da eine evtl. vorhandene, getrennte Handelsbilanz ggf. keiner Pflichtprüfung unterliegt.

Die früher ebenfalls existierende Umkehrung der Maßgeblichkeit, um steuerpolitisch motivierte Wahlrechte[17] auch in der Handelsbilanz auszunutzen und um dabei die Einheitlichkeit von Handels- und Steuerbilanz zu wahren, wurde 2009 mit dem Bilanzrechtsmodernisierungsgesetz (BilMoG) aufgehoben. Für diese Fälle gilt zukünftig die Aufhebung der Maßgeblichkeit.

---

17 Zum Beispiel steuerfreie Rücklagen nach § 6b EStG, Sonderabschreibungen nach § 7g EStG.

1.2.1.4 Aufhebung der Maßgeblichkeit

Für den Fall, dass der Bilanzierende ein steuerliches Wahlrecht so ausübt, dass sich ein von der Handelsbilanz abweichender Wert ergibt oder ergab, wird die Maßgeblichkeit nicht angewandt (§ 5 Abs. 1 S. 1 letzter HS EStG). Diese **Aufhebung der Maßgeblichkeit** ist 2009 durch das Bilanzrechtsmodernisierungsgesetz eingeführt worden.

Voraussetzung für die Ausübung dieser steuerlichen Wahlrechte ist, dass die Wirtschaftsgüter, die nicht mit dem handelsrechtlich maßgeblichen Wert in der steuerlichen Gewinnermittlung ausgewiesen werden, in besondere, laufend zu führende **Verzeichnisse** aufgenommen werden. In den Verzeichnissen sind

- der Tag der Anschaffung oder Herstellung,
- die Anschaffungs- oder Herstellungskosten,
- die Vorschrift des ausgeübten steuerlichen Wahlrechts und
- die vorgenommenen Abschreibungen

nachzuweisen (§ 5 Abs. 1 Sätze 2 und 3 EStG).

Der *Umfang der Aufhebung* ist strittig. Laut Gesetzesbegründung der Bundesregierung[18] ist klar erkennbar, dass die Bundesregierung mit der Einführung des BilMoG zum einen am bewährten Maßgeblichkeitsprinzip nichts ändern wollte und zum anderen ein Wahlrecht zur Teilwertabschreibung bei dauernder Wertminderung verneint und generell nur die steuerpolitischen Vorschriften der ursprünglichen umgekehrten Maßgeblichkeit schützen wollte.[19]

Der Gesetzestext lässt dagegen auch eine weitergehende Aufhebung der Maßgeblichkeit nicht ausschließen. Aufgrund des Texts wird in der Literatur eher die weitergehende Auslegungsvariante unterstützt.[20] Entscheidend ist für die Praxis letztlich jedoch, dass sich auch die Finanzverwaltung[21] dieser weitergehenden Auslegung angeschlossen hat.

Dies eröffnet dem Bilanzierenden die Möglichkeit, alle steuerlichen Wahlrechte unabhängig von der Bilanzierung in der Handelsbilanz auszuüben und entsprechend **bilanzpolitisch** zu nutzen.[22] So hat der Steuerpflichtige die Möglichkeit, beispielsweise eine Teilwertabschreibung zu unterlassen und in der Steuerbilanz einen höheren Wertansatz auszuweisen. Durch die folgenden unterschiedlichen planmäßigen Abschreibungs-(AfA-)beträge ergeben sich nicht nur unterschiedliche Ansätze, sondern

---

18 Vgl. BT-Drucks. 16/10067, RegE v. 30.7.2008, S. 124, zu Nummer 17.
19 Im Ergebnis ebenso Schultze-Osterloh (GoB).
20 Vgl. für viele: Niemeyer/Froitzheim (Praxisfragen).
21 BMF, Schreiben v. 12.3.2010, IV C 6 – S 2133/09/10001, BStBl. 2010 I, S. 239.
22 Vgl. Künkele/Zwirner (Steuerbilanzpolitik).

auch stetig unterschiedliche Gewinne in beiden Rechenwerken. Dies kann noch durch die Wahl unterschiedlicher Abschreibungsmethoden verschärft werden.

1.2.2   Die Ableitung der Steuerbilanz für die Steuererklärung

Für die ertragsteuerliche Steuerbemessung stellt die Steuerbilanz die Kerninformation für die Finanzverwaltung dar. Ein steuerpflichtiges Unternehmen ist daher gezwungen, eine Steuerbilanz der **Steuererklärung** zur Einkommensteuer oder Körperschaftsteuer beizufügen.

1.2.2.1   Erstellung der Steuerbilanz

Gem. § 25 EStG wird der Steuerpflichtige mit dem im Kalenderjahr (Veranlagungszeitraum) bezogenen Einkommen zur Einkommensteuer veranlagt. Bei körperschaftsteuerpflichtigen Personen (§§ 1 und 2 KStG) erfolgt die Veranlagung aufgrund des § 31 Abs. 1 KStG ebenfalls nach dem Vorschriftenbereich des § 25 EStG. Zwecks Veranlagung hat der Steuerpflichtige gem. § 56 EStDV eine **Steuererklärung** abzugeben, deren Form in § 60 EStDV geregelt ist.

§ 60 Abs. 1 EStDV bestimmt, dass die Abschrift der (Handels-)Bilanz der Steuererklärung beizufügen ist, wenn der Gewinn nach § 4 Abs. 1 oder § 5 EStG ermittelt wird, Gleiches gilt für die Gewinn- und Verlustrechnung, und auf Verlangen des Finanzamts außerdem für eine **Hauptabschlussübersicht**. Liegt ein Anhang, ein Lagebericht oder ein Prüfungsbericht vor, so ist gem. § 60 Abs. 3 EStDV ebenfalls eine Abschrift der Steuererklärung beizufügen.

Entspricht die Handelsbilanz nicht in allen Posten den steuerlichen Vorschriften, was die Regel ist, so müssen diese Posten durch Zusätze oder Anmerkungen den steuerlichen Vorschriften angepasst werden (§ 60 Abs. 2 S. 1 EStDV), da die Bemessungsgrundlage nicht der handelsrechtliche Gewinn, sondern der steuerrechtliche Gewinn ist. Letztlich sind für die steuerliche Veranlagung nur die steuerlichen Werte einer **Steuerbilanz** zugrunde zu legen.

Für die Ermittlung der der Erklärung beizufügenden Steuerbilanz gibt es grundsätzlich drei verschiedene Möglichkeiten:

1. Im einfachsten Fall bestehen zwischen Handelsbilanz und Steuerbilanz keine Unterschiede, d. h., dass die Handelsbilanz nicht gegen steuerliche Vorschriften verstößt, i. d. R. deshalb, weil die Handelsbilanz bereits unter Berücksichtigung der steuerlichen Normen erstellt wurde. So ist es ausreichend, wenn der Steuererklärung die Handelsbilanz beigefügt wird (§ 60 Abs. 1 EStDV). Aufgrund der vielen Abweichungen zwischen Handels- und Steuerbilanz ist diese sog. **Einheitsbilanz** in

der Praxis unter Einhaltung aller Normen kaum noch bzw. nur bei sehr kleinen, einfachen Unternehmen realisierbar.

2.   Der vom Gesetzgeber vorgesehene Regelfall ist die Ableitung der Steuerbilanz aus der Handelsbilanz in der Form einer **Mehr-Weniger-Rechnung**. Diese Überleitungsrechnung basiert auf der Handelsbilanz und stellt postenweise die Unterschiede zur Steuerbilanz dar (§ 60 Abs. 2 S. 1 EStDV). Letztlich wird damit eine Steuerbilanz erstellt, die häufig als eigenständige Bilanz der Steuererklärung beigefügt wird.

3.   Anstelle von Handelsbilanz plus Mehr-Weniger-Rechnung darf auch eine eigenständige **Steuerbilanz** der Steuererklärung beigefügt werden (§ 60 Abs. 2 S. 2 EStDV). Dies ist in der Praxis der häufigste Fall. Bei einem starken Anfall von Korrekturposten betrifft dies regelmäßig Großunternehmen, die eine gesonderte **Steuerbuchhaltung** im Buchhaltungskreis einrichten, welche unter Berücksichtigung der steuerlichen Vorschriften direkt zu einer Steuerbilanz gelangt, die dann Bestandteil der Steuererklärung wird.

Sofern von Steuerbilanz gesprochen wird, sind hier immer Bilanz und Gewinn- und Verlustrechnung gemeint. Sofern ein Anhang, ein Lagebericht oder ein Prüfungsbericht vorliegt, sind diese Unterlagen ebenfalls in Kopie der Steuererklärung beizufügen (§ 60 Abs. 3 EStDV).

> **!**   **Beispiel: Mehr-Weniger-Rechnung**
>
> Ein Unternehmen erstellt die vorliegende Handelsbilanz (HB), sie entspricht im Wesentlichen auch den Steuernormen, jedoch wurde für Maschinen eine degressive Abschreibung vorgenommen, die um 15.000 Euro über dem steuerlich zulässigen Wert liegt; weiterhin enthält die Handelsbilanz eine steuerlich unzulässige Rückstellung in Höhe von 10.000 Euro.

	Handelsbilanz	Gewinnkorrekturen		Steuerbilanz
		(+)	(-)	
Gebäude	300.000			300.000
Maschinen	150.000	15.000		165.000
Vorräte	75.000			75.000
Kasse	45.000			45.000
Bank	120.000			120.000
Aktiva	690.00			705.000
Eigenkapital	350.000			350.000
Rückstellung	50.000	10.000		40.000
Verbindlichkeit				
Gewinn	200.000			200.000
		90.000	25.000	115.000
Passiva	690.000	25.000	25.000	705.000

Da sich die Differenzen zwischen Handels- und Steuerbilanz auch auf die folgenden Jahre (Veranlagungszeiträume) auswirken, kann es sinnvoll sein, dies durch die Einführung und Fortschreibung von Steuerausgleichsposten zu berücksichtigen.

Vorgang	Wirkung
I. Unterschiedliche Bilanzierung der Posten des Aktivvermögens und des Fremdkapitals	I. Auswirkungen auf die folgenden Jahre
1. Unterschiedliche Bewertung einzelner Posten	1. Gewinnverlagerung zwischen den Jahren
a) Höhere bzw. niedrigere Bewertung der Aktiven bzw. der Passiven z. B.: niedrigere Abschreibung in der Handelsbilanz	a) jetzt: niedrigerer Steuerbilanzgewinn später: höherer Steuerbilanzgewinn als entsprechender Handelsbilanzgewinn
b) Niedrigere bzw. höhere Bewertung der Aktiven bzw. der Passiven z. B.: höhere Abschreibung in der Handelsbilanz	b) jetzt: höherer Steuerbilanzgewinn später: niedrigerer Steuerbilanzgewinn als entsprechender Handelsbilanzgewinn
2. Unterschiedliche Bilanzierung dem Grunde nach	2. Erfolgsneutrale Kapitaländerung zwischen den Jahren
II. Unterschiedliche Zulässigkeit des Abzugs von Aufwendungen bzw. Betriebsausgaben z. B.: Aufwendungen, die nach § 4 V EStG nicht als Betriebsausgabe abzugsfähig sind	II. Einmalige Gewinnänderung durch Verschiebung zwischen Kapital- und GuV-Konto ⇨ Verminderung des Kapitalkontos und Verminderung des Betriebsausgabenabzugs

Abb. 2: Auswirkungen der Mehr-Weniger-Rechnung

In einer gesonderten **Steuerbuchhaltung** entfällt u. a. auch das teilweise recht mühsame Aussondern von Aufwendungen, die nicht als Betriebsausgaben abzugsfähig sind. Gerade dieser Punkt kann dadurch vereinfacht werden, indem auch bei einer Mehr-Weniger-Rechnung die nicht als Betriebsausgaben abzugsfähigen Aufwendungen auf einem Unterkonto erfasst werden. Es sind also bis zu einer gewissen Grenze auch Kombinationen zwischen einer Mehr-Weniger-Rechnung und einer selbständigen Steuerbuchhaltung möglich. In vielen Fällen stellt diese Kombination – gerade in kleineren und mittleren Unternehmen – m. E. die beste Lösung zur Ableitung der Steuerbilanz dar.

1.2.2.2 Einreichung der Steuerbilanz

Seit dem *Veranlagungszeitraum 2013* muss die Steuerbilanz in **elektronischer Form** eingereicht werden (sog. **E-Bilanz**).[23] Dazu ist der Inhalt der Bilanz sowie der Gewinn- und Verlustrechnung nach amtlich vorgeschriebenem Datensatz durch Datenfernübertragung zu übermitteln (§ 5b Abs. 1 EStG). Eine Steuerbilanz in Papierform ist nicht mehr zulässig, es sei denn, die Härtefallregelung des § 5b Abs. 2 EStG kann zur Anwendung kommen.

---

23 Informationen im Internet u. a. unter www.esteuer.de, www.xbrl.de, www.bundesfinanz-ministerium.de.

Auch in der Ära der elektronischen Übermittlung bleiben die drei bisherigen Alternativen zur Einreichung prinzipiell erhalten.

Der Inhalt der Bilanz sowie der Gewinn- und Verlustrechnung ist in Form eines **XBRL-Datensatzes** auf elektronischem Weg zu übermitteln. XBRL (eXtensible Business Reporting Language) ist ein international verbreiteter Standard für den elektronischen Datenaustausch von Unternehmensinformationen. Der Standard XBRL ermöglicht es, Daten in standardisierter Form aufzubereiten und mehrfach – etwa neben der Veröffentlichung im elektronischen Bundesanzeiger zur Information von Geschäftspartnern, Kreditgebern, Aufsichtsbehörden oder Finanzbehörden – zu nutzen.

Damit ist für die Einreichung der steuerlichen Unterlagen auf dieselbe IT-Umgebung zurückzugreifen, die auch für die Einreichung beim Handelsregister zur Anwendung gelangt.

§ 51 Abs. 4 Nr. 1b EStG ermächtigt den BMF im Einvernehmen mit den obersten Finanzbehörden der Länder, den **Mindestumfang** der nach § 5b EStG elektronisch zu übermittelnden Bilanz und Gewinn- und Verlustrechnung zu bestimmen. Dieser Mindestumfang darf m. E. aber keine Angaben verlangen, die nicht durch ein Handels- oder Steuergesetz gedeckt sind.

Bei der Festlegung des zu übermittelnden Dateninhalts wird grundsätzlich von der **HGB-Taxonomie** des XBRL Deutschland e. V. ausgegangen. Die Taxonomien bilden die allgemeinen handelsrechtlichen Rechnungslegungsvorschriften ab und enthalten u. a. die Module »Bilanz«, »Gewinn- und Verlustrechnung«, »Ergebnisverwendung«, »Kapitalkontenentwicklung« und »Anhang«. Soweit spezielle Rechnungslegungsvorschriften gelten, existieren hierzu Spezial-Taxonomien/Taxonomie-Erweiterungen. Zur Festlegung des nach § 5b EStG zu übermittelnden Datensatzes werden diese Taxonomien erweitert, um alle nach steuerlichen Vorschriften erforderlichen Positionen abzudecken.[24]

Bestimmte Positionen sind verpflichtend zu übermitteln und werden in den Taxonomien als solche gekennzeichnet (Mindestanforderungen).[25]

Bei der Übermittlung einer Handelsbilanz mit Überleitungsrechnung können auch vom Taxonomie-Schema abweichende individuelle Positionen übermittelt werden. Für diesen Ausnahmefall sieht die Taxonomie die Möglichkeit vor, zu den individuellen Positionen anzugeben, in welche – steuerlichen Vorschriften entsprechende – Positionen diese umzugliedern sind (z. B. Umgliederung einer handelsrechtlichen Position zwischen Anlage- und Umlaufvermögen auf Anlagevermögen einerseits und Umlaufvermögen andererseits).

---

24   Die aktuellen Taxonomien werden vom BMF veröffentlicht. Sie können unter www.esteuer.de abgerufen werden.
25   BMF, Schreiben v. 19.1.2010, IV C 6 – S 2133-b/0, Elektronische Übermittlung von Bilanzen sowie Gewinn- und Verlustrechnungen, Tz 2.

§ 88 AO sowie die **Mitwirkungspflichten** des Steuerpflichtigen, insbesondere §§ 90, 97, 146, 147 und 200 Abs. 1 S. 2 AO bleiben unberührt. Der Steuerpflichtige kann beispielsweise im Rahmen der Mitwirkungspflicht die Summen- und Saldenliste sowie das Anlageverzeichnis elektronisch übermitteln. [26]

Auf Antrag kann die Finanzbehörde zur Vermeidung unbilliger Härten auf eine elektronische Übermittlung verzichten (**Härtefallregelung**). Dem Antrag ist zu entsprechen, wenn eine elektronische Übermittlung für den Steuerpflichtigen wirtschaftlich oder persönlich unzumutbar ist. Dies ist insbesondere der Fall, wenn die Schaffung der technischen Möglichkeiten für eine elektronische Übermittlung nur mit einem nicht unerheblichen finanziellen Aufwand möglich wäre oder wenn der Steuerpflichtige nach seinen individuellen Kenntnissen und Fähigkeiten nicht oder nur eingeschränkt in der Lage ist, die Möglichkeiten der elektronischen Übermittlung zu nutzen (§ 5b Abs. 2 S. 2 EStG i. V. m. § 150 Abs. l 8 AO). [27]

1.3 Grundsätze der Bilanzierung

Der Jahresabschluss ist nach den **Grundsätzen ordnungsmäßiger Buchführung** (GoB) aufzustellen (§ 243 Abs. 1 HGB). Was unter den GoB zu verstehen ist, wird im Gesetz nicht erläutert; es handelt sich deshalb um einen *unbestimmten Rechtsbegriff.* Allerdings sind die meisten dieser Grundsätze im Laufe der Zeit – ohne konkreten GoB-Bezug – als generelle Grundsätze in das Gesetz aufgenommen worden.

Nachfolgend ein Überblick über diese Grundsätze ordnungsmäßiger Buchführung (sofern vorhanden mit Angabe der Kodifizierung) [28]:

Die Rahmengrundsätze

- Grundsatz der Richtigkeit und Willkürfreiheit [29]
- Grundsatz der Klarheit (§ 243 II HGB)
- Grundsatz der Vollständigkeit (§ 246 I HGB)

---

26 BMF, Schreiben v. 19.1.2010, IV C 6 – S 2133-b/0, Elektronische Übermittlung von Bilanzen sowie Gewinn- und Verlustrechnungen, Tz 2.
27 BMF, Schreiben v. 19.1.2010, IV C 6 – S 2133-b/0, Elektronische Übermittlung von Bilanzen sowie Gewinn- und Verlustrechnungen, Tz 3.
28 Vgl. ausführlich Tanski (Rechnungslegung) S. 130 ff.
29 Dieser Grundsatz wird häufig als »Grundsatz der Bilanzwahrheit« bezeichnet, was unberücksichtigt lässt, dass es keine absolute Bilanzwahrheit gibt. Zur Bilanzwahrheit siehe auch EuGH, Urteil v. 23.4.2020, C-640/18, Wagram Invest SA/Belgischer Staat, abrufbar unter http://curia.europa.eu/juris/liste.jsf?language=de&num=C-640/18.

Die Grundsätze der Periodenabgrenzung

- Das Realisationsprinzip (§ 252 I 5 HGB)
- Grundsatz der sachlichen Abgrenzung
- Grundsatz der zeitlichen Abgrenzung
- Das Imparitätsprinzip (§ 252 I 4 HGB)
- Der ergänzende Grundsatz der Vorsicht (§ 252 I 4 HGB)

Die restriktiven Grundsätze

- Grundsatz der Wesentlichkeit (Materiality)
- Grundsatz der Rechtzeitigkeit (§ 243 III HGB)
- Grundsatz der Vergleichbarkeit (auch der Stetigkeit) (§ 246 III HGB, § 252 I 1 HGB, § 252 I 6 HGB)
- Grundsatz der Wirtschaftlichkeit

Ergänzt werden die GoB von den folgenden Bewertungsgrundsätzen:

- Das Stichtagsprinzip (§ 242 I, II HGB)
  - Wertbegründung/Wertschaffung, Wertaufhellung (§ 252 I 4 2. HS HGB)
- Der Grundsatz der Unternehmensfortführung (§ 252 I 2 HGB)
- Das Niederstwertprinzip (§ 253 III, IV HGB)
- Der Grundsatz der Einzelbewertung (§ 252 I 3 HGB)
  - Saldierungsverbot (§ 246 II HGB)
  - Bewertungsvereinfachungsverfahren (§ 256 HGB)
  - Sachgesamtheiten (R 5.4 II EStR)
  - Bewertungseinheiten (§ 254 HGB)
- Der Grundsatz der Bestimmtheit des Wertansatzes
- Der Grundsatz der Methodenfreiheit
- Der Grundsatz der Bewertungsstetigkeit (Stetigkeitsgrundsatz) (§ 252 I 6 HGB)

Die handelsrechtlichen Ordnungsmäßigkeitsgrundsätze finden eine Ergänzung in dem aus der anglo-amerikanischen Rechnungslegung kommenden Grundsatz des **true and fair view**. Dieser Begriff ist dem Handelsrecht zwar fremd, gleichwohl wird die Formulierung des § 246 Abs. 2 S. 1 HGB gerne als deutsche Interpretation des anglo-amerikanischen Begriffs angesehen. Danach hat der Jahresabschluss »ein den tatsächlichen Verhältnissen entsprechendes Bild der Vermögens-, Finanz- und Ertragslage der Kapitalgesellschaft zu vermitteln«. Dabei sind jedoch – aufgrund des klaren Gesetzestexts – zwingend die GoB einzuhalten. [30] Deshalb verlangt § 246 Abs. 2 S. 2 HGB eine Anhangangabe, falls dieses Bild (beispielsweise wegen vorrangiger Beachtung der GoB) nicht vermittelt wird.

---

30   »Der ›true and fair view‹-Grundsatz bedeutet keine Aufgabe des Realisationsgrundsatzes und des Vorsichtsprinzips. Er ergänzt beide Grundsätze, macht sie jedoch weder überflüssig, noch verkehrt er sie in ihr Gegenteil.« BFH, Beschluss v. 07.08.2000, GrS 2/99, BFH/NV 2000, S. 1404.

Neben den einschlägigen Regelungen in Gesetzen stellen diese Ordnungsmäßigkeitsgrundsätze auch die Grenzen für eine zulässige **Bilanzpolitik** des Unternehmens dar. Eine Überschreitung dieser Grenzen kann u. a. einen Missbrauch von Gestaltungsmöglichkeiten des Rechts i. S. d. § 42 Abs. 1 S. 1 AO darstellen. »Das Motiv, Steuern zu sparen, macht eine steuerliche Gestaltung noch nicht unangemessen. Eine rechtliche Gestaltung ist erst dann unangemessen, wenn der Steuerpflichtige die vom Gesetzgeber vorausgesetzte Gestaltung zum Erreichen eines bestimmten wirtschaftlichen Ziels nicht gebraucht, sondern dafür einen ungewöhnlichen Weg wählt, auf dem nach den Wertungen des Gesetzgebers das Ziel nicht erreichbar sein soll.«[31]

Das *Steuerrecht* kennt für die Steuerbilanz keine eigenen Ordnungsmäßigkeitsgrundsätze, sondern verweist über die §§ 140, 141 AO und § 5 Abs. 1 EStG auf die handelsrechtlichen GoB. Insoweit gilt auch hier die Maßgeblichkeit. Allerdings finden sich im Steuerrecht noch einige formelle Ordnungsmäßigkeitsregeln in den §§ 143–148 AO, die im Handelsrecht überwiegend ihre Entsprechung in den §§ 238 Abs. 1 S. 2 und 3, 239, 257 HGB finden.

Obwohl es sich nicht um allgemeine Ordnungsmäßigkeitsgrundsätze handelt, sind für IT-gestützte Buchführungen und eine Betriebsprüfung noch die Grundsätze zur ordnungsmäßigen Führung und Aufbewahrung von Büchern, Aufzeichnungen und Unterlagen in elektronischer Form sowie zum Datenzugriff (**GoBD**) zu beachten.[32]

Es taucht immer wieder die Frage auf, ob es bei der Bilanzierung ein allgemeines **Korrespondenzprinzip** gibt. Danach sollen bei Geschäftsvorfällen zwischen bilanzierenden Unternehmen die buchmäßigen Darstellungen dieser Geschäftsvorfälle bei beiden Unternehmen (durch gegenläufige Buchungen) korrespondieren. Aus *betriebswirtschaftlicher* Sicht wird dies regelmäßig der Fall sein: Was bei dem einen Geschäftspartner eine Forderung ist, wird beim anderen eine Verbindlichkeit sein, entsprechendes gilt beispielsweise auch für Aufwand und Ertrag, Auszahlung und Einzahlung, Bestandserhöhung und Bestandsminderung; ebenso z. B. Umsatzerlöse und Wareneingänge. Dieses Korrespondenzprinzip hat allerdings Grenzen. So werden sich die Bilanzierungen zwar häufig dem Grunde nach entsprechen, aber der Höhe nach (Bewertungen) differieren; dies ist u. a. regelmäßig bei Fremdwährungsgeschäften der Fall (z. B. durch die Unterschiede zwischen Devisenbrief- und Devisengeldkurs).

Es gibt jedoch auch »klassische« Bilanzierungsaufgaben ohne jedwede Bilanzkorrespondenz dem Grunde nach: Während z. B. ein geschädigter Geschäftspartner lange Zeit keine

---

31 BFH, Urteil v. 20.07.2018, IX R 5/15, BFH/NV 2019, S. 71, Rz. 28 m. w. N.

32 Vgl. BMF, Schreiben v. 28.11.2019, IV A 4 – S 0316/19/10003; einen guten und umfassenden (sowie kostenlosen) Überblick verschafft »GoBD – Ein Praxisleitfaden für Unternehmen« Vers. 2.0, der downloadbar ist unter: https://www.awv-net.de/fachergebnisse/schriftenverzeichnis/steuer-und-handelsrecht/index.html.

Schadenersatzforderungen bilanzieren darf, muss der Schädiger bereits eine Rückstellung und den entsprechenden Aufwand erfassen. Das betriebswirtschaftliche Korrespondenzprinzip existiert also nur im Rahmen von Grundüberlegungen der kaufmännischen Buchhaltung, wird dann aber durch ergänzende Prinzipien und die GoB (z. B. Ausweisverbot für nicht realisierte Forderungen im Fall des eben genannten Geschädigten) modifiziert bzw. aufgehoben. Dass insbesondere bei Bewertungsfragen häufiger keine Bilanzkorrespondenz erkennbar ist, liegt daran, dass Vermögensgegenstände und Schulden nach einer Transaktion bei den beiden Geschäftspartnern – spätestens – nach einer logischen Sekunde ein individuelles »Eigenleben« beginnen können.

Weder das *Handelsrecht* noch das *Steuerrecht* kennen einen kodifizierten oder aus dem Gesetz ableitbaren allgemeinen Grundsatz einer korrespondierenden Bilanzierung[33] oder der Erfolgsneutralität zusammenhängender Aktiva und Passiva bei den Beteiligten eines Geschäfts[34]. Einen solchen Grundsatz gesetzlich zu verankern, wäre auch kaum möglich, weil der Kreis potenzieller Ausnahmen einer Korrespondenzbilanzierung zu groß und vielschichtig wäre. Dennoch kann die Einhaltung der Korrespondenz auch für die Handels- und Steuerbilanz ein Indiz (aber eben kein Beweis) für eine korrekte Bilanzierung sein.

> **! Beispiel: Keine korrespondierende Bewertung**
>
> Die A-GmbH gewährt der B-GmbH für mehrere Jahre ein unverzinsliches Darlehen über 100.000 Euro. Die A-GmbH hat die Darlehensforderung mit den Anschaffungskosten von 100.000 Euro zu aktivieren; bei der B-GmbH entsteht eine Verbindlichkeit von 100.000 Euro, die mit 5,5 % abzuzinsen ist. Eine Teilwertabschreibung bei der A-GmbH aufgrund der Unverzinslichkeit ist nicht zulässig.
>
> Eine Abschreibung dieser Forderung bei der A-GmbH ist auch nicht mit Hinweis auf die sich aus § 6 Abs. 1 Nr. 3 S. 1 EStG ergebende Verpflichtung zur Abzinsung der korrespondierenden Darlehensverbindlichkeit bei der B-GmbH zu begründen. »Die sich daraus ergebende Asymmetrie, die z. T. als ,umgekehrte Imparität' bezeichnet wird, ist den gesetzlichen Regelungen immanent. Ein übergeordnetes Korrespondenzprinzip, durch das sich ein derartiges Ergebnis verhindern ließe, existiert nicht.«[35]
>
> Dieses Beispiel zeigt einen Fall mit korrespondierender Bilanzierung dem Grunde nach, aber fehlender Bilanzkorrespondenz der Höhe nach.

---

33   FG Köln, Urteil v. 28.9.2017, 7 K 1175/16.
34   BFH, Urteil v. 9. 1.2013, I R 33/11, BFH/NV 2013, S. 1009.
35   BFH, Urteil v. 24.10.2012, I R 43/11, BFH/NV 2013, S. 311 (m. w. N.).

2 Umfang der Bilanzierung

Die Rechnungslegungsvorschriften des HGB enthalten keine detaillierten Regelungen zum **Bilanzierungsumfang**. Die Frage, ob bestimmte Objekte bilanziert werden müssen, können oder nicht dürfen, ist daher nach den GoB zu beantworten. Dabei kann für die Handelsbilanz auf § 242 Abs. 1 HGB zurückgegriffen werden, wonach der Kaufmann am Ende eines jeden Geschäftsjahres »einen das Verhältnis seines Vermögens und seiner Schulden darstellenden Abschluss (Eröffnungsbilanz, Bilanz) aufzustellen« hat. § 5 EStG bestimmt als Inhalt der Steuerbilanz die nach handelsrechtlichen GoB anzusetzenden – positiven und negativen – Wirtschaftsgüter. Das Handelsrecht spricht dagegen nicht von Wirtschaftsgütern, sondern von Vermögensgegenständen und Schulden (§ 240 Abs. 1 HGB).

Damit ist die Frage nach der **Aktivierung** grundsätzlich gleichbedeutend mit der Frage nach den Merkmalen des handelsrechtlichen Vermögensgegenstands bzw. des steuerrechtlichen positiven Wirtschaftsguts. Für die **Passivierung** richtet sich der Umfang der Schulden bzw. negativen Wirtschaftsgüter nach den für das Unternehmen bestehenden Lasten. Schulden sind eine abstrakte Rechengröße, die bilanzrechtlich einen Anspruch an das Vermögen ausdrückt. Der Schuldenbegriff geht über den bürgerlich-rechtlichen Schuldbegriff hinaus und umfasst alle gegenwärtigen und künftigen, jedoch selbständig abgrenz- und bewertbaren Belastungen des Vermögens des Kaufmanns, die dem Grunde nach bestehen oder hinreichend sicher erwartet werden, auch wenn deren Höhe evtl. noch ungewiss ist.

Die **abstrakte Bilanzierungsfähigkeit** sagt jedoch noch nichts über den konkreten Umfang des zu bilanzierenden Vermögens. Die Forderung des § 246 Abs. 1 HGB, dass der Kaufmann seine sämtlichen Vermögensgegenstände und Schulden in die Bilanz einzubeziehen hat, wird durch zwei Bilanzierungsgrundsätze konkretisiert:

1. Grundsatz der wirtschaftlichen Zugehörigkeit
2. Verbot der Bilanzierung privater Vermögensgegenstände und Schulden (bzw. Wirtschaftsgüter)

2.1 Der handelsrechtliche Begriff des Vermögensgegenstands

Obwohl in der Praxis nur relativ selten Probleme hinsichtlich des Kreises der zu bilanzierenden Gegenstände auftreten, ist die Frage, welche Gegenstände der Bilanzierung (Aktivierung oder Passivierung) unterliegen, in der Theorie nur schwer zu beantworten.[36]

---

36 Vgl. ausführlich zum gesamten Problemkreis Freericks (Bilanzierungsfähigkeit), S. 122 ff. m. w. N.

Allein in § 240 Abs. 1 HGB ist bestimmt, dass jeder Kaufmann seine Grundstücke, seine Forderungen und Schulden, den Betrag seines baren Geldes und seine sonstigen Vermögensgegenstände genau zu verzeichnen hat. Was unter dem Begriff »**Vermögensgegenstand**« zu verstehen ist, ist in keinem Gesetz geregelt, es fehlt also eine Legaldefinition. Einen Anhaltspunkt für den Inhalt dieses Begriffs bildet lediglich das handelsrechtliche Mindestgliederungsschema für die Bilanz.

Da auch der bürgerlich-rechtliche Begriff der **Sache** (§ 90 BGB) nicht zu einer Klärung führt, weil unter einer Sache nur körperliche Gegenstände erfasst werden, muss die Bestimmung der zu bilanzierenden Vermögensgegenstände nach den GoB erfolgen. Danach können als bestimmend für den **Vermögensgegenstand** angesehen werden:

1. die Verkehrsfähigkeit,
2. der wirtschaftliche Wert,
3. die selbständige Bewertungsfähigkeit.[37]

Auf der **Blockchain-Technologie** oder vergleichbaren Technologien basierende virtuelle Güter werden eine zunehmende Rolle im Wirtschaftsleben spielen.[38] So stellen BMWi und BMF fest, dass mittels Blockchain-Technologie alle erdenklichen Werte, Rechte und Schuldverhältnisse an materiellen und immateriellen Gütern durch Token repräsentiert und deren Handel- und Austauschbarkeit potenziell vereinfacht werden können.[39] Diese Token (immaterielle bzw. virtuelle Wertmarken[40]) sind auch im Rechnungswesen abzubilden. Deshalb zählen regelmäßig auch virtuelle bzw. elektronische Güter (**Token**) wie z. B. Bitcoins zu den Vermögensgegenständen (oder Wirtschaftsgütern).[41] Diese Güter werden meistens unterschieden in:

- Currency Token, die den Charakter von Zahlungsmitteln haben (**Kryptowährungen** wie z. B. Bitcoins),
- Security bzw. Investment Token (Asset Token) wie elektronische Anleihen[42] (Debt Token) oder Geschäftsanteile (Equity Token),
- Utility Token, die gutscheinähnlich zum Erwerb von Waren oder Dienstleistungen berechtigen.

Für die Bilanzierung und Bewertung dieser Güter gelten im Wesentlichen die allgemeinen Regeln.[43]

---

37 Freericks (Bilanzierungsfähigkeit), S. 141 ff.
38 Vgl. grundlegend Schuster/Theissen/Uhrig-Homburg (Anwendungen).
39 BMWi und BMF (Blockchain-Strategie).
40 Davon zu unterscheiden sind materielle Wertmarken/Token wie Jetons (z. B. als Spielgeld) oder Zutrittschips (z. B. zur U-Bahn).
41 FG Berlin-Brandenburg, Beschluss v. 20.6.2019, 13 V 13100/19, rkr., BB 4/2020, S. 176.
42 Im zukünftigen Gesetz über elektronische Wertpapiere (eWpG) soll in einem ersten Schritt die elektronische Begebung von Schuldverschreibungen ermöglicht werden. Die Regelung soll technologieneutral erfolgen. Das heißt: Über Blockchain begebene Schuldverschreibungen sollen gegenüber anderen elektronischen Begebungsformen grundsätzlich nicht begünstigt werden.

Auch für den Begriff der Schulden wird man sich auf die GoB zurückziehen müssen. Folgende Merkmale sollen für die **Schulden** gegeben sein, damit sie bilanzierungsfähig sind:

1. die wirtschaftliche Belastung,
2. die Leistungsverpflichtung durch das Unternehmen,
3. eine quantifizierbare Leistung,
4. die selbständige Bewertungsfähigkeit.[44]

Ist nach den vorstehenden Merkmalen die **abstrakte Bilanzierungsfähigkeit** für einen Gegenstand festgestellt, richtet sich die **konkrete Bilanzierungsfähigkeit** nach gesetzlich geregelten Bilanzierungsverboten und -wahlrechten; für nicht geregelte Fälle besteht aufgrund der GoB ein Bilanzierungsgebot. Obwohl durch die Bilanzierungsgebote der GoB erfasst, zählen Korrektur- und Ausgleichsposten nicht zu den Vermögensgegenständen bzw. zu den Schulden.

2.2 Der steuerliche Begriff des Wirtschaftsguts

Aufgrund des **Maßgeblichkeitsprinzips** der Handelsbilanz für die Steuerbilanz ist die für das Handelsrecht getroffene Ableitung der Bilanzierungsfähigkeit für die Steuerbilanz zu übernehmen. Das Steuerrecht hat jedoch eine eigene Begriffsbildung in Gesetzestext und Rechtsprechung gefunden. Für die Steuerbilanz wird für die zu bilanzierenden Gegenstände der Begriff **Wirtschaftsgut** gebraucht. Dabei werden die – auf der Aktivseite auszuweisenden – Vermögensgegenstände als positive Wirtschaftsgüter, die – auf der Passivseite auszuweisenden – Schulden als negative Wirtschaftsgüter bezeichnet.[45]

Nach h. M. und der Rechtsprechung sind der Begriff des Vermögensgegenstands und der des positiven Wirtschaftsguts als weitgehend identisch anzusehen.[46] Gleiches ist für die Begriffe der Schulden und des negativen Wirtschaftsguts anzunehmen, da sich sowohl Handels- als auch Steuerrecht auf die GoB berufen.[47]

Im Wesentlichen müssen folgende Voraussetzungen erfüllt sein, um ein Wirtschaftsgut annehmen zu können:[48]

1. Es muss nach der Verkehrsauffassung bilanzierungsfähig sein,
2. es muss selbständig bilanzierungsfähig sein,

---

43 Vgl. Hötzel, in: Hötzel/Krüger/Niermann/Scherer/Lehmann (Unternehmensfinanzierung), S. 26–56; Sixt (Behandlung).
44 Freericks (Bilanzierungsfähigkeit), S. 224 ff., hier insbes. S. 226 ff.
45 Vgl. Freericks (Bilanzierungsfähigkeit), S. 304 ff.
46 Vgl. Tanski, in: Petersen u. a. (Syst. Praxiskommentar) § 246 Tz. 20.
47 Ley (Wirtschaftsgut), S. 117.
48 BFH v. 13.03.1956, BStBl. III, S. 149; BFH v. 15.04.58, BStBl. III, S. 260, letztlich bestätigend: BFH, Beschluss v. 07.08.2000, GrS 2/99, BFH/NV 2000, S. 1404.

3. es muss selbständig bewertungsfähig sein, d. h. ein Käufer eines Gesamtunternehmens muss z. B. für ein vorhandenes positives Wirtschaftsgut ein besonderes Entgelt zahlen.[49]

Auch in der Steuerbilanz zählen Korrektur- und Ausgleichsposten nicht zu den Wirtschaftsgütern.

2.3 Der Grundsatz der wirtschaftlichen Zugehörigkeit

2.3.1 Bilanzierung beim wirtschaftlichen Eigentümer

Der Kaufmann hat nach § 242 Abs. 1 HGB »sein Vermögen« und »seine Schulden« in der Bilanz darzustellen. Es ist deshalb zu klären, welche Vermögensgegenstände dem Kaufmann zuzurechnen sind. Für die Frage der Zuordnung eines bilanzierungsfähigen Vermögensgegenstands zu einem Bilanzvermögen wird zwischen dem rechtlichen Eigentum, das aufgrund des Sachenrechts des BGB bestimmt wird, und dem **wirtschaftlichen Eigentum** bzw. der wirtschaftlichen Zugehörigkeit als Zuordnungskriterium unterschieden. Sowohl in der handelsrechtlichen wie auch in der steuerlichen Sicht hat sich die wirtschaftliche Betrachtungsweise durchsetzen können, wie sich dies steuerlich u. a. im § 39 Abs. 2 AO und im Leasingerlass dokumentiert.

Regelmäßig ist das **rechtliche Eigentum** ein Indiz für die Bilanzierungspflicht beim – rechtlichen – Eigner. Erst wenn zu dieser Tatsache weitere Feststellungen hinzutreten, die die aus dem rechtlichen Eigentum abgeleitete Vermutung widerlegen, dass auch das wirtschaftliche Eigentum beim rechtlichen Eigentümer liegt, ist die Frage der Bilanzierungspflicht näher zu untersuchen, wobei sich die endgültige Pflicht zur Bilanzierung nach der h. M. dann grundsätzlich nicht mehr nach dem rechtlichen Eigentum richtet.

Güter, die vermietet oder verliehen sind, bleiben im rechtlichen Eigentum des Vermieters/Verleihers, weshalb im Fall einer **Miete** oder **Leihe** die Bilanzierung weiterhin beim Vermieter/Verleiher erfolgt. Dagegen findet beim **Sachdarlehensvertrag** (§§ 607–609 BGB, z. B. Wertpapierdarlehensvertrag) ein Eigentumsübergang auf den Darlehensnehmer statt, der die Sache deshalb bilanzieren muss. Der Darlehensgeber bilanziert anstelle der Sache eine Sachforderung, wobei dieser Aktivtausch sowohl bei Darlehensvergabe als auch bei Rückgabe der Sache erfolgsneutral ist. Dennoch kann ein Wertpapierdarlehensvertrag so ausgestaltet sein, dass das wirtschaftliche Eigentum beim Darlehensgeber verbleibt, mit der Folge, dass die Wertpapiere beim Darlehensgeber bilanziert werden.[50]

---

49   BFH v. 29.4.1965, BStBl. III, S. 414.
50   Vgl. hierzu BMF, Schreiben v. 11.11.2016, 2016/1026048.

Da es sich bei dem Begriff des »**wirtschaftlichen Eigentums**« um einen steuerlichen Terminus, bei der »wirtschaftlichen Zugehörigkeit« dagegen um den handelsrechtlichen Ausdruck handelt, ohne dass im Ergebnis ein materieller Unterschied hinsichtlich der bilanziellen Auswirkungen erkennbar ist, wird im Folgenden nur noch von der »wirtschaftlichen Zugehörigkeit« gesprochen.

Als hauptsächliches Kriterium für die **wirtschaftliche Zugehörigkeit** wird die **dauernde Nutzungs- und Verwertungsmacht** an einem Vermögensgegenstand durch einen Bilanzpflichtigen angesehen. Ausschlaggebend ist dabei das Recht, die Früchte aus dem Gebrauch oder Verbrauch eines Gutes zu ernten, wobei andere Personen – so insbesondere auch der rechtliche Eigentümer – auf lange Zeit oder auf Dauer von diesem Recht ausgeschlossen sind, d. h., dass durch den zur Diskussion stehenden Vermögensgegenstand die Ertragskraft des berechtigten Bilanzpflichtigen so gestärkt wird, als würde dieser Vermögensgegenstand auch im rechtlichen Eigentum des Berechtigten stehen.

Diese Auffassung ist auch durch die Rechtsprechung gefestigt. Danach sind die gekauften Vermögensgegenstände Bestandteile des Vermögens des Kaufmanns, die ihm zivilrechtlich gehören, sowie auch solche, die zivilrechtlich zwar einer anderen Person gehören, die aber nach der Ausgestaltung der Rechtsbeziehungen zu dem zivilrechtlichen Rechtsinhaber nach den tatsächlichen Verhältnissen wirtschaftlich Bestandteil seines Vermögens sind.[51]

Zur Prüfung der wirtschaftlichen Zugehörigkeit kommt es dagegen nicht darauf an, wer bestimmte Risiken an dem Gut trägt, jedoch wird es als Regelfall anzusehen sein, dass die Person, der das Gut wirtschaftlich zuzurechnen ist, auch eintretende Wertverluste zu tragen hat, z. B. durch die Nutzung des Gutes. Trotzdem können bestimmte Risiken grundsätzlich auch weiterhin vom rechtlichen Eigentümer zu tragen sein.

Sind die genannten Kriterien eindeutig gegeben, so ist der Vermögensgegenstand unabhängig vom rechtlichen Eigentum zu bilanzieren. Im Umkehrschluss bedeutet dies, dass nicht bilanziert werden darf, wenn die wirtschaftliche Zugehörigkeit zu dem betrachteten Bilanzvermögen nicht gegeben ist.

Unterstützt wird diese Auffassung nun zusätzlich durch die Formulierung im § 238 Abs. 1 S. 2 HGB, wonach die Buchführung einen Überblick über die Geschäftsvorfälle und die Lage des Unternehmens vermitteln soll. Da die Unternehmenslage jedoch wiederum der wirtschaftlichen Betrachtungsweise zu unterwerfen ist, wäre es beispielsweise nicht vertretbar, eine gekaufte Maschine in der Bilanz anders darzustellen als eine Maschine, deren Nutzkraft dem Unternehmen aufgrund eines Leasingver-

---

51   BFH v. 3.8.1988 (I R 157/84).

trags dauerhaft zusteht, weil sich nur bei gleicher Bilanzierung beider Sachverhalte ein gleicher Einblick in die Unternehmenslage ergibt.

Die teilweise vertretene Auffassung, dass in der Bilanz nur jene Vermögensgegenstände ausgewiesen werden dürfen, deren Verwertung auch im Fall der Liquidation dem Bilanzierenden möglich ist, ist nicht mehr haltbar, nachdem das **Prinzip der Unternehmensfortführung** (*going concern principle*) für die Bilanz durch § 252 Abs. 1 Nr. 2 HGB festgeschrieben ist. Jedoch ist dem Gläubigerschutzprinzip dadurch Rechnung zu tragen, dass die nicht im rechtlichen Eigentum stehenden aber bilanzierten Güter im Anhang wertmäßig beziffert werden, was zusätzlich durch § 285 Nr. 3a HGB gestützt wird.

Für die Steuerbilanz ist das **wirtschaftliche Eigentum** durch die Legaldefinition des § 39 Abs. Nr. 2 AO eindeutig geregelt. Übt danach »ein anderer als der Eigentümer die tatsächliche Herrschaft über ein Wirtschaftsgut in der Weise aus, dass er den Eigentümer im Regelfall für die gewöhnliche Nutzungsdauer von der Einwirkung auf das Wirtschaftsgut wirtschaftlich ausschließen kann, so ist ihm das Wirtschaftsgut zuzurechnen«.

Beispiele für die Anwendung dieses Grundsatzes gibt § 39 Abs. 2 Nr. 1 S. 2 AO. Danach sind die Wirtschaftsgüter

- bei Treuhandverhältnissen dem Treugeber,
- bei Sicherungsübereignung dem Sicherungsgeber und
- bei Eigenbesitz dem Eigenbesitzer

zuzurechnen. Der landwirtschaftliche Pächter ist wie bisher grundsätzlich nicht als wirtschaftlicher Eigentümer zu behandeln.

Auch Rechte, also z. B. Anteile an Kapitalgesellschaften, können Gegenstand des wirtschaftlichen Eigentums in der Weise sein, dass die Anteile nicht dem bürgerlich-rechtlichen Eigentümer, sondern dem wirtschaftlichen Eigentümer zuzurechnen sind. Das ist z. B. dann der Fall, wenn aufgrund eines bürgerlich-rechtlichen Rechtsgeschäfts der Käufer eines Anteils bereits eine rechtlich geschützte, auf den Erwerb des Rechts gerichtete Position erworben hat, die ihm gegen seinen Willen nicht mehr entzogen werden kann und die mit den Anteilen verbundenen wesentlichen Rechte sowie das Risiko einer Wertminderung und die Chance einer Wertsteigerung auf ihn übergegangen sind.[52]

Da ein Wirtschaftsgut immer zu bilanzieren ist, wenn aufgrund des wirtschaftlichen Eigentums die Zugehörigkeit zu einem Betriebsvermögen gegeben ist, ist die schenkweise Übereignung eines Wirtschaftsguts aus einem Betriebsvermögen auf einen Dritten nur dann eine Entnahme, wenn der Betriebsinhaber nicht nur das zivilrechtliche, sondern auch das wirtschaftliche Eigentum verliert.[53] Bleibt dagegen der Schen-

---

52   BFH v. 10.3.1988, BStBl. II, S. 832.
53   BFH v. 5.5.1983, BStBl. II, S. 631.

ker eines Wirtschaftsguts dessen wirtschaftlicher Eigentümer, so steht das der »Ausführung der Zuwendung« i. S. des § 9 Abs. 1 Nr. 2 ErbStG und damit der Besteuerung mit Schenkungssteuer nicht entgegen.[54]

2.3.2 Zeitpunkt der Bilanzierung

Vermögensgegenstände sind erstmalig zu dem Zeitpunkt zu bilanzieren, an dem das Eigentum auf den Bilanzierenden übergeht (**Eigentumsübergang**). Weichen rechtliches und wirtschaftliches Eigentum voneinander ab, so gilt der Zeitpunkt des Erwerbs des wirtschaftlichen Eigentums als Bilanzierungszeitpunkt. Entsprechendes gilt für die Schuldposten.

Das FG Niedersachsen hat den **Zeitpunkt des Zugangs** in drei Leitsätzen wie folgt definiert[55]:

1. Zeitpunkt der Anschaffung ist nach § 9a EStDV der Zeitpunkt der Lieferung; geliefert ist das Wirtschaftsgut, wenn der Erwerber nach dem Willen der Vertragsparteien zumindest die wirtschaftliche Verfügungsmacht darüber in dem Sinne erlangt hat, dass er als dessen wirtschaftlicher Eigentümer anzusehen ist.
2. Der Übergang der wirtschaftlichen Verfügungsmacht erfordert i. d. R. den Übergang von Besitz, Gefahr, Nutzungen und Lasten.
3. Sind am Bilanzstichtag nicht alle vorbezeichneten Merkmale erfüllt, bedarf es einer wertenden Beurteilung anhand der Verteilung der mit dem zu bilanzierenden Vermögensgegenstand verbundenen Chancen und Risiken.

Bei gekauften Waren kommt es für den Zeitpunkt der Bilanzierung darauf an, wann die **wirtschaftliche Verfügungsmacht** vom Verkäufer auf den Käufer übergeht; dabei kann die Verfügungsmacht durch unmittelbaren oder mittelbaren Besitz erlangt werden. Unmittelbarer Besitz kann nur durch Aushändigung der Ware verschafft werden. Insbesondere bei »schwimmender Ware« kann mittelbarer Besitz auch durch Aushändigung der Konnossemente verschafft werden.[56]

2.3.3 Treuhandverhältnisse

Das Treuhandverhältnis ist ein im Wirtschaftsleben weit verbreiteter, schillernder Begriff, der jedoch bis heute noch nicht gesetzlich definiert[57] ist. Die **Treuhand** lässt sich trotz der vielen unter diesem Begriff subsumierten Sachverhalte allgemein dahingehend charakterisieren, dass jemandem Sachen oder Rechte (das Treugut) zur eigenen

---

54 BFH v. 22.9.1982, BStBl. 1983 II, S. 179.
55 FG Niedersachsen, Urteil v. 20.11.2013, 4 K 124/13, DB 12/2014, S. 630.
56 BFH v. 3.8.1988, BStBl. 1989 II, S. 21.
57 Insbesondere ist der Treuhänder kein Stellvertreter i. S. des § 164 BGB.

Verfügung anvertraut werden, die dieser aber nicht im eigenen Interesse, sondern im Interesse anderer Personen oder für objektive Zwecke ausüben soll. Dabei muss dem Treuhänder nicht immer unbedingt das Vollrecht (z. B. Eigentum) übertragen werden.

Am Treuhandverhältnis beteiligte natürliche oder juristische Personen sind: Der **Treuhänder** als derjenige, der das Treugut vom **Treugeber** erhält, und der **Begünstigte**, für den der Treuhänder das vom Treugeber oder einem Dritten empfangene Treugut verwalten oder die ihm daraus entstehenden Rechte ausüben soll. Zwischen diesen drei an einem Treuhandverhältnis Beteiligten kann in unterschiedlicher Weise Identität vorliegen.

Treuhandverhältnisse können entweder durch ein Rechtsgeschäft (Vertrag) oder durch einen Hoheitsakt (Verwaltungsakt, gerichtliche Anordnung oder unmittelbar durch Gesetz) begründet werden. Einen typischen Treuhandvertrag gibt es nicht. Vom Zweck des Treuhandvertrags her lassen sich die folgenden Arten der Treuhandtätigkeit unterscheiden:

- Wahrnehmung fremder Interessen,
- Ausübung fremder Rechte,
- Verwaltung.

Der Treuhänder übt gegenüber dem Treugeber eine Dienstleistung im weitesten Sinn aus mit dem Ziel, das Treugut für den Begünstigten (i. d. R. identisch mit dem Treugeber) dergestalt zu verwalten, dass der Treugeber (bzw. der Begünstigte) weiterhin den wirtschaftlichen Erfolg aus dem Treugut und i. d. R. auch das gesamte wirtschaftliche Risiko behält. Prinzip des Treuhandverhältnisses ist also gerade, dass das Treugut wirtschaftlich gesehen dem Treugeber uneingeschränkt erhalten bleibt. Die wirtschaftliche Zugehörigkeit des Treuguts ist deshalb grundsätzlich zum Vermögen des Treugebers gegeben, weshalb nach den oben aufgestellten Überlegungen die Bilanzierung beim Treugeber, keinesfalls aber beim Treuhänder, zu erfolgen hat. Steuerlich wird diese Forderung ohnehin durch § 39 Abs. 2 Nr. 1 S. 2 AO erhoben. Ein aktivischer Ausweis beim Treuhänder unter gleichzeitiger Passivierung einer Rückzahlungsverpflichtung ist deshalb grundsätzlich unzulässig und würde darüber hinaus eine die Klarheit beeinträchtigende Bilanzaufblähung bewirken.

Aus der ordnungsmäßigen Verwaltung des Treuguts können dem Treuhänder Haftungspflichten auferlegt sein, die nach dem Vorsichtsprinzip im Jahresabschluss auszuweisen sind. Für einen derartigen Ausweis kommen sowohl eine Angabe im Anhang als auch – insbesondere bei großen Haftungssummen – ein Ausweis »unterm Strich« als Bilanzvermerk infrage. Wegen der Schwierigkeit, den Wert einer möglichen Haftungssumme zu bestimmen, ist als größtmöglicher Wert i. d. R. der Wert des gesamten Treuhandvermögens im Jahresabschluss des Treuhänders auszuweisen.

2.3.4 Kommissionsgeschäfte

Das Kommissionsgeschäft stellt einen Spezialfall im Bereich der Handelsgeschäfte dar. Ein **Kommissionsgeschäft** betreibt gem. § 383 HGB als **Kommissionär**, wer es gewerbsmäßig übernimmt, Waren oder Wertpapiere für Rechnung eines anderen (des **Kommittenten**) in eigenem Namen zu kaufen (Einkaufskommission) oder zu verkaufen (Verkaufskommission). Kommissionär kann jeder Kaufmann sein, auch dann, wenn er üblicherweise in seinem Gewerbe keine Kommissionsgeschäfte tätigt. Voraussetzung ist nur, dass er Handelsgeschäfte betreiben kann. Im Gegensatz zum Kommissionär braucht der Kommittent kein Kaufmann zu sein.

Beim Kommissionsgeschäft gelten einige Besonderheiten, die überwiegend auch Bedeutung für die Darstellung in der Buchhaltung haben können. Hier zu behandeln ist die Frage nach dem **Eigentumserwerb am Kommissionsgut** durch den Kommissionär. Der **Verkaufskommissionär** erwirbt am Kommissionsgut grundsätzlich kein Eigentum, sondern lediglich Besitz, da das – rechtliche und wirtschaftliche – Eigentum beim Kommittenten bleibt. Jedoch erhält der Verkaufskommissionär das Recht, das Eigentum (vom Kommittenten) an der Kommissionsware auf einen Dritten (Abnehmer bzw. Käufer) zu übertragen. Daraus folgt, dass beim Verkaufskommissionär lagernde Ware nicht bei diesem, sondern beim Kommittenten zu bilanzieren ist.

Der **Einkaufskommissionär** dagegen erwirbt an dem Kommissionsgut zunächst rechtliches Eigentum. Er muss dann jedoch wegen § 384 Abs. 2 HGB im Rahmen des Abwicklungsgeschäfts dem Kommittenten Eigentum an der Ware verschaffen. Wegen dieser grundsätzlichen Verpflichtung zur Verschaffung des Eigentums hat der Kommissionär keine Verfügungsmacht über die Kommissionsware, weshalb mit Vollendung des Einkaufs durch den Kommissionär das wirtschaftliche Eigentum sofort an den Kommittenten übergeht, der die Ware dann bilanzieren muss.

Im Ergebnis bleibt festzuhalten, dass sowohl bei der Einkaufs- als auch bei der Verkaufskommission die Kommissionsware auch dann **beim Kommittenten** bilanziert wird, wenn die Ware beim Kommissionär lagert, da die wirtschaftliche Zugehörigkeit beim Kommittenten liegt.

2.4 Das Verbot der Bilanzierung des Privatvermögens

Weil Kapitalgesellschaften und Genossenschaften keine außerbetriebliche Sphäre besitzen, ist die alte Streitfrage, ob der Kaufmann auch sein Privatvermögen und seine privaten Schulden bilanzieren muss, nur für Einzelkaufleute und Personengesellschaften bedeutsam. Für Personengesellschaften, die handelsrechtlich gesehen gegenüber ihren Gesellschaftern stärker verselbständigt sind, gilt dies vor allem steuerlich, weil für die Personengesellschaft (bei Mitunternehmerschaft nach § 15 Abs. 1 Nr. 2 EStG) eine Art konsolidierte Steuerbilanz des Gesamthandvermögens der einzelnen Gesellschafter aufgestellt wird. Insgesamt spielt im Steuerrecht die Abgrenzung von Privat- und Betriebssphäre wegen der damit verbundenen steuerlichen Wirkungen eine größere Rolle als im Handelsrecht.

2.4.1 Bilanzierungsverbot privater Vermögensgegenstände in der Handelsbilanz

Unter dem Gesichtspunkt des Gläubigerschutzes müsste in der Handelsbilanz das gesamte Haftungskapital des Kaufmanns auszuweisen sein. In diesem Sinn hat das Reichsgericht in einem Urteil vom 10.1.1908 (RGSt Bd. 41, S. 41) entschieden, dass der Kaufmann nach § 39 Abs. 1 und 2 HGB (a. F.) »sein nicht zum vollkaufmännischen Gewerbe gehörendes Vermögen« auszuweisen habe. Später wurde das Urteil so ausgelegt, dass das Privatvermögen in der Bilanz summarisch auszuweisen sei. Die Praxis ist jedoch, vor allem wegen der hiervon abweichend geregelten steuerlichen Bilanzierung, weder dem Urteil noch der Auslegung gefolgt.

Auch aus den Zielsetzungen des Jahresabschlusses lässt sich keine Bilanzierungspflicht ableiten, weshalb der Grundsatz der Vollständigkeit auf das **Handelsvermögen** beschränkt bleibt. Dies hat sich auch in § 5 Abs. 4 PublG niedergeschlagen, der für die diesem Gesetz unterliegenden Einzelkaufleute und Personengesellschaften sowohl ein ausdrückliches Verbot der Bilanzierung von Privatvermögen als auch ein Verbot des Ausweises von das Privatvermögen betreffenden Aufwendungen und Erträgen in der Gewinn- und Verlustrechnung enthält.

2.4.2 Die Abgrenzung von Privat- und Betriebsvermögen im Steuerrecht

2.4.2.1 Überblick

Im Regelfall ist für das Steuerrecht der Gewinn durch Betriebsvermögensvergleich gem. §§ 4 Abs. 1 oder 5 Abs. 1 EStG zu ermitteln. Besteht keine Verpflichtung zu einem Betriebsvermögensvergleich, ist als Gewinn der Überschuss der Betriebseinnahmen über die Betriebsausgaben gem. § 4 Abs. 3 EStG (Einnahmen-Überschuss-Rechnung) zu errechnen. Deshalb ist es wichtig zu bestimmen, welche Wirtschaftsgüter zum **Betriebsvermögen**[58] gehören.

---

58 Beachte die Legaldefinition des Betriebsvermögens in § 95 BewG.

Von der Klärung dieser Frage hängt es ab, ob bei einem Wirtschaftsgut z. B. Absetzungen für Abnutzung als Betriebsausgaben und Verkaufserlöse als Betriebseinnahmen anzusetzen sind. Zählt ein Wirtschaftsgut nicht zum Betriebsvermögen, sind die entsprechenden Einnahmen und Ausgaben der Privatsphäre des Steuerpflichtigen zuzurechnen.

Für die Frage der Zurechnung sind in Abhängigkeit vom Umfang der betrieblichen Nutzung eines Wirtschaftsguts drei Fälle zu unterscheiden:

1. notwendiges Betriebsvermögen
2. gewillkürtes Betriebsvermögen
3. notwendiges Privatvermögen

2.4.2.2 Notwendiges Betriebsvermögen

Das Steuerrecht zählt jene Wirtschaftsgüter zum **Betriebsvermögen**, die den Zwecken des Betriebs dienen können. Soweit diese Wirtschaftsgüter darüber hinaus für die Aufrechterhaltung des Geschäftsbetriebs eingesetzt sind, d. h. in einem objektiven Zusammenhang mit dem Betrieb stehen, ist die Zuordnung zum Betriebsvermögen zwingend, man spricht dann vom **notwendigen Betriebsvermögen**.

Wesentlich für die **Zurechnung** zum notwendigen Betriebsvermögen ist die tatsächliche Handhabung. Wird ein Wirtschaftsgut für betriebliche Zwecke eingesetzt, so ist es stets als notwendiges Betriebsvermögen anzusehen. Eine Prüfung, ob vergleichbare Steuerpflichtige dieses Wirtschaftsgut gleichermaßen im Betrieb einsetzen würden, findet ebenso wenig statt wie die Feststellung, ob der Einsatz des Wirtschaftsguts (technisch oder wirtschaftlich) sinnvoll ist. Ausschlaggebend ist somit nur der **Sachzusammenhang** zwischen Wirtschaftsgut und Betrieb. Die rechtliche Zugehörigkeit kann für eine Zuordnung ein Kriterium sein, sie führt jedoch keinesfalls zu einer zwingenden Beurteilung. Ebenso wenig kommt es darauf an, wie das zu beurteilende Wirtschaftsgut in der Handelsbilanz ausgewiesen wird.

Danach rechnen Maschinen, Betriebsgebäude, Büroinventar, Ladeneinrichtungen und Warenvorräte regelmäßig zum notwendigen Betriebsvermögen. Gleiches gilt für Betriebsschulden (negative Wirtschaftsgüter). Auch sie müssen in der Steuerbilanz ausgewiesen werden, wenn sie in einem objektiven Zusammenhang mit dem Betrieb stehen. So ist beispielsweise ein aus betrieblichen Gründen aufgenommenes Darlehen steuerlich stets als Betriebsschuld auszuweisen, auch wenn aus bilanzpolitischen Gründen für die Handelsbilanz eine Buchung als Privateinlage bevorzugt wird.

Werden Wertpapiere mit betrieblichen Mitteln angeschafft, so stellen sie nur dann notwendiges Betriebsvermögen dar, wenn sie zur Stärkung des Finanzkapitals im Betrieb verbleiben, andernfalls würde es sich um eine Privatentnahme handeln. Wertpapiere, die sich im Privatbesitz befinden, werden durch ihre Verpfändung für einen betrieblich veranlassten Kredit noch nicht zu Betriebsvermögen; da hier keine Zuführung von Betriebskapital durch die Wertpapiere erfolgt, fehlt es an dem nötigen objektiven Zusammenhang zum Betrieb.[59]

Für die Zuordnung einer **Beteiligung** hat der BFH[60] diese drei Leitsätze aufgestellt, die auch auf andere Unternehmensformen übertragbar sind:

1. Bei einem Einzelgewerbetreibenden gehört eine Beteiligung an einer Kapitalgesellschaft zum notwendigen Betriebsvermögen, wenn sie dazu bestimmt ist, die gewerbliche (branchengleiche) Betätigung des Steuerpflichtigen entscheidend zu fördern, oder wenn sie dazu dient, den Absatz von Produkten oder Dienstleistungen des Steuerpflichtigen zu gewährleisten.
2. Maßgebend für die Zuordnung einer Beteiligung zum notwendigen Betriebsvermögen ist deren Bedeutung für das Einzelunternehmen.
3. Der Zuordnung einer Beteiligung zum notwendigen Betriebsvermögen steht nicht entgegen, wenn die dauerhaften und intensiven Geschäftsbeziehungen nicht unmittelbar zu der Beteiligungsgesellschaft bestehen, sondern zu einer Gesellschaft, die von der Beteiligungsgesellschaft beherrscht wird.

Schließt eine Personenhandelsgesellschaft eine **Lebensversicherung** auf das Leben eines Angehörigen eines Gesellschafters (eines Dritten) ab, so können Ansprüche und Verpflichtungen aus dem Vertrag dem Betriebsvermögen zuzuordnen sein, wenn der Zweck der Vertragsgestaltung darin besteht, Mittel für die Tilgung betrieblicher Kredite anzusparen und das für Lebensversicherungen charakteristische Element der Absicherung des Todesfallrisikos bestimmter Personen demgegenüber in den Hintergrund tritt. Der Anspruch der Gesellschaft gegen den Versicherer ist in Höhe des geschäftsplanmäßigen Deckungskapitals zum Bilanzstichtag zu aktivieren. Die diesen Betrag übersteigenden Anteile der Prämienzahlungen sind als Betriebsausgaben abziehbar.[61]

Wurde ein Wirtschaftsgut zulässigerweise als notwendiges Betriebsvermögen behandelt, so kann eine **Überführung in das Privatvermögen** nur durch eine eindeutige, schlüssige Entnahmehandlung erfolgen, die nach außen den Willen des Steuerpflichtigen erkennen lässt, ein Wirtschaftsgut nicht mehr zur Erzielung von Betriebseinnahmen, sondern zukünftig nur noch zur Erzielung von Privateinnahmen oder einkommensteuerlich neutralen Zwecken einzusetzen. Die Eindeutigkeit kann durch eine tatsächliche **Entnahme** des Gutes sowie die Buchung als Privatentnahme erfolgen, wodurch die Verknüpfung des Wirtschaftsguts mit dem Betriebsvermögen unmissverständlich gelöst wird. Allerdings ist nicht grundsätzlich eine buchmäßige Darstellung der Entnahme notwendig, wenn die Eindeutigkeit der Entnahme auch durch ein anderes schlüssiges Verhalten dokumentiert wird.[62] Keine Entnahme liegt deshalb vor, wenn sich ein als Betriebsvermögen ausgewiesenes Gut entgegen dem ursprünglichen Willen des Inhabers nicht betrieblich nutzen lässt.

---

59 BFH v. 17.3.1966, BStBl. III, S. 350.
60 BFH v. 10.4.2019, X R 28/16, BB 2019, S. 2032.
61 BFH v. 3.3.2011, IV R 45/08, BB 2011, S. 1391.
62 BFH v. 9.8.1989, X R 20/86.

Wird ein Wirtschaftsgut unzulässigerweise als Betriebsvermögen bilanziert, so ist es erfolgsneutral auszubuchen; eine Bilanzberichtigung für zurückliegende Veranlagungszeiträume ist nur möglich, soweit keine endgültigen Veranlagungen erfolgt sind.

2.4.2.3 Gewillkürtes Betriebsvermögen

Für verschiedene Wirtschaftsgüter lässt sich die Zugehörigkeit zum notwendigen Betriebsvermögen oder zum Privatvermögen nicht eindeutig nach der Art des Gutes bestimmen, so z. B. bei einem Laptop, der sowohl betrieblich als auch privat genutzt werden kann. Bei derartigen Wirtschaftsgütern hat der Steuerpflichtige das Recht, das Gut dem einen oder anderen Vermögen zuzuordnen. Fällt die Entscheidung zugunsten des Betriebsvermögens, so spricht man von **gewillkürtem Betriebsvermögen**.

Die Bildung von **gewillkürtem Betriebsvermögen** ist an Voraussetzungen geknüpft. Grundvoraussetzung ist die objektive Eignung des Wirtschaftsguts, dem Betrieb und der betrieblichen Zielerreichung objektiv zu dienen. Zwar ist der Kaufmann in der Bestimmung des Umfangs seines Gewerbebetriebs grundsätzlich frei, jedoch findet diese Freiheit dort ihre Grenze, wo ein Gut offensichtlich – fast – ausschließlich der privaten Lebensführung dient. Es darf hier das Wort »gewillkürt« nicht mit dem Wort »willkürlich« verwechselt werden.

Von besonderem Interesse ist die steuerliche Zuordnungsvermutung der R 4.2 Abs. 1 EStR:

Betrieblicher Nutzungsanteil	Zuordnung
51 % bis 100 %	grundsätzlich notwendiges Betriebsvermögen
10 % bis 50 %	Wahlrecht: gewillkürtes Betriebsvermögen oder Privatvermögen, bei fehlender Wahlrechtsausübung Vermutung des § 344 Abs. 1 HGB
0 % bis 9 %	grundsätzlich Privatvermögen

Für die Zuordnung von Grundstücken sei auf die ausführliche Darstellung in R 4.2 Abs. 7 bis 10 EStR verwiesen.

Sinkt die betriebliche Nutzung eines zulässigerweise als gewillkürtes Betriebsvermögen ausgewiesenen Wirtschaftsguts in einem Folgejahr unter 10 %, so handelt es sich dabei nicht um eine Entnahme (dazu bedürfte es einer Entnahmehandlung), sodass es bei der Zuordnung zum gewillkürten Betriebsvermögen bleibt.[63]

Formale Voraussetzung für die Bildung von gewillkürtem Betriebsvermögen ist der eindeutige und klare Nachweis der Einbringung des Wirtschaftsguts in einer Buchführung; dies ist unmissverständlich, zeitnah und unumkehrbar zu dokumentieren.

---

63   BFH v. 21.8.2012, VIII R 11/11.

Allerdings setzt die Widmung einen klar nach außen in Erscheinung tretenden Willensentschluss des Steuerpflichtigen voraus; eine irrtümliche Buchung durch einen Buchhalter oder Steuerberater führt nicht zu einer Zuordnung eines Wirtschaftsguts zum gewillkürten Betriebsvermögen.

Barrengold kommt als gewillkürtes Betriebsvermögen für solche gewerblichen Betriebe nicht in Betracht, die nach ihrer Art oder Kapitalausstattung kurzfristig auf Liquidität für geplante Investitionen angewiesen sind. Als Liquiditätsreserve kommen neben Bargeld oder Bankguthaben vor allem risikofreie und leicht liquidierbare Wertpapiere In Betracht.[64]

2.4.2.4 Notwendiges Privatvermögen

Zum notwendigen **Privatvermögen** zählen sämtliche Wirtschaftsgüter, die der privaten Lebensführung des Steuerpflichtigen und seiner Angehörigen dienen. Dazu gehören u. a. Kleidung, Möbel in der Privatwohnung, Schmuck (auch wenn dieser nur aus Repräsentationsgründen angeschafft wurde), Sportgeräte, das privat genutzte Einfamilienhaus etc. Der Steuerpflichtige hat keine Wahlmöglichkeit, diese Güter in das Betriebsvermögen zu übernehmen. Werden Gegenstände des notwendigen Privatvermögens unzulässigerweise in der Steuerbilanz ausgewiesen, so darf sich dadurch der Gewinn in keiner Weise verändern (vgl. auch § 12 Nr. 1 EStG) das Wirtschaftsgut muss außerdem erfolgsneutral ausgebucht werden.[65]

Dient ein von einer Personengesellschaft erworbenes Grundstück von Anfang an den privaten Zwecken eines Gesellschafters, so ist das Grundstück abweichend von der bürgerlich-rechtlichen Lage als notwendiges Privatvermögen des Gesellschafters zu behandelten.[66] Ebenso entspricht es gefestigter höchstrichterlicher Rechtsprechung, dass die Betriebsvermögenseigenschaft im Einzelfall auszuschließen ist, wenn bereits beim Erwerb erkennbar ist, dass das Wirtschaftsgut dem Betrieb keinen Nutzen, sondern nur Verluste bringen wird; auch Wirtschaftsgüter im Rahmen reiner Risikogeschäfte sind dem notwendigen Privatvermögen zuzurechnen.[67]

Entsprechendes gilt für die Abgrenzung zwischen betrieblich veranlassten Aufwendungen, den Betriebsausgaben, und den privat veranlassten Aufwendungen, die ebenfalls den Gewinn nicht mindern dürfen. Dabei dürfen auch Aufwendungen, die die Lebensführung des Steuerpflichtigen oder anderer Personen berühren, den Gewinn nicht mindern, soweit sie nach allgemeiner Verkehrsauffassung als unangemessen anzusehen sind (§ 4 Abs. 5 Nr. 7 EStG).

---

64 BFH, Urteil v. 18.12.1996, XI R 52/95, BFH/NV 1997, S. 213.
65 BFH v. 21.6.72, BStBl. II, S. 874.
66 BFH v. 6.6.73, BStBl. II, S. 705.
67 BFH, Beschluss v. 7.12.2007, VIII B 110/07, BFH/NV 2008, S. 613.

3 Bewertung in Handels- und Steuerbilanz

3.1 Einzelbewertung

Für Gegenstände der Aktiva wie der Passiva gilt der Grundsatz der **Einzelbewertung** gem. § 252 Abs. 1 Nr. 3 HGB. Danach dürfen regelmäßig

- keine Saldierungen von Vermögensgegenständen mit Schulden oder von Erträgen mit Aufwendungen vorgenommen werden (**Saldierungsverbot**[68] des § 246 Abs. 2 S. 1 HGB), und
- keine Zusammenfassungen von Vermögensgegenständen einerseits oder Schulden andererseits

vorgenommen werden.

Die Einzelbewertung soll insbesondere den verdeckten Wertausgleich zwischen verschiedenen Werten sowohl bei der Erstbewertung als auch bei der Folgebewertung verhindern, um einen besseren Einblick in die Vermögens-, Finanz- und Ertragslage (§ 264 Abs. 2 HGB) zu gewährleisten. Ohne Einzelbewertung könnten sich beispielsweise vom Ausweis ausgeschlossene, nicht realisierte Erträge nicht mit ausweispflichtigen, nicht realisierten Aufwendungen ausgleichen. Ebenso sollen so bei der gleichzeitigen Herstellung von mehreren Vermögensgegenständen jedem einzelnen Vermögensgegenstand die Kosten verursachungsgerecht zugeordnet werden.

Ausnahmen von der Einzelbewertung können möglich sein bei:

- **Sachgesamtheiten:** Einzelne Gegenstände einer Gruppe, die nach der maßgeblichen Verkehrsanschauung einheitlich bewertbar sind, da sie nach außen als einheitliches Ganzes in Erscheinung treten und technisch aufeinander abgestimmt sind.[69] Beispiel: Kücheneinrichtung einer Restaurantküche, Bestuhlung einer Kantine.
- **Nichtfinanziellen Bewertungseinheiten:** Gruppenbildung im Rahmen der Inventur bei Festwerten (§ 240 Abs. 3 HGB) und bei bestimmten gleichartigen oder annähernd gleichwertigen Vermögensgegenständen zur Durchschnittsbewertung (§ 240 Abs. 4 HGB); außerdem die Gruppenbildung bei Bewertungserleichterungen (§ 256 HGB).
- **Finanziellen Bewertungseinheiten:** Vermögensgegenstände, Schulden, schwebende Geschäfte oder mit hoher Wahrscheinlichkeit erwartete Transaktionen können zum Ausgleich gegenläufiger Wertänderungen oder Zahlungsströme aus dem Eintritt vergleichbarer Risiken mit Finanzinstrumenten in einer Bewertungseinheit zusammengefasst werden (**Hedging** gem. § 254 HGB). Weiterhin muss eine Bewertungseinheit in bestimmten Fällen der Altersvorsorge für Arbeitnehmer gebildet werden (§ 246 Abs. 2 S. 2 HGB).

---

68 Vgl. Tanski in: Petersen u. a. (Syst. Praxiskommentar) § 246 Tz. 68 ff.
69 Bereits ausführlich BFH v. 05.10.1956, I 133/56 U, BStBl. 1956 III, S. 376.

Die Bildung von **Sachgesamtheiten** bleibt der individuellen Einschätzung und Beurteilung des Bilanzierenden (und seiner Prüfer) vorbehalten, da es an eindeutigen Kriterien für die Bildung von Sachgesamtheiten mangelt. So hat der BFH bei Windparks einen Spagat hingelegt. Er urteilte, dass ein Windpark aus einzeln zu bewertenden, eigenständigen Wirtschaftsgütern hinsichtlich

- jeder Windkraftanlage (je ein zusammengesetztes Wirtschaftsgut u. a. bestehend aus Transformator, Verkabelung)
- der Verkabelung zum Stromnetz des Energieversorgers (ein weiteres zusammengesetztes Wirtschaftsgut) sowie
- der Zuwegung

besteht. Dagegen sollen alle vorgenannten Wirtschaftsgüter (trotz anderer Darstellung in den AfA-Tabellen) einheitlich abgeschrieben werden, weil eine einheitliche Betriebsdauer des gesamten Windparks (auch aufgrund der Betriebsgenehmigung) von 16 Jahren gegeben ist.[70]

Der BFH benutzt den Begriff des **einheitlichen Wirtschaftsguts**, um ein eigenständiges Wirtschaftsgut zu definieren[71]; jeweils einzeln zu bewerten ist damit im Zweifel

- das einzelne Auto (als **zusammengesetztes Wirtschaftsgut**), aber nicht der Fuhrpark,
- die aus einzelnen Komponenten zusammengesetzte EDV-Anlage, aber nicht die aufeinander abgestimmte EDV-Ausstattung,
- das einzelne aus Normteilen zusammengesetzte Regal, aber nicht die aus mehreren (getrennt verwendbaren) Regalen bestehende Schrankwand.[72]

Damit darüber hinaus eine Sachgesamtheit angenommen werden kann, bedarf es weiterer Argumente (technische Zusammengehörigkeit, Wertverlust oder Unvollständigkeit bei Auseinandernehmen u. Ä.), die die dauerhafte einheitliche Nutzung belegen oder zumindest glaubhaft machen.

Obwohl das **Saldierungsverbot** innerhalb der Bilanz[73] für die Steuerbilanz zwingend vorgeschrieben ist (§ 5 Abs. 1a S. 1 EStG), müssen in der Handelsbilanz gebildete Bewertungseinheiten zur Absicherung finanzwirtschaftlicher Risiken in die Steuerbilanz übernommen werden (§ 5 Abs. 1a S. 2 EStG). Insofern stellt diese steuerliche Vorschrift eine besondere Ausprägung des Maßgeblichkeitsgrundsatzes dar. Außerdem sind vom Regelungsbereich der Bewertungseinheiten die Vorschriften über die Gewinnermittlung, die Einkommensermittlung und die Verlustverrechnung, insbesondere die §§ 3 Nr. 40, 3c und 15 Abs. 4 EStG und § 8b KStG strikt zu trennen, da diese Regelungen auf tatsächliche Betriebsvermögensmehrungen und -minderungen abstellen. Das hat zur Folge, dass bei einem Micro Hedge, einem Vorgang, in dem einem

---

70 BFH, Urteil v. 14.4.2011, IV R 46/09. BFH/NV 2011, S. 1232.
71 Früher ebenso z. B. BFH, Urteil v. 13.3.1990, IX R 104/85, BStBl. 1990 II, S. 514.
72 BFH, Urteil v. 9.8.2001, III R 43/98, DStRE 2002, S. 223.
73 Ansonsten gilt der allgemeine Maßgeblichkeitsgrundsatz.

Grundgeschäft ein konkretes Sicherungsgeschäft zugeordnet werden kann, § 5 Abs. 1a S. 2 EStG bewirkt, dass die Bewertung des Grundgeschäfts nur unter Berücksichtigung des Sicherungsgeschäfts vorzunehmen ist. Werden Grund- und Sicherungsgeschäft realisiert, können diese Vorgänge konkret zugeordnet werden und die Gewinn- und Einkommensermittlungsvorschriften und die Vorschriften über die Verlustverrechnung sind anwendbar.[74]

Beispiel: Hedging !

Die Flotte Sohle GmbH erhält am 1.12.01 eine neue Schuhproduktionsmaschine aus den USA für 30.000 US-Dollar, der Wechselkurs an diesem Tag ist 1,20 Dollar für einen Euro. Es ist vereinbart, dass der Kaufpreis erst nach vier Monaten fällig ist. Der Finanzchef befürchtet ein Erstarken des Dollars in den nächsten Monaten und kauft daher am Liefertag den Dollarbetrag zugunsten eines eigenen Dollarkontos. Von diesem Dollarkonto soll dann in vier Monaten der Kaufpreis überwiesen werden. Am 31.12.01 beträgt der Wechselkurs 1,10 Dollar.

Der Maschinenkauf ist zu buchen:

Maschine	25.000	an	Verbindlichkeit	25.000

Die Devisen sind am 1.12. zu buchen:

Devisenbestand	25.000	an	Bank	25.000

Per Bilanzstichtag (31.12.) wäre die Schuld mit 27.273 Euro zu bewerten; dagegen dürfte die korrespondierende Wertsteigerung des Devisenbestands wegen des Verbots des Ausweises nicht realisierter Erträge nicht gezeigt werden. Da es sich um ein eindeutiges Micro Hedging handelt, bleiben jedoch beide Wertansätze unverändert.

3.2 Anschaffungskosten

Wird ein Vermögensgegenstand nicht im eigenen Unternehmen hergestellt, sondern von einer außerhalb des Unternehmens stehenden Person bezogen, so ist dieser Vermögensgegenstand mit seinen **Anschaffungskosten** zu bewerten. In § 255 Abs. 1 HGB findet sich eine Legaldefinition der **Anschaffungskosten**, die danach jene Aufwendungen umfassen, die geleistet werden, um einen Vermögensgegenstand zu erwerben und ihn in einen betriebsbereiten Zustand zu versetzen.

Als Erwerb gilt jeder Bezug eines Vermögensgegenstands von außen, unabhängig von der Art einer Gegenleistung oder der Frage, ob überhaupt eine Gegenleistung erfolgt ist. Für die Anschaffungskosten mit Gegenleistung sind die folgenden Fälle zu unterscheiden:

---

74   BMF, Schreiben v. 25.8.2010, IV C 6 – S 2133/07/10001.

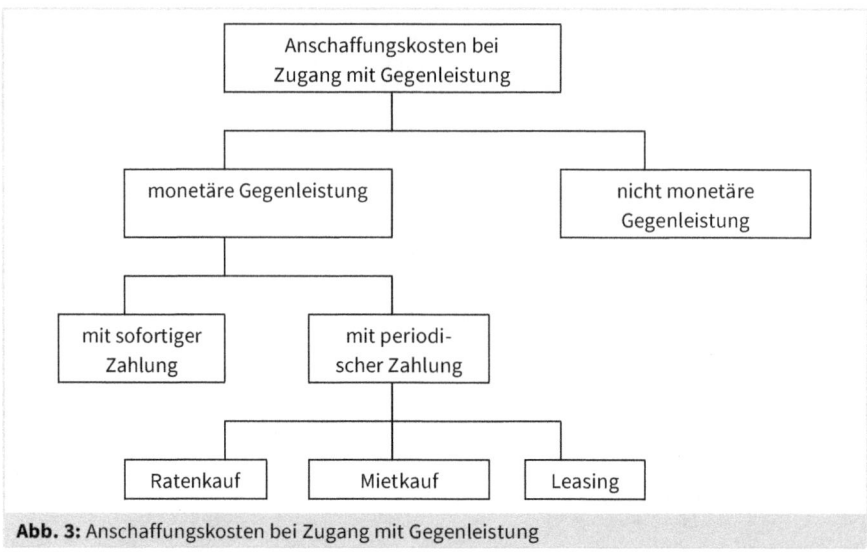

Abb. 3: Anschaffungskosten bei Zugang mit Gegenleistung

Der Anschaffungsvorgang ist abgeschlossen, wenn das erworbene Wirtschaftsgut im Unternehmen erstmalig in einen betriebsbereiten Zustand bzw. in einen dem angestrebten Ziel entsprechenden Zustand versetzt wurde. Alle bis dahin anfallenden Kosten, die im Zusammenhang mit dem Erwerb des Wirtschaftsguts stehen, sind – sofern es sich um Einzelkosten handelt – als **Anschaffungsnebenkosten** zu aktivieren. Dagegen gehören Gemeinkosten, auch soweit sie im Anschaffungsbereich entstehen (z. B. allgemeine Kosten der Einkaufabteilung wie Raumkosten, Personalkosten etc.), nicht zu den Anschaffungskosten.

Ein Wirtschaftsgut ist in einem betriebsbereiten Zustand, wenn die vorgesehene Leistungserstellung mit diesem Gut ohne Einschränkung aufgenommen werden kann. Zur Herstellung der Betriebsbereitschaft können die folgenden Maßnahmen notwendig werden:[75]

1. Transport zum vorgesehenen Ort der Leistungserstellung,
2. Vorbereitungen am Einsatzort (z. B. Fundamentierung),
3. Vorbereitungen am Gut (z. B. Montage, Einrichten, Einweisen des Personals), nicht jedoch die Beseitigung von Fehlern am Gut,
4. Bestätigung der Betriebsbereitschaft (z. B. Abnahme, Probeläufe, Null-Serien-Fertigung),
5. Einholung einer Betriebsgenehmigung (z. B. TÜV-Abnahme).

---

75 In Anlehnung an Streim (Betriebsbereiter), S. 81 ff.

Wird eine Maschine als Reserve eingelagert, so wird die Betriebsbereitschaft erst nach der endgültigen Aufstellung hergestellt. Alle Einzelkosten während dieser Lagerungsphase sind deshalb prinzipiell den Anschaffungskosten hinzuzurechnen.

3.2.1 Grundschema der Anschaffungskostenermittlung

Nach § 255 Abs. 1 S. 2 und 3 HGB gehören zu den Anschaffungskosten auch die Nebenkosten sowie die nachträglichen Anschaffungskosten, wobei Anschaffungspreisminderungen abzusetzen sind. Daraus ergibt sich das folgende Grundschema der Anschaffungskostenermittlung:

	Anschaffungspreis
+	Anschaffungsnebenkosten
+	nachträgliche Anschaffungskosten
−	Anschaffungspreisminderungen
=	Anschaffungskosten

Als **Anschaffungspreis** ist der gezahlte Preis laut Rechnung abzüglich etwaiger Rabatte, die nicht in der Buchhaltung erscheinen, anzusetzen.

Neben dem Kaufpreis sind i. d. R. weitere Aufwendungen zu tätigen, um das Wirtschaftsgut im Betrieb einsetzen zu können. Diese Aufwendungen müssen als **Anschaffungsnebenkosten** zusammen mit dem Kaufpreis aktiviert werden, da sie Bestandteil des Gesamtwerts des Wirtschaftsguts sind. Zu den Anschaffungsnebenkosten zählen u. a. Transport-, Aufstellungs- und Montagekosten, Maklergebühren, Provisionen, Grunderwerbsteuer, Zölle, Notariats-, Gerichts- und Registerkosten, Versicherungsprämien (z. B. für Transportversicherungen).

Aktivierungspflichtig sind alle Anschaffungsnebenkosten, die im Anschaffungszeitraum anfallen. Der **Anschaffungszeitraum** beginnt mit der Konkretisierung des zu beschaffenden Gutes und endet mit der Herstellung der Betriebsbereitschaft bzw. der Herstellung der Gebrauchs- oder Verbrauchsfähigkeit.

Der späteste *Beginn des Anschaffungszeitraums* ist durch den Abschluss eines Kaufvertrags gekennzeichnet, jedoch kann auch ein früheres Ereignis den Beginn markieren (so etwa ein Beschluss der Unternehmensleitung zum Erwerb eines bestimmten Gutes).

So sind Anschaffungskosten nach ständiger Rechtsprechung des BFH schon dann anzunehmen und bei bilanzierenden Steuerpflichtigen zu aktivieren, wenn mit der Anschaffung durch vorbereitende Maßnahmen begonnen worden ist. Nicht erforderlich ist hingegen, dass der Steuerpflichtige das Wirtschaftsgut bereits in dem Sinne »angeschafft« hat, dass er das rechtliche oder zumindest das wirtschaftliche Eigentum an dem Wirtschaftsgut erlangt hat und deshalb bilanzrechtlich das Wirtschaftsgut als solches nicht mehr dem Veräußerer, sondern bereits dem Erwerber zuzurechnen ist.

Auf dieser Grundlage sind insbesondere Planungskosten für – unbedingt geplante – Anschaffungen unabhängig davon den Anschaffungskosten zuzurechnen, dass es ggf. zu der geplanten Investition nicht kommt, der Aufwand aber zumindest in irgendeiner Form einer späteren entsprechenden Investition dient. Dementsprechend gehören selbst vergeblich aufgewandte Beratungskosten anlässlich der fehlgeschlagenen Gründung einer Kapitalgesellschaft zu den (bei endgültiger Feststellung des Fehlschlags abzuschreibenden) Anschaffungsnebenkosten einer – erstrebten – Beteiligung und nicht zu den Werbungskosten bei den Einkünften aus Kapitalvermögen. Dies gilt auch für Gutachtenkosten im Zusammenhang mit der Anschaffung von GmbH-Geschäftsanteilen, wenn sie nach einer grundsätzlich gefassten Erwerbsentscheidung entstehen und die Erstellung des Gutachtens nicht lediglich eine Maßnahme zur Vorbereitung einer noch unbestimmten, erst später zu treffenden Erwerbsentscheidung darstellt.[76]

Entsprechendes gilt nach Auffassung des FG Köln regelmäßig auch für die Due-Diligence-Kosten wie auch für die Kosten der Vertragsvorbereitung, Vertragsgestaltung und -begleitung.[77] Allerdings sollten – entgegen der Auffassung des FG Köln – Due-Diligence-Kosten dann nicht aktivierungspflichtig sein, wenn die Prüfung eines Beteiligungserwerbs im Rahmen einer generellen, unbestimmten Suche nach einer Unternehmensbeteiligung entsteht; dies gilt m. E. auch dann, wenn zur Ermöglichung einer Due Diligence ein sog. *letter of intent* abgegeben wird, der jedoch keinen verbindlichen Charakter (dieser könnte u. a. durch eine hohe Konventionalstrafe für den Fall des Nicht-Erwerbs entstehen) haben darf. Die Ungewissheit über einen zukünftigen Beteiligungserwerb sollte in entsprechenden Beschlüssen (z. B. des Vorstands) dokumentiert sein.[78]

Das späteste *Ende des Anschaffungszeitraums* wird durch die tatsächliche Nutzung des Gutes (aber ohne Testläufe etc.) oder durch die Bereitstellung zum Verkauf (beim Umlaufvermögen) oder zur Nutzung (bei Anlagevermögen) markiert. Deshalb sind Transportkosten – oder allgemeiner: Logistikkosten – grundsätzlich in die Anschaffungsnebenkosten einzubeziehen; dies gilt sinngleich auch für – interne oder externe – Zwischen- oder Verteillager. Bei Handelswaren sind also sämtliche Kosten bis zum Eingang der Waren in die Verkaufsstelle (*point of sale*) zu erfassen, unabhängig

---

76 BFH, Urteil v. 28.10.2009, VIII R 22/07, BFH/NV 2010, S. 975.
77 FG Köln, Urteil v. 6.10.2010, 13 K 4188/07.
78 Vgl. ergänzend Prinz/Ludwig (Due Diligence-Aufwand).

vom Zeitpunkt der Eigentumserlangung. Die Kosten des Transports an den Kunden sind sofort abziehbare Vertriebskosten im Zeitpunkt der Umsatzrealisierung.

Anschaffungsnebenkosten müssen in einem *direkten und zeitnahen Verhältnis* zum Erwerbvorgang stehen. Als **direkte Kosten** gelten nur jene Kosten, die als **Kostenträgereinzelkosten** dem erworbenen Wirtschaftsgut ohne jegliche Schlüsselung direkt zugerechnet werden können. Zu den Anschaffungsnebenkosten zählen deshalb auch die Trümmerbeseitigung auf einem Grundstück, wenn das Grundstück für einen Neubau erworben wurde, sowie Fremdkapitalzinsen, die zur Finanzierung von Anzahlungen etc. aufgewendet wurden; nicht dazu zählen dagegen Aufwendungen für eine spätere Trümmerbeseitigung und ein allgemeiner Fremdkapitalzinsanteil.

Auch jene Kosten, die sich nicht einer einzelnen Einheit von bezogenen Gütern, sondern nur einer Gütergesamtheit direkt zurechnen lassen, sollen nach Auffassung des BFH als Anschaffungsnebenkosten aktivierungspflichtig sein. Bezieht z. B. ein Gasversorgungsunternehmen bei einem Vorlieferanten Gas und entrichtet dafür neben einem Mengenpreis auch ein Entgelt für die dauernde Lieferbereitschaft, so gehört auch dieses Entgelt zu den Anschaffungskosten des bezogenen Gases, wenn sich dieses Entgelt dem in bestimmten Monaten bezogenen Gas insgesamt noch zurechnen lässt.[79]

Anschaffungsnebenkosten können auch im Zusammenhang mit einem unentgeltlichen Erwerb anfallen.[80] Diese sind dann – als einzige Kosten eines Wirtschaftsguts – zu aktivieren und ggf. planmäßig abzuschreiben.

Wird ein Wirtschaftsgut nach einem verbilligten Kauf mit erheblichen Mitteln instand gesetzt, modernisiert und dadurch über seinen bisherigen Zustand hinaus erheblich verbessert, so sind die dafür aufgewandten **Instandsetzungskosten** als Anschaffungsnebenkosten zu aktivieren, wenn der zeitliche Zusammenhang mit dem verbilligten Erwerb gegeben ist. Als Indiz für diesen **zeitlichen Zusammenhang** ist die Gewährung eines ermäßigten Kaufpreises anzusehen, da die bestimmungsmäßige Nutzung erst nach den zusätzlichen Aufwendungen möglich wird. Die Aufwandswirksamkeit wird dann nur über die folgenden Abschreibungen erreicht. Keine Anschaffungsnebenkosten, sondern sofort absetzbare Aufwendungen liegen dagegen vor, wenn versteckte Mängel beseitigt werden, da diese zu keiner Minderung des Kaufpreises geführt haben können.[81]

Ebenfalls zu den Anschaffungskosten zählen die **nachträglichen Anschaffungskosten**. Dazu zählen sämtliche Kosten, die bei zeitlich sofortigem Anfall als Anschaffungspreisbestandteil oder als Anschaffungsnebenkosten anzusehen wären. Es muss auf jeden Fall eine sehr enge sachliche Bindung zum Anschaffungsvorgang gegeben sein, um nachträg-

---

79   BFH v. 13.4.1988, I R 104/86, BStBl. II, S. 892.
80   So der BFH v. 9.7.2013, IX R 43/11, für den Fall einer Erbauseinandersetzung.
81   BFH v. 11.8.1989, IX R 258/87 und IX R 160/87.

liche Anschaffungskosten annehmen zu können. Auch Aufwendungen eines Grundstück-serwerbers zur Befriedigung eines den Kaufvertrag nach § 3 Abs. 2 AnfG anfechtenden Gläubigers gehören zu den nachträglichen Anschaffungskosten für ein Grundstück.[82]

Die Anschaffungskosten werden von den **Anschaffungskostenminderungen** (Anschaf-fungspreisminderungen) verringert, da durch sie die Summe aller Aufwendungen für das Wirtschaftsgut kleiner wird. Es zählen vor allem Skonti, Boni, Rückvergütungen und Preisnachlässe dazu. Gemindert werden die Anschaffungskosten ebenfalls durch evtl. entstehende Umsatzsteuerkürzungen, wenn die Umsatzsteuer einen Teil der Anschaf-fungskosten darstellt. Anschaffungskostenminderungen dürfen bei einem konkreten Vermögensgegenstand nur dann von dessen Anschaffungskosten abgezogen werden, wenn die Minderungen einem Gegenstand einzeln zugeordnet werden können (§ 255 Abs. 1 S. 3 HGB). Nicht einzeln zugeordnete Minderungen werden dann regelmäßig als sonstige betriebliche Erträge[83] erfasst, sofern nicht eine Erfassung als Aufwandsminde-rung auf einem Aufwandskonto möglich ist (z. B. bei periodischen Nachlässen aufgrund bestimmter Einkaufsvolumina bei Gütern des Umlaufvermögens).

> **!** **Beispiel:**
>
> Die C-GmbH erwirbt eine Maschine zum Listenpreis von 100.000 Euro und erhält 10 % Rabatt, die Zahlung erfolgt unter Abzug von 2 % Skonto. Transportkosten von 2.000 Euro werden per Scheck direkt beim Transporteur beglichen. Mit der Erstellung der Anlage hatte die GmbH ein Konstruktionsbüro beauftragt, das die entsprechenden Pläne für die Maschine anfertigte und der GmbH dafür 3.000 Euro in Rechnung stellte. Nach der Lieferung wird die Maschine von einer weiteren Firma gegen Berechnung von 700 Euro aufgebaut.
>
> Die Anschaffungskosten ermitteln sich wie folgt:
>
> | Kaufpreis | 90.000 EUR |
> |---|---|
> | Skonto | − 1.800 EUR |
> | Transportkosten | + 2.000 EUR |
> | Konstruktionspläne | + 3.000 EUR |
> | Aufstellung und Montage | + 700 EUR |
> | Anschaffungskosten | = 93.900 EUR |

Offen ist die Frage, zu welchem Zeitpunkt ein **möglicher Skontoabzug** die Anschaf-fungskosten mindert. Die (noch) h. M. geht davon aus, dass ein gekauftes Gut grund-sätzlich mit dem vollen Betrag inklusive eines möglichen Skontos zu aktivieren ist. Danach wäre das Gut mit dem höheren Betrag zu aktivieren, und nur im Fall des Skontoabzugs würde zum Zeitpunkt der Bezahlung ein die Anschaffungskosten min-dernder Skontoertrag entstehen. Betriebswirtschaftlich überzeugender ist m. E.

---

82 BFH, Urteil v. 17.4.2007, IX R 56/06, BStBl. 2007 II, S. 956.
83 Der in der Literatur zuweilen vorgeschlagene Ausweis als Umsatzerlös scheidet aus, weil es sich weder um ein Produkt noch um eine Dienstleistung des Unternehmens handelt.

dagegen die Auffassung, dass sich die Höhe der Anschaffungskosten immer aus dem Kaufpreis unter Abzug eines möglichen Skontos errechnet. In diesem Fall wäre bei Bezahlung ohne Skontoabzug ein Zinsaufwand zu buchen, der als direkt zuzuordnende Anschaffungsnebenkosten die Anschaffungskosten erhöhen würde. [84] Die gesamte Zahlung lässt sich gedanklich in einen Kaufpreisanteil und einen Kreditzinsanteil für die Gewährung des Lieferantenkredits teilen. Fällt die Entscheidung zur schnellen Zahlung mit Skontoabzug bereits bei Lieferung oder ist dieses Vorgehen im Unternehmen üblich bzw. dahingehend geregelt, so sollte grundsätzlich der verminderte Betrag aktiviert (und passiviert) werden.

Wird ein Kaufpreis langfristig vom Verkäufer gestundet, so sind die Anschaffungskosten nur in Höhe des **Barwerts** der korrespondierenden Verbindlichkeit anzusetzen. Daraus folgende Zuschreibungen der Verbindlichkeit sind Zinsaufwendungen und keine Anschaffungsnebenkosten.

Der Betrag der **Vorsteuer** nach § 15 UStG ist gem. § 9 b Abs. 1 EStG nicht Bestandteil der Anschaffungskosten, wenn er als **Vorsteuer** abziehbar ist. Die nicht abziehbaren Vorsteuerbeträge sind regelmäßig den Anschaffungskosten hinzurechnen.

Beispiel: !

Die »Weinsängerakademie« an der Mosel, eine Körperschaft des öffentlichen Rechts, hat ausschließlich Umsätze gem. § 4 Nr. 20a und 22a UStG. Sie erwirbt zum Listenpreis von 3.000 Euro ein Alkoholtestgerät. Der Kaufpreis wird unter Abzug von 3 % Skonto bezahlt. Den Transport übernimmt ein ortsansässiger Transportunternehmer zum Preis von 700 Euro. Alle Preise sind netto zuzüglich 19 % USt.

Die Anschaffungskosten betragen:

Listenpreis		3.000,00 EUR
Skonto	−	90,00 EUR
nicht abziehbare Vorsteuer	+	552,90 EUR
Transportkosten		
(Anschaffungsnebenkosten)	+	700,00 EUR
nicht abziehbare Vorsteuer darauf	+	133,00 EUR
Anschaffungskosten	=	4.295,90 EUR

Werden zwei oder mehr Wirtschaftsgüter zu einem einheitlichen Gesamtpreis erworben, ist der gesamte Kaufpreis auf die einzelnen Wirtschaftsgüter aufzuteilen, um indi-

---

84 Im Ergebnis hinsichtlich der Aktivierung ähnlich BFH, Vorlagebeschluss an den Großen Senat v. 30.3.1989, I R 176/84 (= BB Heft 25 v. 10.9.1989, S. 1730).

viduelle Anschaffungskosten für jedes Wirtschaftsgut zu erhalten. Für diese **Kaufpreis-aufteilung** (*purchase price allocation*) kommen generell zwei Wege[85] infrage:

- Aufteilung nach dem Wertverhältnis
  Hierbei erfolgt die Zuordnung des Gesamtkaufpreises auf die einzelnen Wirt-schaftsgüter nach dem Verhältnis ihrer Werte. Als Werte können beispielsweise Marktwerte herangezogen werden.

- Aufteilung nach Kaufpreisvereinbarung
  Gelegentlich wird eine Kaufpreisaufteilung bereits durch die Vertragspartner im Kaufvertrag vorgenommen. Bei der Zahlung eines Gesamtkaufpreises für mehre-re Wirtschaftsgüter gilt nach ständiger Rechtsprechung des BFH, dass für die Auf-teilung des Kaufpreises auf die Einzelwirtschaftsgüter grundsätzlich der zwischen den Vertragsparteien vereinbarten Kaufpreisaufteilung zu folgen ist; jedoch ist einer Aufteilungsvereinbarung nur dann zu folgen, wenn keine Bedenken gegen die wirtschaftliche Richtigkeit dieser Aufteilung bestehen.[86]

Die Notwendigkeit einer **Kostenaufteilung** (*cost allocation*) kann aber auch in jenen Fällen bestehen, in denen Kosten im Zusammenhang mit einer Anschaffung oder Herstellung auf Teile eines Gutes aufzuteilen sind. So sind z. B. Zinskosten bei Erwerb eines Wohngebäudes, das teilweise als Eigentumswohnungen verkauft und teilweise vermietet oder selbst genutzt werden soll, im Verhältnis der jeweiligen Wohn- und Nutzflächen der im Gebäude befindlichen Wohnungen aufzuteilen. Etwas anderes gilt beispielsweise nur dann, wenn ein Darlehen gezielt einem bestimmten Gebäudeteil zuordnet wird, indem mit den als Darlehen empfangenen Mitteln tatsächlich die Aufwendungen beglichen werden, die der Herstellung dieses Gebäudeteils konkret zuzurechnen sind.[87] Einen wirtschaftlichen Zusammenhang zwischen den Schuldzin-sen und den gesondert zugerechneten Herstellungskosten hat die höchstrichterliche Rechtsprechung bei unterschiedlich genutzten Gebäuden nur dann bejaht, wenn die Herstellungskosten tatsächlich mit den dafür aufgenommenen Darlehensmitteln bezahlt worden sind.[88]

---

85 Für die Aufteilung des Kaufpreises eines bebauten Grundstücks ist über die Webseite des Bundesfinanzministeriums (https://www.bundesfinanzministerium.de/Content/DE/Stan-dardartikel/Themen/Steuern/Steuerarten/Einkommenssteuer/2020-04-02-Berechnung-Aufteilung-Grundstueckskaufpreis.html) eine Anleitung und eine Excel-Arbeitshilfe verfüg-bar; hierbei ist zu beachten, dass es sich lediglich um eine typisierende Berechnung han-delt; es ist also durchaus möglich, eine andere Aufteilung zu begründen. Derzeit ist beim BFH (Az.: IX R 26/19) die Frage anhängig, ob und inwieweit sich die Finanzverwaltung (z. B. im Rahmen einer Betriebsprüfung) allein auf diese Arbeitshilfe stützen darf.
86 FG Berlin-Brandenburg, Urteil v. 18.05.2017, 13 K 11086/15, DStR 2018, S. 394 m. w. N.
87 Dies setzt in der Praxis regelmäßig die Führung unterschiedlicher Finanzkonten voraus, um die entsprechenden Nachweise erbringen zu können.
88 BFH, Urteil v. 4.2.2020, IX R 1/18, Haufe Index HI13792125.

3.2.2 Einzelfragen der Anschaffungskostenermittlung

3.2.2.1 Behandlung von Zuschüssen

Um einem Unternehmen die Anschaffung eines Wirtschaftsguts finanziell zu erleichtern, werden ggf. von öffentlicher oder privater Seite Zuschüsse bzw. Subventionen gewährt. Diese Zuschüsse stellen damit eine Finanzierungshilfe dar. Dabei ist grundsätzlich zwischen drei Formen der Rückzahlbarkeit zu unterscheiden:

- voll rückzahlbare Zuschüsse,
- bedingt rückzahlbare Zuschüsse,
- nicht rückzahlbare Zuschüsse.

Voll rückzahlbare Zuschüsse stellen eine besondere – i. d. R. unverzinsliche – Form eines Kredits dar. Sie sind deshalb beim Zufluss als Verbindlichkeit zu passivieren und haben keine Auswirkungen auf die Höhe der Anschaffungskosten des mit dem Zuschuss beschafften Wirtschaftsguts.

Bedingt rückzahlbare Zuschüsse sind regelmäßig bei Eintritt eines bestimmten Ereignisses ganz oder teilweise zurückzuzahlen. Wird ein Zuschuss beispielsweise für die Anschaffung einer Forschungseinrichtung gewährt, so kann die Rückzahlung für den Fall vorgesehen werden, dass sich die Forschungseinrichtung amortisiert. In diesem Fall ist ein derartiger Zuschuss beim Zufluss als Rückstellung zu passivieren und hat keine Auswirkungen auf die Höhe des mit dem Zuschuss beschafften Wirtschaftsguts.

Bei **nicht rückzahlbaren Zuschüssen** besteht sowohl handelsrechtlich als auch steuerrechtlich[89] das Wahlrecht, den erhaltenen Zuschuss für die Beschaffung eines Wirtschaftsguts beim Zufluss entweder als Anschaffungskostenminderung oder als Ertrag zu behandeln. Für die handelsrechtliche Ausübung dieses Wahlrechts haben sich noch keine Kriterien herausgebildet, da in der Literatur neben einer Zustimmung zum Wahlrecht auch die Auffassungen vertreten werden, dass nur eine Anschaffungskostenminderung oder ein Ertragsausweis richtig seien.

Stellt man auf den Zweck der Zuschussgewährung ab, so wird man aber feststellen müssen, dass der Zuschussgeber dem Unternehmen eine – erfolgsneutrale – Finanzhilfe gewähren will, regelmäßig jedoch nicht eine Erfolgsverbesserung durch den Zuschuss erreichen möchte, zumal ein dadurch ggf. entstehender Mehrgewinn ausschüttungspflichtig und Einkommensteuerpflichtig sein kann, was den Zweck der Zuschussgewährung konterkarieren würde. Die Erfassung des Zuschusses als Ertrag in der Periode des Zuflusses würde m. E. wegen der Verzerrung des Periodenergebnisses gegen die Generalnorm des § 264 Abs. 2 HGB verstoßen und ist deshalb abzulehnen.

---

89   R 6.5 Abs. 2 EStR 2012.

Da eine auf die Gesamtlebensdauer des Unternehmens bezogene erfolgsneutrale Vereinnahmung eines nicht rückzahlbaren Zuschusses nicht möglich ist, bleiben für die bilanzielle Behandlung grundsätzlich zwei Möglichkeiten:

- Minderung der Anschaffungskosten,
- Passivierung des Zuschusses als Rückstellung oder Rechnungsabgrenzung.

Dabei ist m. E. der zweiten Möglichkeit der Vorzug zu geben, da dabei die Höhe der Anschaffungskosten unabhängig von der Art der Finanzierung dargestellt wird.

Die Erfolgswirksamkeit wird bei einer Minderung der Anschaffungskosten durch den Zuschuss durch die nachfolgend niedrigeren Abschreibungen, bei einer Passivierung des Zuschusses durch die ertragswirksame Auflösung des Passivpostens in den folgenden Jahren hergestellt. Insoweit sind beide Verfahren ergebnisgleich; ein Unterschied besteht lediglich in der Darstellung in Bilanz und Gewinn- und Verlustrechnung. Im Fall der Passivierung des Zuschusses wird das Anlagevermögen ungeschmälert ausgewiesen und vermag deshalb einen besseren Einblick in die Substanz des Unternehmens zu vermitteln; die ertragswirksame Auflösung des Passivpostens zeigt darüber hinaus, dass der Erfolg des Unternehmens zu bestimmten Teilen nicht aus Umsatzerlösen stammt.

Für den **Ausweis** des Passivpostens kann der passive Rechnungsabgrenzungsposten (RAP) genommen werden, wenn ein eindeutiger Zeitraumbezug für seine Auflösung bestimmbar ist; lediglich bei umfangreichen Zuschüssen sollte unter den passiven RAP ein gesonderter Posten mit der Bezeichnung »Sonderposten für Investitionszuschüsse zum Anlagevermögen« aufgenommen werden.

Die **Auflösung** des Passivpostens muss in jedem Geschäftsjahr der Nutzung des bezuschussten Wirtschaftsguts erfolgen. Dabei sollte die Auflösung zur Abschreibung regelmäßig im gleichen Verhältnis wie der Zuschuss zu den Anschaffungskosten stehen.

Die **Einstellung** des Zuschusses in den Passivposten muss ohne Berührung der Gewinn- und Verlustrechnung erfolgen. Der aus der Auflösung resultierende Ertrag sollte zumindest bei umfangreicheren Erträgen in einem gesonderten GuV-Posten mit der Bezeichnung »Erträge aus der Auflösung des Sonderpostens für Investitionszuschüsse zum Anlagevermögen« ausgewiesen werden. Bei geringerem Umfang ist auch eine Einbeziehung in die »sonstigen betrieblichen Erträge« vertretbar.

Beispiel: !

Die Wüstensand-GmbH importiert Sand aus Katar und bilanziert nach HGB und EStG. Anfang Januar 01 erwirbt sie eine technische Anlage mit AK von 900.000 Euro mit einer Nutzungsdauer von 6 Jahren bei linearer Abschreibung. Im engen zeitlichen Zusammenhang erhält sie einen Zuschuss für diese Maschine in Höhe von 300.000 Euro; dieser Zuschuss wird ohne Auflagen gewährt.

Buchung des Maschinenkaufs (gilt für alle drei folgenden Varianten):

Maschine	900.000	an	Bank	900.000

1. Danach wird jeweils im ersten Jahr gebucht:

- **Variante 1: Zuschuss gegen AK verrechnen**

Bank	300.000	an	Maschine	300.000
Abschreibung	100.000	an	Maschine	100.000

- **Variante 2: Zuschuss als sofortiger Ertrag**

Bank	300.000	an	Zuschussertrag	300.000
Abschreibung	150.000	an	Maschine	100.000

- **Variante 3: Zuschuss als Passivposten**

Bank	300.000	an	Wertberichtigung	300.000
Abschreibung	150.000	an	Maschine	100.000
Wertberichtigung	50.000	an	Zuschussertrag	50.000

Gibt ein Auftraggeber einen **Zuschuss** für die Herstellung von Werkzeugen, welcher die Herstellungs- oder Anschaffungskosten dieser Werkzeuge überschreitet und ist ein Eigentumsübergang an den Werkzeugen auf den Zuschussgeber vereinbart, so muss dieser Zuschuss sofort ertragswirksam vereinnahmt werden; für eine übliche Behandlung als Zuschuss verbleibt hier kein Raum, da die Zahlung kein Zuschuss, sondern ein Entgelt für die Beschaffung und Übereignung der Werkzeuge ist.[90]

Steuerrechtlich wird das Wahlrecht zur Anschaffungskostenminderung oder zur sofortigen erfolgswirksamen Vereinnahmung durch R 6.2 EStR gewährt. Sollte sich handelsrechtlich jedoch die Auffassung durchsetzen, dass eine sofortige erfolgswirksame Vereinnahmung nicht den GoB entspricht, würde wegen des Maßgeblichkeitsprinzips auch für die Steuerbilanz das Wahlrecht entfallen. Eine Anschaffungskostenminderung kann steuerlich jedoch dann geboten sein, wenn für eine bestimmte Branche Zuschüsse bzw. Subventionen üblich sind, sodass sich durch diese Zuschüsse der Teilwert eines bezuschussten Wirtschaftsguts vermindert.

---

90   BFH, Urteil v. 28.5.2015, IV R 3/13, Haufe-Index 8404026.

Übt ein Bilanzierender das Wahlrecht dahingehend aus, dass er den Zuschuss beim Zufluss erfolgsneutral behandelt, so ist es auch für das Steuerrecht nicht zu beanstanden, wenn dies durch die Bildung eines Passivpostens geschieht. Die Auflösung dieses Passivpostens hat entsprechend der tatsächlichen Abschreibung des bezuschussten Wirtschaftsguts zu erfolgen; dabei sind auch erhöhte Absetzungen und Sonderabschreibungen zu berücksichtigen.

3.2.2.2 Anschaffungskosten bei Fremdwährungen

Werden Fremdwährungen als **Sorten** oder **Devisen** beschafft und im Umlaufvermögen gehalten, so sind die Anschaffungskosten durch den Wert des hingegebenen Eurobetrags bestimmt. Als Anschaffungspreis gilt dabei der Briefkurs bei Erwerb im Inland bzw. der Geldkurs bei Erwerb im Ausland, als Anschaffungsnebenkosten sind die Bankgebühren hinzuzurechnen.

Die Anschaffungskosten von **Fremdwährungsforderungen** werden aus dem inländischen Geldkurs ermittelt – sofern im Inland gewechselt (werden) wird. Wird die Forderung später durch Bargeldzahlung beglichen, so ist der Sortenkurs zu nehmen, bei Begleichung der Forderung durch Überweisung oder Verrechnung ist der Devisenkurs maßgeblich. Da das Wechseln der Fremdwährung in Euro Bankgebühren verursacht, sollten diese m. E. aufgrund des Imparitätsprinzips in geschätzter bzw. anhand der Banktarife ermittelter Höhe abgezogen werden, da nur dieser niedrigere Wert später tatsächlich in Euro zur Verfügung stehen wird.

Die Zugangsbewertung von **Fremdwährungsverbindlichkeiten** erfolgt analog mit dem Devisenbriefkurs (bei Zahlungsauslösung im Inland).

Sachgüter, die gegen Fremdwährung erworben werden, sind ebenfalls am Tag des Erwerbs mit dem Eurogegenwert zu aktivieren. Bei Zahlung durch eine inländische Bank wird das erworbene Gut mit dem Devisenbriefkurs (bei Barzahlung mit dem Sortenbriefkurs) zuzüglich der Bankgebühren als Anschaffungsnebenkosten bewertet. Der gleiche Betrag wird auch als Verbindlichkeit passiviert. Ist der tatsächliche Kurs am Tag der Zahlung höher oder niedriger, so liegt dann ein Kursverlust bzw. Kursgewinn vor, keinesfalls jedoch sind nachträgliche Anschaffungskosten oder Anschaffungskostenminderungen gegeben.

Für die *Folgebewertung* sind Fremdwährungsvermögensgegenstände und Fremdwährungsverbindlichkeiten abweichend von der Zugangsbewertung gem. § 256a HGB einheitlich mit dem Devisenkassamittelkurs am Abschlussstichtag umzurechnen (**Währungsumrechnung**). Vor diesem Hintergrund erscheinen in der Praxis häufig zu beobachtende Vereinfachungen bei der Zugangsbewertung unproblematisch (z. B.

ebenfalls Anwendung von Mittelkursen oder Umrechnung mit Monatsdurchschnitts-kursen, z. B. den veröffentlichen Umsatzsteuerumrechnungskursen).

3.2.2.3 Anschaffungskosten bei Wertpapieren

Bei Wertpapieren gilt ebenfalls das Grundprinzip der Anschaffungskostenermittlung, das eine Aktivierungspflicht für Anschaffungsnebenkosten vorsieht. Als Anschaffungspreis eines börslich erworbenen Wertpapiers ist dessen Börsenkurs anzusehen. Werden **Dividendenpapiere** (Aktien) erworben, so zählen zu den Anschaffungsnebenkosten insbesondere die Courtage (Maklergebühr), die Provision der Bank, die Börsenumsatzsteuer/stamp tax/Finanztransaktionssteuer (soweit jeweils erhoben) sowie Fax- und Telefonkosten. Werden Aktien (oder andere Wertpapiere) aufgrund einer Optionsausübung erworben, so zählen auch die für die Einräumung der Option ursprünglich angefallenen Anschaffungskosten zu den Anschaffungsnebenkosten der zum vereinbarten Basispreis erworbenen Aktien.[91]

Entsprechendes gilt auch für den Erwerb von **Rentenpapieren** (Anleihen). Hier ist jedoch zu beachten, dass die Stückzinsen (die Zinsverrechnung mit dem Vorbesitzer) nicht die Anschaffungskosten der Wertpapiere verändern, sondern selbst zu aktivierungspflichtigen Forderungen (sofern der Zinsschein mit übergeben wird) oder zu passivierungspflichtigen Verbindlichkeiten führen (wenn der Zinsschein ausnahmsweise beim Vorbesitzer bleibt).

Obwohl die Anschaffungsnebenkosten immer für den gesamten Kauf ermittelt und gebucht werden, sind sie jedoch anteilig jedem einzelnen Wertpapier zuzurechnen. Bei der Ermittlung des Buchwerts eines Wertpapiers – z. B. im Fall einer Veräußerung – müssen diese anteiligen Anschaffungsnebenkosten berücksichtigt werden.

Beispiele: !

2. Die Y-KG erwirbt 1.000 Aktien der ABC-AG zum Kurs von 280,00 Euro pro Aktie. Die Courtage beträgt 0,1 %, die Provision 0,5 % jeweils auf den Kurswert sowie 20,00 Euro Faxgebühren.

Anschaffungspreis (1.000 Aktien zu 280,00 EUR)	280.000 EUR
Courtage	280 EUR
Provision	1.400 EUR
Faxgebühren	20 EUR
Anschaffungskosten	281.700 EUR
Anschaffungskosten pro Aktie	281,70 EUR

---

91   BFH, Urteil v. 22.5.2019, XI R 44/17, DB 37/2019, S. 2048; vgl. ergänzend Schmidt (Optionsprämie).

3. Die Q-OHG erwirbt am 16.5. Industrieanleihen der XYZ-AG im Nennwert von 10.000 Euro. Der Kurs beträgt 102 %. Die Anleihe wird jährlich per 1.10. mit 8 % verzinst. Die Courtage beträgt 0,075 % auf den Nennwert, die Provision 0,25 % auf den Kurswert.

Anschaffungspreis	10.200,00 EUR
Courtage	7,50 EUR
Provision	25,50 EUR
Telefon	5,00 EUR
Anschaffungskosten	10.238,00 EUR

4. Für die weiterhin zu zahlenden Stückzinsen in Höhe von 502,22 Euro – berechnet auf 226 Tage – ist eine Forderung zu aktivieren.

3.2.3 Anschaffungskosten bei periodischer Kaufpreiszahlung

3.2.3.1 Raten- und Rentenkauf

Üblich (und gesetzlich vorgesehen) ist, den Kaufpreis im Rahmen eines Zug-um-Zug-Geschäfts in zeitlicher Nähe zur Übergabe der gekauften Sache zu zahlen. Davon abweichend kann jedoch vereinbart werden, dass der Kaufpreis nicht auf einmal, sondern in einer bestimmten Anzahl von Teilbeträgen über einen längeren Zeitraum (länger als 12 Monate) hinweg entrichtet wird. Es handelt sich dann um einen **Raten- oder Teilzahlungskauf**; begrifflich wird das **Ratengeschäft** auch als **Zeitrente** bezeichnet.

Die Summe aller Kaufpreisraten ist regelmäßig höher als der Preis, der bei sofortiger Zahlung gefordert wird (**Barzahlungspreis**). Dies liegt daran, dass in den Kaufpreisraten auch anteilige Zinsen auf die ausstehende Kaufpreisforderung sowie ggf. Bearbeitungsgebühren enthalten sind. Dies bedeutet, dass der Wert eines gekauften Gutes dem Barzahlungspreis entspricht, nicht jedoch der Summe aller Kaufpreisraten, weil die Differenz Zinsaufwand für die Verbindlichkeit ist. Aus diesem Grund gilt bei Ratenzahlung der Barwert aller Kaufpreisraten oder – sofern bekannt – der Barzahlungspreis als Anschaffungskosten des erworbenen Wirtschaftsguts.

Die Kaufpreisraten stellen für den Erwerber eindeutig Verbindlichkeiten dar, die gem. § 253 Abs. 1 S. 2 HGB mit ihrem Erfüllungsbetrag anzusetzen sind. Als Erfüllungsbetrag der Verbindlichkeit wird ebenfalls der Barpreis des Kaufgegenstands bzw. der Barwert der Raten angesetzt. Die Verbindlichkeit ist dann jährlich um den anteiligen Zinsaufwand zu erhöhen. Eine Passivierung des tatsächlichen Rückzahlungsbetrags mit Ausweis der Differenz unter den aktiven RAP (§ 250 Abs. 3 HGB) gilt in Deutschland als unzulässige Bilanzverlängerung.[92]

---

92 Nach EU-Recht soll eine derartige Bilanzierung jedoch zulässig sein, EuGH, Urteil v. 23.4.2020 – C-640/18, Wagram Invest SA/Belgischer Staat, abrufbar unter http://curia.europa.eu/juris/liste.jsf?language=de&num=C-640/18.

> **Beispiel:** !
>
> Die X-AG erwirbt am 2.1.01 eine Maschine zum Listenpreis von 40.000 Euro; es werden ein Rabatt von 10 % und Ratenzahlung auf 5 Jahre vereinbart, wobei die Raten jeweils zum Ende eines Jahres fällig werden. Die einzelne Jahresrate beträgt 7.800 Euro. Mehrwertsteuer ist aus Vereinfachungsgründen nicht zu berücksichtigen.
>
> | | |
> |---|---:|
> | Anschaffungspreis | 40.000 EUR |
> | abzüglich Rabatt | − 4.000 EUR |
> | Anschaffungskosten der Maschine | 36.000 EUR |
> | | |
> | Verbindlichkeiten (= AK) | 36.000 EUR |
> | jährliche aufwandswirksame Erhöhung der Verbindlichkeit (3.000/5) | 600 EUR |

Ist der Barzahlungspreis nicht bekannt, so muss als Anschaffungskosten der Barwert der Raten, d. h. die abgezinsten Raten, angesetzt werden. Für die Ermittlung dieses Barwerts ist der gem. § 253 Abs. 2 S. 4 HGB von der Bundesbank ermittelte und bekannt gegebene Zinssatz anzuwenden; für steuerliche Zwecke muss davon abweichend ein Zinssatz von 5,5 % (§ 6 Abs. 1 Nr. 3 EStG) zugrunde gelegt werden.

> **Beispiel:** !
>
> Die K-OHG erwirbt am 31.12.01 eine Maschine. Es wird Ratenzahlung in Höhe von 14.000 Euro (netto) auf 9 Jahre vereinbart, fällig jeweils zu Beginn eines Ratenjahres (vorschüssige Zahlung), erstmalig zum 31.12.01. Ein beauftragter Mathematiker ermittelt für die folgenden 8 Raten einen Barwert von 95.000 Euro per 31.12.01 und von 82.000 Euro per 31.12.02. Die K-OHG hat ausschließlich steuerfreie Umsätze gem. § 4 UStG. Der Mehrwertsteuersatz beträgt 19 %.
>
> | | |
> |---|---:|
> | Barwert der 8 folgenden Raten | 95.000 EUR |
> | erste Rate (Barwert = Nennbetrag) | 14.000 EUR |
> | nicht abziehbare Vorsteuer | 23.940 EUR |
> | Anschaffungskosten (zu aktivieren) | 132.940 EUR |
> | | |
> | zu passivierende Verbindlichkeiten (inkl. Vorsteuer) | 132.940 EUR |
> | | |
> | zu aktivierendes Disagio (akt. RAP) | 17.000 EUR |
>
> Im folgenden Jahr ist in Höhe von 3.000 Euro ((8 x 14.000 − 95.000) − (7 x 14.000 − 84.000)) eine Aufzinsung der Verbindlichkeit und ein entsprechender Zinsaufwand zu erfassen.

Ist die zeitliche Dauer der Ratenzahlungen vom Leben einer (oder mehrerer) Person(en) abhängig (**Leibrente**), so handelt es sich nicht um Ratenzahlung, sondern um **Rentenzahlung**. Auch im Fall der Bezahlung des Preises auf Rentenbasis ermitteln sich die Anschaffungskosten nicht aus der Summe der Rentenzahlungen. Als Anschaffungskosten und Verbindlichkeit (§ 253 Abs. 2 S. 3 HGB) gilt in diesem Fall stets der

Barwert der – bei Leibrenten voraussichtlich – zu leistenden Rentenzahlungen. Insoweit besteht kein Unterschied zu der Ratenzahlung.

! **Beispiel:**

Die X-KGaA erwirbt am 2.1.01 eine Maschine mit einer Nutzungsdauer von 18 Jahren. Der 70-jährige Verkäufer hat eine Lebenserwartung von 12 Jahren. Es ist eine jährliche nachschüssige Rentenzahlung in Höhe von 8.000 Euro vereinbart (Fälligkeit jeweils zum 31.12.). Folgende Rentenbarwerte sind von einem Versicherungsmathematiker ermittelt worden:

2.1.01	66.656,00 EUR
31.12.01	64.456,00 EUR
zu aktivierende Anschaffungskosten:	66.656,00 EUR
Abschreibung 01:	3.703,11 EUR
Restbuchwert der Maschine am 31.12.01:	62.952,89 EUR
zu passivierende Verbindlichkeit:	66.656,00 EUR
Restbuchwert der Verbindlichkeit am 31.12.01:	64.456,00 EUR
Zinsaufwand 01 (8.000 – 2.200):	5.800,00 EUR

Buchungssatz:

Zinsaufwand	5.800	an		
Verbindlichkeit	2.200	an	Bank	8.000

3.2.3.2   Mietkauf

Ein **Mietkauf** ist gegeben, wenn der Vermieter eines Gegenstands dem Mieter das Recht einräumt, die Mietsache jederzeit oder zu bestimmten festgelegten Terminen durch einseitige Erklärung des Mieters zu erwerben. Regelmäßig wird dafür ein fester, gleich bleibender Kaufpreis vereinbart, auf den die bis dahin geleisteten Mietzahlungen ganz oder teilweise angerechnet werden.

Insoweit stellt der Mietkauf eine verdeckte Form des Kaufes dar, bei der die zu aktivierenden Anschaffungskosten nicht höher sein dürfen als bei einem vergleichbaren Kauf ohne vorhergehende Mietphase. Dies wird in Ermangelung eines exakten Kaufpreises rechnerisch dadurch erreicht, dass von dem vereinbarten Kaufpreis die bis dahin aufgelaufenen Abschreibungen abgezogen werden; der so ermittelte Wert entspricht überschlägig dem Zeitwert. Aus Vereinfachungsgründen kann bei einem unterjährigen Erwerb die Berechnung auf den Tag der Eröffnungsbilanz bezogen werden.

Beispiel: !

Die Y-KG mietet am 2.1.01 eine Maschine. Jährliche Miete 3.000 Euro, Mietdauer 5 Jahre, die Mietzahlungen sind jeweils am 2.1. nachschüssig fällig. Die KG hat das Recht, die Maschine jederzeit zum Preis von 18.000 Euro zu erwerben, wobei die bis dahin geleisteten Mietzahlungen in voller Höhe angerechnet werden. Am 19.12.04 teilt die KG dem Vermieter mit, dass sie die Maschine per 31.12.04 übernehmen will. Die gesamte Nutzungsdauer der Anlage beträgt 9 Jahre.

Auf der Basis eines Preises von 18.000 Euro und einer Nutzungsdauer von 9 Jahren beträgt die jährliche Abschreibung 2.000 Euro, mithin sind in 3 Jahren (01 bis 03) 6.000 Euro fiktive Abschreibungen aufgelaufen.

Die Anschaffungskosten betragen deshalb 18.000 Euro – 6.000 Euro = 12.000 Euro.

Der Zahlbetrag beträgt 18.000 Euro (Preis) – 9.000 Euro (aufgelaufene Mietbeträge) = 9.000 Euro.

Da die Maschine per 1.1.04 mit 12.000 Euro zu aktivieren ist, der Zahlbetrag jedoch nur bei 9.000 Euro liegt, ist die Differenz von 3.000 Euro als sonstiger betrieblicher Ertrag zu buchen. Bei dieser Konstellation ist zu beachten, dass noch für 04 die volle Abschreibung von 2.000 Euro zu buchen ist, weil die Maschine bereits das ganze Jahr im Unternehmen genutzt wurde. Der Restbuchwert per 31.12.04 stellt sich somit auf 10.000 Euro.

Wird eine Sache vom Mieter während der Laufzeit des Mietvertrags erworben, *ohne* dass eine Kaufoption vereinbart war (Kauf aus einem reinen Mietverhältnis), so werden die Anschaffungskosten in gewohnter Weise ermittelt. Eine irgendwie geartete Berücksichtigung der Mietdauer erfolgt nicht, da in diesem Fall kein verdeckter Kauf von Anfang an vorlag.

Beispiel: !

Die Z-KG hat am 2.1.01 eine Maschine gemietet. Die jährliche Miete beträgt 3.000 Euro, die Mietdauer 5 Jahre, ein Kaufrecht ist nicht vereinbart. Per 30.11.04 erwirbt die KG die Maschine vom Vermieter zum marktüblichen Zeitwert von 9.000 Euro. Es ist weiterhin vereinbart, dass für 04 die volle Miete sofort fällig ist und zusammen mit dem Kaufpreis am 31.12.04 unter Abzug von 2 % Skonto auf alles überwiesen wird. Die Gesamtnutzungsdauer der Anlage beträgt 9 Jahre.

Kaufpreis	9.000,00 EUR
Skonto	– 180,00 EUR
Anschaffungskosten	8.820,00 EUR

Der Mietaufwand von 2.940 Euro für 04 ist nicht Bestandteil der Anschaffungskosten. Die Abschreibung 04 beträgt 147 Euro (ein Monat) bezogen auf eine Restnutzungsdauer von 5 Jahren.

Ist bei Abschluss eines Mietvertrags der spätere Erwerb durch den Mieter fest vereinbart oder (aufgrund günstiger Kaufoptionen) sehr wahrscheinlich zu erwarten, geht das **wirtschaftliche Eigentum** und damit die Aktivierungspflicht mit Abschluss des Mietvertrags auf den Mieter über. Damit muss im Einzelfall zwischen echter Miete,

Mietkauf und verdecktem Kauf unter Miete (hier ist zusätzlich zum Leasing zu unterscheiden) abgegrenzt werden.[93]

3.2.3.3 Leasing

Ist ein geleastes Wirtschaftsgut beim Leasingnehmer zu bilanzieren (**Finanzierungsleasing**), so sind die Anschaffungskosten wie beim Ratenkauf entweder nach Maßgabe eines Listenverkaufspreises für den Verkauf bei sofortiger Bezahlung oder als Barwert aus der Summe der Leasingraten zu ermitteln.[94]

3.2.4 Anschaffungskosten bei nichtmonetärer Gegenleistung

Wird ein Wirtschaftsgut nicht gegen Leistung eines monetären Kaufpreises, sondern gegen eine nichtmonetäre Leistung erworben, d. h. gegen Hingabe eines anderen Wirtschaftsguts, so liegt ein **Tausch** i. S. des § 480 BGB vor. In diesem Fall können die Anschaffungskosten nicht unmittelbar auf der Basis einer monetären Gegenleistung errechnet werden, sondern sind aufgrund einer Wertermittlung des hingegebenen Gutes zu ermitteln. Danach werden die Anschaffungskosten des erworbenen Tauschguts für die Steuerbilanz mit dem gemeinen Wert des hingegebenen Tauschguts angesetzt (§ 6 Abs. 6 EStG); für das Handelsrecht gilt mit gleicher Wirkung der Zeitwert. Die Anschaffungskosten bestimmen sich somit nach dem Verkehrs- bzw. Marktwert des hingegebenen Gutes. Liegt der gemeine Wert über oder unter dem Buchwert, so tritt in Höhe des Differenzbetrags eine Gewinn- oder Verlustrealisierung ein.

> **! Beispiel:**
>
> Die Y-KG veräußert ein selbst geschaffenes Patent und erhält dafür vom Erwerber ein anderes Patent übereignet. Man ist sich einig, dass der Wert beider Patente jeweils 300.000 Euro beträgt.
>
> Bei der Y-KG ist das erworbene Patent mit 300.000 Euro zu aktivieren. Da das hingegebene Patent als selbst geschaffenes immaterielles Wirtschaftsgut nicht aktiviert war, tritt in Höhe von 300.000 Euro gleichzeitig eine Gewinnrealisation ein.

Eine Ausnahme von der Verpflichtung zur Aufdeckung der stillen Reserven beim Tausch besteht nur dann, wenn zwischen dem hingegebenen Gut und dem erworbenen Gut eine wirtschaftliche Identität besteht, d. h., dass beide Güter gleichartig und gleichwertig sind und dass durch beide Güter eine gleiche Funktion erfüllt wird.

---

93 Vgl. dazu OFD Frankfurt, 12.3.2008, S 2170 A – 103 – St 219.
94 Ausführliche Darstellung des Leasings unter Kap. 5.

Beispiel: !

Die F-AG hat in ihrer Eingangshalle des Verwaltungsgebäudes eine künstlerische Skulptur aufgestellt. Die ursprünglichen Anschaffungskosten betrugen 70.000 Euro. Mit einer befreundeten Firma wird diese Skulptur gegen eine gleichartige und gleichwertige Plastik ausgetauscht, um dem Besucher in der Halle Abwechslung zu bieten. Der Wert beider Figuren wird auf je 150.000 Euro geschätzt.

Wegen wirtschaftlicher Identität wird das erworbene Gut mit dem Buchwert von 70.000 Euro weitergeführt.

3.2.5 Anschaffungskosten bei Zugang ohne Gegenleistung

Wird dem Unternehmen ein Wirtschaftsgut ohne Gegenleistung zugeführt, so liegt grundsätzlich ein **unentgeltlicher Erwerb** vor. Ein entgeltlicher oder teilentgeltlicher Erwerb liegt dagegen immer vor, wenn sich Leistung und Gegenleistung vollständig oder teilweise ausgleichen.

Anschaffungskosten sind durch § 255 Abs. 1 HGB durch die für den Erwerb geleisteten Aufwendungen bestimmt. Da es bei einem unentgeltlichen Erwerb jedoch keine dafür zu leistenden Aufwendungen gibt, sind die Anschaffungskosten als fiktiver Wert zu ermitteln.

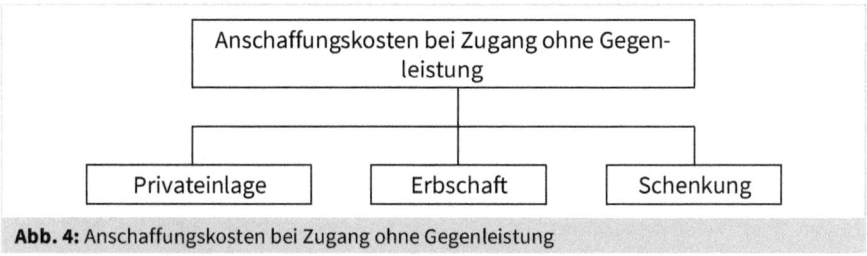

Abb. 4: Anschaffungskosten bei Zugang ohne Gegenleistung

3.2.5.1 Einlagen

Einlagen stellen bei Einzelkaufleuten und Personengesellschaften[95] eine Erhöhung des variablen Eigenkapitals, bei Kapitalgesellschaften eine Erhöhung des konstanten Eigenkapitals dar. Bei Einzelkaufleuten ist eine Einlage jederzeit möglich; besondere Regelungen existieren nicht, jedoch können beispielsweise solche Regelungen auf einzelvertraglicher Basis bei stillen Gesellschaften bestehen. Für Personengesellschaften gelten die §§ 705–707 BGB, in denen die Beitragspflicht der Gesellschafter grundsätzlich geregelt ist; leisten Gesellschafter ihre Beiträge, so handelt es sich buchtechnisch ebenfalls um Einlagen. Aufgrund des konstanten Eigenkapitals bei

---

95 Zur Einbringung von privaten Wirtschaftsgütern in eine Personengesellschaft vgl. BMF, Schreiben v. 11.7.2011, IV C 6 – S 2178/09/10001.

Kapitalgesellschaften ist die Einbringung einer Einlage an besondere Formvorschriften gebunden. Für diese Gesellschaften bestehen deshalb besondere Regelungen über die Bildung und Erhöhung des Eigenkapitals (beispielsweise die §§ 182–191 AktG für die Kapitalerhöhung gegen Einlagen bei Aktiengesellschaften).

Die Zuwendung eines Gesellschafters an die Gesellschaft wird im Zweifel eine Einlage sein. Gibt ein Gesellschafter jedoch eine Zuwendung für einen aktuellen Zweck, z. B. die Vermeidung eines Verlusts, so kann es sich auch um einen **Zuschuss** handeln, der erfolgswirksam vereinnahmt wird. Dies ist nach der Zwecksetzung der Zuwendung zu beurteilen und damit auch vom Willen insb. des Zuwendungsgebers abhängig.[96]

Einlagen können als

- Geldeinlage: lokales Geld, Fremdwährung oder
- Sacheinlage: Sachen, Rechte (z. B. eine Gewerbeerlaubnis), Nutzungseinlagen, Vermögenswerte, tatsächliche Beziehungen (z. B. Goodwill), Dienste

getätigt werden. Bewertungsfragen tauchen meistens nur bei Sacheinlagen auf.

Handelsrechtlich steht die Bewertung der Einlage in gewissen Grenzen im Belieben des Einzelkaufmanns bzw. der Gesellschafter, sodass beispielsweise Sacheinlagen auch über oder unter dem Verkehrswert angesetzt werden dürfen. Bei überhöhten Bewertungen kann jedoch schnell eine außerplanmäßige Abschreibung der durch die Einlage zugeführten Vermögensgegenstände notwendig werden, um diese Vermögensgegenstände höchstens mit dem beizulegenden Wert anzusetzen.

Für Kapitalgesellschaften bestehen etwas konkretere Regelungen; so muss bei Sacheinlagen deren Wert den Nennbetrag der dafür übernommenen Geschäftsanteile erreichen (beispielsweise § 8 Abs. 1 Nr. 5 GmbHG). Dies zeigt, dass es bei Sacheinlagen an einer konkretisierbaren Gegenleistung und damit an der Entgeltlichkeit mangelt; dem steht nicht entgegen, dass der Gesellschafter bzw. Kaufmann aufgrund seiner Einlage einen Eigenkapitalanteil erwirbt. Handelsrechtlich sollten m. E. die eingelegten Vermögensgegenstände jedoch nicht mit einem höheren Wert als dem Tageswert angesetzt werden, da sonst die Gefahr einer unzulässigen Überbewertung der Einlage (z. B. i. S. d. §§ 9 Abs. 1 und 9c Abs. 1 GmbHG) besteht. Bei Einlage eines Unternehmens genügt zur Ermittlung der Werthaltigkeit in aller Regel die Schlussbilanz des übertragenden Unternehmens.[97]

Steuerrechtlich sind Einlagen alle Wirtschaftsgüter (Bareinzahlungen und sonstige Wirtschaftsgüter), die der Steuerpflichtige dem Betrieb im Laufe des Wirtschaftsjahres zugeführt hat (§ 4 Abs. 1 EStG). Für die Steuerbilanz sind Einlagen gem. § 6 Abs. 1

---

96   Für einen Überblick vgl. Bünning (Behandlung).
97   OLG Stuttgart, Beschluss v. 9.3.2020, 8 W 295/19, GmbHR 2020, S. 661.

Nr. 5 EStG regelmäßig mit dem **Teilwert** (auch wenn dieser über den Anschaffungs- oder Herstellungskosten liegt) für den Zeitpunkt der Zuführung anzusetzen; die Einlagen sind jedoch höchstens mit den Anschaffungs- oder Herstellungskosten anzusetzen, wenn das zugeführte Wirtschaftsgut

1. innerhalb der letzten drei Jahre vor dem Zeitpunkt der Zuführung angeschafft oder hergestellt worden ist (bei abnutzbaren Wirtschaftsgütern sind die AK/HK um – ggf. fiktive – zeitanteilige Abschreibungen zu kürzen) oder
2. ein Anteil an einer Kapitalgesellschaft ist (Beteiligungseinlage) und der Steuerpflichtige an der Gesellschaft i. S. des § 17 Abs. 1 oder Abs. 6 EStG beteiligt ist oder
3. ein Gut i. S. des § 20 Abs. 2 EStG (z. B. Einlage eines thesaurierten Gewinns bei Einlage einer nominalen Beteiligung) oder des § 2 Abs. 4 InvStG (Anteil an einem Investmentfond) ist.

Eine *offene Sacheinlage* in eine Kapitalgesellschaft gegen Gewährung von Gesellschaftsrechten ist steuerlich als tauschähnliches Geschäft zu werten; der Gesellschafter überträgt den Sachwert auf die Gesellschaft und erhält dafür den Geschäftsanteil. Wird ein einzelnes Wirtschaftsgut im Wege des **Tauschs** übertragen, bemessen sich die Anschaffungskosten gemäß § 8 Abs. 1 KStG i. V. m. § 6 Abs. 6 S. 1 EStG nach dem **gemeinen Wert** des hingegebenen Wirtschaftsguts.[98]

Wird ein Wirtschaftsgut eingelegt, welches zuvor der Erzielung von Überschusseinkünften i. S. des § 2 Abs. 1 S. 1 Nr. 4–7 EStG diente, so ist der o. g. Einlagewert um die zuvor bereits vorgenommenen Absetzungen zu vermindern, um das Abschreibungsvolumen des eingelegten Wirtschaftsguts zu ermitteln (§ 7 Abs. 1 S. 5 EStG); die fortgeführten AK/HK sind dabei nicht zu unterschreiten.[99] Bei Einlage in ein Gesamthandsvermögen können insbesondere bei Teilentgeltlichkeit weitere Besonderheiten zu berücksichtigen sein.[100]

Eine **Buchwertfortführung** (Einlage in ein Betriebsvermögen zum Wert der Entnahme aus einem anderen Betriebsvermögen), die eine sofortige Erfolgsrealisation vermeidet, kommt in den Fällen des § 6 Abs. 5 EStG in Betracht. Obwohl dieser Fall nicht direkt durch den Gesetzeswortlaut gedeckt ist, soll diese Buchwertfortführung aufgrund einer analogen Auslegung auch zwischen Schwesterpersonengesellschaften zulässig sein.[101]

3.2.5.2 Schenkung

Die **Schenkung** führt beim Empfänger der Schenkung zu einer Vermögensmehrung, die gem. § 516 Abs. 1 BGB grundsätzlich ohne Gegenleistung erfolgt. Erfolgt die

---

98 BFH, Urteil vom 12.4.2017, I R 36/15, BFH/NV 2018, S. 58, Rz. 15.
99 Vgl. ausführlich BMF, Schreiben v. 27.10.2010, IV C 3 – S 2190/09/10007, BStBl. I, S. 1204.
100 Vgl. BMF, Schreiben v. 11.7.2011, IV C 6 – S 2178/09/10001, BStBl. I, S. 713.
101 Niedersächsisches FG, Urteil v. 31.5.2012, 1 K 271/10, DStR 2013, S. 6; der BFH (I R 80/12) hat diesen Fall dem BVerfG (2 BvL 8/13) zur Entscheidung vorgelegt, wo er seitdem anhängig ist.

Schenkung durch einen Gesellschafter einer Personengesellschaft, so wird es sich regelmäßig um eine **verdeckte Einlage** handeln.

Für die *Handelsbilanz* wird weit überwiegend ein Aktivierungswahlrecht für das erhaltene Gut angenommen; im Zweifel wird die Unentgeltlichkeit des Erwerbs durch eine Nichtaktivierung dargestellt. Möchte der Schenker jedoch bewusst die Lage des beschenkten Unternehmens verbessern, ist eine Aktivierung eher angezeigt. Bei einer Aktivierung kann höchstens der Tageswert angesetzt werden.

Der unentgeltliche Erwerb eines einzelnen Wirtschaftsguts ist für die *Steuerbilanz* in § 6 Abs. 4 EStG geregelt, sofern es sich nicht um eine Einlage handelt. Danach sind die Anschaffungskosten durch den **gemeinen Wert** des erhaltenen Gutes bestimmt, sodass eine Schenkung in ein Betriebsvermögen steuerlich beim Beschenkten ertragswirksam zu Betriebseinnahmen führt.

Wird ein Betrieb, ein Teilbetrieb oder der Anteil eines Mitunternehmers an einem Betrieb unentgeltlich übertragen, so hat der Erwerber diese Wirtschaftsgüter mit den Buchwerten des Rechtsvorgängers (Schenkers) zu aktivieren (**Buchwertfortführung** gem. § 6 Abs. 3 EStG). Damit werden auch die stillen Reserven auf den Rechtsnachfolger (Beschenkten) übertragen, da sie beim Rechtsvorgänger nicht aufgelöst werden müssen. Dieser Vorgang ist nicht erfolgswirksam und damit auch steuerneutral.

3.2.5.3 Erbschaft

Wird ein Betrieb oder Teilbetrieb oder ein Mitunternehmeranteil durch Erbfolge erworben, so sind die Buchwerte des Erblassers fortzuführen, da der Erbe die Rechtsnachfolge des Erblassers antritt (§ 1922 BGB). Erbt eine natürliche Person dagegen ein einzelnes Wirtschaftsgut, das vom Erbnehmer dann in ein Betriebsvermögen eingelegt wird, so handelt es sich um eine Einlage.

3.3 Herstellungskosten

3.3.1 Begriff der Herstellungskosten

Wird ein Wirtschaftsgut nicht fremdbezogen, sondern selbst erstellt, so ist es mit seinen Herstellungskosten zu aktivieren. Der Begriff ist für Handels- und Steuerrecht gleichlautend (in der *Kostenrechnung* spricht man dagegen von *Herstellkosten*) und hat einen weitgehend gleichen Inhalt.

Für das *Handelsrecht* ist der Begriff der Herstellungskosten in § 255 Abs. 2 S. 1 HGB definiert. Danach sind **Herstellungskosten** jene Aufwendungen, die durch

- den Verbrauch von Gütern und
- die Inanspruchnahme von Diensten

für

- die Herstellung eines Vermögensgegenstands,
- seine Erweiterung oder
- eine über seinen ursprünglichen Zustand hinausgehende wesentliche Verbesserung

entstehen.

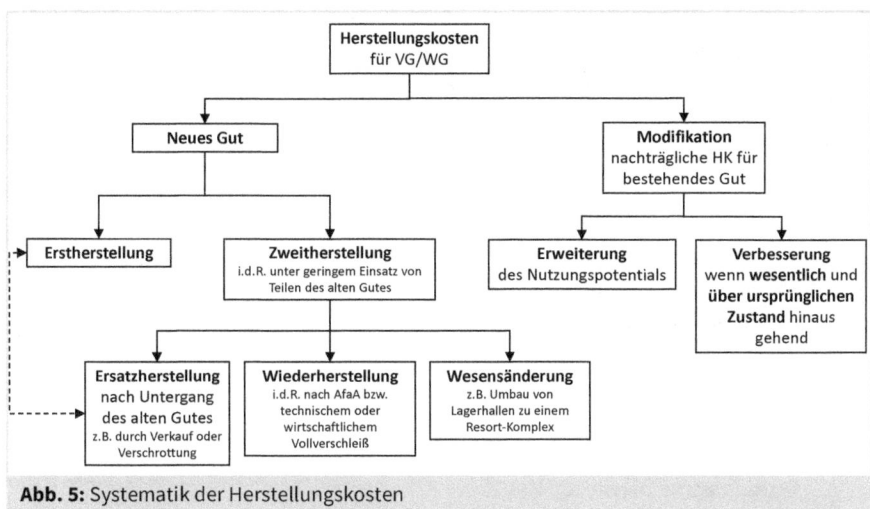

Abb. 5: Systematik der Herstellungskosten

Im *Steuerrecht* ist der Begriff nicht definiert, sodass die handelsrechtliche Definition zu übernehmen ist.

Es dürfen nur jene Kosten in die Herstellungskosten einbezogen werden, die im Zeitraum der Herstellung angefallen sind. Dieser **Herstellungszeitraum** ist durch einen Beginn, den Zeitpunkt des Starts konkreter (Vor-)Arbeiten, und ein Ende, der Fertigstellung (inkl. Abschluss von Test- und Prüfphasen), gekennzeichnet.[102]

Der **Beginn** der Aktivierung von Herstellungskosten ist dadurch gekennzeichnet, dass ein konkreter Beschluss für eine Herstellung existiert, erste Herstellungsaktivitäten erfolgen und ein Wert als Vermögensgegenstand bzw. Wirtschaftsgut geschaffen wurde. Bei der Herstellung eines materiellen Gutes (z. B. eines Gebäudes) kann es sich dabei zunächst auch um immaterielle Werte (z. B. Planungsleistungen eines Architekturbüros) handeln, sofern diese dem späteren materiellen Wert direkt zugeordnet werden können.

---

102 Für Einzelheiten s. Kapitel 3.3.2.

Die Herstellung ist abgeschlossen, wenn das hergestellte Gut zum Gebrauch (Beginn der Betriebsbereitschaft bei Anlagevermögen) oder zum Verkauf (bei Umlaufvermögen) bereit ist. Danach anfallende Kosten sind regelmäßig laufender Aufwand (z. B. Erhaltungsaufwand). Wird bei späteren Aufwendungen jedoch erneut die Definition der Herstellungskosten (Erweiterung oder Verbesserung) erfüllt, so handelt es sich um **nachträgliche Herstellungskosten**, die zu aktivieren sind.

Unter dem Gesichtspunkt der **Erweiterung** sind (nachträgliche) Herstellungskosten – neben Anbau und Aufstockung – auch gegeben, wenn nach Fertigstellung des Gebäudes seine nutzbare Fläche – wenn auch nur geringfügig – vergrößert wird (z. B. Satteldach statt Flachdach). Auf die tatsächliche Nutzung sowie auf den etwa noch erforderlichen finanziellen Aufwand für eine Fertigstellung zu bestimmten Zwecken kommt es nicht an.[103]

3.3.2 Umfang der Herstellungskosten

Nach § 255 Abs. 2 S. 2 HGB gehören dazu

- als Einzelkosten
  1. die Materialkosten,
  2. die Fertigungskosten und
  3. die Sonderkosten der Fertigung,
- sowie als **Gemeinkosten** angemessene Teile der
  1. Materialgemeinkosten,
  2. Fertigungsgemeinkosten,
  3. durch die Fertigung veranlassten Abschreibungen des Anlagevermögens.

Als **Materialkosten** sind alle dem Erzeugnis direkt zurechenbaren Rohstoffe sowie Hilfs- und Betriebsstoffe zu erfassen; insbesondere bei den Betriebsstoffen wird jedoch das Erfordernis der direkten Zurechenbarkeit sehr selten gegeben sein. Dabei ist es unerheblich, ob diese Stoffe bereits im Betrieb selbst gefertigt (und mit Herstellungskosten bewertet) oder ob sie fremd eingekauft (und mit Anschaffungskosten bewertet) wurden. Zu den **Fertigungskosten** zählen vor allem die direkt zurechenbaren Fertigungslöhne einschließlich gesetzlicher und freiwilliger Zulagen. Fallen für ein Erzeugnis oder für einen Auftrag einmalige Kosten wie z. B. Entwurfs- und Modellkosten, Kosten für Spezialwerkzeuge oder Lizenzkosten an, so sind sie als **Sonderkosten der Fertigung** ebenfalls aktivierungspflichtig.

Im Regelfall besteht für auf den Zeitraum der Herstellung entfallende **Zinsen** auf das Fremdkapital ein Aktivierungsverbot, das jedoch unter bestimmten, eng umgrenzten Bedingungen durchbrochen wird (§ 255 Abs. 3 HGB). So dürfen Zinsen dann (und nur dann) aktiviert werden, wenn sie

---

103 BFH v. 15.5.2013, IX R 36/12.

- ähnlich wie Einzelkosten zur Herstellung eines Vermögensgegenstands verwendet (nicht: zugerechnet) werden und
- sich nur auf den Zeitraum der Herstellung beziehen.

In der *Steuerbilanz* ist hinsichtlich der Einbeziehung der Fremdkapitalkosten wie in der Handelsbilanz zu verfahren (**strenge Maßgeblichkeit**).

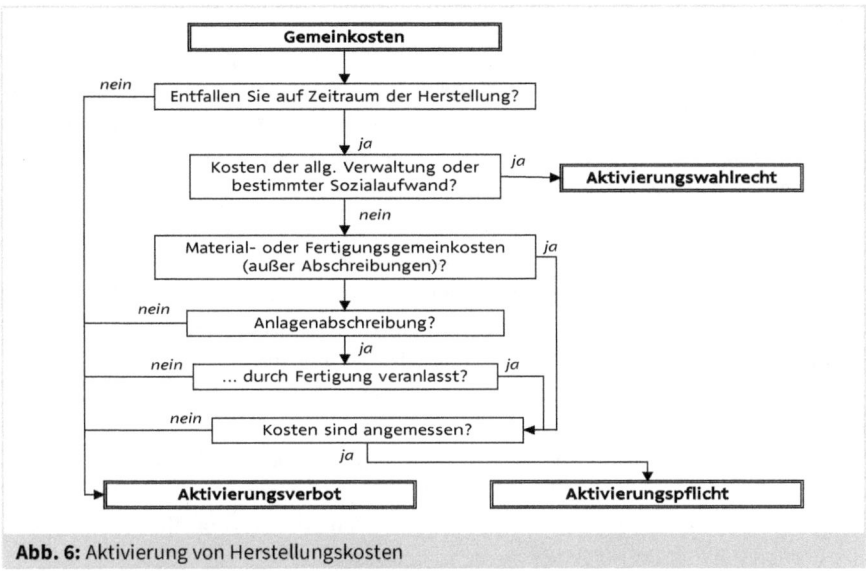

Abb. 6: Aktivierung von Herstellungskosten

Für die **Gemeinkosten** besteht ebenfalls ein weitreichendes *Aktivierungsgebot*[104] nach § 255 Abs. 2 Sätze 2–3 HGB. Soweit sie auf den Zeitraum der Herstellung entfallen, sind danach auch angemessene Teile der notwendigen Materialgemeinkosten, der notwendigen Fertigungsgemeinkosten und des Wertverzehrs des Anlagevermögens einzurechnen, soweit sie durch die Fertigung veranlasst ist.

Für die nicht produktionsbezogenen Gemeinkosten besteht ein **Aktivierungswahlrecht gem.** § 255 Abs. 2 S. 3 HGB; dazu zählen die Kosten der allgemeinen Verwaltung und die Aufwendungen für soziale Einrichtungen des Betriebs, für freiwillige soziale Leistungen und für die betriebliche Altersversorgung. Allerdings dürfen im Rahmen dieses Wahlrechts ebenfalls nur angemessene Gemeinkostenteile in die Herstellungskosten einbezogen werden.

---

104 Das bis 2009 bestehende Aktivierungswahlrecht wurde durch das Bilanzrechtsmodernisierungsgesetz (BilMoG) aufgehoben.

Nicht in die Herstellungskosten einbezogen werden dürfen aufgrund des ausdrücklichen *Aktivierungsverbots* des § 255 Abs. 2 S. 4 HGB die **Forschungskosten** und die **Vertriebskosten**.

Zu den **Gemeinkosten** zählen alle Kosten, die sich nicht als Einzelkosten dem Erzeugnis direkt zurechnen lassen, wobei es unerheblich ist, ob es sich um fixe oder variable Gemeinkosten handelt. Bei den Materialgemeinkosten sind dies vor allem Kleinteile, Hilfsstoffe sowie die Kosten der Lagerhaltung. Zu den Fertigungsgemeinkosten zählen vor allem Wartungs- und Reparaturkosten, Energiekosten und sonstige Kosten für Betriebsstoffe. Mit der Einschränkung der Aktivierung auf jene Gemeinkosten, die auf den **Zeitraum der Herstellung** entfallen, soll erreicht werden, dass nur jene Kosten aktiviert werden dürfen, die in einem zeitlichen Zusammenhang mit der Leistungserstellung angefallen sind.

Bei der Abgrenzung des **Zeitraums der Herstellung** kommt es wesentlich darauf an, Beginn und Ende dieses Zeitraums zu bestimmen. Als *Beginn* ist regelmäßig der Zeitpunkt anzusehen, zu dem mit der Fertigung eines Erzeugnisses konkret begonnen wird, d. h., dass allgemeine Arbeiten, wie z. B. der (unspezifische) Einkauf von Rohstoffen, noch nicht als Herstellung anzusehen sind. Werden dagegen für ein bestimmtes herzustellendes Gut technische Zeichnungen, Planungsunterlagen oder Herstellungspläne erstellt oder werden externe Gutachten bzw. Machbarkeits- oder Sicherheitsstudien eingeholt, so fallen diese Aufwendungen bereits in den Herstellungszeitraum und sind als Herstellungskosten zu aktivieren, auch wenn mit der physischen Herstellung noch nicht begonnen wurde.

Das *Ende* der Herstellung ist regelmäßig gegeben, wenn das Erzeugnis verkaufsfähig oder nutzbar ist. Aufwendungen für Test- und Prüfarbeiten sowie die Schulung des Personals sind ebenfalls aktivierungspflichtig. Fallen nach Inbetriebnahme einer Maschine weitere Aufwendungen für Nachjustierungen oder Nachschulungen an, so handelt es sich um sofort abziehbare Aufwendungen, weil hierdurch keine weitere Wertsteigerung herbeigeführt wird. Auch zählen spätere Arbeiten wie z. B. das Verpacken nicht mehr zu Herstellung, sondern zum Vertrieb.

Für die Herstellung eines **Gebäudes** nimmt der BFH den **Herstellungsbeginn** an, wenn das konkrete Investitionsvorhaben »ins Werk gesetzt« wurde. Ein sicheres Indiz für einen Herstellungsbeginn ist die Stellung des Bauantrags, es sei denn, das hergestellte Gebäude stimmt nicht mit dem genehmigten Gebäude überein. Das »Ins-Werk-Setzen« und damit der Beginn der Herstellung muss aber nicht zwingend mit der Stellung eines Bauantrags verbunden sein; auch Handlungen in dessen Vorfeld können ausreichen. Einzelheiten sind höchstrichterlich bislang nicht endgültig geklärt. Unter Beachtung der bilanzsteuerlichen Grundsätze könnte auch die Planung als Teil der Herstellung zu berücksichtigen sein. Schließlich gehören Planungskosten zu den Herstellungskosten des Gebäudes und sind selbst dann zu aktivieren, wenn die Bauarbeiten noch nicht begonnen haben. Planung und Errichtung des Bauwerks bilden einen einheitlichen Vorgang.[105] Diese Überlegungen können auf die Herstellung anderer materieller oder immaterieller Güter übertragen werden.

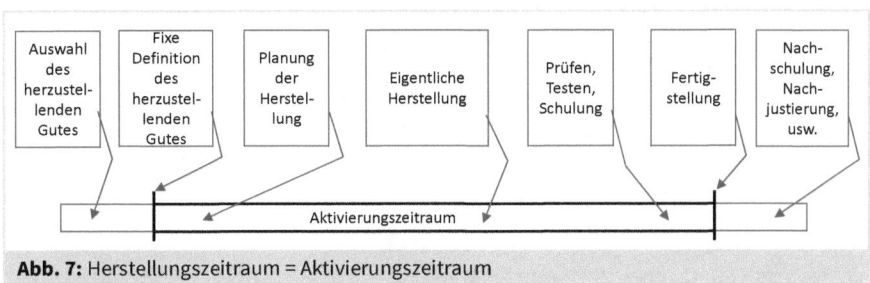

Abb. 7: Herstellungszeitraum = Aktivierungszeitraum

Die Gemeinkosten dürfen nur insoweit angesetzt werden, als sie angemessen sind. Als **angemessen** können diese Kosten immer dann gesehen werden, wenn sie erstens nicht durch starke Unterbeschäftigung überhöht und zweitens nicht in einem Bereich entstanden sind, der nicht zur Herstellung der Erzeugnisse beigetragen hat.

Insgesamt ergibt sich folgende Gliederung für die Berechnung der mindestens zu aktivieren Herstellungskosten:

	Materialeinzelkosten
+	Materialgemeinkosten
=	Materialkosten
	Fertigungseinzelkosten
+	Fertigungsgemeinkosten einschl. anteilige Abschreibungen
+	Sondereinzel- und -gemeinkosten der Fertigung
=	Fertigungskosten
+	Kosten der fertigungsspezifischen Verwaltung
=	Herstellungskosten (Mindestsatz)

Zur Berechnung der höchstens aktivierbaren Herstellungskosten ergibt sich dagegen diese Gliederung:

	Materialeinzelkosten
+	Materialgemeinkosten
=	Materialkosten

---

105 BFH, Urteil v. 9.7.2019, X R 7/17, BFH/NV 2019, S. 1390.

	Fertigungseinzelkosten
+	Fertigungsgemeinkosten einschl. anteilige Abschreibungen
+	Sondereinzel- und -gemeinkosten der Fertigung
+	Zinsen für Fremdkapital
=	Fertigungskosten
	Kosten der allgemeinen und fertigungsspezifischen Verwaltung
+	Aufwendungen für die betriebliche Altersversorgung
=	Verwaltungskosten
=	Herstellungskosteten (Höchstsatz)

Wegen des Grundsatzes der **Einzelbewertung** (§ 252 Abs. 1 Nr. 3 HGB) müssen alle hergestellten Vermögensgegenstände einzeln bewertet werden.[106] Dies gilt auch, wenn zwei oder mehr unterschiedliche Güter in einem einheitlichen Produktionsgang hergestellt werden (**Kuppelproduktion**), so kann beispielsweise bei der Stromherstellung (Hauptprodukt des Kuppelprozesses) auch **Wärmeenergie** (Nebenprodukt des Kuppelprozesses) entstehen; hier sind die gesamten Herstellungskosten durch Schätzung auf die beiden einzelnen Erzeugnisse aufzuteilen.[107]

Vom *kostenrechnerischen* Wertansatz unterscheidet sich der handelsrechtliche Wertansatz vor allem durch die Unzulässigkeit kalkulatorischer Kosten (Unternehmerlohn, Zinsen auf das Eigenkapital etc.) und die Einhaltung des Nominalprinzips (keine Berücksichtigung von Wiederbeschaffungswerten, sondern nur pagatorische Werte). Im Weiteren sind jedoch kostenrechnerische Kalkulationsverfahren für die handelsrechtliche Bewertung zu adaptieren.

Der *steuerrechtliche* Inhalt der Herstellungskosten stimmt mit den handelsrechtlichen Bestimmungen überein.[108] Die in der Handelsbilanz ausgeübten Wahlrechte müssen entsprechend in die Steuerbilanz übernommen werden, da das Steuerrecht hierzu keine eigenständigen Wahlrechte kennt. Durch die Einfügung[109] des § 6 Abs. 1 Nr. 1b EStG wurde klargestellt, dass für Kosten der allgemeinen Verwaltung sowie Aufwendungen für soziale Einrichtungen des Betriebs, für freiwillige soziale Leistungen und für die betriebliche Altersversorgung das handelsrechtliche Aktivierungswahlrecht auch in der Steuerbilanz gilt und einheitlich auszuüben ist; mit dieser Feststellung der Maßgeblichkeit wurde eine lange und quälende Diskussion beendet.

---

106 Vgl. Kapitel 3.1.

107 BFH, Urteil v. 12.3.2020, IV R 9/17, Tz. 38, DStR 2020, S. 1421.

108 R 6.3. EStR 2012 gibt insoweit auch weitere Erläuterungen zu § 255 Abs. 2 HGB.

109 Diese Norm wurde 2016 durch das Gesetz zur Modernisierung des Besteuerungsverfahrens (Steuermodernisierungsgesetz) vom 12.05.2016 (StModernG) eingefügt und stellt an dieser Stelle die strenge Maßgeblichkeit (wieder) her. Für vorherige Geschäftsjahre wird eine entsprechende Handhabung von der Steuerverwaltung toleriert.

Praxisfall: !

Die Kosten für die Zulassung eines neu entwickelten Pflanzenschutzmittels nach dem Pflanzenschutzgesetz sind Bestandteil der Herstellungskosten für die Rezeptur des Pflanzenschutzmittels.[110]

3.3.3 Abgrenzung Erhaltungsaufwand und Herstellungskosten

3.3.3.1 Grundsätzliche Überlegungen

Herstellungskosten fallen nicht nur an, wenn ein Vermögensgegenstand neu geschaffen wird, sondern als **nachträgliche Herstellungskosten** auch, wenn ein – bereits vorhandener – Vermögensgegenstand erweitert wird oder eine über seinen ursprünglichen Zustand hinausgehende wesentliche Verbesserung entsteht (§ 255 Abs. 2 S. 1 HGB). Für diese beiden Arten der **Modifikation** eines Vermögensgegenstands (= eines Wirtschaftsguts) ist zu prüfen, ob bei bereits existierenden Gegenständen die Merkmale der Erweiterung oder Verbesserung derart vorliegen, dass aktivierungspflichtige Herstellungskosten gegeben sind. Andernfalls würde lediglich ein erfolgswirksamer Aufwand anzunehmen sein.

Auch für das Steuerrecht ist die Unterscheidung zwischen den aktivierungspflichtigen Herstellungskosten und dem sofort als Betriebsausgabe abziehbaren Erhaltungsaufwand von großer Bedeutung, weil im ersten Fall der Aufwand über die Jahre als Abschreibung erfasst wird, während im zweiten Fall der Aufwand bereits im Jahr seiner Entstehung erfolgsmindernd ist.

Wird an einem Vermögensgegenstand eine Modifikation vorgenommen, die zu aktivierungspflichtigen Herstellungskosten führt, deren Kosten jedoch fehlerhaft als sofort abziehbare Erhaltungsaufwendungen geltend gemacht wurden, muss dies entsprechend berichtigt werden. Unterbleibt diese Berichtigung, z. B. weil der entsprechende Steuerbescheid bereits bestandskräftig ist, führt dies zu einer Minderung des AfA-Volumens. Für den Verbrauch des AfA-Volumens macht es keinen Unterschied, ob die Anschaffungskosten als jährliche Abschreibung abgesetzt oder irrtümlich als sofort abziehbare Werbungskosten (Erhaltungsaufwand) behandelt werden.[111] Ein solcher Fall tritt insbesondere dann ein, wenn die Abgrenzung zwischen Erhaltungsaufwand und Herstellungskosten in einem konkreten Praxisfall von Unwägbarkeiten und Auslegungsproblemen gekennzeichnet ist.

---

110 BFH v. 8.9.2011, IV R 5/09.
111 BFH, Urteil v. 28.4.2020, IX R 14/19, DStR 2020, S. 1715–1717.

3.3.3.2 Erhaltungsaufwand

Erhaltungsaufwand bzw. **Instandhaltung** (Nachholung unterlassener Erhaltungs-aufwendungen) liegt vor, wenn durch diesen Aufwand ein Wirtschaftsgut

- in seiner Wesensart nicht verändert wird,
- in ordnungsmäßigem Zustand erhalten werden soll,
- keine (den Aufwand übersteigende) nennenswerte Wertsteigerung erfährt,
- einer regelmäßig wiederkehrenden Erhaltung unterzogen wird.

Die genannten Voraussetzungen müssen nicht alle gleichzeitig vorliegen, insbesondere wird oft auf die Voraussetzung der Wertsteigerungsfreiheit verzichtet. Ist die Wertsteige-rung jedoch mit einer erheblichen Verbesserung des bisherigen Zustands (Veränderung der Wesensart) verbunden, liegen Herstellungskosten vor. Ohne Überprüfung kann jedoch bei einem Gebäude ein Aufwand bis zu 4.000 Euro (netto) für eine einzelne Baumaßnahme gem. R 21.1 Abs. 2 EStR als Erhaltungsaufwand behandelt werden. Allerdings ist diese Regelung aus dem Bereich der Einkünfte aus Vermietung und Verpachtung angemessen auf Bauten in gewerblichen Unternehmen zu übertragen. Unterstellt man bei diesem EStR-Wert, dass dieser 2 % der ursprünglichen Anschaffungskosten entspricht, so wird man diese 2%-Grenze vereinfachend auch auf größere Objekte übertragen können. Er-gänzend stellt der BFH fest, dass aus der Höhe der Instandsetzungs- und Modernisie-rungsaufwendungen im Verhältnis zum Kaufpreis nicht im Wege einer tatsächlichen, widerlegbaren Vermutung ohne nähere Prüfung auf eine wesentliche Verbesserung i. S. von § 255 Abs. 2 S. 1 HGB und mithin auf das Vorliegen von Herstellungskosten ge-schlossen werden kann.[112]

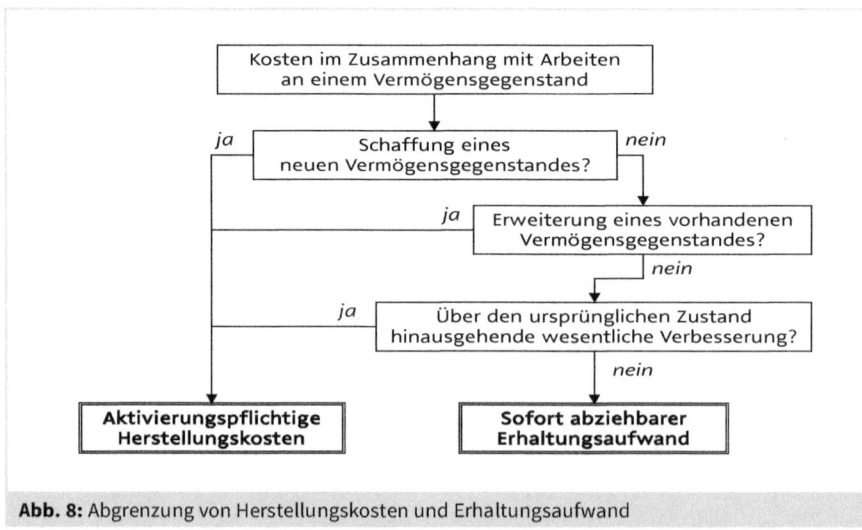

Abb. 8: Abgrenzung von Herstellungskosten und Erhaltungsaufwand

---

112 BFH, Urteil v. 22.9.2009, IX R 21/08, BFH/NV 2010, S. 846.

Es können auch Erhaltungsaufwand und Herstellungskosten zugleich anfallen. Dies wird z. B. stets dann der Fall sein, wenn im Zuge periodischer Wartungsarbeiten auch wesentliche Verbesserungen an dem Wirtschaftsgut vorgenommen werden.

Werden im Zuge von Modernisierungen oder Umbauten hinsichtlich von Größe und Funktion bedeutsame, wesentliche Teile eines Gutes ausgetauscht (z. B. Abriss und Neuaufbau tragender Wände bei einem Gebäude), so liegen keine Erhaltungs- oder Instandsetzungsaufwendungen vor, sondern Herstellungskosten (sog. »**Zweitherstellung**«). [113]

Die Rechtsprechung des BFH nimmt in letzter Zeit in verstärktem Maß eher Erhaltungsaufwand an. Aufgrund dieser Rechtsprechung hat Pougin zwölf Thesen für Herstellungskosten aufgestellt, wobei alle Aufwendungen, die diese Voraussetzungen nicht erfüllen, Erhaltungsaufwand sind: [114]

1. *Jährlich nicht wiederkehrende Aufwendungen brauchen deshalb nicht Herstellungskosten zu sein.*

2. *Aufwendungen sind nicht deshalb bereits Herstellungskosten, weil der durch sie geschaffene Wert dem Betrieb für mehr als ein Jahr Vorteile bringt.*

3. *Außerordentlichkeit und Werterhöhung sind also keine Merkmale für Herstellungsaufwand.*

4. *Daß Aufwendungen auf voll abgeschriebene Wirtschaftsgüter gemacht werden, ist kein Merkmal für Herstellungsaufwand. Es kommt vielmehr darauf an, ob sie voll abgenutzt sind.*

5. *Eine bloße Verlängerung der Gebrauchsfähigkeit/Nutzungsdauer reicht für eine Aktivierung nicht aus.*

6. *Die Erneuerung von Teilen eines einheitlichen Wirtschaftsguts ist kein Herstellungsaufwand, und zwar auch dann nicht, wenn es sich um eine Modernisierung durch den erstmaligen Einbau von bisher nicht vorhandenen Teilen handelt.*

7. *Eine Generalüberholung (der gesamte Verschleiß wird an allen abnutzbaren Bestandteilen behoben), durch die wieder ein verwendungsfähiges Wirtschaftsgut entsteht, stellt Herstellungsaufwand dar.*

8. *Aufwendungen für bereits vorhandene unselbständige Bestandteile des Wirtschaftsguts sind ausnahmsweise nur dann Herstellungsaufwand, wenn die erneuerten Teile so artverschieden sind, daß die Maßnahme nach der Verkehrsanschauung nicht mehr in erster Linie dazu dient, das Wirtschaftsgut in seiner bestimmungsmäßigen Nutzungsmöglichkeit zu erhalten, sondern etwas Neues, bisher nicht Vorhandenes zu schaffen. Es ist nicht auf die Veränderung oder Verbesserung eines Teiles, sondern allein des Ganzen abzustellen.*

9. *Eine Wertsteigerung*

   a) *durch die Verwendung eines höherwertigen und kostspieligeren Materials von längerer Haltbarkeit oder*

---

113 BFH, Urteil v. 7.12.2010, IX R 14/10, BFH/NV 8/2011, S. 802.
114 Pougin (Herstellungsaufwand), S. 15 f.

b) *durch eine dem technischen Fortschritt entsprechende Modernisierung führt nicht zu Herstellungsaufwand.*

10. *Daß eine Erneuerungsmaßnahme erforderlich oder zweckmäßig ist, ist kein entscheidungserhebliches Beurteilungsmerkmal für Herstellungsaufwand.*

11. *Herstellungsaufwand ist regelmäßig anzunehmen, wenn ein Wirtschaftsgut*

a) *wesentlich in seiner Substanz vermehrt wird,*

b) *wesentlich in seinem Wesen, d. h. in seiner bisherigen Verwendungs- und Nutzungsmöglichkeit verändert wird,*

c) *über seinen bisherigen Zustand hinaus erheblich verbessert wird, so daß ein neues Wirtschaftsgut entstanden ist.*

12. *Wird ein neues Wirtschaftsgut geschaffen, so liegt Herstellungsaufwand vor. Dafür ist jedoch Voraussetzung, daß das Gut ›selbständig bewertbar‹ und ›greifbar‹ ist.*

3.3.3.3 Erweiterung eines Gegenstands

In der zweiten Variante der Herstellungskosten gemäß der gesetzlichen Definition (nachträgliche Herstellung i. S. d. § 255 Abs. 2 S. 1, 2. Variante HGB) handelt es sich um die Herstellung einer Erweiterung, ohne dass der Gesetzgeber die Erweiterung beschrieben oder gar definiert hätte.[115] Es ist jedoch h. M., dass eine Erweiterung immer eine Zunahme oder Ausdehnung von Nutzungsmöglichkeiten bzw. Nutzungspotenzial (z. B. Vergrößerung einer Nutzfläche, Erweiterung einer Kapazität) oder – unter teils wesentlichen Einschränkungen – eine Hinzufügung von bisher nicht vorhandenen Teilen umfasst.

Diese Erweiterung wird häufig mit dem Begriff der **Substanzmehrung** umschrieben. Grundsätzlich ist der Begriff der Substanzmehrung unscharf und entspricht nicht der Gesetzesdefinition in § 255 Abs. 2 HGB, weil dort ausschließlich die Erweiterung erwähnt ist. Während das IdW die Substanzmehrung wohl synonym zur Erweiterung versteht[116], sieht das BMF[117] in der Substanzmehrung jene Fälle, bei denen – in ein Gebäude – zusätzliche, bisher nicht vorhandene Teile (z. B. Trennwände, Außentreppen) eingebaut/hinzugefügt werden, ohne dass die Nutzfläche vergrößert wird. Die im BMF-Schreiben genannten Fälle sind aber eher Fälle einer (evtl. wesentlichen) Verbesserung i. S. d. HGB als Fälle einer Erweiterung. Weiterhin werden in diesem BMF-Schreiben aber andere Fälle einer (technischen) Substanzmehrung aufgeführt, die – unter Rückgriff auf die BFH-Rechtsprechung – nicht zu Herstellungskosten sondern zu sofortigen Betriebsausgaben führen, weil die neuen Teile die Funktion der alten Teile »in vergleichbarer Weise erfüllen«. Weiterhin kann scheinbar eine Substanzmehrung gegeben sein, obwohl tatsächlich zum bestehenden Wirtschaftsgut lediglich eine **Betriebsvorrichtung** (als selbständig zu aktivierendes Wirtschaftsgut) hinzugekommen ist. Somit ist die Substanzmehrung weder eine notwendige noch

---

115 Vgl. hierzu und zum Folgenden Tanski (Betriebsausgaben) Abschn. 2.2. m. w. N.
116 Vgl. IdW RS IFA 1 (25.11.2013), Tz. 5.
117 Vgl. BMF, 18.7.2003, IV C 3 – S 2211 - 94/03, BStBl I, 2003, S. 386, insbes. Tz. 22 m. w. N.

eine hinreichende Bedingung für die Aktivierung einer Erweiterung, sondern allenfalls ein – eher schwaches – Indiz. Dies gilt umso mehr, wenn man bedenkt, dass eine Erweiterung in selteneren Fällen auch bei einer Substanzverringerung möglich ist, wenn beispielsweise »störende« Teile entfernt werden.

Das (Nicht-)Vorliegen einer Substanzmehrung ist also für die Abgrenzung von sofort erfolgswirksamen Erhaltungsaufwendungen und aktivierungspflichtigen Herstellungskosten für eine Erweiterung kaum tauglich, denn »eine ›Erweiterung‹ muß eine Erweiterung der Nutzungsmöglichkeit [...] zur Folge haben«[118]. Nicht die Substanzmehrung ist also entscheidend, sondern die Nutzungserweiterung. Wegen der Abgrenzungsschwierigkeiten sollte der Begriff der Substanzmehrung in diesem Zusammenhang nicht – mehr – genutzt werden, dagegen sind die originären Gesetzesbegriffe zu verwenden.

3.3.3.4 Verbesserung eines Gegenstands

In der dritten Variante liegen Herstellungskosten (nachträgliche Herstellung i. S. d. § 255 Abs. 2 S. 1, 3. Variante HGB) auch dann vor, wenn es durch die den Aufwand auslösenden Maßnahmen zu einer über den ursprünglichen Zustand hinausgehenden wesentlichen Verbesserung eines Wirtschaftsguts kommt. Wichtig ist hierbei, dass alle gesetzlichen Merkmale gleichzeitig zutreffen[119]:

- An einem bereits vorhandenen Wirtschaftsgut entsteht eine **Verbesserung**. Vorhanden ist ein Wirtschaftsgut, wenn die Anschaffung oder Herstellung des betreffenden Gutes bereits abgeschlossen ist; bei Gütern des Anlagevermögens müssen diese dem Gebrauch und bei Gütern des Umlaufvermögens dem Verbrauch zugeführt worden sein. Eine Verbesserung ist eine Änderung an dem Wirtschaftsgut, die zu einer Nutzenerhöhung führt, sofern nicht eine Herstellung nach den beiden ersten Fallvarianten des § 255 Abs. 2 S. 1 HGB vorliegt. Eine Verbesserung kann beispielsweise eine Erhöhung der Sicherheit oder eine Verminderung von Emissionen sein.
- Diese Verbesserung muss **wesentlich** sein. Unbedeutende Verbesserungen reichen also nicht aus. Jedoch ist die Abgrenzung zwischen einer wesentlichen und einer unwesentlichen Verbesserung nicht definiert (und auch schwer allgemeingültig definierbar), weshalb die Frage der Wesentlichkeit immer wieder streitbehaftet ist. Eine wesentliche Verbesserung liegt nicht vor, wenn beispielsweise eine Erhöhung der Sicherheit oder eine Verminderung von Emissionen nur zur Anpassung an den aktuellen Stand der Technik oder an regulatorische Vorgaben erfolgt.
- Die Verbesserung muss **über den ursprünglichen Zustand** hinaus gehen. Ursprünglicher Zustand i. S. v. § 255 Abs. 2 S. 1 HGB ist der Zustand des Wirtschaftsguts zu dem Zeitpunkt, zu dem der Steuerpflichtige es in sein Vermögen aufgenommen hat; dies ist regelmäßig der Abschluss der Herstellung oder des Erwerbs. Der Zustand zu Beginn der Verbesserungsmaßnahmen ist somit grundsätzlich unerheblich.

---

118 BFH, Urteil v. 17.6.1997, IX R 30/95, BFH/NV 1998, S. 108; bestätigend: BFH, Urteil v. 14.7.2004, IX R 52/02, BFH/NV 2004, S. 1471.

119 Vgl. hierzu und zum Folgenden Tanski (Betriebsausgaben) Abschn. 2.3. m. w. N.

3.3.3.5 Anschaffungsnahe Herstellungskosten bei Gebäuden

Da die Abgrenzungsfrage zwischen sofort erfolgswirksamen Betriebsausgaben und aktivierungspflichtigen Herstellungskosten immer wieder streitbehaftet ist, hat der Gesetzgeber die **anschaffungsnahen Herstellungskosten** für den besonders wichtigen Fall der **Gebäude** definiert (§ 6 Abs. 1 Nr. 1a EStG): Danach gehören zu den Herstellungskosten eines Gebäudes auch Aufwendungen für Instandsetzungs- und Modernisierungsmaßnahmen,

- *die innerhalb von drei Jahren* nach der Anschaffung des Gebäudes durchgeführt werden,
- wenn die Aufwendungen ohne die Umsatzsteuer *15 %* der Anschaffungskosten des Gebäudes übersteigen und
- soweit es sich nicht um Kosten einer Erweiterung (§ 255 Abs. 2 HGB) handelt.[120]

Unter den **Instandsetzungs- und Modernisierungsmaßnahmen** i. S. des § 6 Abs. 1 Nr. 1a S. 1 EStG sind bauliche Maßnahmen zu verstehen, durch die Mängel oder Schäden an vorhandenen Einrichtungen eines bestehenden Gebäudes oder am Gebäude selbst beseitigt werden oder durch die das Gebäude selbst durch Erneuerung in einen zeitgemäßen Zustand versetzt wird. Dazu gehören insbesondere Aufwendungen für die Instandsetzung oder Erneuerung vorhandener Sanitär-, Elektro- und Heizungsanlagen, der Fußbodenbeläge, der Fenster und der Dacheindeckung, die – ohne die Regelung des § 6 Abs. 1 Nr. 1a S. 1 EStG – vom Grundsatz her als sofort abziehbare Erhaltungsaufwendungen zu beurteilen wären.[121]

Als Aufwendungen für Instandsetzungs- und Modernisierungsmaßnahmen i. S. des § 6 Abs. 1 Nr. 1a EStG sind auch Aufwendungen zur Beseitigung verdeckter Mängel einzubeziehen.[122] Der Begriff der Instandsetzungs- und Modernisierungsmaßnahmen umfasst grundsätzlich auch sogenannte Schönheitsreparaturen; zu den üblicherweise jährlich anfallenden Erhaltungsarbeiten zählen Schönheitsreparaturen jedoch nicht, da diese im Regelfall nicht jährlich vorgenommen werden.[123] Sofern im Zuge von Instandsetzungs- und Modernisierungsmaßnahmen innerhalb des Dreijahreszeitraums sowohl nicht jährlich durchzuführende Schönheitsreparaturen als auch jährlich durchzuführende Wartungsarbeiten (z. B. Wartung einer Heizungsanlage) ausgeführt werden, so sind die dafür anfallenden Kosten in aktivierungspflichtige Schönheitsreparaturen und aufwandswirksame Wartungskosten aufzuteilen.[124]

---

120 Für Zweifelsfragen vgl. SenFin Berlin v. 20.11.2012, III B – S 2211 – 2/2005 – 2, NWB DokID: SAAAE-29046.
121 BFH, Urteil v. 14.06.2016, IX R 15/15.
122 FG Münster, Urteil v. 20.1.2010, 10 K 526/08 E, BB 2010, S. 1082.
123 BFH, Urteil v. 14.06.2016, IX R 25/14.
124 BFH, Urteil v. 14.06.2016, IX R 22/15.

Ebenso sind Aufwendungen im Zusammenhang mit der Anschaffung eines Gebäudes – unabhängig davon, ob sie auf jährlich üblicherweise anfallenden Erhaltungsarbeiten i. S. von § 6 Abs. 1 Nr. 1a S. 2 EStG beruhen – nicht als Erhaltungsaufwand sofort abziehbar, wenn sie im Rahmen einheitlich zu würdigender Instandsetzungs- und Modernisierungsmaßnahmen i. S. des § 6 Abs. 1 Nr. 1a S. 1 EStG anfallen.[125] Ist ein sofortiger Aufwandsabzug gewünscht, empfiehlt es sich deshalb, die jährlich ohnehin anfallenden Arbeiten gesondert zu beauftragen sowie durchführen und abrechnen zu lassen.

Nach Auffassung des BFH sind auch die Kosten für Instandsetzungsmaßnahmen zur Beseitigung verdeckter – im Zeitpunkt der Anschaffung des Gebäudes jedoch bereits vorhandener – Mängel den **anschaffungsnahen Herstellungskosten** zuzuordnen. Gleiches gilt für Kosten zur Beseitigung von bei der Anschaffung des Gebäudes angelegten, aber erst nach dem Erwerb auftretenden altersüblichen Mängeln und Defekten; auch solche Aufwendungen sind ihrer Natur nach verdeckte Mängel und mithin in die Betragsgrenze der anschaffungsnahen Herstellungskosten i. S. v. § 6 Abs. 1 Nr. 1a S. 1 EStG mit einzubeziehen.[126] Hätte ein solcher Mangel bei seiner Kenntnis zu einem niedrigeren Kaufpreis geführt, ist eine außerplanmäßige Abschreibung hinsichtlich ihrer Höhe zu bestimmen. Die gewinnerhöhende Aktivierung einerseits und die gewinnmindernde Abschreibung andererseits führen zu einer Bruttodarstellung, die insbesondere dann sinnvoll ist, wenn sich die beiden korrespondierenden Beträge in ihrer Höhe nicht entsprechen.

Die Regelung des § 6 Abs. 1 Nr. 1a EStG gilt nach dem klaren Gesetzeswortlaut nur für solche Aufwendungen, die innerhalb von drei Jahren »nach« der Anschaffung vom Steuerpflichtigen getragen werden. Vor der Anschaffung des Grundstücks vom Steuerpflichtigen getätigte Aufwendungen sind nach den allgemeinen handelsrechtlichen Abgrenzungskriterien als Anschaffungs-, Herstellungs- oder Erhaltungsaufwand steuerlich zu berücksichtigen.[127] Hier kann u. U. durch entsprechende Sachverhaltsgestaltung eine Aktivierung bewusst herbeigeführt oder vermieden werden.

Innerhalb dieses **Dreijahreszeitraums** werden alle Einzelmaßnahmen zusammengerechnet, um die 15%-Grenze zu prüfen. Nicht einzurechnen sind die Aufwendungen für Erweiterungen i. S. des § 255 Abs. 2 S. 1 HGB (diese sind gesondert aktivierungspflichtig) sowie die Aufwendungen für Erhaltungsarbeiten, die jährlich üblicherweise anfallen (diese sind immer sofort abziehbare Betriebsausgaben). Außerhalb des Dreijahreszeitraums entstandene Aufwendungen sind ebenfalls nicht einzubeziehen. Auch nicht in den Dreijahreszeitraum einzubeziehen sind m. E. Aufwendungen für nachträgliche Anschaffungs- oder Herstellungskosten, die klar die dafür geltenden Kriterien erfüllen, weil diese ohnehin aktivierungspflichtig sind (beispielsweise bei im Erwerbszeitpunkt geplanten, dann

---

125   BFH, Urteil v. 25.08.2009, IX R 20/08, BFH/NV 2010, S. 96.
126   BFH, Urteil v. 13.03.2018, IX R 41/17, BFH/NV 2018, S. 1009.
127   BFH, Beschluss v. 28.4.2020, IX B 121/19, Haufe-Index 13925041.

aber über den Dreijahreszeitraum hinaus verzögerten Arbeiten); auch ist ggf. auf eine klare Abgrenzung bei Auftragserteilung und Abrechnung zu achten.

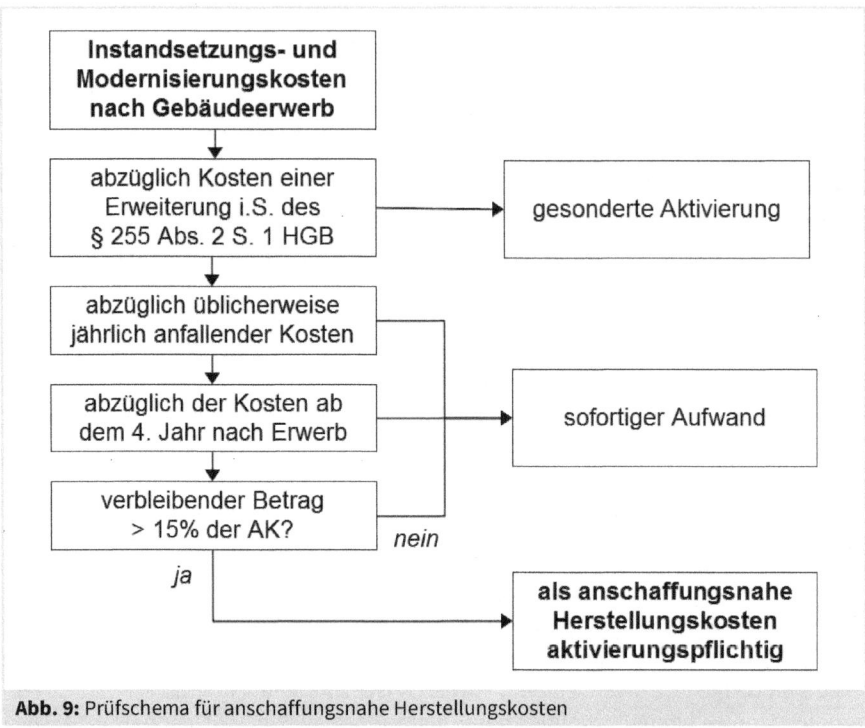

Abb. 9: Prüfschema für anschaffungsnahe Herstellungskosten

Aufwendungen für *nicht* innerhalb von drei Jahren nach Anschaffung *abgeschlossene* Maßnahmen nach § 6 Abs. 1 Nr. 1a EStG sind insoweit zu berücksichtigen, als sie auf innerhalb des Dreijahreszeitraums getätigte Leistungen entfallen. Die Baumaßnahmen müssen zum Ende des Dreijahreszeitraums weder abgeschlossen, abgerechnet, noch bezahlt sein. Hierdurch soll die Umgehung von § 6 Abs. 1 Nr. 1a EStG, z. B. durch Hinauszögern des Abschlusses von Baumaßnahmen, verspätete Abnahme von Werkleistungen oder verspätete Bezahlung, verhindert werden. Für den Fall, dass eine vor Ablauf der Dreijahresfrist begonnene Baumaßnahme erst nach Ablauf der Dreijahresfrist beendet wurde und die bis zum Ablauf des Dreijahreszeitraums bereits durchgeführten Leistungen die 15-%-Grenze übersteigen, ist insoweit (also anteilig) anschaffungsnaher Herstellungsaufwand gegeben[128].

Eine gedankenlogische **Grenze der Aktivierung** findet sich jedoch dort, wo es sich nicht (mehr) um spätere und/oder verzögerte Herstellungskosten handelt bzw. handeln kann. Die Zurechnung von Instandsetzungs- und Modernisierungskosten zu den

---

128 BayLfSt, Verfügung v. 06.08.2010, S 2211.1.1-4/2 St32.

Herstellungskosten setzt voraus, dass der Grund für die späteren Kosten bereits zum Zeitpunkt des Zugangs existierte, auch wenn er möglicherweise den Akteuren noch nicht bekannt war. Entsteht der Grund für diese Kosten jedoch erst *nach* dem Zugangszeitpunkt (z. B. Beschädigungen durch einen Mieter oder durch ein Unwetter, neue Feuerschutzvorschriften), so kann es sich nicht um Herstellungskosten handeln; derartige Kosten sind mangels Verbindung zum Zugang des Gebäudes sofort abziehbarer Aufwand.[129]

3.4 Handelsrechtlicher Zeit- bzw. Tageswert

Nach der *Zugangsbewertung bzw. Erstbewertung* (Bewertung am Zugangstag) eines Vermögensgegenstands mit Anschaffungs- oder Herstellungskosten wird dieser in der **Folgebewertung** (Bewertung an den Bilanzstichtagen) mit seinen **fortgeführten Anschaffungs- oder Herstellungskosten** (historische AK oder HK minus aufgelaufener Planabschreibungen) angesetzt. Fortgeführte AK oder HK werden weniger bewertet (sieht man von der Bestimmung von Nutzungsdauer und Abschreibungsmethode ab) als eher errechnet. Nicht planmäßig abschreibbare Gegenstände werden auch in der Folgewertung mit ihren historischen (ursprünglichen) AK oder HK angesetzt.

Diese Bewertung ist zunächst unabhängig von einem aktuellen Wert am Bilanzstichtag, der sich beispielsweise aufgrund von Marktwerten ermitteln lässt. Aufgrund des Bezugs zum Bilanzstichtag wird ein solcher aktueller Wert als **Tageswert** bezeichnet, jedoch hat sich in der Praxis der allgemeinere Begriff **Zeitwert** durchgesetzt.

Ein *über* den fortgeführten AK oder HK liegender Zeitwert am Bilanzstichtag ist aufgrund des **Realisationsprinzips** regelmäßig nicht ansetzbar. Der **Zeitwert** hat deshalb für die handelsrechtliche Bewertung weitgehend nur Bedeutung für die Ermittlung eines *niedrigeren* Werts im Rahmen des Niederstwertprinzips.

Die handelsrechtlichen Bewertungsvorschriften kennen drei Arten von Zeitwerten:
- den Börsen- oder Marktpreis beim Umlaufvermögen (§ 253 Abs. 4 HGB),
- den beizulegenden Wert beim Anlagevermögen (§ 253 Abs. 3 HGB) und beim Umlaufvermögen (§ 253 Abs. 4 HGB) und
- den beizulegenden Zeitwert (§ 255 Abs. 4 HGB).

---

129 Ebenso BFH, Urteil v. 09.05.2017, IX R 6/16, BFH/NV 2017, S. 1652; ähnlich auch Dürr (Aufwendungen).

3.4.1 Börsen- oder Marktpreis

Der **Börsen- oder Marktpreis** entspricht den Werten der § 385 BGB und § 373 Abs. 2 HGB. Es handelt sich hinsichtlich des Börsenpreises um jene amtlich festgestellten Werte gem. § 24 BörsG, die an einer Börse für durchgeführte Umsätze festgestellt wurden, bzw. – falls ein amtlich festgestellter Wert nicht existiert – um jene Werte, die im geregelten oder ungeregelten Freiverkehr ermittelt werden. Ein Marktpreis ist für jene Güter zu ermitteln, die an einem Markt (Handelsplatz) für Waren von durchschnittlicher Art und Güte genannt werden.

Für die Bewertung müssen der festgestellte Börsen- oder Marktpreis noch um Anschaffungsnebenkosten und Anschaffungskostenminderungen korrigiert werden. Diese Nebenwerte sind in entsprechender Weise wie die Hauptwerte zu ermitteln.

> **!** **Beispiel:**
>
> Die Schulz & Walter OHG erwirbt nominal 3.000 Euro einer Staatsanleihe zum Kurs von 102 %. Dabei werden 1,5 % an Nebenkosten bezahlt. Die Anleihen dienen der vorübergehenden Anlage liquider Mittel und werden deshalb im Umlaufvermögen ausgewiesen.
>
> Am nächsten Bilanzstichtag notieren die Anleihen mit 97 %.
>
> Die AK betragen 3.105,90 Euro (3.000 x 1,02 x 1,015). Zum Bilanzstichtag müssen die Anleihen auf 2.953,65 Euro (3.105,90 : 102 x 97) abgeschrieben werden.

3.4.2 Beizulegender Wert

Ist für das Umlaufvermögen ein Börsen- oder Marktwert nicht festzustellen, so ist der den Gegenständen am Abschlussstichtag beizulegende Wert anzusetzen, wenn dieser niedriger als die Anschaffungs- oder Herstellungskosten ist.

Für das Anlagevermögen ist der beizulegende Wert anzusetzen, wenn dieser voraussichtlich **dauerhaft**[130] niedriger als die um planmäßige Abschreibungen verminderten Anschaffungs- oder Herstellungskosten ist.[131] Der **beizulegende Wert** wird i. d. R. der fortgeschriebene Wiederbeschaffungswert für eine vergleichbare Anlage[132] oder ein gutachterlich ermittelter Wert sein.

---

130 Vgl. Frank/Wittmann (Abschreibung).
131 Bei Finanzanlagen darf eine außerplanmäßige Abschreibung auch bei voraussichtlich nicht dauerhafter Wertminderung vorgenommen werden (Abschreibungswahlrecht).
132 Bei Finanzanlagen könnte der beizulegende Wert auch aus der Kursentwicklung an einer Börse abgeleitet werden.

3.4.3 Beizulegender Zeitwert

Der **beizulegende Zeitwert** ist gem. § 255 Abs. 4 HGB ein Marktwert, der sich an einem **aktiven Markt** bildet.[133] Liegt ein derartiger Wert nicht vor, so ist ersatzweise ein Wert aufgrund einer Bewertungsmethode anzusetzen. In beiden Fällen muss der Wert als zuverlässig einzustufen sein. Sind die Voraussetzungen nicht erfüllt, muss ein mit dem beizulegenden Zeitwert zu bewertendes Gut mit den Anschaffungs- oder Herstellungskosten angesetzt werden.

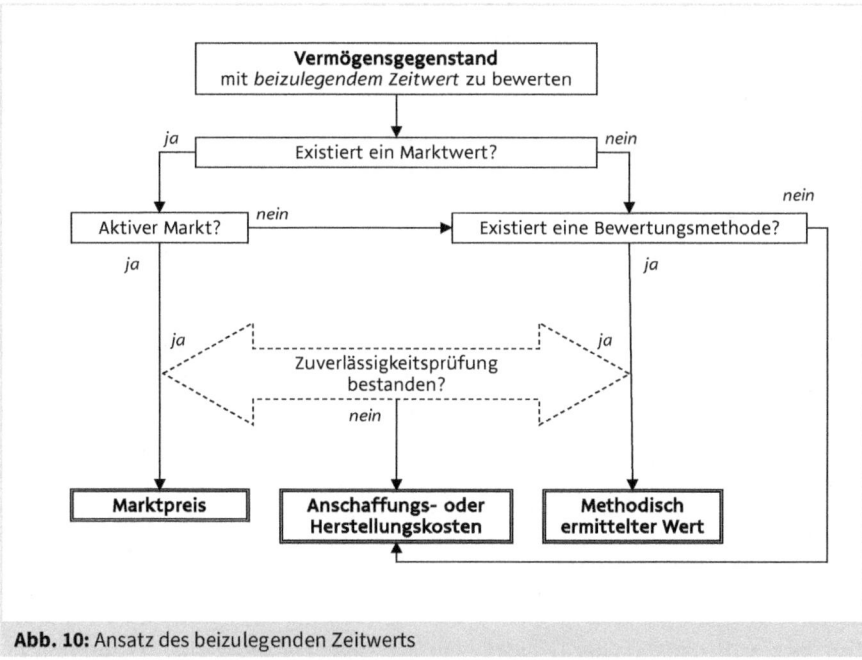

Abb. 10: Ansatz des beizulegenden Zeitwerts

Eine Bewertung mit dem beizulegenden Zeitwert kommt nur für wenige Fälle in Betracht:

- Bewertung von Planvermögen der betrieblichen Altersversorgung und der Pensionsverpflichtungen (§ 253 Abs. 1 Sätze 3 und 4 HGB);
- Neubewertung bei Kapitalkonsolidierung (§ 301 Abs. 1 HGB);
- Finanzinstrumente des Handelsbestands (§ 340e Abs. 3 HGB) für Kreditinstitute und Finanzdienstleistungsinstitute, die in den Anwendungsbereich des § 340 HGB fallen.

---

133 Vgl. ausführlicher Tanski (Zeitwert).

3.5   Steuerrechtlicher Zeitwert

3.5.1   Teilwert

3.5.1.1   Definition des Teilwerts

Ist der Wert eines Wirtschaftsguts gesunken, kann dafür steuerrechtlich eine Teilwert-abschreibung[134] vorgenommen werden (§ 6 Abs. 1 EStG). Als **Teilwert** ist dabei jener Betrag anzusetzen, den ein Erwerber des ganzen Betriebs im Rahmen des Gesamt-kaufpreises für das einzelne Wirtschaftsgut ansetzen würde;[135] dabei ist davon auszu-gehen, dass der Erwerber den Betrieb fortführt (§ 6 Abs. 1 Nr. 1 S. 3 EStG).[136]

Die **Ermittlung des Teilwerts** basiert also auf einer Reihe von Fiktionen:

1. Es existiert ein fiktiver Erwerber, der
2. den Betrieb fortführen und dafür
3. einen fiktiven Kaufpreis zu zahlen bereit ist, der
4. auf die einzelnen Wirtschaftsgüter aufteilbar ist.

Bedingt durch diese Fiktionenreihe ist der Teilwert in der Praxis nur schwer oder kaum zu ermitteln, da es zumeist an der Möglichkeit mangelt, einen tatsächlichen Kaufpreis zu ermitteln; auch kommt es praktisch nie vor, dass man sich bei der Verhandlung über einen tatsächlichen Kaufpreis Gedanken über dessen Aufteilung auf einzelne Wirt-schaftsgüter macht. Auch die in der betriebswirtschaftlichen Literatur auftauchenden Ansätze zur mathematischen Berechnung des Teilwerts führen zu keiner praktikablen Lösung. Das Teilwertproblem ist aus betriebswirtschaftlicher Sicht grundsätzlich nicht lösbar, sondern nur mehr oder weniger adäquat interpretierbar.

Trotzdem wird klar, dass der Teilwert eines Wirtschaftsguts jener Wert ist, den ein zu bewertendes Gut als Teil eines lebenden Unternehmensorganismus hat. Es handelt sich hier also nicht um einen Zerschlagungswert, sondern um den anteiligen Wert bei Fortführung des Unternehmens (**Going-Concern-Prinzip**).

Dadurch wird die Teilwertermittlung auch durch Ertragserwartungen beeinflusst. Der fiktive Erwerber wird für das einzelne Wirtschaftsgut einen umso höheren Wert ansetzen, je stärker dieses Gut an der – zukünftigen – Gewinnerzielung Anteil hat. Keine Be-rücksichtigung darf hier jedoch ein (anteiliger) Firmen- bzw. Geschäftswert finden. Ergeben sich bereits bei der Abgrenzung zwischen dem zurechenbaren Ertragswert

---

134 Vgl. Velte (Perspektiven).

135 In die Teilwertermittlung ist auch eine fiktive Kaufpreisforderung des Verkäufers einzube-ziehen (BFH v. 15.7.66, BStBl. III, S. 643).

136 Eine sinngleiche Definition findet sich in § 10 BewG.

und dem nicht zurechenbaren Firmenwert Probleme, so wird eine Teilwertermittlung nahezu unmöglich, wenn ein fiktiver Erwerber den Betrieb nicht in der bestehenden Art und Weise fortführen kann oder will.[137]

3.5.1.2 Teilwertabschreibung

Für den Teilwert besteht ein **Abwertungswahlrecht** (§ 6 Abs. 1 Nr. 1 und 2 EStG »kann […] angesetzt werden«). Diese Abschreibung darf (aber muss nicht) vorgenommen werden und auch der Ansatz eines Zwischenwerts ist zulässig; dadurch ergibt sich u. U. die Möglichkeit, die Abschreibung auf mehrere Perioden zu verteilen. Der Bilanzierende muss sich also – wie bei jedem Wahlrecht – entscheiden, wie er dieses Wahlrecht ausüben will[138]; dabei sind auch langfristige bilanz- und steuerpolitische Überlegungen einzubeziehen. Das Abwertungswahlrecht darf unter **Durchbrechung der Maßgeblichkeit** in der Steuerbilanz unabhängig von der handelsrechtlichen Bewertung vorgenommen werden (§ 5 Abs. 1 S. 2 EStG).

Dieses Abwertungswahlrecht setzt jedoch voraus, dass das Wirtschaftsgut einer **voraussichtlich dauernden Wertminderung** unterliegt, was eine (oft schwer leistbare) Einschätzung zukünftiger Wertentwicklungen erfordert. Der Begriff »voraussichtlich dauernde Wertminderung« ist weder im Handelsgesetzbuch noch im Steuerrecht definiert. Er bezeichnet im Grundsatz eine Minderung des Teilwerts (handelsrechtlich: des beizulegenden Werts), die einerseits nicht endgültig sein muss, andererseits aber nicht nur vorübergehend sein darf. Ob eine Wertminderung »voraussichtlich dauernd« ist, muss unter Berücksichtigung der Eigenart des jeweils in Rede stehenden Wirtschaftsguts beurteilt werden.[139]

Das Kriterium der »voraussichtlich dauernden Wertminderung« ist bei *abnutzbaren Wirtschaftsgütern* formal gegeben, wenn der niedrigere Teilwert eines Wirtschaftsguts am Bilanzstichtag mindestens für die *halbe Restnutzungsdauer* unter den planmäßigen Restbuchwerten liegt.[140] Als Restnutzungsdauer ist dabei die gesamte, restliche Nutzungszeit des Wirtschaftsguts anzusehen, wie sie der Berechnung der AfA zugrunde gelegt wird; eine kürzere Nutzungsdauer im Unternehmen wegen einer Verkaufsabsicht ist dabei unerheblich.[141]

Geht es um Wirtschaftsgüter des *nicht abnutzbaren Anlagevermögens*, richtet sich die Beurteilung, ob eine Wertminderung voraussichtlich andauern wird, danach, ob

---

137 Dagegen soll eine Teilwertabschreibung wegen der schlechten Ertragslage der Branche (ein Erwerber würde für die Wirtschaftsgüter eines Betriebs dieser Branche nur wenig zahlen) so lange nicht zulässig sein, wie das Unternehmen mit Gewinn arbeitet, BFH v. 22.3.1973, BStBl. II, S. 581.

138 Vgl. Atilgan (Steuerfalle).

139 BFH, Urteil v. 18.04.2018, I R 37/16, BFH/NV 2018, S. 873.

140 BFH, Urteil v. 29.4.2009, I R 74/08, BStBl. 2009 II, S. 899.

141 BFH, Urteil v. 29.4.2009, I R 74/08, BFH/NV 2009, S. 1503.

aus Sicht des Bilanzstichtags mehr Gründe für als gegen ein Andauern der Wertminderung sprechen; in Bezug auf den Grund und Boden gibt es keine allgemeingültigen Fristen für die erforderliche Dauer der Wertminderung; maßgebend sind vielmehr die prognostischen Möglichkeiten zum Bilanzstichtag unter Berücksichtigung des die Wertminderung auslösenden Moments.[142]

Bei **Aktien** (und anderen **Wertpapieren** sowie analog bei sonstigen *nicht abnutzbaren Wirtschaftsgütern*), die als Finanzanlage gehalten werden, ist von einer voraussichtlich dauernden Wertminderung auszugehen, wenn der Börsenwert zum Bilanzstichtag unter die Anschaffungskosten gesunken ist und zum Zeitpunkt der Bilanzaufstellung keine konkreten Anhaltspunkte für eine alsbaldige Wertaufholung vorliegen. Die früher von der Finanzverwaltung vertretene Auffassung, dass eine Teilwertabschreibung eine 25 % – oder gar 40%ige Wertminderung voraussetzt[143], wurde durch die Rechtsprechung gekippt.

Von einer voraussichtlich dauernden Wertminderung gemäß § 6 Abs. 1 Nr. 2 S. 2 EStG 1997 ist nunmehr bei börsennotierten Aktien (ähnliches gilt für Investmentanteile im Anlagevermögen[144]) grundsätzlich dann auszugehen, wenn der Börsenwert zum Bilanzstichtag unter denjenigen im Zeitpunkt des Aktienerwerbs gesunken ist und der Kursverlust die Bagatellgrenze von 5 % der Notierung bei Erwerb überschreitet. Auf die Kursentwicklung nach dem Bilanzstichtag kommt es hierbei nicht an.[145]

In diesem Urteil wird weiterhin klargestellt:
1. Bei den bis zum Tag der Bilanzaufstellung (aber nach dem Bilanzstichtag) eingetretenen Kursänderungen handelt es sich um **wertbeeinflussende** (wertbegründende) **Umstände**, die grundsätzlich die Bewertung der Aktien zum Bilanzstichtag nicht berühren.
2. Der Teilwert einer Aktie und damit auch deren voraussichtlich dauernde Wertminderung i. S. von § 6 Abs. 1 Nr. 2 S. 2 EStG kann dann nicht nach dem Kurswert bestimmt werden, wenn aufgrund konkreter und objektiv überprüfbarer Anhaltspunkte davon auszugehen ist, dass der Börsenpreis den tatsächlichen Anteilswert nicht widerspiegelt. Dies kann u. a. dann der Fall sein, wenn der Kurs am Bilanzstichtag durch Insidergeschäfte beeinflusst (manipuliert) war oder wenn über einen längeren Zeitraum hinweg mit den zu bewertenden Aktien praktisch kein Handel stattgefunden hat.
3. Unberührt hiervon bleibt allerdings, dass werterhellende Erkenntnisse darüber, dass bereits am Bilanzstichtag objektive Anhaltspunkte für Kursverfälschungen vorgelegen haben, auch in der Zeit bis zur Aufstellung der Bilanz mit der Folge ge-

---

142 BFH, Urteil v. 23.10.2019, VI R 9/17, BFH/NV 2020, S. 191.
143 BMF, Schreiben v. 26.3.2009, IV C 6 – S 2171 – b/0.
144 BFH, Urteil v. 21.9.2011, I R 7/11.
145 BFH, Urteil v. 21.9.2011, I R 89/10.

wonnen werden können, dass der tatsächliche Wert der betroffenen Aktien – ohne Bindung an den Börsenkurs zum Bilanzstichtag – zu schätzen ist.

4. Mit Rücksicht auf die gebotene Vereinfachung des Besteuerungsverfahrens und damit im Einklang mit der für börsennotierte Aktien geltenden typisierenden Auslegung des § 6 Abs. 1 Nr. 2 S. 2 EStG 1997 scheint es sachgerecht, Kursverluste innerhalb einer Bandbreite minimaler und in ihrer Höhe zu vernachlässigender Wertschwankungen außer Ansatz zu lassen (**Bagatellgrenze**). In Anlehnung an den bilanzrechtlichen **Wesentlichkeitsgrundsatz** ist diese Schwelle geringfügiger Kursverluste auf 5 % der Notierung im Erwerbszeitpunkt zu begrenzen.[146]

Bei **unverzinslichen Forderungen** (des Anlagevermögens) liegt nach Auffassung des BFH grundsätzlich keine voraussichtlich dauernde Wertminderung vor, da die Forderung zur Fälligkeit stets in vollem Umfang beglichen wird.[147] Folgt man dieser Auffassung, so wäre jedoch ein niedrigerer Teilwert einer unverzinslichen Forderung dann ansetzbar, wenn ein Verkauf oder Abtretung dieser Forderung voraussichtlich zu erwarten ist, beispielsweise weil mit einer Kategorie von Forderungen regelmäßig entsprechend verfahren wird; in diesem Fall würde sich der niedrigere Teilwert in absehbarer Zeit realisieren.

Der Teilwert einer **Verbindlichkeit** auf Fremdwährung kann steigen, wenn der Eurokurs sinkt. Hier will der BFH eine **Teilwertzuschreibung** (dem Niederstwertprinzip der Aktivseite entspricht das **Höchstwertprinzip** der Passivseite) nur dann zulassen, wenn sich wirtschaftliche Daten fundamental ändern; ohne eine Fundamentaländerung würden sich Währungsschwankungen im Zeitlauf ausgleichen.[148] Dabei bleiben für die praktische Handhabung einige Fragen offen, die der Bilanzersteller vorerst selbst beantworten muss:

- Wie werden fundamentale Änderungen der Daten erkannt bzw. gemessen?
- Welche Indizien können ein Verharren des Eurokurses auf einem niedrigeren Niveau belegen?
- Wie ist beim (vor-)letzten Bilanzstichtag vor Fälligkeit der Verbindlichkeit zu bewerten, wenn (bis zur Aufstellung der Bilanz) keine Wertaufholung des Euros zu erwarten ist?

Für das abnutzbare Anlagevermögen ist vor einer Teilwertabschreibung zu prüfen, ob die eingetretene Wertminderung voll oder teilweise durch eine **Absetzung für außergewöhnliche technische oder wirtschaftliche Abnutzung** (AfaA gem. § 7 Abs. 1 EStG) zu berücksichtigen ist, da diese Absetzung Vorrang vor einer an fiktiven Markteinflüssen ausgerichteten Teilwertabschreibung hat. Insoweit kommt der Teilwertabschreibung nur eine geringere Bedeutung zu, jedoch wird in der Praxis hier nicht immer exakt unterschie-

---

146 BFH, Urteil v. 21.9.2011, I R 89/10 m. w. N.
147 BFH, Urteil v. 24.10.2012, I R 43/11.
148 BFH, Urteil v. 23.4.2009, IV R 62/06, BStBl 2009 II, S. 778

den, da sich Abschreibungstechnik und -auswirkungen ähneln, wenngleich der Teilwert häufig höher ist (die TW-Abschreibung niedriger) als der Wert nach AfaA (die AfaA höher).

Teilwertabschreibung und AfaA entsprechen (bei ggf. unterschiedlichen Werten) den außerplanmäßigen Abschreibungen des § 253 Abs. 3 S. 3 HGB (betreffend das Anlagevermögen) bzw. den Abschreibungen gem. § 253 Abs. 4 HGB (betreffend das Umlaufvermögen).

Nach einer Teilwertabschreibung ist in jedem Folgejahre zu prüfen, ob die Abschreibungsgründe weiterhin bestehen. Sollte dies nicht der Fall sein, muss eine Zuschreibung erfolgen (**Zuschreibungszwang** nach **Wertaufholung** gem. § 6 Abs. 1 Nr. 1 und 2 EStG).

Wertminderung	**Handelsbilanz** • außerplanmäßige Abschreibung	**Steuerbilanz** • Teilwertabschreibung
Anlagevermögen (außer Finanzanlagen)		
• vorübergehend	Abschreibungsverbot	Abschreibungsverbot
• dauerhaft	Abschreibungsgebot	Abschreibungswahlrecht
Finanzanlagen		
• vorübergehend	Abschreibungswahlrecht	wie oben
• dauerhaft	Abschreibungsgebot	
Umlaufvermögen		
• vorübergehend	Abschreibungsgebot	Abschreibungsverbot
• dauerhaft	Abschreibungsgebot	Abschreibungswahlrecht

Abb. 11: Vergleich der Abschreibungen

3.5.1.3 Teilwertvermutungen

Da einerseits erhebliche Schwierigkeiten in der Teilwertermittlung bestehen, andererseits der Teilwert ein objektiver Wert sein soll, der nicht auf der persönlichen Auffassung des einzelnen Kaufmanns beruht,[149] haben Rechtsprechung und Finanzverwaltung[150] eine Reihe von **Teilwertvermutungen** aufgestellt.

Für das *Umlaufvermögen* gilt als Vermutung, dass der Teilwert gleich sei mit dem Wiederbeschaffungswert bei angeschafften Gütern (bzw. dem Wiederherstellungswert bei selbst erstellten Gütern), wobei dieser am Beschaffungsmarkt festzustellen ist (Marktpreis). Der Teilwert kann, abweichend von der Vermutung, jedoch auch

---

149 BFH v. 26.1.1956, BStBl. III, S. 113.
150 BMF, Schreiben v. 02.09.2016, siehe http://www.bmfschreiben.de.

unter dem Wiederbeschaffungspreis liegen, wenn am Absatzmarkt ein starker Preis-rückgang zu verzeichnen ist; anzusetzen ist dann der Einzelveräußerungswert, ggf. unter Berücksichtigung von noch anfallenden Verkaufskosten (**Prinzip der verlust-freien Bewertung**).

Im *Anlagevermögen* besteht für einen gewissen Zeitraum nach dem Erwerb des Wirt-schaftsguts die Vermutung, dass der Teilwert den Anschaffungs- oder Herstellungs-kosten entspricht. Danach wird als Teilwert der – bei abnutzbaren Gütern – um Ab-setzungen für Abnutzung verminderte Anschaffungs- bzw. Herstellungskostenbetrag anzusetzen sein, wenn dies nicht durch Glaubhaftmachung eines unter diesem Wert liegenden Wiederbeschaffungswerts widerlegt wird. Als Teilwertvermutung gilt somit regelmäßig der Restbuchwert; dies gilt auch dann, wenn das Wirtschaftsgut mit öf-fentlichen Zuschüssen gefördert wurde.[151]

Die vorgenannten Teilwertvermutungen sind alle vom Steuerpflichtigen widerleg-bar.[152] Begehrt der Steuerpflichtige einen niedrigeren als den vermuteten Teilwert, so muss er dies der Finanzverwaltung ausreichend darlegen; bei Teilwertherabsetzun-gen wegen Erlösschmälerung z. B. durch ausreichend und repräsentative Aufzeich-nungen über tatsächliche Preisherabsetzungen.[153]

Auch die Vermutung, dass nach einer Anschaffung der Teilwert den Anschaffungskosten entspricht, kann nach Auffassung des **BFH**[154] im Einzelfall widerlegt werden, wenn der Steuerpflichtige der Finanzverwaltung darlegt und nachweist, dass die Anschaffung oder Herstellung eines bestimmten Wirtschaftsguts von Anfang an eine **Fehlmaßnah-me** war oder dass zwischen dem Zeitpunkt der Anschaffung oder Herstellung und dem maßgeblichen Bilanzstichtag Umstände eingetreten sind, die die Anschaffung oder Herstellung des Wirtschaftsguts im Nachhinein zur Fehlmaßnahme werden lassen.

In der Urteilsbegründung zum o. g. Urteil werden zwei grundsätzliche Fälle einer Fehlmaßnahme dargestellt:
1. Danach ist eine Fehlmaßnahme z. B. der Erwerb einer Maschine, die von Anfang an mit erheblichen technischen Mängeln behaftet ist und deshalb nicht oder nur zeitweise funktionsfähig ist, sofern diese Mängel vom Veräußerer nicht alsbald behoben werden können. Des Weiteren ist als Fehlmaßnahme z. B. der Erwerb ei-

---

151 BFH, Urteil v. 22.11.1995, II B 63/95, BFH/NV 5/1996, S. 390.
152 Jedoch soll eine Teilwertabschreibung wegen eines zu groß und zu aufwändig erstellten Betriebsgebäudes allein noch nicht gerechtfertigt sein, da der Teilwert eines Gebäudes ein objektiver Wert sei, BFH v. 17.1.1978, BStBl. II, S. 335.
153 BFH v. 6.11.1976, IV R 205/71, BStBl. II, S. 377. Jedoch ist eine tatsächliche Preisherabset-zung nicht unbedingt erforderlich, so z. B. bei mit besonders hohen Fertigungskosten er-stellten geschmacksorientierten Erzeugnissen eines Juweliers, BFH v. 13.10.76, I R 79/74, BStBl. 1977 II, S. 540.
154 BFH v. 17.9.1987, BStBl. 1988 II, S. 488 m. w. N.; bestätigend BFH v. 20.5.1988, III R 151/86.

ner Produktionsanlage zur Herstellung einer bestimmten Ware (etwa eines Medikaments) zu werten, wenn zwischen dem Zeitpunkt der Anschaffung der Anlage und dem maßgeblichen Bilanzstichtag der Vertrieb der Ware gesetzlich verboten wird und die Produktionsanlage auch anderweitig nicht nutzbar ist.

2. Als »Fehlmaßnahme« ist aber nicht nur die Anschaffung oder Herstellung eines mangelhaften bzw. überflüssigen Anlageguts, sondern (im weiteren Sinn) auch die Anschaffung oder Herstellung z. B. einer Maschine zu werten, die nach den im Einzelfall gegebenen betrieblichen Verhältnissen erheblich und dauerhaft »überdimensioniert« ist, weil das Unternehmen nur noch Aufträge erhält, die ohne Weiteres mit einer kleineren und dann auch erheblich billigeren Maschine ausgeführt werden könnten. Voraussetzung für eine Wertung der Anschaffung oder Herstellung eines »überdimensionierten« Anlageguts als »Fehlmaßnahme« ist dabei, dass die Überdimensionierung erheblich und nachhaltig ist, d. h., dass nach den Erkenntnismöglichkeiten am Bilanzstichtag das Anlagegut mit hoher Wahrscheinlichkeit mindestens für den weitaus überwiegenden Teil seiner technischen Restnutzungsdauer nicht mehr wirtschaftlich sinnvoll eingesetzt werden kann.

In beiden Fällen geht der **BFH** davon aus, dass einer Teilwertabschreibung nicht entgegensteht, dass die Ertragslage des Betriebs insgesamt gut ist, denn der gedachte Erwerber eines Betriebs würde unter zwei vergleichbar rentablen Betrieben den vorziehen, der nicht mit einem als Fehlmaßnahme einzuschätzenden Anlagegut ausgestattet ist.

Als **Teilwertuntergrenze** im Anlagevermögen gilt die – nach Auffassung des FG nicht widerlegbare – Vermutung, dass der Teilwert nicht kleiner als der Einzelveräußerungspreis (i. d. R. gleich dem gemeinen Wert) sein kann.[155] In der praktischen Handhabung hat diese Vermutung jedoch nur geringe Bedeutung, da der Einzelveräußerungspreis ggf. gleich dem Schrottwert oder sogar gleich 0 Euro sein kann. Wird im Rahmen der verlustfreien Bewertung ein negativer Teilwert ermittelt, so darf dieser in der Bilanz nicht ausgewiesen werden, da der Wert eines Wirtschaftsguts allenfalls 0 Euro betragen kann.[156]

3.5.2 Gemeiner Wert

Nach § 9 Abs. 2 BewG wird der **gemeine Wert** durch den Preis bestimmt, der im gewöhnlichen Geschäftsverkehr nach der Beschaffenheit des Wirtschaftsguts bei einer Veräußerung zu erzielen wäre (**Einzelveräußerungswert**). Dabei sind alle Umstände zu berücksichtigen, die den Preis beeinflussen. Ungewöhnliche oder persönliche Verhältnisse sind aber nicht zu berücksichtigen.

---

155 Vgl. FG Bremen v. 22.9.77, EFG 78, S. 66 für den Teilwert von Einlagen.
156 FG Rheinland-Pfalz v. 23.4.1975, EFG S. 457.

Für die ertragsteuerliche Bewertung hat der gemeine Wert nur eine untergeordnete Bedeutung, dagegen ist er für das Bewertungsrecht von fundamentaler Bedeutung.

Vom Teilwert unterscheidet sich der gemeine Wert einmal dadurch, dass seine Ermittlung nicht als Wertanteil eines fortzuführenden Betriebs erfolgt, und weiterhin dadurch, dass sich der gemeine Wert stets am Absatzmarkt (für das zu bewertende Wirtschaftsgut) ausrichtet, während der Teilwert – im Fall des Wiederbeschaffungspreises – am Beschaffungsmarkt festgestellt wird.

Die Bewertung von Wirtschaftsgütern mit dem gemeinen Wert erfolgt für die ertragsteuerliche Behandlung u. a. beim unentgeltlichen Erwerb von Wirtschaftsgütern (Erwerb durch Schenkung) und beim Tausch.

4 Regelungen zum Aufbau des Jahresabschlusses

4.1 Grundsätze für alle Kaufleute

Es gibt nur wenige Regelungen zum Aufbau und zum generellen Inhalt des Jahresabschlusses, die für alle Kaufleute gleichermaßen gelten. Die Grundnormen für alle Kaufleute gibt § 243 Abs. 1 und 2 HGB. Danach ist der Jahresabschluss nach den **Grundsätzen ordnungsmäßiger Buchführung** (GoB) aufzustellen. Diese Generalnorm stellt sicher, dass in allen Zweifelsfragen die GoB zwingend sind; jedoch kann regelmäßig nicht mit Verweis auf die GoB eine gesetzliche Regelung umgangen werden.

Weiterhin muss der Jahresabschluss gem. § 243 Abs. 2 HGB **klar** und **übersichtlich** sein. Dies bedeutet nicht nur, dass sich ein sachverständiger Dritter (vgl. § 238 Abs. 1 S. 2 HGB) innerhalb angemessener Zeit einen Überblick verschaffen kann, sondern erfordert auch, dass sich jeder andere ernsthafte Interessent (mit notwendigen Rechnungslegungskenntnissen) einen Eindruck von der Lage des Unternehmens verschaffen kann. Letzteres gilt insbesondere bei publizitätspflichtigen oder freiwillig veröffentlichten Jahresabschlüssen.

Der Jahresabschluss ist grundsätzlich in **deutscher Sprache** und in **Euro** aufzustellen (§ 244 HGB). Dies bedingt vor allem, dass ausländische Währungen immer in Euro umzurechnen sind.

Für den Inhalt des Jahresabschlusses gelten ebenfalls für alle Kaufleute das Vollständigkeitsgebot und das Verrechnungsgebot des § 246 HGB. Das **Vollständigkeitsgebot** des § 246 Abs. 1 HGB bestimmt, dass sämtliche bilanzierungsfähigen (aktivierungs- oder passivierungsfähigen) Vermögensgegenstände in der Bilanz ausgewiesen werden müssen, es sei denn, dass für bestimmte Gegenstände entweder ein Bilanzierungsverbot gegeben ist oder dass von einem Bilanzierungswahlrecht hinsichtlich einer Nichtbilanzierung Gebrauch gemacht wird.

Ist für bestimmte Wirtschaftsgüter kein Wert mehr gegeben (z. B. aufgrund einer vollständigen Abschreibung), so sind sie regelmäßig nicht mehr anzusetzen. Dabei sind jedoch zwei Einschränkungen zu beachten:

1. Gegenstände mit einem Wert von 0,00 Euro sind auch weiterhin in der Inventur aufzunehmen und im Inventar auszuweisen. Zweckmäßigerweise werden dabei diese Güter in den Nebenbuchhaltungen (z. B. Anlagenrechnung/-kartei) auch weiterhin geführt, um einen Überblick über alle Vermögensgegenstände zu haben.

2. Würde ein Bilanzposten entfallen, weil er nur »wertlose« Vermögensgegenstände enthält, so ist dieser Posten in der Bilanz mit dem Wert 1,00 Euro als Merkposten anzusetzen; der Ansatz von 1,00 Euro gilt auch dann, wenn in einem Posten ausschließlich mehrere »wertlose« Gegenstände enthalten sind. Der früher übliche Ansatz von jeweils 1,00 DM für jeden »wertlosen« Gegenstand ist nicht notwendig.

Das Vollständigkeitsgebot gilt sinngleich auch für den vollständigen Ausweis sämtlicher Aufwendungen und Erträge in der Gewinn- und Verlustrechnung. Aus dem System der doppelten Buchhaltung (Doppik) ergibt sich zwingend eine direkte Beziehung zu der Vollständigkeit der Bilanz.

Das **Verrechnungsverbot** (**Saldierungsverbot**) des § 246 Abs. 2 HGB verbietet die Saldierung von Aktivwerten mit Passivwerten oder von Aufwendungen mit Erträgen sowie von Grundstücksrechten mit Grundstückslasten. Eine Ausnahme vom Saldierungsverbot besteht für Forderungen und Verbindlichkeiten bei Identität von Schuldner und Gläubiger, wenn eine der nachstehenden Voraussetzungen gegeben ist:

- die Forderungen und Verbindlichkeiten sind unverbrieft,
- die Forderungen und Verbindlichkeiten sind aufrechenbar i. S. von § 387 BGB,
- die Forderungen und Verbindlichkeiten sind zum Bilanzstichtag noch nicht fällig, jedoch gleich befristet und bis zur Aufstellung der Bilanz erloschen,
- für die Forderungen und Verbindlichkeiten existiert eine Aufrechnungsvereinbarung.

4.2 Einzelkaufmann und Personengesellschaft

Für den Einzelkaufmann und die Personengesellschaft besteht keine konkrete **Gliederungsvorschrift**. § 247 Abs. 1 HGB verlangt lediglich, dass in der Bilanz das Anlage- und das Umlaufvermögen, das Eigenkapital, die Schulden sowie die Rechnungsabgrenzungsposten gesondert auszuweisen sind. Außerdem müssen diese Posten hinreichend aufgegliedert werden.

Welche Gliederung das Kriterium der »hinreichenden Aufgliederung« erfüllt, richtet sich nach dem Einzelfall sowie nach der Generalnorm des § 243 Abs. 2 HGB (Grundsatz der Klarheit und Übersichtlichkeit). Unzulässig ist es jedoch, die Gliederungsvorschriften für Kapitalgesellschaften in irgendeiner Form (z. B. die Regelung für kleine Kapitalgesellschaften) als zwingend für diesen Personenkreis anzusehen, da dies dem ausdrücklichen Wunsch des Gesetzgebers widerspricht, die Kapitalgesellschaften gesondert zu behandeln. Gleichwohl darf die Gliederung für Kapitalgesellschaften auch als Leitlinie für Nicht-Kapitalgesellschaften herangezogen werden.

Sofern jedoch in einer Personenhandelsgesellschaft (oder einer Verbindung solcher Gesellschaften) nicht mindestens eine natürliche Person persönlich haftender Gesellschafter ist, müssen die Regelungen für Kapitalgesellschaften angewandt werden (§ 264a HGB). Diese Unternehmen haben zusätzlich die Ausweisregeln des § 264c HGB zu beachten.

Ferner können ggf. die Regelungen des § 5 PublG zur Anwendung kommen.

4.3 Kapitalgesellschaften

Detaillierte Gliederungsvorschriften bestehen für Kapitalgesellschaften aufgrund der §§ 265–268 und 275–277 HGB. Das Handelsrecht unterscheidet dabei große, mittlere und kleinere Kapitalgesellschaften (§ 267 HGB) und Kleinstkapitalgesellschaften (§ 267a HGB) sowie kapitalmarktorientierte Kapitalgesellschaften (§ 264d HGB) mit unterschiedlichen Anforderungen an die Gliederungstiefe. Besondere steuerrechtliche Gliederungsvorschriften für die Steuerbilanz bestehen nicht.

Über die allgemeinen Vorschriften hinsichtlich der Grundsätze ordnungsmäßiger Buchführung hinaus haben Kapitalgesellschaften auch beim Aufbau des Jahresabschlusses die Generalnorm des § 264 Abs. 2 HGB zu beachten. Kapitalgesellschaften unterliegen damit in zweifacher Sicht (ausdrückliche Gliederungsvorschriften und ausgedehntere GoB-Anforderungen) strengeren Regelungen bei der Gestaltung des Jahresabschlusses.

Ein **Gliederungsverstoß** i. S. des § 256 Abs. 4 AktG liegt vor, wenn ein Vermögensgegenstand, Kapital oder Verbindlichkeiten an falscher Stelle aufgeführt sind. Wird durch diesen Gliederungsverstoß die Klarheit und Übersichtlichkeit wesentlich beeinträchtigt, hat dies die **Nichtigkeit** zur Folge (§ 256 Abs. 4 S. 1 2. HS AktG).[157]

4.3.1 Größenklassen der Kapitalgesellschaften

Für die Gliederung der Bilanz und der Gewinn- und Verlustrechnung sowie für die Angabepflichten im Anhang sind die **Größenmerkmale** der § 267 HGB[158] und § 267a HGB[159] anzuwenden. Dieselben Merkmale bewirken auch Erleichterungen bei der Aufstellung und Offenlegung.

---

157 LG München, Urteil v. 20.12.2007, 5 HK O 11783/07, DB v. 15.2.2008, S. 343–345, in diesem Urteil finden sich mehrere Beispiele von Verstößen, die keine Nichtigkeit zur Folge haben; bestätigend und ergänzend OLG München Urteil v. 8.7.2009 7 U 1777/08.

158 Die Größenklassen wurden zuletzt geändert durch das BilRUG vom 17.07.2015.

159 Die Regelungen zur Kleinstkapitalgesellschaft (§ 267a HGB) wurden durch das MicroBilG v. 27.12.2012 aufgrund der sog. Micro-Richtlinie der EU eingeführt.

Größenklassen der Kapitalgesellschaften gem. §§ 267 f. HGB:			
Abschluss als:	Bilanzsumme Mio. Euro	Umsatzerlöse Mio. Euro	Arbeitnehmer
Kleinst (§ 267a)	≤ 0,35	≤ 0,7	≤ 10
kleine (Abs. 1)	≤ 6	≤ 12	≤ 50
mittelgroße (Abs. 2)	≤ 20	≤ 40	≤ 250
große (Abs. 3) Kapitalgesellschaft	> 20	> 40	> 250

Für die Ermittlung der **Bilanzsumme** (§ 267 Abs. 4a S. 1 HGB) und der Umsatzerlöse ist von einem regulären Jahresabschluss auszugehen. Die **Bilanzsumme** ist ggf. um einen auf der Aktivseite ausgewiesenen Fehlbetrag (i. S. des § 268 Abs. 3 HGB) zu kürzen (§ 267 Abs. 4a S. 2 HGB). Der **Umsatzerlös** ergibt sich unmittelbar aus der GuV-Rechnung. Die **Arbeitnehmer** sind als durchschnittliche Anzahl der Arbeitnehmer zu ermitteln, die am 31.3., 30.6., 30.9. und 31.12. beschäftigt waren; dabei sind Arbeitnehmer im Ausland einzubeziehen, nicht jedoch die zu ihrer Berufsausbildung Beschäftigten (§ 267 Abs. 5 HGB).[160]

Für die Zurechnung einer Kapitalgesellschaft zu einer Größenklasse müssen die entsprechenden Merkmale an den Abschlussstichtagen von zwei aufeinander folgenden Geschäftsjahren über- oder unterschritten werden (§ 267 Abs. 4 S. 1 HGB), andernfalls bleibt es bei der vorherigen Zuordnung. Im Fall der Verschmelzung, Umwandlung oder Neugründung erfolgt die Zuordnung abweichend jedoch bereits am ersten Abschlussstichtag (§ 267 Abs. 4 S. 2 HGB).

!

Beispiel:

Die A-GmbH weist während drei Jahren folgende Größenmerkmale auf:

Jahr:	01	02	03
Bilanzsumme	6.600.000	9.000.000	19.500.000
Umsatzerlöse	13.000.000	39.500.000	43.000.000
Arbeitnehmer	240	255	245

In welche Größenklassen ist die GmbH einzuordnen, wenn sie im Jahr 00 die Merkmale der kleinen Kapitalgesellschaft nicht überschritten hat?

---

160 Für weitere Hinweise zur Bestimmung der Größenklassen vgl. Hargarten/Claßen (Praxisfragen) und Theile (Prüfung).

Jahr 01:	Kleine Kapitalgesellschaft. Die Größenmerkmale der mittelgroßen Kapitalgesellschaft sind zwar überschritten, jedoch ist das 2-Jahres-Kriterium nicht erfüllt.
Jahr 02:	Mittelgroße Kapitalgesellschaft. Es sind nun im zweiten Geschäftsjahr die Grenzen überschritten; außerdem sind erstmalig die Merkmale der großen Kapitalgesellschaft gegeben.
Jahr 03:	Große Kapitalgesellschaft. Die Merkmale der großen Kapitalgesellschaft sind im zweiten Geschäftsjahr gegeben.

Unabhängig von Größenmerkmalen gilt eine Kapitalgesellschaft immer als große Kapitalgesellschaft, wenn Aktien oder andere von ihr ausgegebene Wertpapiere an einer Börse in einem Mitgliedstaat der Europäischen Wirtschaftsgemeinschaft zum amtlichen Handel oder zum geregelten Markt zugelassen oder in den geregelten Freiverkehr einbezogen sind oder die Zulassung zum amtlichen Handel oder zum geregelten Markt beantragt ist (**kapitalmarktorientierte Kapitalgesellschaft**, §§ 267 Abs. 3 S. 2 i. V. m. 264d HGB).

Beispiel: !

Die B-AG weist während drei Jahren folgende Größenmerkmale auf:

Jahr:	01	02	03
Bilanzsumme	20.600.000	15.000.000	17.000.000
Umsatzerlöse	41.000.000	32.000.000	39.000.000
Arbeitnehmer	240	270	250

In welche Größenklassen ist diese börsennotierte Aktiengesellschaft in den drei Jahren einzuordnen, wenn sie zuvor als große Kapitalgesellschaft galt und im Jahr 03 eine Anleihe an der Börse platziert?

Jahr 01:	Große Kapitalgesellschaft. Es sind zwei Größenmerkmalsgrenzen überschritten.
Jahr 02:	Große Kapitalgesellschaft. Da die Merkmale der mittelgroßen Kapitalgesellschaft erst im ersten Jahr erfüllt sind, bleibt es bei der vorherigen Zuordnung.
Jahr 03:	Große Kapitalgesellschaft. Obwohl nun die Merkmale der mittelgroßen Kapitalgesellschaft im zweiten Jahr erfüllt sind, wird sie weiterhin als große Kapitalgesellschaft eingestuft, da sie börsennotiert ist (§ 267 Abs. 3 S. 2 HGB).

Für **Kleinstkapitalgesellschaften** gilt neben den genannten Größenmerkmalen ergänzend als qualitative Voraussetzung für die Anwendung der Erleichterungen. dass die Gesellschaft auf den Ansatz des beizulegenden Zeitwerts verzichtet (§ 253 Abs. 1 S. 5 HGB). Keine Kleinstkapitalgesellschaften sind die Beteiligungsgesellschaften gem. § 267a Abs. 3 HGB.

4.3.2 Größenabhängige Gliederungen

Gliederung der aufzustellenden und offenzulegenden Bilanz der **kleinen Kapitalgesellschaft** gem. § 266 HGB:

AKTIVA	PASSIVA
A. Anlagevermögen	A. Eigenkapital
I. Immaterielle Vermögensgegenstände	I. Gezeichnetes Kapital
II. Sachanlagen	II. Kapitalrücklage
III.Finanzanlagen	III.Gewinnrücklagen
B. Umlaufvermögen	IV.Gewinnvortrag/Verlustvortrag
I. Vorräte	V. Jahresüberschuss/Jahresfehlbetrag
II. Forderungen und sonstige Vermögensgegenstände	B. Rückstellungen
III.Wertpapiere	C. Verbindlichkeiten
IV.Kassenbestand, Bundesbank- und Postgiroguthaben, Guthaben bei Kreditinstituten, Schecks	D. Rechnungsabgrenzungsposten
C. Rechnungsabgrenzungsposten	E. Passive latente Steuern
D. Aktive latente Steuern	
E. Aktiver Unterschiedsbetrag aus der Vermögensverrechnung	

Abb. 12: Bilanzgliederung der kleinen Kapitalgesellschaft

Die **Kleinstkapitalgesellschaft** (§ 267a HGB) braucht nur eine nochmals verkürzte Bilanz gem. § 266 Abs. 1 S. 4 HGB aufzustellen:

AKTIVA	PASSIVA
A. Anlagevermögen	A. Eigenkapital
B. Umlaufvermögen	B. Rückstellungen
C. Rechnungsabgrenzungsposten	C. Verbindlichkeiten
D. Aktive latente Steuern	D. Rechnungsabgrenzungsposten
	E. Passive latente Steuern

Abb. 13: Bilanzgliederung der Kleinstkapitalgesellschaft

Die aktiven und passiven latenten Steuern kommen bei der Kleinstkapitalgesellschaft nur vor, wenn § 274 HGB freiwillig angewendet wird. Der Posten »Aktiver Unterschiedsbetrag aus der Vermögensverrechnung« kann praktisch nicht vorkommen, weil beim verkürzten Gliederungsschema eine Bewertung zum beizulegenden Zeitwert nur bei Verzicht auf bestimmte Erleichterungen zulässig ist (§ 253 Abs. 1 S. 6 HGB). Gliederung der aufzustellenden und offenzulegenden Bilanz der **großen Kapitalgesellschaft** gem. § 266 HGB:

immer in der Bilanz auszuweisende Bilanzposten	ggf. gem. § 265 Abs. 7 Nr. 2 HGB wahlweise in Bilanz oder Anhang
AKTIVA	
A. Anlagevermögen	
I. Immaterielle Vermögensgegenstände	
	1. selbst geschaffene gewerbliche Schutzrechte und ähnliche Rechte und Werte
	2. entgeltliche Konzessionen, gewerbliche Schutzrechte und ähnliche Rechte und Werte sowie Lizenzen an solchen Rechten und Werten
	3. Geschäfts- oder Firmenwert
	4. geleistete Anzahlungen
II. Sachanlagen	
	1. Grundstücke, grundstücksgleiche Rechte und Bauten einschließlich der Bauten auf fremden Grundstücken
	2. technische Anlagen und Maschinen
	3. andere Anlagen, Betriebs- und Geschäftsausstattung
	4. geleistete Anzahlungen und Anlagen im Bau
III. Finanzanlagen	
	1. Anteile an verbundenen Unternehmen
	2. Ausleihungen an verbundene Unternehmen
	3. Beteiligungen
	4. Ausleihungen an Unternehmen, mit denen ein Beteiligungsverhältnis besteht
	5. Wertpapiere des Anlagevermögens
	6. sonstige Ausleihungen

immer in der Bilanz auszuweisende Bilanzposten	ggf. gem. § 265 Abs. 7 Nr. 2 HGB wahlweise in Bilanz oder Anhang
B. Umlaufvermögen	
I. Vorräte	
	1. Roh-, Hilfs- und Betriebsstoffe
	2. unfertige Erzeugnisse, unfertige Leistungen
	3. fertige Erzeugnisse und Waren
	4. geleistete Anzahlungen
II. Forderungen und sonstige Vermögensgegenstände	
	1. Forderungen aus Lieferungen und Leistungen
	2. Forderungen gegen verbundene Unternehmen
	3. Forderungen gegen Unternehmen, mit denen ein Beteiligungsverhältnis besteht
	4. sonstige Vermögensgegenstände
III. Wertpapiere	
	1. Anteile an verbundenen Unternehmen
	2. sonstige Wertpapiere
IV. Kassenbestand, Bundesbank- und Postgiroguthaben, Guthaben bei Kreditinstituten, Schecks	
C. Rechnungsabgrenzungsposten	
D. Aktive latente Steuern	
E. Aktiver Unterschiedsbetrag aus der Vermögensverrechnung	

Abb. 14: Bilanzgliederung Aktiva

immer in der Bilanz auszuweisende Bilanzposten	ggf. gem. § 265 Abs. 7 Nr. 2 HGB wahlweise in Bilanz oder Anhang
PASSIVA	
A. Eigenkapital	
I. Immaterielle Vermögensgegenstände	
II. Kapitalrücklage	
III. Gewinnrücklagen	
	1. Geschäfts- oder Firmenwert
	2. Rücklage für Anteile an einem herrschenden oder mehrheitlich beteiligten Unternehmen
	3. satzungsmäßige Rücklagen
	4. andere Gewinnrücklagen

immer in der Bilanz auszuweisende Bilanzposten	ggf. gem. § 265 Abs. 7 Nr. 2 HGB wahlweise in Bilanz oder Anhang
IV. Gewinnvortrag/Verlustvortrag	
V. Jahresüberschuss/Jahresfehlbetrag	
B. Rückstellungen	
	1. Rückstellungen für Pensionen und ähnliche Verpflichtungen
	2. Steuerrückstellungen
	3. sonstige Rückstellungen
C. Verbindlichkeiten	
	1. Anleihen, davon konvertibel
	2. Verbindlichkeiten gegenüber Kreditinstituten
	3. erhaltene Anzahlungen auf Bestellungen
	4. Verbindlichkeiten aus Lieferungen und Leistungen
	5. Verbindlichkeiten aus der Annahme gezogener Wechsel und der Ausstellung eigener Wechsel
	6. Verbindlichkeiten gegenüber verbundenen Unternehmen
	7. Verbindlichkeiten gegenüber Unternehmen, mit denen ein Beteiligungsverhältnis besteht
	8. sonstige Verbindlichkeiten
	– davon aus Steuern
	– davon im Rahmen der sozialen Sicherheit
D. Rechnungsabgrenzungsposten	
E. Passive latente Steuern	

Abb. 15: Bilanzgliederung Passiva

4.3.3   Allgemeine Grundsätze für die Gliederung

In § 265 HGB sind allgemeine Grundsätze für die Gliederung des Jahresabschlusses (Bilanz und Gewinn- und Verlustrechnung) von Kapitalgesellschaften gegeben. Diese Grundsätze sind aber auch auf Nicht-Kapitalgesellschaften übertragbar.

a)   Darstellungsstetigkeit (Abs. 1)

Mit dieser Regelung wird die formelle **Bilanzkontinuität** normiert. Nur in Ausnahmefällen (z. B. bei deutlichen Produktionsänderungen) darf die Kontinuität durchbrochen werden, wobei Angabe- und Erläuterungspflicht im Anhang besteht.

b) **Angabe von** Vorjahresbeträgen **(Abs. 2)**

Hierdurch wird die **Vergleichbarkeit** des Jahresabschlusses mit dem vorhergehenden Abschluss erhöht. Angabe- und Erläuterungspflicht im Anhang besteht, wenn die Beträge nicht vergleichbar sind oder die Vorjahresbeträge angepasst wurden.

c) Mitzugehörigkeitsvermerk **(Abs. 3)**

Fällt ein Betrag unter mehrere Posten, so sollte er in dem Posten ausgewiesen werden, zu dem er am ehesten gehört. In diesem Fall ist an dem aufnehmenden Posten ein Vermerk der **Mitzugehörigkeit** zu einem anderen Posten in der Bilanz oder im Anhang zu machen; jedoch besteht diese Pflicht nur, wenn dies für die Aufstellung eines klaren und übersichtlichen Jahresabschlusses erforderlich ist.

d) **Gliederung bei mehreren Geschäftszweigen (Abs. 4)**

Sind bei mehreren **Geschäftszweigen** verschiedene Gliederungsvorschriften anzuwenden, so ist der Jahresabschluss nach der Gliederung eines Geschäftszweigs aufzustellen und nach den anderen Gliederungsvorschriften zu ergänzen, wobei die Ergänzung im Anhang anzugeben und zu begründen ist. Für die Aufstellung ist jene Gliederung zu wählen, die den tatsächlichen Verhältnissen am besten entspricht; bei der Art der Ergänzung ist der Grundsatz der Klarheit und Übersichtlichkeit zu beachten.

e) **Untergliederung von Posten (Abs. 5 S. 1)**

Die vorgeschriebenen Posten des § 266 HGB dürfen weiter untergliedert, nicht jedoch verändert werden.

f) Hinzufügung **neuer Posten und Zwischensummen (Abs. 5 S. 2)**

Sind Beträge auszuweisen, deren Inhalt nicht von einem vorgeschriebenen Posten abgedeckt wird, so darf ein neuer Posten hinzugefügt werden. Entsprechendes gilt für die Hinzufügung zusätzlicher Zwischensummen, sofern die gesetzliche Gliederung davon nicht berührt wird, was die sinnvolle Einfügung von Zwischensummen in der Praxis begrenzen dürfte.

g) Änderung **von Gliederung und Postenbezeichnung (Abs. 6)**

Eine Ausnahme vom Änderungsverbot für die Gliederung und die Postenbezeichnung der mit arabischen Zahlen versehenen Posten besteht durch eine Änderungspflicht, wenn dies wegen Besonderheiten des Unternehmens zur Aufstellung eines klaren und übersichtlichen Jahresabschlusses erforderlich ist. Damit ist klargestellt, dass die Gliederung und Bezeichnung der mit Buchstaben und römischen Zahlen versehenen Posten auf keinen Fall (Ausnahme: § 330 HGB) änderbar ist. Eine Änderung wird beispielsweise immer dann erforderlich sein, wenn die für Industrie- und Handelsunternehmen entwickelte Gliederung bei gegebener anderer Branche nicht dem Grundsatz der Klarheit und Übersichtlichkeit entspricht.

h) Zusammenfassung **von Posten (Abs. 7)**

Die **Zusammenfassung** der mit arabischen Zahlen versehenen Posten ist, sofern nicht besondere Formblätter vorgeschrieben sind, zulässig, wenn

1. sie einen Betrag enthalten, der für die Vermittlung eines den tatsächlichen Verhältnissen entsprechenden Bilds i. S. des § 264 Abs. 2 HGB nicht erheblich ist oder

2. dadurch die Klarheit der Darstellung vergrößert wird; in diesem Fall müssen die zusammengefassten Posten jedoch im Anhang gesondert ausgewiesen werden.

Im ersten Fall werden geringfügige Posten zusammengefasst bzw. geringfügige Posten in einen anderen – erheblichen – Posten integriert; die Bezeichnung des aufnehmenden Postens bleibt unverändert, da eine Aufnahme auch der Bezeichnung der einfließenden Posten dem Unerheblichkeitskriterium widersprechen würde. Im zweiten Fall soll die Übersichtlichkeit der Bilanz und der GuV durch eine Verringerung der Postenanzahl hergestellt werden, wobei an die Beurteilung der Zulässigkeit wegen der Aufgliederung im Anhang keine strengen Maßstäbe gestellt werden sollen und auch eine Begründung im Anhang für die Ausübung dieses Wahlrechts nicht notwendig ist.

i) Leerposten **(Abs. 8)**

Sind für einen Posten im laufenden Jahresabschluss sowie in dem des Vorjahres keine Beträge auszuweisen, so braucht dieser Posten nicht mehr aufgeführt werden. Entfällt ein **Leerposten** in der Gliederung, so dürfen die Buchstaben bzw. Zahlen der Posten aufgerückt werden, da sie nicht als Teil der Postenbezeichnung gelten.

5 Aktiva: Bilanzierung und Bewertung

5.1 Sonderposten vor dem Anlagevermögen

Bis 2009 waren bestimmte Sonderposten »oberhalb« des Anlagevermögens zugelassen bzw. gefordert. Es handelte sich dabei um:

- ausstehende Einlagen auf das gezeichnete Kapital
- Aufwendungen für die Ingangsetzung und Erweiterung des Geschäftsbetriebs

Beide Sonderposten sind durch das Bilanzrechtsmodernisierungsgesetz mit Wirkung ab 2010 abgeschafft worden.

Ausstehende Einlagen auf das gezeichnete Kapital sind nicht mehr wie eine Forderung aktivisch zu zeigen, sondern innerhalb des Eigenkapitals in einer Vorspalte abzuziehen (§ 272 Abs. 1 HGB), was gegenüber dem alten Recht zu einer Bilanzverkürzung führt. Folge davon ist, dass sich Kennzahlen wie die Eigenkapitalquote verschlechtern und die Eigenkapitalrentabilität verbessern. Diese Änderung soll die Bilanz vereinfachen und verständlicher machen.

Der Sonderposten Aufwendungen für die Ingangsetzung und Erweiterung des Geschäftsbetriebs wurde abgeschafft, um einen bilanzpolitischen Spielraum zu beseitigen.[161] Hierzu früher gebildete Sonderposten dürfen aber fortgeführt werden. Wegen des Abschreibungszwangs für diesen Sonderposten enthalten Bilanzen ab 2014 diesen jedoch nicht mehr.

5.2 Das Anlagevermögen

5.2.1 Generelle Regelungen

5.2.1.1 Definition des Anlagevermögens

Zum **Anlagevermögen** gehören gem. § 247 Abs. 2 HGB jene Wirtschaftsgüter, die dazu bestimmt sind, dem Unternehmen dauernd zu dienen; für den entsprechenden Ausweis ist die Zweckbestimmung am Abschlussstichtag maßgebend. Der Begriff **»dauernd«** ist dabei nicht immer so zu verstehen, dass das Wirtschaftsgut dem Unternehmen für »lange Zeit« zur Verfügung stehen muss. Die Zurechnung zum Anlagevermögen richtet sich nach der Zweckbestimmung des Gutes und nach dem Willen

---

161 Für Einzelheiten zum alten Recht vgl. Tanski/Kurras/Weitkamp (Jahresabschluss) S. 190 ff.

des Unternehmers, das Gut für eine bestimmte Zeit betrieblich zu nutzen[162], wobei die Zeit der Nutzung relativ kurz bemessen sein kann. Auch wenn der Zeitpunkt des Verkaufs eines Wirtschaftsguts bereits absehbar ist, es bis dahin aber dem Unternehmen dienen soll, ist regelmäßig die Zurechnung zum Anlagevermögen vorzunehmen, so beispielsweise für eingesetzte Spezialmaschinen zur Abwicklung eines Großauftrags oder für Musterfertighäuser zur Vorführung an Kaufinteressenten.[163]

Bei einzelnen Gütern kann es zu Umwidmungen zwischen dem Anlagevermögen und **dem Umlaufvermögen kommen.**

! Beispiel:

Ein Pkw-Händler hat einen Pkw zum sofortigen Verkauf in seinem Ladengeschäft. Dieser Pkw gehört zum Umlaufvermögen. Der Händler findet dafür keinen Käufer, aber einen Interessenten an einem Leasingvertrag. Daraufhin entschließt sich der Händler, den Pkw aus dem Verkauf zu nehmen und dem Kunden in einem operativen Leasing zu überlassen.

Der Pkw muss deshalb in das Anlagevermögen umgegliedert werden.[164]

Eine Umwidmung hat jedoch nicht zu erfolgen, wenn eine abweichende Nutzung eines Gutes nur vorübergehend ist.

! Beispiel:

Ein Unternehmen bietet ein Grundstück zum Verkauf an. Dieses ist deshalb als Umlaufvermögen auszuweisen. Da sich kein Käufer findet, wird das Grundstück vorübergehend mit kurzer Kündigungsfrist vermietet, um bis zum Verkauf noch Erträge zu generieren. Der Verkauf bleibt aber das Hauptziel.

Das Grundstück verbleibt im Umlaufvermögen, da es nicht dazu bestimmt ist, dem Unternehmen auf Dauer zu dienen.[165]

5.2.1.2 Anlagengitter

Das Anlagengitter ist seit dem BilRUG nicht mehr in der Bilanz, sondern ausschließlich im Anhang darzustellen (§ 285 Abs. 2 Nr. 3 HGB).

---

162 BFH, Beschluss v. 8.2.2017, X B 138/16, BFH/NV 2017, S. 579.
163 Vgl. BFH, Urteil v. 23.9.2009, I R 47/07, BFH/NV 2009, S. 443.
164 Vgl. BFH, Urteil v. 5.2.1987, IV R 105/84, BStBl. 1987 II, S. 448.
165 Vgl. BFH, Beschluss v. 6.3.2007, IV B 118/05, BFH/NV 2007, S. 1128.

5.2.2 Immaterielle Vermögensgegenstände

Obwohl sich der Wert von **immateriellen Vermögensgegenständen**[166] häufig nur sehr schwer abschätzen lässt, und auch die Verwertbarkeit im Unternehmen nicht immer mit ausreichender Sicherheit vorhergesagt werden kann, ist für alle immateriellen Güter des Anlagevermögens die grundsätzliche Aktivierbarkeit gegeben. Dabei sind für die *Handelsbilanz* die folgenden vier Fälle für das Anlagevermögen zu unterscheiden:

1. Entgeltlich erworbenes immaterielles Gut
   Bei diesen *derivativen* immateriellen Gütern besteht aufgrund des Vollständigkeitsgebots des § 246 Abs. 1 HGB eine **Aktivierungspflicht**. Dies schließt auch den Geschäfts- oder Firmenwert (Goodwill) ein.
2. Selbst geschaffenes immaterielles Gut
   Für *originäre* immaterielle Güter besteht wegen ggf. bestehender Bewertungsprobleme aufgrund von § 248 Abs. 2 S. 1 HGB ein **Aktivierungswahlrecht**. Dieses Aktivierungswahlrecht ist hinsichtlich von Forschungs- und Entwicklungsergebnissen (F&E) durch das Verbot der Einbeziehung von Forschungsaufwendungen (§ 255 Abs. 2 S. 4 und Abs. 3 HGB) faktisch auf die Ergebnisse von Entwicklungsleistungen beschränkt.
   In der *Steuerbilanz* besteht ein umfassendes **Aktivierungsverbot** für selbst geschaffene immaterielle Güter des Anlagevermögens (§ 5 Abs. 2 EStG).
3. Selbst geschaffene immaterielle Güter bestimmter Art
   Für einige im Gesetz bestimmte immaterielle Vermögensgegenstände besteht ein ausdrückliches **Aktivierungsverbot**. Es handelt sich dabei um (§ 248 Abs. 2 S. 2 HGB) selbst geschaffene
   — Marken,
   — Drucktitel,
   — Verlagsrechte,
   — Kundenlisten,
   — vergleichbare Güter.
   Außerdem wird für den selbst geschaffenen **Geschäfts- oder Firmenwert** (originärer Goodwill) ebenfalls ein Aktivierungsverbot angenommen,[167] da der originäre Goodwill nicht die Eigenschaften eines Vermögensgegenstands aufweist.
4. Aufwendungen für Sonderposten
   Bei weiteren im Gesetz genannten Aufwendungen entstehen meistens ohnehin keine aktivierungsfähigen Vermögensgegenstände, sondern evtl. nur sog. Sonderposten. Zur Klarstellung wurde aber ein **Aktivierungsverbot** ausdrücklich für Aufwendungen
   — zur Unternehmensgründung,
   — zur Eigenkapitalbeschaffung,
   — zum Abschluss von Versicherungsverträgen
   ausgesprochen (§ 248 Abs. 1 HGB).

---

166 Zur grundsätzlichen Problematik immaterieller Wirtschaftsgüter vgl. Freericks (Bilanzierungsfähigkeit), S. 205 ff., Ley (Wirtschaftsgut), S. 144 ff.
167 BT-Drucks. v. 30.7.2008, 16/10067 , S. 47.

Entscheidende Bedeutung kommt also der Frage zu, ob der Bilanzierende einen immateriellen Vermögensgegenstand selbst hergestellt oder erworben hat, die im Regelfall leicht zu beantworten sein sollte. In besonderen Fällen kann die Abgrenzung jedoch schwierig werden, wie beispielsweise bei der Herstellung von Filmen (Industrie- und Produktfilme, Werbespots usw.) durch einen Filmhersteller im Auftrag eines Unternehmens. Verbleiben alle Risiken und Einflussmöglichkeiten beim Filmhersteller (echte Auftragsproduktion), liegt ein entgeltlicher Erwerb des Films mit Aktivierungspflicht beim Unternehmen vor; steuert jedoch das Unternehmen die Filmproduktion und trägt alle Risiken (unechte Auftragsproduktion), so wird dies als Selbstherstellung des Films mit der Folge eines Aktivierungswahlrechts in der Handelsbilanz und eines Aktivierungsverbots in der Steuerbilanz angesehen.[168]

Für den Fall **entgeltlich erworbener immaterieller Vermögensgegenstände** wird unterstellt, dass durch die Preisfindung zum Kauf des Gutes der Wert mit ausreichender Sicherheit bestimmt wurde. Der so gefundene Wert muss aktiviert werden und ist danach gem. § 253 Abs. 3 HGB abzuschreiben. Nach dem Prinzip der kaufmännischen Vorsicht ist die Nutzungsdauer vorsichtig zu schätzen, eine Abschreibungsdauer von nur acht Jahren entspricht z. B. bei Patenten trotz der Patentschutzdauer von regelmäßig zwanzig Jahren kaufmännischer Übung. Nur bei großer Sicherheit hinsichtlich der Auswertbarkeit (z. B. bei festen Vertragsverhältnissen) wird eine wesentlich längere Abschreibungsdauer zulässig sein; es können dann aber ggf. außerplanmäßige Abschreibungen vorzunehmen sein. Nur wenn ausnahmsweise keine verlässliche Schätzung der Nutzungsdauer möglich erscheint, gibt der Gesetzgeber typisierend eine – reichlich bemessene – Nutzungsdauer von 10 Jahren vor (§ 253 Abs. 3 S. 3 HGB).

Selbst geschaffene immaterielle Vermögensgegenstände sind mit den Herstellungskosten zu aktivieren (§ 252 Abs. 2a HGB i. V. m. § 253 Abs. 1 HGB) und ebenfalls abzuschreiben (§ 253 Abs. 3 HGB).

Als aktivierungspflichtiges, immaterielles Wirtschaftsgut gilt auch ein **verlorener Zuschuss**, wenn dieser mit einer Gegenleistung an den Zuschussgeber verknüpft ist.[169] Es ist nicht erforderlich, dass das immaterielle Gut bereits vor Abschluss des Rechtsgeschäfts bestanden hat, sondern es kann auch erst mit Abschluss des Geschäfts entstehen.[170]

Für die Handelsbilanz sind im Zusammenhang mit aktivierten, selbst erstellten, immateriellen Vermögensgegenständen noch die zwei folgenden Punkte zu beachten:

- In Höhe des aktivierten Betrags besteht eine **Ausschüttungssperre** (§ 268 Abs. 8 HGB).
- Im **Anhang** sind die aktivierten Beträge für selbst erstellte, immaterielle Vermögensgegenstände gesondert anzugeben (§ 285 Nr. 28 HGB).

---

168 Vgl. Söffing/Schaz (Bilanzierung).
169 Vgl. BFH, Urteil v. 9.11.1973, III R 12/72, BStBl. 1974 II, S. 81.
170 R 5.5 Abs. 2 EStR 2012.

Immaterielle Vermögensgegenstände unterliegen entweder einer planmäßigen **Abschreibung**, wenn sich deren Wert in einer bestimmten oder bestimmbaren Zeit erschöpft, oder ggf. einer außerplanmäßigen Abschreibung, wenn sich ein nicht vorhersehbarer Wertverlust einstellt. Kein planmäßiger Wertverzehr stellt sich beispielsweise ein, wenn ein Unternehmer das Recht, ein bestimmtes Gewerbe auszuüben (immaterieller Vermögenswert), erwirbt und dieses Recht auf einen Nachfolger übertragbar ist.[171]

Für die *Steuerbilanz* besteht nach § 5 Abs. 2 EStG für nicht entgeltlich erworbene, d. h. selbst geschaffene immaterielle Wirtschaftsgüter ein generelles **Aktivierungsverbot**, während für entgeltlich erworbene immaterielle Wirtschaftsgüter wie in der Handelsbilanz ein Aktivierungsgebot (Aktivierungspflicht) besteht. Jedoch werden immaterielle Wirtschaftsgüter aktiviert, wenn sie als **Einlage** in das Unternehmen gelangen.[172]

Sofern in der Handelsbilanz selbst geschaffene, immaterielle Vermögensgegenstände aktiviert werden, kommt es deshalb zum Ausweis entsprechender **passiver latenter Steuern**.

5.2.2.1 Selbst geschaffene gewerbliche Schutzrechte und ähnliche Rechte und Werte

Dieser Bilanzposten wurde 2009 durch das Bilanzrechtsmodernisierungsgesetz neu geschaffen, um die nunmehr aktivierbaren *originären* Immaterialgüter gesondert zu zeigen.[173]

Zu den **gewerblichen Schutzrechten** im Unternehmensbereich zählen vor allem

- das Patent,
- das Gebrauchsmuster,
- das Geschmacksmuster und
- die Marke.

Gewerblichen Rechtsschutz bewirken aber auch das Urhebergesetz und der Nachahmungsschutz durch das Wettbewerbsrecht. Da dieser Bilanzposten sowohl »Rechte« als auch »Werte« umfasst, gehören hierher nicht nur Vermögenswerte, für die ein offizielles Recht besteht, sondern alle selbst geschaffenen Werte, auch wenn dafür kein offizielles Recht beantragt ist; zu diesen Werten zählen u. a. nicht patentierte Entwicklungen, Produktionsverfahren oder Rezepturen.

Für diese selbst geschaffenen (originären) immateriellen Vermögensgegenstände besteht nach § 248 Abs. 2 S. 1 HGB ein Aktivierungswahlrecht. Einschränkend besteht

---

171 BFH, Urteil v. 21.2.2017, VIII R 56/14, DB 21/2017, S. 1180.
172 R 4.3 Abs. 1 EStR 2012.
173 Vgl. ausführlich Schüle (Aktivierbarkeit).

aber für Marken, urheberrechtliche Schutzrechte und Ähnliches ein ausdrückliches **Aktivierungsverbot** (§ 248 Abs. 2 S. 2 HGB). Letztlich bleibt für das Aktivierungswahlrecht nur noch ein eher kleiner Kreis an Vermögensgegenständen übrig, die überwiegend als Produkt- oder Verfahrensneuheiten (technische Schutzrechte) einzuordnen sind.

Generelle *Voraussetzung* für die Aktivierung ist, dass es sich bei dem zu aktivierenden Gut um einen Vermögensgegenstand handelt. Ein selbst geschaffener Geschäfts- oder Firmenwert (Goodwill) erfüllt dieses Erfordernis jedoch nicht, sodass dieser nicht aktiviert werden darf.

Werden in diesem Posten Werte gezeigt, so sind korrespondierend zu beachten:

- § 268 Abs. 8 HGB: Ausschüttungssperre
- § 285 Nr. 28 HGB: Anhangangabe
- § 301 AktG: Höchstbetrag der Gewinnabführung
- § 172 Abs. 4 S. 3 HGB: Haftung des Kommanditisten

Da sowohl die Ausschüttungssperre als auch die Anhangangabe im 2. Abschnitt des HGB für Kapitalgesellschaften geregelt sind, brauchen Personen(handels)gesellschaften diese Vorschriften nicht zu beachten, sofern mindestens ein persönlich haftender Gesellschafter existiert (§ 264a HGB). In diesen Fällen besteht eine persönliche, unbeschränkte Haftung, die diese Einschränkung überflüssig macht.

Entscheidet sich der Bilanzierende für eine Aktivierung, so sind diese Vermögensgegenstände mit ihren Herstellungskosten anzusetzen.

Für die *Steuerbilanz* ist das bereits erwähnte **Aktivierungsverbot** für selbst geschaffene immaterielle Güter zu beachten.

5.2.2.2 Entgeltlich erworbene Konzessionen, gewerbliche Schutzrechte und ähnliche Rechte und Werte sowie Lizenzen an solchen Rechten und Werten

Dieser Bilanzposten ist weitgehend identisch mit dem vorherigen Posten und unterscheidet sich nur darin, dass hier *entgeltlich* erworbene immaterielle Güter (**derivative Immaterialgüter**) ausgewiesen werden, für die ein generelles **Aktivierungsgebot** besteht.

Unter die Bilanzposition »Konzessionen, gewerbliche Schutzrechte und ähnliche Rechte sowie Lizenzen an solchen Rechten und Werten« gehören die wichtigsten immateriellen Anlagewerte (soweit sie entgeltlich erworben sind). Im Einzelnen können dies sein:

1. Rechte
    a) Konzessionen
    b) gewerbliche Schutzrechte (Patente, Lizenzen, Marken-, Urheber- und Verlagsrechte, Gebrauchsmuster und Warenzeichen)
    c) sonstige Rechte, z. B. Zuteilungsquoten, Syndikatsrechte, Nutzungsrechte (z. B. Wohn- und Belegungsrechte, Domainnamen), Vertriebsrechte, Wiederbepflanzungsrechte im Weinbau[174], Brenn- und Braurechte, Optionsrechte etc.
2. Sonstige immaterielle Anlagewerte, wie z. B. ungeschützte Erfindungen, Rezepte, Geheimverfahren, Know-how

Löst ein Handelsvertreter durch eine Vereinbarung mit dem Geschäftsherrn den Ausgleichsanspruch (§ 89b HGB) seines Vorgängers in einer bestimmten Höhe ab, so erwirbt er damit entgeltlich ein immaterielles Wirtschaftsgut »**Vertreterrecht**«[175], das in diesem Posten auszuweisen ist. Nach Auffassung des BFH erhält ein Handelsvertreter einen greifbaren wirtschaftlichen Vorteil, wenn er einen eingeführten und regelmäßig bearbeiteten Vertreterbezirk übernimmt. Die Zahlung eines Preises dafür ist die Gegenleistung des Handelsvertreters für die ihm vom Geschäftsherrn verschaffte – rechtlich verfestigte – wirtschaftliche Chance, Provisionseinnahmen zu erzielen. Diese Rechtslage ist nach dem Urteil vergleichbar mit der entgeltlichen Überlassung bestehender Geschäftsbeziehungen, etwa durch die Einräumung eines Bierlieferungsrechts. Die auf das Vertreterrecht vorzunehmende AfA bemisst sich nach der im Schätzungswege für den konkreten Einzelfall zu bestimmenden betriebsgewöhnlichen Nutzungsdauer.[176]

Der kommerzialisierbare Teil des **Namensrechts** einer natürlichen Person stellt unabhängig davon, ob er zivilrechtlich (endgültig) übertragbar ist, ertragsteuerrechtlich ein Wirtschaftsgut (*handelsrechtlich*: Vermögensgegenstand) dar. Weil es sich nicht um ein bloßes Nutzungsrecht handelt, ist dieses Wirtschaftsgut auch einlagefähig. Bei einer zeitlich begrenzten Nutzung sind Abschreibungen vorzunehmen.[177]

Ein immaterielles Wirtschaftsgut stellt auch der **Domainname** einer Webseite dar, der regelmäßig als nicht abnutzbares Gut keiner planmäßigen Abschreibung unterliegt.[178] Dagegen ist die **Nutzungsmöglichkeit** an einem Fußballspieler (aktiviert in Höhe der Ablösesumme) über die Vertragslaufzeit abzuschreiben.[179]

Kein immaterieller Wert (sondern ein sofort abziehbarer Aufwand) ist beispielsweise gegeben, wenn ein Unternehmen eine **Entschädigung** für die Aufgabe eines unbefris-

---

174 BFH, Urteil v. 6.12.2017, VI R 65/15, BFH/NV 2018, S. 579.
175 BFH v. 18.1.1989, X R 10/86, BStBl. 1989 II, S. 549 = BB 13/1989, S. 881.
176 BFH, Urteil v. 12.7.2007, X R 5/05, BFH/NV 2007, S. 2185.
177 BFH, Urteil v. 12.6.2019, X R 20/17, DStR 2019, S. 2240.
178 BFH, Urteil v. 19.10.2006, III R 6/05, BFH/NV 2007, S. 546.
179 BFH, Urteil v. 14.12.2011, I R 108/10.

teten Vertriebsvertrags zahlt;[180] da in diesem Fall kein zukünftiger Nutzen aus der Zahlung entsteht, ist kein Wirtschaftsgut gegeben. Ebenso liegt kein Rechnungsabgrenzungsposten vor.

Beispiel: Abgrenzung immaterielles Wirtschaftsgut zu Geschäfts- und Firmenwert

Die A-GmbH erwirbt die B-GmbH. Die B-GmbH (Pressegrossist) ist Inhaberin eines **Belieferungsrechts** für Zeitschriften in einem bestimmten Liefergebiet. Mangels Übertragbarkeit geht dieses Recht bei einem Verkauf unter.

Die A-GmbH hat deshalb kein Wirtschaftsgut »Belieferungsrecht« erworben, sondern nur die Chance, nach Erwerb der B-GmbH einen vergleichbaren Liefervertrag abzuschließen. Der dafür gezahlte (Mehr-)Preis beim Unternehmenserwerb ist als – anteiliger – Geschäfts- und Firmenwert (und nicht als gesondertes immaterielles Wirtschaftsgut) zu aktivieren.[181]

Ein immaterielles Wirtschaftsgut ist abnutzbar und unterliegt damit einer planmäßigen **Abschreibung**, wenn seine Nutzung unter rechtlichen oder wirtschaftlichen Gesichtspunkten zeitlich begrenzt ist. Bei zeitlich begrenzten Rechten kann ausnahmsweise von einer unbegrenzten Nutzungsdauer ausgegangen werden, wenn sie normalerweise ohne Weiteres verlängert werden, ein Ende also nicht abzusehen ist. Im Zweifel ist jedoch nach dem Grundsatz der Vorsicht von einer zeitlich begrenzten Nutzung auszugehen.[182] Eine außerplanmäßige Abschreibung ist bei sämtlichen immateriellen Wirtschaftsgütern möglich.

5.2.2.3 Geschäfts- oder Firmenwert

Der **Geschäfts- bzw. Firmenwert** (**Goodwill**) stellt ein Bündel aus unterschiedlichen, nicht einzeln fassbaren immateriellen Gütern dar, die für das Unternehmen jedoch eine große Bedeutung haben. Dazu zählen u. a. der Wert des vorhandenen Kunden- und Personalstamms, der Wert einer guten Organisation und eines bekannten Firmenrufs, der Wert des in dem Unternehmen vorhandenen Know-hows sowie der Ertragswert.

Der Geschäfts- oder Firmenwert ist **Ausdruck der Gewinnchancen** eines Unternehmens, soweit diese nicht in einzelnen Wirtschaftsgütern oder der Person des Unternehmers verkörpert sind, sondern durch den Betrieb eines lebenden Unternehmens (z. B. Ruf, Kundenkreis, Organisation) gewährleistet erscheinen. Der Geschäftswert ist grundsätzlich mit dem Betrieb verwoben und kann daher weder separat veräußert noch entnommen werden. Abgesehen von Sonderfällen wie z. B. der Begründung einer Betriebsaufspaltung oder der Realteilung folgt der Geschäftswert dem übertragenen Betrieb und kann nur mit diesem erworben werden.[183] Soweit die Gewinne

---

180 BFH, Urteil v. 6.9.2018, IV R 26/16, BFH/NV 2018, S. 1260.
181 Schleswig-Holsteinisches Finanzgericht, Urteil v. 26.6.2019, 5 K 189/18, Haufe-Datenbank HI13595762
182 BFH, Urteil v. 6.12.2017, VI R 65/15, BFH/NV 2018, S. 579, Tz. 16.
183 BFH, Urteil v. 26.11.2009, III R 40/07.

aber von der Person des Unternehmers abhängen und nicht von Eigenschaften des Unternehmens wie seinem Ruf, dem Kundenkreis oder seiner Organisation, fehlt es an einem Geschäftswert, denn ein gedachter Erwerber des Betriebs würde die persönliche Leistung des veräußernden Unternehmers nicht im Rahmen des Kaufpreises für das Unternehmen entgelten.[184]

Da sich diese Werte nicht oder nur unter großer Unsicherheit ermitteln lassen, gilt für den selbst geschaffenen Geschäfts- oder Firmenwert (**originärer Geschäfts- oder Firmenwert**) ein **Aktivierungsverbot**, da es dem Geschäfts- und Firmenwert an der für eine Aktivierung notwendigen Eigenschaft eines Vermögensgegenstands mangelt (§ 246 Abs. 1 HGB).

Wird der Geschäfts- oder Firmenwert (GoF) dagegen entgeltlich erworben (derivativer Geschäfts- oder Firmenwert), so sieht § 246 Abs. 1 S. 4 HGB eine Aktivierungspflicht vor. Für diese Aktivierung wird durch das Gesetz die Vermögensgegenstandseigenschaft des derivativen Geschäftswerts als Fiktion unterstellt. Als Geschäftswert darf danach jener Teil des Kaufpreises für die Übernahme eines Unternehmens als Posten des Anlagevermögens ausgewiesen werden, der das Nettovermögen (Bruttovermögen abzüglich Verbindlichkeiten) übersteigt. Die Aktivierung eines Zwischenwerts ist nicht zulässig.

Der aktivierte Geschäftswert ist planmäßig auf die voraussichtliche Nutzungsdauer abzuschreiben (§ 253 Abs. 3 S. 1 und 2 HGB). Kann die Nutzungsdauer ausnahmsweise[185] nicht verlässlich geschätzt werden, so ist der Geschäfts- und Firmenwert auf 10 Jahre abzuschreiben (§ 253 Abs. 3 S. 4 HGB). Der gewählte Abschreibungszeitraum ist im Anhang zu begründen (§ 285 Nr. 13 HGB), eine schlichte Angabe reicht dafür nicht aus. Eine außerplanmäßige Abschreibung des Geschäfts- oder Firmenwerts ist bei voraussichtlich dauernder Wertminderung erforderlich (§ 253 Abs. 3 S. 5 HGB). Steigt der Wert nach einer außerplanmäßigen Abschreibung, so darf keine Zuschreibung erfolgen (Wertaufholungsverbot für den Geschäfts- oder Firmenwert gem. § 253 Abs. 5 S. 2 HGB), da dies die Aktivierung eines selbst geschaffenen Goodwills bedeuten würde.

Voraussetzung für die Aktivierung eines Geschäfts- oder Firmenwerts ist die Übernahme eines Unternehmens; dabei darf es sich um einen Teil eines Unternehmens handeln, solange dieser Teil selbständig »lebensfähig« ist. Weitere Voraussetzung ist, dass der Kaufpreis über dem Wert der einzelnen Vermögensgegenstände (einschließlich anderer nicht aktivierter, immaterieller Werte) abzüglich der Verbindlichkeiten

---

184 BFH, Urteil v. 26.11.2009, III R 40/07.

185 Für einen GoF wird die Ausnahme – entgegen der Vermutung des Gesetzgebers – wohl eher die Regel sein; insoweit ergibt sich hier ein faktisches Wahlrecht zwischen einer als verlässlich eingestuften Bestimmung der Nutzungsdauer und der 10-jährigen Hilfsnutzungsdauer. Auch ist zu bemängeln, dass die 10-jährige Nutzungsdauer bei Unkenntnis ein sehr hoher Wert ist, der zu einer Überbewertung des GoF führen kann; immerhin galt in der Zeit vor dem BilRUG eine Nutzungsdauer von 5 Jahren als angemessen.

liegt. Ist der Kaufpreis niedriger als das Nettovermögen, so spricht man von einem **Badwill** oder *Lucky Buy,* wobei nach h. M. dieser Wert nicht passiviert wird. Die Regelungen über den Geschäfts- oder Firmenwert gelten nicht bei Übernahme einer – vollen – Anteilsbeteiligung an einem Unternehmen.

Steuerrechtlich besteht für den originären Geschäfts- oder Firmenwert aufgrund des Maßgeblichkeitsprinzips ebenfalls ein Aktivierungsverbot. Für den derivativen Geschäftswert besteht über § 5 Abs. 2 EStG eine Aktivierungspflicht. Gemäß § 7 Abs. 1 S. 3 EStG ist der Geschäfts- oder Firmenwert auf 15 Jahre abzuschreiben. Weiterhin ist auch eine Teilwertabschreibung zulässig.

Häufig bestehen Probleme bei der Abgrenzung zwischen einem eigenständigen, immateriellen Wirtschaftsgut und dem Geschäftswert. Sofern das immaterielle Wirtschaftsgut nicht klar separierbar ist, wird ein entsprechend höherer Wert für den Geschäftswert angenommen.

> **!** **Abgrenzung Firmenwert zu Auftragsbestand**
>
> Ein Exklusivliefervertrag, dem in einem Unternehmenskaufvertrag zwar eine nicht unerhebliche Bedeutung, jedoch kein eigenständiger Kaufpreisanteil beigemessen wird und der zudem keine bestimmten Absatzmengen regelt, kann jedenfalls dann, wenn die Warenabnahme der wirtschaftlichen Disposition des Kunden unterliegt, nicht neben dem allgemeinen Firmenwert als eigenständig bewertbares immaterielles Wirtschaftsgut angesehen werden.[186]

Um den Teilwert eines Geschäftswerts zu ermitteln, werden steuerlich die direkte Methode, die indirekte Methode und die sog. Mittelwertmethode anerkannt. Bei der direkten Methode wird das mit Teilwerten angesetzte Nettovermögen (Vermögensgegenstände minus Schulden) des erworbenen Unternehmens vom Kaufpreis für dieses Unternehmen abgezogen.

Nach der Rechtsprechung[187] kann entsprechend der indirekten Methode der Geschäftswert mit jenem Betrag angesetzt werden, der sich als Überschuss (Übergewinn) des nachhaltig erzielbaren Gewinns über die (kalkulatorische) Normalverzinsung des eingesetzten Kapitals und dem (kalkulatorischen) Unternehmerlohn ergibt. Damit rücken kaufmännische und betriebswirtschaftliche Überlegungen gegenüber rechtlichen (und teilweise wirklichkeitsfremden) Gesichtspunkten in den Vordergrund.

Auch steuerrechtlich kommt es wesentlich darauf an, dass ein derivativer Geschäftswert nur bei Übernahme eines ganzen Unternehmens (oder selbständigen Teils da-

---

186 FG Münster, Urteil v. 1.2.2008, 9 K 2367/03 K, VSt, G, F, EW, EFG 2008, S. 1449.
187 BFH v. 8.12.1976, BStBl. 1977 II, S. 409, BFH v. 28.10.1976, BStBl. 1977 II, S. 73.

von) angesetzt werden kann,[188] da andernfalls die Aktivierung für ein immaterielles Einzelwirtschaftsgut vorgenommen werden muss, das linear abgeschrieben wird.

5.2.2.4 Geleistete Anzahlungen

Hat nach einem Abschluss eines auf gegenseitigen Leistungsaustausch gerichteten Vertrags (z. B. Überlassung eines Rechts) noch keine der Vertragsparteien geleistet, so liegt ein **schwebendes Geschäft** vor, das grundsätzlich nicht bilanziert wird. Leistet nun der zukünftige Leistungsempfänger in Erwartung einer Gegenleistung eine Anzahlung (z. B. um seine Bestellung abzusichern oder um dem Lieferanten seinerseits Vorleistungen zu ermöglichen), so liegt im Umfang der geleisteten Anzahlung kein schwebendes Geschäft mehr vor.

Die **geleistete Anzahlung** stellt einen gewährten Kredit dar, wobei der Rückzahlungsanspruch nicht in Geld, sondern in der vereinbarten Leistung besteht (Sachforderung). Mit der geleisteten Anzahlung ist deshalb eine erste Phase der Investition begonnen, denn betriebswirtschaftlich gesehen sind flüssige Mittel in Gegenständen des Aktivvermögens festgelegt worden. Die Bewertung dieser geleisteten Anzahlung richtet sich deshalb auch nach dem Wert der erwarteten Gegenleistung (Ware). Sollte eine Leistung oder Warenlieferung nicht mehr zu erwarten sein und besteht die Aussicht auf Erstattung der geleisteten Anzahlung, so ist diese Erstattungsforderung dann grundsätzlich als »Sonstiger Vermögensgegenstand« im Umlaufvermögen auszuweisen. Während eine geleistete Anzahlung sprachlich auf eine nur teilweise Bezahlung hindeutet, spricht man bei einer vollständigen Bezahlung einer zukünftigen Leistung von einer **geleisteten Vorauszahlung**; die Bilanzierung ist grundsätzlich identisch.

Sollte für den Lieferanten die Pflicht zur Verzinsung der Anzahlung bestehen, so ist die Zinsforderung ebenfalls als »Sonstiger Vermögensgegenstand« im Umlaufvermögen auszuweisen, da die Zinsforderung nicht den Wert des zu liefernden Vermögensgegenstands erhöht.

Die in diesem Posten auszuweisenden »geleisteten Anzahlungen« sind nur Anzahlungen auf immaterielle Vermögensgegenstände. Dies gilt nach zutreffender Auffassung des Hessischen FG auch dann, wenn

- für den späteren immateriellen Vermögensgegenstand ein Aktivierungsverbot nach § 5 Abs. 2 EStG bestehen sollte oder
- sich der Anspruch auf eine – nicht aktivierbare – Dienstleistung bezieht.

Die Aktivierung der geleisteten Anzahlung ist vor allem dann zwingend, wenn diese Zahlung einen von der noch nicht erbrachten Gegenleistung abgrenzbaren – insbe-

---

188   BFH v. 17.3.1977, IV R 218/72, BStBl. 1977 II, S. 595.

sondere in der Rückforderung bei Nichterfüllung zum Ausdruck kommenden – Vermögenswert hat.[189]

5.2.3 Sachanlagen

5.2.3.1 Grundstücke und Gebäude

5.2.3.1.1 Grundstücke

Zu den **unbeweglichen Sachanlagen** innerhalb dieses Postens gehören handelsrechtlich nur »Grundstücke und grundstücksgleiche Rechte und Bauten einschließlich der Bauten auf fremden Grundstücken«[190] bzw. die steuerrechtliche Position »Grund und Boden«. Unselbständiger Teil eines Grundstücks ist z. B. ein durch Grunddienstbarkeit gesichertes Wegerecht. Weitere (selbständige) unbewegliche Sachanlagen sind beispielsweise:

- Baumbestand (»stehendes Holz«) eines Forstbetriebs[191]
- Parkplatz, Hofbefestigung, Straßenzufahrt
- Zäune und Einfriedungen[192]

Grundstücke sind stets mit ihren **Anschaffungskosten** (§ 253 Abs. 1 HGB) zu bewerten, zu denen auch Nebenkosten wie z. B. Grunderwerbsteuer und Maklergebühren zählen. Hat ein Bilanzierender zunächst ein mit einem dinglichen Recht belastetes Grundstück erworben und löst er dieses später ab, um das Grundstück zu nicht mehr durch das Recht belasteten Zwecken nutzen zu können, sind die Aufwendungen zur Beseitigung der dinglichen Belastung **nachträgliche Anschaffungskosten** auf den Grund und Boden.[193]

Die Rechtsprechung rechnet Aufwendungen für eine erstmalige **Erschließungsmaßnahme** (öffentliche Straßen, Wege und Plätze, Fußwege, Wohnwege, Sammelstraßen, Parkflächen, Grünanlagen sowie Immissionsschutzanlagen gem. § 127 Abs. 2 BauGB) regelmäßig den **Anschaffungskosten von Grund und Boden** zu, weil der erstmalige Anschluss an öffentliche Einrichtungen die (abstrakte) Nutzbarkeit des Grundstücks und damit dessen Wert erhöht. Solche Aufwendungen beziehen sich in erster Linie auf das Grundstück, weil sie dazu dienen, es baureif – und damit betriebsbereit i. S. d. § 255 Abs. 1 S. 1 HGB – zu machen; sie gehören als Voraussetzung

---

189 Hessisches FG, Urteil v. 26.2.2019 – 4 K 2033/17, Haufe-Index HI13385421.
190 Falls dieser Unterposten eine entsprechende Bedeutung hat, sollte er gesondert ausgewiesen werden.
191 BFH v. 5.6.2008, IV R 67/05, BStBl. 2008 II, S. 960.
192 Sofern nicht einem Gebäude oder dem Grund und Boden zuzurechnen; für Abgrenzungsfragen siehe: LfSt Bayern, 19.6.2006, o. Az: Außenanlagen: Abgrenzung zwischen Grundvermögen und Betriebsvorrichtungen.
193 BFH, Urteil v. 07.06.2018, IV R 37/15, BFH/NV 2018, S. 1082.

für die Bebaubarkeit des Grundstücks nicht zu den Herstellungskosten eines Gebäudes.[194] Vor diesem Hintergrund können Aufwendungen für eine – nachträgliche – Erschließungsmaßnahme und Aufwendungen für eine – zusätzliche – Zweiterschließung im Einzelfall auch sofort als Betriebsausgaben abziehbar sein, wenn der Zustand des Grundstücks durch die neue Erschließungsmaßnahme nicht verändert wird, weil er sich nicht wesentlich von der bisherigen Erschließung unterscheidet; führt die Maßnahme zu einer Werterhöhung des Grundstücks, steht dies einem Sofortabzug des Aufwands nicht entgegen. [195] Aufwendungen für die (Erst- oder Zweit-)Herstellung von Zuleitungsanlagen eines Gebäudes zum öffentlichen Kanal (sog. Hausanschlusskosten) einschließlich der sog. Kanalanstichgebühr gehören dagegen zu den **Herstellungskosten des Gebäudes**, soweit die Kosten für Anlagen auf privatem Grund und nicht für Anlagen der Gemeinde außerhalb des Grundstücks entstanden sind.[196]

Werden mehrere Grundstücke erworben, ohne dass eine direkte Aufteilung des Anschaffungspreises möglich ist, so sind die Anschaffungskosten für das einzelne Grundstück nach dem Flächenanteil zu ermitteln.[197] Eine **Kaufpreisaufteilung** ist weiterhin erforderlich, wenn ein Grundstück zusammen mit einem Gebäude für einen einheitlichen Preis erworben wird, weil Grundstück und Gebäude getrennt zu bewerten sind.[198]

Wurde die entsprechende Kaufpreisaufteilung im Kaufvertrag vorgenommen, sind diese vereinbarten und bezahlten Anschaffungskosten grundsätzlich auch der Besteuerung zugrunde zu legen. Wenngleich dem Käufer im Hinblick auf seine AfA-Berechtigung typischerweise an einem höheren Anschaffungswert des Gebäudes gelegen ist und die entsprechende Aufteilungsvereinbarung – zugunsten des Verkäufers – ggf. Einfluss auf eine für ihn positive sonstige Vertragsgestaltung haben kann, rechtfertigt dies grundsätzlich noch keine abweichende Verteilung. Vereinbarungen der Vertragsparteien über Einzelpreise für Einzelwirtschaftsgüter binden allerdings nicht, wenn Anhaltspunkte dafür bestehen, dass der Kaufpreis nur zum Schein bestimmt worden sei oder die Voraussetzungen eines Gestaltungsmissbrauchs i. S. v. § 42 AO gegeben sein könnten.[199]

---

194 BFH, Urteil v. 3.9.2019, IX R 2/19, Rn. 22 m. w. N., BFH/NV 2020, S. 400.
195 BFH, Urteil v. 3.9.2019, IX R 2/19, Rn. 23 m. w. N., BFH/NV 2020, S. 400.
196 BFH, Urteil v. 3.9.2019, IX R 2/19, Rn. 24 m. w. N., BFH/NV 2020, S. 400.
197 BFH, Urteil v. 1.4.2009, IX R 35/08, BStBl. II 2009, S. 663.
198 Hierfür hat die Finanzverwaltung eine Anleitung und eine Arbeitshilfe auf Excel-Basis entwickelt, die über die Webseite des Finanzministeriums erhältlich ist: https://www.bundesfinanzministerium.de/Content/DE/Standardartikel/Themen/Steuern/Steuerarten/Einkommensteuer/2020-04-02-Berechnung-Aufteilung-Grundstueckskaufpreis.html. Hierbei ist zu beachten, dass es sich lediglich um eine typisierende Berechnung handelt; die Begründung einer anderen Aufteilung ist also durchaus möglich. Derzeit ist beim BFH (Az.: IX R 26/19) die Frage anhängig, ob und inwieweit sich die Finanzverwaltung (z. B. im Rahmen einer Betriebsprüfung) allein auf diese Arbeitshilfe stützen darf.
199 BFH, Urteil v. 16.9.2015, IX R 12/14, BFH/NV 2016, S. 266, Tz. 19 f.

Herstellungskosten werden nur in seltenen Grenzfällen entstehen, z. B. bei Aufwendungen für die Trockenlegung eines Sumpfes. Herstellungskosten für eine ständige Entwässerungsanlage sind jedoch nicht mehr dem erworbenen Grundstück zuzurechnen, sondern als abnutzbares Gut zu aktivieren.

Bei **Kauf auf Rentenbasis** ist das Grundstück mit dem versicherungsmathematisch errechneten Barwert der Rente zu bewerten; unter die Passiva ist eine entsprechende Verbindlichkeit aufzunehmen, die um die laufenden Zahlungen vermindert wird. Bei **Tauschgeschäften** kann der Zeitwert (steuerrechtlich: der gemeine Wert) als Anschaffungswert angesetzt werden; eine Gewinnrealisierung ist dadurch möglich.

Eine *planmäßige* **Abschreibung** ist bei Grundstücken grundsätzlich nicht möglich, da der fortlaufende Wertverzehr als Voraussetzung nicht gegeben ist. Gemäß § 253 Abs. 3 S. 3 HGB ist jedoch eine *außerplanmäßige* Abschreibung auf den Stichtagswert erforderlich, wenn die Wertminderung voraussichtlich von Dauer sein wird. Zu den Gründen für eine außerplanmäßige Abschreibung zählen beispielsweise Hochwasserschäden, Wertminderungen durch den Bau eines nahe gelegenen Flugplatzes oder ein allgemeines Sinken der Grundstückspreise. Wenn die Gründe für die außerplanmäßige Abschreibung fortgefallen sind, ist eine Zuschreibung bis zu den Anschaffungskosten zwingend (§ 253 Abs. 5 S. 1 HGB).

Sofern ein Grundstück mit **Schadstoffen** belastet wird, sind unabhängig voneinander sowohl die Notwendigkeit einer Rückstellungsbildung als auch einer Abschreibung zu prüfen. Dabei ergeben sich die folgenden Überlegungen:[200]
- Eine Rückstellung für Schadstoffentsorgung ist erst dann zu bilden, wenn für die Entsorgung eine Verpflichtung entstanden ist und die Durchsetzung dieser Verpflichtung wahrscheinlich ist, insbesondere muss der Durchsetzende (z. B. eine Behörde) von der Bodenkontaminierung erfahren haben.
- Eine Abschreibung (außerplanmäßige Abschreibung gem. Handelsrecht bzw. Teilwertabschreibung gem. Steuerrecht) kann unabhängig von der Rückstellungsbildung notwendig werden, wenn der Boden trotz einer Entsorgung dauerhaft wertgemindert ist. Wird die Wertminderung durch eine Entsorgung rückgängig gemacht, für die eine Rückstellung gebildet wurde, so kann mangels Dauerhaftigkeit der Wertminderung keine Abschreibung vorgenommen werden.

Beim Abbau von **Bodenschätzen** ist zusätzlich noch eine Abschreibung für die eingetretene Substanzverringerung vorzunehmen (*steuerlich:* **Absetzung für Substanzverringerung** (AfS) gem. § 7 Abs. 6 EStG). Diese Abschreibung kann aber nur dann vorgenommen werden, wenn ein abschreibungsfähiger Substanzwert aktiviert ist,[201] was regelmäßig dann nicht der Fall sein dürfte, wenn die Bodenausbeutung zufällig

---

200 Vgl. BMF, Schreiben v. 11.5.2010, IV C 6 – S 2137/07/10004.
201 Vgl. § 11d Abs. 2 EStDV; BFH, Urteil v. 30.10.1967 - VI 331/64, BStBl. 1968 II, S. 30.

und unbedeutend ist und die weitere Nutzung des Grundstücks dadurch nicht eingeschränkt wird. Wird ein größeres Grundstück nur zum Zweck der Ausbeutung von Bodenschätzen gekauft, so empfiehlt sich aus Gründen der Bilanzklarheit ein Ausweis unter einer neu aufzunehmenden Position, da es sich dann eher (auch bewertungsrechtlich, § 6 Abs. 1 EStG) um abnutzbares Anlagevermögen handelt, das nach vollständiger Ausbeutung nur noch einen – gegenüber dem Anschaffungswert – kleinen Restwert hat. Eine AfS darf jedoch *steuerlich* dann nicht vorgenommen werden, nachdem ein auf einem im Privatvermögen gefundener Bodenschatz zum Teilwert eingelegt wurde, da andernfalls keine – vollständige – Besteuerung der Abbauerträge erfolgen würde;[202] in der *Handelsbilanz* ist dagegen eine entsprechende Abschreibung erforderlich, insbesondere wenn der Bodenschatz zuvor als Sacheinlage (z. B. in einer Personengesellschaft) eingelegt wurde.

Steuerrechtlich ist eine Abschreibung auf den niedrigeren **Teilwert** möglich. Ob eine voraussichtlich dauernde – d. h. nachhaltige – Wertminderung (§ 6 Abs. 1 Nr. 2 S. 2 EStG) (auch) bei nicht abnutzbaren Wirtschaftsgütern des Anlagevermögens (u. a. Grund und Boden) vorliegt, ist danach zu beurteilen, ob aus Sicht des Bilanzstichtags mehr Gründe für ein Andauern der Wertminderung sprechen als dagegen.[203] Dabei kann der maßgebliche **Prognosezeitraum** nicht generell bestimmt werden, er richtet sich vielmehr nach den prognostischen Möglichkeiten zum Bilanzstichtag unter Berücksichtigung des für die Wertminderung auslösenden Moments.[204]

Der Teilwert eines Grundstücks wird häufig nach dem Wert vergleichbarer Grundstücke bestimmt, wodurch der *gemeine Wert*[205] vergleichbarer Grundstücke zum Ausgangspunkt für eine Teilwertermittlung wird. Gewährt beispielsweise eine Gemeinde Grundstückserwerbern ansiedlungspolitisch bedingte Vorzugspreise, beeinflussen diese den Teilwert vergleichbarer Grundstücke nur dann, wenn die Gemeinde mit den Vorzugspreisen den örtlichen Grundstücksmarkt so stark bestimmt, dass auch andere Eigentümer ihre Grundstücke nicht teurer verkaufen können.[206]

Hat der Käufer eines Grundstücks im Zeitpunkt der Anschaffung einen höheren Preis für ein Grundstück gezahlt, als sich nach der amtlichen **Richtwertkarte** ergab (sog. *Überpreis*), gilt in diesem Fall die Vermutung, dass der Teilwert den Anschaffungskosten entspricht, denn kein Unternehmer zahlt für den Erwerb eines Wirtschaftsguts zu betrieblichen Zwecken einen höheren Preis, als ihm das Wirtschaftsgut aus betrieblicher Sicht wert ist. Deshalb kommt eine Abschreibung auf den Verkehrswert grund-

---

202 BFH, Urteil v. 22.08.2007, III R 8/98, DStRE 2008, S. 130.

203 BFH, Urteil v. 21.09.2016, X R 58/14, BFH/NV 2017, S. 275.

204 BFH, Beschluss v. 29.07.2014, I B 188/13, BFH/NV 11/2014, S. 1742.

205 Zur – nicht leichten – Ermittlung des gemeinen Werts eines Grundstücks vgl. FG Berlin-Brandenburg, Urteil v. 22.11.2017, 3 K 3208/14, DStRE 2019, S. 359, Rev. eingelegt, Az. BFH: BFH Aktenzeichen II R 1/18.

206 BFH, Urteil v. 21.09.2016, X R 58/14, BFH/NV 2017, S. 275.

sätzlich nicht in Betracht. Dies gilt unabhängig davon, ob es sich um Anlage- oder Umlaufvermögen handelt.[207] Eine Teilwertabschreibung wegen einer nachweisbaren Fehlmaßnahme bleibt dennoch möglich.[208]

Eine **Zuschreibung** bis zu den Anschaffungskosten muss vorgenommen werden, wenn die Gründe für die Teilwertabschreibung nicht mehr bestehen (§ 6 Abs. Nr. 2 S. 3 EStG).

Grundstücke sind abzugrenzen von den Gebäuden und Betriebsvorrichtungen.[209]

5.2.3.1.2 Gebäude

Bilanzierung von Gebäuden

Für die Abgrenzung des **Gebäudes** zu anderen abnutzbaren Sachanlagen kommt der Gebäudedefinition erhebliche Bedeutung zu. »Nach den in der höchstrichterlichen Rechtsprechung aufgestellten Grundsätzen ist ein Bauwerk als Gebäude anzusehen, wenn es Menschen oder Sachen durch räumliche Umschließung Schutz gegen Witterungseinflüsse gewährt, den Aufenthalt von Menschen gestattet, fest mit dem Grund und Boden verbunden, von einiger Beständigkeit und ausreichend standfest ist. (...) Der Begriff des Gebäudes setzt nicht voraus, dass das Bauwerk über die Erdoberfläche hinausragt. Auch unter der Erd- oder Wasseroberfläche befindliche Bauwerke, z. B. Tiefgaragen, unterirdische Betriebsräume, Lagerkeller und Gärkeller, können Gebäude i. S. des Bewertungsgesetzes sein. Das Gleiche gilt für Bauwerke, die ganz oder zum Teil in Berghänge eingebaut sind. Ohne Einfluss auf den Gebäudebegriff ist auch, ob das Bauwerk auf eigenem oder fremdem Grund und Boden steht.«

Der Gebäudebegriff wird tendenziell weit ausgelegt. So hat der BFH entschieden, dass ein Kfz-Tower, der aus zwei mehrstöckigen Stahlregalen mit dazwischen befindlichem Aufzug besteht, auch dann zum nicht nur vorübergehenden Aufenthalt von Menschen geeignet ist, wenn er weder bei den Ein- und Ausfahrten noch in den Regalen über feste Böden verfügt und das einzelne Fahrzeug vom Beginn bis zum Ende der Einlagerung auf einer bestimmten Palette bewegt wird. Es reicht aus, dass die Fahrzeuge von Menschen in den Tower hinein- und wieder herausgefahren werden müssen. Das Gebäudemerkmal der **Standfestigkeit** ist in diesem Fall gegeben, obwohl die räumliche Umschließung (Glasfassaden) an den Stahlregalen aufgehängt ist und

---

207 BFH, Urteil v. 23.10.2019, VI R 9/17, BFH/NV 2020, S. 191, Rz. 21.
208 BFH, Urteil v. 23.10.2019, VI R 9/17, BFH/NV 2020, S. 191, Rz. 22.
209 Siehe dazu den folgenden Abschnitt sowie den gleichlautenden Erlass der obersten Finanzbehörden der Länder »Abgrenzung des Grundvermögens von den Betriebsvorrichtungen« v. 05.06.2013 – S 3130, BStBl 2013 I, S. 734.

das Dach auf ihnen ruht. Bei derartigen doppelfunktionalen Konstruktionselementen geht die Gebäudefunktion der betrieblichen Funktion vor.[210]

Für eine feste Verbindung zum Grund und Boden spricht im Regelfall die Existenz eines Fundaments. Jedoch wird ausnahmsweise die geforderte Verbindung zum Grund und Boden auch dann angenommen, wenn das Bauwerk lediglich durch sein Eigengewicht auf dem Grundstück festgehalten wird. So kann beispielsweise auch ein auf nur lose verlegten Kanthölzern aufgestellter Container ein Gebäude sein, wenn er seiner individuellen Zweckbestimmung nach für eine dauernde Nutzung aufgestellt ist und sich die ihm so zugedachte **Ortsfestigkeit** (Beständigkeit) auch im äußeren Erscheinungsbild manifestiert.[211]

Die vorstehende Definition des bewertungsrechtlichen Gebäudebegriffs gilt gleichermaßen für die Ertragsbesteuerung und damit auch für die Steuerbilanz. Die steuerliche Gebäudedefinition ist sinngleich auch für die handelsrechtliche Bilanzierung anzuwenden.

Eine wichtige Abgrenzungsfrage in der Bilanzierungspraxis betrifft den möglichen gesonderten Ausweis von **Gebäudebestandteilen**. So stehen z. B. Fahrstuhl-, Heizungs-, Belüftungs- und Entlüftungsanlagen regelmäßig in einem einheitlichen Nutzungs- und Funktionszusammenhang mit dem Gebäude, sodass kein Raum für einen gesonderten Ausweis und eine gesonderte Bewertung bleibt, sondern die einheitliche Behandlung zusammen mit dem Gebäude zwingend ist.[212]

Nur wenn **Gebäudeteile** nicht in einem einheitlichen Nutzungs- und Funktionszusammenhang stehen, stellen sie **selbständige Wirtschaftsgüter** dar, die auch handelsrechtlich unter dem Posten »Technische Anlagen und Maschinen« auszuweisen sind. Die Selbständigkeit wird immer dann angenommen, wenn der Gebäudeteil besonderen Zwecken dient, d. h., einer anderen Nutzung oder Funktion als das gesamte Gebäude unterworfen ist. Selbständige Gebäudeteile in diesem Sinn sind gem. R 4.2 Abs. 3 EStR:

1. Betriebsvorrichtungen,[213]
2. Einbauten für vorübergehende Zwecke,
3. Ladeneinbauten, Schaufensteranlagen und ähnliche Einbauten, die einem schnellen Wandel des modischen Geschmacks unterliegen,
4. sonstige selbständige Gebäudeteile,
5. Mietereinbauten.

---

210 BFH, Urteil v. 9.7.2009, II R 7/08, BFH/NV 2009, S. 1609.
211 BFH v. 23.9.1988, III R 67/85, BStBl. II 1989, S. 113.
212 Vgl. R 4.2 Abs. 3–5 EStR 2012.
213 Betriebsvorrichtungen sind selbständige Wirtschaftsgüter, weil sie nicht in einem einheitlichen Nutzungs- und Funktionszusammenhang mit dem Gebäude stehen. Sie gehören auch dann zu den beweglichen Wirtschaftsgütern, wenn sie wesentliche Bestandteile eines Grundstücks sind. Für weitere Einzelheiten zur Abgrenzung des Grundvermögens von den Betriebsvorrichtungen vgl. gleichlautende Ländererlasse v. 05.06.2013, BStBl. 2013 I, S. 734.

Ein Beispiel für die Abgrenzung von Gebäude(bestandteil) und selbständiger Betriebsvorrichtung ist die Behandlung von **Photovoltaikanlagen**. Aufdachanlagen (die Photovoltaikanlage ist auf die Dachabdeckung aufgesetzt) gelten als Betriebsvorrichtungen für die Stromerzeugung und sind deshalb keine Gebäudebestandteile; dagegen handelt es sich bei dachintegrierten Anlagen um unselbständige Gebäudebestandteile, weil die Photovoltaikanlage die notwendige Dachabdeckung ersetzt.[214]

Der Begriff der **Betriebsvorrichtung** setzt Gegenstände voraus, durch die das Gewerbe unmittelbar betrieben wird. Zwischen der Vorrichtung und dem Betriebsablauf muss ein ähnlich enger Zusammenhang bestehen, wie er üblicherweise bei Maschinen gegeben ist. Für die Annahme einer Betriebsvorrichtung reicht es deshalb nicht aus, wenn eine Vorrichtung für einen Gewerbebetrieb lediglich nützlich, notwendig oder behördlich vorgeschrieben ist.[215]

Eine weitere Abgrenzungsfrage ergibt sich bei der bilanzsteuerrechtlichen Zuordnung von Gebäuden, deren Teile in unterschiedlichen **Nutzungs- und Funktionszusammenhängen** stehen. Dazu hat die höchstrichterliche Rechtsprechung die folgenden Grundsätze entwickelt[216]:

a) Teile eines Gebäudes, die in verschiedenen Nutzungs- und Funktionszusammenhängen stehen, sind selbständige Wirtschaftsgüter. Wird ein – zivilrechtlich einheitliches – Gebäude teils eigenbetrieblich, teils fremdbetrieblich, teils durch Vermietung zu fremden Wohnzwecken oder teils zu eigenen Wohnzwecken genutzt, bilden die einzelnen, in verschiedenen Nutzungs- und Funktionszusammenhängen stehenden Gebäudeteile bilanzsteuerrechtlich selbständige Wirtschaftsgüter und sind gesondert zu behandeln, sei es als notwendiges oder gewillkürtes Betriebsvermögen oder als notwendiges Privatvermögen. Eine weitere Differenzierung ist nicht zulässig (so schon für die Nutzung durch mehrere selbständige eigene Betriebe: BFH-Urteil vom 29. September 1994 III R 80/92, BFHE 176, 93, BStBl II 1995, 72, unter 2.a, m. w. N. [BB 1995, 85 Ls]).

b) Die Aufteilung ist grundsätzlich nach dem Größenverhältnis der für den einen oder anderen Zweck eingesetzten Nutzflächen vorzunehmen.

c) Wird ein einzelner Raum eines Gebäudes für mehrere Zwecke genutzt, ist keine weitere Aufteilung vorzunehmen; vielmehr ist ein solcher Raum als Ganzes zu beurteilen. Nur ein Raum – und nicht ein Teil davon – ist die kleinste Einheit, die einer gesonderten Zuordnung fähig ist. Die Annahme eines selbständigen Gebäudeteils setzt voraus, dass dieser durch Bauteile wie Decken, Wände, Fenster und Türen umschlossen und abgeschlossen, also ein Raum ist.

---

214 Gleichlautende Ländererlasse vom 05.06.2013 o. Az. »Abgrenzung des Grundvermögens von den Betriebsvorrichtungen«, BStBl I, 2013, S. 734; zu abweichender, älterer (aber trotzdem sinnvoller) Auffassung der Finanzverwaltung vgl. LfSt Bayern v. 05.08.2010, S 2190.1.1 – 1/3 St 32.
215 BFH, Beschluss v. 16.08.2013, III B 144/12, BFH/NV 2013, S. 1816.
216 BFH, Urteil v. 10.10.2017, X R 1/16, BB 2018, S. 226.

d) Diese Grundsätze gelten auch für die Beurteilung einer Garage. Sie ist bei Ein- oder Zweifamilienhäusern bilanzsteuerrechtlich kein selbständiges Wirtschaftsgut, sondern ein unselbständiger Teil des Gebäudes bzw. in den Bilanzansatz desjenigen selbständigen Gebäudeteils einzubeziehen, mit dem sie in einem einheitlichen Nutzungs- und Funktionszusammenhang steht.

Für die Zuordnung derartiger Gebäudeteile zum notwendigen oder gewillkürten **Betriebsvermögen** oder zum Privatvermögen sind die allgemeinen Abgrenzungsgrundsätze auf die jeweiligen Teile anzuwenden. Sofern diese Gebäudeteile zum Betriebsvermögen gehören, sind sie einzeln zu bewerten und abzuschreiben.

Unklar ist häufig, wie **Mietereinbauten** (bauliche Maßnahmen eines Mieters im Gebäude des Vermieters) zu bilanzieren sind. Je nach Verhältnis der Einbauten zum Unternehmen des Mieters einerseits und zum Gebäude des Vermieters andererseits kommenden verschiedene Alternative infrage.

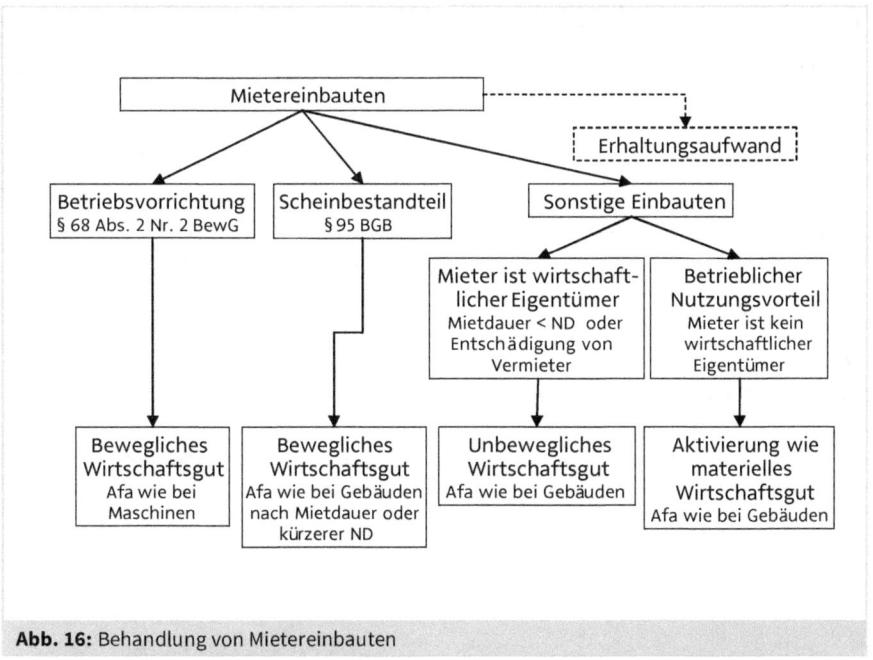

Abb. 16: Behandlung von Mietereinbauten

Für den Fall der sonstigen (Ein-)Bauten hat der BFH entschieden, dass es für die Behandlung von Herstellungskosten eines fremden Gebäudes »wie ein materielles Wirtschaftsgut« ohne Bedeutung ist, ob

135

- die Nutzungsbefugnis des Steuerpflichtigen auf einem unentgeltlichen oder auf einem entgeltlichen Rechtsverhältnis beruht,
- dem Steuerpflichtigen zivilrechtliche Ersatzansprüche gegen den Eigentümer des Grundstücks zustehen oder ob er von vornherein auf solche Ansprüche verzichtet, und
- die Übernahme der Herstellungskosten durch den Steuerpflichtigen eine unentgeltliche Zuwendung an den Eigentümer des Grundstücks oder Entgelt für die Nutzungsüberlassung des Grundstücks ist.[217]

Bewertung von Gebäuden

Zu den **Herstellungskosten** eines Gebäudes zählen u. a. auch die Kosten des Stromanschlusses, die Kosten der Bauplanung und die Kosten für Einbauten (z. B. Fahrstuhl, Müllschlucker), die nicht als selbständige Gebäudeteile anzusehen sind.

Wird ein altes, jedoch noch nutzbares, d. h. ein objektiv technisch oder wirtschaftlich noch nicht verbrauchtes, Gebäude binnen drei Jahren[218] nach dem Erwerb zum Zweck des Neubaus abgerissen, so stellen die **Abbruchkosten** und der Restbuchwert (ggf. auch Entschädigungen für vorzeitige Räumung) Herstellungskosten des neuen Gebäudes dar, wenn der Neubau in einem engen wirtschaftlichen Zusammenhang zum Abbruch steht; andernfalls erhöhen sich – nachträglich – die Anschaffungskosten des Grundstücks.

Die Abbruchkosten eines eigenen, dem Unternehmen dienenden Gebäudes oder eines ohne Abbruchabsicht erworbenen Gebäudes sind dagegen sofort abzugsfähiger Betriebsaufwand, ein Restbuchwert wird als Absetzung für außergewöhnliche Abnutzung abgeschrieben. Straßenanlieger- und Erschließungsbeiträge gehören zu den Anschaffungskosten des Grundstücks, ebenso wie die Anschaffungs- und Abbruchkosten eines wertlosen Gebäudes.[219]

Abriss eines Gebäudes	Grundstück über 3 Jahre im Besitz	Grundstück unter 3 Jahre im Besitz
Verbrauchtes Gebäude	AfaA für Restwert, Abrisskosten sind Betriebsausgaben	Restwert und Abrisskosten gehören zu den AK von Grund und Boden
nicht verbrauchtes Gebäude	AfaA für Restwert, Abrisskosten sind Betriebsausgaben	Restwert und Abrisskosten gehören zu den HK des neuen Wirtschaftsguts, wenn ein solches erstellt wird; sonst zu den AK von Grund und Boden
Grundsatz:	Abrisskosten sind sofortiger Aufwand	Abrisskosten werden aktiviert

Abb. 17: Gebäude-Abbruchkosten in der Bilanz

---

217 BFH, Urteil vom 25.02.2010, IV R 2/07, BFH/NV 2010, S. 1018.
218 Beweis des ersten Anscheins, dass das Gebäude mit Abbruchabsicht erworben wurde.
219 BFH, Beschluss v. 12.6.1978, GrS 1/77, BStBl. 1978 II, S. 620.

Auch bei Gebäuden können **nachträgliche Herstellungskosten** anfallen. Dabei ist auf die Abgrenzung zum sofort aufwandswirksamen **Erhaltungsaufwand** zu achten.[220]

Ergänzend bezieht § 6 Abs. 1 Nr. 1a S. 1 EStG auch Aufwendungen für **Instandsetzungs- und Modernisierungsmaßnahmen**[221] in die Herstellungskosten von Gebäuden (anschaffungsnahe Herstellungskosten) ein, die *innerhalb von drei Jahren* nach der Anschaffung des Gebäudes durchgeführt werden, wenn die Aufwendungen ohne die Umsatzsteuer 15 % der Anschaffungskosten des Gebäudes übersteigen.[222] *Nicht* in die anschaffungsnahen Herstellungskosten fallen die Aufwendungen jedoch dann, wenn diese jährlich üblicherweise anfallen (§ 6 Abs. 1 Nr. 1a S. 2 EStG). Allerdings sind Aufwendungen im Zusammenhang mit der Anschaffung eines Gebäudes (unabhängig davon, ob sie auf jährlich üblicherweise anfallenden Erhaltungsarbeiten i. S. von § 6 Abs. 1 Nr. 1a S. 2 EStG beruhen) *nicht* als Erhaltungsaufwand sofort abziehbar sondern zu aktivieren (**anschaffungsnaher Aufwand**), wenn sie im Rahmen *einheitlich* zu würdigender Instandsetzungs- und Modernisierungsmaßnahmen i. S. des § 6 Abs. 1 Nr. 1a S. 1 EStG anfallen.[223]

Werden **fremde Bauten** zum Zweck der Eigennutzung errichtet oder gekauft, so sind diese mit den Anschaffungs- oder Herstellungskosten wie (nicht: *als*) ein materielles Wirtschaftsgut zu aktivieren und planmäßig abzuschreiben. Endet die Nutzung des Wirtschaftsguts, bevor die Aufwendungen vollständig von ihm abgezogen werden konnten, geht der verbleibende Betrag nicht unter; dieser ist vielmehr dem Eigentümer des Wirtschaftsguts als Anschaffungs- oder Herstellungskosten des Wirtschaftsguts zuzurechnen. Deshalb ergibt sich daraus beim (ehemaligen) Nutzer keine Auswirkung auf den Gewinn; ein noch nicht abgeschriebener Restbetrag wird *steuerlich* erfolgsneutral ausgebucht.[224] In der Handelsbilanz ist dagegen der Restwert aufwandswirksam auszubuchen.

Gebäude unterliegen der **planmäßigen Abschreibung**.[225] Für die *Steuerbilanz* ist § 7 Abs. 4 bis 5a EStG zu beachten. Die vom Steuerpflichtigen getragenen Herstellungskosten eines fremden Gebäudes (Gebäude auf fremdem Grund und Boden), das er zu betrieblichen Zwecken nutzen darf, sind bilanztechnisch »wie ein materielles Wirtschaftsgut« zu behandeln und nach den für Gebäude geltenden AfA-Regeln abzuschreiben. Für die Behandlung von Herstellungskosten eines fremden Gebäudes »wie ein materielles Wirtschaftsgut« ist ohne Bedeutung, ob

---

220 Vgl. Abschn. 3.3.3 sowie IdW RS IFA 1 (WPg Supplement 1/2014).
221 Vgl. ausführlich Abschn. 3.3.3.
222 Für Zweifelsfragen vgl. SenFin Berlin v. 20.11.2012, III B – S 2211 – 2/2005 – 2, NWB DokID: SAAAE-29046; ausführlicher vorne Abschn. 3.3.3.
223 BFH, Urteil v. 25.8.2009, IX R 20/08, BFH/NV 2010, S. 96.
224 BFH v. 19.12.2012, IV R 29/09.
225 Für grundlegende Ausführungen zu Abschreibungen siehe das nächste Kapitel; für Besonderheiten zu Abschreibungen insbesondere bei Gebäuden vgl. Grube (Absetzung).

- die Nutzungsbefugnis des Steuerpflichtigen auf einem unentgeltlichen oder auf einem entgeltlichen Rechtsverhältnis beruht,
- dem Steuerpflichtigen zivilrechtliche Ersatzansprüche gegen den Eigentümer des Grundstücks zustehen oder ob er von vornherein auf solche Ansprüche verzichtet und
- die Übernahme der Herstellungskosten durch den Steuerpflichtigen eine unentgeltliche Zuwendung an den Eigentümer des Grundstücks oder ein Entgelt für die Nutzungsüberlassung des Grundstücks ist.[226]

5.2.3.2   Technische Anlagen und Maschinen

Der Posten »**Technische Anlagen und Maschinen**« beinhaltet beispielsweise sämtliche Arbeits- und Kraftmaschinen, z. B. Kräne, Hochöfen sowie Betriebsvorrichtungen[227] zusammen mit den notwendigen Fundamenten, Stützen und Bedieneinrichtungen.[228] Büroeinrichtungen, Werkzeuge, Modelle sowie alle Arten von (Kraft-) Fahrzeugen sind unter der Position »Andere Anlagen, Betriebs- und Geschäftsausstattung« auszuweisen. Heizungs- und Belüftungsanlagen, Rolltreppen u. Ä. sind i. d. R. Bestandteil eines Gebäudes und daher unter der entsprechenden Position zu erfassen.

Im Einzelnen ist für die Beurteilung des Inhalts auch auf die jeweilige Branche des Bilanzierenden abzustellen. Eine branchenunabhängige Auflistung von möglichen Vermögensgegenständen für diesen Bilanzposten findet sich bei Biener/Berneke:[229]
- Anlagen und Maschinen der Energieversorgung (Erzeugung, Umwandlung und Weiterleitung),
- Anlagen der Materiallagerung und -bereitstellung,
- Anlagen und Maschinen zur Stoffgewinnung,
- Anlagen und Maschinen der mechanischen Materialbearbeitung, -verarbeitung, und -umwandlung,
- Anlagen für Wärme- und Kälteprozesse oder chemischer Art sowie ähnliche Anlagen,
- Anlagen für Arbeitssicherheit und Umweltschutz,
- Transportanlagen,
- Prüfmaschinen und Prüfeinrichtungen,
- Verpackungsanlagen und -maschinen,
- Reservemaschinen und Reserveteile für technische Anlagen und Maschinen.

Die teilweise geäußerte Ansicht, **Ersatzteile** und Reparaturmaterial sollten dem Anlagevermögen zugerechnet werden, zu dessen Instandhaltung sie bestimmt sind, erscheint m. E. bedenklich, da hierdurch beim Bilanzleser eine falsche Vorstellung vom

---

226 BFH, Urteil v. 25.2.2010, IV R 2/07, BFH/NV 2010, S. 1018.
227 Der steuerliche Begriff »Betriebsvorrichtungen« beinhaltet stets bewegliche, selbständig bewertbare Wirtschaftsgüter, die der Produktion dienen. Für die Abgrenzung von Betriebsvorrichtung und -grundstück gelten die §§ 68 Abs. 2 S. 2 und 99 Abs. 1 S. 1 BewG.
228 Vgl. ausführlich Tanski (Technische Anlagen), Tz. 4 ff.
229 Biener, Herbert und Berneke, Wilhelm; Bilanzrichtlinien-Gesetz, Düsseldorf 1986, S. 146.

Umfang des für die betriebliche Leistungserstellung zur Verfügung stehenden Anlagevermögens gewonnen werden kann.

Die mögliche Nutzungsdauer von Ersatzteilen wird oft nur kurz sein, insbesondere soweit es sich um Verschleißteile handelt. Mir erscheint es daher sinnvoller, derartige Güter dem Umlaufvermögen zuzuordnen.[230] Für diese Zuordnung spricht auch der Umstand, dass Ersatzteile vor ihrer Verwendung i. d. R. keiner Wertminderung unterliegen, sodass die vorgeschriebene planmäßige Abschreibung im Anlagevermögen zu einem nicht korrekten Wertansatz führen würde. Im Umlaufvermögen wird eine Abschreibung auf den beizulegenden Wert nur bei einer nicht vorhersehbaren Wertminderung vorgenommen. Zum Zeitpunkt der Verwendung der Ersatzteile gehen diese mit dem vollen (Rest-)Buchwert in den Aufwand ein.[231]

Ein davon abweichender Ausweis von Ersatzteilen im Anlagevermögen sollte m. E. nur bei solchen Teilen erfolgen, deren Verwendung nicht zu Instandhaltungsaufwand sondern zu aktivierungspflichtigen Herstellungskosten führt. In diesem Fall ist ein Ausweis statt bei der jeweiligen Anlageposition unter dem Posten »Anlagen im Bau« vorzuziehen, sodass zum Zeitpunkt der Teileverwendung nur eine Umbuchung erfolgt.

Sämtliche abnutzbaren Sachanlagen sind mit ihren **Anschaffungs- oder Herstellungskosten** zu aktivieren (§ 253 Abs. 1 HGB). Zu den AK bzw. HK gehören sämtliche Nebenkosten, wie z. B. Transportkosten (einschließlich Transportversicherung), Aufstellung und Anschlussarbeiten bis zur Betriebsbereitschaft, Fundamentierung sowie ggf. nicht abziehbare Vorsteuerbeträge. Sollte ein Fundament für mehr als eine Anlage zu verwenden sein, so wird meistens ein selbständig bewertbares Wirtschaftsgut vorliegen, das gesondert zu aktivieren ist; ggf. ist zu prüfen, ob es sich um einen Gebäudebestandteil handelt und dann dort ausgewiesen werden muss.

Bei geringfügigen Wirtschaftsgütern (AK bzw. HK bis 150 Euro) und bei kurzlebigen Wirtschaftsgütern (bis ca. 1 Jahr) entspricht es den Grundsätzen ordnungsmäßiger Buchführung, auf eine Aktivierung zu verzichten. Insbesondere bei der Betriebs- und Geschäftsausstattung ist auch eine Fest- oder Gruppenbewertung möglich.

5.2.3.3 Andere Anlagen, Betriebs- und Geschäftsausstattung

Bei dem Posten »Andere Anlagen, Betriebs- und Geschäftsausstattung« handelt es sich um eine Auffangposition, die alle Vermögensgegenstände des Sachanlagevermögens umfasst, die nicht unter den beiden vorherigen Positionen ausgewiesen werden dürfen und keine Anzahlungen und Anlagen im Bau darstellen. Trotzdem bleibt die genaue Definition von »**Andere Anlagen**« dem Gesetzesleser verborgen. Während für

---

230 Siehe auch BMF, Schreiben v. 28.8.1991, IV B 3 – InvZ 1010 – 13/91, Tz. 26, BStBl. 1991 I, S. 768.
231 Vgl. Tanski (Technische Anlagen), Tz. 27 ff.

die **Betriebs- und Geschäftsausstattung** klar ist, dass hier jene Vermögensgegenstände auszuweisen sind, die dem überwiegend administrativen Bereich zuzurechnen sind (z. B. Buchungscomputer, Tische), bleibt für die anderen Anlagen offen, wie sich eine »Andere Anlage« von einer »Technischen Anlage« abgrenzt, insbesondere wenn man bedenkt, dass man sich nichttechnische Anlagen (dies müssten dann wohl die »anderen« sein) kaum vorstellen kann.

Da der Gesetzgeber auf eine Abgrenzungsdefinition verzichtet hat, bleibt nur die häufig genannte Hilfskonstruktion, zu unterstellen, dass »Technische Anlagen und Maschinen« im Gegensatz zu den »Anderen Anlagen« der betrieblichen Leistungserstellung unmittelbar dienen. Als »Andere Anlagen« wären dann jene Vermögensgegenstände anzunehmen, die einerseits nur mittelbar die Leistungserstellung ermöglichen und andererseits nicht zur Betriebs- und Geschäftsausstattung rechnen. Dies könnten beispielsweise sein:

- Zugangskontroll- und Überwachungsanlagen,
- Feuerlöscheinrichtungen, Entrauchungssysteme,
- Heizungs- und Klimaanlagen,
- Kantinenanlagen,
- Kraftfahrzeuge,
- Schallschutzwände[232],
- Kunstgegenstände,
- Goldbarren (sofern als langfristige Anlage).

Unternehmen erwerben nicht selten **Kunstgegenstände**, um damit entweder Geschäftsräume anspruchsvoller zu gestalten oder um eine Kunstsammlung aufzubauen. Insbesondere im ersten Fall kann es sich um Werke anerkannter Meister oder um sog. Gebrauchskunst handeln.[233] Bei Werken anerkannter Meister geht man davon aus, dass sie regelmäßig keinem laufenden Wertverlust unterliegen und deshalb keiner planmäßigen Abschreibung zugänglich sind; bei Beschädigungen etc. ist aber eine außerplanmäßige Abschreibung möglich. Eine Wertzuschreibung ist aufgrund des Realisationsprinzips nicht zulässig. **Gebrauchskunst** (z. B. künstlerische Arbeiten im Foyer, die bei der nächsten Renovierung des Foyers voraussichtlich ausgetauscht werden) unterliegt typischerweise einem Wertverlust und wird planmäßig auf die erwartete Nutzungsdauer abgeschrieben.

Für die Bewertung von im Anlagevermögen befindlichen **Goldvorräten** ist auf den Börsenkurs zum Bilanzstichtag abzustellen.[234]

---

232 Nach Auffassung des BFH (14.5.2013 – III B 144/12) handelt es sich bei Schallschutzwänden regelmäßig nicht um Betriebsvorrichtungen, weil durch diese Wände der Betrieb nicht unmittelbar betrieben wird.

233 Zu der nicht immer leichten Abgrenzung vgl. Ross (Bilanzierung).

234 FG Hamburg, Urteil v. 3.6.2020, 5 K 20/19. NWB RAAAH-55997.

5.2.3.4 Geleistete Anzahlungen und Anlagen im Bau

Hinsichtlich der **geleisteten Anzahlungen** sind hier alle Anzahlungen (Vorauszahlungen, Abschlagszahlungen) auf Sachanlagen auszuweisen.

Soweit sich **Anlagen im Bau** bzw. in der Herstellung befinden, sind sie nicht unter dem Posten »Technische Anlagen und Maschinen«, sondern unter dem Posten »Geleistete Anzahlungen und Anlagen im Bau« auszuweisen. Umgebucht werden kann erst dann, wenn die Betriebsbereitschaft hergestellt ist und die Anlage auch der Nutzung zugeführt wird; dies ist bereits auch dann gegeben, wenn die Anlage zwar noch nicht zur Leistungserstellung tatsächlich eingesetzt wird, sie jedoch bereits die Probelauf-, Test- oder Nullserienphase erfolgreich absolviert hat.

5.2.4 Abschreibung der Gegenstände des Anlagevermögens

5.2.4.1 Die planmäßige Abschreibung

Die Gegenstände des Anlagevermögens sind dazu bestimmt, dem Unternehmen dauernd zu dienen (§ 247 Abs. 2 HGB). Diese Fähigkeit, die dem Unternehmen nutzt, ist jedoch meistens aus unterschiedlichen Gründen flüchtig, d. h. die Fähigkeit des Gutes, dem Unternehmen zu dienen, nimmt ab. Daraus lässt sich unmittelbar erkennen, dass sich der Wert des Gutes im Verhältnis zur Abnahme seines Leistungspotenzials ebenfalls vermindert (*statische* Betrachtungsweise).

Da die Finanzbuchhaltung zu einem periodischen Erfolgsausweis führen soll, ist es nicht möglich, die Anschaffungs- oder Herstellungskosten sofort (d. h. im Jahr der Anschaffung) als Aufwand in die Gewinn- und Verlustrechnung zu übernehmen, wenn sich die Nutzungsdauer des Gutes über mehrere Perioden erstreckt, da dies zu einer erheblichen Verzerrung des ausgewiesenen Erfolgs sowie zu einer falschen Darstellung der Vermögenslage führen würde (*dynamische* Betrachtungsweise).

Betriebswirtschaftlich ergibt sich deshalb die unbedingte Notwendigkeit, den Anschaffungs- bzw. Herstellungswert auf die geschätzte Nutzungsdauer unter Berücksichtigung der Inanspruchnahme des Gutes zu verteilen. Es handelt sich dabei buchungstechnisch um eine Verteilung der im Anschaffungsjahr entstandenen Ausgaben auf die Nutzungsjahre und die dortige erfolgswirksame Verrechnung als Aufwand. Diese betriebswirtschaftliche Maßnahme ist in § 253 HGB normiert und auch über den Geltungsbereich dieses Paragrafen hinaus wesentlicher Bestandteil der GoB.

§ 253 Abs. 3 S. 1 HGB verlangt bei den Gegenständen des Anlagevermögens, deren Nutzung zeitlich begrenzt ist (= abnutzbares Anlagevermögen), dass die **Abschrei-**

bungen planmäßig vorgenommen werden. Der **Grundsatz der Planmäßigkeit** als Voraussetzung für eine Bewertungsstetigkeit verlangt, zu Beginn der Nutzung einen Abschreibungsplan aufzustellen. Dieser Plan muss den Ausgangswert (AK oder HK), die Nutzungsdauer und die Abschreibungsmethode enthalten.

Um die voraussichtliche Nutzungsdauer schätzen zu können, muss festgestellt werden, auf welche Ursachen die Entwertung des betreffenden Gutes zurückgeführt werden kann. Die möglichen Entwertungsursachen lassen sich wie folgt gliedern:

Entwertungsursachen eines Wirtschaftsguts

1. Entwertung durch Verschleiß oder Verbrauch
   1.1 Gebrauch (Verschleiß)
   1.2 Substanzverzehr (Verbrauch)
   1.3 Natureinwirkung
2. Entwertung durch Zeitlauf
   2.1 Fristsetzung
   2.2 zeitlich determinierte Faktoren
3. Entwertung durch Alterung
   3.1 wirtschaftliche Alterung
   3.2 technisch-wirtschaftliche Alterung
4. Entwertung durch Risikoeintritt

Die Entwertung durch **Verschleiß** oder **Verbrauch** setzt einen Gutsverzehr im physikalischen Sinn voraus. Im Fall des Gebrauchs wird die Nutzungsfähigkeit des Gutes verzehrt, d. h. es tritt eine Verminderung des Leistungspotenzials ein (typisch: Maschinen). Beim Substanzverzehr wird das Gut selbst verbraucht (typisch: Bodenschätze). Zusätzlich kann eine Entwertung durch den regelmäßigen Einfluss des Wetters entstehen (typisch: alle materiellen Güter z. B. Rost, Verrottung).

Bei der Entwertung durch Zeitlauf ist die **Fristsetzung** der häufigste Fall. Sie tritt i. d. R. bei Lizenznahmen u. Ä. auf, wenn durch die Lizenzbefristung bestimmte Anlagegüter nach dem Fristablauf nicht mehr verwertet werden können. Die anderen unter 2.2 genannten **zeitlich determinierten Faktoren** treten relativ selten auf und sind von der tatsächlichen Nutzung des Gutes (teilweise) unabhängig; die Abgrenzung zu 1.3 kann in Einzelfällen Schwierigkeiten bereiten. Typisch ist die physikalische, chemische oder biologische Veränderung des Gutes (Verderben, Unbrauchbarwerden).

Die Entwertung durch **Alterung** wird entweder hervorgerufen durch eine sich wandelnde Mode oder eine veränderte Nachfragestruktur (wirtschaftliche Alterung) oder durch bessere, rationellere Güter bzw. Produktionsverfahren, d. h. durch technischen Fortschritt (technisch-wirtschaftliche Alterung).

Einen Sonderfall stellt die Entwertung durch **Risikoeintritt** dar. Hierzu zählen sämtliche Risiken wie z. B. Brand, Hagel und Unfall.

Während sich die unter 1. und 2. genannten Entwertungsursachen mit ausreichender Sicherheit schätzen lassen, ist dies bei den unter 3. genannten Ursachen kaum, bei den unter 4. genannten Ursachen grundsätzlich nicht möglich. In die Bemessung der *planmäßigen* Abschreibungen können deshalb im Wesentlichen nur die unter 1. und 2. genannten Ursachen eingehen; eine Entwertung gem. 3. und 4. wird hauptsächlich in *außerplanmäßigen* Abschreibungen berücksichtigt. Die Entwertung durch Alterung sollte jedoch besonders bei sehr langlebigen Gütern nach dem Prinzip der kaufmännischen Vorsicht dadurch berücksichtigt werden, dass die Nutzungsdauer eher etwas kürzer angesetzt wird.

Unter Berücksichtigung von Entwertungsursachen und Nutzungsintensität der Anlage wird somit die **Nutzungsdauer** bestimmt, wobei sich aufgrund vieler Unsicherheiten stets ein Spielraum ergibt. Auch hier darf nach dem Grundsatz der kaufmännischen Vorsicht der Spielraum nicht unangemessen ausgenutzt werden, d. h. es darf keine übermäßig lange Nutzungsdauer gewählt werden. Oft werden Erfahrungswerte oder Statistiken von Verbänden in der Praxis mitberücksichtigt. Jedoch darf unter Verweis auf das **Vorsichtsprinzip** keine erkennbar zu kurze Nutzungsdauer gewählt werden.

Für **selbst geschaffene immaterielle Vermögensgegenstände** des Anlagevermögens gilt – nur für den Ausnahmefall, dass die voraussichtliche Nutzungsdauer nicht verlässlich geschätzt werden kann – eine typisierende Abschreibungsdauer von 10 Jahren (§ 253 Abs. 3 S. 3 HGB). Dasselbe gilt für den entgeltlich erworbenen **Geschäfts- oder Firmenwert** (§ 253 Abs. 3 S. 4 HGB).

Nachdem die Nutzungsdauer bestimmt ist, muss die **Abschreibungsmethode** festgelegt werden, wobei sich auch hier Spielräume hinsichtlich der jährlichen Abschreibung und damit Spielräume in der Bewertung ergeben, solange es sich um eine Abschreibungsmethode handelt, die den Grundsätzen ordnungsmäßiger Buchführung entspricht. In der Praxis besteht die Möglichkeit, Unsicherheiten bei Nutzungsdauer und Abschreibungsmethode gegenseitig zu berücksichtigen und – soweit möglich – auszugleichen.

Neben der Bestimmung der Nutzungsdauer ist die Festlegung des Abschreibungsvolumens wichtig. Regelmäßig entspricht das **Abschreibungsvolumen** (Abschreibungsbasis) den aktivierten Anschaffungs- oder Herstellungskosten. Sofern am Nutzungsende ein wesentlicher bzw. beträchtlicher [235] Restwert (z. B. erwarteter Verkaufserlös,

---

235 Bei einem Pkw ist regelmäßig kein beträchtlicher Restwert zu erwarten.

Schrottwert) verbleibt, ist das Abschreibungsvolumen um diesen Restwert zu vermindern.

Ist ein abschreibungspflichtiges Wirtschaftsgut durch *Einlage* in das Unternehmen gelangt, so gilt der Einlagewert als Abschreibungsvolumen. Wurde ein zuvor zur Erzielung von Überschusseinkünften (§ 2 Abs. 1 Nr. 4 bis 7 EStG) genutztes Wirtschaftsgut eingelegt, so mindert sich das Abschreibungsvolumen um die zuvor bereits abgesetzten Beträge[236] (§ 7 Abs. 1 S. 5 EStG).

> **! Beispiel:**
>
> Der Unternehmer F. legt ein Gebäude in sein unternehmerisches Betriebsvermögen ein, das er zuvor in seinem Privatvermögen hielt, um Mieteinnahmen zu erzielen. Die ursprünglichen Anschaffungskosten betragen 600.000 Euro. In der Vermietphase wurden bereits 150.000 Euro abgeschrieben. Der Marktwert (= Teilwert) im Einlagezeitpunkt beträgt 800.000 Euro.
>
> Die Einlage ist mit dem Teilwert von 800.000 Euro anzusetzen. Das Abschreibungsvolumen beträgt 650.000 Euro (800.000 – 150.000).

Jene Vermögensgegenstände, deren Nutzung nicht zeitlich begrenzt ist, dürfen als nicht abnutzbare Güter grundsätzlich nicht planmäßig abgeschrieben werden. Zu diesen nicht abnutzbaren Gütern zählen vor allem Grundstücke. Aber auch jene Vermögensgegenstände, deren Wert ausschließlich von Alter, Seltenheit und Bedeutung in der jeweiligen Zeit ihrer Herstellung oder Nutzung bestimmt wird und die Repräsentations-, Werbe- oder Demonstrationszwecken dienen, sind keine abnutzbaren Güter; dies gilt u. a. für Antiquitäten, antiquarische Bücher und Kunstgegenstände wie Grafiken, Gemälde, Plastiken.[237] Dennoch sind auch diese Güter abzuschreiben, wenn sie beispielsweise als Geschäftsausstattung eingesetzt und gebraucht werden.[238]

> **! Beispiel:**
>
> In einem Unternehmen sind ständig Möbelstücke wie Schreibtisch und Schreibtischsessel als Arbeitsmittel in Gebrauch, die schon 100 Jahre alt sind und im Wert steigen.
>
> Auch bei diesen Wirtschaftsgütern kann eine AfA wegen technischer Abnutzung in Betracht kommen.[239]

5.2.4.1.1 Lineare Abschreibung

Die **lineare Abschreibung** ist nicht nur die bekannteste Abschreibungsmethode, sondern sie wird in der Praxis auch häufig angewandt, da sie rechentechnisch sehr einfach ist. Sie entspricht in fast jeder Situation den Grundsätzen ordnungsmäßiger Buchfüh-

---

236 BFH, Urteil v. 18.8.2009, X R 40/06, BFH/NV 2010, S. 283.
237 Vgl. BFH v. 9.8.1989, X R 131-133/87.
238 Vgl. BFH, Urteil v. 27.10.1993, XI R 5/93, BFH/NV 1994, S. 472.
239 Vgl. BFH, Urteil v. 31.1.1986, VI R 78/82, BStBl. 1986 II, S. 355.

rung, was eine universelle Anwendbarkeit gewährleistet. Dies ist nicht nur auf die einfache Handhabung zurückzuführen, sondern auch auf die Überlegung, dass mit dieser Methode eine gleichmäßige Belastung aller Abschreibungsperioden erreicht wird, was i. d. R. einen akzeptablen Mittelweg im gegebenen Ermessensspielraum darstellt.

Trotzdem werden gegen die lineare Abschreibung einige Einwände vorgebracht, wonach die lineare Abschreibung unrealistisch sei und nicht dem tatsächlichen Wertverzehr entspreche. Insbesondere wird dieser Methode vorgeworfen, sie berücksichtige weder einen hohen Wertverlust zu Beginn der Nutzung, eine mögliche wirtschaftliche Entwertung, noch den steigenden Reparaturaufwand zum Ende der Nutzungsdauer. Diesen Einwänden kann m. E. aus zwei Gründen nicht für die handelsrechtliche[240] Abschreibung gefolgt werden: Zum einen handelt es sich ohnehin nur um eine näherungsweise Schätzung, eine exakte Ermittlung der Entwertung ist ausgeschlossen, sodass jede Einfügung weiterer Faktoren die Schätzfehlerquellen eher vermehrt. Möglichen vorzeitigen Entwertungen kann auch bei der linearen Abschreibung durch eine vorsichtige Schätzung der Nutzungsdauer begegnet werden. Zum anderen verlangt das Handelsrecht eine Verteilung der Anschaffungs- oder Herstellungskosten auf die voraussichtliche Nutzungsdauer und nicht eine Wertermittlung zum Bilanzstichtag. Nach Wortlaut und Sinn des § 253 Abs. 3 HGB ist somit eine Berücksichtigung zukünftiger Faktoren nicht zulässig, es sei denn, sie lassen sich mit einiger Sicherheit bestimmen.

Die lineare Abschreibung verteilt die Anschaffungs- bzw. Herstellungskosten mit gleichbleibenden (konstanten) Jahresabschreibungsbeträgen auf die Jahre der Nutzungsdauer. Um den Abschreibungsbetrag (a) zu errechnen, werden der Anfangswert (A) (= AK oder HK) und die Nutzungsdauer in Jahren (n) benötigt. Der durch Division von A durch n errechnete Betrag wird in jedem Jahr abgeschrieben.

$$a = \frac{A}{n}$$

Das gleiche Ergebnis erzielt man, indem man mit einem festen Prozentsatz (p) jährlich vom (ursprünglichen) Anfangswert abschreibt.

$$p = \frac{100}{n} \quad \text{eingesetzt in:} \quad a = \frac{p \times A}{100}$$

Wird noch ein Restwert (R), z. B. Schrotterlös, Verkaufserlös, berücksichtigt, so wird der Ausdruck A durch (A − R) ersetzt, z. B.

$$a = \frac{A - R}{n}$$

---

240 Bei rein betriebswirtschaftlicher Betrachtung ergibt sich in einzelnen Punkten eine andere Überlegung.

Ein möglicher Restwert ist jedoch um zukünftig anfallende Kosten (z. B. für Demontage) zu korrigieren. Da es sich bei diesen Werten um Zukunftswerte handelt, die sich schwer ermitteln lassen, wird man sie kaum berücksichtigen, es sei denn, dass der verbleibende Restwert außerordentlich hoch ist und nicht von Demontagekosten etc. aufgezehrt wird.

> **! Beispiel:**
>
> Anschaffungskosten einer Maschine: 15.000 Euro, voraussichtliche Nutzungsdauer 5 Jahre
>
> $$p = \frac{15.000}{5} \quad \text{oder} \quad p = \frac{1}{5} \times 100 = 20\,\%$$
>
> $$a = 3.000 \qquad\qquad a = \frac{20}{100} \times 15.000$$
>
> $$a = 3.000$$
>
> | | Abschreibungsbetrag | Restbuchwert |
> |---|---|---|
> | 1. Jahr | 3.000 | 12.000 |
> | 2. Jahr | 3.000 | 9.000 |
> | 3. Jahr | 3.000 | 6.000 |
> | 4. Jahr | 3.000 | 3.000 |
> | 5. Jahr | 3.000 | 0 |

5.2.4.1.2 Degressive Abschreibung

Merkmal der **degressiven Abschreibung** sind die im Verlauf der Nutzungsdauer fallenden Jahresabschreibungsbeträge. Dadurch wird erreicht, dass zu Beginn der Nutzungsdauer eine überproportionale Wertminderung ausgewiesen wird. Dies wird immer dann notwendig sein,[241] wenn eine Anlage zu Beginn des betrieblichen Einsatzes bereits ungewöhnlich stark genutzt wird oder eine Alterungsentwertung zu erwarten ist.[242] Da die Wahl von Nutzungsdauer und insbesondere Abschreibungsmethode ein wichtiges Instrument der Bilanzpolitik ist, wird oft allein deshalb der degressiven Abschreibung der Vorzug gegeben, um in den Vorteil einer Steuerverschiebung oder ggf. -kürzung zu kommen und/oder um die Innenfinanzierung des Unternehmens durch die Abschreibungen zu verbessern.

Grundsätzlich entspricht die degressive Abschreibung den Grundsätzen ordnungsmäßiger Buchführung, jedoch nur so lange, wie die Kurve der Restbuchwerte dem Verlauf der tatsächlichen Restwerte prinzipiell entspricht, d. h., dass zu Beginn der Nutzung keine übermäßig hohen Beträge abgeschrieben werden dürfen. Im Verhältnis zur linearen Abschreibung ist sie weder besser noch schlechter, solange beide

---

241 Vgl. hierzu die Einwände zur linearen Abschreibung.
242 Ein typisches Beispiel hierfür ist das Kraftfahrzeug.

Abschreibungsmethoden nur dann angewandt werden, wenn sie jeweils die voraussichtliche Wertminderung unter Nichtberücksichtigung extremer Einflüsse möglichst genau widerspiegeln.

Zur Errechnung der Abschreibungsbeträge gibt es drei Rechenmethoden:

1. die geometrisch-degressive Abschreibung,
2. die arithmetisch-degressive Abschreibung,
3. die degressive Abschreibung in Staffelsätzen.

Teilweise wird auch die Abschreibung in unregelmäßig fallenden Jahresbeträgen (Staffelsatzabschreibung) hierzu gezählt, genau genommen handelt es sich jedoch um steuerliche Sonderabschreibungen.

Bei der **geometrisch-degressiven Abschreibung** wird die Degression der Abschreibungsbeträge dadurch erreicht, dass mit einem festen Prozentsatz (p) vom Restbuchwert (RBW) der Vorperiode (i-1) abgeschrieben wird:

$$a_i = \frac{p}{100} \times RBW_{i-1} \quad \text{mit } i \in N \text{ und } i \in n$$

Beispiel: !

Anschaffungskosten einer Maschine: 15.000 Euro, Abschreibungsprozentsatz: 40 %

	Abschreibungsbetrag	Restbuchwert
1. Jahr	6.000	9.000
2. Jahr	3.600	5.400
3. Jahr	2.160	3.240
4. Jahr	1.296	1.944
5. Jahr	778	1.166
etc.		

Für die Periode i = 3 ist a somit:

$$a = \frac{40}{100} \times 5.400$$

$$a = 2.160$$

Ist der Restbuchwert nicht bekannt, so lässt sich der Abschreibungsbetrag für jedes Jahr nach folgender Formel errechnen:

$$a_i = \left[\left(1 - \frac{p}{100}\right)^{i-1} - \left(1 - \frac{p}{100}\right)^i\right] \times A$$

Die so errechnete degressive Abschreibung erreicht nie einen Restbuchwert = 0, da stets noch vom kleinsten Restbuchwert ein winziger Abschreibungsbetrag abgeht. Man kann sich hier helfen, indem man einen (Rest-)Wert einsetzt, auf den dann abgeschrieben wird. Die Höhe des Abschreibungsprozentsatzes hängt dann vorrangig vom Restwert sowie von der Nutzungsdauer ab. Insbesondere bei einer kurzen Nutzungsdauer wird man einen höheren Restwert wählen müssen, damit der Abschreibungsprozentsatz nicht Werte von über 60 % erreicht, denn das würde eine 60%ige Wertminderung im ersten Jahr bedeuten. Da dies i. d. R. völlig unrealistisch ist, entspricht ein derartiger Prozentsatz auch nicht mehr den Grundsätzen ordnungsmäßiger Buchführung.

Der Abschreibungsprozentsatz (p) errechnet sich bei Einfügung eines Restwerts (R) für eine Nutzungsdauer von n Jahren nach folgender Formel (d. h., die Anlage ist nach n Jahren auf den Restwert R abgeschrieben):

$$p = 100\left(1 - \sqrt[n]{\frac{R}{A}}\right)$$

! **Beispiel:**

Anschaffungskosten einer Maschine 15.000 Euro, Restwert 1.500 Euro, Nutzungsdauer 5 Jahre

$$p = 100\left(1 - \sqrt[5]{\frac{1.500}{15.000}}\right)$$

$$p = 100\left(1 - \sqrt[5]{0,1}\right)$$

$$p = 100\left(1 - 0,6309575\right)$$

$$p = 36,90425\,\%$$

	Abschreibungsbetrag	Restbuchwert
1. Jahr	5.535,64	9.464,36
2. Jahr	3.492,75	5.971,61
3. Jahr	2.203,78	3.767,83
4. Jahr	1.390,49	2.377,34
5. Jahr	877,34	1.500,00

Eine weitere Form der degressiven Abschreibung stellt die **arithmetisch-degressive Abschreibung** dar, die am häufigsten als digitale Abschreibung angewandt wird. Vorteil der arithmetisch-degressiven Abschreibung ist ihre etwas leichtere Handhabung, bedingt vor allem durch geringeren Rechenaufwand und die unmittelbare Abschreibung auf den Endwert 0. Die Abschreibungsbeträge verringern sich jährlich um den gleichen Wert, nämlich um den Degressionsbetrag (d), d. h., sie sind linear fallend.

Bei der **digitalen Abschreibung** errechnet man den Degressionsbetrag, indem der Anschaffungswert durch die Summe der Nutzungsjahre dividiert wird:

$$d = \frac{\text{Anschaffungskosten}}{\text{Summe der Nutzungsjahre}}$$

Unter Berücksichtigung der Summenformel der arithmetischen Reihe ergibt sich d:

$$d = \frac{A}{\frac{n(n+1)}{2}}$$

Der Abschreibungsbetrag für das i-te Jahr errechnet sich dann nach:

$$a_i = d(n-i+1)$$

Beispiel:

Anschaffungskosten einer Maschine 15.000 Euro, Nutzungsdauer 5 Jahre

$$d = \frac{15.000}{1+2+3+4+5} \quad \text{oder} \quad d = \frac{15.000}{\frac{5(5+1)}{2}}$$

$$d = \frac{15.000}{15} \qquad d = \frac{15.000}{15}$$

$$d = 1.000 \qquad d = 1.000$$

Ende des i-ten Jahres	Abschreibungsbetrag	Restbuchwert
	d x (n − i + 1)	
1. Jahr	1.000 x (5) = 5.000	10.000
2. Jahr	1.000 x (4) = 4.000	6.000
3. Jahr	1.000 x (3) = 3.000	3.000
4. Jahr	1.000 x (2) = 2.000	1.000
5. Jahr	1.000 x (1) = 1.000	0

Während bei dem Sonderfall der digitalen Abschreibung der Degressionsbetrag stets gleich dem letzten Abschreibungsbetrag ist, ergeben sich bei der normalen arithmetisch-degressiven Abschreibung unterschiedliche Werte. Für diese Abschreibungsart muss entweder die erste Abschreibung oder der Degressionsbetrag vorgewählt werden.

Im *ersten* Fall errechnet sich der Degressionsbetrag bei vorgegebener Erstabschreibung nach

$$d = \frac{2 \times (n \times a_i - A)}{n \times (n-1)}$$

Die Abschreibungsbeträge ergeben dann

$$a_i = a_{i-1} - d$$

> **! Beispiel:**
>
> Anschaffungskosten einer Maschine 15.000 Euro, Nutzungsdauer 5 Jahre, erster Abschreibungsbetrag 4.000 Euro
>
> $$d = \frac{2 \times (5 \times 4.000 - 15.000)}{5 \times (5-1)}$$
>
> $$d = \frac{2 \times (20.000 - 15.000)}{5 \times 4}$$
>
> $$d = \frac{10.000}{20}$$
>
> $$d = 500$$

Ende des i-ten Jahres	Abschreibungsbetrag	Restbuchwert
1. Jahr	4.000	11.000
2. Jahr	4.000 − 500 = 3.500	7.500
3. Jahr	3.500 − 500 = 3.000	4.500
4. Jahr	3.000 − 500 = 2.500	2.000
5. Jahr	2.500 − 500 = 2.000	0

Ist im *zweiten* Fall der Degressionsbetrag vorgegeben, so errechnet man die Höhe der ersten Abschreibung wie folgt:

$$a_1 = \frac{A}{n} + \frac{n-1}{2} \times d$$

Durch geeignete Wahl des Degressionsbetrags lässt sich mit dieser Formel sehr schnell jede gewünschte Stärke in der Degression erreichen.

Beipiel: !

Anschaffungskosten einer Maschine 15.000 Euro, Nutzungsdauer 5 Jahre, Degressionsbetrag 750 Euro

$$a_1 = \frac{15.000}{5} + \frac{5-1}{2} \times 750$$

$$a_1 = 3.000 + 2 \times 750$$

$$a_1 = 4.500$$

Ende des i-ten Jahres	Abschreibungsbetrag	Restbuchwert
1. Jahr	4.500	10.500
2. Jahr	4.500 − 750 = 3.750	6.750
3. Jahr	3.750 − 750 = 3.000	3.750
4. Jahr	3.000 − 750 = 2.250	1.500
5. Jahr	2.250 − 750 = 1.500	0

Eine seltener angewandte Methode der degressiven Abschreibung ist die Abschreibung in Staffelsätzen. Die **Staffelsatzabschreibung** stellt eine Reihung von linearen Abschreibungen dar, wobei für jede weitere Staffel (von Abschreibungsjahren) ein niedrigerer Abschreibungsprozentsatz vorgegeben wird, mit dem stets von den (ursprünglichen) Anschaffungs- oder Herstellungskosten abgeschrieben wird. Gesetzlich vorgeschrieben ist die Staffelsatzabschreibung nur für die *Steuerbilanz* bei bestimmten Gebäuden mit den in § 7 Abs. 5 EStG genannten Abschreibungssätzen. Jedoch ist eine freiwillige Anwendung einer Abschreibung in Staffelsätzen auch in anderen Handelsbilanz-Fällen möglich, in denen auch eine andere Form der degressiven Abschreibung zulässig ist.

Beipiel: !

Anschaffungskosten einer Maschine 15.000 Euro, Nutzungsdauer 5 Jahre, Abschreibung 25 % in den ersten beiden Jahren, danach je 16,66 %

Ende des i-ten Jahres	Abschreibungsbetrag	Restbuchwert
1. Jahr	3.750	11.250
2. Jahr	3.750	7.500
3. Jahr	2.500	5.000
4. Jahr	2.500	2.500
5. Jahr	2.500	0

5.2.4.1.3 Progressive Abschreibung

Die Voraussetzungen für eine **progressive Abschreibung** liegen in der Praxis nur sehr selten vor, meistens bei besonders langlebigen Wirtschaftsgütern und bei Wirtschaftsgütern, die erst nach einer Vorlaufzeit ihre volle Leistungsabgabe erreichen, oder in Fällen, in denen sich die Leistungsabgabe langfristig steigert. Es ist jedoch auch in derartigen Fällen zu prüfen, ob mit der progressiven Abschreibung gegen den Grundsatz der kaufmännischen Vorsicht verstoßen wird.

Die progressive Abschreibung kann geometrisch oder arithmetisch verlaufen. Am einfachsten ist die Umkehrung der degressiv-digitalen in die progressiv-digitale Abschreibung.

Die jährlichen Abschreibungen errechnen sich dann nach

$$a_i = d \times i$$

wenn mit d hier der Progressionsbetrag bezeichnet wird.

> **Beispiel:**
>
> Anschaffungskosten einer Maschine 15.000 Euro, Nutzungsdauer 5 Jahre
>
> | Ende des i-ten Jahres | Abschreibungsbetrag | Restbuchwert |
> |---|---|---:|
> | 1. Jahr | 1.000 x 1 = 1.000 | 14.000 |
> | 2. Jahr | 1.000 x 2 = 2.000 | 12.000 |
> | 3. Jahr | 1.000 x 3 = 3.000 | 9.000 |
> | 4. Jahr | 1.000 x 4 = 4.000 | 5.000 |
> | 5. Jahr | 1.000 x 5 = 5.000 | 0 |

5.2.4.1.4 Leistungsbezogene Abschreibung

Eine aus betriebswirtschaftlicher Sicht sehr genaue Abschreibungsmethode ist die **leistungsbezogene Abschreibung**[243] Während bei allen Methoden die Nutzungsdauer geschätzt werden muss, es sich also um *Zeitabschreibungen* handelt, wird für die *Leistungsabschreibung* das gesamte Leistungspotenzial des Gutes geschätzt, um die Abschreibungsbeträge nach den abgegebenen Leistungseinheiten festzustellen. Als Leistungseinheiten können Laufstunden, ausgebrachte Erzeugniseinheiten etc. angesetzt werden.

Die Methode der leistungsbezogenen Abschreibung entspricht voll den Grundsätzen ordnungsmäßiger Buchführung und dem Grundsatz der Planmäßigkeit, obwohl sich die jährlichen Abschreibungsbeträge nicht vorherbestimmen lassen, da der Grundsatz der Planmäßigkeit nur die Festlegung der Ausgangsdaten zu Beginn der Nutzungsdauer fordert. Bei der (steuerlichen) **Absetzung für Substanzverringerung**

---

243 Während die Zeitabschreibungen stets fixe Kosten liefern, können Leistungsabschreibungen auch zu proportionalen Kosten (bezüglich der Beschäftigung) führen.

(AfS) wird i. d. R. diese Methode angewandt, wobei das Leistungspotenzial durch das (inhaltlich identische) Ausbeutepotenzial ersetzt wird.

Wenn das gesamte Leistungspotenzial (L) geschätzt ist, bestimmt sich der jährliche Abschreibungsbetrag nach der in der Abschreibungsperiode abgegebenen Leistung (l):

$$a_i = \frac{A}{L} \times l_i$$

Man kann wahlweise auch nur den Abschreibungsbetrag pro Leistungseinheit ausrechnen

$$a_E = \frac{A}{L}$$

und braucht dann in jedem Jahr nur noch mit der abgegebenen Leistung zu multiplizieren.

Beispiel: !

Anschaffungskosten eines Kraftfahrzeugs 15.000 Euro, geschätzte Gesamtfahrleistung 100.000 km, tatsächliche Fahrleistung im 1. Jahr 19.000 km, im 2. Jahr 24.000 km, im 3. Jahr 21.000 km, im 4. Jahr 22.000 km, im 5. Jahr 12.000 km, im 6. Jahr 10.000 km.

$$a_1 = \frac{15.000}{100.000} \times 19.000 = 2.850 \text{ etc.}$$

Ende des i-ten Jahres	Abschreibungsbetrag	Restbuchwert
1. Jahr	2.850	2.850
2. Jahr	3.600	3.600
3. Jahr	3.150	3.150
4. Jahr	3.300	3.300
5. Jahr	1.800	1.800
6. Jahr*	300	300

* Im 6. Jahr können Abschreibungen nur noch auf 2.000 km berechnet werden, da andernfalls die Anschaffungskosten unzulässigerweise überschritten worden wären.

5.2.4.1.5 Kombination von Abschreibungsmethoden

Alle genannten Abschreibungsmethoden lassen sich miteinander kombinieren, wobei allerdings eine Kombination von mehr als zwei Methoden nicht zweckmäßig ist. Kombiniert werden kann parallel oder nacheinander.

Die **Parallel-Kombination** bietet sich immer dann an, wenn durch eine Abschreibungsmethode der tatsächliche Werteverzehr nicht ausreichend genau nachgezeichnet werden kann. Kombiniert werden in diesen Fällen meistens entweder die lineare

Methode mit einer anderen zeitbezogenen Methode oder die leistungsbezogene Abschreibung mit einer zeitbezogenen Methode.

Insbesondere die letztgenannte Kombination bietet sich an, um sowohl die Entwertung durch den Leistungsprozess als auch die zeitbezogene Entwertung durch Witterungseinflüsse etc. darzustellen. Rechentechnisch wird dazu der Anschaffungswert in zwei Teile gespalten, sodass dann jeder Teil nach einer Methode abgeschrieben wird. Der Abschreibungsbetrag wird jedoch in einer Summe ausgewiesen. Wegen des höheren Rechenaufwands wird die Parallel-Kombination in der Praxis sehr selten angewandt.

Häufiger findet man die Nacheinander-Kombination, wobei nach einer bestimmten Anzahl von Abschreibungsperioden von einer Methode zu einer anderen Methode gewechselt wird. Wichtigster Anwendungsfall ist der **Abschreibungsübergang** von der (geometrisch-)degressiven Abschreibung auf die lineare Abschreibung, um nach der festgelegten Nutzungsdauer einen Restbuchwert von 0 zu erreichen.

Als Übergangszeitpunkt wird i. d. R. jener Zeitpunkt festgelegt, von dem an die lineare Methode höhere Abschreibungsbeträge als die degressive Methode liefert. Dies ist dann der Fall, wenn für die Restnutzungsdauer gilt:

$$a_{lin} > a_{degr}$$

a_{degr} ist bekannt, a_{lin} errechnet sich als $\frac{1}{rn} \times 100$

wobei rn die Restnutzungsdauer ist. Es gilt also:

$$\frac{1}{rn} > \frac{P_{degr}}{100} \text{ oder Restnutzungsdauer } rn < \frac{100}{P_{degr}}$$

! **Beispiel:**

Eine Anlage mit einer Nutzungsdauer von 10 Jahren wird mit 25 % geometrisch-degressiv abgeschrieben. Wann ist auf die lineare Abschreibung überzugehen?

$$rn < \frac{100}{25}$$

$$rn < 4$$

Der Übergang erfolgt nach dem 6. Abschreibungsjahr.

Wird der Übergang zu einer anderen Abschreibungsmethode *zu Beginn* der Nutzungsdauer *festgelegt*, so ist der Übergang als Bestandteil des Abschreibungsplans anzusehen, der Grundsatz der Planmäßigkeit wird also gewahrt. Bei *späterer Entscheidung* für einen Übergang kann eine freiwillige oder eine notwendige Planänderung vorliegen. Eine derartige Änderung der Abschreibungsmethode ist im Anhang anzugeben (§ 284 Abs. 2 Nr. 2 HGB).

Für Aufwendungen, die in berechenbaren Zeitabständen oder Leistungsabschnitten anfallen, wie z. B.

- die Ausmauerung von Hochöfen,
- die Ausbaggerung von Häfen und Kanälen,
- die Durchführung von Schönheitsreparaturen in Wohnungen oder
- die Wartung von Flugzeugen,

soweit es sich dabei um Erhaltungsaufwendungen und nicht um Herstellungsaufwendungen handelt, durften vor Umsetzung des Bilanzrechtsmodernisierungsgesetzes (BilMoG) handelsrechtlich sog. **Großreparaturrückstellungen** gebildet werden. Diese Rückstellung entspricht dem Grundprinzip der kaufmännischen Buchführung, Aufwendungen und Erträge in der Periode ihrer Entstehung und nicht zum Zeitpunkt des korrelierenden Geldflusses zu erfassen (§ 252 Abs. 1 Nr. 5 HGB). Dieses Prinzip ist in der internationalen Rechnungslegung als *accrual principal* bzw. *accrual accounting* geläufig (IFRS: F 22, IAS 1.28). Eine derartige Rückstellung ist durch § 249 HGB nunmehr ausgeschlossen, sodass die entsprechenden Aufwendungen sowohl in der Handels- als auch der Steuerbilanz im Jahr ihres Anfalls anzusetzen sind.[244]

Beispiel: !

Ein Unternehmen erwirbt eine Maschine für 800.000 Euro. Um eine Nutzungsdauer von 10 Jahren zu erreichen, muss nach vier Jahren (am Ende des vierten Jahres) ein Motor für 120.000 Euro ausgetauscht werden (der dann die gesamte Restnutzungsdauer hält). Die Maschine wird linear abgeschrieben.

Da die Nutzung in den ersten vier Jahren zur Generalüberholung führt, durfte hierfür nach dem alten HGB eine Rückstellung ratierlich angesammelt werden:

HGB-neu	Abschreibung	Reparatur	Summe
1. Jahr	80.000		80.000
2. Jahr	80.000		80.000
3. Jahr	80.000		80.000
4. Jahr	80.000	120.000	200.000
5. Jahr	80.000		80.000
6. Jahr	80.000		80.000
7. Jahr	80.000		80.000
8. Jahr	80.000		80.000
9. Jahr	80.000		80.000
10. Jahr	80.000		80.000
Summe	800.000	120.000	920.000

---

244 Vgl. zu dieser Problematik Tanski (Rückstellungen) m. w. N.

Dieses Beispiel zeigt, dass seit dem BilMoG der gesamte Aufwand für den Ersatzmotor im Jahr der Generalüberholung zu zeigen ist. Gegen diese Lösung sprechen folgende Argumente:

- Der Aufwandausweis erfolgt jetzt zum Zeitpunkt des Geldflusses. Nach den Regeln der kaufmännischen Buchführung (*accrual accounting*) soll der Aufwand aber zum Zeitpunkt seiner wirtschaftlichen Verursachung gezeigt werden. Dieses Prinzip wird hier durchbrochen.
- In den Jahren 1 bis 3 wird ein zu hoher Gewinn gezeigt, da die Abnutzung des Motors mit einem zu geringen Betrag im Aufwand enthalten ist.
- Im vierten Jahr erfolgt dann die Umkehrung, da der in den Vorjahren entstandene Wertverzehr an dem Motor nun aperiodisch in einer einzigen Periode ausgewiesen wird. Dies widerspricht dem Verursachungsprinzip.

Die neue Lösung aufgrund des BilMoG führt also nicht mehr zu einer periodengerechten Abgrenzung von Aufwendungen, sondern weist Aufwendungen aus mehreren Perioden zufällig einer einzigen Periode zu. Damit wird ein Grundprinzip des HGB und generell der kaufmännischen Buchführung verletzt. Von einer sachgerechteren Information durch die neue HGB-Regelung kann deshalb nicht gesprochen werden, sondern es wird durch das BilMoG die Ertragslage nicht mehr zutreffend dargestellt, da für die Fortführung des Unternehmens erforderliche Aufwendungen nicht bzw. zu spät gezeigt werden.

Durch die verursachungsgerechte Periodisierung von Aufwendungen und Erträgen soll die Leistung eines Unternehmens in einer Periode sachgerecht dargestellt werden. Die schnellere Abnutzung des Motors im Verhältnis zur (Rest-) Maschine stellt einen Wertverzehr der jeweiligen Periode dar. Der Ersatzmotor wird zwar formal eingebaut, um mit der Maschine auch in Zukunft weiterarbeiten zu können. Jedoch ist die Maschine ohne den neuen Motor nicht mehr betriebsbereit und damit erheblich wertgemindert. Dies wird auch dadurch deutlich, dass ein gedachter Käufer dieser Maschine einen Kaufpreisabschlag in Höhe des verbrauchten Motorwerts machen würde.

Sehr früh hat deshalb schon der BFH festgestellt: »Der Aufwand muß an dem Verzehr gemessen werden, der bei dem Wirtschaftsgut eingetreten ist. Er zeigt sich zunächst in der Minderung der Nutzungsfähigkeit, deren Ausgleich die Abnutzungsabsetzungen dienen.«[245]

Dieser Grundüberlegung folgen die IFRS in unserem Beispiel mit dem **Komponentenansatz** (IAS 16.43).[246] Aufgrund dieses Ansatzes ist eine Anlage für Zwecke der Abschreibung (nicht für die generelle Bewertung) in ihre Komponenten zu zerlegen, wenn jede einzelne festgestellte Komponente einen bedeutsamen (*significant*) Wert-

---

245 BFH v. 15.2.1955, I 54/54 U, BStBl. 1955 III, S. 172.
246 Für Einzelheiten zum Komponentenansatz vgl. Engel-Ciric (Sachanlagevermögen); Tanski (Sachanlagen, München 2006), S. 56–61.

anteil an der Gesamtanlage (IAS 16.43 und 16.44) und eine unterschiedliche Nutzungsdauer (IAS 16.45) hat. Dies führt im Ergebnis dazu, dass eine präzisere Aufteilung der Wertminderungen auf die einzelnen Perioden erfolgt als bei einer einheitlichen Abschreibung der gesamten Anlage.

Beispiel (Fortsetzung)

Der Vermögenswert muss/kann nach dem sog. Komponentenansatz in eine »motorlose Maschine« und in einen Motor aufgeteilt werden (vgl. IAS 16.43 und 16.44 sowie IAS 16.9 und IAS 16.13). Die Maschine wird jährlich mit 68.000 Euro (680.000 / 10) abgeschrieben, der Motor jährlich mit 30.000 Euro (120.000 / 4). Nach Einbau des neuen Motors ist dieser dann jährlich mit 20.000 Euro (120.000 / 6) abzuschreiben.

IFRS	Abschreibung Maschine	Abschreibung Motor	Summe
1. Jahr	68.000	30.000	98.000
2. Jahr	68.000	30.000	98.000
3. Jahr	68.000	30.000	98.000
4. Jahr	68.000	30.000	98.000
5. Jahr	68.000	20.000	88.000
6. Jahr	68.000	20.000	88.000
7. Jahr	68.000	20.000	88.000
8. Jahr	68.000	20.000	88.000
9. Jahr	68.000	20.000	88.000
10. Jahr	68.000	20.000	88.000
Summe	680.000	240.000	920.000

Für das Institut der Wirtschaftsprüfer (IdW) war dies Anlass genug, nach Inkrafttreten des BilMoG in Windeseile eine neue Rechnungslegungsverlautbarung herauszubringen,[247] die an dieser Stelle die Wunde im HGB-Abschluss heilen soll. Danach soll zukünftig der (aus den IFRS bekannte) Komponentenansatz auch im HGB-Abschluss zulässig sein. Folgt man der Auffassung des IdW, wäre das betriebswirtschaftliche Erfordernis einer verursachungsgerechten Aufwandsverteilung erfüllt. Allerdings würde dann das in der Gesetzesbegründung zum Ausdruck gebrachte Aufwandsverteilungsverbot ins Leere laufen.[248]

Die Gesetzesbegründung ist aber nun einmal kein Gesetz. Das gesetzliche Passivierungsverbot für eine Rückstellung wird auch nach der IdW-Lösung eingehalten. Die Anwendung von zwei parallelen Abschreibungen für ein Wirtschaftsgut war zwar keine gebräuchliche Praxis in Deutschland, aber in der Literatur schon immer als eine

---

247 Institut der Wirtschaftsprüfer (IdW): Handelsrechtliche Zulässigkeit einer komponentenweisen planmäßigen Abschreibung von Sachanlagen (IDW RH HFA 1.016) v. 29.8.2009, in: FN 7/2009, S. 362–363.

248 Vgl. ergänzend Tanski (Bilanzrechtsmodernisierung) m. w. N.

Möglichkeit angesehen worden. Damit steht über den Komponentenansatz auch weiterhin die Möglichkeit einer verursachungsgerechten Aufwandsverteilung für die früheren Fälle einer Großreparaturrückstellung offen. Meines Erachtens kann der Komponentenansatz auch für die *Steuerbilanz* gewählt werden, wenn die Methodeneinschränkungen des § 7 Abs. 1 und 2 EStG eingehalten werden.

5.2.4.1.6 Geringwertige Wirtschaftsgüter

Es entspricht seit langer Zeit[249] den Grundsätzen ordnungsmäßiger Buchführung, **geringwertige Wirtschaftsgüter** (GWG) im Jahr des Zugangs voll abzuschreiben, um die anlagenmäßige Behandlung auch kleinster Sachanlagen (z. B. Bleistiftanspitzer) zu vermeiden. Wegen der Verknüpfung von Handels- und Steuerbilanz kann zur Bestimmung des Umfangs der geringwertigen Wirtschaftsgüter die steuerrechtliche Regelung auch für die Handelsbilanz herangezogen werden.

Diese **Sofortabschreibung** kann bei »kleinen GWG« für alle

- abnutzbaren,
- beweglichen und
- selbständig nutzbaren

Wirtschaftsgüter des Anlagevermögens in Anspruch genommen werden (Wahlrecht), deren Anschaffungs- oder Herstellungskosten nicht über 800 Euro liegen (§ 6 Abs. 2 EStG). Die **selbständige Nutzbarkeit**[250] des Wirtschaftsguts setzt voraus, dass das Gut unabhängig von einem anderen, spezifischen Gut einen Nutzen erzielen kann. Sofern das abzuschreibende Wirtschaftsgut AK oder HK über 250 Euro hat, ist es in ein besonderes, laufend zu führendes Verzeichnis mit Anschaffungstag und -wert aufzunehmen, es sei denn, dass sich die Angaben der Buchführung entnehmen lassen.

Für die Einordnung als geringwertiges Wirtschaftsgut kommt es nicht auf eine generalisierende Betrachtung bestimmter Arten von Wirtschaftsgütern nach der Verkehrsauffassung, sondern auf die konkrete betriebliche Zweckbestimmung in dem konkreten Betrieb an.[251]

Für die Höhe der Anschaffungs- oder Herstellungskosten ist dabei der **Nettowert** maßgebend, d. h., dass die abziehbare Vorsteuer (§ 9b Abs. 1 EStG) und mögliche Rabatte und Skonti nicht Bestandteil der Bemessungsgrundlage sind. Weitere Beträge, die zur Ermittlung des Grenzwerts abzuziehen sind:

---

249 Im Detail unterlagen die dazu ergangenen Regelungen immer wieder Änderungen, die hier vorgestellten Regelungen gelten für Jahresabschlüsse ab 2010.

250 Ist ein Wirtschaftsgut nicht selbständig nutzbar, so muss es zusammen mit jener Sachanlage aktiviert werden, mit der es genutzt wird.

251 BFH, Beschluss v. 9.5.2012, III B 198/11.

- übertragene Rücklagen gem. §§ 6b und 6c EStG,
- Investitionsabzugsbeträge gem. § 7g Abs. 2 EStG,
- übertragene Rücklage für Ersatzbeschaffung (R 6.6 EStR 2012),
- erhaltene, neutral zu behandelnde Zuschüsse.

Abgrenzung geringwertiger Wirtschaftsgüter !

In einem Unternehmen wird festgestellt, dass ein PC Oberflächendefekte der 2,5-TB-Festplatte aufweist. Bei einem Händler bestellt man deshalb eine Austauschplatte mit 3 TB Kapazität und für einen noch freien Schacht eine weitere 3-TB-Festplatte als Ergänzung. Außerdem wird eine mobile Externplatte mit USB-Anschluss und einer Kapazität von 2 TB bestellt. Der PC-Händler schickt eine Rechnung über

- 2 Festplatten zum Einbau zu je 260 Euro plus MwSt.
- 1 mobile Festplatte zu 280 Euro plus MwSt.
- ½ Tag Arbeit für Austausch und Einbau der Festplatten sowie Systemwartung 150 Euro plus MwSt.

Das Unternehmen ist an einem niedrigen Gewinnausweis interessiert und hat in diesem Jahr noch keine GWG gebucht.

Es ist wie folgt zu verfahren:

- Austauschfestplatte ist Reparatur eines PCs. Anteilige Kosten sind sofortiger Aufwand/Betriebsausgaben. Die Kapazitätserhöhung ist unbeachtlich, weil nicht wesentlich.
- Zusatzfestplatte ist keiner selbständigen Nutzung fähig und wird deshalb den Restbuchwert des PCs erhöhend aktiviert.
- Mobile Festplatte ist ein bewegliches Wirtschaftsgut mit selbständiger Nutzungsfähigkeit. Wird als »kleines« GWG aktiviert und danach sofort vollständig abgeschrieben (was die Bildung eines Sammelpostens für den Rest des Jahres ausschließt).
- Die Arbeitsstunden sind für verschiedene Tätigkeiten angefallen und dürfen daher als Gemeinkosten auch nicht anteilig aktiviert werden.

Liegen die Anschaffungs- oder Herstellungskosten dieser Güter über 250 Euro bis 1.000 Euro, so können diese auch als »große GWG« einem **Sammelposten** nach § 6 Abs. 2a EStG zugeführt werden.[252] Dieser Sammelposten wird bereits im Jahr seiner Bildung und in jedem Folgejahr mit 20 % abgeschrieben. Die individuelle Nutzungsdauer der im Sammelposten enthaltenen Güter bleibt unberücksichtigt; ebenso werden zwischenzeitliche Abgänge oder Wertminderungen einzelner Güter nicht erfasst.

Wurde ein Wirtschaftsgut mit AK/HK bis 1.000 Euro in den Sammelposten eingestellt, so muss er in eine Einzelbewertung überführt werden, wenn sich die AK/HK im Jahr der Investition auf über 1.000 Euro erhöhen. Entstehen die nachträglichen AK/HK dagegen erst in einem Wirtschaftsjahr, welches auf die ursprüngliche Einstellung in den Sammelposten folgt, so sind die nachträglichen AK/HK im Jahr ihrer Entstehung als Zugang zum Sammelposten zu erfassen. Wird im Jahr der nachträglichen AK/HK

---

252 Zwischen 250 Euro und 800 Euro besteht somit ein Wahlrecht zwischen Sofortabschreibung und Sammelpostenzuführung, welches explizit ausgeübt werden muss.

nur mit »kleinen« GwGs gearbeitet, so ist allein für die nachträglichen AK/HK ein Sammelposten für dieses Jahr zu bilden.[253]

!   **Sammelposten versus Sofortabschreibung**

Ein Unternehmen erwirbt im Laufe des Jahres 01 mehrere einzelne Büromöbel mit Einzelkaufpreisen unter 1.000 Euro und stellt diese in den Sammelposten nach § 6 Abs. 2a EStG ein, um die 13-jährige Büromöbelabschreibung zu vermeiden. Zum Ende des Jahres 01 wird weiterhin ein Laptop für netto 900 Euro zuzügl. MWSt erworben. Da sich dieser Laptop als zu leistungsschwach erweist, wird er in 02 für 500 Euro plus MWSt veräußert.

Der Laptop muss ebenfalls in den Sammelposten eingestellt werden, da Sammelposten und Sofortabschreibung innerhalb eines Jahres nicht gleichzeitig gebildet werden dürfen. Nur in Bezug auf den Laptop ist der Sammelposten jährlich (beginnend mit 01 bis einschließlich 05) um 180 Euro abzuschreiben. In 02 ist – ohne Beeinflussung des Sammelpostens – ein Abgangsertrag in Höhe von 500 Euro auszuweisen.

Besondere Voraussetzungen für die Ordnungsmäßigkeit der Buchführung bestehen für kleine GWG bis 250 Euro nicht. Bei großen GWG reicht die normale buchmäßige Darstellung des Sammelpostens aus. Lediglich für als GWG behandelte Güter über 250 Euro bis 800 Euro müssen Zugangsdatum und -wert aufgezeichnet werden.

!   **Beispiel:**

Ein Unternehmen erwirbt eine Funkwetterstation für 166,60 Euro und ein Geldzählgerät für 1.071 Euro (jeweils brutto inkl. 19 % MwSt.). Beide Teile dienen betrieblichen Zwecken und haben eine Nutzungsdauer von 8 Jahren. Das Unternehmen möchte wenig Gewinn zeigen.

Die Nettowerte der beiden Güter betragen 140 Euro bzw. 900 Euro.

Deshalb sind § 6 Abs. 2 EStG (Wetterstation) und § 6 Abs. 2a EStG (Geldzähler) einschlägig.

Es ist wie folgt zu buchen:

Wetterstation:

Sonstiger betriebl. Aufwand	140,00			
VSt	26,60			
		an	Bank	166,60

Geldzähler (im Sammelposten erfolgt eine schnellere Abschreibung als bei alternativer Einzelaktivierung):

Sammelposten	900,00			
VSt	171,00			
		an	Bank	1.071,00
Abschreibung	180,00			
		an	Sammelposten	180,00

---

253   BMF, Schreiben v. 30.9.2010, IV C 6 – S 2180/09/10001, Tz. 10.

Als Zeitpunkt der Inanspruchnahme gilt ausschließlich das Jahr des Zugangs (Jahr der Anschaffung oder Herstellung), die Bewertungsfreiheit muss stets voll durchgeführt werden, eine Verteilung auf zwei oder mehr Jahre oder eine Nachholung ist nicht zulässig.[254] Entscheidet sich der Bilanzierende dafür, einen Sammelposten zu bilden, so müssen in dem betreffenden Jahr alle Güter über 250 Euro bis einschließlich 1.000 Euro in diesen Sammelposten eingestellt werden (wirtschaftsjahrbezogenes Wahlrecht gem. § 6 Abs. 2a S. 5 EStG). Die Entscheidung über die Bildung eines Sammelpostens darf bis zu Beginn des Folgejahres aufgeschoben werden, um im Rahmen von Abschlussbuchungen durchgeführt zu werden. In den Sammelposten brauchen jene Güter nicht aufgenommen werden, die im Jahr ihres Zugangs auch wieder (z. B. wegen mangelnder Tauglichkeit) abgegangen sind.[255]

Praxisfall: Kein GWG

Seit dem 1. Januar 2020 besteht die Pflicht, dass jedes eingesetzte elektronische (Kassen-)Aufzeichnungssystem i. S. d. § 146a Abs. 1 S. 1 AO i. V. m. § 1 S. 1 KassenSichV sowie die damit zu führenden digitalen Aufzeichnungen durch eine zertifizierte **technische Sicherheitseinrichtung** (TSE) zu schützen sind. Die aus einem Sicherheitsmodul, einem Speichermedium und einer einheitlichen digitalen Schnittstelle bestehenden TSE werden in verschiedenen Ausführungen angeboten und sind nach Auffassung des BMF buchtechnisch wie folgt zu behandeln:

- Eine TSE stellt sowohl in Verbindung mit einem Konnektor als auch als USB-Stick, (micro)SD-Card u. Ä. ein **selbständiges Wirtschaftsgut** dar, das aber *nicht selbständig nutzbar* ist. Die Aufwendungen für die Anschaffung der TSE sind daher zu aktivieren und über die betriebsgewöhnliche Nutzungsdauer von drei Jahren abzuschreiben. Ein Sofortabzug als GWG nach § 6 Abs. 2 EStG oder die Bildung eines Sammelpostens nach § 6 Abs. 2a EStG scheiden mangels **selbständiger Nutzbarkeit** aus.
- Nur wenn die TSE direkt als Hardware fest eingebaut wird, geht ihre Eigenständigkeit als Wirtschaftsgut verloren. Die Aufwendungen sind als **nachträgliche Anschaffungskosten** des jeweiligen Wirtschaftsguts zu aktivieren, in das die TSE eingebaut wurde, und über dessen Restnutzungsdauer abzuschreiben. Für den Fall, dass die TSE in eine seit längerem genutzte Hardware eingebaut wird, stellt sich m. E. aber die Frage, ob es sich noch um nachträgliche Anschaffungskosten oder um eine **unwesentliche Verbesserung** handelt, sodass ein sofortiger Betriebsausgabenabzug als Erhaltungsaufwand angezeigt wäre.
- Laufende Entgelte, die für sog. Cloud-Lösungen zu entrichten sind, sind regelmäßig sofort als Betriebsausgaben abziehbar.

Aus Vereinfachungsgründen wird es von der Finanzverwaltung allerdings nicht beanstandet, wenn die Kosten für die nachträgliche erstmalige Ausrüstung bestehender Kassen oder Kassensysteme mit einer TSE und die Kosten für die erstmalige Implementierung der einheitlichen digitalen Schnittstelle eines bestehenden elektronischen Aufzeichnungssystems in voller Höhe sofort als Betriebsausgaben abgezogen werden.[256]

---

254 R 6.13 Abs. 4 EStR 2012.
255 BMF, Schreiben v. 30.9.2010, IV C 6 – S 2180/ 09/10001, Rz. 10.
256 BMF, Schreiben v. 21.8.2020, IV A 4 – S 0316-a/19/10006 (DOK 2020/0834574).

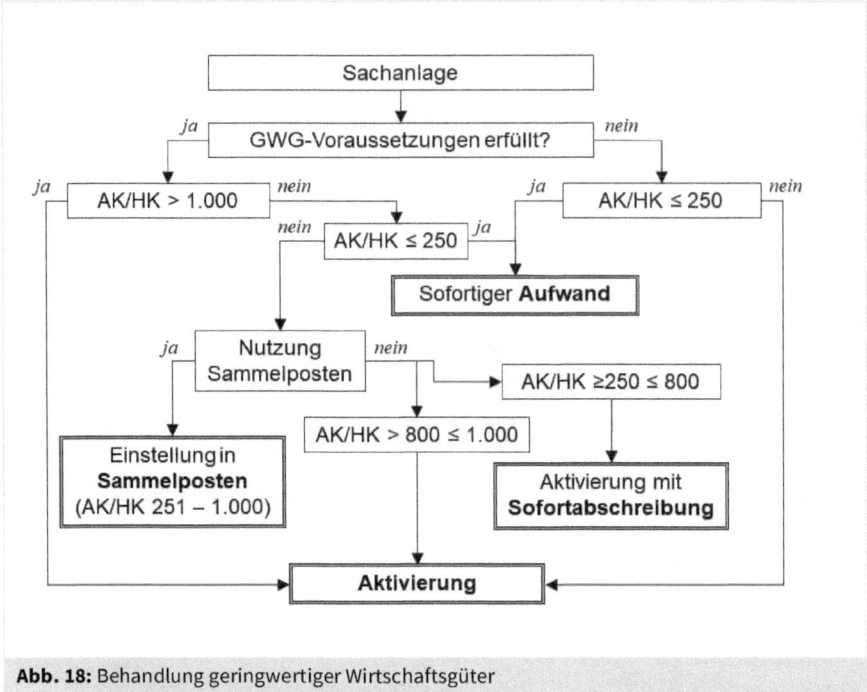

Abb. 18: Behandlung geringwertiger Wirtschaftsgüter

Buchtechnisch ist wie folgt zu verfahren:[257]

- *Geringfügige* Wirtschaftsgüter (bis 250 Euro) dürfen unmittelbar auf einem Aufwandskonto erfasst werden (§ 6 Abs. 2a S. 4 EStG). Obwohl diese Regelung nur im Zusammenhang mit dem Sammelposten steht, ist gegen eine Anwendung auch bei kleinen geringwertigen Wirtschaftsgütern m. E. nichts einzuwenden.
- »Kleine« *geringwertige* Wirtschaftsgüter (bis 800 Euro) werden zunächst aktiviert und im selben Geschäftsjahr abgeschrieben (**Sofortabschreibung**) mit Ausweis im Anlagenspiegel. Die Nachholung einer unterlassenen Sofortabschreibung im Folgejahr ist nicht zulässig.
- »Große« *geringwertige* Wirtschaftsgüter (über 250 Euro bis 1.000 Euro) werden im Sammelposten zusammenfassend aktiviert und im Anlagenspiegel gezeigt. Der Sammelposten wird dann wie ein einheitliches Wirtschaftsgut abgeschrieben; eine inventarmäßige Erfassung der im Sammelposten enthaltenen Wirtschaftsgüter ist nicht erforderlich. Innerhalb eines Jahres muss das Wahlrecht zur Bildung eines Sammelpostens für alle betroffenen Wirtschaftsgüter einheitlich ausgeübt werden; es können also innerhalb eines Jahres kleine und große GWG nicht parallel erfasst werden.[258]

---

257 Für weitere Beispiele siehe BMF, Schreiben v. 30.9.2010, IV C 6 – S 2180/ 09/10001.
258 Hat ein Unternehmen kleine GWG der Sofortabschreibung unterworfen, müssen die GWG über 800 Euro bis 1.000 Euro einzeln aktiviert und abgeschrieben werden.

- Für alle genannten Wirtschaftsgüter ist alternativ auch eine Einzelaktivierung mit planmäßiger Abschreibung auf die Nutzungsdauer zulässig. Für geringfügige Wirtschaftsgüter ist dies in der Praxis jedoch regelmäßig nicht sinnvoll.

5.2.4.1.7 Nachträgliche Herstellungskosten

Werden für ein Wirtschaftsgut **nachträgliche Herstellungskosten** aufgewandt, so bemessen sich die weiteren Abschreibungen nach der Summe von Restbuchwert und nachträglichen Herstellungskosten.[259] Wird die Restnutzungsdauer durch die nachträglichen Herstellungskosten verlängert, so sind die Abschreibungen auf die neue Restnutzungsdauer zu verteilen. Bei geometrisch-degressiver Abschreibung wird der ursprüngliche Prozentsatz oft beibehalten.

Beispiel: !

Ein Wirtschaftsgut mit Herstellungskosten von 10.000 Euro wird linear auf 5 Jahre abgeschrieben, nach dem 3. Jahr entstehen nachträgliche Herstellungskosten von 5.000 Euro, die neue Gesamtnutzungsdauer beträgt nun 7 Jahre

Restbuchwert nach dem 3. Jahr:	4.000 EUR
nachträgliche HK	5.000 EUR
neue Abschreibungsbasis	9.000 EUR
jährliche Abschreibung für das 4. bis 7. Jahr	2.250 EUR

5.2.4.1.8 Zeitpunkt der Abschreibung

Die Abschreibung muss für jedes Jahr, in dem das Wirtschaftsgut im Unternehmen genutzt wird, gem. dem Abschreibungsplan vorgenommen werden. Probleme ergeben sich höchstens bei Beginn und Beendigung der betrieblichen Nutzung.

Ist der Zeitpunkt des **Zugangs** mit dem Zeitpunkt des Nutzungsbeginns gleich, was der Regelfall ist, so wird die Abschreibung anteilig (*pro rata temporis*) für das restliche Jahr vorgenommen. Während früher auch eine tagesgenaue Abschreibung korrekt war, ist für die Steuerbilanz vorgeschrieben, dass die unterjährige Berechnung monatsgenau zu erfolgen hat, wobei der Zugangsmonat unabhängig vom Zugangstag immer voll abgeschrieben wird (§ 7 Abs. 1 S. 4 EStG). Für die *Handelsbilanz* kann problemlos entsprechend verfahren werden.

In einigen Fällen kann jedoch der Beginn der Nutzung deutlich nach dem Zugang des Wirtschaftsguts liegen. Dann liegt der Zeitpunkt des Abschreibungsbeginns auf dem Zeitpunkt des Nutzungsbeginns. Tritt aber bereits eine Entwertung am ruhenden Wirtschaftsgut auf, so wird auch für den Zeitraum der Nichtnutzung eine (geringere)

---

259 R 7.3 Abs. 5 EStR 2012.

planmäßige Abschreibung vorgenommen und ggf. um außerplanmäßige Abschreibungen ergänzt.

In der steuerlichen Rechtsprechung geht man jedoch teilweise einen anderen Weg. So soll es für die AfA nach § 7 EStG nur darauf ankommen, dass das betreffende Wirtschaftsgut angeschafft oder hergestellt worden ist und zur Verwendung oder Nutzung im Zusammenhang mit der Erzielung von Einkünften bestimmt ist. Eine Ingebrauchnahme zu einem späteren Zeitpunkt ist danach – bei hinreichendem Zusammenhang zwischen Anschaffung/Herstellung und einkommensteuerrechtlich erheblicher Verwendung – unschädlich,[260] sodass der Abschreibungsbeginn auch vor der Inbetriebnahme liegen kann.[261]

In der Periode des **Abgangs** erfolgt ebenfalls eine zeitanteilige Abschreibung in planmäßiger Höhe. Auch hier kann wie beim Zugang die Regel angewandt werden, dass bereits ein Tag der Zugehörigkeit zum Anlagevermögen eine volle Monatsabschreibung auslöst.

! Beispiel:

Ein Wirtschaftsgut mit Herstellungskosten von 120.000 Euro wird linear auf 5 Jahre abgeschrieben. Ende August des 4. Jahres wird dieses Gut für 50.000 Euro verkauft.

Restbuchwert nach dem 3. Jahr:	48.000 EUR
4. Jahr: Abschreibung für 8 Monate	– 16.000 EUR
Restbuchwert zum Abgangszeitpunkt	32.000 EUR
Verkaufserlös	50.000 EUR
Ertrag aus Anlagenabgang	18.000 EUR

Ist ein Vermögensgegenstand vollständig abgeschrieben, aber noch im Betrieb (z. B. weil er noch in der Leistungserstellung eingesetzt wird), so bleibt dieser Gegenstand i. d. R. mit dem **Erinnerungswert** von einem Euro auf dem Anlagenkonto stehen. Dieser eine Euro hat eine *Erinnerungsfunktion*, die insbesondere den Abgleich zwischen dem Inventar (Ist-Bestand) und den Konten (Soll-Bestand) erleichtert oder sogar ermöglicht. Wird diese Erinnerungsfunktion auf andere Weise sichergestellt (z. B. durch einen »Merker« in der Anlagenbuchhaltung/-kartei), so ist der Erinnerungswert selbstverständlich entbehrlich.

---

260 BFH, Urteil v. 11.1.2005, IX R 15/03, BStBl. 2005 II, S. 477; vgl. auch R 7.4 Abs. 1 EStR 2012.
261 BFH v. 1.12.2012, I R 57/10.

5.2.4.1.9 Steuerliche Abschreibungsnormen

Für die steuerliche Abschreibung gilt grundsätzlich das bereits zur handelsrechtlichen Abschreibung Gesagte.[262] In einigen Bereichen erfahren die steuerlichen Abschreibungsmöglichkeiten jedoch einige Einschränkungen bzw. unterliegen besonderen Anforderungen, die nachfolgend dargestellt werden. Darüber hinaus ist für das Steuerrecht eine leicht abweichende Terminologie zu beachten.

Steuerrechtlich werden folgende grundlegende **Absetzungsverfahren** (Abschreibungsverfahren) gem. § 7 EStG anerkannt:

1. Absetzung für Abnutzung (AfA) in gleichen Jahresbeträgen (lineare AfA) gem. § 7 Abs. 1 S. 1 EStG
2. Absetzung für Abnutzung (AfA) nach Maßgabe der Leistung (leistungsbezogene AfA) gem. § 7 Abs. 1 S. 6 EStG
3. Absetzung für außergewöhnliche technische oder wirtschaftliche Abnutzung (AfaA) gem. § 7 Abs. 1 S. 7 EStG[263]
4. Absetzung für Abnutzung in fallenden Jahresbeträgen (degressive AfA) gem. § 7 Abs. 2 EStG mit erheblichen zeitlichen Anwendungsrestriktionen
5. Kombinierte Absetzung für Abnutzung gem. § 7 Abs. 3 EStG
6. Lineare AfA bei Gebäuden gem. § 7 Abs. 4 EStG i. V. m. § 11c EStDV
7. Degressive AfA bei Gebäuden gem. § 7 Abs. 5 EStG i. V. m. § 11c EStDV
8. Absetzung für Substanzverringerung (AfS) gem. § 7 Abs. 6 EStG

Grundsätzlich müssen für alle Wirtschaftsgüter Absetzungen vorgenommen werden, die der Abnutzung oder Substanzminderung unterliegen und die länger als ein Jahr im Unternehmen verwendet oder genutzt werden; weiterhin müssen die Wirtschaftsgüter dazu dienen, Einnahmen aus einer der sieben Einkunftsarten (§ 7 Abs. 1 S. 1 EStG i. V. m. § 2 Abs. 1 EStG) zu erzielen, auf die Art der Gewinnermittlung kommt es dabei nicht an.

Zur Vornahme der Absetzungen ist stets der wirtschaftliche Eigentümer berechtigt. Absetzungen nachzuholen, ist grundsätzlich zulässig; dazu ist der Restbuchwert auf die Restnutzungsdauer zu verteilen. Wird jedoch die Absetzung willkürlich bzw. willentlich unterlassen (z. B. um Steuervorteile zu erlangen), so ist eine Nachholung in späteren Jahren ausgeschlossen[264] (Nachholverbot).

Als **Bemessungsgrundlage** für die Absetzung für Abnutzung sind die nach steuerlichen Kriterien ermittelten Anschaffungs- oder Herstellungskosten anzusetzen. Nach Umsetzung des Bilanzrechtsmodernisierungsgesetzes und der Pflicht, die Herstel-

---

262 Ergibt sich aus dem Maßgeblichkeitsprinzip, weshalb steuerliche Absetzungen nicht höher als handelsrechtliche Abschreibungen sein dürfen.
263 Hierbei handelt es sich um eine außerplanmäßige Abschreibung.
264 H 7.4 EStH 2015.

lungskosten zu Vollkosten zu bewerten, werden sich in der Praxis jedoch kaum noch Unterschiede zeigen.

Bei im Rahmen von Überschusseinkunftsarten genutzten Wirtschaftsgütern, die aus einem Privatvermögen in ein Betriebsvermögen eingelegt wurden, ist Bemessungsgrundlage für die AfA die Differenz zwischen dem Einlagewert (Teilwert) und den vor der **Einlage** bei den Überschusseinkunftsarten bereits in Anspruch genommenen planmäßigen und außerplanmäßigen Absetzungen.[265]

Die Anschaffungs- oder Herstellungskosten sind nach der betriebsgewöhnlichen **Nutzungsdauer** zu verteilen, i. d. R. wird diese mit der nach Handelsrecht festgesetzten Nutzungsdauer übereinstimmen, es sei denn, dass zwingende steuerrechtliche Normen dem entgegenstehen. Als betriebsgewöhnliche Nutzungsdauer wird regelmäßig der Zeitraum verstanden, in dem das Wirtschaftsgut dem Unternehmen einen wirtschaftlichen Nutzen erbringt.

Da für die Bestimmung der betriebsgewöhnlichen Nutzungsdauer eine objektive Einschätzung maßgebend ist, hat der BMF amtliche **AfA-Tabellen** herausgegeben, die für die Nutzungsdauer eine Vermutung aufstellen. Die AfA-Tabellen des BMF haben für das Finanzamt den Charakter einer Dienstanweisung[266]. Für den Steuerpflichtigen handelt es sich um ein Angebot der Verwaltung für eine tatsächliche Verständigung im Rahmen einer Schätzung, das er (z. B. durch die Anwendung der Tabellen bei der Berechnung seiner Einkünfte) annehmen kann, aber nicht annehmen muss; solange die AfA-Tabelle die Nutzungsdauer eines Wirtschaftsguts im Einzelfall vertretbar abbildet, ist aber die Finanzverwaltung an die Erfahrungswerte der Tabelle im Rahmen einer tatsächlichen Verständigung gebunden.[267]

In begründeten Fällen ist ein Abweichen von den Tabellen möglich, wenn ein entsprechender Nachweis erbracht wird. Dies wird immer dann der Fall sein, wenn in der Vergangenheit die unternehmensindividuelle Nutzungsdauer stets kürzer war. Die Abschreibungsmethode wird nicht durch die AfA-Tabellen bestimmt.

Im **Mehrschichtbetrieb** sind die auf den Einschichtbetrieb bezogenen Werte der AfA-Tabellen anzupassen. In diesem Fall geht man von einer um 20 % verkürzten Nutzungsdauer bei Zweischichtbetrieb und von einer 33-1/3-%-igen Kürzung bei Dreischichtbetrieb aus.

---

265 BFH, Urteil v. 28.10.2009, VIII R 46/07, BFH/NV 2010, S. 977.
266 Entsprechendes gilt für Steuerrichtlinien.
267 Niedersächsisches FG, Urteil v. 09.07.2014, 9 K 98/14 (nrk.)

Die Berücksichtigung eines **Schrottwerts** ist steuerlich nur zulässig, wenn dieser im Verhältnis zu den Anschaffungs- oder Herstellungskosten erheblich ist.[268]

Die **lineare Abschreibungsmethode** ist als Universalmethode grundsätzlich als Absetzungsverfahren für alle Wirtschaftsgüter zulässig. Bei Einkünften gem. § 2 Abs. 1 Ziffer 4–7 EStG ist sie allein zulässig. Ein Wechsel von der linearen zur degressiven Methode ist nicht erlaubt, es können aber ggf. zusätzlich Absetzungen für außergewöhnliche Abnutzung vorgenommen werden.

Die **leistungsbezogene Abschreibung** ist steuerlich stets dann zulässig, wenn diese Methode wirtschaftlich begründet ist und die verbrauchten Leistungseinheiten pro Jahr nachgewiesen werden können. Für die wirtschaftliche Begründung reicht der Hinweis auf einen erfahrungsgemäß stark schwankenden Werteverzehr aus, die verbrauchten Einheiten müssen durch eine geeignete Erfassung (z. B. Stunden- oder Kilometerzähler) nachweisbar sein.

Der Anwendungsbereich der leistungsbezogenen Abschreibung ist jedoch auf bewegliche Wirtschaftsgüter des Anlagevermögens eingeschränkt. Zu den beweglichen Wirtschaftsgütern gehören Maschinen, maschinelle Anlagen, Werkzeuge, Einrichtungsgegenstände und Betriebsvorrichtungen. Schiffe, auch wenn sie im Schiffsregister eingetragen sind, zählen ebenfalls zu den beweglichen Wirtschaftsgütern. Nicht dazu zählen immaterielle Wirtschaftsgüter, da zu den beweglichen Gütern nur Sachen im Sinn von körperlichen Gegenständen rechnen (§ 90 BGB).

Betriebsvorrichtungen zählen auch dann zu den beweglichen Wirtschaftsgütern, wenn es sich um selbständige Gebäudebestandteile handelt, wie z. B. um Kühleinrichtungen, Hebebühnen etc. Für die Abgrenzung zu den Betriebsgrundstücken gelten die allgemeinen Grundsätze des Bewertungsrechts. Wirtschaftsgüter, die nur für vorübergehende Zwecke in ein Gebäude eingefügt wurden, zählen ebenso zu den beweglichen Wirtschaftsgütern wie Ladenein- und -umbauten (§ 95 Abs. 2 BGB).

Praxisfall: !

Der Aufzug in einer Bäckerei, dessen Hauptzweck darin besteht, die für die Herstellung der Backwaren benötigten Materialien zu den verschiedenen Produktionsebenen zu befördern, stellt eine Betriebsvorrichtung dar. Dass der Aufzug auch zur Personenbeförderung genutzt werden kann und tatsächlich auch genutzt wird, steht seiner Qualifizierung als Betriebsvorrichtung nicht entgegen.[269]

Für die **degressive Abschreibung** ist steuerlich die geometrisch-degressive Abschreibung zugelassen, soweit es sich um bewegliche Wirtschaftsgüter handelt. Allerdings

---

268 BFH, Urteil v. 22.7.1971, IV R 74/66, BStBl. 1971 II, S. 800.
269 BFH, Urteil v. 28.02.2013, III R 35/12, BFH/NV 2013, S. 1193.

unterliegt diese Abschreibungsmethode seit einiger Zeit wechselnden Restriktionen hinsichtlich der Abschreibungshöhe und den Anwendungsperioden. So ist eine degressive Abschreibung nur zulässig bei beweglichen Wirtschaftsgütern des Anlagevermögens, die nach dem 31. Dezember 2008 und vor dem 1. Januar 2011 oder nach dem 31. Dezember 2019 und vor dem 1. Januar 2022[270] angeschafft oder hergestellt wurden. Die Höhe des Abschreibungssatzes ist gedeckelt auf das 2,5-Fache des linearen Satzes und auf 25 % (§ 7 Abs. 2 EStG).

Ein Wechsel der AfA-Methode ist zulässig, wenn von einer degressiven Methode zur linearen Methode übergegangen wird. Ein Wechsel von der linearen zur degressiven Methode oder zwischen zwei Arten der degressiven AfA ist nicht zulässig (§ 7 Abs. 3 EStG).

Die Anwendung einer **progressiven Abschreibung** wird durch § 7 EStG indirekt ausgeschlossen.

Gebäude sind gem. § 7 Abs. 4 S. 1 Nr. 1 EStG linear mit 3 % abzuschreiben, soweit sie zu einem Betriebsvermögen gehören und nicht Wohnzwecken dienen und für die der Antrag auf Baugenehmigung nach dem 31.3.1985 gestellt worden ist. Bei Gebäuden, bei denen diese Voraussetzungen nicht zutreffen, beträgt gem. § 7 Abs. 4 S. 1 Nr. 2 EStG der lineare Abschreibungssatz 2 % (bei Fertigstellung nach dem 31.12.1924) bzw. 2,5 % (bei Fertigstellung vor dem 1.1.1925). Höhere Abschreibungssätze (= kürzere Abschreibungsdauern) sind gem. § 7 Abs. 4 S. 2 EStG nur zulässig, wenn die tatsächliche Nutzungsdauer kürzer ist oder gesetzlich eine kürzere Nutzungsdauer vorgegeben ist. Da es sich bei der Vorgabe dieser Abschreibungssätze um eine zulässige **Typisierung**[271] handelt, sind niedrigere Abschreibungssätze (= längere Abschreibungsdauern) unzulässig.[272]

Die **Staffelsatzabschreibung** (degressive Abschreibung in fallenden Abschreibungssätzen) **für Gebäude** gem. § 7 Abs. 5 EStG ist seit 2006 auslaufendes Recht. Für ältere Gebäude wird diese Abschreibung jedoch weiterhin gewährt. Ein Wechsel von der in Anspruch genommenen degressiven AfA gemäß § 7 Abs. 5 EStG zur AfA nach der tatsächlichen Nutzungsdauer gemäß § 7 Abs. 4 S. 2 EStG ist nicht möglich.[273]

Absetzungen für Substanzverringerung (AfS gem. § 7 Abs. 6 EStG, § 11d EStDV) werden in Anlehnung an die leistungsbezogene Abschreibung berechnet, d. h., dass an die Stelle von Leistungseinheiten (z. B. bei einem LKW die im Jahr gefahrenen Kilometer in Bezug auf die geschätzte Gesamtfahrleistung) bei einem Bodenschatz Mengeneinheiten (z. B. die im Jahr geförderten/abgebauten Tonnen in Bezug zum

---

270 Die Erleichterung für die Jahre 2020 und 2021 wurde durch das zweite Corona-Steuerhilfegesetz eingefügt.
271 Zur Zulässigkeit einer Typisierung vgl. BVerfG, Beschluss v. 15.2.2016, 1 BvL 8/12, DStR 2016, S. 862.
272 BFH, Beschluss v. 28.5.2019, XI B 2/19, BFH/NV 2020, S. 561.
273 BFH, Urteil v. 29.05.2018, IX R 33/16, BFH/NV 2018, S. 1019.

geschätzten Volumen des Bodenschatzes) treten. Die Absetzungen errechnen sich nach dem tatsächlichen Substanzverzehr und können beim Grundstückseigentümer auch dann vorgenommen werden, wenn das Grundstück zwecks Ausbeutung verpachtet wird.

Voraussetzung für eine AfS ist das Vorliegen von Anschaffungskosten, sodass bei einem auf dem eigenen Betriebsgrundstück entdeckten Bodenschatz mangels dafür aufgewandter Anschaffungskosten keine AfS zulässig ist. Bei einer Übertragung eines im Privatvermögen entdeckten Bodenschatzes eines Gesellschafters einer Personengesellschaft in die Personengesellschaft sind Anschaffungskosten (und damit die Möglichkeit einer AfS) nur bei einem entgeltlichen Erwerb des Bodenschatzes gegeben, nicht jedoch bei einer unentgeltlichen Einlage.[274]

5.2.4.2 Die außerplanmäßige Abschreibung

In den Fällen, in denen die planmäßige Abschreibung nicht dem tatsächlichen Werteverzehr nachkommt oder in denen keine planmäßige Abschreibung vorgenommen wird, kann oder muss eine **außerplanmäßige Abschreibung** erfolgen, wenn dies zum Ausweis des korrekten Werts erforderlich ist.

Die Notwendigkeit einer außerplanmäßigen Abschreibung wird regelmäßig dann gegeben sein, wenn entweder eine Entwertung durch Alterung oder eine Entwertung durch Risikoeintritt eintritt, und diese Ursache nicht oder nicht ausreichend in den planmäßigen Abschreibungen berücksichtigt wurde, was wegen der meist sehr hohen Zufallsabhängigkeit auch kaum möglich ist.

Nach §§ 253 Abs. 3 S. 3 HGB müssen außerplanmäßige Abschreibungen bei allen Gegenständen des Anlagevermögens vorgenommen werden, um die Gegenstände mit dem niedrigeren Wert, der ihnen am Abschlussstichtag beizulegen ist (**beizulegender Wert**), anzusetzen. Die Wertminderung muss dabei voraussichtlich von Dauer sein. Daraus folgt, dass

- bei einer nur vorübergehenden Wertminderung ein Abschreibungsverbot besteht, womit Wertschwankungen vermieden werden sollen, und
- die Dauerhaftigkeit der Wertminderung nur voraussichtlich – also nach sachgerechter Einschätzung – bestehen muss.

Die bis 2009 zulässigen »Abschreibungen nach vernünftiger kaufmännischer Beurteilung« und »Abschreibungen aufgrund steuerrechtlicher Vorschriften« sind durch das Bilanzrechtsmodernisierungsgesetz (BilMoG) entfallen.

---

274 BFH, Urteil v. 04.02.2016, IV R 46/12, BFH/NV 2016, S. 818.

5.2.4.2.1 Abschreibung auf den beizulegenden Wert und AfaA

Wie der **beizulegende Wert** gem. § 253 Abs. 3 S. 3 HGB zu ermitteln ist, wird im Handelsgesetzbuch nicht geregelt, die Ermittlung ist daher mit einigen Problemen bzw. Ermes-
sensentscheidungen verbunden. Eindeutig ist, dass der Wert niedriger als ein zweiter
Vergleichswert sein muss. Dieser Vergleichswert findet sich beim nicht abnutzbaren Anlagevermögen in den Anschaffungs- oder Herstellungskosten, beim abnutzbaren Anlagevermögen in den um die planmäßigen Abschreibungen verringerten Anschaffungs- oder
Herstellungskosten (fortgeführte AK oder HK), also jeweils im Restbuchwert. Daraus lässt
sich sofort ableiten, dass bei zwei alternativen Werten, von denen einer der eben genannte Vergleichswert sein muss, der niedrigere Wert anzusetzen ist (**Niederstwertprinzip**).[275]

Die *Gründe* für das Auftreten eines niedrigeren Werts lassen sich im Wesentlichen aus
den Entwertungsursachen Entwertung durch Alterung und Entwertung durch Risikoeintritt erklären. Im Einzelnen setzt dies voraus, dass das Wirtschaftsgut für das Unternehmen nach dem Entwertungseintritt einen geringeren Wert besitzt, was sich in
einer insgesamt geringeren zukünftigen Nutzungsmöglichkeit – geringere Leistungsabgabe oder kürzere Nutzungsdauer – für das bilanzierende Unternehmen auswirkt.
Eine evtl. bessere Nutzungsmöglichkeit in einem anderen Unternehmen ist dabei
unerheblich, da das Anlagegut für den dauernden Gebrauch im Unternehmen bestimmt ist.

Auch bei gesunkenem Wiederbeschaffungswert kommt eine außerplanmäßige Abschreibung in Betracht, dieser Abschreibungsgrund wird jedoch meist mit dem Grund
der Entwertung durch Alterung übereinstimmen.[276] Der Einzelveräußerungswert und
der Ertragswert werden nur in Ausnahmefällen (so kann der Einzelveräußerungswert
z. B. bei kurz vor der Veräußerung stehenden Gütern maßgebend sein) als beizulegender Wert gelten.

Der um die außerplanmäßigen Abschreibungen gekürzte Buchwert stellt die Ausgangsbasis für die weitere planmäßige Abschreibung entweder auf die ursprüngliche Restnutzungsdauer oder auf eine verkürzte Restnutzungsdauer dar.

Nach § 253 Abs. 3 S. 3 HGB muss die außerplanmäßige Abschreibung vorgenommen
werden bei einer *voraussichtlich dauernden* Wertminderung (**strenges Niederstwertprinzip**). Es kommt hier wesentlich darauf an, dass die Wertminderung tatsächlich von erheblicher Dauer sein wird und dass diese Wertminderung nicht in nächster
Zeit auch von der planmäßigen Abschreibung berücksichtigt wird.

---

275 Hier zeigt sich auch, dass das Niederstwertprinzip Ausfluss des Realisationsprinzips ist, da
     ein über den AK oder HK liegender (nicht realisierter) Wert nicht ausgewiesen werden darf.
276 Nichtübereinstimmung meist nur beim nicht abnutzbaren Anlagevermögen.

Bei nur vorübergehender Wertminderung von **Finanzanlagen** (z. B. Kursschwankungen bei Wertpapieren) besteht ein Abschreibungswahlrecht (§ 253 Abs. 3 S. 4 HGB). Zumindest für Gruppen von Finanzanlagen ist dieses Wahlrecht **stetig** auszuüben (§ 252 Abs. 1 Nr. 6 HGB).

Für *andere Güter* als Finanzanlagen ist eine außerplanmäßige Abschreibung bei nur vorübergehender (voraussichtlich nicht dauernder) Wertminderung unzulässig.

Für Kapitalgesellschaften gelten die allgemeinen Regeln. Die bis 2009 geltenden Abweichungen wurden durch das Bilanzrechtsmodernisierungsgesetz (BilMoG) aufgehoben.

Steuerrechtlich sind ebenfalls außerplanmäßige Abschreibungen zulässig, die sich inhaltlich – bei wiederum anderer Terminologie – an die handelsrechtlichen, außerplanmäßigen Abschreibungen anlehnen. Die wichtigste Abschreibungsart ist hier die **Absetzung für außergewöhnliche Abnutzung** (AfaA) gem. § 7 Abs. 1 S. 7 EStG. Danach sind diese Absetzungen zulässig für außergewöhnliche technische und wirtschaftliche Abnutzungen und stellen somit das steuerliche Pendant zu § 253 Abs. 3 S. 3 HGB dar. Daneben stellt auch die **Teilwertabschreibung** eine außerplanmäßige Abschreibung dar. Systematisch ist – entgegen häufiger Handhabung in der Praxis – zuerst die Notwendigkeit einer AfaA zu prüfen und dann erst eine Teilwertabschreibung vorzunehmen.[277]

Voraussetzung für eine AfaA ist, dass durch ein aus dem Rahmen des Üblichen fallendes Ereignis ein außergewöhnlicher »Abnutzungseffekt« herbeigeführt wird, der über die normale Abnutzung hinausgeht und eine Beeinträchtigung der wirtschaftlichen Nutzungsmöglichkeit des Wirtschaftsguts zur Folge hat.[278] Die AfaA stellen sich folglich als ein Sonderfall des durch die Nutzungsentnahme verursachten Wertverzehrs dar. Soweit es die AfawA (Absetzung für außergewöhnliche *wirtschaftliche* Abnutzung) betrifft, werden deren Ursachen – anders bei den Absetzungen für eine außergewöhnliche *technische* Abnutzung – regelmäßig ohne Einfluss auf die technische Abnutzung des Wirtschaftsguts bleiben. Der Ansatz der AfawA rechtfertigt sich vielfach gerade dadurch, dass dem Umstand Rechnung getragen werden soll, dass die technische Nutzungsdauer eines Wirtschaftsguts über den Zeitraum hinausgeht, innerhalb dessen es noch wirtschaftlich sinnvoll genutzt werden kann (z. B. eine von der technischen Entwicklung überholte Produktionsmaschine). Diese Diskrepanz zwischen wirtschaftlicher und technischer Nutzungsmöglichkeit erfolgswirksam abzubilden, ist Aufgabe der AfawA, indem die ursprünglichen Anschaffungs- oder Herstellungskosten der kürzeren wirtschaftlichen Nutzungsdauer angepasst werden.

Die Nutzungsfähigkeit eines Mietgrundstücks ist beispielsweise dann beeinträchtigt, wenn sich bei Beendigung eines Mietverhältnisses herausstellt, dass das Objekt nur

---

277 Schumann (Absetzung) S. 358.
278 BFH, Urteil v. 8.7.1980, VIII R 176/78, BStBl. 1980 II, S. 743.

noch eingeschränkt oder gar nicht mehr weiter zu vermieten ist.[279] Wenn aber ein Unternehmen aus einem Mietgrundstück noch relativ hohe Mieten erzielt, die die Kosten deutlich decken und – trotz gesunkener Mieteinnahmen – einen Überschuss bewirken, ist keine Nutzungseinschränkung gegeben. Damit mögen die Mieten zwar weit unter denjenigen liegen, die das Unternehmen zu Beginn der Vermietungstätigkeit erwartet hatte. Enttäuschte Renditeerwartungen allein vermögen aber eine AfawA nicht zu rechtfertigen. Denn die bloße Minderung des Werts eines der Einkommenserzielung dienenden Wirtschaftsguts, ohne dass dadurch seine betriebsgewöhnliche Nutzungsfähigkeit beeinflusst wird, vermag für sich genommen keine AfaA, sondern allenfalls eine Teilwertabschreibung i. S. d. § 6 Abs. 1 Nr. 1 EStG zu begründen.[280]

Es sind jedoch einige *Anwendungseinschränkungen* zu vermerken. So gibt es die Einschränkung der außergewöhnlichen Absetzungen auf Wirtschaftsgüter, die planmäßig einer linearen oder einer leistungsbezogenen Abschreibung unterliegen (§ 7 Abs. 2 S. 4 EStG). Wird nach der degressiven Methode abgeschrieben, so ist vor Inanspruchnahme der AfaA auf die lineare Methode überzugehen. Weiterhin ist die außergewöhnliche Absetzung auf das abnutzbare Anlagevermögen beschränkt. Da die wirtschaftliche oder technische außergewöhnliche Wertminderung stets von Dauer sein dürfte, muss die Absetzung im Jahr der Minderung, spätestens jedoch im Jahr der Kenntniserlangung, vorgenommen werden. Sollte jedoch der Grund für die AfaA später entfallen, so muss eine Zuschreibung bis zu den fortgeführten AK bzw. HK des Zuschreibungsjahres erfolgen (§ 7 Abs. 1 S. 7 EStG).

Liegt eine Wertminderung vor (d. h., der tatsächliche Wert liegt unter dem Restbuchwert), kann beim gesamten Anlagevermögen (und beim Umlaufvermögen) eine Teilwertabschreibung vorgenommen werden. Jedoch ist hier der praktische Unterschied zwischen Teilwertabsetzung und Absetzung für außergewöhnliche Abnutzung nur schwer erkennbar.

	Teilwertabschreibung	AfaA
Zulässigkeit	Nur bilanzierende Steuerpflichtige	Alle Steuerpflichtigen
Anwendungsbereich	Alle Vermögenswerte	Nur Anlagevermögen
Generelle Voraussetzung	Unter den Buchwert gesunkener Zeitwert	Dito
Spezifische Voraussetzung	»voraussichtlich dauernde« Wertminderung	Außergewöhnliche technische oder wirtschaftliche Abnutzung
Unzulässigkeit z. B. bei	Vorübergehender Wertminderung	Konjunkturbedingter Wertminderung, verschlechterter Nutzungsmöglichkeit im Unternehmen

---

279 FG Düsseldorf v. 9.8.2007, 16 K 840/05, EFG 2008, S. 122.
280 FG Schleswig-Holstein, Urteil v. 4.6.2009, 1 K 61/08.

	Teilwertabschreibung	AfaA
Zuschreibung bis zu den fortgeführten AK/HK bei Werterholung	Ja	Ja, aber nicht bei Überschusseinkunftsarten
EStG	§ 6	§ 7 Abs. 1 S. 7

Abb. 19: Vergleich der steuerlichen Formen der außerplanmäßigen Abschreibung

Liegen in einem konkreten Fall die Voraussetzungen sowohl für eine Teilwertabschreibung als auch für eine AfaA vor, ist zu bedenken, dass eine AfaA höher als eine Teilwertabschreibung sein kann. Der umgekehrte Fall (Teilwertabschreibung führt zu größerer Abschreibung) ist seltener.

Praxisfall: !

Die Fraktion Bündnis 90/Die Grünen stellte im Jahr 2015 eine Kleine Anfrage (18/6923), ob für VW-Diesel-Fahrzeuge aufgrund der überhöhten Abgaswerte eine Teilwertabschreibung zulässig sei. In der Antwort (18/7126) der Bundesregierung wurde klargestellt, dass Wertminderungen »nicht im Rahmen einer Einkunftsart als Betriebsausgabe oder Werbungskosten geltend gemacht werden«. Da der VW-Konzern angekündigt habe, dass alle vom Abgasskandal betroffenen Fahrzeuge nachgebessert würden und der Mangel damit behoben werde, handele es sich, wenn überhaupt objektiv eine Wertminderung dargestellt werden könne, nur um einen vorübergehenden Sachverhalt. Aus demselben Grund komme auch eine Absetzung für außergewöhnliche technische oder wirtschaftliche Abnutzung nicht in Betracht.

5.2.4.2.2   Zuschreibung nach außerplanmäßiger Abschreibung

Zuschreibungen sind im Handelsrecht nach erfolgter außerplanmäßiger Abschreibung zwingend (Wertaufholung), wenn die Gründe für die Wertminderung weggefallen sind (§ 253 Abs. 5 S. 1 HGB). Obergrenze für die Zuschreibung sind beim nicht abnutzbaren Anlagevermögen die Anschaffungs- oder Herstellungskosten, beim abnutzbaren Anlagevermögen die **fortgeführten** (d. h. um planmäßige Abschreibungen verminderten) **Anschaffungs- oder Herstellungskosten**. Bei der Ermittlung der Zuschreibung sind also die planmäßigen Abschreibungen, die zwischenzeitlich vorzunehmen gewesen wären, bei den fortgeführten AK/HK zu berücksichtigen.

Für den derivativen Geschäfts- oder Firmenwert besteht dagegen ein Wertbeibehaltungsgebot, d. h., eine außerplanmäßige Abschreibung darf in späteren Geschäftsjahren nicht durch eine Zuschreibung rückgängig gemacht werden (§ 253 Abs. 5 S. 2 HGB).

Im *Steuerrecht* besteht ebenfalls ein Zuschreibungsgebot nach einer außerplanmäßigen Abschreibung über den letzten Bilanzansatz hinaus (§ 6 Abs. 1 Nr. 1 und 2 EStG, § 7 Abs. 1 S. 7 EStG) (jedoch Obergrenze die Anschaffungs- oder Herstellungskosten). Dieses Zuschreibungsgebot gilt aber nur bei Gewinnermittlung durch Vermögensvergleich gem. §§ 4 Abs. 1 oder 5 EStG.

5.2.4.3 Besondere steuerrechtliche Abschreibungsnormen

Neben den bereits erläuterten »regulären« steuerlichen Abschreibungsmöglichkeiten gibt es noch steuerrechtlich zulässige erhöhte Absetzungen und Sonderabschreibungen. **Erhöhte Absetzungen** werden *anstelle* der normalen AfA vorgenommen. **Sonderabschreibungen** werden *neben* der normalen AfA abgesetzt. In beiden Fällen werden aber nicht mehr als 100 % der Bemessungsgrundlage abgeschrieben. Durch diese besonderen Abschreibungsmöglichkeiten sollen wirtschafts-, regional- und auch sozialpolitische Anreize und Hilfen gewährt werden. Diese werden im Wesentlichen dadurch gegeben, dass die erhöhten Abschreibungen und Sonderabschreibungen Steuerzahlungsaufschiebungen, unter günstigen Umständen auch Steuerverminderungen sowie dadurch wiederum Finanzierungserleichterungen bewirken.

Zu den wichtigsten Vorschriften zählen:

§ 7b EStG   Sonderabschreibungen für Mietwohnungsneubau

§ 7g EStG   Sonderabschreibungen zur Förderung kleiner und mittlerer Betriebe

§ 7h EStG   Erhöhte Absetzungen bei Gebäuden in Sanierungsgebieten und städtebaulichen Entwicklungsbereichen

§ 7i EStG   Erhöhte Absetzungen bei Baudenkmalen

Abschreibung des Anlagevermögens		
Abschreibungsursachen/ Entwertungsgrund	Handelsrecht HGB	Steuerrecht EStG
Entwertung durch normalen Gebrauchsverschleiß, Natureinwirkung, Zeitlauf	Planmäßige Abschreibung, § 253 Abs. 3 Sätze 1 bis 4	Absetzung für Abnutzung (AfA), § 7 Abs. 1 Sätze 1 bis 6, Abs. 2
Entwertung durch Substanzverzehr	Planmäßige Abschreibung, § 253 Abs. 3 Sätze 1 bis 4	Absetzung für Substanzverringerung (AfS) § 7 Abs. 6
Sämtliche Formen der Entwertung durch Alterung und Risikoeintritt (ohne fallende Wiederbeschaffungspreise)	Außerplanmäßige Abschreibung auf den beizulegenden Wert, § 253 Abs. 3 S. 3 Sätze 5 und 6	Absetzung für außergewöhnliche technische oder wirtschaftliche Abnutzung (AfaA), § 7 Abs. 1 S. 7
Fallende Wiederbeschaffungspreise, Fehlmaßnahmen		Teilwertabschreibung § 6 Abs. 1 Nr. 1 + 2
Ohne Entwertung Abschreibung auf vernünftigen Wert	unzulässig	unzulässig
Keine Entwertung, jedoch wirtschaftspolitisch begründete Abschreibung	unzulässig	1. Sonderabschreibungen 2. erhöhte Abschreibungen

Abb. 20: Zusammenhang zwischen Entwertungsursache und Abschreibung

In § 7a EStG werden Rahmenvorschriften für alle erhöhten Absetzungen und Sonderabschreibungen in der *Steuerbilanz* gegeben. Auf die *Handelsbilanz* wirken sich diese steuerlichen Abschreibungen nicht aus (Durchbrechung der **Maßgeblichkeit**).

5.2.5 Finanzanlagen

Finanzanlagen sind Geldinvestitionen außerhalb der Unternehmung. Es wird sich dabei oft um Investitionen handeln, die nicht dem eigentlichen Betriebszweck dienen, d. h. der Erstellung bestimmter Leistungen, sondern die zum Zweck der langfristigen Kapitalanlage getätigt wurden und die in diesen Fällen aus Sicht der Kostenrechnung zu neutralen Erträgen und Aufwendungen führen. Die Abgrenzung zwischen leistungsbezogener Finanzanlage und nicht leistungsbezogener Finanzanlage ist jedoch in der Praxis problematisch und für den Bilanzausweis unerheblich.

Finanzanlagen werden regelmäßig mit ihren Anschaffungskosten bewertet (§ 253 Abs. 1 S. 1 1. HS HGB, § 6 Abs. 1 Nr. 2 S. 1 EStG). Bei Wertminderungen ist *handelsrechtlich* bei dauernder Wertminderung auf den beizulegenden Wert abzuschreiben (§ 253 Abs. 3 S. 5 HGB), während bei nicht dauernder Wertminderung ein Abschreibungswahlrecht besteht (§ 253 Abs. 3 S. 6 HGB). *Steuerrechtlich* darf nur bei dauernder Wertminderung auf den Teilwert (§ 6 Abs. 1 Nr. 2 S. 2 EStG) abgeschrieben werden. Bei einer Wertaufholung muss sowohl *handelsrechtlich* (§ 253 Abs. 5 S. 1 HGB) als *steuerrechtlich* (§ 6 Abs. 1 Nr. 2 S. 3 EStG) zugeschrieben werden.

Finanzanlagen in virtuellen Vermögensgegenständen, insb. **Investment Token**, sind dort auszuweisen, wo sie auch bei entsprechender Verbriefung zu zeigen wären.

5.2.5.1 Anteile an verbundenen Unternehmen

Anteile stellen stets gesellschaftsrechtliche Eigentumsanteile an einem anderen Unternehmen dar. Sie können in einem Wertpapier verbrieft sein (z. B. Aktie), sie können aber auch als normaler Anspruch existieren (z. B. Beteiligung als stiller Gesellschafter). Werden mehr als 20 % der Anteile an einem Unternehmen gehalten, so handelt es sich um eine **Beteiligung** i. S. des § 271 Abs. 1 HGB.

Die Definition des **verbundenen Unternehmens** findet sich für die Bilanzierung in § 271 Abs. 2 HGB und weicht damit von der Definition der §§ 15 ff. AktG ab, sodass zumindest für die Aktiengesellschaft zwei unterschiedliche Definitionen nebeneinander existieren. Der Begriff des verbundenen Unternehmens im Sinn des § 271 Abs. 2 HGB stellt dabei auf die Eigenschaft als Mutterunternehmen und als Tochterunternehmen gem. § 290 HGB in einem Konzern ab.

5.2.5.2 Ausleihungen an verbundene Unternehmen

Hier sind jene **Finanzforderungen** an verbundene Unternehmen auszuweisen, die nicht dem Umlaufvermögen zuzurechnen sind (z. B. Forderungen aus Lieferung und Leistung) und die keine Beteiligung darstellen. Sie sind mit ihren Anschaffungskosten zu aktivieren und wie andere Forderungen zu bewerten.

5.2.5.3 Beteiligungen

In § 271 Abs. 1 HGB wird für die **Beteiligung** eine Legaldefinition gegeben. Danach sind Anteile an einem anderen Unternehmen eine Beteiligung, wenn sie dazu bestimmt sind, dem eigenen Geschäftsbetrieb durch Herstellung einer dauernden Verbindung zu jenem Unternehmen zu dienen. Dabei ist es unerheblich, ob die Beteiligung in Wertpapieren verkörpert ist oder nicht.

Grundsätzlich ist die Zulässigkeit der Bilanzierung unter dem Posten »Beteiligungen« nicht von einer bestimmten Beteiligungshöhe abhängig, da es wesentlich auf den Willen ankommt, die Beteiligungsgesellschaft zu beeinflussen. Das Gesetz sieht jedoch im § 271 Abs. 1 S. 3 HGB vor, dass bei einer mindestens 20%igen Kapitalbeteiligung an einer Kapitalgesellschaft die – widerlegbare – Vermutung einer Beteiligung besteht. Im Fall der Mitunternehmerschaft bei Personengesellschaften wird stets eine Beteiligung vermutet. Beide Vermutungen sind widerlegbar. Bei der Beteiligung an einer **stillen Gesellschaft** kann es sich sowohl um eine Beteiligung als auch um eine Kapitalforderung[281] handeln; im Fall einer atypisch stillen Beteiligung (und damit dem Bestehen einer Mitunternehmerschaft) dürfte regelmäßig eine Beteiligung gegeben sein, bei einer typisch stillen Beteiligung kommt es auf den trotzdem bestehenden Grad der Einflussnahme auf Geschäfte und auf andere Aspekte einer – langfristigen – Verbindung zwischen den Unternehmen an, damit es sich nicht um eine als »sonstige Ausleihung« auszuweisende Kapitalforderung handelt.

---

281 Die Behandlung als Kapitalforderung wird präferiert vom BFH v. 14.11.2012, I R 19/12.

Für die *Bewertung* einer Beteiligung kommen im Wesentlichen zwei Methoden infrage:

1. die Anschaffungskostenmethode und
2. die Equity-Methode.

Handelsrechtlich ist in Deutschland für die Bilanzierung einer Beteiligung im Einzelabschluss nur die Anschaffungswertmethode zulässig, da die Equity-Methode gegen das Anschaffungskostenprinzip verstoßen würde. Jedoch ist die Equity-Methode im Rahmen der Konzernrechnungslegung gem. § 312 HGB zulässig.

Bei der **Anschaffungskostenmethode** wird die Beteiligung mit den Anschaffungskosten bewertet. Diese beinhalten neben dem eigentlichen Kaufpreis sämtliche Nebenkosten, die angefallen sind, um die Beteiligung zu erwerben. Dazu zählen u. a. Notariats- und Gerichtskosten, Provisionen und Kapitalverkehrssteuern. Preisnachlässe sowie Gewinnansprüche sind von den Anschaffungsnebenkosten abzuziehen.

Die so ermittelten Anschaffungskosten stellen die Wertobergrenze dar. Zuschreibungen aufgrund von Gewinnausschüttung und/oder Gewinnthesaurierung sind nicht zulässig, ebenso bleibt der Wertansatz von einem Verlust der Beteiligungsgesellschaft unberührt, es sei denn, der Verlust ist so groß, dass eine außerplanmäßige Abschreibung vorgenommen werden muss. Eine nachträgliche Änderung der Anschaffungskosten ist nicht möglich (z. B. bei Wechselkursänderungen bei späterer Bezahlung eines Teils des Kaufpreises), ebenso verändert sich der Wert der gesamten Beteiligung bei der Ausgabe von Gratisaktien nicht (§ 220 AktG).

Werden Anteile nacheinander zu unterschiedlichen Preisen erworben, so ist die Bildung eines – gleitenden – Durchschnittswerts zulässig, im Fall der Sammeldepotverwahrung muss die Durchschnittswertbildung als notwendig angesehen werden, da ein Identitätsnachweis regelmäßig nicht geführt werden kann.

Bei einer Beteiligung an einer *Personengesellschaft* darf wie bei einer Beteiligung an einer Kapitalgesellschaft verfahren werden. Es wird jedoch zulässigerweise oft auch ein Verfahren angewandt, das der Equity-Methode ähnelt. Da Gewinne und Verluste der Beteiligungsgesellschaft für das beteiligte Unternehmen nach ihrer Feststellung stets als realisiert angesehen werden müssen, bedarf es keines Gewinnverwendungsbeschlusses wie bei einer Kapitalgesellschaft (siehe ergänzend §§ 120 und 167 HGB). Das beteiligte Unternehmen kann deshalb einen Gewinn oder Verlust sofort als Erhöhung oder Verminderung des Postens Beteiligungen ausweisen.[282] Für die Frage, ob Anteile unter dem Posten Beteiligungen auszuweisen sind, ist die Beachtung einer Prozentgrenze nicht gegeben.

---

282 Andernfalls sind Gewinne und Verluste unter »Forderungen« und »Verbindlichkeiten« auszuweisen.

Steuerrechtlich sind Beteiligungen ebenfalls nach der Anschaffungskostenmethode zu bewerten (§ 6 Abs. 1 Nr. 2 S. 1 EStG), ein Herabgehen auf den niedrigeren Teilwert ist bei voraussichtlich dauernder Wertminderung zulässig (§ 6 Abs. 1 Nr. 2 S. 2 EStG). Dafür ist der **objektive Wert** einer Beteiligung zu ermitteln.[283] Dieser richtet sich grundsätzlich nach den **Wiederbeschaffungskosten**. Die Wiederbeschaffungskosten entsprechen nur dann dem Börsenkurswert zum Bilanzstichtag, wenn die Beteiligung zum Verkauf an der Börse bestimmt ist oder wenn der Erwerb einer gleich hohen Beteiligung an der Börse zu den Kurswerten möglich erscheint. Sinkt der Börsenkurswert einer Aktie, so müssen deshalb nicht auch die Wiederbeschaffungskosten einer »Beteiligung« an derselben Aktiengesellschaft sinken. Eine entsprechende Wertminderung kann nur dann angenommen werden, wenn sie sich auch in anderen den inneren Wert der Beteiligung bildenden Faktoren niederschlägt. Dazu gehören insbesondere der Ertragswert der Beteiligung, der nach den Ertragsaussichten der Gesellschaft zu ermitteln ist, sowie der Substanzwert, der nach dem Vermögen der Gesellschaft zu den Wiederbeschaffungskosten zu ermitteln ist.

Gewähren Gesellschafter einen als verdeckte Einlage zu klassifizierenden **Sanierungszuschuss**, so stellen diese **nachträgliche Anschaffungskosten** der Beteiligung dar. In diesem Fall ist eine Teilwertabschreibung im Jahr der Zuschussgewährung dann unzulässig, wenn der Zuschuss (auch) der Wiederherstellung der Ertragsfähigkeit dient[284]; anders kann dagegen ein Zuschuss, der der Insolvenzabwendung dient, ggf. noch im selben Jahr auf den niedrigeren Teilwert abgeschrieben werden.[285]

Soweit sie nicht in einem vorhergehenden Posten auszuweisen sind, werden virtuelle Beteiligungen (*Equity Token*) ebenfalls hier auszuweisen sein.

5.2.5.4 Ausleihungen an Unternehmen, mit denen ein Beteiligungsverhältnis besteht

Für den Begriff der Ausleihung vgl. Abschn. 5.2.5.2; für das Beteiligungsverhältnis gilt ebenfalls § 271 Abs. 1 HGB.

5.2.5.5 Wertpapiere des Anlagevermögens

Wertpapiere können im Anlagevermögen außer unter dem Posten Beteiligungen auch unter dem Posten Wertpapiere des Anlagevermögens ausgewiesen werden, wenn keine Beteiligungsabsicht vorliegt. Außer Unternehmensanteilen gehören hierher vor allem die festverzinslichen Wertpapiere, sofern sie dazu bestimmt sind, dem Geschäftsbetrieb auf Dauer zu dienen.

---

283 Vgl. zum Folgenden: BFH, Urteil v. 7.11.1990, I R 116/86, BStBl. 1991 II, S. 342.
284 Eine Teilwertabschreibung im Folgejahr ist bei Vorliegen der Voraussetzungen aber möglich.
285 BFH v. 7.5.2014, X R 19/11, BFH/NV 11/2014, S. 1736.

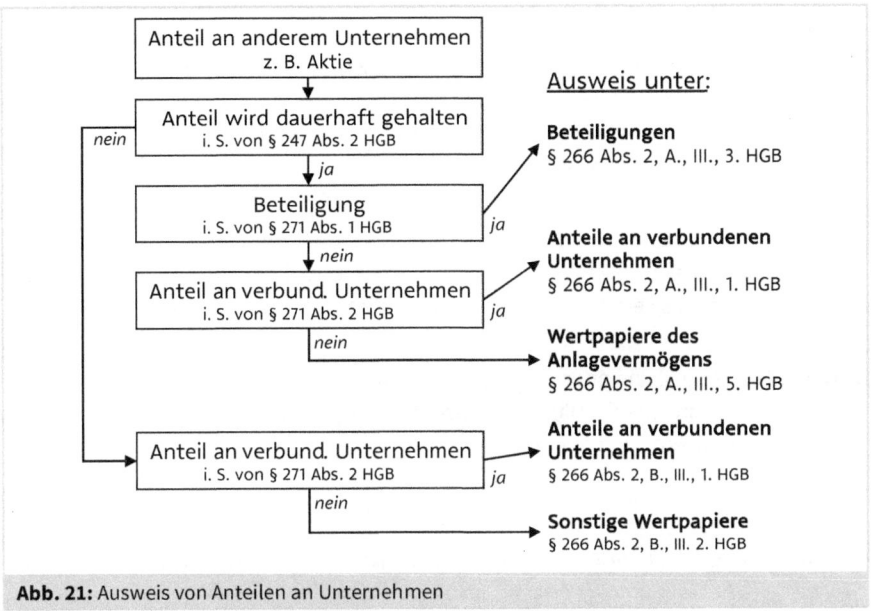

Abb. 21: Ausweis von Anteilen an Unternehmen

Für die *Bewertung* gilt im Wesentlichen das bereits zu den Beteiligungen Ausgeführte. Gleichartige Wertpapiere sind entweder mit **Durchschnittswerten** (§ 240 Abs. 4 i. V. m. § 256 S. 2 HGB) oder bei entsprechendem Identitätspreis mit individuellen Werten anzusetzen.

Anteile, die nicht in Wertpapieren verbrieft sind und die ohne Beteiligungsabsicht gehalten werden, sind unter einem gesonderten Posten aufzuführen.

Bei festverzinslichen Wertpapieren (Anleihen etc.) zählen die gezahlten **Stückzinsen** nicht zu den Anschaffungsnebenkosten, sondern sind als Forderung unter den »sonstigen Vermögensgegenständen« zu aktivieren. Unter diesem Posten sind auch für im Bestand befindliche Wertpapiere die bis zum Bilanzstichtag aufgelaufenen Stückzinsen auszuweisen.

Werden **Optionsanleihen** im Anlagevermögen[286] gehalten, ist zwischen der eigentlichen Schuld und dem Wert des Optionsrechts zu unterscheiden, weil beide getrennt zu bewerten und auszuweisen sind. Wird die Anleihe normal verzinst und mit einem Aufgeld (Agio) ausgegeben, gilt die Höhe des Agios als Kaufpreis für das Optionsrecht. Die Anleihe selbst wird wie jedes andere Wertpapier als Wertpapier des Anlagevermögens gezeigt. Dagegen ist das Optionsrecht zum Erwerb von Aktien des Anleiheschuldners als Optionsrecht im immateriellen Anlagevermögen auszuweisen.

---

286 Für die Aktivierung im Umlaufvermögen gilt Entsprechendes.

> **!   Beispiel:**
>
> Es wird eine marktüblich verzinste[287] Optionsanleihe im Nennwert von 1.000 Euro erworben. Der Ausgabepreis beträgt 1.200 Euro.
>
> Die Anleihe wird mit AK von 1.000 Euro in den Finanzanlagen und das Optionsrecht mit AK von 200 Euro als erworbenes Recht unter den immateriellen Vermögensgegenständen aktiviert.

Wird die Option zu einem späteren Zeitpunkt ausgeübt, erhöht der Wert des Optionsrechts die Anschaffungskosten der Aktien. Wird das Optionsrecht dagegen nicht ausgeübt, sodass es verfällt, ist es außerplanmäßig abzuschreiben.

Wird eine unverzinsliche oder »niedrig« verzinsliche Optionsanleihe erworben, ist der Wert des Optionsrechts die Differenz zwischen dem Zahlbetrag und den auf marktüblicher Verzinsung ermittelten Anleihen.

> **!   Beispiel:**
>
> Ein Unternehmen erwirbt eine unverzinsliche Optionsanleihe im Nennwert von 1.000 Euro zu pari. Der Wert dieser Anleihe auf Basis einer marktüblichen Verzinsung ist mit 840 Euro ermittelt.
>
> Das Unternehmen aktiviert ein Wertpapier in Höhe von 840 Euro und ein Optionsrecht mit 160 Euro.[288] Ähnlich wie bei Zero-Bonds ist die Anleihe dann jährlich aufzuzinsen.

Auch *steuerrechtlich* gilt wieder Entsprechendes. Die Zugangsbewertung erfolgt mit Anschaffungskosten, bei gleichartigen Wertpapieren ist nur das Durchschnittsverfahren zulässig. Eine spätere Abschreibung auf den niedrigeren Teilwert ist bei voraussichtlich dauernder Wertminderung zulässig.

Ob eine **voraussichtlich dauernde Wertminderung** einer börsennotierten Aktie vorliegt, ist nach Auffassung des BFH[289] nach vernünftiger kaufmännischer Beurteilung nach den prognostischen Möglichkeiten aus der Sicht des Bilanzstichtags zu beurteilen. Die am Kapitalmarkt beteiligten Personen lassen die ihnen verfügbaren Informationen über eine Aktie zusammenfassend in ihre Angebote und damit in den jeweils festgestellten Börsenkurs einfließen. Der Börsenwert spiegelt damit die Auffassungen der Marktteilnehmer über den Wert einer Aktie als Kapitalanlage wider. Die Preise beinhalten die Einschätzung der künftigen Risiken und Erfolgsaussichten des Unternehmens und geben daher zu einem gegebenen Stichtag die Erwartungen einer großen Zahl von Marktteilnehmern über die zukünftige Entwicklung des Kurses sowie

---

287   Bei einer nicht oder »niedrig« verzinslichen Optionsanleihe ohne Aufgeld ist der Wert aus dem Anleihenpreis unter Zugrundelegung einer marktüblichen Verzinsung zu bestimmen.

288   Das zu dieser Thematik ergangene Schreiben des SenFin Berlin, Erlass v. 29.5.2018, III B-S 2252-6/1991-1, DB 27-28/2018, 1634–1635, sieht hier die Einfügung eines vollkommen überflüssigen RAP vor.

289   BFH, Urteil v. 26.9.2007, I R 58/06, BStBl. 2009 II, S. 294; bestätigend: BFH, Urteil v. 18.04.2018, I R 37/16, BFH/NV 2018, S. 873.

die Einschätzung wieder, dass der jetzt gefundene Kurs »voraussichtlich« dauerhaften Charakter besitzt. Spiegelt aber der aktuelle Börsenkurs die Einschätzung der Marktteilnehmer über die künftige Entwicklung des Börsenkurses wider, kann vom Steuerpflichtigen nicht erwartet werden, dass er über bessere prognostische Fähigkeiten verfügt als der Markt.

Investmentanteile werden wie auch andere Wertpapiere beim Zugang mit ihren Anschaffungskosten bewertet. Für eine evtl. außerplanmäßige Abschreibung bzw. Teilwertabschreibung ist auf den Ausgabepreis zuzüglich Anschaffungsnebenkosten der Anteile abzustellen.[290]

Bei **festverzinslichen Wertpapieren**, die eine Forderung in Höhe des Nominalwerts der Forderung verbriefen, ist eine Teilwertabschreibung unter ihren Nennwert allein wegen gesunkener Kurse nicht zulässig.[291] Da feststeht, dass der Gläubiger zum Ende der Laufzeit den Nennbetrag des Papiers erhält, ist die Wertminderung nicht dauernd. Wenn jedoch Zweifel an der Bonität des Schuldners bestehen, kommt eine andere Beurteilung in Betracht. Ebenso könnte eine Teilwertabschreibung angezeigt sein, wenn ein (Not-)Verkauf einer im Kurs sinkenden Anleihe sinnvoll ist.

5.2.5.6   Sonstige Ausleihungen

Unter dem Posten **sonstige Ausleihungen** sind sämtliche Ausleihungen aufzunehmen, die eine Finanzanlage darstellen. Es sind somit nur Finanz- und Kapitalforderungen auszuweisen, nicht jedoch Waren- und Leistungsforderungen und geleistete Mietvorauszahlungen. Hinsichtlich der Fristigkeit der Ausleihungen bestehen für diesen Posten keine Regelungen. Bei der Prüfung, ob die Ausleihung dem Anlagevermögen zuzurechnen ist, ist grundsätzlich auf die – ursprüngliche – Gesamtlaufzeit abzustellen, nicht jedoch auf die Restlaufzeit.

Soweit sie nicht in einem vorhergehenden Posten auszuweisen sind, werden virtuelle Ausleihungen (*security token*) ebenfalls hier auszuweisen sein.

Die handels- und steuerrechtliche Bewertung erfolgt stets zu Anschaffungskosten.

---

290   Vgl. Köhler (Bilanzierung).
291   BFH, Urteil v. 8.6.2011, I R 98/10, BFH/NV 10/2011, S. 1758.

5.3 Das Umlaufvermögen

5.3.1 Vorräte

5.3.1.1 Auszuweisende Vermögensgegenstände

Das handelsrechtliche Gliederungsschema des § 266 Abs. 2 HGB unterteilt den Posten Vorräte in:

1. Roh-, Hilfs- und Betriebsstoffe
2. unfertige Erzeugnisse, unfertige Leistungen
3. fertige Erzeugnisse und Waren
4. geleistete Anzahlungen

Die Gliederung entspricht überwiegend den Bedürfnissen in einem industriellen Fertigungsunternehmen, in anderen Unternehmensbereichen kann es sinnvoll sein, eine abweichende Aufteilung vorzunehmen. Lediglich die Bezeichnung »unfertige Leistungen« ist für einen Dienstleistungsbetrieb vorgesehen, der in Arbeit befindliche Aufträge ausweisen muss.

Rohstoffe stellen den Hauptbestandteil des herzustellenden Produkts und gehen in dieses unmittelbar und in erheblichem Umfang ein (z. B. Holz in einer Tischlerei).

Hilfsstoffe gehen als untergeordneter Bestandteil ebenfalls unmittelbar, jedoch in unerheblichen Mengen in das Produkt ein. Hilfsstoffe bewirken keinen nennenswerten Einfluss auf die Art des Produkts. Zu den Hilfsstoffen zählen u. a. Schrauben, Nägel, Kleinteile, Klebstoffe.

Betriebsstoffe gehen nicht in das herzustellende Produkt ein. Sie sind jedoch wesentlich zur Aufrechterhaltung des Produktionsprozesses notwendig, hierzu zählen u. a. Brenn- und Kraftstoffe, Reinigungsmaterial, Schmierfette.

Gemeinsam haben alle drei Stoffe, dass sie unverarbeitet am Lager liegen. Sie werden regelmäßig nicht unmittelbar veräußert, sondern werden in einem Leistungserstellungsprozess in ein zu verkaufendes Produkt transformiert.

Unfertige Erzeugnisse stellen regelmäßig Produkte dar, deren Produktion bereits begonnen wurde, die jedoch noch keine Verkaufsreife erlangt haben. Bei einer großen Verarbeitungstiefe kann es erforderlich werden, eine Unterteilung des Postens »unfertige Erzeugnisse« entsprechend den betrieblichen Gegebenheiten vorzunehmen. **Unfertige Leistungen** kommen meistens bei jenen Unternehmen vor, die immaterielle Güter herstellen. Dies sind insbes. Dienstleistungsunternehmen wie Unternehmensberatungen (z. B. ein begonnenes, aber noch unfertiges Gutachten),

Steuerberatungen (angefangene Arbeiten in Bezug auf Jahresabschlüsse, Buchhaltungsarbeiten etc.[292]) oder IT-Unternehmen (z. B. unfertige Softwareprojekte). Aber auch Industrieunternehmen, die z. B. größere Servicearbeiten übernehmen (z. B. begonnene, aber noch nicht abgeschlossene Wartung einer Maschinenanlage) müssen ggf. unfertige Leistungen aktivieren.

Insbesondere – aber nicht nur – bei unfertigen Leistungen ist darauf zu achten, dass eine Aktivierung nur dann erfolgen kann, wenn sich ein abgrenzbares **Wirtschaftsgut** herausgebildet hat. Es muss also etwas vorhanden sein, das nur noch zu vollenden ist. Dies ist regelmäßig dann nicht der Fall, wenn lediglich allgemeine, laufende Aufwendungen angefallen sind. »Es sind vielmehr ins Gewicht fallende, eindeutig und klar abgrenzbare Ausgaben erforderlich, die sich von laufenden Ausgaben erkennbar unterscheiden.«[293]

Fertige Erzeugnisse liegen immer dann vor, wenn es sich um verkaufsfähige Produkte handelt. Ein Ausweis unter diesem Posten hat auch dann zu erfolgen, wenn es sich um bestellte Waren handelt, das Gleiche trifft bei in Montage befindlichen Lieferungen zu.

Waren sind weitgehend den fertigen Erzeugnissen gleichzustellen; es wird sich hier meist um fremdbezogene Güter handeln, die ohne – nennenswerte – Ver- oder Bearbeitung weiterveräußert werden, ggf. in Verbindung mit selbst erstellten Produkten.[294]

Anzahlungen stellen Ansprüche auf zukünftige Gegenstände des Vorratsvermögens dar; diese Ansprüche beziehen sich auf die Forderung auf Lieferung der bestellten Güter (insoweit handelt es sich um eine Sachforderung) bzw. auf die Rückforderung der geleisteten Anzahlung im Fall der Nichtlieferung.

Auch **Wärmeenergie** ist zumindest dann ein Wirtschaftsgut, wenn sie über Wärmemengenzähler bestimmungsgemäß an Abnehmer geliefert oder für private Zwecke verbraucht wird.[295] Im Vorratsvermögen wird Wärmeenergie vorrangig entweder als Betriebsstoff (nach Einkauf und vor Verbrauch) oder als Fertigerzeugnis (vor Abgang an den Kunden) gezeigt. Ein Ausweis im Anlagevermögen wird aber wohl nur selten infrage kommen, wenn diese Energie über eine gewisse Dauer genutzt bzw. verbraucht werden kann.

---

292 Thüringer FG, Urteil v. 13.11.2019, 3 K 106/19, NWB TAAAH-50240.
293 BFH, Urteil v. 26.04.2018, III R 5/16, FR 2018, S. 964–968, Tz. 23.
294 Einzelheiten zu den als Vorräte zu erfassenden Vermögensgegenständen finden sich bei Fülling (Vorräte), S. 34 ff.
295 BFH, Urteil v. 12.3.2020, IV R 9/17, DStR 2020, S. 1421.

5.3.1.2   Bewertung

Die Bewertung des Umlaufvermögens und damit auch des Vorratsvermögens ist in § 253 HGB geregelt. Danach kommen für die Bewertung die folgenden Wertansätze in Betracht:

1. Die Anschaffungs- oder Herstellungskosten (§ 253 Abs. 1 S. 1 HGB),
2. der aus dem Börsen- oder Marktpreis des Abschlussstichtags abgeleitete Wert (§ 253 Abs. 4 S. 1 HGB),
3. der den Gegenständen am Abschlussstichtag beizulegende Wert (§ 253 Abs. 4 S. 2 HGB).

Aufgrund des Bilanzrechtsmodernisierungsgesetzes dürfen seit 2010 nicht mehr angesetzt werden:

*   der im Hinblick auf künftige Wertschwankungen ermäßigte Wert,
*   der sich aufgrund vernünftiger kaufmännischer Beurteilung ergebende Wert oder
*   der für steuerliche Zwecke anzusetzende Wert.

Die Gegenstände sind mit den **Anschaffungs- oder Herstellungskosten** zu aktivieren, ein darüber liegender Wertansatz darf nicht gewählt werden (Realisationsprinzip).

Durch § 252 Abs. 1 Nr. 3 HGB ist der Grundsatz der **Einzelbewertung** für alle Vermögensgegenstände und Schulden verankert; damit gilt dieser Grundsatz ordnungsmäßiger Buchführung grundsätzlich auch für alle unter den Vorräten auszuweisenden Vermögensgegenstände. Dieser Bewertungsgrundsatz ergibt sich darüber hinaus auch bereits aus § 240 Abs. 1 HGB.

Dieser Grundsatz der Einzelbewertung soll insbesondere die Saldierung unterschiedlicher Wertansätze auch dann verhindern, wenn in einer Gruppe gleicher Vermögensgegenstände den einzelnen Vermögensgegenständen stark divergierende Werte zuzurechnen sind. Werterhöhungen und Wertminderungen müssen deshalb grundsätzlich einzeln festgestellt und dem jeweiligen Vermögensgegenstand/Wirtschaftsgut zugeordnet werden.

Voraussetzung für die Einhaltung des Grundsatzes der Einzelbewertung ist die Möglichkeit, jeden einzeln zu bewertenden Vermögensgegenstand identifizieren zu können. Aus einer Gruppe von Gegenständen müssen sich deshalb für jeden einzelnen Gegenstand die Anschaffungs- oder Herstellungskosten und der Wert zum Bilanzstichtag eindeutig zuordnen lassen können.

Dieses **Identitätsprinzip** wird regelmäßig über eine den Vermögensgegenstand identifizierende Kennung erreicht. Nachfolgend sind einige typische Beispiele aufgeführt:

Gegenstand	Kennung
Motoren	Motornummer
Fahrzeuge	Fahrgestellnummer
Wertpapiere	Wertpapiernummer
Bauteile	Seriennummer
Lebensmittel	Chargennummer
Antiquitäten	Beschreibung, Expertisen

In den meisten Fällen wird eine Nummerierung ausreichend sein, die sich auch auf kleinere Zusammenfassungen von einzelnen Vermögensgegenständen beziehen kann, wie dies der Fall ist, wenn Gegenstände in Kartons, Kisten oder anderen Behältern verpackt sind, diese Umhüllungen nummeriert sind und sämtliche Gegenstände aus einer Umhüllung regelmäßig zusammen aus einem Lager entnommen – und damit aufwandswirksam – werden. Sofern keine originären Kennungen vorhanden sind, müssen Inventarnummern vergeben werden.

Die Ausnahmeregelung des § 252 Abs. 2 HGB führt zu keiner generell begründbaren Aufhebung des Einzelbewertungsgrundsatzes. Als Ausnahmefall i. S. dieser Vorschrift sind regelmäßig nur jene Fälle anzusehen, in denen nicht direkt zurechenbare Wertteile (z. B. anteilige Anschaffungsnebenkosten bei Bezug unterschiedlicher Güter, pauschale Wertabschläge auf bestimmte Vorratsgüter) einer Gütergesamtheit zugerechnet werden.

Nach dem strengen **Niederstwertprinzip** des § 253 Abs. 4 HGB ist ein aus dem **Börsen- oder Marktwert** abgeleiteter, niedrigerer Wert anzusetzen. Ist kein Börsen- oder Marktwert feststellbar, so ist der den Gegenständen am Abschlussstichtag **beizulegende Wert** anzusetzen, wenn dieser niedriger als die Anschaffungs- oder Herstellungskosten ist.

Der niedrigere Wert kann sowohl vom Beschaffungs- als auch vom Absatzmarkt abgeleitet werden. Es kann dafür folgendes Schema angenommen werden:
1. Maßgeblichkeit des Beschaffungsmarkts:
   — Roh-, Hilfs- und Betriebsstoffe
   — unfertige und fertige Erzeugnisse, soweit auch Fremdbezug möglich wäre
2. Maßgeblichkeit des Absatzmarkts:
   — unfertige und fertige Erzeugnisse
   — Überbestände an Roh-, Hilfs- und Betriebsstoffen
   — Wertpapiere
3. doppelte Maßgeblichkeit (sowohl Beschaffungs- als auch Absatzmarkt):
   — Handelsware
   — Überbestände an unfertigen und fertigen Erzeugnissen

Die Maßgeblichkeit des *Beschaffungsmarkts* zur Ermittlung eines Wertansatzes kann mit dem Vorsichtsprinzip begründet werden. Meines Erachtens kommt es bei einer Berücksichtigung des Beschaffungsmarkts wesentlich darauf an, das Gläubiger-schutzprinzip zu beachten, nach dem sich ein Kaufmann nicht reicher darstellen soll, als er ist.

Die Bewertung nach den Gegebenheiten des *Absatzmarkts* berücksichtigt eine Anti-zipation erwarteter negativer Erfolgsbeiträge, die sich vor allem dadurch einstellen, dass der zukünftige Verkaufspreis abzüglich von Rabatten, Skonti und Boni niedriger als die bereits aufgelaufenen Herstellungskosten zuzüglich weiterer Kosten bis zum Verkaufszeitpunkt ist. Durch das Imparitätsprinzip kann so die Zukunft (spätere Peri-oden) von voraussehbaren Verlustteilen freigehalten werden (**Prinzip der verlust-freien Bewertung**).

Da ein starkes Sinken der Verkaufspreise bis auf die Roh-, Hilfs- und Betriebsstoffe durchschlagen kann, muss ggf. auch für diese Stoffe eine Abwertung nach der Maß-geblichkeit des Absatzmarkts vorgenommen werden, d. h., dass alle am Bilanzstich-tag erkennbaren Risiken berücksichtigt werden müssen.[296] Nur bei nicht ausreichen-der Bestimmbarkeit der zukünftigen Risiken bleibt es bei der alleinigen Maßgeblich-keit des Beschaffungsmarkts.[297]

Grundsätzlich müssen alle Informationen über drohende negative Erfolgsbeiträge für die Bewertung berücksichtigt werden, die bis zum Abschlussstichtag bekannt sind, darüber hinaus sind sämtliche Ereignisse im Abschluss zu berücksichtigen, die bis zum Abschlussstichtag eingetreten sind, auch wenn sie erst später (bis zur Bilanzauf-stellung und -prüfung) bekannt werden (**Prinzip der Wertaufhellung** gem. § 252 Abs. 1 Nr. 4 HGB). Weiterhin sollen alle Informationen berücksichtigt werden, die die zum Abschlussstichtag vorhandenen Informationen mit ausreichend großer Sicher-heit ergänzen; es muss sich bei diesen Informationen um Informationen mit einer objektiven **Wahrscheinlichkeit** handeln, d. h. der Eintritt eines Ereignisses muss zum Abschlussstichtag mit einer objektiven Wahrscheinlichkeit gegeben sein.

Wurde gem. §§ 253 Abs. 4 HGB ein niedrigerer Wert zulässigerweise angesetzt, so darf er gem. § 253 Abs. 5 S. 1 HGB nicht beibehalten werden, wenn die Gründe für seinen Ansatz nicht mehr bestehen (**Zuschreibungsgebot**).

Steuerrechtlich sind die Wirtschaftsgüter des Vorratsvermögens gem. § 6 Abs. 1 Nr. 2 EStG mit den Anschaffungs- oder Herstellungskosten anzusetzen. Es kann auf den niedrigeren **Teilwert** herabgegangen werden, wenn die Wertminderung voraussicht-

---

296 Fülling (Vorräte), S. 225 f. und S. 229 f.
297 Vgl. Fülling (Vorräte), S. 225, Fußn. 64; im Fall des Rohstoffverkaufs am Beschaffungsmarkt
     erfolgt ebenfalls Bewertung nach der Maßgeblichkeit des Beschaffungsmarkts.

lich von Dauer ist; dies ist häufig bei sog. **Saisonwaren** nach Ablauf der Saison der Fall. Dabei ist der Teilwert regelmäßig mit den Wiederbeschaffungswerten anzusetzen. Ist anzunehmen, dass die zukünftigen Verkaufserlöse die bereits angefallenen und zukünftig bis zum Verkauf noch anfallenden Selbstkosten (inklusive anteiliger Lagerkosten) zuzüglich eines durchschnittlichen Unternehmergewinns nicht decken werden, so ist insoweit eine Teilwertabschreibung ebenfalls zulässig.[298] Dies gilt nicht für Waren, die üblicherweise mit Verlust oder gratis abgegeben werden wie z. B. Ärztemuster eines Arzneimittelherstellers.[299] Steuerlich sind aufgrund der Rechtsprechung deshalb für eine Teilwertermittlung von Gütern des Vorratsvermögens sowohl die

- **progressive Methode** mit einer Orientierung am Beschaffungsmarkt (Ermittlung eines Wiederbeschaffungswerts) als auch die
- **retrograde Methode** mit einer Orientierung am Absatzmarkt (Rückrechnung vom voraussichtlichen Verkaufserlös)

zulässig.[300] Damit wird steuerlich der niedrigere Wert aus diesen beiden Ermittlungsmethoden angesetzt.

Es ist zu beachten, dass bei der retrograden Methode immer ein Unterschied zwischen handelsbilanziellem Wert und steuerbilanziellem Wert besteht, weil im Gegensatz zur Steuerbilanz in der Handelsbilanz die Abschreibung keinen anteiligen Unternehmergewinn beinhalten darf.

Beispiel: Vorratsabschreibung   !

Ein Unternehmen hat einen Rohstoff mit AK von 80,- EUR/kg auf Lager. Zur Herstellung des Fertigprodukts wird genau ein kg des Rohstoffs benötigt, weiterhin fallen pro Fertigprodukt weitere 80,- EUR Herstellungskosten an. Das Produkt wird für 200,- EUR verkauft.

Aufgrund einer Wirtschaftskrise sinkt der Einkaufspreis des Rohstoffs auf 70,- EUR/kg, gleichzeitig fällt der Verkaufspreis auf 140,- EUR.

Vor der Krise ergibt sich folgende Rechnung:

Verkaufspreis	200
Herstellungskosten	– 160
Gewinn (20 % vom VK)	40

Nach Eintritt der Krise könnte auf den Beschaffungsmarkt geschaut werden, was zu einer Abschreibung von 10,- EUR/kg führen würde. Eine Orientierung am Absatzmarkt ergibt jedoch für die Handelsbilanz

Verkaufspreis	140
Herstellungskosten	– 160
Verlust = Abschreibung je kg	– 20

---

298   FG Münster, Urteil v. 21.11.2018, 13 K 444/16, DStRK 2019, S. 248.
299   BFH, Urteil v. 20.10.1976, BStBl. 1977 II, S. 278.
300   BFH, Urteil v. 09.12.2014, X R 36/12, BFH/NV 2015, S. 821.

und für die Steuerbilanz	
Verkaufspreis	140
Herstellungskosten	– 160
Gewinn (20 % vom VK)	– 28
Teilwertabschreibung je kg	– 48

Ist der **Teilwert einer Forderung** aufgrund einer voraussichtlich dauernden Wertminderung niedriger als ihr Nennwert, weil z. B. zweifelhaft ist, ob die Forderung in Höhe des Nennwerts erfüllt werden wird (**Ausfallrisiko**), so »kann« statt des Nennwerts der niedrigere Teilwert angesetzt werden (§ 6 Abs. 1 Nr. 2 S. 2 EStG). Zur Vornahme einer **Forderungsabschreibung** wegen gesunkenen Teilwerts muss das bilanzierende Unternehmen belegen, dass seine Teilwertschätzung eine objektive betriebliche Grundlage hat, worüber sich das Finanzamt ein eigenes Urteil bilden können muss. Dazu sind insbesondere die – gesunkene – Zahlungsfähigkeit und Zahlungswilligkeit des Schuldners zu belegen.[301]

Nach dem Maßgeblichkeitsprinzip müssen die Gegenstände des Vorratsvermögens gem. dem Niederstwertprinzip mit dem niedrigeren Markt- oder Börsenwert angesetzt werden.[302] Ist dieser jedoch nicht zu ermitteln, so kann als beizulegender Wert auch ein Zwischenbetrag zwischen den AK bzw. HK und dem niedrigeren Teilwert angesetzt werden, falls damit zu rechnen ist, dass dieser Wert von den zukünftigen Verkaufserlösen verlustfrei gedeckt werden wird.

Nach zulässiger Teilwertabschreibung muss in späteren Perioden bei Entfall des Abschreibungsgrunds auf einen höheren Teilwert heraufgegangen werden, jedoch nicht über die AK bzw. HK hinaus (eingeschränkter Wertezusammenhang gem. § 6 Abs. 1 Nr. 2 S. 3 EStG).

5.3.1.3 Bewertungsvereinfachungsverfahren

In einigen Fällen hat sich der Gesetzgeber entschlossen, auf der Basis des einschränkenden Rahmengrundsatzes der **Wirtschaftlichkeit** bzw. Wesentlichkeit die Grundsätze der Richtigkeit und der Einzelbewertung einzuschränken: Durch die Zulässigkeit der Bildung von Gruppen für die Bewertung anstelle einer sonst notwendigen Einzelbewertung (§§ 240 Abs. 3 und 4, 256 HGB) wurde neben einer Inventurvereinfachung auch eine Bewertungsvereinfachung für zulässig erklärt. Ein weiteres Beispiel stellt die Festbewertung dar.

---

301 FG München, Beschluss v. 7.7.2009, 13 V 1694/09.
302 Gilt nur bei Gewinnermittlung gem. § 5 EStG, sofern nicht von der Ausnahmeregelung des § 5 Abs. 1 EStG Gebrauch gemacht wird.

Bei dieser **Bewertungsvereinfachung** wird auf eine direkte Einzelbewertung der Vermögensgegenstände verzichtet, wodurch insbesondere der arbeitsaufwendige Identifikationsnachweis entfällt. Für diese Bewertungsvereinfachung wurde eine Reihe von Verfahren entwickelt, deren Aufgabe die Bewertung von Gegenständen des Vorratsvermögens ist. Da bei einer Bewertung unter Heranziehung eines Bewertungsvereinfachungsverfahrens keine wesentlichen Abweichungen von einer Einzelbewertung entstehen sollen, werden diese Verfahren auch als indirekte Einzelbewertung bezeichnet.

Für die Beurteilung von Bewertungsvereinfachungsverfahren ist deshalb immer auf den sich aus einer direkten Einzelbewertung ergebenden Wert als Vergleichsmaßstab abzustellen. Je mehr sich die Werte aus der direkten und der indirekten Einzelbewertung annähern, umso eher entspricht das Bewertungsvereinfachungsverfahren dem Grundsatz der Einzelbewertung.

In einem ersten Schritt werden durch § 256 S. 1 HGB nur die Verbrauchsfolgeverfahren als Verfahren der Bewertungsvereinfachung zugelassen, sodass die Festbewertung gem. § 240 Abs. 3 HGB und die Gruppenbewertung mit einem Durchschnittswert gem. § 240 Abs. 4 HGB als Inventurverfahren nicht auf die Bewertung im Jahresabschluss anwendbar wären. Eine unterschiedliche Bewertung im Inventar und im Jahresabschluss ist zwar grundsätzlich vorstellbar, wäre jedoch äußerst verwirrend. Auch deshalb hat der Gesetzgeber die Verfahren des § 240 Abs. 3 und 4 HGB als Bewertungsvereinfachung durch § 256 S. 2 HGB anerkannt.

Diese Gesetzessystematik anstelle einer einheitlichen Aufführung in einem Paragrafen wurde dadurch notwendig, dass die Festbewertung und die Gruppenbewertung bereits Verfahren der Inventurvereinfachung sind, während die Bewertungsvereinfachungsverfahren i. S. des § 256 S. 1 HGB mit der Unterstellung einer Verbrauchsfolge arbeiten, weshalb eine Anwendung auf die Inventur ausgeschlossen ist.

Bewertungsvereinfachung gem. § 256 HGB		
§ 256 S. 1	**§ 256 S. 2**	
	Inventurvereinfachung	
	§ 240 Abs. 3	§ 240 Abs. 4
Verbrauchsfolgeverfahren	Festwert	Gruppenbewertung mit einem Durchschnittswert

Da § 256 HGB zum ersten Abschnitt des dritten Buchs des HGB gehört, gelten die Regelungen über die Bewertungsvereinfachungsverfahren für alle Kaufleute. Eine ggf. notwendig werdende Erläuterung gem. § 284 Abs. 2 Nr. 3 HGB ist dagegen nur für Kapitalgesellschaften vorgeschrieben, es sei denn, dass diese Erläuterung wegen § 5 Abs. 2 PublG auch von Nichtkapitalgesellschaften zu machen ist.

Nach § 240 Abs. 4 HGB ist eine **Gruppenbewertung** zulässig, wenn es sich um Gegenstände des Vorratsvermögens[303] handelt, die gleichartig sind.

Die Gruppe wird mit dem gewogenen Durchschnitt bewertet, jedoch ist durchaus auch ein Verbrauchsfolgeverfahren zulässig. Das **Durchschnittsverfahren** ist das in der Praxis am häufigsten angewandte Verfahren.

Es existieren drei Varianten des Durchschnittsverfahrens:
1. Errechnung einfacher Durchschnittspreise
2. Errechnung gewogener Durchschnittspreise
3. Errechnung gleitender Durchschnittspreise

zu 1.: Das Verfahren zur Errechnung **einfacher Durchschnittspreise** ist realitätsfern und unzulässig, da die in der Praxis regelmäßig nicht anzutreffenden Voraussetzungen gleicher Zugangs- und Abgangsmengen in gleichmäßigen Intervallen unterstellt werden.

zu 2.: Realitätsnäher ist die Errechnung **gewogener Durchschnittspreise**, bei der nur noch die Unterstellung gleicher Abgangsmengen bleibt. Zur Errechnung werden die Einstandspreise (p_i) mit der jeweiligen Zugangsmenge (x_i) gewichtet, wobei der Anfangsbestand (AB) zu berücksichtigen ist:

$$\bar{p} = \frac{\sum_{i=1}^{n} \bar{x}_1 \times p_i + x_{AB} \times p_{AB}}{\sum_{i=1}^{n} x_i + x_{AB}} = \text{gewogener Durchschnittspreis}$$

> ! **Beispiel: Gewogenes Durchschnittspreisverfahren**
>
> | Vorgang | | Wert | Menge |
> |---|---|---|---|
> | Anfangsbestand | 20 Stück zu 30,00 EUR | 600,00 | 20 Stück |
> | 1. Zugang | 60 Stück zu 40,00 EUR | 2.400,00 | 60 Stück |
> | Abgang 30 Stück | | | |
> | 2. Zugang | 50 Stück zu 35,00 EUR | 1.750,00 | 50 Stück |
> | Abgang 60 Stück | | | |

---

303 Bei Gütern, die nicht zum Vorratsvermögen gehören, kann ebenfalls eine Gruppenbewertung erfolgen, jedoch kommt dann zum Erfordernis der Gleichartigkeit noch das Erfordernis der annähernden Gleichwertigkeit.

3. Zugang	10 Stück zu 25,00 EUR	250,00	10 Stück
Abgang 20 Stück			
gewogener Durchschnitt:	5.000,00 EUR : 140 Stück	= 35,71 EUR/Stück	
Bilanzansatz:	30 Stück zu 35,71 EUR	= 1.071,43 EUR	
Materialeinsatz:	110 Stück zu 35,71 EUR	= 3.928,57 EUR	

zu 3.: Bei der Errechnung **gleitender Durchschnittspreise** wird nach jedem Zugang ein neuer Durchschnittspreis errechnet, der der Bewertung der auf einen Zugang folgenden Abgänge zugrunde gelegt wird; der letzte Durchschnittspreis einer Periode ist zugleich auch der bilanzielle Wertansatz. Die Errechnung gleitender Durchschnittspreise entspricht den GoB vollständig. So wird beispielsweise bei einem Rückgang des Lagerbestands auf 0 (d. h. vollständige Räumung des Lagers) nur beim gleitenden Durchschnitt kein alter Wert auf die neuen Zugänge übertragen. Nur das Verfahren der gleitenden Durchschnittspreise entspricht im Ergebnis einer Einzelbewertung, wenn die Abgänge zufallsmäßig ausgewählt werden.

Der aktuelle Durchschnittspreis wird nach folgender Formel errechnet:

$$\bar{p_i} = \frac{\bar{b}_{n-1} \times p_{n-1} + x_n \times p_n}{b_{n-1} + x_n} \quad (b_i = \text{Lagerbestand})$$

Beispiel: Gleitendes Durchschnittspreisverfahren   !

Vorgang	Bewegung		Bestand	
Anfangsbestand	20 Stück zu 30,00 EUR		20 zu 30,00 =	600,00
1. Zugang	60 Stück zu 40,00 EUR =	+ 2.400,00	80 zu 37,50 =	3.000,00
Abgang	30 Stück zu 37,50 EUR =	− 1.125,00	50 zu 37,50 =	1.875,00
2. Zugang	50 Stück zu 35,00 EUR =	+ 1.750,00	100 zu 36,25 =	3.625,00
Abgang	60 Stück zu 36,25 EUR =	− 2.175,00	40 zu 36,25 =	1.450,00
3. Zugang	10 Stück zu 25,00 EUR =	+ 250,00	50 zu 34,00 =	1.700,00
Abgang	20 Stück zu 34,00 EUR =	− 680,00	30 zu 34,00 =	1.020,00
Bilanzansatz:	30 Stück zu 34,00 EUR =	1.020,00		
Materialeinsatz:	110 Stück zu insgesamt	3.980,00		

Bei den Verbrauchsfolgeverfahren gem. § 256 HGB sind *nur* die

a) zeitlich bestimmten Verfahren
   — LIFO (last in – first out)
   — FIFO (first in – first out)
zulässig.

Dagegen sind die

b) wertmäßig bestimmten Verfahren
    — LIFO (lowest in – first out)
    — HIFO (highest in – first out)
c) konzernintern bestimmten Verfahren
    — KIFO (Konzern in – first out)
    — KILO (Konzern in – last out)
unzulässig.

Die **zeitlich bestimmten Verfahren** unterstellen, dass die Vorräte in einer bestimmten Reihenfolge dem Lager entnommen werden. Beim **Lifo-Verfahren** wird unterstellt, dass die zuletzt angeschafften Güter zuerst dem Lager entnommen werden. Das **Fifo-Verfahren** unterstellt dagegen, dass die zuerst angeschafften Güter auch zuerst entnommen werden. Fiktiv bleiben somit die ältesten Güter beim Lifo-Verfahren am Lager, während beim Fifo-Verfahren die neuesten Güter dem Lager zugerechnet werden.

Beide Verfahren können sowohl periodisch als auch permanent durchgeführt werden. Bei **periodischer Anwendung** wird lediglich die Differenz von Periodenanfangsbestand und -endbestand nach dem Lifo- bzw. Fifo-Verfahren bewertet, woraus sich dann der Bilanzwert des Endbestands errechnet. Bei **permanenter Anwendung** der Verfahren wird die Bewertung für jeden Abgang gesondert vorgenommen, was zwar eine etwas aufwändigere Lagerbuchführung verlangt, dafür erlaubt nur die permanente Rechnung eine Bereitstellung aktueller Werte entsprechend dem gewählten Verfahren für jeden Abgang zum Zeitpunkt des Abgangs.

! Beispiel: Lifo-Verfahren

Vorgang	Bewegung		Bestand	
Anfangsbestand	20 Stück zu 30,00 EUR		20 zu 30,00 =	600,00
1. Zugang	60 Stück zu 40,00 EUR =	+ 2.400,00	20 zu 30,00 =	600,00
			60 zu 40,00 =	2.400,00
Abgang	30 Stück zu 40,00 EUR =	– 1.200,00	20 zu 30,00 =	600,00
			30 zu 40,00 =	1.200,00
2. Zugang	50 Stück zu 35,00 EUR =	+ 1.750,00	20 zu 30,00 =	600,00
			30 zu 40,00 =	1.200,00
			50 zu 35,00 =	1.750,00
Abgang 60 Stück	50 zu 35,00 EUR =	– 1.750,00	20 zu 30,00 =	600,00
	10 zu 40,00 EUR =	– 400,00	20 zu 40,00 =	800,00

3. Zugang	10 Stück zu 25,00 EUR =	+ 250,00	20 zu 30,00 =	600,00
			20 zu 40,00 =	800,00
			10 zu 25,00 =	250,00
Abgang	10 zu 25,00 EUR =	– 250,00	20 zu 30,00 =	600,00
	10 zu 40,00 EUR =	– 400,00	10 zu 40,00 =	400,00
Bilanzansatz:	30 Stück zu insgesamt 1.000,00 EUR			
Materialeinsatz:	110 Stück zu insgesamt 4.000,00 EUR			

Beispiel: Fifo-Verfahren !

Vorgang	Bewegung		Bestand	
Anfangsbestand	20 Stück zu 30,00 EUR		20 zu 30,00 =	600,00
1. Zugang	60 Stück zu 40,00 EUR =	+ 2.400,00	20 zu 30,00 =	600,00
			60 zu 40,00 =	2.400,00
Abgang 30 Stück	20 zu 30,00 EUR =	– 600,00	50 zu 40,00 =	2.000,00
			10 zu 40,00 =	– 400,00
2. Zugang	50 Stück zu 35,00 EUR =	+ 1.750,00	50 zu 40,00 =	2.000,00
			50 zu 35,00 =	1.750,00
Abgang 60 Stück	50 zu 40 EUR =	– 2.000,00	40 zu 35,00 =	1.400,00
			10 zu 35,00 =	– 350,00
3. Zugang	10 Stück zu 25,00 EUR =	+ 250,00	40 zu 35,00 =	1.400,00
			10 zu 25,00 =	250,00
Abgang	20 Stück zu 35,00 EUR =	– 700,00	20 zu 35,00 =	700,00
			10 zu 25,00 =	250,00
Bilanzansatz:	30 Stück zu 34,00 EUR = 950,00 EUR			
Materialeinsatz:	110 Stück zu insgesamt 4.050,00 EUR			

Bei allen bisher besprochenen Bewertungsverfahren ist zum Abschlussstichtag zusätzlich die Niederstwertvorschrift des § 253 Abs. 4 HGB zu beachten.

Nach § 240 Abs. 3 HGB dürfen Roh-, Hilfs- und Betriebsstoffe (sowie Gegenstände des Anlagevermögens) mit einem **Festwert** angesetzt werden (»Eiserne-Bestand-Rechnung«), wenn ihr Bestand in seiner Größe, seinem Wert und seiner Zusammensetzung nur geringen Veränderungen unterliegt. Der Festwert ist i. d. R. alle drei Jahre durch Inventur zu überprüfen. Bei gesunkenem Wert und bei einem um mindestens 10 % gestiegenen Wert besteht steuerrechtlich die Verpflichtung, den Festwert anzupassen. Bei einem bis zu 10 % gestiegenen Wert besteht ein Aufwertungswahlrecht.

Der Festwert soll der Vereinfachung von Inventur und Bewertung dienen; es handelt sich deshalb um ein Wahlrecht, den Festwert anzusetzen. Solange der Festwert nicht geändert wird, werden für den Festwert keine Zu- und Abgänge gebucht, Neuanschaffungen werden in diesem Fall sofort erfolgswirksam gebucht.

Damit unter Berufung auf die Wirtschaftlichkeit keine höheren Grundsätze ordnungsmäßiger Buchführung verletzt werden, hat der Gesetzgeber die Anwendung von Bewertungsvereinfachungsverfahren an bestimmte Voraussetzungen geknüpft.

Eine der wesentlichsten Voraussetzung ist die **Gleichartigkeit** der mit einem Bewertungsvereinfachungsverfahren zu bewertenden Güter des Vorratsvermögens. [304] Güter, die nicht gleichartig sind, dürfen nicht mit einem Bewertungsvereinfachungsverfahren bewertet werden.

Gleichartigkeit bedeutet nicht, dass die zu beurteilenden Güter gleich sein müssen. Es reicht vielmehr aus, wenn die Güter in ihrer Art gleich sind, wobei die einzelnen Güter untereinander deutliche Ungleichheiten zeigen können, solange aus der geforderten Gleichartigkeit nicht eine Verschiedenartigkeit wird.

Nach der h. M. sind Vermögensgegenstände dann gleichartig, wenn sie
- der gleichen Warengattung (Gattungsgleichheit) angehören oder
- dem gleichen Verwendungszweck (Funktionsgleichheit) dienen.

Die **Gattungsgleichheit** ist gegeben, wenn sich im Lager Güter befinden, die sich nur hinsichtlich ihrer Abmessungen (z. B. Stoffe verschiedener Breite) oder hinsichtlich ihrer Qualität (z. B. Waren erster und zweiter Güte) unterscheiden. Hingegen ist für die Gattungsgleichheit unbedingt zu fordern, dass die Güter aus identischem Material gefertigt sind. Die **Funktionsgleichheit** verlangt nach identischen Funktionen bzw. Einsatzmöglichkeiten der Güter, wobei keine Gleichheit hinsichtlich der verwendeten Materialien und Produktionsverfahren notwendig ist (z. B. Leitern aus Holz, Plastik und Stahl).

Nach dem Wortlaut des Gesetzes kommt es für die Gleichartigkeit nicht auf eine *Preisgleichheit* an, da die annähernde Preisgleichheit ausschließlich als alternative Gruppenbildungsvoraussetzung bei nicht zum Vorratsvermögen gehörenden Gütern gefordert ist. Insoweit ist aus dem ausdrücklichen Nichterwähnen der »annähernden Preisgleichheit« unmittelbar abzuleiten, dass dieses Erfordernis bei der Gruppenbildung für das Vorratsvermögen nicht gegeben ist.

Nach der h. M. wird jedoch zumindest eine annähernde Preisgleichheit auch für eine Bewertungsvereinfachung im Vorratsvermögen gefordert, obwohl diese Forderung

---

304 Bei Gütern, die nicht zum Vorratsvermögen gehören, ist es für eine Gruppenbewertung auch ausreichend, wenn eine annähernde Gleichwertigkeit der Vermögensgegenstände gegeben ist.

im Widerspruch zu der Formulierung im Gesetz steht. Es entspricht gerade dem Prinzip einer Bewertungsvereinfachung, Güter mit unterschiedlichen Preisen so zu bewerten, dass alle Güter ohne Ansehen ihrer tatsächlichen Anschaffungs- oder Herstellungskosten in die Bewertungsvereinfachung einbezogen werden. Es kann allerdings den Grundsätzen ordnungsmäßiger Buchführung widersprechen, wenn Güter mit extrem weit auseinander liegenden Preisen mit einem Bewertungsvereinfachungsverfahren bewertet werden. Bernert formuliert daher zurückhaltender:[305] »Für die Gleichartigkeit dürfen diese Vermögensgegenstände außerdem in den Preisen nicht so verschieden sein, dass für sie ein gewogener Durchschnittswert nicht gebildet werden kann«.

Deshalb kann Mayer-Wegelin zugestimmt werden, der in der annähernden Preisgleichheit nur eines von mehreren möglichen Zusatzkriterien sieht.[306] Danach ist eine annähernde Preisgleichheit nur als ein einzelnes Indiz dafür anzusehen, dass Vermögensgegenstände gleichartig sind.

Sieht man eine Preisgleichheit nicht als notwendigen Teil einer Gleichartigkeit, so sollten keine Bedenken bestehen, das Problem stark unterschiedlicher Preise bei ansonsten gegebener Gleichartigkeit durch die Anwendung z. B. des Dollar-Value-LIFO zu lösen.[307]

Für die Verbrauchsfolgeverfahren (Bewertungsvereinfachungsverfahren i. e. S.) gilt, dass die dem Rechenverfahren zugrunde liegende Verbrauchsfolge »unterstellt werden kann« (§ 256 S. 1 HGB: **Unterstellung der Verbrauchsfolge**). Damit wird für die handelsrechtliche Bilanzierung klargestellt, dass – unter der Voraussetzung der Einhaltung der GoB – jedes beliebige Verbrauchsfolgeverfahren unabhängig von der jeweiligen Lagerorganisation zur Anwendung kommen kann. Gleichzeitig bedeutet dies, dass der Bilanzierende in der Anwendung eines Bewertungsvereinfachungsverfahrens frei ist, d. h., er kann zwischen der direkten und der indirekten Einzelbewertung wählen.

Diese Wahlrechte können für jede Gruppe von Vermögensgegenständen gesondert ausgeübt werden, sodass in einem Vorratsvermögen die direkte Einzelbewertung neben der Durchschnittsbewertung und der Bewertung aufgrund von Verbrauchsfolgeverfahren uneingeschränkt nebeneinander erfolgen kann. Aufgrund des **Stetigkeitsgrundsatzes** (§ 252 Abs. 1 Nr. 6 HGB) ist der Bilanzierende an eine einmal getroffene Wahl gebunden. Eine Änderung der Bewertungsmethode (z. B. Wechsel von einem Verbrauchsfolgeverfahren zu einem anderen Verbrauchsfolgeverfahren oder Wechsel von einer Durchschnittsbewertung zu einem Verbrauchsfolgeverfahren) ist

---

305 Bernert (Vermögensgegenstände), S. 220.
306 Mayer-Wegelin (Anwendungsbereich), S. 939.
307 Vgl. Schulz/Fischer (Lifo-Bewertung), insbes. S. 492 ff.

nur unter den allgemeinen Bedingungen für eine solche Methodenänderung möglich; ggf. ist bei Kapitalgesellschaften gem. § 284 Abs. 2 Nr. 2 HGB im Anhang zu berichten.

Ein Wechsel von einem Bewertungsvereinfachungsverfahren zur direkten Einzelbewertung sollte m. E. jedoch immer möglich sein, da durch diesen Wechsel eine »richtigere« Bilanzierung erreicht wird, d. h. eine dem Grundsatz der Einzelbewertung entsprechende Bilanzierung. Voraussetzung für einen derartigen Wechsel wäre jedoch, dass die ggf. im Vorratsvermögen enthaltenen stillen Reserven bei ihrer Auflösung offen – in der Gewinn- und Verlustrechnung oder im Anhang – ausgewiesen werden, sofern sie für die Beurteilung der Vermögens- und Ertragslage von Bedeutung sind.

Die Wahlrechte hinsichtlich der Anwendung von Bewertungsvereinfachungsverfahren und ihrer Auswahl werden nur durch das Erfordernis der Einhaltung der Grundsätze ordnungsmäßiger Buchführung eingeschränkt. Diese Einschränkung soll vor der missbräuchlichen Anwendung von Bewertungsvereinfachungsverfahren schützen.

Grundsätzlich liegt kein **Missbrauch** vor, wenn das gewählte Verbrauchsfolgeverfahren nicht mit der Reihenfolge der tatsächlichen Lagerbewegungen übereinstimmt. »Ein Verstoß gegen die GoB liegt daher nur dann vor, wenn die gewählte Verbrauchsfolge im konkreten Fall unter Zugrundelegung der tatsächlichen Verhältnisse völlig undenkbar ist. Dies kann beispielsweise bei schnell verderblicher Ware der Fall sein, bei der die Anwendung des Lifo-Verfahrens auszuschließen ist, da bei diesen Waren stets die ältesten Waren zuerst verbraucht werden, um deren Verderben auszuschließen. Auch bei Saisonbetrieben, die unterjährig immer ihren gesamten Warenvorrat verbrauchen, scheidet ein periodisches Verbrauchsfolgeverfahren oder das gewogene Durchschnittsverfahren aus (nicht jedoch ein permanentes Verbrauchsfolgeverfahren oder das gleitende Durchschnittsverfahren). Dagegen wird wegen einer nur zufälligen Lagerräumung die Anwendung eines Verbrauchsfolgeverfahrens nicht unzulässig.

Eine missbräuchliche Anwendung von Bewertungsvereinfachungsverfahren kann auch bei sehr teuren Gütern oder bei Gütern mit extrem unterschiedlichen Preisen gegeben sein. Bei sehr teuren Gütern wird regelmäßig ein Einzelnachweis in der Lagerbuchführung aus Sicherungsgründen erfolgen, sodass es dem Grundsatz der Wirtschaftlichkeit nicht widerspricht, diese Güter auch einzeln zu bewerten.[308] Liegen extreme Preisspannen vor, so kann dies ein Indiz dafür sein, dass es sich nicht um gleichartige Vermögensgegenstände handelt, sodass die Anwendbarkeit von Bewertungsvereinfachungsverfahren an dem Erfordernis der Gleichartigkeit scheitern würde.

---

308 Für das Steuerrecht wird für besonders wertvolle Wirtschaftsgüter die Einzelbewertung als Regelbewertung gefordert, H 6.9 EStH 2015.

Auch *steuerrechtlich* können Wirtschaftsgüter zu Gruppen zusammengefasst werden, wobei die gleichen Voraussetzungen wie im Handelsrecht gelten.[309] Von den Sammelbewertungsverfahren sind jedoch nur das **Durchschnittswertverfahren** und das Lifo-Verfahren[310] zulässig. Besonders wertvolle Wirtschaftsgüter sind regelmäßig einzeln zu bewerten.

Für die Anwendbarkeit der **Lifo-Methode** sind die Regelungen des § 6 Abs. 2a EStG zu beachten[311]; danach können

- Steuerpflichtige, die den Gewinn nach § 5 EStG ermitteln,
- soweit dies den handelsrechtlichen GoB entspricht,
- für den Wertansatz gleichartiger Wirtschaftsgüter des Vorratsvermögens unterstellen,
- dass die zuletzt angeschafften oder hergestellten Wirtschaftsgüter zuerst verbraucht oder veräußert worden sind.

Dabei darf in der Steuerbilanz das Wahlrecht zum Einsatz der Lifo-Methode unabhängig von der Wahlrechtsausübung in der Handelsbilanz ausgeübt werden (**durchbrochene Maßgeblichkeit**).[312] Bei einer Abweichung von der Handelsbilanz sind die Wirtschaftsgüter in besondere, laufend zu führende Verzeichnisse aufzunehmen (§ 5 Abs. 1 S. 2 EStG).

Bei der erstmaligen Bewertung des Vorratsvermögens mit dem Lifo-Verfahren ist eine Rückverfolgung des Anfangsbestands nicht notwendig. Stattdessen kann der Endbestand des Vorjahres – unabhängig vom gewählten Bewertungsverfahren – wie ein erster Zugang im neuen Jahr und damit innerhalb des Lifo-Verfahrens behandelt werden.

Hat sich der Bilanzierende für die Anwendung des Lifo-Verfahrens entschieden, so kann er von dieser Bewertungsmethode in den Folgejahren nur mit Zustimmung des Finanzamts abweichen (§ 6 Abs. 1 Nr. 2a S. 3 EStG). Dies gilt auch dann, wenn er für die Handelsbilanz zulässigerweise einen Methodenwechsel vornimmt. Verweigert das Finanzamt die Zustimmung, so wird dadurch das Maßgeblichkeitsprinzip durchbrochen. Da mit dem Erfordernis der Zustimmung nur ein willkürlicher Wechsel ausgeschlossen werden soll, ist davon auszugehen, dass in wirtschaftlich begründeten Fällen das Finanzamt die Zustimmung nicht verweigern darf, zumal der Bilanzierende auch handelsrechtlich zur Methodenstetigkeit verpflichtet ist, sodass auch handelsrechtlich eine willkürliche Änderung unzulässig wäre.

---

309 R 6.8 Abs. 4 EStR 2012.
310 R 6.9 EStR 2012.
311 Siehe ergänzend BMF, Schreiben v. 12.05.2015, 2015/0348300.
312 R 6.9 Abs. 1 EStÄR 2012.

5.3.2 Forderungen und sonstige Vermögensgegenstände

5.3.2.1 Auszuweisende Vermögensgegenstände

Zu dem Posten »Forderungen und sonstige Vermögensgegenstände« zählen gem. § 266 Abs. 2 HGB im Einzelnen die folgenden Bilanzposten:

1. Forderungen aus Lieferungen und Leistungen
2. Forderungen gegen verbundene Unternehmen
3. Forderungen gegen Unternehmen, mit denen ein Beteiligungsverhältnis besteht
4. sonstige Vermögensgegenstände

zu 1.: Forderungen aus Lieferungen und Leistungen beinhalten grundsätzlich nur solche Forderungen, die einen Gegenposten zu den Umsatzerlösen der GuV darstellen.

zu 2.: Bei den **Forderungen an verbundene Unternehmen** handelt es sich um geleistete Anzahlungen für Gegenstände des Umlaufvermögens, Forderungen aus Lieferung und Leistung etc.; dies ist somit ein Sammelposten für unterschiedliche Forderungen gegenüber verbundenen Unternehmen. Sofern der Anteil der Forderungen aus L&L in diesem Posten besonders hoch ist, empfiehlt sich die Einrichtung eines entsprechenden »Davon-Postens«.

zu 3.: Für Forderungen gegen Unternehmen, mit denen ein Beteiligungsverhältnis besteht, gilt das bereits zu 2. Gesagte entsprechend.

zu 4.: Unter den **sonstigen Vermögensgegenständen** sind alle Vermögensgegenstände auszuweisen, die keinem anderen Bilanzposten zugeordnet werden können. Beispielsweise gehören hierher Steuererstattungsansprüche, Gehaltsvorauszahlungen, aufgelaufene Stückzinsen und Gold(barren). Werden hier Beträge für Vermögensgegenstände ausgewiesen, die erst nach dem Abschlussstichtag rechtlich entstehen (antizipative Posten), so müssen sie, sofern sie einen größeren Umfang haben, im Anhang erläutert werden (§ 268 Abs. 4 S. 2 HGB).

Für alle genannten Posten sind für jeden Posten die Forderungen mit einer **Restlaufzeit** (also nicht *Gesamtlaufzeit*) von mehr als einem Jahr als »Davon-Vermerk« gesondert anzugeben (§ 268 Abs. 4 S. 1 HGB).

Unter den »**sonstigen Vermögensgegenständen**« sind auch Forderungen aufgrund einer Vertragsverletzung, einer unerlaubten Handlung oder einer ungerechtfertigten Bereicherung auszuweisen. Bei diesen Forderungen stellt sich jedoch die Frage, wann sie erstmals bilanziert werden dürfen bzw. müssen, d. h., wann der Charakter eines bilanzierungspflichtigen Vermögensgegenstands gegeben ist. Bei derartigen Forderungen ist normalerweise mit Widerstand des Inanspruchgenommenen zu rechnen (unsichere Forderung), sodass es u. U. geboten ist, diese Forderungen, auch wenn sie zunächst noch nicht bestritten sind, nicht zu bilanzieren. Weiterhin muss hier die Beteiligung eines bilanzierenden Gewerbetreibenden, dem eine Eigentumswohnung gehört und der Zahlungen in eine von der Wohnungseigentümergemeinschaft gebildete Instandhaltungsrückstellung geleistet hat, an dieser **Instandhaltungsrückstellung** mit dem Betrag der geleisteten und noch nicht verbrauchten Einzahlung aktiviert werden.[313]

Sofern nicht wegen beabsichtigter Daueranlage ein Ausweis im Anlagevermögen geboten ist, sind unter den »sonstigen Vermögensgegenständen« auch Forderungen oder Ansprüche aus virtuellen Vermögensgegenständen wie **Utility Token** oder **Investment Token** auszuweisen. Currency Token können ebenfalls hier, m. E. aber besser unter »Schecks, Kassenbestand,--«, gezeigt werden.

Unter dem Posten »Forderungen und sonstige Vermögensgegenstände« müssen ggf. die folgenden zusätzlichen Posten ausgewiesen werden:
1. Einzahlungsverpflichtungen persönlich haftender Gesellschafter (§ 286 Abs. 2 AktG)
2. eingeforderte Nachschüsse (§ 42 Abs. 2 GmbHG).

Weiterhin sind die folgenden Pflichten zum Ausweis eines »Davon-Vermerks« bei dem jeweiligen Posten zu beachten:
1. gewährte Kredite an Vorstandsmitglieder oder andere Personen bei einer KGaA (§§ 89, 286 Abs. 2 S. 4 AktG),
2. Forderungen an Gesellschafter einer GmbH, soweit diese Forderungen nicht in einem gesonderten Posten oder im Anhang ausgewiesen werden (§ 42 Abs. 3 GmbHG).

Es dürfen nur Forderungen gleicher Art zusammengefasst werden; eine **Saldierung** mit entsprechenden Verbindlichkeiten ist regelmäßig nicht zulässig (§ 246 Abs. 2 HGB).

5.3.2.2 Ansatz von Forderungen dem Grunde nach

Gewinne sind in der Handels- und Steuerbilanz nach dem **Realisationsprinzip** nur zu berücksichtigen, wenn sie am Abschlussstichtag realisiert (wirtschaftlich erfüllt) sind (§ 5 Abs. 1 S. 1 EStG i. V. m. § 252 Abs. 1 Nr. 4 HGB). Danach sind **Forderungen** *dem Grunde nach* anzusetzen, wenn die für die Entstehung wesentlichen wirtschaftlichen Ursachen im abgelaufenen Geschäftsjahr gesetzt worden sind und der Kaufmann mit der künftigen rechtlichen Entstehung des Anspruchs fest rechnen kann. Demgegenüber ist es ohne Bedeutung für die Gewinnrealisierung, ob am Bilanzstichtag bereits

---

313 BFH, Beschluss v. 5.10.2011, I R 94/1.

die Rechnung erteilt worden ist, die geltend gemachten Ansprüche noch abgerechnet werden müssen oder der Fälligkeitszeitpunkt erst nach dem Bilanzstichtag liegt.[314]

Eine Dienst- oder Werkleistung ist »wirtschaftlich erfüllt«, wenn sie – abgesehen von unwesentlichen Nebenleistungen – erbracht worden ist. Zwar bedarf es bei Werkverträgen i. S. des § 631 BGB grundsätzlich der Übergabe und der Abnahme des Werks durch den Besteller (§ 640 BGB), um die handels- und steuerrechtliche **Gewinnrealisierung** herbeizuführen; dies kann uneingeschränkt jedoch nur dann gelten, wenn die Wirkungen der Abnahme für das Entstehen des Entgeltanspruchs des Unternehmers nicht durch Sonderregelungen, wie etwa eine Gebührenordnung (z. B. der HOAI), modifiziert werden.[315]

Für die **Bilanzierung einer Forderung** kommt es nicht entscheidend darauf an, ob ein Anspruch bereits im zivil- oder öffentlich-rechtlichen Sinne entstanden ist. Maßgebend ist bei einem erst in der Entstehung begriffenen Anspruch vielmehr, ob sich die Anwartschaft genügend konkretisiert hat und im Falle einer Betriebsveräußerung von den Vertragsparteien bei der Bemessung des Kaufpreises berücksichtigt würde. So muss beispielsweise ein auf der Geltendmachung von Vorsteuer beruhender Umsatzsteuer-Erstattungsanspruch bereits dann aktiviert werden, wenn zunächst nur eine nicht ordnungsgemäße Rechnung vorhanden ist, sofern – wie im Regelfall – nicht damit zu rechnen ist, dass der Rechnungsaussteller sich einer Berichtigung dieser Rechnung widersetzen werde. Zivilrechtliche Ansprüche können selbst dann zu aktivieren sein, wenn sie formal noch unter dem Vorbehalt der Freiwilligkeit stehen, sofern der Kaufmann nach den Umständen des Einzelfalls bereits am Bilanzstichtag bei normalem Geschäftsablauf fest mit der Zahlung rechnen kann.[316]

»Eine Forderung ist jedenfalls dann zu aktivieren, wenn sie in der Zeit vor Ablauf des Bilanzstichtags wirtschaftlich verursacht sowie bei Ablauf des Bilanzstichtags hinreichend sicher ist. In diesem Sinne ist eine Forderung ›hinreichend sicher‹, wenn sie zwar zunächst bestritten war, der Gläubiger aber inzwischen eine Einigung mit dem Schuldner erzielt hat.«[317]

Seitens des Finanzamts **bestrittene Steuererstattungsansprüche** sind zu aktivieren, wenn weder materiell-rechtliche (z. B. aufgrund eines BFH-Urteils) noch verfahrensrechtliche Hindernisse (z. B. aufgrund einer Verwaltungsanweisung zur Übernahme dieses Urteils) der Forderung entgegenstehen. Dass die Änderung der Steuerbescheide am Bilanzstichtag noch aussteht und der Bilanzierende seine Anträge auf Steuererstattung noch nicht beziffert hat, schließt eine Aktivierung der Steuererstattungsansprüche

---

314 BFH, Beschluss v. 14.4.2011, X B 104/10, BFH/NV 2011, S. 1343.
315 BFH, Urteil v. 14.5.2014, VIII R 25/11, BFH/NV 2014, S. 1820; siehe auch die Ausführungen zu den »Umsatzerlösen« in Kapitel 7.2.1.
316 BFH, Urteil v. 31.8.2011, X R 19/10, BFH/NV 2012, S. 300, Rz. 18–20 m. w. N.
317 BFH, Beschluss v. 8.9.2011, I R 78/10, BFH/NV 2012, S. 44.

nicht aus.[318] In diesem Zusammenhang weist die OFD Frankfurt darauf hin, dass die Aktivierung einer **Forderung auf Erstattungszinsen** dann vorzunehmen ist, wenn der Anspruch auf Erstattungszinsen am Bilanzstichtag hinreichend sicher ist. Hinreichend sicher ist der Anspruch, der der Bekanntgabe der begünstigenden Verwaltungsentscheidung folgt. Der Anspruch ist bereits zu einem früheren Bilanzstichtag zu aktivieren, wenn zu diesem Zeitpunkt der Realisierung des Anspruchs weder materiell-rechtliche noch verfahrensrechtliche Hindernisse entgegenstehen.[319]

Dies gilt grundsätzlich immer, wenn Forderungen vom Schuldner nach Grund und Höhe bestritten werden.[320] **Bestrittene Forderungen** aufgrund einer Vertragsverletzung, einer unerlaubten Handlung oder einer ungerechtfertigten Bereicherung können erst am Schluss des Wirtschaftsjahres angesetzt werden, in dem über den Anspruch rechtskräftig entschieden wird bzw. in dem eine Einigung mit dem Schuldner zustande kommt. Einer bestrittenen Forderung steht eine Forderung gleich, zu deren Berechtigung sich der Schuldner noch nicht geäußert hat, mit deren Bestreiten aber gerechnet werden muss. Das ergibt sich aus der Verpflichtung zu einer vorsichtigen Bilanzierung (§§ 252 Abs. 1 Nr. 4 HGB, 5 Abs. 1 EStG).

Auch ein erstinstanzliches Urteil, das nicht rechtskräftig ist, rechtfertigt keine Aktivierung, da das Vorsichtsprinzip ein rechtskräftiges Urteil verlangt, wenn nicht ausgeschlossen werden kann, dass in der nächsten Instanz ein ungünstiges Urteil ergehen kann. Auch die **Wertaufhellungstheorie** kann für eine zunächst bestrittene Forderung, für die im folgenden Geschäftsjahr vor der Bilanzaufstellung ein rechtskräftiges Urteil erfochten wurde, keine Aktivierung begründen, weil durch ein rechtskräftiges Urteil nach dem Bilanzstichtag keine besseren Erkenntnisse über das Bestehen eines bilanzierungsfähigen Vermögensgegenstands vermittelt werden, sondern erst die Voraussetzungen für eine Aktivierung erfüllt werden (wertschaffende und nicht werterhellende Tatsache).

Ein vom Finanzamt bislang bestrittener Anspruch auf Erstattung von **Vorsteuern** muss erst dann gewinnwirksam aktiviert werden, wenn die Finanzverwaltung das hierzu ergangene, einschlägige Urteil des EuGH in einem Musterverfahren im Bundessteuerblatt veröffentlicht und damit in gleich gelagerten Fällen für anwendbar erklärt hat. Dass die EuGH-Rechtsprechung der Öffentlichkeit anderweitig bekannt geworden ist, reicht für die Aktivierung der Forderung noch nicht aus, solange die Finanzverwaltung ihre der Entstehung des Erstattungsanspruchs entgegenstehende Rechtsauffassung tatsächlich noch nicht aufgegeben hat.[321]

---

318 BFH, Urteil v. 31.8.2011, X R 19/10, BFH/NV 2012, S. 300, Rz. 22 ff. m. w. N.
319 OFD Frankfurt v. 22.4.2013, S 2133 A - 21 - St 210.
320 BFH, Urteil v. 3.6.1993, VIII R 26/92 (NV), BFH/NV 1994, S. 366.
321 FG Baden-Württemberg, Urteil v. 08.07.2013, 6 K 2874/12; Revision anhängig.

Forderungen können im Rahmen eines Factoring(vertrags) an einen Factor verkauft werden, der dem Forderungsverkäufer die ausstehende Forderung vorab bezahlt. Sind Forderungen einschließlich des Ausfallrisikos im Rahmen des **echten Factorings**[322] (Factoring ohne Regress) an einen Factor verkauft, so sind die Forderungen durch den Eingang des entsprechenden Geldbetrags vom Factor beim Forderungsverkäufer nicht mehr auszuweisen (Aktivtausch). Differenzen zwischen der auszubuchenden Forderung und dem niedrigeren Geldeingang vom Factor (für dessen Dienstleistung, Geldvorschuss und Haftungsübernahme) sind als Kosten des Geldverkehrs (bei größeren Beträgen im gesonderten Posten »Factoringkosten«) aufwandswirksam zu erfassen. Zwar gehen beim echten Factoring alle üblichen Risiken (insbes. das Bonitätsrisiko beim Schuldner) auf den Factor über, jedoch verbleibt typischerweise das Risiko des rechtlichen Bestands der Forderung (**Veritätsrisiko**) beim Unternehmen (i. d. R. im Gegensatz zur Forfaitierung, bei der meistens auch das Bestandsrisiko übertragen wird); für dieses Haftungsverhältnis ist ein **Bilanzvermerk** gem. § 251 HGB notwendig, der bei häufigem bzw. laufendem Factoring mit dem Wert der durchschnittlich anfallenden Haftungen ermittelt werden kann.

Trägt das Unternehmen im Rahmen des **unechten Factorings** (Factoring mit Regress) weiterhin sämtliche Risiken, so bleibt das Unternehmen wirtschaftlicher Eigentümer der Forderung, die deshalb weiterhin als solche auszuweisen ist. Außerdem ist für den Fall des Regresses eine Rückstellung in Höhe des vom Factor eingegangenen Geldbetrags zu passivieren. Obwohl hier häufiger eine Verbindlichkeit passiviert wird, ist es streng genommen eine Rückstellung, weil der Grund im Zeitpunkt der Passivierung noch nicht existiert (entsteht – wenn überhaupt – erst mit Ausfall der Forderung) und die Höhe unbekannt ist (richtet sich nach der Ausfallhöhe). Die Kosten für die Dienstleistung und Darlehensgewährung des Factors sind aufwandswirksam zu erfassen unter gleichzeitiger Passivierung des Betrags. Die Forderung ist in voller Höhe aufzulösen entweder

- bei Erlöschensmeldung des Factors (Forderungseingang beim Factor) mit gleichzeitiger, erfolgsneutraler Auflösung von Rückstellung und Verbindlichkeit oder
- bei Uneinbringlichkeit der Forderung durch aufwandswirksame Ausbuchung (die Rückstellung ist bei Rücküberweisung des Geldes an den Factor aufzulösen).

> **! Beispiel: Unechtes Factoring**
>
> Ein Unternehmen hat Forderungen aus L+L von 300.000 EUR und verkauft diese an einen Factor, der jedoch nicht das Risiko eines Forderungsausfalls trägt (unechtes Factoring). Für die Dienstleistung berechnet der Factor 15.000 €. Die Forderung wird vom Factor abzüglich der Kosten dem Unternehmen überwiesen. Vereinfachend alle Buchungen ohne Umsatzsteuer.

---

322 Da der Begriff des Factorings nicht zweifelsfrei definiert ist, muss auf die jeweilige Vertragsgestaltung und deren wirtschaftlichen Gehalt geachtet werden. Auch sind Abgrenzungen zur Forfaitierung, zur Darlehensgewährung und zum Inkasso nicht immer eindeutig.

1. Verkauf der Forderung:				
Bank	285.000			
Aufwand	15.000	an	Rückstellungen	285.000
			Verbindlichkeiten	15.000
2a. Variante: Ausbuchung der Forderung nach Geldeingang beim Factor:				
Rückstellungen	285.000			
Verbindlichkeiten	15.000	an	Forderungen	300.000
2b. Variante: Ausbuchung der Forderung nach Ausfallmeldung durch den Factor:				
Rückstellungen	285.000			
Verbindlichkeiten	15.000			
Forderungsabschreibung	300.000	an	Bank	300.000
			Forderungen	300.000

Beide Factoringformen können auch als **stilles Factoring** vereinbart werden. Dabei erfährt der Schuldner den Forderungsverkauf nicht und zahlt weiterhin an den (ursprünglichen) Gläubiger. Bei Letzterem ist der Geldeingang ein **durchlaufender Posten**, weil das Geld an den Factor weiterzuleiten ist.

5.3.2.3 Bewertung

Forderungen sind mit ihren **Anschaffungskosten** zu bilanzieren (§ 253 Abs. 1 HGB), die i. d. R. mit dem Nominalwert identisch sind. Forderungen, die einen Umsatzsteuerbetrag enthalten, sind mit dem entsprechenden Bruttobetrag zu aktivieren. Währungsforderungen werden zum Kurs am Anschaffungszeitpunkt umgerechnet. Die so ermittelten Anschaffungskosten dürfen auch bei Kursgewinnen nicht überschritten werden, da dies nicht dem Realisationsprinzip entsprechen würde. Im Fall von Kursverlusten sind diese nach dem strengen Niederstwertprinzip jedoch sofort als Abschreibung zu verrechnen (§ 253 Abs. 4 S. 2 HGB). Später muss ggf. bis zu den Anschaffungskosten aufgewertet werden (**Zuschreibungsgebot**), wenn eine Werterholung eintritt.

Forderungen aus Lieferungen und Leistungen werden mit dem Betrag aktiviert, der für diesen Geschäftsvorfall als Umsatzerlös in der GuV ausgewiesen wird zuzüglich etwaiger vom Kunden zu zahlender Steuern (insbes. Umsatzsteuer). Wird dem Kunden die Möglichkeit des Skontoabzugs gewährt, so ist die Forderung (gleichlaufend mit den Umsatzerlösen) ohne Skonto zu bemessen, denn der höhere (Rechnungs-)Betrag wird in Höhe des Skontos erst dann zu einer Forderung, wenn der Kunde das Zahlungsziel in Anspruch nimmt.

Uneinbringliche Forderungen sind in voller Höhe oder in Höhe des erwarteten Ausfalls abzuschreiben. Für zweifelhafte Forderungen, die nicht aufgrund des allgemeinen (sondern eines speziellen) Kreditrisikos unsicher wurden, muss eine Einzelwertberichtigung mit aktivischer Absetzung vorgenommen werden. Als Gründe für eine Einzelwertberichtigung sind vor allem solche zu nennen, die in der Person des Schuldners liegen, insbesondere Zahlungsschwierigkeiten, jedoch auch solche Gründe, die z. B. im zwischenstaatlichen Devisenverkehr liegen. Dies kann dann der Fall sein, wenn ein Devisentransfer-Stopp erlassen wird und die Währungsforderung nicht über die deutsche staatliche Exportkreditversicherung (Hermes) abgesichert ist.

Für einzelne **zweifelhafte Forderungen** (dubiose Forderungen) erfolgt weder ein gesonderter Bilanzausweis[323] noch eine Abschreibung, da es an einem konkreten Ausfall zum Bilanzstichtag mangelt.

Ist eine durchschnittliche Ausfallhöhe (z. B. Durchschnitt der letzten drei Jahre) bekannt, kann eine **Pauschalwertberichtigung** angesetzt werden. Die Pauschalwertberichtigung darf aktivisch von dem jeweiligen Aktivposten abgesetzt werden; jedoch ist auch ein passivischer Ausweis[324] erlaubt. In die Pauschalwertberichtigung fließen sowohl Beträge aufgrund geschätzter, zukünftiger Forderungsausfälle als auch Mindereinnahmen aufgrund von Skontoabzügen ein. Kein Eingang in die Pauschalwertberichtigung finden erwartete Kosten aus der Durchsetzung von Forderungen (Mahngebühren etc.); für diese ist jedoch eine Rückstellung zu prüfen.

Eine Besonderheit ergibt sich bei Forderungen, die **Umsatzsteuerbeträge** enthalten. Da diese Umsatzsteuerbeträge beim Forderungsausfall aufgrund der *Änderung der Bemessungsgrundlage* (§ 17 Abs. 2 Nr. 1 UStG) die Umsatzsteuerschuld mindern, kann auf den Umsatzsteueranteil der Forderung keine Abschreibung ermittelt werden. Entsprechendes gilt bei einer Pauschalwertabschreibung, bei der mangels gegebenen Ausfalls noch keine Umsatzsteuerkorrektur erfolgen kann.[325]

---

323 Eine Umbuchung auf ein gesondertes Konto ist jedoch anzuraten, um diese Forderungen gezielter überwachen zu können.

324 Die teilweise anzutreffende Auffassung, dass ein passivischer Ausweis unzulässig ist, beruht darauf, dass im AktG 1965 die Bildung eines Passivpostens vorgeschrieben war, während jetzt im HGB hierzu keine Regelung existiert; wegen des Fehlens einer solchen Regelung kann jedoch nicht auf ein Passivierungsverbot geschlossen werden, vielmehr ist die Einfügung eines Passivpostens »Pauschalwertberichtigung« durch § 265 Abs. 5 S. 2 HGB gedeckt, insbesondere, wenn es sich um erhebliche Beträge handelt.

325 UStAE zu § 17.1 Abs. 5.

Beispiel: !

Ein Unternehmen stellt steigende Forderungsausfälle fest und will deshalb erstmalig eine Pauschalwertberichtigung mit 2 % des Forderungsbestands aus L&L in Höhe von 714.000 Euro bilden und aktivisch absetzen. Alle Umsätze unterliegen der umsatzsteuerlichen Regelbesteuerung.

Forderungsbestand (brutto)	714.000 EUR
Netto-Forderungsbestand 600.000 EUR (bei 19 % MwSt.)	
2 % Abschreibung auf Netto-Forderungen	– 12.000 EUR
auszuweisende Forderungen	702.000 EUR

Unverzinsliche oder sehr niedrig verzinsliche Forderungen sind mit dem Barwert anzusetzen, ein Rechnungsabgrenzungsposten für den Differenzbetrag ist nicht anzusetzen;[326] meistens wird man jedoch auf die Barwerterrechnung wegen Geringfügigkeit und zu großem Arbeitsaufwand verzichten.

Die *steuerrechtliche* Bewertung von Forderungen mit dem **Teilwert** gem. § 6 Abs. 1 Nr. 2 EStG entspricht regelmäßig der handelsrechtlichen Bilanzierung mit dem niedrigeren Wert. Bei Wertminderungen auf Forderungen ist jedoch zu beachten, dass einerseits eine Teilwertabschreibung nur bei einer voraussichtlich dauernden Wertminderung zulässig ist und dass andererseits steuerlich ein Abschreibungswahlrecht auf den niedrigeren Teilwert besteht; insoweit gilt hier das Maßgeblichkeitsprinzip nicht. Sinkt der Wert einer Fremdwährungsforderung aufgrund von Kursschwankungen, so liegt eine dauernde Wertminderung nicht vor, wenn von einer üblichen Schwankung auszugehen ist.

Die Inanspruchnahme einer Teilwertabschreibung auf eine Forderung stellt ein steuerliches Wahlrecht dar, über das der Steuerpflichtige entscheidet – nicht das Finanzamt. Das Finanzamt darf daher die vom Steuerpflichtigen in Anspruch genommene Teilwertabschreibung nicht erhöhen oder eine Teilwertabschreibung gegen den Willen des Steuerpflichtigen vornehmen.[327]

5.3.3 Wertpapiere

5.3.3.1 Auszuweisende Vermögensgegenstände

Unter den Wertpapieren des Umlaufvermögens sind gem. § 266 Abs. 2 HGB gesondert auszuweisen:

1. Anteile an verbundenen Unternehmen
2. sonstige Wertpapiere

---

326 BFH v. 23.4.1975, BStBl. II, S. 875.
327 FG Berlin-Brandenburg v. 22.8.2018, 10 V 10038/18, BBK 3/2019 S. 104.

zu 1.: Hier sind jene **Anteile an verbundenen Unternehmen** auszuweisen, die nicht in die entsprechenden Posten des Anlagevermögens gehören.

zu 2.: Sonstige Wertpapiere sind alle Wertpapiere außer Schecks und Wertpapieren des Finanzanlagevermögens. Hierzu zählen auch abgetrennte Kupons. Ebenso sind hier Wechsel auszuweisen, es sei denn, dass es sich um Warenwechsel handelt, die unter »Forderungen aus Lieferungen und Leistungen« ausgewiesen werden sollten.

Werden **eigene Anteile** (z. B. zurückgekaufte eigene Aktien) im Bestand gehalten, so sind diese nicht hier, sondern in einer Vorspalte des Eigenkapitals abzusetzen (§ 272 Abs. 1a HGB).

5.3.3.2 Bewertung

Für die handels- und steuerrechtliche Bewertung gelten die allgemeinen Grundsätze für die Bewertung des Umlaufvermögens.[328] Ist ein Verkauf der Wertpapiere beabsichtigt, so ist als niedrigerer Wert der Börsenkurs abzüglich Verkaufsspesen anzusetzen (**Prinzip der verlustfreien Bewertung**). Bei einer Abschreibung dürfen die Anschaffungsnebenkosten nur anteilig abgeschrieben werden.

In der *Steuerbilanz* sind Wertpapiere auf einen niedrigeren Börsenkurs (= Teilwert) abzuschreiben. Kurserhöhungen nach dem Bilanzstichtag stehen bei zum Umlaufvermögen gehörenden börsennotierten Aktien(optionen) der Teilwertabschreibung auf den Börsenkurs zum Bilanzstichtag nicht entgegen, da es sich bei der Kurserhöhung um die Folge von wertschaffenden (und nicht werterhellenden) Ereignissen im neuen Jahr handelt.[329]

Der Teilwert von Anteilen an offenen **Immobilienfonds**, deren Ausgabe und Rücknahme endgültig eingestellt ist, ist der Börsenkurs der Anteile im Handel im Freiverkehr. Eine voraussichtlich dauernde Wertminderung von derartigen Anteilen liegt vor, wenn der Börsenwert zum Bilanzstichtag unter denjenigen im Zeitpunkt des Erwerbs der Anteile gesunken ist und der Kursverlust die Bagatellgrenze von 5 % der Anschaffungskosten bei Erwerb überschreitet.[330]

---

328 Bei Verwahrung im Girosammeldepot gilt der Voraussetzungsnachweis für das Lifo- und Fifo-Verfahren als nicht erbringbar, BFH v. 15.2.1966, BStBl. III S. 274.
329 FG Hessen, Urteil v. 12.02.2014, 11 K 1833/10, DB0650407 (anhängig beim BFH: IV R 18/14).
330 BFH, Urteil v. 13.2.2019, XI R 41/17, BFH/NV 2019, S. 624; siehe auch Abschn. 3.5.1.

5.3.4 Schecks, Kassenbestand, Bundesbank- und Postgiroguthaben, Guthaben bei Kreditinstituten

5.3.4.1 Auszuweisende Vermögensgegenstände

Es handelt sich bei diesem Posten ausschließlich um **liquide Mittel**. Eine Untergliederung dieses Postens hat der Gesetzgeber nicht vorgesehen, jedoch kann bei besonders hohen Beträgen eine Splittung entsprechend der Gesamtpostenbezeichnung geboten sein.

Als **Kassenbestand** sind Bargeldbestände in Euro und – in Euro bewertete – Fremdwährungen auszuweisen. Weiterhin werden hier auch bargeldnahe Güter wie Wertmarken jeder Art (z. B. Briefmarken, Fahrscheine) gezeigt. **Bitcoins** oder andere Formen einer virtuellen Währung (*virtual currency/currency token*) können ebenfalls hier als virtueller Kassenbestand erfasst werden[331], sollten jedoch getrennt oder in einem »davon-Posten« gezeigt werden[332], insbes., wenn es sich um einen relativ hohen Betrag handelt.

Unter die **Guthaben bei Kreditinstituten** fallen auch jene bei ausländischen Instituten.

Wurde eine Forderung aus Lieferung und Leistung durch **Kreditkartenzahlung** beglichen, so gilt der Zeitpunkt der Unterschrift auf dem Kreditkartenbeleg als Zeitpunkt des Zahlungsflusses i. S. des § 11 EStG[333]; Forderungen aus Kreditkartentransaktionen sind deshalb ebenfalls hier auszuweisen.

5.3.4.2 Bewertung

Es gelten im Wesentlichen die gleichen Bewertungsregeln wie bei Forderungen. Sorten werden jedoch zum Sorten-Kurs am Bilanzstichtag umgerechnet.

5.4 Aktive und passive Rechnungsabgrenzungsposten

Als Rechnungsabgrenzungsposten sind gem. § 250 Abs. 1 und 2 HGB auszuweisen
- auf der Aktivseite Ausgaben vor dem Abschlussstichtag, soweit sie Aufwand für eine bestimmte Zeit nach diesem Tag darstellen;
- auf der Passivseite[334] Einnahmen vor dem Abschlussstichtag, soweit sie Ertrag für eine bestimmte Zeit nach diesem Tag darstellen.

---

331 Der Ausweis von Bitcoins im Anlagevermögen dürfte die Ausnahme sein, sollte eine virtuelle Währung zu Anlagezwecken (z. B. Hoffnung auf langfristige Wertsteigerung) gehalten werden.

332 Ein alternativer Ausweis ist möglich als »sonstige Vermögensgegenstände« unter »Forderungen und sonstige Vermögensgegenstände«.

333 FG Rheinland-Pfalz v. 18.03.2013, 5 K 1875/10.

334 Wegen des engen Zusammenhangs werden hier die passiven Rechnungsabgrenzungsposten mitbehandelt.

Für die Bildung von aktiven bzw. passiven Rechnungsabgrenzungsposten gelten somit drei Voraussetzungen:

1. Es muss sich um eine Ausgabe bzw. Einnahme (meistens ein Zahlungsvorgang) vor dem bzw. am Bilanzstichtag handeln. Als Zahlungsvorgänge kommen dabei sämtliche Kassen- und Bankbewegungen und Scheck- und Wechselhereinnahmen und -herausgaben in Betracht; diesen Zahlungsvorgängen muss die Einbuchung von Forderungen oder Verbindlichkeiten gleichstehen, die bei vertragsgemäßer Abwicklung des Geschäfts durch vor dem Ende der Abschlussperiode liegende Zahlungsvorgänge erloschen wären.

2. Die Ausgabe bzw. Einnahme muss mit einer wirtschaftlichen Leistung in Verbindung stehen, die erst nach dem Abschlussstichtag erfolgswirksam behandelt werden darf. Die Rechnungsabgrenzungsposten bewirken demnach eine Neutralisation der erfolgswirksamen Buchung in der alten Periode und die Verlagerung des Erfolgsausweises in die Zeit nach dem Abschlussstichtag.[335]

3. Der Eintritt der Erfolgswirksamkeit muss zum Abschlussstichtag einem bestimmten Zeitabschnitt nach dem Abschlussstichtag zuzuordnen sein. Eine ungefähre Bestimmung, z. B. durch ein erst in der Zukunft eintretendes Ereignis, reicht nicht aus, um einen Rechnungsabgrenzungspostens zu bilden. Der bestimmte Zeitraum kann sich dabei über mehrere Wirtschaftsjahre erstrecken.

Es dürfen unter den Rechnungsabgrenzungsposten somit nur **transitorische** Posten i. e. S. aufgenommen werden; beispielsweise Vorauszahlungen von Versicherungsprämien für das nächste Jahr oder Mietvorauszahlungen für ein fest angemietetes Lagerhaus für drei Jahre als aktive Rechnungsabgrenzungsposten bzw. entsprechende erhaltene Vorauszahlungen als passive Rechnungsabgrenzungsposten.

> **! Beispiel: RAP bei Kfz-Steuer**
>
> So muss beispielsweise für die in einem Wirtschaftsjahr gezahlte Kfz-Steuer ein Rechnungsabgrenzungsposten gewinnerhöhend aktiviert werden, soweit die Steuer auf die voraussichtliche Zulassungszeit des Fahrzeugs im nachfolgenden Wirtschaftsjahr entfällt.[336]

Eine »**bestimmte Zeit**« in diesem Sinne ist grundsätzlich ein kalendermäßig festgelegter oder doch berechenbarer, nicht hingegen ein nur durch Schätzung bestimmbarer Zeitraum.[337] In diesem Sinn hat das FG Düsseldorf den Ansatz von passiven RAPs in einem Fall abgelehnt, in dem ein Projektentwickler feststehende Zahlungen erhielt, die zu erbringende Gegenleistung aber erst nach Abschluss des Projekts beendet ist. Die Verträge für die Projekte sahen zwar einen zeitlich genau bestimmten Vertragsbeginn vor, nicht aber ein zeitlich genau bestimmtes Ende. Die Verträge enden vielmehr erst nach vollständiger Erledigung der nach ihnen geschuldeten Leistungen. Jeder dieser Verträge ist letztendlich – über die vollständige Fertigstellung des Gesamtprojekts hinaus – erst beendet, wenn die

---

335 Zur bilanztheoretischen Diskussion vgl. Freericks (Bilanzierungsfähigkeit), S. 208 ff.
336 BFH, Urteil v. 19.5.2010, I R 65/09, BFH/NV 2010, S. 1724.
337 BFH, Beschluss v. 3.11.1982, I B 23/82, BStBl II 1983, S. 132.

Vermarktung des Projekts durch Vermietung und/oder Verkauf erfolgt ist und bis zum Ablauf der Gewährleistungszeit festgestellte Mängel beseitigt sind.[338] Die noch ausstehende Leistung des Projektentwicklers wäre dagegen als Rückstellung für ungewisse Verbindlichkeiten (»ausstehende Arbeit«) zu passivieren, um eine periodengerechte Erfolgsdarstellung zu erreichen.

Dem Erfordernis der »bestimmten Zeit« soll nach Auffassung des BFH auch dann genügt sein, wenn eine unbestimmte Zeit in der Form einer »immerwährenden Zeit« gegeben ist. Im Urteilsfall nahm der BFH eine einmalige Einnahme für einen dauerhaften (immerwährenden) Verzicht auf eine bestimmte Betriebserweiterung als Anlass für die Passivierung eines Rechnungsabgrenzungspostens, um diesen dann über 25 Jahre erfolgswirksam aufzulösen.[339] Dieses Urteil ist kritisch zu hinterfragen. Zum einen handelt es sich hier kaum um eine immerwährende Leistung durch Erweiterungsverzicht (Unterlassen), sondern eher um den sofortigen Verkauf des Rechts auf Unternehmenserweiterung[340]. Zum anderen ist fraglich, warum ein immerwährender Verzicht zu Erträgen in den nächsten 25 Jahren (statt 15 oder 35 oder xx Jahren) führen soll; der BFH bleibt hierzu eine Erläuterung schuldig.

Aufgabe der Rechnungsabgrenzungsposten ist es, im Falle gegenseitiger Verträge, bei denen Leistung und Gegenleistung zeitlich auseinanderfallen, die Vorleistung des einen Teils in das Jahr zu verlegen, in dem die nach dem Vertrag geschuldete Gegenleistung des anderen Teils erbracht wird. Negative Auswirkungen auf den Gewinn ergeben sich sowohl durch die Verminderung des Geldvermögens (Auszahlung als Ausgabe) als auch durch Vermögensminderungen infolge geldwerter Sachleistungen (Hingabe eines Gutes oder einer Dienstleistung als Ausgabe). Nach dem Zweck des § 5 Abs. 5 S. 1 Nr. 1 EStG ist die Bildung eines aktiven RAP daher nicht auf Geldvermögensminderungen beschränkt; der Begriff der Ausgaben umfasst vielmehr auch wirtschaftlich gleichwertige Vermögensminderungen durch geldwerte Sachleistungen (z. B. bei einem verbilligt abgegebenen Mobiltelefon).[341]

Beispiel: RAP bei subventioniertem Handy   !

Ein Mobilfunkunternehmen verkauft am 1.7.01 ein (»subventioniertes«) Mobiltelefon zum Preis von 29 Euro an einen Kunden; der Einkaufspreis für dieses Telefon beträgt 269 Euro beim Mobilfunkunternehmen. Mit dem Telefonverkauf ist unlösbar ein sofort beginnender, zweijähriger Mobilfunkvertrag verbunden, der einen kalkulierten Durchschnittserlös (ermittelt über den typischen Kundenmix) von 35 Euro monatlich hat.

---

338 FG Düsseldorf, Urteil v. 14.7.2020, 10 K 2970/15 F, abrufbar unter https://www.justiz.nrw.de/nrwe/fgs/duesseldorf/j2020/10_K_2970_15_F_Urteil_20200714.html (n. kr., Revision unter IV R 22/20 beim BFH anhängig), dieses Urteil beinhaltet eine Sammlung von RAP-Beispielfällen aus der Rechtsprechung.

339 BFH, Urteil v. 15.2.2017, VI R 96/13, BFH/NV 2017, S. 1084.

340 Dies könnte ggf. zu zeitgleichen, außerplanmäßigen Abschreibungen auf nunmehr nicht oder nur eingeschränkt nutzbare Vermögensgegenstände führen.

341 BFH, Beschluss v. 7.4.2010, I R 77/08, BFH/NV 2010, S. 1339.

Aus dem Verkauf resultiert zunächst ein Verlust (»Subventionsbetrag«) von 240 Euro (269 – 29). Allerdings wird das Mobilfunkunternehmen aus dem einheitlichen Gesamtgeschäft (Telefon und Mobilvertrag) einen Gewinn erzielen. Der Verlust ist deshalb als Prämie für den Abschluss des gewinnträchtigen Mobilfunkvertrags anzusehen.

Nach den GoB-Grundsätzen der Periodenabgrenzung müssen jedoch zusammengehörende Aufwendungen (hier der Wareneinsatz) und die Erträge (die Mobilfunkgebühren) jeweils in derselben Periode ausgewiesen werden.

Wegen des Realisationsprinzips scheidet ein Vorziehen der Erträge aus. Deshalb müssen die Aufwendungen auf die Laufzeit des Vertrags verteilt bzw. abgegrenzt werden (Grundsatz der sachlichen Zugehörigkeit), da der »wirtschaftliche Grund« für die Ausgaben in der Zukunft liegt.

Da ein Halbjahr bereits im Jahr 01 abgelaufen ist (1/4 der Gesamtzeit), beträgt der aktive RAP 180,00 Euro (240 x 0,75).

Bei genauer Interpretation des Gesetzeswortlauts sollten in den Rechnungsabgrenzungsposten jedoch nur jene Zahlungen des abgelaufenen Jahres aufgenommen werden, die Erfolgsgröße im alten *und* neuen Jahr sind, da es andernfalls an einer **Abgrenzung** mangelt. Beziehen sich die Zahlungen auf einen Zeitraum, der komplett *nach* dem abgelaufenen Jahr liegt, so handelt es sich um Vermögenswerte oder Schulden, die auch als solche (z. B. als Vorauszahlungen) ausgewiesen werden sollten.[342] Es ist nicht plausibel begründbar, dass eine Vorauszahlung auf eine Maschinenlieferung im nächsten Jahr als »Vorauszahlung«, eine Vorauszahlung auf eine einwöchige Messestandmiete aber als »akt. RAP« gebucht wird. Aber auch periodenübergreifende Sachverhalte führen zu Vermögenswerten oder Schulden, wenn – z. B. bei einem (teilweisen) Entfall des Sachverhalts – ein Ausgleich zu erfolgen hat.[343] Weiterhin lassen sich etwaige Bewertungserfordernisse (z. B. Abschreibung einer Vorauszahlung) nur bei Vermögensgegenständen bzw. Schulden realisieren.[344]

Nicht unter die Rechnungsabgrenzungsposten aufzunehmen sind z. B. die Kosten für einen Werbefeldzug oder für ein großes Forschungsprojekt[345], da hier der Zeitraum der erfolgswirksamen Auflösung der Abgrenzungsposten nicht am Abschlussstichtag vorherbestimmt werden kann, und Vorauszahlungen auf Lieferungen und Leistungen, da es sich hier um geleistete bzw. empfangene Anzahlungen handelt.

---

342 So vertritt jetzt auch der BFH (15.5.2013, I R 77/08, Tz. 10) die Auffassung, dass ein RAP kein Wirtschaftsgut abbilden soll, sondern nur dazu dient, die Gewinnauswirkung eines Vorgangs durch einen bilanztechnischen Gegenposten zu neutralisieren.

343 So hat der BFH (Urteil v. 25.4.2018, VI R 51/16, BFH-NV 2018, S. 1173) entschieden, dass bei dem dort gegebenen Sachverhalt (passiver RAP wegen eines Zinszuschusses), dieser passive RAP bei Betriebsaufgabe gewinnerhöhend aufzulösen ist, wenn das zugrunde liegende Darlehen fortgeführt wird. Ohne Werthaltigkeit dieses Passivpostens könnte sein Entfall keinesfalls zu einer Erfolgserhöhung führen.

344 Vgl. hierzu ausführlich Arbeitskreis Steuern und Revision im BWA eV (Rechnungsabgrenzungsposten).

345 = transitorische Posten i. w. S.

Für die Rechnungsabgrenzungsposten besteht eine **Bilanzierungspflicht**. Lediglich bei kleineren, wiederkehrenden Beträgen kann auf die Bilanzierung verzichtet werden, da dadurch der sichere Einblick in die Vermögens- und Ertragslage nicht beeinträchtigt wird. Auf die Bildung von Rechnungsabgrenzungsposten (RAP) darf deshalb auch nach Auffassung des BFH unter Anwendung des Grundsatzes der **Wesentlichkeit** verzichtet werden, wenn die abzugrenzenden Beträge nur von untergeordneter Bedeutung sind und eine unterlassene Abgrenzung das Jahresergebnis nur unwesentlich beeinflussen würde. Dabei orientiert sich der BFH[346] an den jeweiligen Grenzen für geringwertige Wirtschaftsgüter i. S. des § 6 Abs. 2 EStG, sodass vom Ausweis von RAPs mit Einzelbeträgen bis zu 800 € abgesehen werden darf.

Nach § 250 Abs. 3 S. 1 HGB darf der Unterschiedsbetrag zwischen dem höheren Erfüllungsbetrag und dem niedrigeren Ausgabebetrag (**Damnum** oder **Disagio**) einer Verbindlichkeit (einschließlich Anleihen) als aktiver Rechnungsabgrenzungsposten bilanziert werden (Wahlrecht). Der Unterschiedsbetrag kann entweder ein Ausgabedisagio oder ein Rückzahlungsagio sein. Dieser Unterschiedsbetrag stellt wirtschaftlich eine En-bloc-Zahlung von Zinsen dar, weshalb er durch eine **Abschreibung** entsprechend den auf das einzelne Jahr entfallenden Zinsen jährlich zu tilgen ist (§ 250 Abs. 3 S. 2 HGB).

Die Abschreibung hat dem Grundsatz der Planmäßigkeit zu entsprechen. Bei einmaliger Rückzahlung am Ende der Laufzeit ist die lineare Abschreibung, bei laufender Rückzahlung die degressive Abschreibung zu wählen; außerplanmäßige Abschreibungen sind ebenso wie höhere Abschreibungen aufgrund des Vorsichtsprinzips möglich. Erfolgt die Rückzahlung von Anleihen nach Auslosung, so sollte der Abschreibungsplan für die mittlere Verfallzeit aufgestellt werden. Bei Kapitalgesellschaften ist dieser Posten entweder von den übrigen Rechnungsabgrenzungsposten gesondert auszuweisen oder im **Anhang** anzugeben (§ 268 Abs. 6 HGB).

Steuerrechtlich gilt gem. § 5 Abs. 5 S. 1 EStG für Rechnungsabgrenzungsposten dasselbe **Bilanzierungsgebot** wie im Handelsrecht.[347] Für das Disagio besteht im Gegensatz zum Handelsrecht eine Aktivierungspflicht.[348]

Auf der Aktivseite sind nur in der Steuerbilanz gem. § 5 Abs. 5 S. 2 EStG ferner als Rechnungsabgrenzungsposten anzusetzen

1. als Aufwand berücksichtigte Zölle und Verbrauchsteuern, soweit sie auf am Abschlussstichtag auszuweisende Wirtschaftsgüter des Vorratsvermögens entfallen,
2. als Aufwand berücksichtigte Umsatzsteuer auf am Abschlussstichtag auszuweisende Anzahlungen.

---

346 BFH, Beschluss v. 18.3.2010, X R 20/09; gegen ein bestätigendes Urteil des FG Baden-Württemberg (v. 8.11.2019, 5 K 1626/19) ist Revision eingelegt (AZ beim BFH: X R 34/19).
347 Vgl. R 5.6 EStR 2012 und die Beispiele in H 5.6. EStH 2015.
348 BFH v. 29.6.1967, BStBl. III, S. 670.

Diese Posten dürfen aufgrund des Bilanzrechtsmodernisierungsgesetzes seit 2010 in der Handelsbilanz nicht mehr angesetzt werden.

> **!**
>
> **Beispiel:**
>
> Die A&B OHG erhält am 20.11.01 eine Vorauszahlung von 35.700 Euro (inkl. 19 % MwSt.) für eine genau bestimmte Leistung aufgrund einer Rechnung. Die OHG unterliegt der umsatzsteuerlichen Regelbesteuerung.[349] Am 14.2.02 erfolgt die Lieferung, und die OHG erstellt eine Abrechnung über 35.700 Euro.
>
> Die OHG bucht im Jahr 01 für die Steuerbilanz:
>
> | Bank | 35.700 | an | erhaltene Anzahlungen | 35.700 |
> |---|---|---|---|---|
> | Akt. RAP | 5.700 | an | Umsatzsteuer | 5.700 |
>
> Die OHG bucht im Jahr **01** für die Handelsbilanz:
>
> Geldeingangsbuchung unverändert
>
> | USt.-Aufwand | 5.700 | an | Umsatzsteuer | 5.700 |
> |---|---|---|---|---|
>
> Im Jahr **02** bucht die OHG für die Steuerbilanz:
>
> | erhaltene Anzahlung | 35.700 | an | Umsatzerlöse | 30.000 |
> |---|---|---|---|---|
> | | | | RAP | 5.700 |
>
> Im Jahr **02** bucht die OHG für die Handelsbilanz:
>
> | erhaltene Anzahlung | 35.700 | an | Umsatzerlöse | 30.000 |
> |---|---|---|---|---|
> | | | | USt.-Ertrag | 5.700 |
>
> Eine sinnvollere Alternative für die Handelsbilanz ist die folgende Buchung (Nettomethode):
> Im Jahr 01:
>
> | Bank | 35.700 | an | erhaltene Anzahlung | 30.000 |
> |---|---|---|---|---|
> | | | | Umsatzsteuer | 5.700 |
>
> Im Jahr 02:
>
> | erhaltene Anzahlung | 30.000 | an | Umsatzerlöse | 30.000 |
> |---|---|---|---|---|

Fallen bei Aufnahme eines Darlehens **Darlehensverwaltungskosten** und/oder **Kreditbearbeitungsgebühren** an, so werden diese Bearbeitungsentgelte regelmäßig kein aktiver RAP sein. Voraussetzung für die sofortige aufwandswirksame Buchung ist nach geänderter Auffassung des BFH[350], dass das Entgelt im Falle einer vorzeitigen Vertragsbeendigung nicht (anteilig) zurückzuerstatten ist; etwas anderes gilt aber, wenn das Darlehensverhältnis nur aus wichtigem Grund gekündigt werden kann und

---

349 Die Problemlage dieses Beispiels entfällt bei Besteuerung nach vereinnahmten Entgelten (§ 20 UStG).

350 BFH, Urteil v. 22.6.2011, I R 7/10, BFH/NV 2011, S. 1766; das BFH, Urteil v. 19.1.1978, IV R 153/72, BStBl. II, S. 262 gibt damit nicht mehr die Auffassung des BFH wieder.

wenn konkrete Anhaltspunkte dafür fehlen, dass diese Kündigung in den Augen der Vertragsparteien mehr ist als nur eine theoretische Option.[351] In einem weiteren Urteil hat der BFH entschieden, dass der Kreditnehmer bei einem Kredit mit fallenden (Staffelsatz-)**Zinsen** einen aktiven Rechnungsabgrenzungsposten zu bilden hat, wenn bei einer möglichen Kreditkündigung ein Zinsausgleich gewährt wird[352]; dabei hat der BFH aber ausdrücklich offen gelassen, ob die RAP-Bildung bei einer Antizipation voraussichtlich fallender Marktzinsen entfällt. **Bürgschaftsgebühren**, welche laufzeitbezogen sind, müssen jedoch als aktive Rechnungsabgrenzungsposten bilanziert und auf die Darlehenslaufzeit verteilt werden.

Die vom Bausparer zu entrichtende **Abschlussgebühr** ist keine konkret zuordenbare Gegenleistung für die Sparphase und/oder die (etwaige) spätere Kreditgewährung. Sie ist auch kein unbestimmter Bestandteil eines »Gesamtentgelts« der Bausparkasse. Sie stellt vielmehr eine (Gegen-)Leistung dar, die dem jeweiligen Bausparvertrag als Entgelt für den eigentlichen Vertragsabschluss zuzuordnen ist. Durch sie werden unmittelbar (lediglich) die eigentlichen Abschlusskosten, insbesondere die Kosten der erstmaligen Vertragsbearbeitung sowie die Abschlussprovisionen und der der Bausparkasse entstehende Werbeaufwand ausgeglichen. Als solches wirken sich die Gebühren bei der Bausparkasse unmittelbar mit ihrer Vereinnahmung ertragswirksam aus und sind bilanziell nicht als passiver Rechnungsabgrenzungsposten darzustellen[353]. Ebenso ist kein passiver RAP bei Aufhebung von Schuldverhältnissen mit bestimmter Laufzeit gegen **Entschädigung** zu bilden.[354]

Antizipative Rechnungsabgrenzungsposten für am Abschlussstichtag ausstehende Einnahmen und Ausgaben, die innerhalb der abzuschließenden Periode als Ertrag und Aufwand zu behandeln sind (z. B. ausstehende Mietzahlungen), sind handels- und steuerrechtlich als »sonstige Forderungen« und »sonstige Verbindlichkeiten« auszuweisen.

5.5 Aktive latente Steuern

Ist das Handelsbilanzergebnis niedriger als das Steuerbilanzergebnis und wird sich diese **Ergebnisdifferenz** in den Folgejahren (fast) immer ausgleichen mit der Folge, dass im laufenden Jahr die tatsächliche Steuerlast höher ist als das Handelsbilanzergebnis signalisiert und dass in den Folgejahren die steuerliche Belastung niedriger sein wird, als dies nach dem Handelsbilanzergebnis zu vermuten ist (Effektumkeh-

---

351 Mit dieser geänderten Auffassung des BFH werden vergleichbare Gebühren bei Kreditnehmer und Kreditgeber (siehe Beispiel der Bausparkassen im nächsten Absatz) endlich kongruent behandelt.

352 BFH, Urteil v. 27.7.2011, I R 77/10, BFH NV 2011, S. 2152.

353 BFH, Urteil v. 11.2.1998, I R 23/96, BStBl. 1998 II, S. 381.

354 BFH, Urteil v. 23.2.2005, I R 9/04, BFH/NV 2005, S. 957.

rung), so darf im Jahr der Entstehung dieser Ergebnisdifferenz ein Posten **aktive latente Steuern** gebildet werden (§ 274 Abs. 1 S. 2 HGB).[355]

Diese Ergebnisdifferenz kann auf zwei allgemeinen Ursachen beruhen:

1. Niedrigere Handelsbilanzwerte auf der Aktivseite
   — Abschreibungen, die steuerlich nicht anerkannt werden (z. B. Abschreibungen auf Finanzanlagen bei vorübergehender Wertminderung),
   — niedrigere Herstellungskosten (seltener Grenzfall, da weitreichende Identität zwischen Handels- und Steuerbilanz),
   — Aktivierung des erworbenen Geschäfts- oder Firmenwerts mit einer Abschreibungsdauer von weniger als 15 Jahren,
   — Nichtaktivierung eines Dividendenanspruchs,
   — Nichtaktivierung eines Disagios,
   — als Aufwand berücksichtigte Steuern, die in der Steuerbilanz gem. § 5 Abs. 5 S. 2 EStG zu aktivieren sind, soweit für die Handelsbilanz nicht die Nettomethode eingesetzt wird,
   — steuerliche Verlustvorträge.
2. Höhere Handelsbilanzwerte auf der Passivseite
   — steuerliche Nichtanerkennung von Rückstellungen (z. B. drohende Verluste aus schwebenden Geschäften),
   — Berechnungsunterschiede bei Rückstellungen (z. B. Pensionsrückstellungen).

Wird von dem Aktivierungswahlrecht hinsichtlich einer Bilanzierung Gebrauch gemacht, so ist dieser Aktivposten gem. § 274 Abs. 1 S. 2 HGB

- unter der Bezeichnung »aktive latente Steuern«
- gesondert auszuweisen (§ 266 Abs. 2 HGB) und
- im Anhang zu erläutern (§ 285 Nr. 29 HGB).

In der Gewinn- und Verlustrechnung sind Erträge und Aufwendungen aus der Bildung und Auflösung dieses Postens gesondert unter dem Posten »Steuern vom Einkommen und Ertrag« auszuweisen (§ 274 Abs. 2 S. 3 HGB).

Die Aktivierung latenter Steuern stellt grundsätzlich keine Steuerforderung sondern nur eine Bilanzierungshilfe dar. Aus diesem Grund besteht wegen § 268 Abs. 8 S. 2 HGB eine **Ausschüttungssperre** in Höhe der aktivierten latenten Steuern (nach Saldierung mit passiven latenten Steuern) abzüglich der nach der Ausschüttung verbleibenden jederzeit auflösbaren Gewinnrücklagen und eines Gewinnvortrags sowie zuzüglich eines Verlustvortrags. Gem. § 301 S. 1 AktG besteht eine **Abführungssperre**.

---

355 Vgl. ergänzend die Ausführungen zu den passiven latenten Steuern.

5.6   Nicht gedeckte Fehlbeträge

In der Bilanz sind negative Ergebnisse (Verluste) stets als Abzugsposten innerhalb des Postens »Eigenkapital« auf der Passivseite auszuweisen, wodurch eine geschlossene Darstellung aller Eigenkapitalposten erreicht wird.

Ist jedoch das Eigenkapital durch **Verluste** aufgebraucht und ergibt sich ein Überschuss der Passivposten über die Aktivposten, so ist dieser Betrag gem. § 268 Abs. 3 HGB am Schluss der Bilanz auf der Aktivseite gesondert unter der Bezeichnung »nicht durch Eigenkapital gedeckter Fehlbetrag« auszuweisen. Der hier auszuweisende Saldo zeigt die **buchmäßige Überschuldung** des Unternehmens an; diese Überschuldung entspricht allerdings nicht dem Überschuldungsbegriff des Insolvenzrechts, da beispielsweise stille Reserven nicht berücksichtigt werden.

Ebenfalls an dieser Stelle auszuweisen ist auch der Posten »nicht durch Vermögenseinlagen gedeckter Verlustanteil persönlich haftender Gesellschafter« bei der KGaA (§ 286 Abs. 2 S. 3 AktG).

5.7   Exkurs: Bilanzierung und Bewertung von Leasingobjekten

5.7.1   Begriff und Erscheinungsformen des Leasings

Mit Leasing bezeichnet man die Vermietung oder Verpachtung von langlebigen Gebrauchsgegenständen oder Investitionsgütern, die sich von »klassischen« Mietverhältnissen dadurch unterscheiden, dass ein Leasingvertrag neben Elementen des Miet- und Pachtrechts auch Elemente des (Raten-)Kaufrechts oder des Geschäftsbesorgungsrechts enthalten kann (aber nicht muss). Aus der Vielzahl der vorkommenden Vertragsgestaltungen sind hinsichtlich der Bilanzierung zwei Vertragstypen von besonderem Interesse: Operating Leasing und Financial Leasing.

Operating Leasing

Charakteristikum dieses Vertragstyps ist die relativ kurze Mietdauer im Verhältnis zur betriebsgewöhnlichen Nutzungsdauer eines Mietobjekts. Dabei handelt es sich i. d. R. um solche Objekte, die der Leasinggeber nach Ablauf oder Kündigung des Mietverhältnisses problemlos erneut vermieten (oder gebraucht verkaufen) kann, damit sich seine Investition langfristig rentiert; also Standardwirtschaftsgüter, wie z. B. Baukräne, Kraftfahrzeuge etc. Für den Leasingnehmer ist eine mit dem Vertrag verbundene Servicefunktion oft von besonderer Bedeutung. Bilanziell wird das **Operating Leasing** wie alle bürgerlich-rechtlichen **Miet- und Pachtverträge** behandelt, d. h. die

Gegenstände sind nicht beim Mieter (Leasingnehmer), sondern beim Vermieter (Leasinggeber) zu bilanzieren.

Financial Leasing

Bei dem bilanziell problemreicheren Fall, dem **Finanzierungsleasing**, handelt es sich i. d. R. um eine im Verhältnis zur betriebsgewöhnlichen Nutzungsdauer langfristige Mietdauer, wobei innerhalb dieser sog. Grundmietzeit eine Kündigung nicht oder nur bei Zahlung einer Konventionalstrafe möglich ist. Dem Leasingnehmer sichert dieser Vertrag eine langfristige Nutzung des Leasingobjekts, ohne dass eine eigene Investition bzw. Finanzierung notwendig wäre. Mit den während der Grundmietzeit zu zahlenden Leasingraten werden dem Leasinggeber regelmäßig die ihm entstandenen Anschaffungs- oder Herstellungskosten, Finanzierungskosten und Gewinnzuschläge entgolten. Nach Ablauf der Grundmietzeit hat der Leasingnehmer häufig ein Kaufrecht oder die Möglichkeit der Mietverlängerung, wobei die entsprechenden Aufwendungen dann recht gering sein werden, falls sich für den Leasinggeber die Investition schon voll amortisiert hat. Beim **Financial Leasing** handelt es sich also faktisch um eine bestimmte Form der **Fremdfinanzierung**. Sind die Leasingobjekte auch noch speziell auf die Bedürfnisse eines Leasingnehmers zugeschnitten und damit praktisch nicht weiterzuvermieten, spricht man vom **Spezialleasing**.

5.7.2 Bilanzierung beim Financial Leasing

Im Mittelpunkt steht die Frage, ob das Leasingobjekt beim Leasinggeber oder Leasingnehmer zu bilanzieren ist. Maßgeblich für die steuerrechtliche Behandlung des Finanzierungsleasings ist nach dem Urteil des BFH vom 26.1.1970[356] die wirtschaftliche Betrachtungsweise, nach der nicht die spezielle rechtstechnische Einkleidung, sondern der wirtschaftliche Kern eines Sachverhalts für die Besteuerung maßgebend ist. Danach ist das Leasingobjekt dem wirtschaftlichen Eigentümer zuzurechnen[357]. Durch das Bilanzrechtsmodernisierungsgesetz wurde 2009 eine dem § 39 Abs. Nr. 1 AO entsprechende Regelung in § 246 Abs. 1 S. 2 HGB aufgenommen; damit wurde für die alte Handhabung der Übernahme der steuerlichen Regelungen in die Handelsbilanz die gesetzliche Grundlage geschaffen.

Wirtschaftliches Eigentum des Leasingnehmers ist gegeben, wenn der Herausgabeanspruch des Leasinggebers keine wirtschaftliche Bedeutung mehr hat, d. h., wenn dem Leasingnehmer Substanz und Ertrag des Wirtschaftsguts für die voraussichtliche Nutzungsdauer zustehen. Hieran fehlt es im Allgemeinen, wenn die betriebsgewöhnliche Nutzungsdauer länger als die Grundmietzeit ist. Denn in einem derartigen Fall ist der Herausgabeanspruch des Leasinggebers wirtschaftlich gerade nicht bedeu-

---

356 IV R 144/66, BStBl. 1970 II S. 264.
357 § 39 Abs. 2 Nr. 1 AO.

tungslos. Kann der Leasingnehmer den Leasinggeber hingegen auch für die verbleibende Zeit von der Einwirkung auf das Leasingobjekt ausschließen, ist das Leasingobjekt dem Leasingnehmer zuzurechnen. Allerdings muss der Leasingnehmer hierzu aufgrund einer eigenen, rechtlich abgesicherten Position (z. B. Kauf- oder Verlängerungsoption) in der Lage sein. Ein lediglich dem Leasinggeber eingeräumtes Andienungsrecht reicht hierfür nicht aus. Eine Sondersituation besteht beim Spezialleasing. In diesem Fall kann der Leasinggeber das Leasingobjekt – unabhängig vom Verhältnis der Grundmietzeit zur betriebsgewöhnlichen Nutzungsdauer – nicht anderweitig nutzen oder verwerten. Es kommt daher auch nicht darauf an, ob der Leasingnehmer über eine rechtlich abgesicherte Position zum Ausschluss des Leasinggebers verfügt. Denn der Herausgabeanspruch des Leasinggebers ist in diesen Fällen von vornherein wertlos.[358]

Insbesondere durch zwei spätere Erlasse[359] der Finanzverwaltung wurde die Bilanzierung im Einzelfall wie folgt geregelt:[360]

1. Nach dem BMF-Schreiben vom 19.4.1971[361] zur ertragsteuerlichen Behandlung von Leasingverträgen über **bewegliche Wirtschaftsgüter** richtet sich die Zurechnung grundsätzlich nach dem Verhältnis von fester Grundmietzeit zur betriebsgewöhnlichen Nutzungsdauer des Wirtschaftsguts. Dabei sind drei Fälle zu unterscheiden:

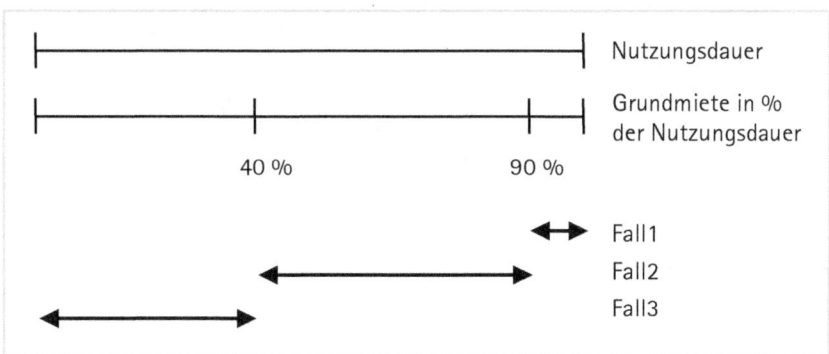

Fall 1: Grundmietzeit > 90 % = Zurechnung beim Leasingnehmer
Diese Zurechnung folgt aus dem vierten Leitsatz des BFH-Urteils und ist insofern einleuchtend, weil sich Grundmietzeit und Nutzungsdauer annähernd decken, der Leasinggeber damit von der Einwirkung auf das Wirtschaftsgut »dauernd« ausgeschlossen und sein Herausgabeanspruch nach dieser Zeit praktisch wertlos ist.
Falls dem Wirtschaftsgut doch noch ein erheblicher Nutzungs- oder Schrottwert zukommt, ist der Herausgabeanspruch durchaus von wirtschaftlicher Bedeutung.

---

358 BFH, Urteil v. 21.12.2017, IV R 56/16, DB v. 11.05.2018, Heft 19, S. 1118–1121, Rz. 30, m. w. N., DB1267804.
359 Vgl. Anhang 21 zu EStR 2015.
360 Dabei handelt es sich um Regelungen grundsätzlicher Art, die abweichende Beurteilungen zulassen, wenn sie von den Vertragsparteien entkräftet werden können.
361 BMF, Schreiben v. 19.4.1971, IV B/2 – S 2170 – 31/71, BStBl. 1971 I, S. 264.

Demzufolge wäre der Leasingnehmer nicht als wirtschaftlicher Eigentümer anzusehen und ohne Rücksicht auf die Dauer der Grundmietzeit der Leasinggeber bilanzierungspflichtig.

Fall 2: Grundmietzeit < 40 % = Zurechnung beim Leasingnehmer

Diese Regelung geht über die Leitsätze des BFH-Urteils hinaus und ist auf heftige Kritik gestoßen, weil die Einwirkung des Leasinggebers eben nicht dauernd ausgeschlossen ist und eine Weitervermietung bzw. ein Verkauf nach der kurzen Grundmietzeit eindeutig möglich sein wird. Der Grundgedanke dieser Regelung ist, dass bei derart kurzer Grundmietzeit ein verdeckter Ratenkaufvertrag anzunehmen ist. Denn ein Leasingnehmer würde nicht bereit sein, in relativ kurzer Zeit über entsprechend hohe Leasingraten für die volle Amortisation der Investitionsausgaben des Leasinggebers zu sorgen, wenn er nicht das Recht auf Weiternutzung nach Ablauf der Grundmietzeit (z. B. durch Nebenabreden) gesichert hat.

Fall 3: 40 % ≤ Grundmietzeit ≤ 90 %

In diesem Fall richtet sich die Zurechnung danach, ob eine Kauf- oder Mietverlängerungsoption für den Leasingnehmer vereinbart wurde.

a) Verträge **ohne Optionsrecht** werden dem Leasinggeber zugerechnet. Wenn in einer Grundmietzeit von 40 % bis 90 % der Nutzungsdauer die Anschaffungsausgaben des Leasinggebers gedeckt werden, so entspricht das dem Charakter normaler Mietverträge. Einerseits ist die Mietzeit bei voller Amortisation nicht so kurz, was auf einen (verdeckten) Ratenkaufvertrag schließen lässt, andererseits ist sie auch nicht so lang, dass eine Anschlussvermietung oder ein Verkauf an einen Dritten kaum noch möglich sein wird.

b) Bei Verträgen **mit Optionsrecht** beurteilt sich die Zurechnung nach der **Wahrscheinlichkeit** der Optionsausübung. Was bei Fall 1 bereits von vornherein feststeht, nämlich, dass das Wirtschaftsgut bis zur völligen Abnutzung vom Leasingnehmer genutzt wird, wird in den Fällen kürzerer Grundmietzeit erst durch die Option bewirkt. Bei hoher Wahrscheinlichkeit der Optionsausübung und damit Weiternutzung durch den Leasingnehmer ist das Wirtschaftsgut auch bei diesem zu bilanzieren. Die Wahrscheinlichkeit der Optionsausübung kann nach Ansicht des BFH bei den Leasingverträgen unterstellt werden, bei denen Anschlussraten oder Anschlusskaufpreis sich lediglich als eine Art Anerkennungsgebühr und nicht als echte Gegenleistung für die Gebrauchsüberlassung darstellen.

Nach den konkreten Regelungen des BMF-Schreibens vom 19.4.1971 wird die Zurechnung beim Leasingnehmer gefordert, wenn bei

aa) **Kaufoption** der Kaufpreis geringer als der Restbuchwert bei linearer Abschreibung bzw. als der niedrigere gemeine Wert ist,

bb) **Mietverlängerungsoption** die Summe der Anschlussmieten geringer als der Wertverzehr für den Zeitraum der Anschlussmiete ist.

Liegen diese Voraussetzungen nicht vor, ist das Wirtschaftsgut beim Leasinggeber zu bilanzieren, weil die Wahrscheinlichkeit der Optionsausübung gering ist.

Beim **Spezialleasing** sind die Wirtschaftsgüter unabhängig von der Dauer der Grundmietzeit und etwaigen Optionsklauseln regelmäßig dem Leasingnehmer zuzurechnen.[362]

2. Nach dem BMF-Schreiben vom 21.3.1972[363] zur ertragssteuerlichen Behandlung von Finanzierungsleasing-Verträgen über **unbewegliche Wirtschaftsgüter** gelten folgende Regelungen: **Grund und Boden** ist grundsätzlich dem Leasinggeber zuzurechnen. Nur wenn eine Kaufoption vereinbart wurde, richtet sich die Bilanzierung nach der Zurechnung des Gebäudes. Bei **Gebäuden** richtet sich die Zurechnung nach dem Anteil der festen Grundmietzeit an der betriebsgewöhnlichen Nutzungsdauer bzw. am kürzeren Erbbaurechtszeitraum. Dabei sind, analog zu dem oben skizzierten Schema bei den beweglichen Wirtschaftsgütern, drei Fälle zu unterscheiden:

Fall 1: Grundmietzeit > 90 % = Zurechnung beim Leasingnehmer

Fall 2: Grundmietzeit < 40 % = Zurechnung beim Leasingnehmer

Bewegliche Wirtschaftsgüter				Zuordnung dem:
Grundmietzeit < 40 % Nutzungsdauer				Leasingnehmer
Grundmietzeit 40 %–90 % Nutzungsdauer	ohne Option			Leasinggeber
	Mit Kauf- bzw. Mietverlängerungsoption	Restbuchwert bzw. niedriger gemeiner Wert ≤ Kaufpreis	Wertverzehr ≤ Anschlussmiete	Leasinggeber
		Restbuchwert bzw. niedriger gemeiner Wert > Kaufpreis	Wertverzehr ≤ Anschlussmiete	Leasingnehmer
Grundmietzeit > 40 % Nutzungsdauer				Leasingnehmer
Spezial-Leasing				Leasingnehmer
Grund und Boden	ohne Option und mit Mietoption			Leasinggeber
	Kaufoption = Zurechnung richtet sich nach dem Gebäude			
Gebäude:				
Grundmietzeit < 40 % Nutzungsdauer bzw. Erbrecht				Leasingnehmer
Grundmietzeit 40 %–90 % Nutzungsdauer	ohne Option			Leasinggeber
	mit Kauf- bzw. Mietverlängerungsoption	Gesamtbuchwert bzw. niedriger gemeiner Wert des Grundstücks ≤ Gesamtkaufpreis	75 % des üblichen vergleichbaren Mietentgelts < Anschlussmiete	Leasinggeber

---

362 FG Mecklenburg-Vorpommern, Urteil v. 27.8.1997, 1 K 200/95.
363 BMF, Schreiben v. 21.3.1972, F/IV B 2 – S 2170 – 11/72, BStBl. 1972 I, S. 188.

Bewegliche Wirtschaftsgüter				Zuordnung dem:
		Gesamtbuchwert bzw. niedriger gemeiner Wert des Grundstücks > Gesamtkaufpreis	75 % des üblichen vergleichbaren Mietentgelts ≤ Anschlussmiete	Leasingnehmer
Grundmietzeit > 90 % Nutzungsdauer				Leasingnehmer
Spezial-Leasing				Leasingnehmer

Abb. 22: Steuerliche Bilanzierung beim Financial Leasing

Fall 3: 40 % ≤ Grundmietzeit ≤ 90 %
a) ohne **Optionsrecht** = Zurechnung beim Leasinggeber
b) mit Optionsrecht:

(aa) Kaufoption:

Grundstückskaufpreis	<	Buch- bzw. niedrigerer gemeiner Wert des Grundstücks	= Zurechnung beim Leasingnehmer

(bb) Mietverlängerungsoption:

Anschlussmiete	<	75 % des üblichen Mietentgelts	= Zurechnung beim Leasingnehmer
Andernfalls trotz Kauf- bzw. Mietverlängerungsoption			= Zurechnung beim Leasinggeber
Spezialleasing			= Zurechnung beim Leasingnehmer

Obwohl schon der BFH im Jahr 1971 keine Unterschiede in der steuerlichen und handelsrechtlichen Beurteilung als gerechtfertigt ansah[364] und spätere Stellungnahmen in ihren Konsequenzen praktisch kaum von der Zurechnung nach den Erlassen der Finanzverwaltung abweichen, hatte sich lange keine einheitliche Meinung zur *handelsrechtlichen* Behandlung des Finanzierungsleasings herausgebildet, geschweige denn zu einem GoB verdichtet.

Durch das Bilanzrechtsmodernisierungsgesetz (BilMoG) wurde 2009 in § 246 Abs. 1 S. 2 HGB endgültig klargestellt, dass Vermögensgegenstände dann nicht in der **Handelsbilanz** des **rechtlichen Eigentümers** auszuweisen sind, wenn sie einem anderen wirtschaftlich zuzurechnen sind; in diesem Fall müssen sie in der Bilanz des **wirtschaftlichen Eigentümers** gezeigt werden. Mit § 246 Abs. 1 S. 2 HGB ergeben sich keine Veränderungen des bisherigen Rechtszustands. Die von der Rechtsprechung schon erarbeiteten Beurteilungskriterien behalten ebenso ihre Bedeutung, wie beispielsweise die steuerlichen Leasingerlasse, die die wirtschaftliche Zurechnung in-

---

364 BFH, Urteil v. 26.1.1970, IV R 144/66, BStBl. 1970 II, S. 264, hier 271.

haltlich ausfüllen.[365] Damit entsprechen sich § 246 Abs. 1 S. 2 HGB und § 39 Abs. 1 und Abs. 2 Nr. 1 AO.

Der **Ausweis** für geleaste Güter erfolgt regelmäßig im **Anlagevermögen**. Ist das Gut beim *Leasinggeber* zu bilanzieren, so will der Leasinggeber dieses Gut durch die Vermietung dauerhaft nutzen, weshalb ein Ausweis im Umlaufvermögen nicht zulässig ist; lediglich bei sehr kurzen Leasinglaufzeiten mit anschließender Verkaufsabsicht kann der Leasinggeber auch einen Ausweis im Umlaufvermögen in Erwägung ziehen. Wird das Gut beim *Leasingnehmer* bilanziert, so kommt praktisch nur ein Ausweis im Anlagevermögen infrage, da das Leasinggut immer an die Stelle eines gekauften oder selbst hergestellten Anlageguts tritt.

Der Ausweis des Leasingguts beim Leasinggeber soll die Besonderheit erkennen lassen, dass es sich um Leasingvermögen handelt. Dies erfordert i. d. R. einen gesonderten Ausweis des Leasingvermögens über die gesetzliche Gliederung hinaus in der Bilanz oder im Anhang, jedoch innerhalb des Anlagevermögens und nicht zwischen Anlage- und Umlaufvermögen. Beim Leasingnehmer erscheint nur bei besonders umfangreichem Leasingvermögen ein gesonderter Ausweis sinnvoll.

Im Zusammenhang mit Leasinggeschäften können die folgenden spezifischen **Angaben** notwendig werden:

- **Verbindlichkeitsangabe** nach § 285 Nr. 3a HGB beim Leasingnehmer, wenn das Gut nicht beim Leasingnehmer bilanziert wird (operatives Leasing),
- **Risiken** gem. § 285 Nr. 3 HGB bei besonders risikobehafteten Geschäften, soweit diese nicht in der Bilanz enthalten sind.

5.7.3 Bewertung beim Leasing

5.7.3.1 Aktivierung beim Leasinggeber

Wird das Leasingobjekt dem Leasinggeber zugerechnet, so hat er es mit seinen **Anschaffungs- oder Herstellungskosten** als Anlagevermögen zu aktivieren und abzuschreiben. Nicht zu den Kosten der Anschaffung rechnen die im Zusammenhang mit dem Leasingvertrag anfallenden Nebenkosten (z. B. Kosten für die Konzeption und die Vermittlung von Leasingverträgen) des Leasinggebers, die auch nicht als immaterielle Werte oder Rechnungsabgrenzungsposten aktivierbar sind.

Die **Abschreibungen** bestimmen sich nach der betriebsgewöhnlichen Nutzungsdauer gem. den AfA-Tabellen und nicht nach der Grundmietzeit. Die Mietzeit kann jedoch für eine außerplanmäßige Abschreibung Bedeutung erlangen, wenn erkennbar wird,

---

365 Begründung zum BilMoG, BT-Drucks. 16/10067 v. 30.7.2008, S. 47.

dass sich der Leasinggegenstand nach Auslaufen des Leasingvertrags nicht mehr oder nur noch eingeschränkt nutzen lässt. Für drohende Verluste nach Beendigung des Leasingvertrags sind Rückstellungen zu bilden (wegen § 5 Abs. 4a EStG nicht in der Steuerbilanz), wenn eine außerplanmäßige Abschreibung nicht ausreicht, um die drohenden Verluste zu antizipieren. Eine außerplanmäßige Abschreibung auf einen niedrigeren Wert ist jedoch dann nicht vorzunehmen, wenn davon ausgegangen werden kann, dass vertragliche Vereinbarungen (Leasingvertrag, Händlergarantie u. a.) eine betragsmäßige Deckung des Buchwerts am Bilanzstichtag gewährleisten.

Die **Leasingraten** sind Erträge bzw. Betriebseinnahmen des *Leasinggebers*. Entsprechen sich Aufwand und Erträge beim Leasinggeber nicht, z. B. weil degressive oder progressive Leasingraten vereinbart wurden, sind entsprechende Abgrenzungen vorzunehmen. Werden beispielsweise zu Beginn der Leasinglaufzeit zu hohe Erträge und zum Ende der Laufzeit entsprechend zu niedrige Erträge vereinnahmt (degressive Leasingraten), so ist jener Teil der zu hohen Erträge in einen passiven Rechnungsabgrenzungsposten einzustellen, der zu einem sachgerechten Ausgleich von Leistung und Gegenleistung in den einzelnen Perioden führt. Grundsätzlich ist dabei zu jedem Bilanzstichtag darauf zu achten, dass der Leasingvertrag über die Restlaufzeit verlustfrei abgewickelt werden kann; sofern dies über eine passive Rechnungsabgrenzung nicht erreichbar ist, müssen Rückstellungen für drohende Verluste gebildet werden.

Umgekehrt sind bei einer Vereinbarung von progressiven Leasingraten ggf. noch nicht fällige Ratenanteile als sonstiger Vermögensgegenstand zu aktivieren, um eine – nicht gerechtfertigte – Verlustentstehung in den ersten Perioden der Leasinglaufzeit zu vermeiden.

Beim *Leasingnehmer* stellen die Leasingraten Aufwand bzw. Betriebsausgaben dar, soweit nicht u. U. eine teilweise Aktivierung geleisteter Vorausmieten oder Sonderzahlungen für Optionsrechte in Betracht kommt.

5.7.3.2 Aktivierung beim Leasingnehmer

Ist der Leasinggegenstand dem Leasingnehmer zuzurechnen, so hat dieser seine **Anschaffungskosten** (oder Herstellungskosten – in den seltenen Fällen bei Selbstherstellung auf dem Wege der Geschäftsbesorgung für den Leasinggeber und u. U. beim Sale-lease-back) zu aktivieren und dementsprechend auch nach der betriebsgewöhnlichen Nutzungsdauer die **Abschreibung** vorzunehmen. Die vom Leasingnehmer zu bilanzierenden Anschaffungskosten sind aus dem Leasingvertrag abzuleiten. Gelegentlich werden in den Leasingverträgen die Anschaffungskosten des Leasinggebers (der Leasinggesellschaft) als Bemessungsgrundlage der Leasingraten ausgewiesen. Beim Leasing direkt vom Hersteller kann, wenn dieser seine Herstellungskosten nicht offenlegen will, der Barverkaufspreis des Herstellers herangezogen werden. Dieser ist mit den Anschaffungskosten einer Leasinggesellschaft beim indirekten Leasing vergleichbar. Insbesondere kann bei Herstellern, die ihre Erzeugnisse ausschließlich vermieten, ein diesbezüglicher Marktpreis als Bemessungsgrundlage fehlen. In diesem Fall kann man den **Barwert** der künftigen **Leasingraten** des Leasingnehmers als dessen Anschaffungskosten ansetzen, wobei erwartete Zahlungen aufgrund einer Kauf- oder Mietoption einzubeziehen und in den Leasingkosten enthaltene Anteile für Serviceleistungen (Wartung etc.) abzuziehen wären.

Unabhängig von der Bemessungsgrundlage, den Anschaffungskosten des Leasinggebers oder dem Barwert der Leasingraten, hat der Leasingnehmer sämtliche **Anschaffungsnebenkosten**, wie z. B. Transport und Montage, zusätzlich zu aktivieren. Diese zählen selbstverständlich nicht zu den **Verbindlichkeiten**, die der Leasingnehmer in Höhe der Bemessungsgrundlage (plus Umsatzsteuer) gegenüber dem Leasinggeber passivieren muss, der den entsprechenden Betrag als Forderung aktiviert.

Mit dem Teil der laufenden Leasingraten, der auf die Anschaffungskosten des Leasinggebers entfällt, tilgt der Leasingnehmer seine Verbindlichkeit. Zugleich fallen mit dem anderen Teil der Leasingraten aber auch Zins- und Kostenzahlungen an, die für den Leasingnehmer Aufwand darstellen.

Da der Zinsanteil in der Leasingrate von Jahr zu Jahr aufgrund der bereits erfolgten Verbindlichkeitstilgung abnimmt (Gleiches wird für den Kostenanteil unterstellt), werden die Leasingraten wie Annuitäten behandelt, die nach den Regeln der Zins- und Zinseszinsrechnung aufzuspalten sind.

Für das Steuerrecht hat der BdF mit Schreiben vom 13.12.1973[366] neben der Barwertvergleichsmethode aus Gründen der Vereinfachung auch die nachfolgend dargestellte Zinsstaffelmethode für die Aufspaltung des Zins- und Tilgungsteils der Leasingraten zugelassen:

1. Rechenschritt: Ermittlung des Zins- und Kostenanteils (ZK) sämtlicher zu zahlender Leasingraten (LR)

    Summe aller Leasingraten (LR)
    − Anschaffungskosten des Leasinggebers

    = Summe aller Zins- und Kostenanteile (ZK)

2. Rechenschritt: Ermittlung der Summe (S) der Zahlenreihe aller Raten. Die Formel für eine endliche arithmetische Reihe lautet:

$$s_i = \frac{i}{2}(1+i)$$

bei insgesamt zu leistenden n Raten (i = 1, ... , n):

$$s_n = \frac{n}{2}(1+n)$$

---

366 IV B 2 – S 2170 – 94/73; DB 1973, S. 2485 f.

3. Rechenschritt: Ermittlung der Zins- und Kostenanteile der einzelnen Raten 1 bis n.

$$ZK_i = \frac{\sum_{i=1}^{n} ZK_i}{s_n}\left(1+n-i\right)$$

Da *steuerrechtlich* die Verbindlichkeiten stets in Höhe der Anschaffungskosten des Leasinggebers passiviert werden müssen,[367] sind insoweit nur die Barwertvergleichsmethode oder die Zinsstaffelmethode zulässig.

Im *Handelsrecht* ist dagegen grundsätzlich auch die Bewertung zum **Barwert der künftigen Leasingraten** möglich. Dies ist m. E. ohnehin die vorzuziehende Methode,[368] da der Leasingnehmer die feste, regelmäßig nicht vorzeitig kündbare Verpflichtung zur Zahlung der Raten übernommen hat. Deshalb sollte im Sinn eines vollständigen Ausweises der Barwert der gesamten Verpflichtung als Anschaffungskosten aktiviert und (in Analogie zu den Pensionsrückstellungen) passiviert werden, und zwar in einer Summe unter dem Posten »Verbindlichkeiten«, möglichst in einem gesonderten Posten »Verbindlichkeiten aus Leasinggeschäften«.

Der Barwert (B) aller Leasingraten errechnet sich unter Zugrundelegung eines Rechnungszinsfußes (p) bei einer Laufzeit von n Jahren für das i-te Jahr (LR = Leasingrate):

$$B_i = LR \times \frac{\left(1+\dfrac{p}{100}\right)^{n-1} - 1}{\dfrac{p}{100}\times\left(1+\dfrac{p}{100}\right)^{n-1}}$$

Zu Beginn der Laufzeit ist der Betrag B_0 zu passivieren. Der Tilgungsanteil errechnet sich als

$$\text{Tilgung} = B_{i-1} - B_i$$

der Zins- und Kostenanteil als

$$\text{ZK-Anteil} = LR - \left(\text{Tilgung}\right)$$

Für den Leasinggeber sind die vereinnahmten Leasingraten in Höhe der Zins- und Kostenanteile erfolgswirksame Erträge, die Tilgungsanteile sind erfolgsneutral mit der Forderung zu verrechnen.

---

367 Ein identischer Betrag wird beim Leasinggeber als Forderung aktiviert.
368 Dies entspricht auch der Bilanzierung in den IFRS.

6 Passiva: Bilanzierung und Bewertung

6.1 Das Eigenkapital

Bei der *Aktiengesellschaft* teilt sich das **Eigenkapital** genau wie bei der *Kommanditgesellschaft auf Aktien* und bei der *Gesellschaft mit beschränkter Haftung* in einen konstanten und einen veränderlichen Teil. Der *konstante* Eigenkapitalteil ist bei der Aktiengesellschaft (AG) und der Kommanditgesellschaft auf Aktien (KGaA) das **Grundkapital** (§ 1 Abs. 2, 278 Abs. 1 AktG), bei der Gesellschaft mit beschränkter Haftung (GmbH) ist es das **Stammkapital** (§ 5 Abs. 1 GmbHG). Der *variable* Teil des Eigenkapitals besteht aus den Rücklagen und dem Gewinn-/ Verlustvortrag sowie dem Bilanzgewinn/-verlust. Die Rücklagen müssen entweder aufgrund gesetzlicher Vorschriften gebildet werden, oder sie entstehen aufgrund von Beschlüssen der Unternehmensorgane.

Beim *Einzelkaufmann* und bei den *Personenhandelsgesellschaften* besteht das Eigenkapital grundsätzlich nur aus den variablen Eigenkapitalteilen. Lediglich über den Gesellschaftsvertrag kann (und wird in der Praxis häufiger) auch ein konstantes Kapital vereinbart werden. Für diese Rechtsformen entfällt deshalb regelmäßig die folgende Einteilung in ein konstantes und ein variables Eigenkapital.

Bei OHGs und KGs, bei denen kein Gesellschafter unbeschränkt haftet (§ 264a HGB), ist die Gliederung des Eigenkapitals gem. § 264c Abs. 2 HGB vorzunehmen.

6.1.1 Gezeichnetes Kapital

Das **gezeichnete Kapital** ist jenes Kapital, auf das die Haftung der Gesellschafter für Verbindlichkeiten der *Kapitalgesellschaft* gegenüber den Gläubigern beschränkt ist. Als gezeichnetes Kapital ist gem. § 152 Abs. 1 S. 1 AktG das Grundkapital bzw. gem. § 42 Abs. 1 GmbHG das Stammkapital auszuweisen.

Die Höhe des **Grundkapitals** wird für die *Aktiengesellschaft* durch die Gesamtnennbeträge aller Aktien bestimmt; für die GmbH ergibt sich der Nennbetrag des Stammkapitals aus der Handelsregistereintragung. Zu diesem **Nennbetrag** ist das gezeichnete Kapital auf der Passivseite gem. § 272 Abs. 1 S. 1 HGB anzusetzen.

Dabei muss das Grundkapital auf einen Nennbetrag in Euro lauten (§ 6 AktG) und mindestens fünfzigtausend Euro betragen (§ 7 AktG). Maßgebend für den Bilanzausweis ist die erfolgte Eintragung im Handelsregister.[369] Sind für das Grundkapital verschiedene Aktiengattungen[370] (Aktien, die unterschiedliche Rechte gewähren) ausgegeben worden, so sind die Gesamtnennbeträge jeder Gattung gesondert aufzuführen; sind Aktien mit Mehrstimmrecht ausgegeben, so müssen die Gesamtstimmzahlen der Aktiengattungen ebenfalls vermerkt werden; bedingtes Kapital ist mit dem Nennbetrag zu vermerken (§ 152 Abs. 1 AktG).

Bei der *Kommanditgesellschaft auf Aktien* sind gem. § 286 Abs. 2 AktG die Kapitalanteile der persönlich haftenden Gesellschafter (Komplementäre) nach dem Posten »gezeichnetes Kapital« gesondert auszuweisen. Da es sich bei diesem Posten um veränderliches Eigenkapital handelt, ist der auf den Komplementär entfallende Verlustanteil von dessen Kapitalanteil abzuschreiben. Soweit der Verlustanteil nicht durch veränderliches Kapital gedeckt wird, ist er auf der Aktivseite unter den Forderungen gesondert mit der Bezeichnung »Einzahlungsverpflichtung persönlich haftender Gesellschafter« auszuweisen; besteht keine Zahlungsverpflichtung, so ist dieser Betrag als »nicht durch Vermögenseinlagen gedeckter Verlustanteil persönlich haftender Gesellschafter« gesondert am Schluss der Bilanz auf der Aktivseite auszuweisen (§ 286 Abs. 2 S. 3 AktG).

Das **Grundkapital** ist in seiner Höhe konstant. Eine Herabsetzung des Grundkapitals ist nur im Wege einer **Kapitalherabsetzung** möglich:[371]
1. ordentliche Kapitalherabsetzung gem. §§ 222–228 AktG,
2. vereinfachte Kapitalherabsetzung (Sanierung) gem. §§ 229–236 AktG,
3. Kapitalherabsetzung durch Einziehung von Aktien gem. §§ 237–239 AktG.

Eine **Kapitalerhöhung** ist nur in den folgenden Fällen zulässig:
1. Erweiterungsfinanzierung
    a) Kapitalerhöhung gegen Einlagen gem. §§ 182–191 AktG,
    b) bedingte Kapitalerhöhung gem. §§ 192–201 AktG,
    c) genehmigtes Kapital gem. §§ 202–206 AktG,
2. Umfinanzierung
    Kapitalerhöhung aus Gesellschaftsmitteln gem. §§ 207–220 AktG.

Die Kapitalerhöhung gegen Einlagen und die Erhöhung durch genehmigtes Kapital dürfen erst nach erfolgter Eintragung in das Handelsregister in der Bilanz ausgewiesen werden (§ 189 AktG). Beim bedingten Kapital wird die Erhöhung nach Aktienausgabe bilanziert (§ 200 AktG); bei der Kapitalerhöhung aus Gesellschaftsmitteln nach der Eintragung des Beschlusses (§ 211 Abs. 1 AktG).

---

369 § 39 Abs. 1 AktG i. V. m. §§ 36 Abs. 2 und 37 Abs. 1 AktG; daraus folgt, dass vor Einzahlung der Aktien kein Bilanzausweis erfolgen darf.
370 § 11 AktG und § 12 i. V. m. §§ 139 ff. AktG.
371 Beachte auch §§ 57 und 58 Abs. 5 AktG.

Erwirbt eine Aktiengesellschaft **eigene Anteile**, so sind diese in einer Vorspalte zum gezeichneten Kapital offen abzusetzen (§ 272 Abs. 1a S. 1 HGB). Mit dieser Bilanzierung aufgrund des Bilanzrechtsmodernisierungsgesetzes hat sich das HGB hinsichtlich des Erwerbs eigener Anteile von der Anschaffungsgeschäftstheorie zur Teilliquidationstheorie gewandt.[372] Die selbst gehaltenen Aktien der eigenen Gesellschaft, die zur Weiteräußerung bestimmt sind, bleiben jedoch abstrakt bilanzierungsfähige Vermögensgegenstände, die lediglich wegen dieser Ausweisvorschrift nicht als solche zu zeigen sind, während es sich bei einziehungsbestimmten eigenen Anteilen tatsächlich um einen Korrekturposten zum Eigenkapital handelt.[373]

Die entgeltlich erworbenen eigenen Anteile haben grundsätzlich Anschaffungskosten, wobei aber Anschaffungsnebenkosten sofort erfolgswirksamer Aufwand sind (§ 272 Abs. 1a S. 3 HGB). Ausweistechnisch sind die – Anschaffungskosten der – eigenen Anteile jedoch in den *Nennbetrag* (als Abzugsbetrag zum gezeichneten Kapital zu zeigen) und einen *Differenzbetrag* (mit den frei verfügbaren Rücklagen zu verrechnen) zu splitten (§ 272 Abs. 1a S. 2 HGB).

Beispiel: Ausweis eigener Anteile !

Die Global AG hat ein gezeichnetes Kapital von 1 Mio. Euro und freie Rücklagen von 0,8 Mio. Euro. Diese Gesellschaft erwirbt an der Börse eigene Aktien im Nennwert von 100.000 Euro zum Kurs von 130 für eine 100-Euro-Aktie. Weiterhin fallen 3 % Kosten an. Weitere Geschäftsvorfälle sind in diesem Jahr nicht angefallen.

Das Eigenkapital wird nun wie folgt gezeigt:

Grundkapital	1.000.000	
eigene Anteile	100.000	
	gezeichnetes Kapital	900.000
	freie Rücklagen	770.000
	Jahresfehlbetrag	3.900

Die Kosten von 3.900 Euro (130.000 x 0,03) sind als Aufwand zu erfassen und sind deshalb als Verlust des Jahres zu zeigen.

Bei einer *Veräußerung* eigener Anteile sind etwaige Veräußerungsgewinne zunächst mit der beim vorhergehenden Erwerb erfassten Minderung der freien Rücklage zu verrechnen, ein Restbetrag wird in die Kapitalrücklage nach § 272 Abs. 2 Nr. 1 HGB eingestellt (§ 272 Abs. 1b HGB).

---

372 Knobloch (Fragen), insbes. S. 344–353.
373 Schmidtmann (Bilanzierungsfähigkeit), S. 289 ff.

> **!** **Beispiel: Veräußerung eigener Anteile**
>
> Ein Jahr später veräußert die Global AG alle eigenen Anteile (aus vorherigem Beispiel) zum Kurs von 150 Euro. Es fallen wieder Kosten von 3 % an. Auch sind wieder keine weiteren Geschäftsvorfälle zu verzeichnen.
>
> Die Passivseite zeigt nun insoweit folgendes Bild:
>
> | | |
> |---|---:|
> | gezeichnetes Kapital | 1.000.000 |
> | Kapitalrücklage | 20.000 |
> | freie Rücklagen | 800.000 |
> | Verlustvortrag | 3.900 |
> | Jahresfehlbetrag | 4.500 |
> | gezeichnetes Kapital | 1.000.000 |

Das ebenfalls konstante **Stammkapital** einer *Gesellschaft mit beschränkter Haftung* muss im Regelfall mindestens 25.000 Euro betragen (§ 5 GmbHG); davon kann jedoch in der *Unternehmergesellschaft (haftungsbeschränkt)* (UG (haftungsbeschränkt)) frei nach unten abgewichen werden (§ 5a GmbHG). Das Stammkapital teilt sich in die – ggf. unterschiedlich hohen – Stammeinlagen, die von den Gesellschaftern übernommen werden; Stammeinlagen können auch durch Sacheinlagen erbracht werden.

Einzelkaufleute haben kein gezeichnetes Kapital. Diese weisen lediglich einen Posten »Eigenkapital« aus.

Personengesellschaften können lediglich durch den Gesellschaftsvertrag ein konstantes Kapital bestimmen, das dann nicht als gezeichnetes Kapital, sondern beispielsweise als »konstantes Kapital«, »fixes Kapital« oder »vertraglich fixiertes Kapital« zu bezeichnen ist. Andernfalls ist wie beim Einzelkaufmann nur ein Posten »Eigenkapital« auszuweisen; eine Untergliederung nach den einzelnen Gesellschaftern darf zur Klarstellung der Besitzverhältnisse erfolgen.

Besteht bei einem Einzelkaufmann oder einer Personengesellschaft eine *stille Gesellschaft*, so ist im Regelfall das Kapital des stillen Gesellschafters als Teil des Eigenkapitals des Kaufmanns auszuweisen (vgl. § 230 Abs. 1 HGB). Eine Darlegung von Anteilen stiller Gesellschafter ist aber bilanzrechtlich nicht zu beanstanden, jedoch sollte dafür die Zustimmung des stillen Gesellschafters vorliegen. Bei Kapitalgesellschaften sind die Einlagen von stillen Gesellschaftern als Kapitalrücklagen auszuweisen.

6.1.2 Kapitalrücklagen

Das Handelsrecht unterscheidet zwischen Kapitalrücklagen und Gewinnrücklagen. In die **Kapitalrücklagen** sind nur solche Beträge einzustellen, die im Zusammenhang mit einem **Mittelzufluss** von Gesellschaftern stehen. Generell sind dies gem. § 272 Abs. 2 HGB:

1. der Betrag (Agio), der bei der Ausgabe von Anteilen einschließlich von Bezugsanteilen über den Nennbetrag hinaus erzielt wird sowie bestimmte Differenzbeträge bei der Veräußerung eigener Anteile (§ 272 Abs. 1b S. 3 HGB),
2. der Betrag (Agio), der bei der Ausgabe von Schuldverschreibungen für Wandlungsrechte und Optionsrechte zum Erwerb von Anteilen erzielt wird,
3. der Betrag von Zuzahlungen, die Gesellschafter gegen Gewährung eines Vorzugs für ihre Anteile leisten,
4. der Betrag von anderen Zuzahlungen (insbes. schlichte Einlagen), die Gesellschafter in das Eigenkapital leisten.

Ein Agio ist ungekürzt um Ausgabekosten in die Rücklage einzustellen. Bei Wandelschuldverschreibungen kann ein Agio einmal bei Ausgabe der Schuldverschreibungen und einmal beim Umtausch in Aktien entstehen.

Bei der *Aktiengesellschaft* sind ferner bestimmte Beträge in die Kapitalrücklage einzustellen, die im Fall einer **Kapitalherabsetzung** anfallen. Im Einzelnen sind dies:

1. Beträge, die aus einer Kapitalherabsetzung gewonnen werden, unter Berücksichtigung der in § 231 S. 1 AktG bezeichneten Begrenzung;
2. Beträge bei zu hoch angenommenen Verlusten nach vorangegangener vereinfachter Kapitalherabsetzung (§ 232 AktG);
3. aus einer Kapitalherabsetzung durch Einziehung von Aktien gewonnene Beträge, wenn die Aktien der Gesellschaft unentgeltlich zur Verfügung gestellt wurden oder sie zulasten des Bilanzgewinns oder einer Gewinnrücklage eingezogen werden (§ 237 Abs. 5 AktG).

Zu den Kapitalrücklagen sind bei Aktiengesellschaften in der Bilanz oder im Anhang gesondert anzugeben (§ 152 Abs. 2 AktG):

1. der Betrag, der während des Geschäftsjahres eingestellt wurde;
2. der Betrag, der für das Geschäftsjahr entnommen wird.

6.1.3   Gewinnrücklagen

In den **Gewinnrücklagen** dürfen gem. § 272 Abs. 3 HGB nur jene Beträge ausgewiesen werden, die aus dem Ergebnis des laufenden oder eines früheren Geschäftsjahres gebildet worden sind.

Aktiengesellschaften haben zu den einzelnen Posten der Gewinnrücklagen in der Bilanz oder im Anhang gesondert anzugeben (§ 152 Abs. 3 AktG):

1. die Beträge, die die Hauptversammlung aus dem Bilanzgewinn des Vorjahres eingestellt hat;
2. die Beträge, die aus dem Jahresüberschuss des Geschäftsjahres eingestellt werden;
3. die Beträge, die für das Geschäftsjahr entnommen werden.

Für weitere Rücklagenbewegungen besteht kein gesonderter Ausweiszwang.

Über die **Auflösung einer Gewinnrücklage** entscheidet das für die Zuweisung zuständige Organ, wobei eine mögliche Zweckgebundenheit der Rücklage oder eine Satzungsbestimmung zu berücksichtigen ist, die jedoch hinter einem Verlustausgleich zurückstehen muss.

Wird die **Zuweisung zu den Gewinnrücklagen** (für Kapitalrücklagen gilt das Gleiche) entgegen den Bestimmungen des Aktiengesetzes oder der Satzung vorgenommen, so hat dies die **Nichtigkeit** des festgestellten Jahresabschlusses gem. § 256 Abs. 1 Nr. 4 AktG, ggf. auch gem. § 256 Abs. 1 Nr. 1 AktG zur Folge.

6.1.3.1 Gesetzliche Rücklage

Gem. § 150 Abs. 1 AktG ist bei Aktiengesellschaften eine **gesetzliche Rücklage** zu bilden, in die 5 % des um einen Verlustvortrag aus dem Vorjahr geminderten Jahresüberschusses einzustellen sind, bis die gesetzliche Rücklage und die Kapitalrücklagen nach § 272 Abs. 2 Nr. 1 bis 3 HGB zusammen 10 % oder den in der Satzung bestimmten höheren Teil des Grundkapitals erreichen (§ 150 Abs. 2 AktG).

Die Satzung darf die Rücklagenzuweisung über 10 % vom Grundkapital hinaus vorschreiben, jedoch darf keine höhere (oder niedrigere) jährliche Zuweisung als 5 % vom Jahresüberschuss vorgesehen werden. Bemessungsgrundlage für die Zuweisung ist der Jahresüberschuss, der um den Verlustvortrag gemindert wurde; ein Gewinnvortrag ist nicht Bestandteil der Bemessungsgrundlage. Als Grundkapital ist stets der auf der Passivseite ausgewiesene Nennbetrag des Grundkapitals maßgebend.

Eine Entnahme aus der nach § 150 Abs. 2 AktG gebildeten gesetzlichen Rücklage darf nur in den in § 150 Abs. 3 und 4 AktG aufgeführten Fällen erfolgen.

Bei Bestehen von Unternehmensverträgen (z. B. **Gewinnabführungsvertrag**) bestimmt § 300 AktG, dass an die Stelle des Betrags gem. § 150 Abs. 2 AktG andere Beträge treten. Weiterhin ist § 301 AktG zu beachten.

6.1.3.2 Rücklage für Anteile an einem herrschenden oder mehrheitlich beteiligten Unternehmen

Werden auf der Aktivseite

1. Anteile eines herrschenden Unternehmens
2. Anteile eines mit Mehrheit beteiligten Unternehmens

ausgewiesen, so ist eine Rücklage für diese Anteile in gleicher Höhe zu bilden (§ 272 Abs. 4 HGB). Dies ist dadurch begründet, dass diese Werte keinen realen Vermögenswert darstellen, weshalb dieser Posten durch einen gleich hohen Passivposten »neutralisiert« werden soll; damit wird verhindert, dass den Gesellschaftern eingezahltes Kapital zurückgezahlt wird (**Ausschüttungssperre**).

Die Bildung der Rücklage ist bereits bei der Aufstellung der Bilanz vorzunehmen und darf aus vorhandenen Gewinnrücklagen genommen werden, soweit diese frei verfügbar (also nicht zweckgebunden) sind (§ 272 Abs. 4 S. 3 HGB); andernfalls mindert die Rücklagenbildung das Jahresergebnis.[374]

6.1.3.3 Satzungsmäßige Rücklagen

Bestimmt die Satzung eines Unternehmens zwingend, dass eine Rücklage generell oder unter bestimmten Voraussetzungen gebildet werden muss, so ist diese unter diesem Posten »**satzungsgemäße Rücklagen**« auszuweisen.

Bei *Aktiengesellschaften* gehört hierzu auch die unter Berücksichtigung des § 58 Abs. 1 AktG gebildete Rücklage. Stellt die Hauptversammlung den Jahresabschluss fest, so kann sie bis zur Hälfte des Jahresüberschusses (nach Abzug einer Zuweisung in die gesetzliche Rücklage und eines Verlustvortrags) in die satzungsmäßige Rücklage einstellen, jedoch darf die satzungsmäßige Rücklage dabei nicht die Hälfte des Grundkapitals übersteigen.

6.1.3.4 Andere Gewinnrücklagen

Sieht die Satzung eines Unternehmens lediglich die Ermächtigung vor, eine Gewinnrücklage zu bilden, so hat der Ausweis nicht unter den satzungsmäßigen Gewinnrücklagen, sondern unter den anderen Gewinnrücklagen zu erfolgen. Außerdem sind hier alle weiteren Rücklagendotierungen auszuweisen, die aus dem Gewinn vorgenommen werden. Die Einstellung darf bereits bei der Aufstellung der Bilanz erfolgen (§ 268 Abs. 1 HGB), sofern nicht satzungsmäßige oder gesetzliche Gründe dem entgegenstehen.

---

374 Steuerrechtlich erfolgt keine Erfolgsminderung, sondern eine Erhöhung der Gewinnrücklage.

.Stellt die **Verwaltung** (Vorstand und Aufsichtsrat) den Jahresabschluss fest, so kann sie einen Betrag in die andere Rücklage einstellen, jedoch nicht mehr als ebenfalls die Hälfte des Jahresüberschusses (nach Abzug eines Verlustvortrags und einer Einstellung in die gesetzliche Rücklage). Durch die Satzung kann die Verwaltung jedoch ermächtigt werden, mehr als die Hälfte des Jahresüberschusses der anderen Rücklage zuzuweisen (§ 58 Abs. 2 AktG).

Darüber hinaus kann die **Hauptversammlung** auch bei Feststellung des Jahresabschlusses durch die Verwaltung weitere Beträge in die anderen Rücklagen einstellen[375] – oder als Gewinn vortragen – (§ 58 Abs. 3 AktG), wobei ein derartiger Gewinnverwendungsbeschluss nicht zu einer Änderung des festgestellten Jahresabschlusses führt (§ 174 Abs. 3 AktG); die Zuführung zu den Rücklagen ist erst in der nächsten Bilanz auszuweisen (§ 152 Abs. 3 Nr. 1 AktG).

Ebenfalls unter den anderen Gewinnrücklagen darf erfasst werden der Eigenkapitalanteil von **Wertaufholungen** i. S. des § 253 Abs. 5 HGB bei Vermögensgegenständen des Anlage- und Umlaufvermögens und von bei der steuerrechtlichen Gewinnermittlung gebildeten Passivposten, die nicht im Sonderposten mit Rücklageanteil ausgewiesen werden dürfen.[376] Da dieser Sonderposten seit 2010 nicht mehr zulässig ist, fallen alle ehemaligen Sonderpostenfälle unter diese Norm. Der Betrag dieser Rücklagen ist entweder in der Bilanz gesondert auszuweisen (als »Davon-Vermerk«) oder im Anhang anzugeben (§ 58 Abs. 2a AktG § 29 Abs. 4 GmbHG).

Durch das BilRUG wurde 2016 eine Rücklage und damit eine **Ausschüttungssperre** für unrealisierte Beteiligungserträge (in den Fällen einer phasengleichen Gewinnvereinnahmung) in § 272 Abs. 5 HGB zur Umsetzung einer EU-Richtlinie eingeführt, die jedoch für deutsche Bilanzierende keine praktische Bedeutung hat, weil unrealisierte Erträge nicht auszuweisen sind.[377]

Bei der *GmbH* ist die Bildung einer Gewinnrücklage überwiegend vom Gesellschaftsvertrag (§ 29 Abs. 1 S. 1 GmbHG) oder vom Gewinnverwendungsbeschluss (§ 29 Abs. 2 GmbHG) abhängig. Sieht der Gesellschaftsvertrag keine Pflicht für die Rücklagenbildung vor, so sind die hier genannten Gewinnrücklagen als »andere Rücklagen« auszuweisen.

---

375 Der Beschluss der Hauptversammlung über die Rücklagenbildung ist ggf. gem. § 254 AktG anfechtbar.
376 Von Bedeutung ist hier insbesondere die Preissteigerungsrücklage gem. § 74 EStDV (bis 1989 gültig), die in der Handelsbilanz nicht gebildet werden muss.
377 Vgl. ausführlich Hermesmeier/Heinz (Gewinnausschüttungssperre).

6.1.4 Gewinnvortrag/Verlustvortrag

Ein Bilanzgewinn des Vorjahres ist hier als **Gewinnvortrag**, ein Bilanzverlust des Vorjahres als **Verlustvortrag** auszuweisen.

6.1.5 Jahresüberschuss/Jahresfehlbetrag

Das positive Jahresergebnis des laufenden Jahres ist als **Jahresüberschuss** (und im Fall eines Verlusts als **Jahresfehlbetrag**) auszuweisen. Dabei wird dieser Betrag vor einer etwaigen Rücklagenbewegung ermittelt.

Nach dem Posten Jahresüberschuss/Jahresfehlbetrag ist ggf. ein Sonderposten »Ertrag aufgrund höherer Bewertung gem. dem Ergebnis der Sonderprüfung« (§ 261 Abs. 1 S. 6 AktG) wegen wesentlicher Unterbewertung (§ 258 Abs. 1 S. 1 AktG) oder ein Sonderposten »Ertrag aufgrund höherer Bewertung gem. gerichtlicher Entscheidung« (§ 261 Abs. 2 S. 2 AktG) wegen gerichtlicher Entscheidung über die Feststellungen der Sonderprüfer (§ 260 AktG) auszuweisen.

Für *Kapitalgesellschaften* besteht gem. § 268 Abs. 1 HGB das Wahlrecht, die Bilanz unter Berücksichtigung der vollständigen oder teilweisen Verwendung des Jahresergebnisses aufzustellen. Die Bilanz kann damit aufgestellt werden

1. vor Verwendung des Jahresergebnisses,
2. nach teilweiser Verwendung des Jahresergebnisses und
3. nach vollständiger Verwendung des Jahresergebnisses.

zu 1.: Eine Bilanzerstellung *vor* Verwendung des Jahresergebnisses ist nur möglich, wenn keine Dotierung in die Gewinnrücklagen erfolgt.

zu 2.: Bei Bilanzaufstellung *nach teilweiser* Verwendung des Jahresergebnisses tritt an die Stelle der Posten »Jahresüberschuss/Jahresfehlbetrag« und »Gewinnvortrag/Verlustvortrag« der Posten »Bilanzgewinn/Bilanzverlust«; ein vorhandener Gewinn- oder Verlustvortrag ist in den Posten »Bilanzgewinn/Bilanzverlust« einzubeziehen und in der Bilanz oder im Anhang gesondert anzugeben (§ 268 Abs. 1 S. 2 HGB).

zu 3.: Eine Bilanzerstellung *nach vollständiger* Verwendung des Jahresergebnisses ist nur möglich, wenn die Gesellschafter bei der Feststellung keine Gewinnverwendungsbeschlüsse mehr treffen können. Der Posten »Bilanzgewinn/Bilanzverlust« entfällt bei dieser Variante.

Als **Bilanzgewinn** wird der Überschuss der Aktivposten über die Passivposten verstanden. Er wird ausgewiesen entweder bei Kapitalgesellschaften bei Bilanzerstellung nach teilweiser Gewinnverwendung oder meistens bei Einzelkaufleuten und Personengesellschaften.

Soweit der Jahresüberschuss auch nach steuerrechtlichen Vorschriften ermittelt ist, bildet er die Grundlage für die Einkommensteuer- bzw. Körperschaftsteuerfestsetzung. Es müssen jedoch zur Ermittlung des **steuerrechtlichen Gewinns** zumindest die Körperschaftssteuerrückstellungen und -aufwendungen[378] zum handelsrechtlichen Bilanzgewinn hinzugerechnet werden (§ 10 Nr. 2 KStG), Gleiches gilt für die hälftigen Aufsichtsratsvergütungen (§ 10 Nr. 3 KStG).

Für den Jahresabschluss der Aktiengesellschaft und der Kommanditgesellschaft auf Aktien ist allein die Gewinnermittlung gem. § 5 EStG zulässig. Nach § 1 Abs. 1 KStG sind diese Kapitalgesellschaften körperschaftsteuerpflichtig und haben ihr Einkommen gem. § 7 Abs. 1 und 2 KStG i. V. m. § 8 Abs. 1 KStG zu versteuern; die Einkünfte sind dabei als Einkünfte aus Gewerbebetrieb zu behandeln (§ 8 Abs. 2 KStG).

Steuerrechtlich kann bei allen Rechtsformen bei Vorliegen eines Jahresfehlbetrags im Rahmen des Veranlagungsverfahrens ein Verlustabzug gem. § 10 d EStG[379] berücksichtigt werden. Dabei handelt es sich entweder um einen auf 1 Mio. Euro begrenzten **Verlustrücktrag** auf den vorangegangenen Veranlagungszeitraum oder um einen zeitlich unbeschränkten, aber betragsmäßig eingeschränkten **Verlustvortrag**. Ein Verlustabzug ist nur gestattet, wenn ein Verlustausgleich innerhalb einer Einkunftsart (**horizontaler Verlustausgleich**) oder innerhalb der sieben Einkunftsarten (**vertikaler Verlustausgleich**)[380] nicht möglich ist.

Ergibt sich bei Aufstellung der Jahresbilanz, dass ein **Verlust** in Höhe der **Hälfte des Grundkapitals** besteht, so hat der Vorstand unverzüglich die Hauptversammlung einzuberufen und ihr dieses anzuzeigen; Entsprechendes gilt für das Aufstellen einer Zwischenbilanz oder wenn bei pflichtmäßigem Ermessen anzunehmen ist, dass ein entsprechender Verlust entstanden ist (§ 92 Abs. 1 AktG). Der hälftige Verlust ist stets dann gegeben, wenn der Verlust über die Kapital- und Gewinnrücklagen hinaus die Hälfte des Grundkapitals erreicht, eine Auflösung dieser Rücklagen zum Verlustausgleich wird dabei nicht gefordert. Umstritten ist jedoch z. B. noch die Frage, ob stille Reserven vorab durch Aufdeckung berücksichtigt werden können, sodass der Verlust evtl. kleiner als die Hälfte des Grundkapitals ist.

---

378 In Personengesellschaften sind die Gesellschafter steuerpflichtig und schulden die Steuer, deshalb verbietet sich eine Belastung der Gesellschaft mit Einkommensteuer ohnehin.
379 Bei Körperschaften i. V. m. §§ 8 Abs. 1 und 8c KStG.
380 § 2 Abs. 3 EStG; bei Körperschaften gibt es keinen vertikalen Verlustausgleich, da immer gewerbliche Einkünfte vorliegen.

Ist der Verlust größer als das Grund- oder Stammkapital, d. h., dass das Vermögen der Gesellschaft nicht mehr die Schulden deckt, so hat der Vorstand/die Geschäftsführung wegen **Überschuldung** die Eröffnung des Insolvenzverfahrens zu beantragen; entsprechendes gilt bei **Zahlungsunfähigkeit** (§§ 15 ff. InsO, § 92 Abs. 2 AktG, § 64 GmbHG). Bei Einzelkaufleuten und Personengesellschaften ist regelmäßig nur die Zahlungsunfähigkeit ein Grund, Insolvenz zu beantragen (vgl. ergänzend §§ 130a, 177a HGB). Für die Genossenschaft gilt § 99 Abs. 1 GenG.

Zur Feststellung der Überschuldung ist von Zeitwerten und nicht von Buchwerten auszugehen. Dabei besteht allerdings die grundlegende Frage, ob die Werte unter Zugrundelegung einer Unternehmensfortführung (Going-Concern-Basis) oder einer Auflösung des Unternehmens (Liquidationsbasis) zu ermitteln sind, was jeweils anhand des Einzelfalls entschieden werden muss.

Kommen der Vorstand einer Aktiengesellschaft oder die persönlich haftenden Gesellschafter einer KGaA ihren Verpflichtungen aufgrund des § 92 Abs. 1 AktG nicht nach, so sind sie **strafbar** (§§ 401, 408 AktG); da der § 92 Abs. 1 AktG als *Schutzgesetz* i. S. des § 823 BGB anzusehen ist, besteht ggf. auch Schadensersatzpflicht. Weitere strafrechtliche Sanktionen können sich u. a. aus § 84 GmbHG oder §§ 283, 283a StGB ergeben.

6.1.6 Die betriebswirtschaftliche Bedeutung der Rücklagen

Rücklagen haben im Wesentlichen eine **Ausschüttungssperrfunktion**. Werden Rücklagen gebildet, steht ein geringerer Betrag zur Dividendenzahlung zur Verfügung, was eine geringere Liquiditätsbelastung für das Unternehmen bedeutet. Stehen die Rücklagen zum Abschlussstichtag in liquider Form zur Verfügung, so hat die Rücklagenbildung die Funktion einer sofortigen **Selbstfinanzierung**; entstand der Gewinnausweis aufgrund von Forderungen, so entsteht die Finanzierungsfunktion erst mit Eingang der Forderungen. Die durch die Rücklagenbildung im Unternehmen zurückbehaltenen Mittel werden regelmäßig sofort im Vermögen gebunden und stehen in späterer Zeit nicht mehr für disponible Zwecke zur Verfügung. Die Höhe der ausgewiesenen Rücklage erlaubt somit keine Rückschlüsse auf die **Liquidität** des Unternehmens, jedoch bedeutet eine hohe Rücklagenbildung einen besseren Schutz der Gläubiger, da im Verlustfall mehr Eigenkapital zur Deckung zur Verfügung steht. Darüber hinaus ist die Rücklagendotierung auch ein wichtiges bilanzpolitisches Instrument.

6.1.7   Steuerfreie Rücklagen/ehemaliger »Sonderposten mit Rücklageanteil«

Bei den **Sonderposten mit Rücklageanteil** handelte es sich bis 2009 um einen Zwitterposten zwischen Eigen- und Fremdkapital, der nur aufgrund steuerrechtlicher Sondervorschriften gebildet werden darf. Nach Aufhebung der umgekehrten Maßgeblichkeit durch das Bilanzrechtsmodernisierungsgesetz (BilMoG) sind diese steuerlichen Wahlrechte in der Steuerbilanz unabhängig von der Darstellung in der Handelsbilanz auszuüben.

Für bis 2009 gebildete »Sonderposten mit Rücklageanteil« gewährt Art. 66 Abs. 5 EGHGB Übergangsregeln.[381]

Als vom Handelsrecht abweichende steuerliche Passivierungswahlrechte einer **steuerfreien Rücklage** kommen heute insbesondere in Betracht

- die Reinvestitionsrücklage gem. § 6b EStG[382],
- die Rücklage bei Umwandlungen gem. § 6 UmwStG,
- die Rücklage für bestimmte, voraus erhaltene Zuschüsse gem. R 6.5 Abs. 4 EStR,
- die Rücklage für Ersatzbeschaffung gem. R 6.6 Abs. 4 EStR und
- die Rücklage für Reparaturen gem. R 6.6 Abs. 7 EStR.

In diesen Fällen darf nur in der Steuerbilanz eine entsprechende steuerfreie Rücklage aufwandswirksam gebucht werden, während die Handelsbilanz unbeeinflusst bleibt.

!   **Beispiel: Reinvestitionsrücklage**

Ein Unternehmen veräußert in 01 ein Grundstück mit einem Buchwert von 100.000 Euro für 160.000 Euro und will die aufgedeckte stille Reserve im Folgejahr auf ein neues Grundstück gem. § 6b EStG übertragen.

In 01 ist der Auflösungsertrag von 60.000 Euro im handelsrechtlichen Abschluss als Ertrag zu zeigen. Für die Steuerbilanz wird dieser Ertrag mit der Buchung

Aufwand 6b-Rücklage	an	6b-Rücklage	60.000

neutralisiert.

Bei einer Steuerbelastung von 30 % ist aber in der Handelsbilanz eine passive latente Steuer von 18.000 EUR zu passivieren.

In 02 erwirbt das Unternehmen ein Grundstück für 300.000 Euro. In der Handelsbilanz wird das Grundstück mit diesen Anschaffungskosten ausgewiesen. Nur in der Steuerbuchhaltung erfolgt die Übertragung der stillen Reserve mit dem Buchungssatz

6b-Rücklage	an	Grund und Boden	60.000

---

381 Vgl. Kessler u. a. (BilMoG), S. 375–384.
382 Für die bilanzielle Darstellung vgl. Kühner (Darstellung).

Das Bilanzierungswahlrecht für die Bildung und Auflösung einer **6b-Rücklage** ist immer durch entsprechenden Bilanzansatz im »veräußernden« Betrieb auszuüben, auch wenn die Rücklage auf Wirtschaftsgüter eines anderen Betriebs des Steuerpflichtigen übertragen werden soll.[383]

Voraussetzung für die Bildung einer steuerfreien Rücklage ist die Aufnahme der unterschiedlich bilanzierten (Ersatz-)Wirtschaftsgüter in ein gesondertes Verzeichnis (§ 5 Abs. 1 S. 2 und 3 EStG), da sich nach der Übertragung unterschiedliche Werte in Handelsbilanz und Steuerbilanz ergeben. Für die steuerliche Rücklage selbst muss kein gesondertes Verzeichnis geführt werden, da es sich dabei nicht um ein Wirtschaftsgut handelt.

6.2 Rückstellungen

6.2.1 Der Begriff der Rückstellung

Grundsätzlich gilt das Prinzip der **periodengerechten Abgrenzung** (*accrual basis of accounting*) von Erträgen und Aufwendungen. Danach sind diese Erfolgskomponenten jener Periode zuzurechnen, in der sie entstanden bzw. wirtschaftlich begründet sind. Führen Aufwendungen der laufenden Periode erst in einer späteren Periode zu Auszahlungen, so sind die Aufwendungen sofort (d. h. in der Periode ihrer Entstehung) zu erfassen und erfolgswirksam zu verrechnen, während für die in einer späteren Periode liegende Auszahlung ein Passivposten angesetzt wird (§ 252 Abs. 1 Nr. 5 HGB; entsprechend in den IFRS: F 22).

In bestimmten Fällen steht die Höhe des Aufwands und damit die Höhe der zukünftigen Auszahlung zum Abschlussstichtag noch nicht fest oder es ist nicht sicher, ob überhaupt ein Aufwand in der abzuschließenden Periode vorliegt (jetziger Aufwand und spätere Auszahlung gleich null). Auch in diesen Fällen müssen aus zwei Gründen eine Aufwandsverrechnung und ein Passivpostenansatz erfolgen. Zum einen soll der Aufwand der abgelaufenen Periode zumindest näherungsweise richtig erfasst werden, zum anderen soll nach dem Prinzip der kaufmännischen Vorsicht die zukünftige Belastung des Unternehmens mit der Auszahlung dargestellt werden. Dazu wird auf der Passivseite aufgrund des **Imparitätsprinzips** der Posten »Rückstellung« gebildet.

Betriebswirtschaftlich[384] können Rückstellungen gebildet werden, wenn entweder mit einer gewissen Wahrscheinlichkeit[385] Forderungen an das Unternehmen gestellt wer-

---

383 BFH, Urteil v. 19.12.2012, IV R 41/09.
384 Vgl. Kraus (Rückstellungen), S. 21 ff.
385 Vgl. Kellinghusen (Rückstellungsprognosen) zur Frage glaubwürdiger Erwartungen.

den (z. B. Pensionsforderungen, Steuerforderungen, Garantieforderungen) oder wenn ein negativer Erfolgsbeitrag für das Unternehmen in der Zukunft erkennbar wird (z. B. drohende Verluste aus schwebenden Geschäften, Aufwendungen für unterlassene Reparaturen). An das Unternehmen gerichtete Forderungen, die mit an Sicherheit grenzender **Wahrscheinlichkeit** nicht erfüllt werden müssen, können grundsätzlich nicht passiviert werden.[386] Dabei ist zwischen

- der Wahrscheinlichkeit des Bestehens der Verbindlichkeit und
- der Wahrscheinlichkeit der tatsächlichen Inanspruchnahme

zu unterscheiden.[387] Ist im ersten Fall keine (oder nur eine extrem geringe) Wahrscheinlichkeit gegeben, so liegt überhaupt keine Verbindlichkeit vor; bei fehlender Wahrscheinlichkeit im zweiten Fall liegt zwar eine Verbindlichkeit vor, jedoch wäre die Rückstellung mit 0 zu bewerten.

Grundvoraussetzung für die Bildung von Rückstellungen ist die **wirtschaftliche Begründung** in der abzuschließenden Periode. Diese Voraussetzung ist im Einzelfall auf der Grundlage objektiver, am Bilanzstichtag vorliegender Tatsachen aus der Sicht eines sorgfältigen und gewissenhaften Kaufmanns zu beurteilen. Zudem darf es sich bei den Aufwendungen nicht um (nachträgliche) Herstellungs- oder Anschaffungskosten eines Wirtschaftsguts handeln.[388]

Ob es sich bei Rückstellungen um Eigen- oder Fremdkapital handelt, wird in der Literatur unterschiedlich gesehen, wenngleich auch die Fremdkapitaltheorie eine etwas größere Verbreitung hat. Der Fremdkapitalcharakter der Rückstellungen wird i. d. R. damit begründet,[389] dass die Rückstellungen als »ungewisse Verbindlichkeiten« in der Zukunft zu echten Verbindlichkeiten werden und deshalb dem Einfluss des Unternehmens praktisch entzogen sind.

Dem sind jedoch zwei Aspekte entgegenzuhalten:

1. Rückstellungen werden nicht nur für »ungewisse Verbindlichkeiten« gebildet, sondern dienen auch der periodengerechten Antizipation negativer Erfolgsbeiträge ohne Außenwirkung.
2. Rückstellungen haben eine Finanzierungsfunktion;[390] in Höhe der Rückstellungsbildung wird der Gewinn geringer ausgewiesen, bei möglicher Auflösung der Rückstellung erhöht sich der Gewinn um den Auflösungsbetrag.

---

386   BFH v. 22.11.1988, VIII R 62/85, BB 1989, S. 664.
387   BFH v. 16.12.2014, VIII R 45/12.
388   BFH v.05.11.2014, VIII R 13/12, DB 19/2015, S. 1075.
389   Vgl. u. a. Freericks (Bilanzierungsfähigkeit), S. 237.
390   Zur Finanzierungsfunktion der Rückstellungen vgl. Perridon/Steiner/Rathgeber (Finanzwirtschaft), S. 483.

zu 1: Wird beispielsweise eine Rückstellung für drohende Verluste aus schwebenden Geschäften gebildet, so wird damit die spätere Belastung des Eigenkapitals in der abzuschließenden Periode vorweggenommen. Ein Auszahlungsanspruch von Unternehmensfremden besteht nicht.

zu 2: Der ausgewiesene Gewinn kann zur Selbstfinanzierung als Rücklage im Unternehmen behalten werden; insoweit stellt die Rückstellung bilanztechnisch lediglich einen anderen Ausweis im Rahmen der Selbstfinanzierung dar. Dies wird besonders deutlich, wenn man bedenkt, dass nicht benötigte Rückstellungen über die Auflösung wieder den Gewinn erhöhen. Es ist somit nicht einzusehen, warum ein Betrag, der prinzipiell dem Eigenkapital zugerechnet werden kann, nur wegen seiner Zweckbindung zu Fremdkapital werden soll.

Im Ergebnis bleibt festzustellen, dass Rückstellungen höchstens insoweit Fremdkapitalcharakter haben, als sie später zu echten Verbindlichkeiten werden. Da dieser Teil jedoch aufgrund der den Rückstellungen inhärenten Ungewissheit nicht vorher bestimmbar ist, erscheint es sinnvoll, Rückstellungen generell als nichtdisponibles Eigenkapital anzusehen.[391]

6.2.2 Bilanzierung der Rückstellung

Handelsrechtlich ist die Bildung von Rückstellungen durch § 249 HGB eingeschränkt auf:
1. Rückstellungen für ungewisse Verbindlichkeiten,
2. Rückstellungen für drohende Verluste aus schwebenden Geschäften,
3. Rückstellungen für im Geschäftsjahr unterlassene Aufwendungen für Instandhaltung, die im folgenden Geschäftsjahr innerhalb von drei Monaten nachgeholt werden,
4. Rückstellungen für im Geschäftsjahr unterlassene Aufwendungen für Abraumbeseitigung, die im folgenden Geschäftsjahr nachgeholt werden,
5. Rückstellungen für Gewährleistungen, die ohne rechtliche Verpflichtung erbracht werden.

Begrifflich ist zu unterscheiden zwischen der Einteilung der Rückstellung für den Bilanzausweis und der Klassifizierung der zulässigen Rückstellungen. Der Steuerbilanz sind derartig »feinsinnige« Begriffsdifferenzierungen fremd.

---

391 Vgl. Kosiol (Bilanzreform), S. 159 sowie mit differenzierterer, jedoch weitgehend übereinstimmender Darstellung Kosiol (Bilanz), S. 332 ff., insbes. S. 336 f.

Bilanzausweis der Rückstellungen gem. § 266 Abs. 3 HGB						
Pensions-stellungen	Steuer-rückstel-lungen	Sonstige Rückstellungen				
Verbindlichkeitsrückstellungen			Drohverlust-rückstel-lungen	Instand-haltungs-rückstel-lungen	Abraum-beseitungs-rückstel-lungen	Kulanz-rückstel-lungen
Zulässige Rückstellungen gem. § 249 HGB						

Abb. 23: Rückstellungsbegriffe

Steuerrechtlich dürfen Rückstellungen[392] gebildet werden für

1. ungewisse Verbindlichkeiten,
2. selbständig bewertungsfähige Betriebslasten,
3. unterlassene Aufwendungen für Instandhaltung, wenn diese innerhalb von drei Monaten nach dem Bilanzstichtag nachgeholt werden, und Abraumbeseitigung.

Daneben gibt es für die *Steuerbilanz* eine Reihe ausdrücklicher Passivierungsverbote, die zu einer (weiteren) Durchbrechung der Maßgeblichkeit führen:

1. Rückstellungen für Verbindlichkeiten, die erst entstehen, wenn Einnahmen oder Gewinne anfallen, soweit diese Einnahmen oder Gewinne noch nicht angefallen sind (§ 5 Abs. 2a EStG);
2. Rückstellungen wegen Verletzung fremder Patent-, Urheber- oder ähnlicher Schutzrechte, wenn noch keine Ansprüche geltend gemacht wurden oder mit einer Inanspruchnahme nicht ernsthaft zu rechnen ist (§ 5 Abs. 3 EStG);
3. bestimmte Jubiläumsrückstellungen (§ 5 Abs. 4 EStG);
4. drohende Verluste aus schwebenden Geschäften (§ 5 Abs. 4a EStG);
5. Rückstellungen für Aufwendungen, die in künftigen Wirtschaftsjahren als Anschaffungs- oder Herstellungskosten eines Wirtschaftsguts zu aktivieren sind (§ 5 Abs. 4b S. 1 EStG)[393];
6. Rückstellungen für die Entsorgung der meisten radioaktiven Abfälle, Brennstäbe im Zusammenhang mit Kernbrennstoffen (§ 5 Abs. 4b S. 2 EStG).

---

392 R 5.7 EStR 2012.
393 Dies gilt auch für AK oder HK einer wertlosen Investition, BFH, Urteil v. 08.11.2016, I R 35/15, BStBl 2017 II S. 768.

> **Beispiel: Anschaffung einer zukünftig wertlosen Anlage**   !
>
> Anfangs 01 wird eine Maschine mit langer Lieferzeit erworben. In 02 stellt sich heraus, dass diese Maschine bei Lieferung in 03 aufgrund neuer Umweltgesetze nicht in Betrieb genommen werden darf und auch keine andere Verwertungsmöglichkeit besteht.
>
> Eine Rückstellung für die zukünftigen Anschaffungskosten darf aufgrund des § 5 Abs. 4b S. 1 EStG in 01 (und 02) nicht gebildet werden; da dieses steuerliche Verbot als Ausdruck der GoB gilt, darf auch in der Handelsbilanz keine Rückstellung gebildet werden. Für die Handelsbilanz ist in 02 jedoch eine Rückstellung für drohende Verluste aus schwebenden Geschäften anzusetzen (§ 249 Abs. 1 S. 1, 2. Halbs. HGB); für die Steuerbilanz ist eine Drohverlustrückstellung wegen § 5 Abs. 4a EStG dagegen nicht zulässig.

Im Fall von Rückstellungen für **öffentlich-rechtliche Verpflichtungen** müssen diese bereits konkretisiert, d. h.

- inhaltlich hinreichend bestimmt,
- in zeitlicher Nähe zum Bilanzstichtag zu erfüllen sowie
- sanktionsbewehrt sein;

andernfalls ist eine Rückstellung nach Auffassung des BFH unzulässig.[394]

6.2.3 Bewertung der Rückstellung

Für die **Bewertung von Rückstellungen** gilt für die *Handelsbilanz* nach § 253 Abs. 1 HGB, dass diese nur in Höhe des **Erfüllungsbetrags** anzusetzen sind, der nach vernünftiger kaufmännischer Beurteilung notwendig ist.

Damit gibt das Gesetz für Rückstellungen keinen Wertmaßstab (wie z. B. die Anschaffungskosten oder Herstellungskosten bei Vermögensgegenständen oder den Rückzahlungsbetrag bei Verbindlichkeiten), sondern lediglich eine Wertbegrenzung. Entgegen einer häufig geäußerten Ansicht ist deshalb nicht der pessimistischste Wert, sondern eben »nur« der nach vernünftiger kaufmännischer Beurteilung notwendige Wert anzusetzen. In der *Steuerbilanz* müssen dagegen die Werte des Bilanzstichtags angesetzt werden.

Die Bildung einer **Rückstellung für Stromkosten** kommt beispielsweise in Betracht, wenn das bilanzierende Unternehmen zum Bilanzstichtag noch mit Aufwendungen für Strom für das abgelaufene Geschäftsjahr zu rechnen hat, aber die Höhe dieser Aufwendungen nicht sicher feststellbar ist. Danach ist im Grunde die Bildung einer Rückstellung für Stromkosten gerechtfertigt, wenn das Unternehmen zum Bilanzstichtag jeweils noch die Abrechnung über den im abgelaufenen Geschäftsjahr verbrauchten Strom erwartet. Wie hoch diese Abrechnung ausfallen wird, ist nicht vorherzusehen. Hinsichtlich der Höhe hat das Unternehmen jedoch darzutun, dass der gewählte Wert dem tatsächlich zu erwartenden Erfüllungsbetrag entspricht bzw. zumindest nahekommt. Es muss folglich die

---

394   BFH, Urteil v. 05.04.2017, X R 30/15, BFH/NV 2017, S. 1113, Tz. 18.

Plausibilität des gewählten Wertansatzes dartun, z. B. durch Abrechnungen früherer Jahre, Nachweise über Zählerstände oder ähnliche Unterlagen.[395]

Rückstellungen für **Sachleistungsverpflichtungen** sind mit den Einzelkosten und den angemessenen Teilen der notwendigen (variablen und fixen) Gemeinkosten zu bewerten (§ 6 Abs. 1 Nr. 3a Buchst. b EStG). Maßgeblich sind die Wertverhältnisse am Bilanzstichtag. In Zukunft zu erwartende Preis- und Kostensteigerungen mindern die Leistungsfähigkeit am Bilanzstichtag nach Auffassung des Steuergesetzgebers (noch) nicht und können daher in der *Steuerbilanz* nicht berücksichtigt werden (§ 6 Abs. 1 Nr. 3a Buchst. f EStG).[396] Dagegen ist in der *Handelsbilanz* der **Erfüllungsbetrag** unter Einschluss erwarteter, zukünftiger Wertänderungen anzusetzen (§ 253 Abs. 1 S. 2 HGB).

Bei der Bemessung der Rückstellungshöhe ist in Handels- und Steuerbilanz mindernd zu berücksichtigen, dass

- erfahrungsgemäß keine Inanspruchnahme in voller Höhe erfolgen wird (§ 6 Abs. 1 Nr. 3a Buchst. a EStG) oder
- künftige Vorteile – die keiner Aktivierungspflicht (z. B. als Forderung) unterliegen – mit der Inanspruchnahme verbunden sein werden (§ 6 Abs. 1 Nr. 3a Buchst. c EStG). Für die gesetzlich geforderte Verbindung von Belastung und Vorteil muss ein sachlicher Zusammenhang bestehen.[397] Zur Berücksichtigung dieser Vorteile müssen aber (noch) keine Verträge geschlossen sein.[398]

Sachleistungsverpflichtungen entstehen beispielsweise auch bei heutigen Umsatzerlösen, die bereits zukünftige **Betreuungs- oder Wartungsleistungen** umfassen.[399] Dafür sind die folgenden Überlegungen zu berücksichtigen[400]:

- Ansatz der Rückstellungen:
  Es muss sich um zukünftige Leistungen aus einem bereits geschlossenen Vertrag und ohne (weitere) zukünftige Erträge handeln. Zukünftige Leistungen zur Einwerbung neuer Aufträge sind deshalb nicht rückstellungsfähig. Der Anteil erfahrungsgemäß aufgelöster Verträge ist zu berücksichtigen.
- Umfang der Rückstellungen:
  Maßstab ist der zukünftige Betreuungsaufwand je Vertrag und Jahr. Der Bilanzierende muss dazu den jeweiligen Zeitaufwand mit dem dazu gehörigen (Personal-)Aufwand beziffern. Es besteht Abzinsungspflicht.

Ansammlungsrückstellungen sind ratierlich über mehrere Geschäftsjahre anzusammeln (z. B. für Rückbauverpflichtungen). Derartige Rückstellungen werden erfor-

---

395 FG Berlin-Brandenburg, Beschluss v. 24.6.2009, 12 V 12238/08.
396 BFH, Urteil v. 5.5.2011, IV R 32/07.
397 BFH v. 17.10.2013, IV R 7/11, BFH/NV 2/2014, S 225.
398 BFH v. 21.8.2013, I B 60/12, BFH/NV 2014, S. 28.
399 So z. B. für die Nachbetreuung von Versicherungsverträgen: BFH, Urteil v. 19.7.2011, X R 26/10, BFH/ NV 2011, S. 2147.
400 Vgl. BMF, Schreiben v. 20.11.2012, IV C 6 – S 2137/09/10002.

derlich für Verpflichtungen, die am Bilanzstichtag bereits feststehen, aber unter wirtschaftlichen Gesichtspunkten auf die für ihr Entstehen ursächlichen zukünftigen Geschäftsjahre verteilt werden müssen (§ 6 Abs. 1 Nr. 3a Buchst. d S. 1 EStG).

Sofern eine Rückstellung eine Restlaufzeit von mehr als einem Jahr hat, muss diese – in einem zweiten Bewertungsschritt – abgezinst werden (§ 253 Abs. 2 HGB). Dieses **Abzinsungsgebot** soll den Finanzierungseffekt von Rückstellungen berücksichtigen. Als Abzinsungssatz ist der monatlich von der Bundesbank aufgrund der **Rückstellungsabzinsungsverordnung** (RückabzinsV) herausgegebene Abzinsungssatz[401] anzuwenden.

Sowohl aus der Gesetzessystematik (Bewertung mit Erfüllungsbetrag, dann Abzinsung) als auch aus dem Erfordernis, Aufwendungen und Erträge aus der Auf- und Abzinsung von Rückstellungen gem. § 277 Abs. 5 HGB gesondert unter »sonstige betriebliche Erträge« bzw. »sonstige betriebliche Aufwendungen« zu erfassen, folgt, dass eine saldierte Passivierung (Nettomethode) der Rückstellungen nicht zulässig ist. Der offene, unsaldierte Ausweis von Abzinsungserträgen und Zuschreibungsaufwand führt zu einer Aufblähung der Gewinn- und Verlustrechnung.

Beispiel: !

Ein Unternehmen sieht sich einer Schadensersatzforderung gegenüber, die nach Abschluss eines Gerichtsverfahrens voraussichtlich in 2 Jahren in Höhe von 50.000 Euro fällig wird. Die Bundesbank veröffentlicht einen Zinssatz von 4,14 % für 2 Jahre.

Zunächst ist die Rückstellung mit dem Erwartungswert zu buchen:

Aufwand	50.000,00			
		an	Rückstellung	50.000,00

Im nächsten Schritt (kann auch in obige Buchung integriert werden) ist die Rückstellung abzuzinsen:

Rückstellung	3.896,40			
		an	Zinsertrag	3.896,40

Damit ergibt sich letztlich eine Rückstellung in Höhe von 46.103,60 Euro.

Nach einem Jahr ist die Situation unverändert. Die Bundesbank gibt für ein Jahr einen Zinssatz von 3,95 % bekannt, woraus sich ein Rückstellungswert von 48.100,05 Euro errechnet, der buchungstechnisch wie folgt erfasst wird:[402]

Aufwand	1.996,45			
		an	Rückstellung	1.996,45

---

401 Zu beziehen unter: https://www.bundesbank.de/de/statistiken/geld--und-kapitalmaerkte/zinssaetze-und-renditen/abzinsungszinssaetze-614504.

402 Da Rückstellungen mit einer Restlaufzeit von bis zu einem Jahr nicht der Abzinsungspflicht unterliegen, käme hier auch eine sofortige Erhöhung auf 50.000 Euro in Betracht.

In den Folgeperioden ist eine passivierte Rückstellung aufwandswirksam aufzuzinsen bis die Rückstellung im Fälligkeitsjahr ihren Endbetrag erreicht. In der Folgebewertung können sich jedoch durch veränderte Abzinsungssätze (weitere) Zinseffekte ergeben. Steigt der Abzinsungssatz in den Folgejahren so entsteht ein Ertrag, sinkt dagegen der Abzinsungssatz muss ein Aufwand erfasst werden.[403]

Die Abzinsung erfolgt vom Zeitpunkt der Passivierung bis zum Beginn der Erfüllung.[404] Der eigentliche Erfüllungszeitraum ist deshalb nicht in die Abzinsung einzubeziehen.

Beispiel:

Für die Aufbewahrung von Geschäftsunterlagen (§ 257 HGB, § 147 AO, § 14b UStG) muss eine Rückstellung für die Kosten der Aufbewahrung über die gesetzliche Aufbewahrungspflicht gebildet werden.

Diese Rückstellung wird nicht abgezinst, da sich der Erfüllungszeitraum unmittelbar an das Jahr der Rückstellungspassivierung anschließt.[405]

Generell gilt auch für Rückstellungen das **Vorsichtsprinzip** des § 252 Abs. 1 Nr. 4 HGB, wonach vorsichtig zu bewerten ist, »namentlich sind alle vorhersehbaren Risiken und Verluste, die bis zum Abschlussstichtag entstanden sind, zu berücksichtigen ...«. Hierin ist ein **Höchstwertprinzip** zu sehen, dass die Passivierung des Anschaffungswerts oder des höheren Stichtagswerts zwingend vorsieht. Als Passivierungsobergrenze ist dann der nach vernünftiger kaufmännischer Beurteilung notwendige Betrag anzusehen, wodurch eine willkürliche Legung stiller Reserven verhindert werden soll.

Für die *Steuerbilanz* ergeben sich die Bewertungsgrundsätze für Rückstellungen aus § 6 Abs. 1 Nr. 3a EStG. Rückstellungen sind danach höchstens insbesondere unter Berücksichtigung folgender Grundsätze anzusetzen:

1. bei Rückstellungen für gleichartige Verpflichtungen ist auf der Grundlage der Erfahrungen in der Vergangenheit aus der Abwicklung solcher Verpflichtungen die **Wahrscheinlichkeit** zu berücksichtigen, dass der Steuerpflichtige nur zu einem Teil der Summe dieser Verpflichtungen in Anspruch genommen wird;
2. Rückstellungen für **Sachleistungsverpflichtungen** sind mit den Einzelkosten und den angemessenen Teilen der notwendigen Gemeinkosten zu bewerten;
3. **künftige Vorteile**, die mit der Erfüllung der Verpflichtung voraussichtlich verbunden sein werden, sind, soweit sie nicht als Forderung zu aktivieren sind, bei ihrer Bewertung wertmindernd zu berücksichtigen[406];

403 Vgl. Scholze/Wielenberg (Ausweis).
404 Vgl. BFH, Urteil v. 13.7.2017, IV R 34/14, BFH-NV 2017, S. 1426.
405 Vgl. OFD Niedersachsen, Verfügung v. 05.10.2015, S2137–106–St 221/St 222.
406 Für die Berücksichtigung der künftigen Vorteile ist der Abschluss schuldrechtlicher Verträge nicht erforderlich. Die Rückstellung ist vielmehr bereits dann zu mindern, wenn der Vorteilseintritt überwiegend wahrscheinlich ist (BFH, Beschluss v. 21.8.2013 - I B 60/12).

4. Rückstellungen für Verpflichtungen, für deren Entstehen im wirtschaftlichen Sinne der laufende Betrieb ursächlich ist, sind zeitanteilig in gleichen **Raten** anzusammeln. Rückstellungen für gesetzliche Verpflichtungen zur Rücknahme und Verwertung von Erzeugnissen, die vor Inkrafttreten entsprechender gesetzlicher Verpflichtungen in Verkehr gebracht worden sind, sind zeitanteilig in gleichen Raten bis zum Beginn der jeweiligen Erfüllung anzusammeln; Buchst. e) ist insoweit nicht anzuwenden. Rückstellungen für die Verpflichtung, ein Kernkraftwerk stillzulegen, sind ab dem Zeitpunkt der erstmaligen Nutzung bis zum Zeitpunkt, in dem mit der Stilllegung begonnen werden muss, zeitanteilig in gleichen Raten anzusammeln; steht der Zeitpunkt der Stilllegung nicht fest, beträgt der Zeitraum für die Ansammlung 25 Jahre;

5. Rückstellungen für Verpflichtungen sind mit einem **Zinssatz** von 5,5 Prozent abzuzinsen; § 6 Nr. 3 S. 2 EStG ist entsprechend anzuwenden. Für die Abzinsung von Rückstellungen für Sachleistungsverpflichtungen ist der Zeitraum bis zum Beginn der Erfüllung maßgebend. Für die Abzinsung von Rückstellungen für die Verpflichtung, ein Kernkraftwerk stillzulegen, ist der sich aus Buchst. d S. 3 ergebende Zeitraum maßgebend; und

6. bei der Bewertung sind die Wertverhältnisse am **Bilanzstichtag** maßgebend; künftige Preis- und Kostensteigerungen dürfen nicht berücksichtigt werden.

Die beiden wichtigsten Bewertungsunterschiede zum Handelsrecht sind somit

- der fixe Abzinsungssatz von 5,5 % (mit daraus praktisch immer folgender Steuerlatenz) und
- die Berücksichtigung ausschließlich der Wertverhältnisse am Abschlussstichtag, also ohne Beachtung zukünftiger Preis- und Kostenentwicklungen.

Der oben genannte Bewertungsgrundsatz aus § 6 Abs. 1 Nr. 3a Buchst. c (Berücksichtigung **künftiger Vorteile**, die mit der Erfüllung der Verpflichtung voraussichtlich verbunden sein werden, soweit sie nicht als Forderung zu aktivieren sind), mit weitreichender Entsprechung in der Handelsbilanz (§ 253 Abs. 1 S. 2, 2. HS HGB), wurde vom BFH konkretisiert: »Nach dem Wortlaut des § 6 Abs. 1 Nr. 3a Buchst. c EStG bedarf es einer voraussichtlichen Verbindung zwischen dem Vorteilseintritt und der Erfüllung der Verpflichtung. Inwieweit eine solche Verbundenheit gegeben sein muss, konkretisiert das Gesetz hingegen nicht. Dass nicht jeder Zusammenhang zwischen der zu erfüllenden Verpflichtung und einem künftigen wirtschaftlichen Vorteil ausreicht, sondern ein sachlicher Zusammenhang erforderlich ist, ergibt sich jedoch aus Sinn und Zweck der Norm. Die Kompensationsregelung verfolgt das Ziel, die steuerliche Leistungsfähigkeit eines Betriebs zutreffend zu bemessen. Dem liegt der Gedanke zugrunde, dass künftige Einnahmen die später zu erfüllende Verbindlichkeit in ihrer Belastungswirkung mindern. So heißt es auch in der Gesetzesbegründung, dass ein gedachter Erwerber eines Betriebs derartige zu erwartende Erträge als belastungsmindernd honorieren würde. Unter diesem Gesichtspunkt fehlt es aber an einem Verpflichtung und Vorteil verbindenden Zusammenhang, wenn die Erfüllung der Verpflichtung lediglich die allgemeine Aufrechterhaltung des Betriebs und damit allgemein die Möglichkeit der künftigen Einnahmeerzielung zur Folge hat. Der gedachte Erwerber eines Betriebs rechnet gerade mit den Einnahmen des laufenden Betriebs und würde diese beim Kauf nicht als belastungsmindernd zu Gunsten der ausgewiesenen Rückstellungen berücksichtigen.«[407]

Rückständige Urlaubsverpflichtungen sind als sog. **Erfüllungsrückstand** zurückzustellen. Die Höhe dieser **Urlaubsrückstellung** bestimmt sich nach dem Urlaubsentgelt, das der Arbeitgeber hätte aufwenden müssen, wenn er seine Zahlungsverpflichtung bereits am Bilanzstichtag erfüllt hätte. Dafür ist der maßgebliche Lohnaufwand durch die Zahl der regulären Arbeitstage zu dividieren und mit der Zahl der offenen Urlaubstage zu vervielfachen. Bei abweichendem Wirtschaftsjahr ist die Rückstellung zeitanteilig zu bemessen, d. h. sie kann nur insoweit gebildet werden, als sie Urlaub betrifft, der auf den vor dem Bilanzstichtag liegenden Teil des Urlaubsjahres entfällt. Maßgeblicher Lohnaufwand ist derjenige Lohnaufwand, der in dem Fall, dass der Steuerpflichtige nicht genommenen Urlaub zu vergüten hat, der Vergütung zugrunde zu legen ist. In Ermangelung tarifvertraglicher oder individualvertraglicher Abreden ist insoweit § 11 BUrlG anzuwenden, nach dem sich die Höhe des Urlaubsentgelts nach dem Durchschnittsverdienst der letzten 13 Wochen vor dem Urlaubsantritt bemisst.[408]

> **!** **Beispiel: Berechnung der Urlaubsrückstellung**
>
> Herr Schulze bezieht ein Jahresgehalt von 80.000 Euro für 220 Arbeitstage pro Jahr zuzüglich 30 Urlaubstage. Am Jahresende überträgt Herr Schulze 10 Urlaubstage in das neue Jahr.
>
> Es ist eine Rückstellung in Höhe von 3.200 Euro (80.000 / 250 x 10) zu bilden.[409]

Die Bildung einer Rückstellung wegen Erfüllungsrückstands – beispielsweise für die Verpflichtung zur Nachbetreuung von Versicherungsverträgen – setzt u. a. voraus, dass der Steuerpflichtige zur Betreuung der Versicherungen rechtlich verpflichtet ist. Bei einem Versicherungsmakler kommt als möglicher Rechtsgrund hierfür der Maklervertrag in Betracht. Einen für einen Makler tätigen Handelsvertreter, der nicht selbst Vertragspartner der Maklerverträge wird, trifft aus diesen Verträgen keine solche Nachbetreuungsverpflichtung.[410]

Letztlich stellt sich noch die Frage, wie mit den – nahezu unvermeidbaren – Bewertungsunterschieden zu verfahren ist. Mit einem Grundsatzurteil hat der BFH entschieden, dass § 6 Abs. 1 Nr. 3a EStG *nicht* als steuerliche Bewertungsvorschrift, die zu einer Durchbrechung der Maßgeblichkeit führt, anzusehen ist. Die im Einleitungs-

---

407 BFH, Urteil v. 17.10.2013, IV R 7/11, BFH/NV 2014, S. 225, m. w. N.
408 FG Berlin-Brandenburg, Beschluss v. 24.6.2009, 12 V 12238/08.
409 BFH, Beschluss v. 29.1.2008, I B 100/07, BFH/NV 2008, S. 943.
410 BFH, Urteil v. 27.2.2014, III R 14/11; vgl. ergänzend BMF, Schreiben v. 20.11.2012, IV C 6 – S 2137/09/10002.

satz des § 6 Abs. 1 Nr. 3a EStG enthaltene Regelung, dass Rückstellungen »höchstens insbesondere« mit den Beträgen nach den folgenden Grundsätzen in Buchst. a bis f anzusetzen sind, führt nach Auffassung des BFH dazu, dass die sich aus § 6 Abs. 1 Nr. 3a Buchst. a bis f EStG ergebenden Rückstellungsbeträge den zulässigen Ansatz nach der Handelsbilanz nicht überschreiten dürfen.[411] Ist eine handelsrechtlich gebildete Rückstellung niedriger als die nach steuerrechtlichen Regeln ermittelte Rückstellung, muss deshalb in der Steuerbilanz aufgrund des **Maßgeblichkeitsprinzips** der niedrigere Handelsbilanzwert angesetzt werden. In der Praxis wird diese Konstellation insbesondere dann auftreten, wenn der handelsrechtliche Abzinsungssatz höher als 5,5 % ist und/oder handelsrechtlich zukünftige Preis- oder Kosten*minderungen* zu berücksichtigen sind, sodass sich *HB-RüSt-Wert < StB-RüSt-Wert* ergibt. Ist dagegen der steuerliche Rückstellungswert niedriger (*HB-RüSt-Wert > StB-RüSt-Wert*), so muss in der Steuerbilanz der steuerliche Wert passiviert werden. Bei Identität der beiden Werte entfällt diese Unterscheidung. Dieser Zusammenhang wird auch als »**asymmetrische Maßgeblichkeit**«[412] bezeichnet.

Zusammenfassend lässt sich festhalten, dass die handelsrechtliche und die steuerrechtliche Rückstellungsbilanzierung teilweise identisch sind.

	Handelsbilanz	**Steuerbilanz**
Ansatz dem Grunde nach	Alle in § 249 HGB genannten zukünftigen Belastungen	Dito, jedoch mit mehreren Passivierungsverboten
Ansatz der Höhe nach	Zukünftiger Erfüllungsbetrag Abzinsung mit einem variablen Zinssatz.	Gegenwärtiger Wert der Belastung Abzinsung mit 5,5 % fix.

Abb. 24: Grundunterschiede der Rückstellungen

6.2.4 Pensionsrückstellungen und Jubiläumsrückstellungen

Werden im Rahmen der betrieblichen Altersversorgung den Arbeitnehmern Zusagen auf eine Betriebsrente (Pension) gemacht, so entsteht aus dieser Zusage eine ungewisse Verbindlichkeit, da aufgrund der unbekannten tatsächlichen Lebenserwartung die Höhe der insgesamt an einen Arbeitnehmer zu zahlenden Rente ungewiss ist. Wegen der Bedeutung dieser Pensionsverpflichtung ist die daraus resultierende Rückstellung nicht zusammen mit den anderen ungewissen Verbindlichkeiten, sondern aufgrund des § 266 Abs. 3 HGB zusammen mit den Jubiläumsrückstellungen in einem gesonderten Rückstellungsposten auszuweisen.

---

411 BFH, Urteil v. 20.11.2019, XI R 46/17, FR 2020, S. 310-315, mit berechtigter Kritik von Weber-Grellet.

412 Vgl. mit kritischer Würdigung Velte (Maßgeblichkeit) m. w. N.

6.2.4.1 Pensionsrückstellungen

Handelsrechtlich besteht aufgrund des § 249 Abs. 1 HGB für Rückstellungen für ungewisse Verbindlichkeiten eine Passivierungspflicht, weshalb **Pensionsrückstellungen** als Teil dieser Rückstellungsart ebenfalls passiviert werden müssen. Nur für sog. **Altzusagen**, d. h. wenn ein Pensionsberechtigter (Pensionär oder Anwärter) seinen Pensionsanspruch vor dem 1.1.1987 erworben hat oder sich ein vor diesem Zeitpunkt erworbener Rechtsanspruch nach dem 31.12.1986 erhöht, besteht ein Passivierungswahlrecht (Art. 28 Abs. 1 S. 1 EGHGB); allerdings muss bei einer Nichtpassivierung durch eine Kapitalgesellschaft der Betrag der nicht passivierten Verpflichtung im Anhang genannt werden (Art. 28 Abs. 2 EGHGB).

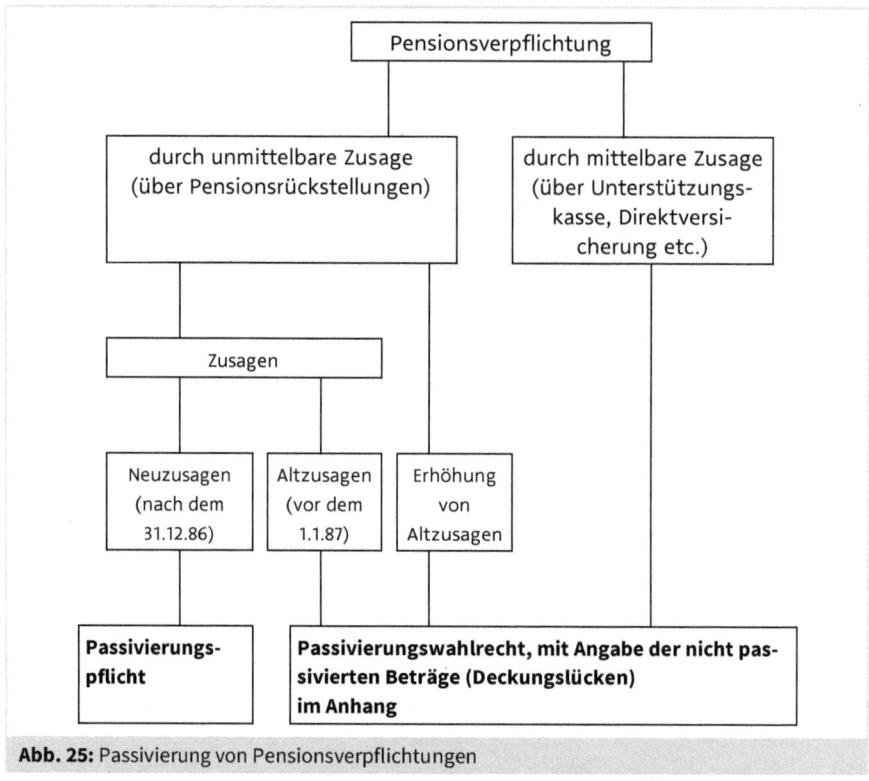

Abb. 25: Passivierung von Pensionsverpflichtungen

Bei den mittelbaren Zusagen (pensionsähnliche Verpflichtungen) handelt es sich um solche Verpflichtungen, die nicht den Charakter der Pensionsverpflichtung erfüllen. Es handelt sich dabei um eine der Pension inhaltlich ähnliche Verpflichtung, ohne dass der Begriff der Pension erfüllt wäre.

Die *handelsrechtliche Bewertung* richtet sich nach § 253 Abs. 1, 2 und 6 HGB.[413] Danach sind Rentenverpflichtungen, für die eine Gegenleistung nicht mehr zu erwarten ist (d. h. bei Rentenverpflichtungen aus Dienstleistungsverhältnissen, dass die Rentenpflicht auf früheren Tätigkeiten des Arbeitnehmers beruht), mit ihrem **Barwert** anzusetzen. Ausgangspunkt der Barwertermittlung ist der nach vernünftiger kaufmännischer Beurteilung notwendige Erfüllungsbetrag. Als **Erfüllungsbetrag** ist die Summe der erwarteten Rentenzahlungen anzusehen. Aufgrund der Worte »nach vernünftiger kaufmännischer Beurteilung« sind zukünftige Preis- und Kostenänderungen einzubeziehen, wenn ausreichend objektive Hinweise auf diese Änderungen vorliegen.[414]

Für die verwendeten Rechnungsgrundlagen bzw. -annahmen ist von folgenden Überlegungen[415] auszugehen:

- Die **biometrischen Grundlagen** (Sterbe- und Invalidisierungswahrscheinlichkeiten) müssen unter Verwendung zeitnaher Beobachtungswerte und zulässiger mathematisch-statistischer Methoden erstellt worden sein; sie können allgemein anerkannten Tabellenwerken entnommen werden.
- Als weitere **Ausscheidewahrscheinlichkeit** der im Unternehmen tätigen Begünstigten ist die Fluktuation zu berücksichtigen.
- Die in die Bewertung eingehende Altersgrenze ist unter Beachtung der vertraglich vorgesehenen Altersgrenze und der voraussichtlichen Pensionierungsgewohnheiten der jeweiligen Versorgungsbestände festzulegen.
- Die künftigen Pensionsleistungen sind mit dem Betrag anzusetzen, der sich nach den Verhältnissen am Bilanzstichtag ergibt. Bereits vereinbarte Lohn- und Gehaltssteigerungen müssen deshalb zum ersten Bilanzstichtag nach der Vereinbarung berücksichtigt werden (z. B. mehrjährige Tarifverträge).
- Als Rechnungszins kommt nur der **Abzinsungssatz** nach der Rückstellungsabzinsungsverordnung (RückAbzinsV) in Betracht (§ 253 Abs. 2 S. 4 HGB).
- Die künftigen trendbedingten Wertänderungen (z. B. Gehaltssteigerungen, Geldentwertung) können gesondert in Ansatz gebracht werden.
- Sofern für zukünftige Rentenzahlung bereits ein **Planvermögen** bzw. **Deckungsvermögen** (gesondertes Vermögen exklusiv für die Altersversorgung) existiert, ist dieses mit den entsprechenden Verpflichtungen zu saldieren (§ 246 Abs. 2 S. 2 HGB i. V. m. § 253 Abs. 1 S. 4 HGB)

Weil Pensionsrückstellungen gem. § 253 Abs. 2 S. 1 HGB mit einem auf den letzten 10 Jahren beruhenden Abzinsungssatz abzuzinsen sind (während Abzinsungssätze für alle anderen Rückstellungen aus den letzten 7 Jahren ermittelt werden), ist weiterhin zu beachten:

---

413 Vgl. ergänzend Brösel/Scheren/Wasmuth, § 253 Tz. 150 ff., in: Petersen/Zwirner/Brösel (Praxiskommentar).
414 Vgl. Kessler u. a. (BilMoG), S. 296–299.
415 Vgl. zu den Bewertungsmethoden Friedrich/Schade (Überblick).

- Ermittlung des Unterschiedsbetrags zwischen einer auf einer 10- und einer 7-jährigen Abzinsungsbasis beruhenden Pensionsrückstellung (§ 253 Abs. 6 S. 1 HGB)
- Bedingte Ausschüttungssperre in Höhe dieses Unterschiedsbetrags (§ 253 Abs. 6 S. 2 HGB)
- Angabe des Unterschiedsbetrags im Anhang oder unter der Bilanz (§ 253 Abs. 6 S. 3 HGB)

S*teuerrechtlich* besteht zwar für Pensionsverpflichtungen aufgrund des § 6a Abs. 1 EStG ein Wahlrecht. Eine entsprechende Pensionsrückstellung muss aber aufgrund des Maßgeblichkeitsprinzips der Handelsbilanz für die Steuerbilanz gebildet werden, wenn diese bereits in der Handelsbilanz gebildet ist (Regelfall bei sog. Neuzusagen). Ob das steuerliche Wahlrecht wegen § 5 Abs. 1 EStG auch unabhängig von der Handelsbilanz ausgeübt werden kann, ist strittig, wird aber von der Finanzverwaltung verneint.[416]

Voraussetzung für eine Passivierung[417] sind jedoch in jedem Fall die drei Bedingungen des § 6a Abs. 1 EStG:

Es muss

1. ein Rechtsanspruch auf einmalige oder laufende Pensionsleistung bestehen,
2. die nur nach billigem Ermessen[418] gemindert oder entzogen werden darf, d. h., es darf kein Vorbehalt existieren, der eine Pensionskürzung in das freie Belieben des Arbeitgebers stellt, und
3. die Pensionszusage muss schriftlich erfolgen, wobei neben Einzelverträgen auch Gesamtzusagen (z. B. Betriebsvereinbarungen) zulässig sind.

Eine Pensionsrückstellung darf gem. § 6a Abs. 2 EStG erstmals gebildet werden

1. vor Eintritt des Versorgungsfalls für das Wirtschaftsjahr, in dem die Pensionszusage erteilt wird, frühestens jedoch für das Wirtschaftsjahr, bis zu dessen Mitte der Pensionsberechtigte das 27. Lebensjahr[419] vollendet oder in dem die Pension unverfallbar wird,
2. nach Eintritt des Versorgungsfalls für das Wirtschaftsjahr, in dem der Versorgungsfalls eintritt.

Gem. § 6a Abs. 3 EStG sind Pensionsrückstellungen nach versicherungsmathematischen Grundsätzen in Höhe des **Teilwerts** anzusetzen.

---

416 BMF v. 12.3.2010, IV C 6 -S 2133/09/10001, BStBl. 2010 I, S. 239.
417 Vgl. R 6a EStR 2012 und BMF, Schreiben v. 19.10.2018, IV C 6 – S 2176/07/10004 :001.
418 § 315 BGB.
419 Bei Neuzusagen ab 2009, davor galten Altersgrenzen von 28 Jahren (2001 bis 2008) und 30 Jahren (bis 2000).

Dabei ist zu unterscheiden zwischen dem

1. Teilwert vor Beendigung des Dienstverhältnisses des Pensionsberechtigten und dem
2. Teilwert nach Beendigung des Dienstverhältnisses oder nach Eintritt des Versorgungsfalls.

zu 1.: Der Teilwert ist gleich der Differenz zwischen dem Kapitalbarwert der zukünftigen Pensionsleistungen am Abschlussstichtag[420] und dem Barwert betragsmäßig gleich bleibender Jahresbeträge bis zum voraussichtlichen Eintritt des Versorgungsfalls[421] bezogen ebenfalls auf den Abschlussstichtag. Die Jahresbeträge sind dabei so zu ermitteln, dass ihr Barwert zu Beginn des Dienstverhältnisses gleich dem Barwert der Pensionsverpflichtung zum gleichen Zeitpunkt ist.

Obwohl bei der Berechnung der Pensionsrückstellung stets auf das Datum des Eintritts in das Dienstverhältnis abzustellen ist, darf eine Pensionsrückstellung nicht vor der Pensionszusage und nicht vor dem Wirtschaftsjahr gebildet werden, in dessen Mitte der Pensionsberechtigte das 27. Lebensjahr vollendet. Durch die Einschränkung auf die Vollendung des 27. Lebensjahres soll die Verminderung der Pensionsverpflichtung durch die Fluktuation ausgeglichen werden, eine weitergehende Berücksichtigung der Fluktuation ist deshalb nicht erforderlich.

zu 2.: Der Teilwert ist identisch mit dem Kapitalbarwert der zukünftigen Pensionsleistungen zum Abschlussstichtag.

Zur Ermittlung des Teilwerts ist aufgrund des § 6a Abs. 3 S. 3 EStG generell ein Rechnungszinsfuß von 6 %[422] zugrunde zu legen, wobei für die Berechnung die anerkannten Regeln der Versicherungsmathematik anzuwenden sind.

Für die Bildung der Pensionsrückstellungen gilt grundsätzlich das **Stichtagsprinzip**. Für die Ermittlung der Pensionsverpflichtungen ist eine körperliche Bestandsaufnahme (**Inventur**) durchzuführen, bei der die Zahl der pensionsberechtigten Personen und die Höhe ihrer Pensionsansprüche festzustellen ist.

Zuführungen zu den **Pensionsrückstellungen** sind bis zur Höhe des Unterschiedsbetrags zwischen dem Teilwert am Schluss des Wirtschaftsjahres und dem Teilwert am Anfang des Wirtschaftsjahres gem. § 6a Abs. 4 EStG zulässig. Steuerlich werden Pensionsrückstellungen nur anerkannt, wenn sie auch in der Handelsbilanz ausge-

---

420 Das heißt der auf den Abschlussstichtag diskontierten Pensionsverpflichtung.
421 Das heißt, die Summe der aufgezinsten Jahresbeträge ist gleich der Pensionsverpflichtung am Tag des Versorgungseintritts.
422 Da in der Handelsbilanz ein abweichender Zinsfuß gilt, kommt es regelmäßig zu Steuerlatenzen in der Handelsbilanz.

wiesen werden, jedoch können die steuerlichen Zuführungen von den handelsrechtlichen Zuführungen abweichen.

Aus der Bestimmung über den maximalen Zuführungsbetrag ergibt sich ein steuerliches **Nachholverbot** für in Vorjahren unterlassene Zuführungen. In drei Fällen wird
jedoch das Nachholverbot durchbrochen:

1. beim Eintritt des Versorgungsfalls,
2. beim vorzeitigen Ausscheiden des Pensionsberechtigten mit unverfallbarem
   Pensionsanspruch,
3. in dem Wirtschaftsjahr, in dem mit der Pensionsrückstellung begonnen werden darf.

In diesen drei Fällen darf eine Pensionsrückstellung bis zur Höhe des Teilwerts gebildet oder aufgestockt werden.

Nach dem Eintritt des Versorgungsfalls ist die Pensionsrückstellung zeitanteilig aufzulösen. Es gibt dazu zwei grundsätzliche Möglichkeiten der **Rückstellungsauflö-
sung** von Pensionsverpflichtungen:

1. die versicherungsmathematische Methode,
2. die buchhalterische Methode.

zu 1.: Bei der **versicherungsmathematischen Methode** wird die Rückstellung in
Höhe des Unterschiedsbetrags zwischen dem Kapitalbarwert der zukünftigen Pensionsleistungen am Anfang des Wirtschaftsjahres und dem Kapitalbarwert am Ende
des Wirtschaftsjahres aufgelöst. Der Auflösungsbetrag wird gewinnerhöhend gebucht, während die (i. d. R. höhere) Pensionszahlung in voller Höhe als Betriebsausgabe gebucht wird. Bei dieser Methode muss in jedem Wirtschaftsjahr die Lebenserwartung des Pensionsberechtigten neu festgestellt werden.

zu 2.: Die **buchhalterische Methode**, bei der die jährliche Pensionszahlung unmittelbar gegen die Rückstellung gebucht wird und bei der sich ein schnellerer Abbau
der Pensionsrückstellung ergibt, ist seit 1987 unzulässig.

Bei Bestehen einer Rückdeckungsversicherung sind Rückdeckungsanspruch und
Pensionsrückstellung getrennt zu bilanzieren.

Für die Bildung von Pensionsrückstellungen an tätige Gesellschafter einer Kapitalgesellschaft und deren Angehörige gelten die gleichen Voraussetzungen wie bei sonstigen
Betriebsangehörigen. Für – beherrschende – Gesellschafter-Geschäftsführer gelten aufgrund der Rechtsprechung jedoch strengere Maßstäbe. Bei Personengesellschaften
dürfen nach neuester Rechtsprechung keine Pensionsrückstellungen für Gesellschafter-
Geschäftsführer gebildet werden.

Für mitarbeitende **Arbeitnehmer-Ehegatten** ist ein steuerlich anerkanntes Arbeits-verhältnis Voraussetzung, um eine Pensionsrückstellung zu bilden.

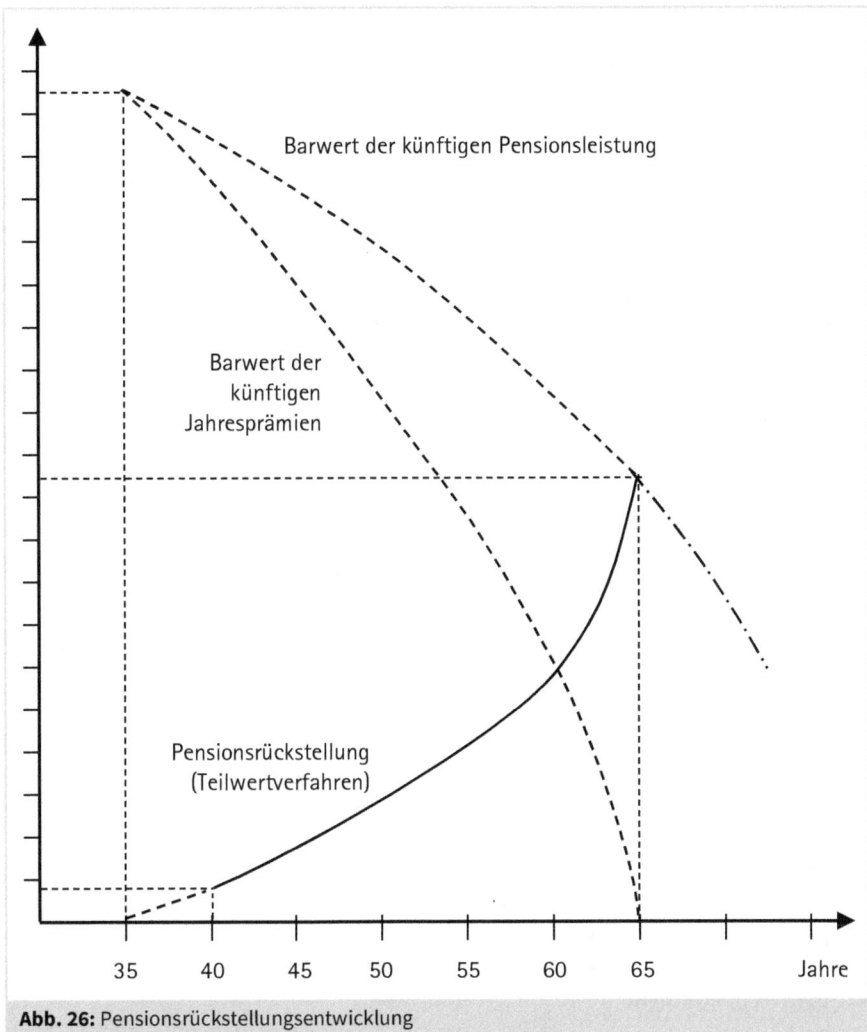

Barwert der künftigen Pensionsleistung

Barwert der künftigen Jahresprämien

Pensionsrückstellung (Teilwertverfahren)

35   40   45   50   55   60   65   Jahre

Abb. 26: Pensionsrückstellungsentwicklung

6.2.4.2   Jubiläumsrückstellungen

Oft machen Arbeitgeber nicht nur Zusagen für eine Altersversorgung (Pension) des Arbeitnehmers, sondern sagen auch bestimmte Leistungen (**Jubiläumszuwendungen**) zu, die an die Dauer einer bestimmten Betriebszugehörigkeit geknüpft sind. Handelsrechtlich handelt es sich hierbei zweifelsfrei ebenfalls um eine ungewisse Verbindlichkeit, da – ähnlich wie bei der Pensionszusage – nicht sicher ist, ob der

Arbeitnehmer die Zusage in Anspruch nehmen wird bzw. kann. In diesen Fällen ist deshalb eine Jubiläumsrückstellung zu bilden.

Steuerrechtlich war der *Ansatz* der **Jubiläumsrückstellungen** heftig umstritten. Erst durch die Rechtsprechung kam die generelle Anerkennung dieses speziellen Rückstellungsfalls.[423] Durch die durch das Steuerreformgesetz 1990 neu geschaffenen § 5 Abs. 4 EStG erfährt die Jubiläumsrückstellung nun auch eine gesetzliche Regelung, wobei die Zulässigkeit dieser Rückstellung gegenüber der Rechtsprechung eingeschränkt wurde.

Die steuerliche Anerkennung der Jubiläumsrückstellung wird ähnlich wie bei der Pensionsrückstellung von einem bestimmten Konkretisierungsgrad der Zusage zum Dienstjubiläum abhängig gemacht. So setzt § 5 Abs. 4 EStG für die Anerkennung voraus, dass

- das Dienstverhältnis mindestens 10 Jahre bestanden hat (Rückstellungen dürfen deshalb erst ab dem 11. Dienstjahr gebildet werden),
- das Dienstjubiläum das Bestehen eines Dienstverhältnisses von mindestens 15 Jahren voraussetzt (für Jubiläumszuwendungen bis zum 14. Dienstjahr dürfen somit keine Rückstellungen gebildet werden),
- die Zusage schriftlich erteilt wird und
- der Zuwendungsberechtigte seine Anwartschaft nach dem 31.12.1992 erwirbt.

Ist eine der Voraussetzungen nicht gegeben, so besteht ein generelles Passivierungsverbot.

Die *Bewertung* der Jubiläumsrückstellung erfolgt als **Ansammlungsrückstellung** über die Jahre der Diensttätigkeit des Arbeitnehmers mit ihrem Teilwert unter Berücksichtigung der Abzinsung und der Wahrscheinlichkeit, dass der Arbeitnehmer das Dienstjubiläum erreicht. Dazu gibt es zwei Methoden:

- **Versicherungsmathematische Ermittlung**
  Hierbei ist die Rückstellung unter Berücksichtigung sämtlicher Faktoren zu berechnen. Vorteil ist die Einbeziehung individueller Wahrscheinlichkeiten, Nachteil ist die deutlich aufwendigere Rechnung.
- **Pauschale Ermittlung**
  Dazu veröffentlicht die Finanzverwaltung Tabellen[424], die in pauschalierter Form die Abzinsung und Erreichenswahrscheinlichkeiten beinhalten, und pro 1.000€-Zusage, Jubiläumsjahr und Dienstalter einen Multiplikationsfaktor auswirft.

In die Bewertung sind sämtliche zugesagten Leistungen des Arbeitgebers einzubeziehen, also neben einer Geldleistung ggf. auch Sach- oder Dienstleistungen sowie gesonderte Urlaubstage. Da für die ersten 10 Jahre ein Passivierungsverbot besteht, ist

---

423 BFH v. 5.2.1987, BStBl. II, S. 845.
424 BMF v. 27.2.2020, 2020/0178923.

die Rückstellung im 11. Dienstjahr des Arbeitnehmers mit einer Einmal-Zuführung der unterlassenen 10 Jahresbeträge zu bilden. Einmal-Zuführungen werden auch erforderlich, wenn die Zusage erst in einem späteren Dienstjahr (z. B. im 16. Jahr für das 25. Jahr) erfolgt.

Für die *Handelsbilanz* werden in der Praxis die vorstehenden Regelungen und Berechnungen vereinfachend übernommen, wenngleich insbesondere das Passivierungsverbot für die ersten 10 Jahre nicht den handelsrechtlichen Grundsätzen entspricht.

6.2.5 Steuerrückstellungen

Der gesonderte Ausweis von **Steuerrückstellungen** ist durch das Mindestgliederungsschema des § 266 Abs. 3 HGB für Kapitalgesellschaften zwingend vorgeschrieben. In diesem Posten sind sämtliche ungewisse Verbindlichkeiten aus allen Steuerarten auszuweisen, soweit die ungewisse Steuerverbindlichkeit betrieblich veranlasst ist. Neben Steuerrückstellungen, die im Rahmen von Jahresabschlussarbeiten ermittelt werden (z. B. Gewerbesteuerrückstellung), sind hier gebildete Steuerrückstellungen wegen erwarteter Steuernachforderungen auszuweisen.

Da es sich bei Steuerrückstellungen um ungewisse Verbindlichkeiten handelt, besteht gem. § 249 Abs. 1 S. 1 HGB eine Passivierungspflicht. Die Bewertung erfolgt nach der allgemeinen Regel des § 253 Abs. 1 und 2 HGB.

Das Hauptproblem jeder Rückstellungsbilanzierung ist die Bestimmung des Rückstellungsbetrags, da dieser nach der Definition der Rückstellung gerade unsicher ist. Steuerrückstellungen lassen sich dagegen recht zuverlässig berechnen, da sowohl die Bemessungsgrundlage als auch der Steuersatz als Ergebnis der Abschlussarbeiten bzw. als Gesetzesvorgabe vorliegen. Da die offenen Steuern mit an Sicherheit grenzender Wahrscheinlichkeit anfallen werden, spricht man häufig auch von Steuerverbindlichkeiten. Das dennoch Rückstellungen (und keine Verbindlichkeiten) passiviert werden, liegt daran, dass die endgültige Festsetzung erst durch den Steuerbescheid erfolgt, der aufgrund von Berechnungsdifferenzen oder der Beseitigung von Fehlern von der Steuererklärung abweichen kann.

Im Grundfall setzen sich die Steuerrückstellungen zusammen aus der erwarteten Steuerschuld (Steuersatz angewandt auf die Bemessungsgrundlage) abzüglich der geleisteten Steuervorauszahlungen und abzüglich von Ansprüchen an die Finanzverwaltung (z. B. Verrechnung mit festgesetzter Forschungszulage aufgrund des Forschungszulagengesetzes (FZulG)).

> **!** **Beispiel: Grundfall der Steuerrückstellung**
>
> Ein Unternehmen erwartet eine Steuerlast von 600 T€. Darauf wurden insgesamt Vorauszahlungen von 300 T€ geleistet. Eine weitere Vorauszahlung von 100 T€ wurde gestundet. Eine Forschungszulage von 120 T€ wurde festgesetzt.
>
> | | | |
> |---|---|---|
> | Steueraufwand | 600.000 € | (erwarteter Periodenaufwand lt. G+V) |
> | Vorauszahlungen | - 300.000 € | (bereits gezahlt) |
> | Steuerverbindlichkeit | - 100.000 € | (aufwandswirksame Passivierung) |
> | Forschungszulage | - 120.000 € | (ertragswirksame Aktivierung) |
> | Steuerrückstellung | = 80.000 € | (erwartete Restzahlung) |

Steuerrückstellungen sind nicht zwingend in der Höhe der später festgesetzten Steuer zu bilden, sondern in der Höhe, in der am Bilanzstichtag mit einer Steuerfestsetzung gerechnet werden muss. Jedenfalls solange abweichende Verwaltungsauffassungen und eine Europarecht widersprechende nationale Gesetzeslage beibehalten werden, muss ein Kaufmann eine Rückstellung auf der Basis des (für ihn nachteiligen) nationalen Gesetzes und der hierzu ergangenen Verwaltungsanweisungen bilden.[425]

Nach ständiger Rechtsprechung erfordert das Bilden einer Rückstellung für die Mehrsteuern aufgrund einer **Steuerhinterziehung**, dass der Steuerpflichtige am Bilanzstichtag aufgrund eines hinreichend konkreten Sachverhalts ernsthaft mit einer quantifizierbaren Steuernachforderung rechnen muss; dies ist frühestens mit der Beanstandung einer bestimmten Sachbehandlung durch den (Betriebs-)Prüfer der Fall.[426] Die Kenntnis des Steuerpflichtigen von der Verwirklichung des Tatbestands einer Steuerhinterziehung allein reicht für die Bildung einer entsprechenden Rückstellung nicht aus, denn eine Steuerhinterziehung wird typischerweise begangen, um die entsprechenden Steuern nicht zu zahlen.

Grundsätzlich muss eine **rückständige Steuervorauszahlung** als Verbindlichkeit passiviert werden. Der dann noch ausstehende Betrag (Abschlusszahlung) ist als Rückstellung zu passivieren.

6.2.6 Sonstige Rückstellungen

Handelsrechtlich besteht für die sonstigen Rückstellungen eine Passivierungspflicht. Passivierungswahlrechte sind hier seit 2010 aufgrund des Bilanzrechtsmodernisierungsgesetzes (BilMoG) nicht mehr zulässig. Der Umfang der handelsrechtlichen

---

425   FG Niedersachsen, Urteil v. 15.3.2012, 6 K 43/10.
426   BFH, Beschluss v. 12.5.2020, XI B 59/19, DStR 2020, S. 6.

Rückstellungsbilanzierung ergibt sich abschließend aus § 249 HGB (und wird nach-folgend bei den einzelnen Rückstellungsarten gem. der Bilanzgliederung dargestellt).

Von der Passivierung einer Rückstellung ist abzusehen, wenn dieser ungewissen Ver-bindlichkeit eine gegenläufige Forderung gegenübersteht, da es dann an einer wirt-schaftlichen Last mangelt.

Beispiel: Urlaubskasse   !

Zahlt ein Unternehmen laufend in eine **Urlaubskasse** ein, so ist für die spätere Verpflichtung zur Urlaubsgeldzahlung ebenfalls keine Rückstellung zu passivieren, da dann einerseits der Aufwand doppelt erfasst wird (sowohl bei Zahlung in die Kasse als auch bei Rückstellungsbil-dung) und andererseits der zu erwartende Ausgleich durch die Urlaubskasse nicht berücksich-tigt wird.[427]

Steuerrechtlich sind Rückstellungen zulässig, wenn das Unternehmen am Abschluss-stichtag ernsthaft mit einer künftigen Belastung rechnen muss und die die künftige Belastung begründenden Tatsachen bereits am Bilanzstichtag vorhanden sind.[428] Weiterhin ist die Rückstellung in der Steuerbilanz regelmäßig an das Vorhandensein einer entsprechenden handelsrechtlichen Rückstellung gebunden (Maßgeblichkeits-prinzip), woraus sich steuerlich eine Einschränkung auf die handelsrechtlich zulässi-gen Rückstellungen ergibt.

Es darf jedoch nicht für jede unter pessimistischsten Vorstellungen entfernt denkbare Belastung eine Rückstellung gebildet werden. Das niedersächsische FG hat dazu – wohl auch unter Einfluss einiger IFRS-Gedanken – die folgenden Leitlinien für die Passivierung einer Rückstellung nach § 249 Abs. 1 HGB aufgestellt:[429]

- Eine gewisse Wahrscheinlichkeit für das Bestehen oder Entstehen der Verbind-lichkeit ist zu bejahen, wenn nach den am Bilanzstichtag objektiv gegebenen und bis zur Aufstellung der Bilanz subjektiv erkennbaren Verhältnissen mehr Gründe für als gegen das Bestehen der Verbindlichkeit sprechen.
- Auch eine ungewisse Verbindlichkeit muss bereits eine wirtschaftliche Belastung darstellen.
- Eine »latente Rückforderungssituation« genügt für sich allein nicht, um eine Rückstellung für ungewisse Verbindlichkeiten zu bilden.
- Im Hinblick auf die Wahrscheinlichkeit der Inanspruchnahme aus einer Verbind-lichkeit darf der Bilanzierende nicht die pessimistischste Alternative wählen.

---

427 Vgl. ausführlich AK »Steuern und Revision« (Urlaubsrückstände).
428 BFH v. 13.7.1967, VI R 21/67, BStBl. III, S. 726.
429 Niedersächsisches FG, Urteil v. 14.12.2007, 2 K 224/07, DStRE 2008, S. 1113.

Unter dem Posten »sonstige Rückstellungen« nicht gesondert ausgewiesene Rückstellungen sind im **Anhang** zu erläutern, wenn sie einen nicht unerheblichen Umfang haben (§ 285 Nr. 12 HGB).

6.2.6.1 Rückstellungen für ungewisse Verbindlichkeiten

Wesensmerkmale der **Rückstellungen für ungewisse Verbindlichkeiten** sind der Schuldcharakter sowie die Ungewissheit über Bestehen, Entstehen und/oder Höhe der Verbindlichkeit. Steuerrechtlich sind Rückstellungen für ungewisse Verbindlichkeiten generell wie in der Handelsbilanz passivierungspflichtig. Die Verbindlichkeit muss bürgerlich-rechtlich wirksam sein,[430] eine sittliche Verpflichtung reicht aus.

Voraussetzung für die Bildung einer Rückstellung für ungewisse Verbindlichkeiten ist[431]

- das Bestehen einer nur ihrer Höhe nach ungewissen Verbindlichkeit oder die hinreichende Wahrscheinlichkeit des künftigen Entstehens einer Verbindlichkeit dem Grunde nach – deren Höhe zudem ungewiss sein kann – sowie
- ihre wirtschaftliche Verursachung in der Zeit vor dem Bilanzstichtag.
- Als weitere Voraussetzung muss der Schuldner ernsthaft mit seiner Inanspruchnahme rechnen.
- Zudem darf es sich bei den Aufwendungen nicht um (nachträgliche) Herstellungs- oder Anschaffungskosten eines Wirtschaftsguts handeln.

> **! Praxisfall:**
>
> Ein Lieferant liefert im alten Jahr objektiv mangelhafte Ware, die vom Käufer im eigenen Produktionsprozess eingesetzt wird. Dieser Mangel war bis zum Bilanzstichtag weder dem Verkäufer noch dem Verkäufer bekannt.
>
> Wurde der Mangel durch den Besteller bis zum Bilanzstichtag noch nicht gerügt und beruhte dies maßgeblich darauf, dass der (objektiv angelegte) Mangel bis zu jenem Stichtag noch keine erkennbare betriebsbeeinträchtigende Wirkung entfaltete und hatten folglich die Vertragsbeteiligten noch keine Kenntnis vom Mangel, liegt es nahe, dass der Lieferant am Bilanzstichtag noch nicht ernsthaft mit einer Inanspruchnahme zur Gewährleistung rechnen musste.[432]

Eine (ungewisse) Verbindlichkeit kann auch aufgrund einer gesetzlichen Verpflichtung entstehen. So sind Rückstellungen auch für die **Aufbewahrung von Geschäftsunterlagen** unter Berücksichtigung sowohl der erwarteten künftigen Kostenverhältnisse (**Erfüllungsbetrag**, § 253 Abs. 1 S. 2 HGB) als auch der Abzinsung gem. § 253 Abs. 2 S. 1 HGB anzusetzen. Aufgrund des Wegfalls des § 249 Abs. 2 HGB a. F. dürfen Rückstellungen für die Aufbewahrung insoweit nicht passiviert werden, als Geschäfts-

---

430 Zum Beispiel keine Zulässigkeit bei Verstoß gegen die guten Sitten (§ 138 BGB), BFH v. 19.12.1961, I 66/61 U, BStBl. 1962 III, S. 64.
431 BFH, Urteil v. 17.10.2013, IV R 7/11.
432 BFH, Beschluss v. 28.8.2018, X B 48/18, BFH/NV 1/2019, S. 113.

unterlagen länger aufbewahrt werden als der Bilanzierende hierzu gesetzlich oder vertraglich verpflichtet ist.[433]

Ist eine öffentlich-rechtliche Verpflichtung am Bilanzstichtag bereits rechtlich entstanden, bedarf es keiner Prüfung der wirtschaftlichen Verursachung mehr, weil eine Verpflichtung spätestens zum Zeitpunkt ihrer rechtlichen Entstehung auch wirtschaftlich verursacht ist.[434]

Sofern ein die Verbindlichkeit begründender Sachverhalt erst in der Zukunft verwirklicht wird, ist die Passivierung einer Rückstellung für ungewisse Verbindlichkeiten nicht zulässig, da die Erfüllung der Verpflichtung nicht nur an Vergangenes anknüpfen, sondern auch Vergangenes abgelten muss.[435]

Beispiel: !

Ein Lufttransportunternehmen betreibt eigene Hubschrauber, bei denen gem. § 7 LuftBO und § 30 LuftGerPO nach einer bestimmten Anzahl von Flugstunden eine Überholung und Nachprüfung am Fluggerät vorzunehmen ist.

Eine Rückstellungspassivierung für diese Arbeiten vor dem Jahr ihrer Durchführung ist nach einem BFH-Urteil[436] nicht zulässig, da die Verpflichtung zur Überholung und Nachprüfung erst dann entstehe, wenn die vorgeschriebene Flugzeit erreicht sei und das Fluggerät auch danach weiter betrieben werden solle.

Anders ist der Fall nach Ansicht des BFH jedoch zu beurteilen, wenn sich diese Verpflichtung (auch) aufgrund eines privatrechtlichen Vertrags (z. B. gegenüber einem Leasinggeber) ergibt.[437]

Der BFH ist der – irrigen – Auffassung, dass ungeachtet einer bestehenden **Außenverpflichtung** (z. B. Räumung eines Baustellenlagers bei Vertragsende) der Ansatz einer Verbindlichkeitsrückstellung (§ 249 Abs. 1 S. 1 HGB) dann ausgeschlossen ist, wenn die Verpflichtung in ihrer wirtschaftlichen Belastungswirkung von einem »eigenbetrieblichen Interesse« (z. B. dem Interesse, die Lagergüter für andere Aufträge einzusetzen) vollständig »überlagert« wird, weil dies gegen das Passivierungsverbot sog. **Aufwandsrückstellungen** verstößt.[438] Diese Auffassung ist jedoch abzulehnen, weil der ehrbare Kaufmann in sehr vielen Fällen – auch – ein »eigenbetriebliches Interesse« an der Begleichung einer Außenverpflichtung haben wird (z. B. am ordentlichen Abschluss eines Auftrags, um die Chancen für einen Folgeauftrag zu erhöhen), sodass in diesen Fällen das zwingende Passivierungsgebot für ungewisse Verbindlichkeiten (das über den Maßgeblichkeitsgrundsatz auch für die Steuerbilanz gilt) unterlaufen

---

433 IDW RH HFA 1.009 v. 23.6.2010.
434 BFH v. 17.10.2013, IV R 7/11, BFH/NV 2/2014, S. 225.
435 BFH v. 19.5.1987, BStBl. II, S. 848 = BB 1987, S. 1985.
436 BFH v. 19.5.1987, BStBl. II, S. 848 = BB 1987, S. 1985.
437 BFH, Urteil v. 9.11.2016, I R 43/15, BStBl 2017 II S. 379.
438 BFH, Urteil v. 22.1.2020, XI R 2/19, BFH/NV 2020, S. 805

werden würde. Tatsächlich bleibt die Außerverpflichtung auch bei – zusätzlichem – eigenbetrieblichen Interesse immer bestehen; außerdem findet das sog. »eigenbetriebliche Interesse« keine Grundlage in Handels- oder Steuerrecht.[439]

Insbesondere bei der Bildung von Rückstellungen für ungewisse Verbindlichkeiten ergibt sich oft, dass wesentliche Tatsachen erst nach dem Abschlussstichtag bekannt werden. In diesen Fällen sind **wertaufhellende Tatsachen** zu berücksichtigen, wenn Sie vor der Bilanzaufstellung bekannt werden. Wird beispielsweise zwischen Bilanzstichtag und Bilanzaufstellung bekannt, dass mit einer Inanspruchnahme nicht mehr zu rechnen ist, muss die Rückstellung aufgelöst werden.[440]

Weitere Einzelfälle der ungewissen Verbindlichkeit sind die Pensionsrückstellungen und die Jubiläumsrückstellungen, die schon gem. Bilanzgliederung in einem gesonderten Abschnitt dargestellt worden sind.

! **Praxisfälle: Zulässige/notwendige Rückstellung**

- Eine Rückstellung für die Verpflichtung zur **Aufbewahrung von Geschäftsunterlagen** kann Finanzierungskosten (Zinsen) für die zur Aufbewahrung genutzten Räume auch dann enthalten, wenn die Anschaffung/Herstellung der Räume nicht unmittelbar (einzel-)finanziert worden ist. Voraussetzung für die Berücksichtigung der Zinsen (als Teil der notwendigen Gemeinkosten) ist in diesem Fall, dass sie sich durch Kostenschlüsselung verursachungsgerecht der Herstellung/Anschaffung der Räume zuordnen lassen und dass sie nach Maßgabe des § 6 Abs. 1 Nr. 3a Buchst. b EStG angemessen sind.[441]
- Rückstellungen für **zukünftige Prüfungskosten** (z. B. wegen der Mitwirkungspflicht bei einer Betriebsprüfung) dürfen gebildet werden, wenn die Prüfung hinreichend wahrscheinlich ist.[442] Derartige Rückstellungen sind auch für nicht steuerliche Prüfungskosten möglich.[443] Allerdings verneint der BFH – mit betriebswirtschaftlich fragwürdiger Begründung – eine Rückstellung für Prüfungen, welche sich ausschließlich aus dem Gesellschaftsvertrag begründen, da Gesellschafter keine außenstehenden Personen seien (es mangele somit an der notwendigen Außenverpflichtung).[444]
- Erhält ein Unternehmen von seinen Kunden **Zuschüsse** zu den Herstellungskosten für Werkzeuge, die es bei der Preisgestaltung für die von ihm mittels dieser Werkzeuge herzustellenden und zu liefernden Produkte preismindernd berücksichtigen muss, so sind einerseits die Zuschüsse im Zeitpunkt ihrer Vereinnahmung gewinnerhöhend zu erfassen und andererseits in derselben Höhe eine gewinnmindernde Rückstellung für ungewisse Verbindlichkeiten zu bilden. Diese Rückstellung ist sodann über die voraussichtliche Dauer der Lieferverpflichtung gewinnerhöhend aufzulösen. Das gilt auch dann, wenn die genannten

---

439 Weber-Grellet (Anmerkungen).
440 BFH v. 17.1.1973, I R 204/70, BStBl. II, S. 320.
441 BFH v. 11.10.2012, I R 66/11, DB 9/2013, S. 431.
442 BFH v. 6.6.2012, I R 99/10, DStR 2012, S. 1790.
443 Arbeitskreis »Steuern und Revision« (Ansatzpflicht); einschränkend: BMF, Schreiben v. 7.3.2013, IV C 6 – S 2137/12/10001.
444 BFH, Urteil v. 05.06.2014, IV R 26/11.

- Verpflichtungen des Zuschussempfängers sich nicht aus einem am Bilanzstichtag bestehenden Vertrag, sondern nur aus einer Branchenübung ergeben (faktischer Leistungszwang).[445]

- Entsteht bei einem Unternehmen eine Verpflichtung, die für seine Lieferungen oder Leistungen von Kunden im laufenden Jahr erhaltene Kostenüberdeckung oder andere Überzahlung in der Folgeperiode durch Preisabschläge auszugleichen, so ist für diese wirtschaftliche Belastung eine Rückstellung zu passivieren.[446]

- Hat ein Unternehmen für eine Dienst- oder Werkleistung bereits den gesamten Preis vereinnahmt, jedoch noch **ausstehende Arbeiten** (z. B. Abbau), so ist für die ausstehende Arbeit eine Rückstellung zu bilden.

- Verpflichtet sich der Vermieter eines Kfz gegenüber dem Mieter, das Fahrzeug zum Ende der Mietzeit zu veräußern und den **Veräußerungserlös** insoweit an den Mieter auszuzahlen, als er einen vertraglich vereinbarten, unter dem Buchwert der Fahrzeuge zum Vertragsende liegenden Restwert übersteigt, kann er für diese Pflicht ratierlich eine Rückstellung in der Höhe bilden, in der der vereinbarte Restwert unter dem Buchwert des Fahrzeugs liegt.[447]

- Für **Nachsorgeverpflichtungen** bei stillgelegten Deponien sind Rückstellungen zu bilden, sofern die allgemeinen Voraussetzungen der Rückstellungsbildung gegeben sind; in den Nachsorgerückstellungen enthaltene Investitionskosten zur umweltgerechten Wiederherstellung von Deponiegrundstücken sind von der Rückstellungsbildung nicht ausgeschlossen.[448]

- Für **Abfindungen** an Mitarbeiter, die aufgrund von Restrukturierungsmaßnahmen gekündigt wurden, ist eine Rückstellung zu bilden. Dabei stellt die Reduzierung des künftigen Personalaufwands keinen die Rückstellung mindernden künftigen Vorteil i. S. d. § 6 Abs. 1 Nr. 3a Buchst. c EStG dar; zwischen den zu erfüllenden Abfindungsverpflichtungen und der Ersparnis des Personalaufwands besteht kein von der Vorschrift geforderter Sachzusammenhang.[449]

Praxisfälle: Keine Rückstellung zulässig

!

- *Keine Rückstellung* (oder Verbindlichkeit) darf nach Auffassung des BFH gebildet werden aufgrund der Ausgabe von Gutscheinen, die einen Anspruch auf Preisermäßigung für eine Dienstleistung im Folgejahr gewähren, weil die wirtschaftliche Belastung erst im Folgejahr durch den neuen (und preisermäßigten) Umsatz entsteht.450 Diese Meinung muss jedoch kritisch hinterfragt werden, da der die Gutscheine ausgebende Unternehmer im alten Jahr (Ausgabejahr) eine wirtschaftliche Last verursacht, mit deren Eintreten (durch Erbringen einer Leistung zu einem nicht adäquaten – weil herabgesetzten – Preis) er im Folgejahr mit großer Wahrscheinlichkeit rechnen muss; ein Treuebonus ist regelmäßig kein primäres Anlocken für einen neuen Kauf, sondern eine Form eines nachträglichen Preisnachlasses für Käufe im alten Jahr.

---

445 BFH v. 29.11.2000, I R 87/99, BFH/NV 2001, S. 687.

446 BFH v. 6.2.2013, 1 R 62/11.

447 BFH, Urteil v. 21.9.2011, I R 50/10, DB 50/2011, S. 2815.

448 FG Münster, Urteil v. 13.2.2019, 13 K 1042/17, DStRE 2019, S. 1243, rechtshängig beim BFH unter XI B 31/19.

449 FG Baden-Württemberg, Urteil v. 12.9.2017, 6 K 1472/16, DStR 2018, S. 6.

450 BFH, Urteil v. 19.9.2012, IV R 45/09, BFH/PR 1/2013, S. 2.

- Ebenso hält der BFH eine Rückstellung für ein Aktienoptionsprogramm für unzulässig, wenn die Optionsausübung an zukünftige Bedingungen gebunden ist (Verkehrswert der Aktien liegt über einem bestimmten Betrag und/oder Ausübung nur bei einem Verkauf des Unternehmens bzw. bei einem Börsengang); die Wahrscheinlichkeit des Bedingungseintritts ist dabei ohne Bedeutung.[451]

6.2.6.2 Rückstellungen für drohende Verluste aus schwebenden Geschäften

Als **schwebende Geschäfte** lassen sich zweiseitig verpflichtende Rechtsgeschäfte zwischen Vertragsschluss (Verpflichtungsgeschäft) und Leistung (Erfüllungsgeschäft) bezeichnen. Das schwebende Geschäft beginnt mit der Abgabe eines verpflichtenden Angebots bzw. mit der Annahme eines Angebots oder einem Vor- oder Hauptvertrag und endet mit dem wirtschaftlichen Zu- oder Abgang einer Leistung. Solange sich Ansprüche und Verpflichtungen aus dem Vertrag in gleicher Höhe gegenüberstehen oder ein positiver Erfolgsbeitrag erwartet wird, wird das schwebende Geschäft nicht bilanziert. Erst wenn ein negativer Erfolgsbeitrag (Verlust) droht, ist dieser durch eine Rückstellung zu antizipieren.

Voraussetzung für die Bildung einer **Rückstellung für drohende Verluste aus schwebenden Geschäften** (Drohverlustrückstellung) ist ein tatsächlich drohender Verlust; die grundsätzliche Möglichkeit des Verlusteintritts reicht nicht aus, sondern es müssen konkrete, sehr wahrscheinliche Anhaltspunkte vorliegen. Liegt die Voraussetzung vor, so muss gem. § 249 Abs. 1 i. V. m. § 253 Abs. 1 und 2 HGB eine Rückstellung in Höhe des Betrags angesetzt werden, der nach vernünftiger kaufmännischer Beurteilung notwendig ist, ggf. reduziert um eine Abzinsung.

Eine besonders interessante Konstellation kann sich bei drohenden Verlusten aus **Dauerschuldverhältnissen** ergeben. Aufgrund unterschiedlicher Höhe der sich pro Periode gegenüberstehenden Leistungen kann auch bei einem *insgesamt* mindestens ausgeglichenen Geschäft in einzelnen Perioden ein Verpflichtungsüberhang entstehen. So beispielsweise bei Wartungsverträgen, Mietverträgen oder Lieferverträgen. Hier werden oft konstante Zahlungen vereinbart für Gegenleistungen, die ihrer Natur nach entweder unterschiedlich hoch oder steigend sind mit der Folge, dass zu einem bestimmten Stichtag die Summe der zukünftigen Aufwendungen höher ist als die Summe der zukünftigen Erträge. Bezogen auf einen Bilanzstichtag ergibt sich dann die Verpflichtung, eine Rückstellung für drohende Verluste aus schwebenden Geschäften zu passivieren.

---

451 BFH, Urteil v. 15.3.2017, I R 11/15, BFH/NV 2017, S. 1255.

Beispiel: !

Ein Wartungsvertrag wird auf 10 Jahre geschlossen. Der Kunde zahlt pro Jahr 1.000 Euro. Aufgrund der steigenden Wartungsintensität im Zeitablauf wird damit gerechnet, dass die Kosten im ersten Jahr 300 Euro betragen und dann jährlich um 100 Euro steigen werden. Es ergibt sich folgende Aufstellung:

Jahr	Aufwand	Erträge	zukünftiger Aufwand	zukünftiger Ertrag
1	300	1.000	7.200	9.000
2	400	1.000	6.800	8.000
3	500	1.000	6.300	7.000
4	600	1.000	5.700	6.000
5	700	1.000	5.000	5.000
6	800	1.000	4.200	4.000
7	900	1.000	3.300	3.000
8	1.000	1.000	2.300	2.000
9	1.100	1.000	1.200	1.000
10	1.200	1.000	0	0
	7.500	10.000		

Daraus ergibt sich für die Bilanzen	Zu-/Abgänge zu Rückstellungen	Rückstellung für drohende Verluste [452]
Jahr 6:	200 EUR	200 EUR
Jahr 7:	100 EUR	300 EUR
Jahr 8:	0 EUR	300 EUR
Jahr 9:	– 100 EUR	200 EUR
Jahr 10:	– 200 EUR	0 EUR

Bei Dauerschuldverhältnissen existiert häufig auch ein korrespondierender Aktivposten (z. B. Forderungen bei einem Leasinggeber). Generell gilt die Regel, dass eine mögliche aktivische Absetzung (z. B. außerplanmäßige Abschreibung) Vorrang vor einer passivischen Korrektur (insbesondere Rückstellungsbildung) hat. Jedoch hat das OLG Düsseldorf für den Fall eines Leasinggeschäfts entschieden, dass durch **Drohverlustrückstellungen** die Restwertrisiken und damit der Charakter als schwebendes Geschäft besser abgebildet werden als durch außerplanmäßige Abschreibungen; bei Leasingverträgen seien daher Drohverlustrückstellungen gegenüber außerplanmäßigen Abschreibungen auf den niedrigeren beizulegenden Wert zu bevorzugen.[453]

---

452 Vor Abzinsung.
453 OLG Düsseldorf v. 19.5.2010, I-26 W 4/08 (AktE), BB 30/2010, S. 1785.

Für die *Bewertung* der Rückstellungen aus drohenden Verlusten bei Dauerschuldverhältnissen gilt ebenfalls das Prinzip der Einzelbewertung (§ 252 Abs. 1 Nr. 3 HGB), d. h., dass ausschließlich das einzelne Geschäft betrachtet werden darf und ein Ausgleich mit anderen – auch in der Zukunft ausschließlich gewinnträchtigen – Geschäften nicht vorgenommen werden darf. Hinsichtlich der Höhe ist der Verpflichtungsüberhang mindestens mit den variablen Kosten anzusetzen. Jedoch gilt der Ansatz von Vollkosten (also fixe und variable Kosten) auf der Basis einer normalen Auslastung (also ohne Leerkosten) generell als zulässig.[454]

Steuerrechtlich war diese Bilanzierung umstritten, da die Rechtsprechung die starke aber falsche Neigung hatte, ausschließlich den Gesamterfolg über alle Perioden zu betrachten, sodass bei einem insgesamt mindestens ausgeglichenem Geschäft in keiner Periode eine Rückstellungsbildung zulässig wäre.[455] Da sich in der Bilanz jedoch keine Saldierungen vergangener und zukünftiger Erfolgsbeiträge ergeben dürfen, ist dieser Auffassung entschieden zu begegnen. Die Gesetzgebung hat diesen Gedanken dennoch aufgegriffen und in § 5 Abs. 4a S. 1 EStG ein klares **Passivierungsverbot** für Drohverlustrückstellungen postuliert. Dieses gilt lediglich nicht für Ergebnisse aus Bewertungseinheiten nach § 5 Abs. 1a S. 2 EStG i. V. m. § 254 HGB (§ 5 Abs. 4a S. 2 EStG). Der Schwebezustand eines Geschäfts (und damit das steuerliche Passivierungsverbot) endet, sobald eine Seite geleistet hat.

> **Praxisfall: Abgrenzung einer Rückstellung von einer Drohverlustrückstellung**
>
> Die X-AG übernimmt für den Gläubiger Y eine Kreditbürgschaft gegen Zahlung einer sofortigen Provision (Bürgschaftsgebühr). Für die Gefahr einer Inanspruchnahme bildet die X-AG eine Rückstellung. Betriebsprüfung und Finanzamt sehen in dieser Rückstellung eine verbotene Rückstellung für drohende Verluste aus schwebenden Geschäften.
>
> Es handelt sich tatsächlich um zwei Geschäfte: Erstens um einen bereits erfüllten Bürgschaftsvertrag (Provisionszahlung gegen Bürgschaftsübernahme) und zweitens um eine Einstandspflicht (Haftung) für den Bürgschaftsfall. Für diese Haftung darf – bei Vorliegen der Voraussetzungen – eine Rückstellung für sonstige Verpflichtungen gebildet werden.[456]

Übernimmt der Käufer eines Unternehmens im Zuge eines Unternehmenserwerbs gegen Schuldfreistellung eine im zu verkaufenden Unternehmen nicht passivierte Rückstellung für drohende Verluste (oder eine andere steuerlich nicht passivierbare Rückstellung), so muss der Erwerber diese Rückstellung als Verbindlichkeitsrückstellung passivieren.[457]

---

454 Vgl. Bertram/Heusinger-Lange/Kessler in: Bertram u. a. (Haufe HGB Bilanz Kommentar), § 253 Rz. 44–46.

455 BFH v. 20.3.1980, IV R 89/79, BStBl. II, S. 297.

456 FG München, Urteil v. 6.11.2019, 7 K 2095/16, BB 2020, S. 1903, rkr. nach Rücknahme der Revision.

457 BFH v. 16.12.2009, I R 102/08, BFH/NV 3/2010, S. 517.

6.2.6.3 Rückstellungen für unterlassene Instandhaltung

Wurden Aufwendungen für Instandhaltung im abzuschließenden Geschäftsjahr unterlassen, so ist (Passivierungspflicht) dafür eine **Rückstellung für Instandhaltung** zu bilden, wenn diese Aufwendungen in den ersten drei Monaten des folgenden Geschäftsjahres nachgeholt werden sollen und dies auch möglich erscheint (§ 249 Abs. 1 S. 2 Nr. 1 HGB). Werden unterlassene Instandhaltungen nicht oder nach dem Dreimonatszeitraum nachgeholt, so ist die Notwendigkeit einer außerplanmäßigen Abschreibung zu prüfen.

Voraussetzungen für die Bildung dieser Rückstellung sind, dass

- eine zu erwartende **Instandhaltung** (Pflege/Wartung funktionsfähiger Güter) oder **Instandsetzung** (Reparatur nicht/eingeschränkt funktionsfähiger Güter) und
- eine **Unterlassung** im laufenden Geschäftsjahr (die wirtschaftliche Verursachung der Aufwendungen muss nach den Regeln der Periodenabgrenzung dem alten Jahr zuzurechnen sein).

Beispiel: Unterlassene Instandhaltung !

Ein Unternehmen stellt das iBloed auf einer Spezialmaschine her, welches sich als Marktrenner herausstellt. Die planmäßige Jahreswartung dieser Spezialmaschine ist im November fällig; um das Weihnachtsgeschäft nicht zu gefährden, wird die Wartung auf Januar verschoben.

Es handelt sich um unterlassene Aufwendungen für eine Instandhaltung, welche als Rückstellung zu passivieren sind.

Die *steuerliche* Handhabung entspricht prinzipiell der dargelegten handelsrechtlichen Regelung, ebenso ist bei Instandhaltungen eine Nachholfrist von nur drei Monaten zulässig. Bei späterer Nachholung besteht steuerrechtlich ebenfalls ein Passivierungsverbot.

6.2.6.4 Rückstellungen für Abraumbeseitigung

Werden im Geschäftsjahr unterlassene Aufwendungen für Abraumbeseitigung im folgenden Geschäftsjahr nachgeholt, so muss dafür gem. § 249 Abs. 1 S. 2 Nr. 1 HGB eine **Rückstellung für Abraumbeseitigung** gebildet werden (Passivierungsgebot). Besteht für die Abraumbeseitigung eine rechtliche Verpflichtung aufgrund Vertrag oder Gesetz, so handelt es sich um eine ungewisse Verbindlichkeit, die ohne Zeitbegrenzung zu passivieren ist.

Für die *Steuerbilanz* wird die handelsrechtliche Regelung uneingeschränkt übernommen.

6.2.6.5 Rückstellungen für Gewährleistungen, die ohne rechtliche Verpflichtung erbracht werden

Werden vom Unternehmen Gewährleistungen erbracht, ohne dass dazu eine rechtliche Verpflichtung[458] besteht, so muss (Passivierungsgebot) dafür eine Rückstellung (**Kulanzrückstellung**) angesetzt werden (§ 249 Abs. 1 S. 2 Nr. 2 HGB). Die Höhe der Rückstellung kann dabei entweder nach dem konkreten Einzelfall oder nach den Erfahrungen der Vergangenheit pauschal bemessen werden.

Steuerrechtlich werden Kulanzrückstellungen wie im Handelsrecht anerkannt.[459] Auch für die Steuerbilanz kann zwischen Einzel- und Pauschalermittlung[460] oder einem Mischverfahren gewählt werden. Dabei gelten die folgenden Überlegungen:[461]

- Pauschale Garantierückstellungen sind an den Erfahrungen der Vergangenheit auszurichten.
- Einzelrückstellungen wegen Ungewissheit über die Höhe von bereits geltend gemachten Gewährleistungsansprüchen sind nach dem zu erwartenden Aufwand für die Mängel- oder Schadensbeseitigung zu bemessen.[462]
- Eine Kürzung von Einzelrückstellungen für bestimmte Schadensfälle kann nicht mit den Erfahrungen der Vergangenheit bei ungewissen Schadensfällen begründet werden, die zu Pauschalrückstellungen berechtigen.

6.2.6.6 Rückstellungen für weitere Aufwendungen

Durch § 249 Abs. 2 HGB werden Rückstellungen für weitere Aufwendungen mit einem Passivierungsverbot belegt. Damit sind viele bis zum Inkrafttreten des Bilanzrechtsmodernisierungsgesetzes (BilMoG) zulässigen sog. Aufwandsrückstellungen nicht mehr passivierbar.

Für die *Steuerbilanz* gilt Entsprechendes. Außerdem kennt das Steuerrecht zusätzliche Passivierungsverbote aufgrund des § 5 Abs. 2a bis 4b EStG.

---

458 Eine rechtliche Verpflichtung ergibt sich z. B. aus §§ 459 ff. BGB.
459 BFH v. 20.11.1962, I 242/61 U, BStBl. 1963 III, S. 113.
460 Für die Pauschalermittlung haben die Finanzverwaltungen teilweise umsatzorientierte (wert- und mengenmäßig) Richtsätze für verschiedene Branchen ermittelt.
461 FG Köln v. 23.6.1989, 11 V 573/89, EFG 1989, S. 503.
462 BFH v. 13.12.1972, BStBl. 1973 II, S. 217.

6.3 Verbindlichkeiten

6.3.1 Bilanzierung von Verbindlichkeiten

Eine **Verbindlichkeit** stellt eine exakt definierte Leistungsverpflichtung für die Zukunft dar. Soweit diese Leistungsverpflichtung zu einer wirtschaftlichen Belastung des Unternehmens führt, ist sie als Verbindlichkeit unter den Passiven auszuweisen, um die zukünftigen Vermögensminderungen aufgrund der Leistungsabgabe klar darzustellen. Eine Verbindlichkeit führt immer dann zu einer wirtschaftlichen Belastung, wenn dieser Verbindlichkeit keine kompensierende, zurechenbare Vermögensmehrung[463] gegenübersteht.

Verbindlichkeiten müssen in der *Handelsbilanz* aufgrund des **Vollständigkeitsgebots** (§ 246 Abs. 1 HGB) grundsätzlich passiviert werden. Für die *Steuerbilanz* gilt entsprechendes; lediglich für Verpflichtungen, die nur zu erfüllen sind, soweit künftig Einnahmen oder Gewinne anfallen, sind Verbindlichkeiten (oder Rückstellungen) erst anzusetzen, wenn die Einnahmen oder Gewinne angefallen sind (§ 5 Abs. 2a EStG). Für Verbindlichkeiten aus virtuellen Schulden (**Token**) gelten die allgemeinen Ausweis- und Bewertungsregelungen.[464]

Wird für ein (Gesellschafter-)Darlehen vereinbart, dass dieses erst nach dem Eintritt von Gewinn zurückgezahlt wird (**zukünftige Verbindlichkeit** = bedingt entstehende Verbindlichkeit), so ist dafür *handelsrechtlich* keine Verbindlichkeit, sondern eine Rückstellung zu passivieren, während *steuerlich* ein generelles Passivierungsverbot besteht (§ 5 Abs. 2a EStG).

Nach Auffassung des BFH[465] unterliegt eine Verbindlichkeit, die nach einer im Zeitpunkt der Überschuldung getroffenen **Rangrücktrittsvereinbarung** nur aus einem zukünftigen Bilanzgewinn und aus einem etwaigen Liquidationsüberschuss zu tilgen ist, dem Passivierungsverbot des § 5 Abs. 2a EStG. Damit hat der BFH das gegenläufige, aber zutreffend begründete Urteil der Vorinstanz[466] nicht bestätigt.

Besteht für eine **Verbindlichkeit** die Vereinbarung eines **steigenden** (progressiven) **Zinssatzes**, so gilt, dass für die zukünftigen, über dem Durchschnittszinssatz liegenden Zinsen eine Verbindlichkeit (oder Rückstellung bei Elementen der Ungewissheit) zu bilden ist, da insoweit ein Erfüllungsrückstand besteht.[467] Auch diese – zusätz-

---

463 Kompensierende, zurechenbare Vermögensmehrungen liegen hauptsächlich bei schwebenden Geschäften vor.

464 Vgl. Sixt (Token)

465 BFH, Urteil v. 15.04.2015, I R 44/14, BFH/NV 2015, S. 1177.

466 FG Niedersachsen, Urteil v. 12.6.2014, 6 K 324/12.

467 BFH v. 25.5.2016, I R 17/16, BFH/NV 2016, S. 1784.

liche – Verbindlichkeit ist abzuzinsen. Der BFH geht nicht konkret auf den Zeitpunkt der Passivierung ein; m. E. ist die Verbindlichkeit in der frühen »Niedrigzinsphase« pro rata temporis aufwandswirksam anzusammeln und in der »Hochzinsphase« aufwandsmindernd aufzulösen, sodass über die Gesamtlaufzeit der Verbindlichkeit ein jährlicher Aufwand in Höhe des Durchschnittszinssatzes gezeigt wird.

Unter Verbindlichkeiten sind somit die hinsichtlich ihrer Höhe und Fälligkeit feststehenden Schulden des Unternehmens auszuweisen, dabei dürfen Rücklagen und Rückstellungen nicht mit unter diesem Posten ausgewiesen werden. Verbindlichkeiten dürfen aufgrund des § 246 Abs. 2 S. 1 HGB (**Saldierungsverbot**) regelmäßig nicht mit Forderungen saldiert werden.

Das **Saldierungsverbot** darf **durchbrochen** werden, wenn der Verbindlichkeit eine kompensierende, zurechenbare Forderung gegenübersteht. Dies trifft allerdings nur in seltenen Fällen zu, beispielsweise wenn bei einer Bank je ein Konto mit Soll- und mit Haben-Saldo besteht und die Fristigkeit gleich ist. Weitere Ausnahmen vom Saldierungsverbot finden sich in § 246 Abs. 2 S. 2 HGB für Altersversorgungsverpflichtungen und vergleichbare langfristige Verpflichtungen sowie § 254 HGB für **Bewertungseinheiten**.

Sofern für eine Verbindlichkeit mit an Sicherheit grenzender **Wahrscheinlichkeit** davon ausgegangen werden kann, dass diese Verbindlichkeit nicht mehr zu einer wirtschaftlichen Belastung führen wird, ist sie ertragswirksam auszubuchen; dies schließt auch die Fälle eines ausdrücklichen oder konkludenten Verzichts durch den Gläubiger ein.[468]

Besteht die Vergütung für eine Verbindlichkeit nicht – oder nicht nur – in einem festen periodischen Betrag (feste Verzinsung), sondern in einem Anteil an dem vom Darlehensempfänger erwirtschafteten Erfolg, so handelt es sich um ein **partiarisches Darlehen**; dabei muss sich die für das partiarische Darlehen charakteristische Erfolgsbeteiligung nicht unbedingt auf den Gewinn oder Umsatz des gesamten Unternehmens des Darlehensnehmers beziehen, sondern diese kann sich auch auf ein bestimmtes Geschäft – insbes. jenes, zu dessen Finanzierung das Darlehen gewährt wurde – beschränken.[469] Im Gegensatz zu einer stillen Gesellschaft ist dem partiarischen Darlehen eine Verlustbeteiligung des Darlehensgebers und ein gemeinsamer Zweck (§ 705 BGB) fremd. Das partiarische Darlehen entspricht in Bilanzierung und Bewertung einer normalen Verbindlichkeit.

---

468 BFH, Urteil v. 24.2.1994, IV R 103/92, BFH/NV 1994, S. 779.
469 BFH, Urteil v. 28.11.2019, IV R 54/16, DStRE 2020, S. 453, Tz. 33.

Beim *Ausweis* von Verbindlichkeiten sind für jeden Bilanzposten die Verbindlichkeiten mit einer **Restlaufzeit** von bis zu einem Jahr und jene mit einer Restlaufzeit von mehr als einem Jahr gesondert anzugeben (§ 268 Abs. 5 S. 1 HGB). Als Restlaufzeit gilt die Zeitspanne ab Bilanzstichtag. Da im Anhang weiterhin die Verbindlichkeiten mit einer Restlaufzeit von über fünf Jahren anzugeben sind (§ 285 Nr. 2 HGB), können alle drei Restlaufzeiten auch zusammen im Anhang tabellarisch als **Verbindlichkeitenspiegel** ausgewiesen werden.

Für erhaltene Anzahlungen auf Bestellungen ist entweder unter den Verbindlichkeiten ein gesonderter Posten zu bilden oder die Anzahlungen sind offen von den Vorräten abzusetzen (§ 268 Abs. 5 S. 2 HGB).

Beispiel: Verbindlichkeiten aus Pfandgeldern bei Minderrückgaben !

Ein Getränkehändler bildet für Pfandgelder auf Individualleergut eine Verbindlichkeit.

Diese Verbindlichkeit ist zu kürzen für jenes Leergut, welches aufgrund von Bruch und Schwund nicht mehr zurückgegeben wird.[470]

6.3.2 Bewertung von Verbindlichkeiten

Verbindlichkeiten sind *handelsrechtlich* mit ihrem **Erfüllungsbetrag** (§ 253 Abs. 1 S. 2 HGB), Rentenverpflichtungen, für die eine Gegenleistung nicht mehr zu erwarten ist, mit ihrem **Barwert** anzusetzen (§ 253 Abs. 2 S. 3 HGB).

Erfüllungsbetrag ist jener Betrag, mit dem die Schuld zu tilgen ist (meistens der Rückzahlungsbetrag), er ist i. d. R. mit dem Nennwert identisch, wenn die Verbindlichkeit durch Zufluss eines später zurückzuzahlenden Geldbetrags (Geldverbindlichkeit) entstanden ist.[471] Bei einer **Sachverbindlichkeit** ist jener Betrag zu passivieren der zukünftig für die Begleichung der Schuld aufzuwenden ist; dies schließt erwartete Preis- und Kostensteigerungen ein.

---

470 Vgl. BFH v. 9.1.2013, I R 33/11, BFH/NV 2013, S. 1009; Prinz/Ludwig (Bilanzierung).

471 Es wird in diesem Zusammenhang auch der Begriff »Anschaffungskosten« einer Verbindlichkeit genannt, obwohl es nicht passend ist, von der »Anschaffung einer Schuld« zu sprechen; vgl. zur Kritik an diesem Begriff Knobbe-Keuk (Bilanzsteuerrecht), S. 208 f. m. w. N. Im Zusammenhang mit einer Verbindlichkeit kann man sich eher den Begriff »Wegschaffungskosten« (= Erfüllungsbetrag) vorstellen.

Die Bewertung ist bei der Entstehung der Schuld vorzunehmen. Sofern der zukünftige Rückzahlungsbetrag noch nicht feststeht (z. B. bei Währungsverbindlichkeiten oder Sachschulden), ist bei der Bewertung von den Kenntnissen am Bilanzierungstag auszugehen. Handelt es sich um eine **Währungsverbindlichkeit**, so ist sie mit dem (Devisen-)Briefkurs (vereinfachend: Devisenkassamittelkurs i. S. des § 256a S. 1 HGB) zu bewerten.

Bei einer **unverzinslichen Schuld** oder einer Schuld, deren Verzinsung unter dem üblichen Marktniveau liegt, ist eine Abzinsung verboten, da dadurch unter dem Rückzahlungsbetrag zu passivieren wäre. Trotz dieser Überlegung besteht für **Rentenverbindlichkeiten**, für die eine Gegenleistung nicht mehr zu erwarten ist, ein Abzinsungsgebot auf den Barwert; dabei ist der von der Bundesbank veröffentlichte Marktzins anzuwenden (§ 253 Abs. 2 S. 3 HGB).

Auch bei einer überverzinslichen Schuld ist grundsätzlich der Rückzahlungsbetrag zu passivieren. In diesem Fall ist allerdings zu prüfen, ob eine Rückstellungsbildung wegen drohender Verluste bei schwebenden Geschäften geboten ist.

In Analogie zum Niederstwertprinzip beim Aktivvermögen gilt für Verbindlichkeiten das **Höchstwertprinzip**, das auf dem Imparitätsprinzip des § 252 Abs. 1 Nr. 4 HGB beruht. Nach dem Höchstwertprinzip ist es aufgrund des Realisationsprinzips unzulässig, eine Verbindlichkeit niedriger zu bewerten, solange der daraus entstehende Gewinn nicht realisiert ist (z. B. bei niedrigeren Devisenkursen für eine Währungsverbindlichkeit). Eine vorzeitige Gewinnrealisierung kann beispielsweise durch ganzen oder teilweisen Erlass einer Schuld oder durch endgültigen Schuldverzicht des Gläubigers entstehen. Steigt der zur Tilgung einer Schuld notwendige Betrag über den Betrag der passivierten Verbindlichkeit (z. B. durch steigenden Devisenkurs bei einer Währungsverbindlichkeit oder durch steigende Aufwendungen für die Erfüllung einer Sachschuld), so ist diese aufgrund des Imparitätsprinzips höher zu bewerten.

Steuerrechtlich sind Verbindlichkeiten gem. § 6 Abs. 1 Nr. 3 EStG sinngemäß wie nicht abnutzbare Wirtschaftsgüter zu bilanzieren. Verbindlichkeiten sind danach mit den Anschaffungskosten zu passivieren. Als Anschaffungskosten einer Verbindlichkeit ist der Nennwert (Rückzahlungsbetrag bzw. Erfüllungsbetrag) zu verstehen,[472] sodass sich für Verbindlichkeiten mit einer Restlaufzeit am Bilanzstichtag von bis zu 12 Monaten keine Besonderheiten gegenüber der handelsrechtlichen Bilanzierung ergeben.

Im Gegensatz zum Handelsrecht besteht für die *Steuerbilanz* ein **Passivierungsverbot** für Verpflichtungen (Verbindlichkeiten und Rückstellungen), die nur zu erfüllen sind, soweit künftig Einnahmen oder Gewinne anfallen; so sind Verbindlichkeiten oder Rückstellungen erst anzusetzen, wenn die Einnahmen oder Gewinne angefallen sind

---

472   H 6.10 EStH 2019.

(§ 5 Abs. 2a EStG). Fallen tilgungsrelevante Einnahmen oder Gewinne über mehrere Jahre an, so darf die korrespondierende Verbindlichkeit in jedem Jahr nur in Höhe der jährlichen Einnahmen oder Gewinne passiviert werden.[473]

Nur für **unverzinsliche Verbindlichkeiten** (einschließlich Rentenverbindlichkeiten) mit einer Restlaufzeit am Bilanzstichtag von mehr als 12 Monaten (und für Verbindlichkeiten mit unbestimmter Laufzeit, wenn wirtschaftlich mit einer mehr als 12-monatigen Laufzeit zu rechnen ist) muss eine **Abzinsung** auf den niedrigeren Teilwert erfolgen (§ 6 Abs. 1 Nr. 3 EStG). Für die Steuerbilanz ist der Abzinsungssatz mit 5,5 % festgelegt. Die Abzinsung führt im Jahr der Abzinsung zu einem höheren Gewinn, der in den Folgejahren durch Zuschreibungen (Zinsaufwand) kompensiert wird.

Eine Verbindlichkeit ist dann **unverzinslich**, wenn die Vertragsbeteiligten zum einen keine nominale Verzinsung vereinbart haben und die Verbindlichkeit zum anderen nicht mit anderweitigen wirtschaftlichen Nachteilen verbunden ist, so z. B. die Verpflichtung des Verbindlichkeitsnehmers zur unentgeltlichen Überlassung eines Wirtschaftsguts des Betriebsvermögens.[474] Das Merkmal der Verzinslichkeit erfordert allerdings keine durchgängige Verzinsung. Nach Auffassung der Finanzverwaltung soll die Abzinsung selbst dann entfallen, wenn die Verzinsung nur für einen kurzen Teil der Gesamtlaufzeit vorgesehen ist; in jedem Fall besteht keine Abzinsungspflicht, wenn ein Darlehen zunächst unverzinslich hingegeben und erst später eine Verzinsung vereinbart wird, denn die Abzinsung berücksichtigt auch zukünftige Zinsaspekte, sodass der Vorteil der Unverzinslichkeit bei einer geänderten Vereinbarung nicht mehr besteht.[475] Allerdings hat eine nachträgliche Verzinsungsabrede aufgrund des geltenden Stichtagsprinzips nur dann Relevanz für den infrage stehenden Stichtag, wenn die Vereinbarung eben bis zu jenem Stichtag getroffen wurde. Änderungen, die erst nach dem Bilanzstichtag vereinbart werden, wirken als wertbegründende Ereignisse nicht zurück, selbst wenn die Vereinbarung vor der Bilanzaufstellung getroffen worden sein sollte.[476]

Für die Steuerbilanz ist der Abzinsungssatz mit 5,5 % festgelegt. Die Abzinsung führt im Jahr der Abzinsung zu einem höheren Gewinn, der in den Folgejahren durch Zuschreibungen (Zinsaufwand) kompensiert wird.

---

473 BFH, Urteil v. 10.7.2019, XI R 53/17, BFH-NV 2019, S. 1395.
474 BFH, Urteil v. 22.5.2019, X R 19/17, DStR 41/2019, S. 2118, Tz. 45.
475 BFH, Urteil v. 22.5.2019, X R 19/17, DStR 41/2019, S. 2118, Tz. 46.
476 BFH, Urteil v. 22.5.2019, X R 19/17, DStR 41/2019, S. 2118, Tz. 53.

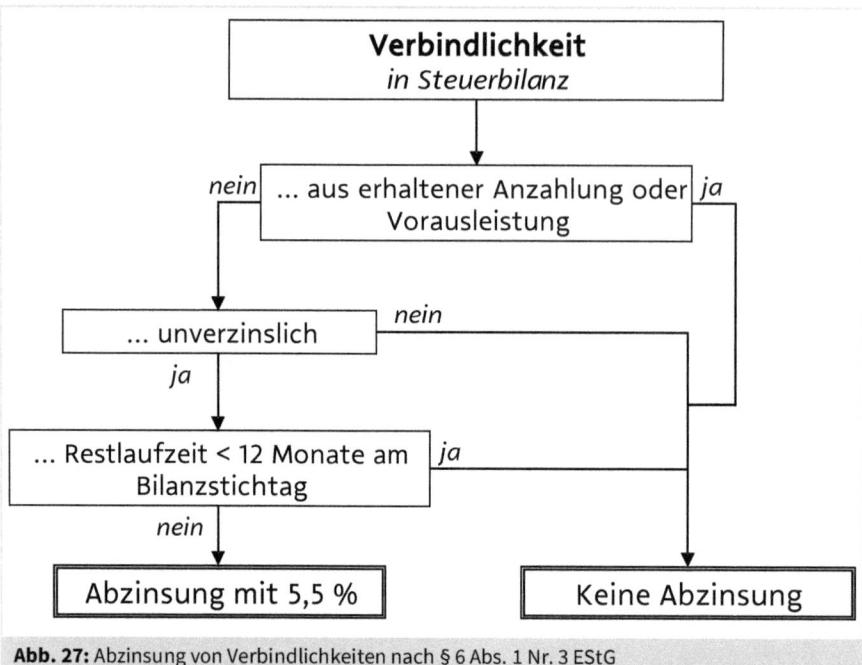

Abb. 27: Abzinsung von Verbindlichkeiten nach § 6 Abs. 1 Nr. 3 EStG

Auch unverzinsliche **Gesellschafterdarlehen** sind nach Maßgabe des § 6 Abs. 1 Nr. 3 S. 1 EStG abzuzinsen, wenn sie zwar keine feste Laufzeit haben, die Darlehensnehmerin aber am Bilanzstichtag mit einer Fortdauer der Kapitalüberlassung für mindestens weitere 12 Monate rechnen kann. Die bloße Zweckbindung eines Darlehens begründet keine »Verzinslichkeit«.[477]

Verzinsliche Verbindlichkeiten unterliegen deshalb grundsätzlich keinem Abzinsungsgebot; auf die Höhe des tatsächlichen Zinssatzes kommt es dabei nicht an,[478] jedoch sollte der Zinssatz wohl mindestens 1 % betragen. Verbindlichkeiten aus Lieferung und Leistung sind ebenfalls verzinslich, wenn durch die Inanspruchnahme des Lieferantenkredits auf Skontoabzug verzichtet wird oder ein höherer Kaufpreis vereinbart ist. Der Zahlung von Zinsen sind die Übernahme anderer wirtschaftlicher Nachteile (z. B. mietfreie Überlassung von Gegenständen) gleichzusetzen.

> **!** **Praxisfall:**
>
> Wird ein zunächst unverzinsliches Darlehen in ein verzinsliches Darlehen umgewandelt, ist auch dann keine Abzinsung vorzunehmen, wenn die Verzinsungsabrede zwar vor dem Bilanzstichtag erfolgte, der Zinslauf aber erst danach begann. Es liegt zum Bilanzstichtag ein verzinsliches Darlehen vor.[479]

---

477 BFH, Urteil v. 27.1.2010, I R 35/09, BFH/NV 2010, S. 1005.
478 BMF, 26.5.2005, IV B 2 – S 2175 – 7/05, BStBl. 2005 I, S. 699, Tz. 13 ff.
479 BFH, Urteil v. 18.09.2018, XI R 30/16, BFH/NV 2019, S. 69.

Das auch für die Steuerbilanz geltende Höchstwertgebot für Verbindlichkeiten gebietet die Aufwertung einer Verbindlichkeit auf den gestiegenen **Teilwert**, sofern die Wertsteigerung voraussichtlich von Dauer ist.

Die Bewertung von Verbindlichkeiten kann also zwischen Handelsbilanz und Steuerbilanz auseinanderdriften, je nachdem, ob eine Abzinsung gefordert ist. Bei gegebener Abzinsung muss darüber hinaus mit unterschiedlichen Zinssätzen gearbeitet werden. Beides kann zum Ausweis latenter Steuern führen.

	Handelsbilanz	Steuerbilanz
Darlehensschuld		
kurzfristig	nein	nein
langfristig	nein	ja
Verbindlichkeit aus L&L	nein	nein
Rentenschuld		
kurzfristig	ja	nein
langfristig	ja	ja

Abb. 28: Beispielhafter Vergleich der Abzinsung von Verbindlichkeiten

Bei **Währungsschulden** kann – bei Gewinnermittlung gem. § 5 EStG muss – der höhere Teilwert angesetzt werden, der sich aufgrund nachhaltig steigender Devisenkurse ergibt,[480] vorübergehende Schwankungen des Devisenkurses führen dagegen nicht zu einer Erhöhung der Verbindlichkeit. Dazu hat der BFH[481] in einem realitätsfernen Urteil festgestellt, dass sich bei lang laufenden (aber befristeten) Fremdwährungsverbindlichkeiten (z. B. 10 Jahre) die Kursschwankungen angeblich ausgleichen sollen.[482] Für unbefristete Fremdwährungsverbindlichkeiten soll dagegen nach einem Urteil des FG Baden-Württemberg eine Teilwertzuschreibung möglich sein, wenn die Kursschwankung eine Grenze von 20 % für den einzelnen Bilanzstichtag bzw. von 10 % für zwei aufeinanderfolgende Stichtage überschreitet.[483] In einem weiteren Urteil hat dasselbe FG festgestellt: »Sollte die Erhöhung des Währungskurses jedoch auf eine fundamentale Veränderung der wirtschaftlichen und/oder finanzpolitischen Daten zurückzuführen sein, kann dagegen nicht mehr davon ausgegangen werden, dass sich die Währungsschwankungen innerhalb der Laufzeit der Verbindlichkeit ausgleichen. In einem solchen Fall wird grundsätzlich eine voraussichtlich dauernde Erhöhung des Teilwerts vorliegen.«[484]

---

480 BMF, 12.8.2002, IV A 6 – S 2175 – 7/02, BStBl. 2002 I, S. 793.
481 BFH, Urteil v. 23.4.2009, IV R 62/06, BFH/NV 2009, S. 1307; dies bestätigend: BFH, Urteil v. 4.2.2014, I R 53/12, BFH/NV 2014, S. 1016.
482 Zur berechtigten Kritik an diesem Urteil und zu Gegenargumenten vgl. Rzepka/Scholze (Teilwerterhöhungen).
483 FG Baden-Württemberg, Urteil v. 08.03.2016, 2 V 2763/15, DB 2017, S. 11.
484 FG Baden-Württemberg, Urteil v. 11.7.2017, 5 K 1091/15, BB 3/2018, S. 112.

Nach gegenteiliger Auffassung des FG Düsseldorf soll jedoch selbst der Eingriff einer Notenbank keine derartige fundamentale Veränderung sein;[485] hier sollte das – hoffentlich korrigierende – Urteil des BFH abgewartet werden.

Ein **Damnum** (Disagio) darf handelsrechtlich aktiviert werden (Wahlrecht gem. § 250 Abs. 3 HGB), während steuerrechtlich eine Aktivierungspflicht besteht.

Sofern eine Schuld durch ein Unternehmen im Wege der **Schuldübernahme** (auch bei Betriebsübernahmen) i. S. d. §§ 414 ff. BGB übernommen wird, muss das übernehmende Unternehmen die beim ursprünglich Verpflichteten geltenden steuerlichen Ansatzverbote, -beschränkungen oder Bewertungsvorbehalte aufgrund des § 5 Abs. 7 EStG für die Steuerbilanz weiterhin beachten. Entsprechendes gilt bei einem Schuldbeitritt oder einer Erfüllungsübernahme.[486]

6.3.3 Einzelfälle von Verbindlichkeiten

6.3.3.1 Anleihen

Anleihen sind langfristige Kredite, die am öffentlichen Kapitalmarkt aufgenommen werden, unabhängig davon, ob sie in einem Wertpapier verbrieft sind oder nicht. Als verbriefte Anleihen sind hier insbesondere zu nennen:

- Schuldverschreibungen (Obligationen),
- Gewinnschuldverschreibungen, die neben einem festen Zins auch eine gewinnabhängige Verzinsung gewähren,
- Wandelanleihen, die neben einer Verzinsung ein Umtauschrecht auf Aktien gewähren,
- Optionsanleihen, die ein Bezugsrecht auf Aktien sowie meistens eine Verzinsung gewähren.

In einem »Davon-Vermerk« sind die »konvertiblen Anleihen« (Wandelanleihen und Optionsanleihen) gesondert anzugeben.

Hinsichtlich der Bewertung ergeben sich keine Besonderheiten zu anderen Verbindlichkeiten. Eine Besonderheit stellen die **Zero-Bonds** (Null-Kupon-Anleihen) dar. Bei diesen gibt es keine periodische Zinszahlung, sondern das Entgelt für die Kapitalüberlassung wird in einem Einmalbetrag am Ende der Laufzeit dadurch gezahlt, sodass der Ausgabebetrag einer solchen Anleihe um den kumulierten Zinsbetrag niedriger als der Rückzahlungsbetrag ist. Für die Bewertung dieser Zero-Bonds neigt die h. M.[487] zur sog.

---

485 FG Düsseldorf, Urteil v. 23.07.2018, 6 K 884/15 (anhängig beim BFH unter XI R 29/18).
486 Vgl. BMF, Schreiben v. 30.11.2017, IV C 6 – S 2133-b/14/10001.
487 BdF v. 5.3.1987, BStBl. 394 I; IdW (Stellungnahme HFA 1/1986) S. 248 f.

Nettomethode, bei der nur der niedrigere Ausgabebetrag passiviert wird, da die Zinsverpflichtungen erst mit der Kapitalnutzung entstehen, weshalb die Verbindlichkeit jährlich aufzuzinsen ist. Um den Aufzinsungsbetrag zu ermitteln, ist vom Barwert der Verbindlichkeit zum Bilanzstichtag der Bilanzwert zum letzten Stichtag abzuziehen.

Bei dieser Bewertungsmethode wird die Zinsschuld für die zukünftigen Perioden als eine nicht bilanzierungsfähige Schuld aus einem schwebenden Geschäft angesehen;[488] dadurch erfolgt der Bilanzausweis der Verbindlichkeit nur in Höhe des jeweils aktuellen Rückzahlungswerts zum Bilanzstichtag, während die absolute Zahlungsverpflichtung zum Verfalltag der Anleihe nicht in die Bilanz eingeht.

Wird eine **Optionsanleihe** mit dem Recht auf späteren Erwerb von Aktien des Emittenten begeben, ist zwischen der eigentlichen Verbindlichkeit und dem begebenen Optionsrecht zu unterscheiden. Die eigentliche Anleihe wird als Verbindlichkeit passiviert, während der Wert des Optionsrechts unter den Kapitalrücklagen auszuweisen ist (§ 272 Abs. 2 Nr. 2 HGB).

> **Beispiel:**   !
>
> Eine Aktiengesellschaft begibt eine marktüblich verzinste Optionsanleihe im Nennwert von 1.000 Euro zu 1.200 Euro.
>
> Die Anleihenschuld ist in Höhe von 1.000 Euro unter den Verbindlichkeiten zu passivieren. Der sich aus dem Aufgeld (Agio) ergebende Wert des Optionsrechts ist mit 200 Euro in die Kapitalrücklage einzustellen.

Das in die Kapitalrücklage eingestellte Aufgeld bleibt in dieser Kapitalrücklage, egal ob die Option vom Gläubiger der Anleihe ausgeübt wird oder nicht. Wird die Option auf Aktienlieferung durch den Anleihegläubiger ausgeübt, ist die Anleiheverbindlichkeit gegen den Buchwert der abgegebenen Aktien auszubuchen; sofern der Ansatz der Anleiheverbindlichkeit den Buchwert der Aktien übersteigt, entsteht ein Gewinn, der § 8b Abs. 2 KStG unterfällt.[489]

6.3.3.2 Verbindlichkeiten gegenüber Kreditinstituten

Hier sind alle Verbindlichkeiten gegenüber einer Bank i. S. des Kreditwesengesetzes auszuweisen.

---

488 Bei dieser Auffassung kann ein passivierungsfähiger Erfüllungsbetrag i. S. des § 253 Abs. 1 HGB zum Zeitpunkt der Ausgabe der Anleihe nur in Höhe des Ausgabebetrags der Anleihe entstehen, da es darüber hinaus nichts zurückzuzahlen gibt. Auch bei laufend verzinslichen Anleihen werden die zukünftigen Zinszahlungen nicht passiviert.
489 BFH, Urteil v. 27.3.2019, I R 20/17, DStR 2019, S. 1963.

6.3.3.3   Erhaltene Anzahlungen auf Bestellungen

Die aus der Annahme einer **Anzahlung** (teilweise Bezahlung einer zukünftigen Lieferung oder Leistung) entstehende Verbindlichkeit ist in diesem Posten auszuweisen. Wahlweise ist gem. § 268 Abs. 5 S. 2 HGB jedoch bei erhaltenen Anzahlungen auf Vorräte eine offene Absetzung beim Posten »Vorräte« möglich. Der Begriff der »Anzahlung« ist weit auszulegen und umfasst auch die **Vorauszahlung** (vollständige Bezahlung einer zukünftigen Lieferung oder Leistung). Ebenso sind hier u. a. auch Anzahlungen auf Provisionen auszuweisen.

Erhält beispielsweise ein bilanzierender Versicherungsvertreter von den Versicherungsgesellschaften in Übereinstimmung mit den vertraglichen Vereinbarungen **Provisionsvorschüsse**, sind diese als »erhaltene Anzahlungen« zu passivieren, da Gewinne nur zu berücksichtigen sind, wenn sie am Abschlussstichtag realisiert sind (§ 252 Abs. 1 Nr. 4 HS 2 HGB). Diese Voraussetzung liegt vor, wenn eine Forderung entweder rechtlich bereits entstanden ist oder die für die Entstehung wesentlichen wirtschaftlichen Ursachen im abgelaufenen Geschäftsjahr gesetzt worden sind und der Kaufmann mit der künftigen Entstehung der Forderung fest rechnen kann. Nicht erforderlich ist, dass die Forderung am Bilanzstichtag fällig ist.[490]

> **!   Beispiel: Provisionsvorschuss**
>
> Ein Reisebüro erhält nach der Reisevermittlung, aber vor Durchführung der Reise, eine Provision vom Reiseveranstalter.
>
> Beim bestehenden Agenturvertrag zwischen dem Reisebüro und dem Reiseveranstalter handelt es sich um einen Handelsvertretervertrag nach § 84 Abs. 1 HGB. Provisionsansprüche des Handelsvertreters entstehen, wenn keine abweichende Vereinbarung (§ 87a Abs. 1 S. 2 HGB) getroffen wird, gem. § 87a Abs. 1 S. 1 HGB erst dann, wenn der Unternehmer das Geschäft ausgeführt hat. Soweit der Reiseveranstalter Provisionen schon vor der Ausführung der Reise an den Kläger gezahlt hat, standen diese unter einer aufschiebenden Bedingung (§ 158 Abs. 1 BGB) der Ausführung der Reise und waren mithin stornobehaftet. Es liegen insoweit Provisionsvorschüsse im Rahmen eines schwebenden Geschäfts vor. Zwar hatte der Kläger zu dem Zeitpunkt, zu dem er die Provisionsvorschüsse erhielt, seine Leistungspflichten hinsichtlich der zugrunde liegenden Vermittlungsgeschäfte erfüllt, die Entstehung des Provisionsanspruchs knüpft aber gem. § 87a Abs. 1 S. 1 HGB an die Vollendung des Leistungserfolgs durch Ausführung der Reise an. Diese war im Zeitpunkt der Zahlung der Provisionsvorschüsse noch nicht eingetreten.
>
> Die bereits gezahlten Provisionen sind deshalb im Reisebüro als erhaltene Anzahlungen zu passivieren.[491]

Steigen die Herstellungs- oder Beschaffungskosten für zu liefernde Güter, für die bereits eine Anzahlung oder Vorauszahlung eingegangen ist, so ist bei einem daraus

---

490   BFH, Urteil v. 17.3.2010, X R 28/08 m. w. N.
491   BFH, Urteil v. 26.04.2018, III R 5/16, FR 2018, S. 964–968, Tz. 14.

entstehenden Verpflichtungsüberhang eine Abschreibung auf dafür bereits aktivierte Vorräte oder ersatzweise die Passivierung einer Rückstellung für drohende Verluste aus schwebenden Geschäften vorzunehmen.

In diesem Posten sind auch Verbindlichkeiten aus dem Verkauf von **Gutscheinen** (z. B. Geschenkgutscheinen) auszuweisen. Die Zugangsbewertung dieser Verbindlichkeiten erfolgt mit dem für den Gutschein erhaltenen Geldbetrag, sofern genau dieser Betrag bei einem späteren Erwerb von beliebigen Gütern oder Dienstleistungen angerechnet wird (Wertgutschein[492]). Die erfolgswirksame Vereinnahmung des Gutscheinwerts erfolgt also erst im Zeitpunkt der Inzahlungnahme des Gutscheins.[493] Kann der Gutscheininhaber auch die – spätere – Auszahlung des Gutscheinwerts verlangen (wie z. B. bei Gutscheinen für Freizeitveranstaltungen und Freizeiteinrichtungen i. S. d. § 5 EGBGB aufgrund von COVID-19), sollten die entsprechenden Verbindlichkeiten nicht hier, sondern im Posten »Sonstige Verbindlichkeiten« gezeigt werden, weil eine Wandlung der Verbindlichkeit in einen Umsatzerlös zumindest unsicher ist.

6.3.3.4 Verbindlichkeiten aus Lieferungen und Leistungen

Hier handelt es sich um Verbindlichkeiten aus dem Waren- und Dienstleistungsbezug.

6.3.3.5 Verbindlichkeiten aus der Annahme gezogener Wechsel und der Ausstellung eigener Wechsel

Sämtliche Wechselverbindlichkeiten ohne Berücksichtigung des Entstehungsgrunds sind hier auszuweisen.

6.3.3.6 Verbindlichkeiten gegenüber verbundenen Unternehmen

Verbindlichkeiten gegenüber verbundenen Unternehmen sind vorrangig hier auszuweisen. Käme auch ein Ausweis unter einem anderen Posten (z. B. Verbindlichkeiten aus Lieferungen und Leistungen in Betracht), so ist die Notwendigkeit eines Mitzugehörigkeitsvermerks (§ 265 Abs. 3 HGB) zu prüfen.

6.3.3.7 Verbindlichkeiten gegenüber Unternehmen, mit denen ein Beteiligungsverhältnis besteht

Verbindlichkeiten gegenüber beteiligten Unternehmen sind vorrangig hier auszuweisen. Käme auch ein Ausweis unter einem anderen Posten (z. B. Verbindlichkeiten aus

---

492 Ein Wertgutschein entspricht regelmäßig einem umsatzsteuerlichen Mehrzweckgutschein i. S. d. § 3 Abs. 15 UStG.
493 Vgl. Schwemmer (Gutscheine) m. w. N.

Lieferungen und Leistungen in Betracht), so ist die Notwendigkeit eines Mitzugehörigkeitsvermerks (§ 265 Abs. 3 HGB) zu prüfen.

6.3.3.8 Sonstige Verbindlichkeiten

Alle Verbindlichkeiten, die nicht bereits einem anderen Posten zuzuordnen sind, werden in diesem Sammelposten ausgewiesen.

Ggf. sind zwei »Davon-Vermerke« anzubringen:
- davon aus Steuern
- davon im Rahmen der sozialen Sicherheit

Verbindlichkeiten aus Steuern sind zu passivieren, wenn die entsprechende Steuer entsteht. **Umsatzsteuer-Verbindlichkeiten** sind deshalb zu passivieren, wenn die Lieferung oder sonstige Leistung erfolgt ist; im Fall des zu hohen oder unberechtigten Steuerausweises in einer Rechnung (§ 14c UStG) entsteht die Umsatzsteuer und die dazu gehörende Verbindlichkeit mit Ausgabe der fehlerhaften Rechnung, wobei die Finanzverwaltung hier auch den früheren Zeitpunkt der Leistungserbringung akzeptiert[494].

6.4 Passive Rechnungsabgrenzungsposten

Als passive Rechnungsabgrenzungsposten dürfen gem. § 250 Abs. 2 HGB nur Einnahmen vor dem Abschlussstichtag ausgewiesen werden, soweit sie Ertrag für eine bestimmte Zeit nach diesem Tag darstellen.[495]

6.5 Latente Steuern

6.5.1 Entstehung latenter Steuern

Die Steuerbilanz bildet die Grundlage, um die Steuern vom Einkommen und Ertrag zu bemessen. Weisen Handelsbilanz und Steuerbilanz das gleiche Ergebnis (Gewinn oder Verlust) aus, so wird die steuerliche Bemessungsgrundlage in beiden Rechnungen gleich dargestellt. In den Fällen dagegen, in denen das steuerliche Ergebnis kleiner oder größer als das handelsrechtliche Ergebnis ist, kann vom handelsrechtlichen Ergebnis nicht mehr auf die steuerliche Belastung geschlossen werden und die als

---

494 Vgl. Abschn. 13.7 UStAE i. d. F. des BMF, Schreiben v. 02.04.2015, IV D 2 – S 7270/12/10001.
495 Mehr in Abschn. 5.4.

Aufwand gezeigte erfolgsabhängige Steuer steht in keinem logischen Verhältnis zum Handelsbilanzgewinn.

Wird in der Handelsbilanz ein höherer Gewinn als in der Steuerbilanz ausgewiesen, so ist die tatsächliche Besteuerung aufgrund des kleineren Steuerbilanzgewinns niedriger als aufgrund des Handelsbilanzgewinns anzunehmen ist. Wegen der sog. Zweischneidigkeit der Bilanz kann sich dieses Ergebnis in einer folgenden Periode durch Umkehrung ausgleichen, d. h., dass der Handelsbilanzgewinn dann unter dem Steuerbilanzgewinn liegt mit der Folge, dass höhere Steuern zu zahlen sind, als die Handelsbilanz vermuten lässt. Wegen dieser erkennbaren Verschiebung zwischen zwei oder mehreren Perioden ist bereits in der ersten Periode aus handelsrechtlicher Sicht die zukünftige steuerliche Verpflichtung als Rückstellung zu passivieren bzw. im umgekehrten Fall ggf. zu aktivieren.

Da es um die Ermittlung von zukünftigen Steuerbelastungen oder -entlastungen geht, deren genaue Höhen und Zeitpunkte noch nicht mit Sicherheit bestimmt werden können, handelt es sich hier um **latente Steuern** gem. § 274 HGB.[496] Die Passivierung oder Aktivierung latenter Steuern bewirkt einen Steuerausweis, der sich als fiktive steuerliche Belastung/Entlastung aufgrund des handelsrechtlichen Ergebnisses errechnet. Im Gegensatz dazu steht die Passivierung normaler Steuerrückstellungen, die die tatsächliche Belastung des Unternehmens mit Steuerzahlungen – ermittelt auf der Basis der Steuerbilanz – zum Bilanzstichtag zeigt.

Beispiel: !

In der Handelsbilanz wird eine Rückstellung mit dem amtlich festgestellten Zinssatz (§ 253 Abs. 2 HGB) abgezinst und mit 40.000 Euro angesetzt. Dieselbe Rückstellung muss für die Steuerbilanz mit 5,5 % abgezinst werden (§ 6 Abs. 1 Nr. 3a Buchst. e EStG), was in diesem Fall eine Rückstellung von 41.000 Euro ergeben möge.

Das Ergebnis der Handelsbilanz (HE) sei vor Steuern ein Gewinn von 1.000 Euro, das Steuerbilanzergebnis (StE) gleich 0 Euro. Im zweiten Jahr wird diese Rückstellung aufgelöst, worauf sich ein HE von 0 Euro ergeben möge, das StE muss dann 1.000 Euro betragen. Der Steuersatz sei 40 %.

Im ersten Jahr ist wegen der zukünftigen steuerlichen Mehrbelastung eine passive latente Steuer in Höhe von 400 Euro (40 % vom zukünftigen Gewinn) zu bilden. Im zweiten Jahr wird der steuerliche Gewinn von 1.000 Euro besteuert, buchtechnisch bleibt dies durch Auflösung der passiven latenten Steuer erfolgsneutral.

Bei Ungleichheit von Handelsbilanz und Steuerbilanz entstehen latente Steuern nur dann, wenn sich der Unterschied im Zeitlauf umkehrt, d. h., wenn zeitlich befristete

---

496 Kleine Kapitalgesellschaften sind von der Anwendung dieser Vorschrift über latente Steuern befreit (§ 274a Nr. 5 HGB).

Differenzen (*temporary differences*) gegeben sind.[497] Dies ist immer dann der Fall, wenn handels- und steuerrechtlich die gleichen Bewertungen gegeben sind, die Verrechnung jedoch in unterschiedlichen Perioden erfolgt. Das umfassende **Temporary-Konzept** bezieht sämtliche Differenzen zwischen Handelsbilanz und Steuerbilanz ein, auch wenn sich diese Differenz nicht erfolgswirksam niederschlägt.

> **! Beispiel:**
>
> 01 wird eine GmbH gegründet. In diesem Gründungsjahr weist sie einen Verlust von 500.000 Euro sowohl im HGB-Abschluss als auch in der Steuerbilanz aus.
>
> Im Jahr 02 erzielt diese GmbH einen Gewinn von 500.000 Euro, der wieder in beiden Rechenwerken identisch ist.
>
> Bei den vorgenannten Verlusten/Gewinnen handelt es sich jeweils um Vor-Steuer-Ergebnisse. Der Steuersatz beträgt 30 %.
>
> 01 entsteht eine steuerliche Möglichkeit, den Verlust vorzutragen (Verlustvortrag gem. § 10d Abs. 2 EStG i. V. m. § 8 Abs. 1 KStG). Damit entsteht aus betriebswirtschaftlicher Sicht ein »steuerrechtliches Verrechnungsguthaben«, das einen latenten Steueranspruch darstellt (so auch in IAS 12.34).
>
> Es ist deshalb in der HGB-Buchhaltung zu buchen:
>
> | aktive latente Steuern | 150.000,00 | | |
> |---|---|---|---|
> | | | an Erträge aus Ertragssteuern | 150.000,00 |
>
> In der Steuerbilanz sind keine Buchungen vorzunehmen.
>
> Ertragsteuerrechtlich wird im Jahr 02 der Gewinn von 500.000 Euro mit dem gleich hohen Verlust aus 01 verrechnet, sodass eine Steuer von 0 Euro entsteht.
>
> Im HGB-Abschluss ist jetzt die aktive latente Steuer aufzulösen, da der Ausgleichsprozess vollzogen ist:
>
> | Steueraufwand | 150.000,00 | | |
> |---|---|---|---|
> | | | an aktive latente Steuern | 150.000,00 |
>
> Damit zeigt der HGB-Abschluss einen zum Gewinn »passenden« Steueraufwand.

Sind die Aufwendungen/Erträge in Handelsrecht und Steuerrecht dagegen grundsätzlich unterschiedlich (z. B. bei nicht abziehbaren Aufwendungen gem. § 4 Abs. 5 EStG oder bei steuerfreien Erträgen aus Investitionszulagen), so entstehen **permanente Differenzen** (*permanent differences*), die zu keiner steuerlich-latenten Mehr- oder Minderbelastung führen. Nicht mit den permanenten Differenzen werden jene Differenzen gleichgesetzt, die sich u. U. erst bei der Liquidation des Unternehmens ausgleichen (z. B. steuerlich nicht absetzbare Abschreibungen auf Grundstücke) oder die wegen einer ständigen Neubildung und Auflösung als revolvierend angesehen werden (quasi-permanente Differenzen). Für diese quasi-permanenten Differenzen sind deshalb ebenfalls Steuerlatenzen anzusetzen.

---

497 Das vor 2010 geltende *timing concept*, das nur Unterschiede in Aufwendungen und Erträgen der Gewinn- und Verlustrechnung betrachtete, gilt nicht mehr.

Sofern ein Ausgleich von Differenzen zwar grundsätzlich möglich, zum Abschluss-stichtag aber nicht absehbar ist (z. B. Abschreibungen auf Beteiligungen), so sollen diese Differenzen ebenfalls nicht in die Abgrenzung einbezogen werden. Jedoch sind derartige Differenzen jährlich daraufhin neu zu prüfen, ob sie sich aufgrund der ge-setzlichen Regelungen, etwa eintretender veränderter Verhältnisse oder der geplan-ten unternehmerischen Disposition in der überschaubaren Zukunft nicht doch aus-gleichen werden.

Ergibt sich aufgrund einer zeitlichen Differenz eine steuerliche Mehrbelastung in späteren Geschäftsjahren, so muss aufgrund des § 274 Abs. 1 S. 1 HGB diese Belas-tung als **passive latente Steuer** gem. § 266 Abs. 3 E HGB gesondert in der Bilanz angegeben werden (Passivierungspflicht).

Wird wegen einer zeitlichen Differenz eine steuerliche Entlastung in späteren Ge-schäftsjahren erwartet, so kann diese Entlastung aufgrund des § 274 Abs. 1 S. 1 HGB als **aktive latente Steuer**[498] aktiviert und in der Bilanz gesondert ausgewiesen (§ 266 Abs. 2 D HGB) werden (Wahlrecht).

Für aktive und passive Steuerlatenzen besteht ein **Saldierungswahlrecht** (§ 274 Abs. 1 S. 3 HGB). Sobald die höhere oder niedrigere Steuerbelastung eintritt oder mit ihr nicht mehr zu rechnen ist, muss die Steuerlatenz aufgelöst werden (§ 274 Abs. 2 S. 2 HGB).

Die Bilanzierung latenter Steuern ist durch § 274 HGB i. V. m. § 274a Nr. 5 HGB nur für große und mittelgroße Kapitalgesellschaften vorgesehen. Da man jedoch davon ausgehen kann, dass es sich hierbei nicht um eine rechtsformspezifische Sonderrege-lung handelt,[499] so wird die Bilanzierung von latenten Steuern bei Nichtkapitalgesell-schaften zumindest als zulässig anzusehen sein. Entscheidet sich eine Nichtkapital-gesellschaft dafür, latente Steuern zu bilanzieren, so muss sie allerdings den Rege-lungsumfang des § 274 HGB einhalten.

Strittig ist, ob kleine Kapitalgesellschaften bei Verzicht auf passive latente Steuern gem. § 274a Nr. 5 HGB ersatzweise Steuerrückstellungen bilden müssen. Dies kann m. E. jedoch aus dem klaren Wortlaut des Gesetzes nicht gefolgt werden, ließe un-berücksichtigt, dass Steuerrückstellungen nur für periodische Steueraufwendungen entstehen und würde auch die angestrebte Vereinfachung konterkarieren, da dann praktisch nur die aktiven latenten Steuern entfielen.[500]

---

498 Vgl. ergänzend oben den Abschnitt zu den aktiven latenten Steuern.
499 So ist § 274 HGB über § 5 Abs. 1 S. 2 PublG und über § 264a HGB auch für Nichtkapitalge-sellschaften anzuwenden.
500 Ebenso Eggert (Steuern); Müller (Rückstellungen).

6.5.2 Ermittlung des Abgrenzungsbetrags

Die Handelsbilanz ist der Ausgangspunkt für die Ermittlung der zu bilanzierenden latenten Steuern. Als Zwischenergebnis ist zunächst als Bemessungsgrundlage für die latenten Steuern die Höhe der zeitlichen Differenz zu ermitteln. Dazu wird das Handelsbilanzergebnis um jene Beträge erhöht bzw. vermindert, die zu permanenten Differenzen führen und deshalb für die latenten Steuern nicht relevant sind. Als Ergebnis erhält man eine Handelsbilanz, die den steuerlichen Vorschriften soweit angepasst ist, wie es sich um permanente Abweichungen handelt.

Von dieser teilweise an die Steuerbilanz angepassten Handelsbilanz ist im nächsten Schritt die Steuerbilanz in Abzug zu bringen. Als Differenz erhält man die zeitliche Differenz für das abgelaufene Geschäftsjahr.

Methodisch wird für die Ermittlung der latenten Steuern zwischen der »*deferral method*« und der »*liability method*« unterschieden. Die Begriffe stammen aus dem angloamerikanischen Rechtskreis, in dem diese Methoden bereits seit Längerem angewendet werden.

Bei der »*deferral method*« geht die Ermittlung von der Gewinn- und Verlustrechnung aus und stellt den periodenrichtig errechneten Erfolg in den Mittelpunkt. Deshalb sind bei dieser Methode keine zukünftigen Steuersatzänderungen zu berücksichtigen, da diese keine Auswirkungen auf die korrekte Rechnung der laufenden Periode haben.

Im Gegensatz dazu stellt die »**liability method**« auf den richtigen Ausweis der Vermögens- und Schuldposten ab, d. h., dass die latenten Steuern hier als »zukünftige« Steuerverbindlichkeiten betrachtet werden, deren zukünftiger Wert zu ermitteln ist. Da das HGB sowohl eine bilanzorientierte Gesamtbetrachtung als auch gem. § 274 Abs. 2 S. 1 HGB von zukünftigen Steuersätzen ausgeht, ist diese Methode zu wählen.

Wird nun die zeitliche Differenz mit dem zukünftigen Steuersatz für den Zeitpunkt des Abbaus dieser Differenz bewertet, so ergeben sich die latenten Steuern des abgelaufenen Geschäftsjahres. Um zum Bilanzansatz der latenten Steuern zu gelangen, ist noch der aktive oder passive Betrag der latenten Steuern aus dem Vorjahr abzuziehen oder hinzuzurechnen. Für Steuerlatenzen besteht ein Abzinsungsverbot (§ 274 Abs. 2 S. 1 HGB).

In die Prognose[501] der sich voraussichtlich ergebenden latenten Steuern sind insbesondere einzubeziehen

---

501 Vgl. Grottel/Larenz (Beck Bil-Komm.) § 274 Tz. 60–68.

- der in der Zukunft anzuwendende Steuersatz (d. h., dass Steuersatzänderungen zu berücksichtigen sind),
- die zukünftige Ergebnissituation des Unternehmens (eine rechnerische Mehrbelastung kann nicht passiviert werden, wenn in der Zukunft Verluste erwartet werden).

Veränderungen der Steuersätze sind nicht immer leicht zu prognostizieren. Deshalb kann aus Vereinfachungsgründen und, soweit es die Ermittlung einer passivischen Steuerabgrenzung betrifft, auch aus Vorsichtsgründen bei der Steuerberechnung so lange von einer steuerlichen Maximalbelastung ausgegangen werden, als nicht erkennbar ist, dass dies aus speziellen Gründen nicht angebracht ist.

	latente Steuern aufgrund der Bemessungsgrundlage des lfd. Jahres
+/–	kumulierte Steuerabgrenzung der Vorjahre
=	rechnerische Steuerabgrenzung
+/–	Auswirkungen von steuerrelevanten Prognosen
=	Bilanzansatz der latenten Steuern

Für die buchtechnische Ermittlung und Fortschreibung der latenten Steuern kann ein sog. **Differenzenspiegel** benutzt werden, aus dem der Eintritt von Steuerbelastungen und -entlastungen auch im Zeitablauf erkennbar wird.

6.6 Bilanzvermerke

Der Jahresabschluss soll einen möglichst sicheren Einblick in die Vermögens-, Finanz- und Ertragslage des Unternehmens geben. Dazu gehört u. a. die Angabe sämtlicher Verbindlichkeiten, die das Vermögen des Unternehmens in Zukunft belasten werden. Derartige Verbindlichkeiten sind normalerweise zu passivieren; wenn dies aber nicht geschieht, weil die tatsächliche Inanspruchnahme des Unternehmens so wenig wahrscheinlich ist, dass weder eine Verbindlichkeit noch eine Rückstellung gebildet werden kann, müssen diese Verbindlichkeiten als Eventualverbindlichkeiten (**Haftungsverhältnisse**) vermerkt werden.

Der *Ausweis* dieser Haftungsverhältnisse erfolgt

- für Kapitalgesellschaften im Anhang (§ 268 Abs. 7 Nr. 1 HGB) und
- für Nicht-Kapitalgesellschaften *unter* der Bilanz (»unter dem Strich«); dabei dürfen letztere – bei freiwilliger Erstellung eines Anhangs – diese Angaben trotz des Gesetzeswortlauts auch im Anhang machen.

Gem. § 251 HGB sind in der Bilanz als Haftungsverhältnisse zu vermerken, sofern nicht bereits eine Passivierung erfolgt ist:

1. Verbindlichkeiten aus der Begebung und Übertragung von Wechseln;
2. Verbindlichkeiten aus Bürgschaften, Wechsel- und Scheckbürgschaften;
3. Verbindlichkeiten aus Gewährleistungsverträgen;
4. Haftung aus der Bestellung von Sicherheiten für fremde Verbindlichkeiten.

Einzelkaufleute und Personengesellschaften dürfen diese Haftungsverhältnisse in einer Summe angeben. Kapitalgesellschaften sowie Unternehmen i. S. des § 264a HGB (Gesellschaften, bei denen keine natürliche Person haftet) müssen diese Beträge aufgrund des § 268 Abs. 7 HGB gesondert ausweisen. In diesem Fall sind außerdem für jeden einzelnen dieser Posten evtl. bestehende Pfandrechte und sonstige Sicherheiten anzugeben.

Der Ausweis von Verbindlichkeiten hängt somit von der Sicherheit ab, mit der man die Inanspruchnahme nach Betrag und Eintrittswahrscheinlichkeit vorherbestimmen kann. Insgesamt ergibt sich für Belastungen des Unternehmens folgende Darstellungsreihenfolge mit abnehmender Vorhersagesicherheit bzw. Eintrittswahrscheinlichkeit:

- in der Bilanz:
  1. Verbindlichkeiten
  2. Rückstellungen
- im Anhang:
  1. Haftungsverhältnisse *im Jahresabschluss* (für Bilanzierende ohne Anhang),
  2. Art und Zweck nicht in der Bilanz enthaltener Risiken[502] gem. § 285 Nr. 3 HGB,
  3. sonstige Verbindlichkeiten gem. § 285 Nr. 3a HGB.

Ergänzend sind im Anhang Angaben zu den Gründen für die Einschätzung des **Inanspruchnahmerisikos** erforderlich (§ 285 Nr. 27 HGB).

6.7 Exkurs: Das Problem der stillen Rücklagen

Stille Rücklagen entstehen durch Unterbewertung der Aktiven, z. B. durch forcierte Abschreibung von Anlagegütern, oder durch Überbewertung der Passiven, z. B. durch zu hohe Dotierung der Rückstellungen. Im Gegensatz zu den offenen Rücklagen sind die **stillen Rücklagen** (stille Reserven) aus der Bilanz nicht ersichtlich und unterliegen einer laufenden Schwankung.

Stille Reserven können entstehen aufgrund gesetzlicher Vorschriften (z. B. Aktivierungsverbot für Forschungsergebnisse), aufgrund bewusster Ausschöpfung bestehender

---

502 Zwar müssen hier auch »Vorteile« angegeben werden, jedoch ist eine Saldierung unzulässig.

Bewertungswahlrechte oder aufgrund unbewusster Ausschöpfung von Bewertungsmöglichkeiten (z. B. durch übermäßige Vorsicht beim Bilden von Rückstellungen). Ein typischer Fall der Bildung stiller Reserven ist die aufgrund des Niederstwertprinzips erfolgende zu niedrige Bewertung von Grundstücken bei steigenden Bodenpreisen.

Neben diesen gesetzlich zulässigen stillen Reserven gibt es nicht zulässige stille Reserven (unzulässige Unterbewertung von Gegenständen des Aktivvermögens oder unzulässige Überbewertung von Gegenständen des Passivvermögens), die aufgrund der Missachtung bestehender Normen gebildet werden.

Soweit die stillen Reserven bewusst gebildet werden, stellen sie ein hervorragendes Instrument der Bilanzpolitik dar. Nicht zuletzt darauf ist es zurückzuführen, dass die stillen Reserven oft in einem schlechten Licht gesehen werden, und dass sie oft als das Ergebnis einer undurchsichtigen Manipulation erscheinen. Wenn auch diese Vorwürfe teilweise berechtigt sind, darf dennoch nicht übersehen werden, dass stille Reserven – im Rahmen der GoB gebildet – eine hohe Bedeutung für die **Unternehmenssicherung** haben. Mithilfe stiller Reserven kann beispielsweise das Manko des Nominalprinzips teilweise gemildert werden, und es können zusätzliche Rücklagen für konjunkturelle Einbrüche gebildet werden. Auch zur Sicherung einer Dividendenkonstanz bietet es sich an, stille Reserven zu bilden.

Wenn man auch anerkennt, dass die Bildung stiller Reserven teilweise bewusst eingesetzt wird, um ein für das Unternehmen günstigeres Ergebnis (d. h. in diesem Fall einen niedrigeren Gewinn) auszuweisen, beispielsweise um die aktuelle Steuerbelastung zu senken, muss man neben den negativen auch die positiven Aspekte der stillen Reserven anerkennen. Diese Anerkennung kann auch der Gesetzgeber nicht versagen, indem er die Bildung bewusst zulässt (z. B. Beibehaltungspflicht bei gestiegenem Wert eines zuvor abgeschriebenen derivativen Geschäfts- und Firmenwerts, wenngleich auch, wie hier das Vorsichtsprinzip, andere Gründe primär zum Tragen kommen) oder sogar die Übertragung stiller Reserven auf neue Wirtschaftsgüter (§ 6 b EStG) gestattet. Ein weiterer Grund für die Zulässigkeit stiller Rücklagen ist die teilweise sehr hohe Unsicherheit bei Zuschreibungen auf einen höheren, nicht realisierten Wert; ein sicherer (weil realisierter) niedriger Wert gilt als glaubwürdig (*reliable*), während diese Eigenschaft einem geschätzten Tageswert (z. B. Fair Value) häufig ganz oder teilweise fehlt.

Wenn man sich der den stillen Reserven inhärenten Gefahren bewusst ist und die stillen Reserven nicht dazu gebraucht, externe Informationsempfänger zu täuschen, sind sie als ein wichtiges Mittel der Unternehmenspolitik und -sicherung anzusehen. Dies kann durch die Bildung offener Rücklagen nicht in vollem Umfang erreicht werden, da diese aus dem versteuerten Gewinn gebildet werden müssen.

7 Die Gewinn- und Verlustrechnung

7.1 Verfahren der Gewinn- und Verlustrechnung

7.1.1 Gesamtkostenverfahren und Umsatzkostenverfahren

Für *Kapitalgesellschaften* besteht aufgrund des § 275 Abs. 1 HGB das Wahlrecht, die **Gewinn- und Verlustrechnung** (Gegenüberstellung von Erträgen und Aufwendungen) nach dem Gesamtkostenverfahren oder nach dem Umsatzkostenverfahren aufzustellen. Beide Verfahren werden vom Gesetz als gleichwertig behandelt. Für *Nicht-Kapitalgesellschaften* (Einzelkaufleute und Personengesellschaften) besteht keine Verfahrensvorschrift; jedoch gibt es keine Bedenken, dass sich diese Bilanzierenden ebenfalls für eines dieser Verfahren entscheiden.

Beim **Gesamtkostenverfahren** wird die Gesamtleistung der Periode den Aufwendungen der Periode gegenübergestellt. Um die Gesamtleistung zu ermitteln, muss folgende Rechnung erstellt werden:

Umsatzerlöse	………
Erhöhung oder Verminderung des Bestands an fertigen und unfertigen Erzeugnissen	+ ………
andere aktivierte Eigenleistungen	+ ………
Gesamtleistung	= ………

Die **Gesamtleistung**[503] drückt somit die Leistungsfähigkeit des Unternehmens durch Darstellung der in einer Periode erbrachten Leistungen aus. Dieser Gesamtleistung werden sämtliche in der Periode angefallene Aufwendungen gegenübergestellt, wobei diese Aufwendungen nach Aufwandsarten (Material, Abschreibungen, Personal) gegliedert sind, wodurch ein Betriebsergebnis ermittelt wird.

Stark vereinfacht ergibt sich folgendes Grundschema für das Gesamtkostenverfahren:

	Gesamtleistungen der Periode
−	Gesamtkosten der Periode
=	Periodenergebnis

Das **Umsatzkostenverfahren** geht ebenfalls von den Umsatzerlösen der Periode aus, stellt diesen jedoch nur die Herstellungskosten der in der gleichen Periode verkauften

---

503 Im gesetzlichen Gliederungsschema ist ein Posten »Gesamtleistung« nicht vorgesehen, jedoch kann er freiwillig als Zwischensumme eingefügt werden.

Güter (unabhängig davon, ob die verkauften Güter in der gleichen oder einer früheren Periode hergestellt wurden) gegenüber, um so zum Betriebsergebnis zu gelangen. Aufwendungen für als unfertige oder fertige Erzeugnisse oder andere Eigenleistungen aktivierte Güter werden nicht in der Gewinn- und Verlustrechnung ausgewiesen, sondern durch die Aktivierung mit Gegenbuchung auf den Aufwandskonten aus der Aufwandsrechnung genommen. Die nicht aktivierbaren Aufwendungen (insbesondere die Aufwendungen der Kostenstellen Verwaltung und Vertrieb) werden in den jeweiligen Posten als Aufwand der Periode ausgewiesen,[504] weshalb das Umsatzkostenverfahren eine mehr kostenstellenorientierte Darstellung der Aufwendungen hat.

Für das Umsatzkostenverfahren hat das Grundschema folgendes Aussehen:

> Umsatzleistungen der Periode
> − Herstellungskosten des Umsatzes
> − nicht aktivierbare Kosten der Periode
> = Periodenergebnis

Damit unterscheiden sich beide Verfahren in buchtechnischer Sicht letztlich nur durch die unterschiedliche Behandlung von Bestandsveränderungen. Während beim Gesamtkostenverfahren jenen Aufwendungen, die zu aktivierungspflichtigen und in der gleichen Periode nicht verkauften Gütern geführt haben, ein ausgleichender Ertrag in den beiden Bestandsveränderungsposten gegenübergestellt wird, erscheinen diese Aufwendungen beim Umsatzkostenverfahren nicht in der Gewinn- und Verlustrechnung.[505] In jenen Geschäftsjahren, in denen die Lagerbestandsminderungen (Abgänge größer als Zugänge) überwiegen, werden die Herstellungskosten aus diesen Minderungen beim Gesamtkostenverfahren als Bestandsminderung und beim Umsatzkostenverfahren als Teil der Herstellungskosten des Umsatzes ausgewiesen.

Das **Gesamtkostenverfahren** ist hinsichtlich der Aufwendungen wesentlich durch die beiden Merkmale

- Periodenbestimmtheit und
- Kostenartenorientierung

bestimmt.

Für das **Umsatzkostenverfahren** gelten dagegen die beiden Merkmale

- Umsatzbestimmtheit und
- Kostenstellenorientierung.

---

504 Beim Gesamtkostenverfahren sind diese nicht aktivierbaren Kosten Bestandteil der jeweiligen Kostenart (Material, Personal, Abschreibung).

505 Vereinfacht handelt es sich hier in buchtechnischer Sicht um einen Aktivtausch »per Erzeugnisse an Rohstoffe (oder anderes Aktivkonto)«.

Beide Verfahren führen jedoch – gleiche Bewertung vorausgesetzt – immer zum selben Ergebnis. Wegen des unterschiedlichen Aufbaus der beiden Rechnungen lassen sich das Gesamtkostenverfahren und das Umsatzkostenverfahren nur bedingt vergleichen, was die – externe – Analyse von Jahresabschlüssen verschiedener Unternehmen mit diesen beiden Verfahren erschwert. Erleichtert wird diese Analyse aber durch den § 285 Nr. 8 HGB, der bei Anwendung des Umsatzkostenverfahrens eine Aufgliederung des Materialaufwands und des Personalaufwands entsprechend den Posten des Gesamtkostenverfahrens im Anhang vorschreibt. Auch wird häufig angeführt, dass das Umsatzkostenverfahren bei langfristiger Fertigung nicht geeignet sei, da keine Bestandsveränderungen ausgewiesen würden,[506] jedoch wird dabei übersehen, dass diese Bestandsveränderungen dem Posten »unfertige Erzeugnisse« im Jahresvergleich zu entnehmen sind.

Gesamtkostenverfahren			
GuV		Bilanz	
Umsatzerlöse der Periode[507]	1.000		
Bestandserhöhung	200	Kasse	300
Periodenkosten	700	Bestandserhöhung	200
Gewinn	500	Gewinn	500
Umsatzkostenverfahren			
GuV		Bilanz	
Umsatzerlöse der Periode	1.000		
Kosten des Umsatzes	400		
Verwaltungs- und Vertriebskosten der Periode	100	Kasse	300
		Bestandserhöhung	200
Gewinn	500	Gewinn	500

Abb. 29: Vergleich von Gesamtkosten- und Umsatzkostenverfahren

Über die Vor- und Nachteile der beiden Verfahren hat sich in der Literatur bisher keine durchgängige Meinung gebildet, zumal eine Entscheidung zugunsten des einen oder anderen Verfahrens vom Bilanzierenden auch unter ausweispolitischen Aspekten getroffen werden dürfte. Die vom Verband der Chemischen Industrie gemachte Tendenzaussage[508] entspricht aber der überwiegenden Literaturmeinung:

---

506 Ein Unternehmen, das im Grenzfall nur einen einzigen Auftrag über drei Jahre abwickelt, würde beim Umsatzkostenverfahren zumindest im mittleren Jahr weder Umsatzerlöse noch Herstellkosten und damit keine Leistung ausweisen.

507 GuV-Werte sind in diesem Beispiel – soweit möglich – liquiditätswirksam.

508 Chemische Industrie (Übertragung), S. 53.

für Unternehmen

- *ohne eine ausgeprägte funktionale Gliederung,*
- *im Handels- und Dienstleistungsbereich,*
- *mit langfristiger Fertigung,*
- *ohne ausgebaute Kostenrechnung*

ist das Gesamtkostenverfahren die aussagefähigere oder zumindest gleichwertige bzw. aus der Buchhaltung technisch leichter ableitbare Gewinn- und Verlustrechnung;

für Unternehmen mit

- *ausgeprägten betrieblichen Funktionen wie Produktion, Vertrieb, Forschung, Verwaltung,*
- *internationaler Ausrichtung,*
- *ausgebautem betrieblichen Rechnungswesen*

bietet sich eher das Umsatzkostenverfahren als die für die Beurteilung der Wirtschaftlichkeit der betrieblichen Leistungserstellung aussagefähigere Gewinn- und Verlustrechnung an.

Wie bei den Begriffspaaren »Vermögensgegenstand – positives Wirtschaftsgut« und »Schuld – negatives Wirtschaftsgut« ist auch hier zwischen handelsrechtlichen und steuerrechtlichen Begriffen zu unterscheiden. So entspricht dem Ertrag die steuerliche **Betriebseinnahme** (Definition aus Umkehrschluss aus § 4 Abs. 4 EStG i. V. m. § 8 EStG) und dem Aufwand die steuerliche **Betriebsausgabe** (Legaldefinition in § 4 Abs. 4 EStG). Eine materielle Bedeutung haben die Begriffsunterschiede nicht.

7.1.1.1   Gliederung des Gesamtkostenverfahrens

Wird das Gesamtkostenverfahren gewählt, so ist die folgende Mindestgliederung durch § 275 Abs. 2 HGB und § 158 AktG für Aktiengesellschaften[509] vorgeschrieben:

1. Umsatzerlöse
2. Erhöhung oder Verminderung des Bestands an fertigen und unfertigen Erzeugnissen
3. andere aktivierte Eigenleistungen
4. sonstige betriebliche Erträge
5. Materialaufwand
   a) Aufwendungen für Roh-, Hilfs- und Betriebsstoffe und für bezogene Waren
   b) Aufwendungen für bezogene Leistungen
6. Personalaufwand
   a) Löhne und Gehälter
   b) soziale Abgaben und Aufwendungen für Altersversorgung und für Unterstützung,
      – davon für Altersversorgung

---

509 Diese erweiterte Gliederung ist auf andere Rechtsformen übertragbar.

7. Abschreibungen:
   a) auf immaterielle Vermögensgegenstände des Anlagevermögens und Sachanlagen
   b) auf Vermögensgegenstände des Umlaufvermögens, soweit diese die in der Kapitalgesellschaft üblichen Abschreibungen überschreiten
8. sonstige betriebliche Aufwendungen
9. Erträge aus Beteiligungen,
   – davon aus verbundenen Unternehmen
10. Erträge aus anderen Wertpapieren und Ausleihungen des Finanzanlagevermögens,
    – davon aus verbundenen Unternehmen
11. sonstige Zinsen und ähnliche Erträge,
    – davon aus verbundenen Unternehmen
12. Abschreibungen auf Finanzanlagen und auf Wertpapiere des Umlaufvermögens
13. Zinsen und ähnliche Aufwendungen,
    – davon an verbundene Unternehmen
14. Steuern vom Einkommen und vom Ertrag
15. sonstige Steuern
16. Jahresüberschuss/Jahresfehlbetrag
17. Gewinnvortrag/Verlustvortrag aus dem Vorjahr
18. Entnahmen aus der Kapitalrücklage
19. Entnahmen aus Gewinnrücklagen
    a) aus der gesetzlichen Rücklage
    b) aus der Rücklage für eigene Aktien
    c) aus satzungsmäßigen Rücklagen
    d) aus anderen Gewinnrücklagen
20. Einstellungen in Gewinnrücklagen
    a) in die gesetzliche Rücklage
    b) in die Rücklage für eigene Aktien
    c) in satzungsmäßige Rücklagen
    d) in andere Rücklagen
21. Bilanzgewinn/Bilanzverlust

Abb. 30: Gliederung des Gesamtkostenverfahrens

Die Posten Nr. 17 bis 21 sind durch § 158 Abs. 1 AktG nur für Aktiengesellschaften vorgeschrieben. Diese Posten können wahlweise in der Gewinn- und Verlustrechnung oder im Anhang ausgewiesen werden.

7.1.1.2 Gliederung des Umsatzkostenverfahrens

Wird das Umsatzkostenverfahren gewählt, so ist die folgende Mindestgliederung durch § 275 Abs. 3 HGB für Kapitalgesellschaften vorgeschrieben:

1. Umsatzerlöse
2. Herstellungskosten der zur Erzielung der Umsatzerlöse erbrachten Leistungen
3. Bruttoergebnis vom Umsatz

4. Vertriebskosten
5. allgemeine Verwaltungskosten
6. sonstige betriebliche Erträge
7. sonstige betriebliche Aufwendungen
8. Erträge aus Beteiligungen,
   - davon aus verbundenen Unternehmen
9. Erträge aus anderen Wertpapieren und Ausleihungen des Finanzanlagevermögens,
   - davon aus verbundenen Unternehmen
10. sonstige Zinsen und ähnliche Erträge,
    - davon aus verbundenen Unternehmen
11. Abschreibungen auf Finanzanlagen und auf Wertpapiere des Umlaufvermögens
12. Zinsen und ähnliche Aufwendungen,
    - davon an verbundene Unternehmen
13. Steuern vom Einkommen und vom Ertrag
14. sonstige Steuern
15. Jahresüberschuss/Jahresfehlbetrag
16. Gewinnvortrag/Verlustvortrag aus dem Vorjahr
17. Entnahmen aus der Kapitalrücklage
18. Entnahmen aus Gewinnrücklagen
    a) aus der gesetzlichen Rücklage
    b) aus der Rücklage für eigene Aktien
    c) aus satzungsmäßigen Rücklagen
    d) aus anderen Gewinnrücklagen
19. Einstellungen in Gewinnrücklagen
    a) in die gesetzliche Rücklage
    b) in die Rücklage für eigene Aktien
    c) in satzungsmäßige Rücklagen
    d) in andere Rücklagen
20. Bilanzgewinn/Bilanzverlust

Abb. 31: Gliederung des Umsatzkostenverfahrens

Die Posten Nr. 16 bis 19 sind durch § 158 Abs. 1 AktG nur für Aktiengesellschaften vorgeschrieben. Diese Posten können wahlweise in der Gewinn- und Verlustrechnung oder im Anhang ausgewiesen werden.

7.1.1.3   Weitere Regelungen zur Gewinn- und Verlustrechnung

Die Gewinn- und Verlustrechnung ist für Kapitalgesellschaften grundsätzlich in **Staffelform** aufzustellen (§ 275 Abs. 1 S. 1 HGB), die gesetzlich vorgegebene Reihenfolge der Posten ist dabei einzuhalten (§ 275 Abs. 1 S. 2 HGB). Einzelkaufleute und Personengesellschaften dürfen auch die **Kontoform** wählen, für diesen Personenkreis ergibt sich eine Anforderung an die **Untergliederung** in Einzelposten nur aus dem Erfordernis der Klarheit und Übersichtlichkeit.

Auch bei Kapitalgesellschaften, die Nichtaktiengesellschaften sind, dürfen Veränderungen der Kapital- und Gewinnrücklagen erst nach dem Posten »Jahresüberschuss/ Jahresfehlbetrag« ausgewiesen werden (§ 275 Abs. 4 HGB).

Größenabhängige Erleichterungen für Kapitalgesellschaften ergeben sich aus § 276 HGB. Danach dürfen kleine und mittlere Kapitalgesellschaften die folgenden Posten als Rohergebnis zusammenfassen:

beim Gesamtkostenverfahren:

- Umsatzerlöse
- Bestandsveränderungen
- andere aktivierte Eigenleistungen
- sonstige betriebliche Erträge
- Materialaufwand

beim Umsatzkostenverfahren:

- Umsatzerlöse
- Herstellungskosten des Umsatzes
- Bruttoergebnis vom Umsatz
- sonstige betriebliche Erträge

Es ist zu beachten, dass die Postenbezeichnung sowohl beim Gesamtkostenverfahren als auch beim Umsatzkostenverfahren »Rohergebnis« lautet, dass jedoch der Inhalt nicht vergleichbar ist.

Für die **Kleinstkapitalgesellschaft** (§ 267a HGB) gelten weitergehende Zusammenfassungen, die sich am Gesamtkostenverfahren orientieren (§ 275 Abs. 5 HGB).

KleinstKapG		kleine KapG	
1.	Umsatzerlöse	1.	Rohergebnis
2.	Sonstige Erträge		
3.	Materialaufwand		
4.	Personalaufwand	6.	Personalaufwand:
			a) Löhne und Gehälter
			b) soziale Abgaben und Aufwendungen für Altersversorgung und für Unterstützung, davon für Altersversorgung
5.	Abschreibungen	7.	Abschreibungen:
			a) auf immaterielle Vermögensgegenstände des Anlagevermögens und Sachanlagen

KleinstKapG		kleine KapG	
			b) auf Vermögensgegenstände des Umlaufvermögens, soweit diese die in der Kapitalgesellschaft üblichen Abschreibungen überschreiten
6.	sonstige Aufwendungen	8.	sonstige betriebliche Aufwendungen
		9.	Erträge aus Beteiligungen, davon aus verbundenen Unternehmen
		10.	Erträge aus anderen Wertpapieren und Ausleihungen des Finanzanlagevermögens, davon aus verbundenen Unternehmen
		11.	sonstige Zinsen und ähnliche Erträge, davon aus verbundenen Unternehmen
		12.	Abschreibungen auf Finanzanlagen und auf Wertpapiere des Umlaufvermögens
		13.	Zinsen und ähnliche Aufwendungen, davon an verbundene Unternehmen
7.	Steuern	14.	Steuern vom Einkommen und vom Ertrag
		15.	sonstige Steuern
8.	Jahresüberschuss/Jahresfehlbetrag	16.	Jahresüberschuss/Jahresfehlbetrag

Abb. 32: Vereinfachte GuV-Schemata im GKV für KleinstKapG und kleinere KapG

Übernimmt eine Kleinstkapitalgesellslchaft die ihr zugedachten GuV-Erleichterungen, entfällt der Sammelposten »Rohergebnis«. Hier muss sich der Bilanzierende ggf. entscheiden, welche der beiden Erleichterungen gewählt werden soll, also nach welchem Schema die gesamte GuV zu erstellen ist.

Weitere Anforderungen an die Aufstellung der Gewinn- und Verlustrechnung sind in §§ 264–264c HGB und an die Gliederung in § 265 HGB kodifiziert.

7.2 Das Gesamtkostenverfahren

7.2.1 Umsatzerlöse

Als Umsatzerlöse sind gem. § 277 Abs. 1 HGB die Erlöse aus dem Verkauf und der Vermietung oder Verpachtung von Produkten sowie aus der Erbringung von Dienstleistungen des Unternehmens[510] nach Abzug von Erlösschmälerungen und der Umsatzsteuer sowie sonstiger direkt mit dem Umsatz verbundener Steuern auszuweisen.[511] Das heißt, dass hier nur die Erlöse aus dem normalen – aber eben auch untypischen – Leistungsprogramm »des Unternehmens« zu zeigen sind. Dies beinhaltet aber auch Erlöse aus dem (ggf. nur gelegentlichen) Verkauf von Abfallprodukten, Kuppelprodukten, Zwischenerzeugnissen u. Ä. Erlöse aus – untypischen – Nebengeschäften gehören ebenso hierher, wenn diese Nebengeschäfte üblicherweise entweder zusammen mit Hauptgeschäften oder aber selten bzw. in geringem Umfang (z. B. bei selten nachgefragten Produkten/ Dienstleistungen oder beim Aufbau einer neuen Produktlinie) erbracht werden. Die Erlöse aus Konzernumlagen einer Holding/Muttergesellschaft für Konzernverwaltungsleistungen sind Umsatzerlöse bei der Holding.

Beispiel: !

Die Bohrfix-AG stellt Bohrgeräte für den industriellen Gebrauch her. Der Verkauf dieser Geräte stellt das typische Leistungsprogramm dieses Unternehmens dar. Es handelt sich zweifelsfrei um Umsatzerlöse.

Zur Anlage überschießender Gewinne kauft die AG ein Bürogebäude in bester Citylage und vermietet die Räume. Es handelt sich zwar nicht um typische, jedoch nunmehr um normale Leistungen, die ebenfalls zu Umsatzerlösen führen.

Einmalig überlässt die AG eine vorübergehend nicht genutzte Lagerhalle für gemeinnützige Zwecke und erzielt daraus Einnahmen. Es handelt sich um sonstige Erträge, weil es keine normalen Leistungen des Unternehmens sind.

Dabei müssen von den Umsatzerlösen Preisnachlässe (z. B. Skonti, Boni), zurückgewährte Entgelte (z. B. Gutschriften, Rückwaren) sowie die mit dem Umsatz direkt verbundenen Steuern (insbes. Umsatzsteuer, aber auch Verbrauchs- und Verkehrssteuern wie die Biersteuer etc.) abgezogen werden. Andere Beträge dürfen nicht abgesetzt werden.

Unerheblich bei der Zuordnung von Erträgen zu den Umsatzerlösen ist die Frage, ob es sich um periodenfremde Erlöse oder um Erlöse aus außergewöhnlichen Geschäften[512] handelt.

---

510 Der Gesetzgeber spricht hier gesetzeslogisch nur Kapitalgesellschaften an, jedoch sollten alle Unternehmen, die sich dieser Gliederungen bedienen, auch die zugehörigen Einzelregelungen beachten, da andernfalls die Anforderung der Klarheit nicht eingehalten wird.

511 Seit 2016 sind die Tatbestandsmerkmale »typisch« und »gewöhnliche Geschäftstätigkeit« durch die BilRUG-Fassung des HGB entfallen; ebenso entfallen sind die außerordentlichen Posten. Der Umsatzbegriff hat sich dadurch – in Abhängigkeit von der bisherigen Bilanzierungspraxis eines Unternehmens – eher etwas erweitert, was bei Analysen (z. B. Umsatzrendite) zu beachten ist. Zu den Änderungen vgl. Lopatta u. a. (Neudefinition).

512 Für beide Fälle sind jedoch die Angabepflichten im Anhang gem. § 285 HGB zu beachten.

Die auszuweisenden Umsatzerlöse ergeben sich somit aus folgender Rechnung:

dem Kunden in Rechnung gestellte Umsätze
- Erlösschmälerungen (Rabatte, Boni etc.)
- Umsatzsteuer
- sonstige umsatzabhängige Steuern
= Umsatzerlöse in der GuV

> **! Beispiel:**
>
> Ein Bierbrauer führt Biersteuer ab, welche die Umsatzerlöse des Bierbrauers schmälert. In der Verkaufskalkulation wird die Biersteuer jedoch dem Käufer im Bierpreis belastet.
>
> Der Getränkehändler kauft das Bier zu dem vom Bierbrauer kalkulierten Preis inklusive der darin (kalkulatorisch!) enthaltenen Biersteuer. Beim eigenen Weiterverkauf kann deshalb keine Biersteuer aus den Umsatzerlösen ausgesondert werden.

Beispiele für Nicht-Umsatzerlöse:

- **Ersatzleistungen** (z. B. durch Versicherung) für entgangene Umsätze[513], da weder ein Produkt verkauft noch eine Dienstleistung erbracht wurde.
- Auch der (gelegentliche) Verkauf von **Überständen** an Rohstoffen etc. führt nicht zu Umsatzerlösen, sondern zu sonstigen Erlösen, weil es sich nicht um Produkte des Unternehmens handelt.
- Ebenso gehören nicht zu den Umsatzerlösen u. a. Löhne an Mitarbeiter als **Sachbezüge** bestehend aus eigenen Artikeln des Unternehmens[514]; diese Artikel sind mit den AK bzw. HK im Posten »Personalaufwand« darzustellen, weil es sich nicht um eine Umsatzleistung des Unternehmens, sondern um Lohnbestandteile handelt.
- Erlöse aus dem **Abgang** gebrauchter Produktionsmaschinen etc. des Anlagevermögens gehören regelmäßig nicht in die Umsatzerlöse, sondern in die sonstigen betrieblichen Erlöse.[515]
- **Zinserträge** gehören in die Finanzerträge, es sei denn, ein Unternehmen erbringt regelmäßig Kopplungsgeschäfte aus Produkten/Dienstleistungen und Kreditgeschäften.
- **Zuschreibungen** zu Forderungen aus Lieferungen und Leistungen sind sonstige Erlöse, weil es sonst zu einer Doppelerfassung von Umsatzerlösen käme.
- Nimmt ein Kunde das Zahlungsziel in Anspruch und bezahlt ohne Skontoabzug, so stellt der daraus folgende **Skontoertrag** einen Finanzertrag im Zeitpunkt der Zahlung (i. d. R. Jahr des Verkaufs oder Folgejahr) dar.

---

513 A. A. de la Paix/Plankensteiner (Definition) hier S. 332.
514 A. A. Lüdenbach u. a. (GuV-Ausweis) m. w. N.
515 Vgl. Lüngen/Resing (Veräußerung).

Im Zweifelsfall bleibt die *Abgrenzung* der Umsatzerlöse von anderen Ertragsposten jedoch schwierig. Im Jahr der Umstellung auf den Abschluss nach BilRUG kann in Anlehnung an § 265 Abs. 1 HGB eine Erläuterung der Veränderung gegeben werden. In den weiteren Jahren kann – insbesondere bei erheblichen Umsatzerlösen aus für das Unternehmen untypischen Geschäften – eine **Untergliederung** gem. § 265 Abs. 5 HGB der gesamten Umsatzerlöse in typische und untypische Umsatzerlöse erfolgen.[516]

Bei der Zuordnung von Erträgen zum Posten Umsatzerlöse ist zu beachten, dass dies Auswirkungen auf *korrespondierende* Posten hat. Sind Umsatzerlöse noch nicht als Einzahlung erfasst, so ist der Gegenposten »Forderungen aus Lieferungen und Leistungen«, andernfalls handelt es sich um sonstige Forderungen. Beim Umsatzkostenverfahren ist weiterhin darauf zu achten, dass (nur) den Umsatzerlösen die »Herstellungskosten der zur Erzielung der Umsatzerlöse erbrachten Leistungen« gegenüberzustellen sind.

> **Beispiel:**   !
>
> Die XYZ-GmbH kauft jährlich ca. 30 PKW, aktiviert diese im Anlagevermögen und verkauft die Fahrzeuge regelmäßig nach 3 Jahren.
>
> **Fall 1**: Es handelt sich um ein Leasingunternehmen, welches die PKW vermietet und danach verkauft.
>
> Die Mieterträge aus den Leasinggeschäften und die Erträge aus dem PKW-Verkauf gehören in die Umsatzerlöse.
>
> **Fall 2**: Es handelt sich um ein Produktionsunternehmen, welches die PKW den leitenden Mitarbeitern als Dienstfahrzeuge überlässt.
>
> Die Erträge aus dem PKW-Verkauf sind als sonstige betriebliche Erträge auszuweisen.

Nach dem **Realisationsprinzip**[517] (§ 252 Abs. 1 Nr. 4, 2. Hs. HGB) dürfen Umsatzerlöse nur dann ausgewiesen werden, wenn diese realisiert (wirtschaftlich erfüllt) sind.[518] Dazu hat der BFH die folgenden Überlegungen angestellt:

- Bei **Lieferungen und anderen Leistungen** wird Gewinn realisiert, wenn der Leistungsverpflichtete die von ihm geschuldeten Erfüllungshandlungen »wirtschaftlich erfüllt« hat und ihm die Forderung auf die Gegenleistung (die Zahlung) – von den mit jeder Forderung verbundenen Risiken abgesehen – so gut wie sicher ist. In diesem Fall reduziert sich das Zahlungsrisiko des Leistenden darauf, dass der Empfänger Gewährleistungsansprüche geltend macht oder sich als zahlungsunfähig erweist. Ohne Bedeutung ist hingegen, ob am Bilanzstichtag die Rechnung

---

516 Ähnlich Peun/Rimmelspacher (Änderungen), hier S. 15.
517 Vgl. Tanski (Rechnungslegung) S. 136 ff.
518 Dies korrespondiert regelmäßig mit der Frage, ob eine Forderung aus LuL dem Grunde nach anzusetzen ist, vgl. dazu Abschn. 5.3.3.2.

bereits erteilt ist, ob die geltend gemachten Ansprüche noch abgerechnet werden müssen oder ob die Forderung erst nach dem Bilanzstichtag fällig wird.[519]

- Eine **Dienst- oder Werkleistung** ist »wirtschaftlich erfüllt«, wenn sie – abgesehen von unwesentlichen Nebenleistungen – erbracht worden ist. Zwar bedarf es bei Werkverträgen i. S. des § 631 BGB grundsätzlich der Übergabe und der Abnahme des Werks durch den Besteller (§ 640 BGB), um die handels- und steuerrechtliche Gewinnrealisierung herbeizuführen; dies kann uneingeschränkt jedoch nur dann gelten, wenn die Wirkungen der Abnahme für das Entstehen des Entgeltanspruchs des Unternehmers nicht durch Sonderregelungen, wie etwa eine Gebührenordnung, modifiziert werden.[520]
- **Vermittlungsleistungen** (z. B. die Vermittlung einer Reise oder eines Kaufgeschäfts) sind erst dann realisiert, wenn das vermittelte Geschäft zustande gekommen ist bzw. keine aufschiebende Bedingung (mehr) existiert, weil regelmäßig erst dann ein Anspruch auf eine **Provision** aus dieser Vermittlung entsteht. Evtl. bereits erhaltene Provisionszahlungen auf noch nicht realisierte Vermittlungen sind als »erhaltene Anzahlung« zu passivieren.[521] Existiert eine Fälligkeitsabrede dergestalt, dass die Provision zu einem späteren Zeitpunkt zu zahlen sei, ist die Realisierung des Gewinns bereits mit dem Entstehen des Anspruchs eingetreten; für etwaige Risiken kann dann ein Forderungsabschlag oder der Ausweis einer Rückstellung für ungewisse Verbindlichkeiten in Betracht kommen.[522]
- **Teilleistungen** führen nur dann zu einer Erfolgsrealisation, und damit zu Umsatzerlösen, wenn es sich um selbständig abrechenbare und vergütungsfähige Teilleistungen handelt. Von einer (Teil-)Gewinnrealisierung kann hingegen nicht ausgegangen werden, wenn es sich bei dem für die (Teil-)Leistung entstandenen Anspruch lediglich um einen solchen auf Zahlung eines Abschlags oder eines Vorschusses handelt. Anzahlungen in diesem Sinne sind Vorleistungen eines Vertragsteils auf schwebende Geschäfte.[523]

Ist aufgrund einer für einen Provisionsanspruch vereinbarten aufschiebenden Bedingung – die nicht nur eine Fälligkeitsabrede ist – eine **Gewinnrealisierung** noch nicht eingetreten, sind die jeweils bis zum Bilanzstichtag angefallenen und den bis dahin erbrachten Vermittlungsleistungen zuzuordnenden Aufwendungen als »unfertige Arbeiten« zu aktivieren[524], damit nach dem GoB-Grundsatz der sachlichen Zugehörigkeit Aufwendungen und Erträge in derselben Periode dargestellt werden.

---

519 BFH, Urteil v.14.05.2014, VIII R 25/11, BFH/NV 2014, S. 1820.
520 BFH, Urteil v.14.05.2014, VIII R 25/11, BFH/NV 2014, S. 1820.
521 BFH, Urteil v. 26.04.2018, III R 5, DB 29/2018, S. 1703.
522 BFH, Urteil v. 9.10.2013, I R 15/12, BFH/NV 2014, S. 907.
523 BFH, Urteil v. 7.11.2018, IV R 20/16, DB 4/2019, S. 158–161.
524 A. A. BFH, Urteil v. 26.04.2018, III R 5/16, DB 29/2018, S. 1703.

Werden Vorauszahlungen oder Abschlagzahlungen auf eine noch nicht realisierte Leistung erhalten, sind diese als »erhaltene Vorauszahlung« oder »erhaltene Anzahlung« zu passivieren, weil es an einem realisierten Umsatzerlös mangelt.[525]

Bei einem **Mehrkomponentengeschäft** (z. B. Gerüstbauvertrag) tritt eine einheitliche Gewinnrealisierung (und damit der Ausweis von Umsatzerlösen) erst mit dem Zeitpunkt der vollständigen Erbringung der vertraglich geschuldeten Leistung (d. h. auf die Beendigung des Abbaus des Gerüsts) ein, weil es sich zivilrechtlich um einen einheitlichen Vertrag handelt, der nur in seiner Gesamtheit ein sinnvolles Ganzes ergibt, auch wenn mehrere wesentliche, verschiedene Hauptleistungen (z. B. Aufbau eines Gerüsts, Vermietung des Gerüsts, Abbau des Gerüsts) geschuldet sind.[526] Im Zeitlauf der Leistungserbringung erhaltene Zahlungen sind als Vorauszahlungen zu passivieren; bereits aufgelaufene Aufwendungen für die Leistungserstellung sind als »unfertige Arbeiten« zu aktivieren.

Obwohl bei umsatzsteuerpflichtigen Umsatzerlösen meistens eine Parallelität zwischen Erfolgsrealisierung und Umsatzsteuerentstehung zu verzeichnen ist, gibt es beispielsweise bei **Gutscheinen** (§ 3 Abs. 13 UStG) eine Abweichung.

Beispiel: !

Ein Groß- und Einzelhändler für Haushaltswaren (durchgängig mit 19 % USt belastet) verkauft am 10.12.2019 einen Geschenkgutschein über 200 € (brutto). Dieser Gutschein kann ausschließlich in sogenannten Outlets dieses Händlers im Inland eingelöst werden. Der Kunde löst den Gutschein dann am 28.2.2020 beim Kauf von Waren für 300 € (brutto) unter Barzuzahlung ein.

Obwohl es sich umsatzsteuerlich um einen Einzweckgutschein i. S. d. § 3 Abs. 14 S. 1 UStG handelt, der sofort der Umsatzsteuer unterliegt, fand in 2019 bilanziell (und ertragsteuerlich) noch kein realisierter Umsatz statt. In 2019 ist deshalb zu buchen:

Kasse	200,00	an	Verbindlichkeit Gutschein	168,07
			MWSt	31,93

Beim Kauf in 2020 ist dann zu buchen:

Kasse	100,00			
Verbindlichkeit Gutschein	168,07	an	Umsatzerlöse	84,03
			MWSt	15,97
			Umsatzerlöse aus Gutschein	168,07

Würde der Gutschein nicht eingelöst werden, darf die Verbindlichkeit nach drei Jahren (§ 195 BGB) ertragswirksam ausgebucht werden. Eine Korrektur der Umsatzsteuer ist unzulässig, weil der Gutscheinverkauf in 2019 abschließend (und erfolgreich) getätigt wurde.

---

525 BFH, Urteil v. 7.11.2018, IV R 20/16, DB 4/2019, S. 158–161.
526 FG Baden-Württemberg, Urteil v. 3.3.2016 – 3 K 1603/14, rkr., DStRE 2018, S. 65.

Praxisfall: Umsatzerlös aus bezahlter »Mitgliedschaft«

Etwas anderes gilt jedoch, wenn ein Unternehmen den Kunden eine sog. Mitgliedschaft andient, die gegen Zahlung eines monatlichen Pauschalbeitrags das Recht zum unbegrenzten Einkauf von nicht näher bezeichneten Waren mit Rabatt bietet.

In diesem Fall entsteht jeden Monat ein umsatzsteuerpflichtiger Umsatzerlös, weil es sich für dieses Unternehmen um eine normale Absatzleistung handelt.[527]

Eine weitergehende Aufgliederung der Umsatzerlöse im Anhang in Form einer **Segmentberichterstattung** ist gem. § 285 Nr. 4 HGB geboten.

7.2.2 Erhöhung oder Verminderung des Bestands an fertigen und unfertigen Erzeugnissen

Dieser Posten dient der Periodenabgrenzung und ist regelmäßig identisch mit der sich aus Bilanz und Vorjahresbilanz errechneten **Bestandsveränderung**. Eine Aufgliederung in fertige Erzeugnisse und unfertige Erzeugnisse ist nicht gefordert, aber sinnvoll. Bestandsveränderungen bei Waren werden nicht unter diesem Posten ausgewiesen; der Abgang an Waren ist als Wareneinsatz im Posten »5a Materialaufwand« zu berücksichtigen, wodurch ein unterschiedlicher Ansatz der Bestandsveränderung im Bilanzposten »fertige Erzeugnisse und Waren« und diesem GuV-Posten entstehen kann.

!

Beispiel:

Die Bilanz zum Ende von t 01 hat folgenden Inhalt:

Bilanz 01			
FE und Waren	1.000	Eigenkapital	1.000

Die Konten in t 02 haben folgenden Inhalt:

FE				Waren			
AB	500	Ab	1.300	AB	500	Ab	900
Zu	1.600	EB	800	Zu	600	EB	200

Danach hat die Bilanz am Ende von t 02 dann folgenden Inhalt, wenn externe Geschäftsvorfälle in der Bank gegengebucht sind:

Bilanz 02			
FE und Waren	1.000	Eigenkapital	1.000
Verlust	2.200	Bank	2.200

---

527 Für die umsatzsteuerliche Behandlung derartiger Fälle vgl. BFH, Urteil v. 18.12.2019 – XI R 21/18, BFH/NV 2020, S. 821.

Während in der Gewinn- und Verlustrechnung folgendes ausgewiesen wird:

Gewinn- und Verlustrechnung			
Materialaufwand	2.500	Bestandserhöhung	300
		Verlust	2.200

Obwohl aus den Bilanzen keine Bestandsveränderung ersichtlich ist, da sich die beiden Bestandsveränderungen gegenseitig aufheben, wird in der Gewinn- und Verlustrechnung die Bestandserhöhung bei den Fertigerzeugnissen ausgewiesen, während die Bestandsminderung bei den Waren in den Wareneinsatz eingeht.

In diesem Posten müssen sowohl Bestandsveränderungen aufgrund einer Mengenänderung als auch solche aufgrund einer Wertänderung ausgewiesen werden; dagegen sind Wertänderungen aufgrund von in den Herstellungskosten einbezogenen Abschreibungen nur dann zu berücksichtigen, wenn sie die sonst üblichen Abschreibungen nicht überschreiten (§ 277 Abs. 2 HGB). Unübliche Abschreibungen sind im Posten 7 b) zu zeigen. Dies bedeutet, dass im Grenzfall in der Bilanz eine Bestandsminderung ausgewiesen werden kann, während die Gewinn- und Verlustrechnung eine Bestandserhöhung zeigt.

Beispiel:

In der Bilanz des Jahres 01 werden 10.000 Euro fertige Erzeugnisse ausgewiesen. Im Jahr 02 erfolgt eine Zuführung zu den fertigen Erzeugnissen von 4.000 Euro und eine über das übliche Maß hinausgehende Abschreibung von 5.000 Euro auf die Fertigerzeugnisse.

In der Bilanz des Jahres 02 wird deshalb ein Endbestand von 9.000 Euro und damit – durch Jahresvergleich – eine Bestandsminderung von 1.000 Euro ausgewiesen. In der Gewinn- und Verlustrechnung zeigt sich dagegen eine Bestandserhöhung von 4.000 Euro, da die Abschreibung im Posten 7b) ausgewiesen werden muss.

7.2.3 Andere aktivierte Eigenleistungen

Auch dieser Posten dient der Periodenabgrenzung und ist in seiner Wirkung mit einer Bestandserhöhung im Posten 2. zu vergleichen. Es handelt sich hierbei um Eigenleistungen des Unternehmens, die im Anlagevermögen aktiviert werden (z. B. selbst erstellte Anlagen). In Höhe dieses Postens werden diverse Aufwandsarten (Rohstoffe, Löhne etc.) kompensiert.

Nach diesem Posten kann freiwillig ein Posten Gesamtleistung eingefügt werden, der als Zwischensumme der GuV-Rechnung die betriebliche Leistung einer Periode darstellt.

7.2.4   Sonstige betriebliche Erträge

Es handelt sich um einen Sammelposten, der alle nicht unter anderen Posten auszu-weisenden Erträge aufnimmt.

Hier auszuweisen sind beispielsweise Erträge aus:[528]

- Vermietung und Verpachtung (soweit es sich nicht um typische Umsätze des Unternehmens handelt),
- Kantinen,
- sozialen Einrichtungen,
- Provisionen, Lizenzgebühren,
- dem Abgang von Gegenständen des Anlagevermögens,
- Zuschreibungen zu Gegenständen des Anlagevermögens,
- der Herabsetzung der Pauschalwertberichtigung,
- der Auflösung von Rückstellungen.

Erträge aus dem Abgang von Anlagegütern entstehen immer dann, wenn diese Güter einen über dem Buchwert liegenden Verkaufserlös erzielen, wobei der Verkaufserlös um Skonto etc. gekürzt wird. Versicherungsentschädigungen für Gegenstände des Anlagevermögens sind ebenfalls hier in voller Höhe auszuweisen.

Erträge aus Zuschreibungen stimmen mit den entsprechenden Beträgen des Anlagenspiegels überein.

Soweit Rückstellungen nicht in Anspruch genommen werden, sind die Auflö-sungsbeträge hier auszuweisen. Da Rückstellungen stets für bestimmte Auszahlun-gen in der Zukunft gebildet werden, ist es nicht zulässig, bestehende Rückstellungen auf neue Rückstellungen zu übertragen, auch wenn alte und neue Rückstellung hin-sichtlich Aufwandsart und Höhe übereinstimmen, d. h., dass ggf. sogar Auflösung und Neubildung in gleicher Höhe gesondert auszuweisen sind. Wird die Rückstellung tatsächlich in Anspruch genommen, so wird die Auszahlung direkt auf dem Konto »Rückstellung« gegengebucht; Spitzenbeträge werden bei zu hoch geschätzter Rück-stellung unter diesem Posten ausgewiesen, bei zu niedrig geschätzter Rückstellung unter der betreffenden Aufwandsart gebucht.

Hier sind auch Erträge aus dem Verkauf von Bezugsrechten auszuweisen, nicht je-doch bis zur Veräußerung von festverzinslichen Wertpapieren aufgelaufene und vom Käufer bezahlte Stückzinsen, die unter Nr. 10 auszuweisen sind.

---

528 Biener/Berneke (Bilanzrichtlinien-Gesetz), S. 210.

7.2.5 Materialaufwand

Der Ausweis untergliedert sich in:

1. Aufwendungen für Roh-, Hilfs- und Betriebsstoffe und für bezogene Waren
2. Aufwendungen für bezogene Leistungen

zu 1.: In diesem Unterposten sind alle **Stoffe** und **Waren** auszuweisen, soweit sie zu einer unter den ersten drei Posten ausgewiesenen Leistung geführt haben. Es muss sich somit um Aufwendungen für Stoffe und Waren für eine betriebstypische Leistung handeln, die Hereinnahme anderer Aufwendungen ist betriebswirtschaftlich nicht sinnvoll, da dann Aufwendungen mit nicht korrelierenden Erfolgskomponenten verglichen werden. Lediglich bei unbedeutenden Aufwandsteilen könnte eine Einbeziehung in diesen Posten vertreten werden.

Ebenfalls unter diesem Posten werden Inventurdifferenzen, kleinere Diebstähle u. Ä. erfasst. Größere Verluste, z. B. infolge von Brand, sind unter Posten 8 auszuweisen.

zu 2.: Aufwendungen für bezogene Leistungen werden hier ausgewiesen, soweit sie den unter 1. genannten Aufwendungen gleichzusetzen sind. Das Erfordernis der Gleichsetzbarkeit ist immer dann erfüllt, wenn bei anderer Bezugsart der Stoffe und Waren die hier unter 2. aufgeführten Aufwendungen auch Bestandteil des Preises der Stoffe und Waren sein könnten. Dies können beispielsweise die folgenden Aufwendungen sein, sofern sie den ersten drei Posten gegenüberstehen[529]

- Fremdarbeiten, die in die Leistungserstellung eingehen,
- Lohnverarbeitung, Lohnbearbeitung,
- Fremdreparaturen an Stoffen und Waren,
- Entwicklungs-, Versuchs- und Konstruktionsarbeiten,
- Frachten, Transport, Fremdlager.

Nicht hierher gehören z. B. Aufwendungen für

- Büromaschinenmieten,
- allgemeine Beratungsgebühren,
- bezogene Werbeleistungen,
- Versicherungsprämien,
- Vertriebsprovisionen.

Nach einem Urteil des BFH[530] sind die Anschaffungs- oder Herstellungskosten **kurzlebiger Wirtschaftsgüter** (Verwendung oder Nutzung weniger als ein Jahr) auch dann sogleich in voller Höhe als Betriebsausgaben abziehbar, wenn aus diesen Wirtschaftsgütern nach dem Gebrauch Rohstoffe in erheblichem Umfang wiedergewon-

---

529 In Anlehnung an Biener/Berneke (Bilanzrichtlinien-Gesetz), S. 211.
530 BFH, Urteil v. 2.12.1987, X R 19/81, BStBl. 1988 II, S. 502.

nen werden, wie dies beispielsweise bei den Schriftmetallen (Setzteilen) einer Druckerei der Fall ist, die die Setzteile nach Gebrauch einschmilzt und zu neuen Druck- und Prägeformen gießt. Auch in diesem Fall muss der gesamte Materialeinsatz – unabhängig von den nach der Leistungserstellung u. U. zurückgewonnenen Gütern – in diesem Posten ausgewiesen werden.

Abzugsfähige **Vorsteuern** sind nicht Bestandteil dieser Aufwendungen, sondern als Forderungen gegenüber dem Finanzamt (sofern durch Saldierung mit der abzuführenden Umsatzsteuer kein Passivposten entsteht) im Posten »B.II.4. sonstige Vermögensgegenstände« auszuweisen.

7.2.6 Personalaufwand

Das Mindestgliederungsschema verlangt die folgende Untergliederung des Postens:
a) Löhne und Gehälter
b) soziale Abgaben und Aufwendungen für Altersversorgung und für Unterstützung, davon für Altersversorgung

zu a): Hierzu gehören die Bruttobeträge sämtlicher **Löhne und Gehälter**, die in der abzurechnenden Periode tatsächlich gezahlt wurden, oder für die Rückstellungen oder sonstige Verbindlichkeiten passiviert wurden. Auch alle Nebenbezüge und Sachbezüge sind hier auszuweisen.

Nicht hierher gehören die unter b) auszuweisenden Beträge, Aufsichtsratsbezüge (die unter Nr. 8 auszuweisen sind) und der Gewinnanteil des Komplementärs einer KGaA.

Wird an Arbeitnehmer **Kurzarbeitergeld** ausgezahlt, das von der Bundesagentur für Arbeit erstattet wird, so ist die Auszahlung nicht hier als Aufwand zu erfassen, sondern als Forderung zu aktivieren (wenn die Erstattung noch nicht stattgefunden hat) oder als Verbindlichkeitsminderung zu buchen (wenn die Erstattung bereits erfolgt ist). Die Erstattung ist also als ein **durchlaufender Posten** zu behandeln.[531]

zu b): Nur aufgrund gesetzlicher Vorschriften zu leistende **Sozialabgaben** (Arbeitnehmeranteile) sind hier als »soziale Abgaben« auszuweisen, nicht dagegen freiwillige Sozialleistungen und solche, die aufgrund von Tarifverträgen und Betriebsvereinbarungen gezahlt werden, die ebenfalls unter a) fallen.

---

531 Rädlein u. a. (Kurzarbeitergeld).

Als Aufwendungen für **Altersversorgung** und für Unterstützung sind folgende Aufwendungen auszuweisen, soweit sie für tätige und nicht mehr tätige Betriebsangehörige (einschließlich Vorstandsmitglieder) geleistet wurden:

a) Pensionszahlungen (soweit nicht zulasten von Pensionsrückstellungen geleistet);

b) Zuführungen zu Pensionsrückstellungen einschließlich Deputatrückstellungen; auch der Zinsanteil für bereits angesammelte Rückstellungen kann hier einbezogen oder unter Nr. 13 ausgewiesen werden;

c) Zuweisungen an Unterstützungs- und Pensionskassen sowie Prämienzahlungen für die künftige Altersversorgung der Mitarbeiter, wenn diese einen unmittelbaren Anspruch erwerben; dagegen sind Nettoprämien zum Zweck der Rückdeckung der Gesellschaft in Nr. 8 zu erfassen;

d) Aufwendungen für Unterstützung (z. B. Arzt-, Kur-, Heiratsbeihilfen), auch für Hinterbliebene von Betriebsangehörigen.

Die Beträge a) bis c) sind als »Davon-Vermerk« gesondert anzugeben.

Sofern das Unternehmen **Zuschüsse** oder Zulagen zu den Personalaufwendungen erhält (z. B. nach dem **Forschungszulagengesetz**, FZulG), sind die Personalaufwendungen hier ungekürzt zu zeigen.

7.2.7 Abschreibungen

Auch für die **Abschreibungen** ist eine Untergliederung vorgeschrieben:

a) Abschreibungen auf immaterielle Vermögensgegenstände des Anlagevermögens und Sachanlagen

b) Abschreibungen auf Vermögensgegenstände des Umlaufvermögens, soweit diese die in der Gesellschaft üblichen Abschreibungen überschreiten

zu a): Der hier ausgewiesene Betrag ist identisch mit dem entsprechenden Betrag (Abschreibungen des Geschäftsjahres) des in der Bilanz oder im Anhang auszuweisenden Anlagenspiegels; die dort vorgesehene Aufgliederung nach Bilanzposten braucht hier nicht wiederholt zu werden. Ein gesonderter Ausweis außerplanmäßiger Abschreibungen aufgrund des § 253 Abs. 3 S. 5 und 6 HGB ist durch § 277 Abs. 3 S. 1 HGB vorgesehen; er kann in diesem Posten als »Davon-Vermerk« oder im Anhang erfolgen.

Nicht hier auszuweisen sind Verluste aus dem Abgang von Gegenständen des Anlagevermögens, da es sich bei diesen Beträgen um betriebliche Aufwendungen handelt.

zu b): Es sind hier zwei Arten von Aufwendungen zu erfassen, soweit sie die für das betreffende Unternehmen üblichen Abschreibungen übersteigen:

ba) Wertminderungen einzelner Gegenstände des Umlaufvermögens, bb) Einstellung in die Pauschalwertberichtigung zu Forderungen (sowohl bei direkter aktivischer Absetzung als auch bei Bildung eines Passivpostens).

Bei der Interpretation der **üblichen Abschreibung** stellt sich die Frage, ob hier die Üblichkeit der Abschreibungsart oder die Üblichkeit der Abschreibungshöhe gemeint ist, was das Gesetz offenlässt. Ein Bezug auf die Abschreibungsart würde hier nur zum Ausweis von einmaligen bzw. seltenen Abschreibungen oder von Abschreibungen für bestimmte Vermögensgegenstände führen. Im Rahmen des Gesamtzusammenhangs der Gewinn- und Verlustrechnung ist es m. E. jedoch zweckmäßiger, auf die Üblichkeit der Abschreibungshöhe, also auf das übliche Maß, abzustellen, wenn man u. a. bedenkt, dass auch periodenfremde Erfolgsbeitrage zu den ordentlichen Aufwendungen und Erträgen zählen.

Wertminderungen, wenn sie das übliche Maß nicht überschreiten, und Verluste aus dem Abgang von Vorräten werden unter Nr. 2 (für unfertige und fertige Erzeugnisse) und, soweit es sich um Roh-, Hilfs- und Betriebsstoffe und Waren handelt, unter Nr. 5 a, sowie bei Forderungen und sonstigen Vermögensgegenständen unter Nr. 8 ausgewiesen.

Werden in diesem Posten Abschreibungen aufgrund der § 253 Abs. 3 S. 3 und 4 HGB ausgewiesen, so sind diese entweder in einem »Davon-Vermerk« oder im Anhang anzugeben und hinreichend zu begründen (§ 277 Abs. 3 S. 1 HGB).

7.2.8 Sonstige betriebliche Aufwendungen

Es handelt sich hier um ein Sammelbecken meist kleinerer Aufwendungen, die jedoch in der Summe oftmals sehr erheblich sind. Beispielhaft seien genannt: Bewirtungs- und Betreuungskosten,[532] Werbeaufwendungen, Kommunikationskosten, Beiträge etc. Es sollte jedoch stets geprüft werden, ob ein Ausweis unter einem konkreteren Posten zweckmäßiger ist, damit hier Beträge nicht nur aus Bequemlichkeit landen.

Ebenfalls hier auszuweisen sind Verluste aus dem Abgang von Gegenständen des Anlagevermögens (Verkauf unter Buchwert). Fallen Schrotterlöse an, so ist der hier auszuweisende Betrag um die Schrotterlöse zu kürzen; keine Kürzung erfolgt dagegen durch Versicherungsleistungen, die unter Posten 4 auszuweisen sind. Um Abgangsverluste zu ermitteln, ist vom Buchwert zum Zeitpunkt des Ausscheidens des Vermögensgegenstands auszugehen, d. h., dass die zeitanteilige Abschreibung vorher zu berücksichtigen ist. Es ergibt sich deshalb folgendes Rechenschema:

---

532 Für die Abzugsfähigkeit als Betriebsausgabe ist § 4 Abs. 7 EStG hinsichtlich der gesonderten Aufzeichnungspflicht zu beachten.

Verkaufserlös für abgehendes Anlagegut

- Buchrestwert zum Beginn des Geschäftsjahres
- zeitanteilige Abschreibung im Geschäftsjahr
- ggf. außerplanmäßige Abschreibung im Geschäftsjahr
+ Schrotterlöse

= Verlust (oder Gewinn) aus Anlagenabgang

In diesem Posten werden u. a. auch Instandsetzungen und Reparaturen erfasst. Werden Ausgaben bei der Zuführung zu einer **Instandhaltungsrücklage** bei einer (Wohnungs-)Eigentümergemeinschaft nicht als sofortiger Aufwand geleistet, muss eine Beteiligung an der Instandhaltungsrückstellung mit dem Betrag der geleisteten und noch nicht verbrauchten Einzahlungen aktiviert werden.[533]

Aufwendungen für Leiharbeitnehmer/Zeitarbeitskräfte werden hier meistens ebenfalls erfasst. Werden die **Leiharbeitnehmer** jedoch in größerem Umfang anstelle fest angestellter Arbeitnehmer beschäftigt, so sollte ein Ausweis unter den »Personalaufwendungen« erfolgen, da dies zu einer betriebswirtschaftlich besseren Aussage führt.[534] Diese Auffassung wird durch ein Urteil des BAG (unter Aufgabe früherer Rechtsprechung) gestärkt, wonach Leiharbeitnehmer bei der für die Größe des Betriebsrats maßgeblichen Anzahl der Arbeitnehmer eines Betriebs grundsätzlich zu berücksichtigen sind.[535]

Insbesondere in § 4 Abs. 5 EStG ist eine Reihe von Betriebsausgaben definiert, die den steuerlichen Gewinn nicht mindern dürfen (**nicht abziehbare Betriebsausgaben**). Diese Norm gilt ausschließlich für die steuerrechtliche Gewinnermittlung. Im handelsrechtlichen Jahresabschluss sind dies aber regelmäßig Aufwendungen, die den handelsrechtlichen Gewinn mindern und zumeist in diesem Posten auszuweisen sind.

7.2.9 Erträge aus Beteiligungen

Hierher gehören sämtliche Erträge aus **Beteiligungen**. Die Beteiligungen müssen als solche in der Bilanz ausgewiesen sein. Nicht hierher gehören Beteiligungserträge, wenn durch Verkauf von Beteiligungen unter Nr. 4 (ggf. Nr. 15) auszuweisende Gewinne entstanden sind.

Im Wesentlichen handelt es sich hier um Dividenden aus der Beteiligung an Kapitalgesellschaften, die erst nach einem Gewinnverwendungsbeschluss zufließen, um Gewinnanteile an Personengesellschaften und stillen Gesellschaften, die bereits mit

---

533 BFH, Urteil v. 14.12.2011, I R 108/10, Haufe-Index 2884434.
534 Vgl. Bömelburg/Rägle/Gahm (Aufwendungen).
535 BAG-Beschluss v. 13.3.2013, 7 ABR 69/11.

Ablauf des Geschäftsjahres entstehen, und um Zinsen aus partiarischen Darlehen, die am Fälligkeitstag zufließen.

Handelt es sich bei diesen Beteiligungserträgen um solche aus verbundenen Unternehmen, so sind diese gesondert als »Davon-Vermerk« auszuweisen.

7.2.10 Erträge aus anderen Wertpapieren und Ausleihungen des Finanzanlagevermögens

Erträge aus **Finanzanlagen**, soweit es sich nicht um Beteiligungen handelt, sind unter diesem Posten auszuweisen. Die Erträge sind stets mit ihrem Bruttobetrag auszuweisen; eine einbehaltene Kapitalertragsteuer erscheint unter Nr. 18.

Handelt es sich bei diesen Erträgen um solche aus verbundenen Unternehmen, so sind diese gesondert als »Davon-Vermerk« auszuweisen.

7.2.11 Sonstige Zinsen und ähnliche Erträge

Soweit **Zinserträge** und **ähnliche Erträge** nicht unter Nr. 9 und 10 fallen, sind sie unsaldiert mit entsprechenden Aufwendungen unter diesem Posten auszuweisen. Auch in den Fällen, in denen eine Saldierung von Forderungen und Verbindlichkeiten zulässig ist, müssen die entsprechenden Erträge und Aufwendungen gesondert in die GuV-Rechnung eingestellt werden.

Als Erträge zu diesem Posten kommen in Betracht:
a) Zinsen für Einlagen bei Kreditinstituten und Forderungen an Dritte (Bankguthaben, Darlehen und Hypotheken – soweit sie nicht Finanzanlagen sind –, Wechselforderungen, andere Außenstände);
b) Zinsen und Dividenden auf Wertpapiere des Umlaufvermögens;
c) Aufzinsungsbeträge für unverzinsliche und niedrig verzinsliche Forderungen einschließlich Leistungsforderungen (soweit nicht Finanzanlagen betreffend);
d) als ähnliche Erträge die Erträge aus Agio, Disagio, Kreditprovisionen, Erträge aus Kreditgarantien, Teilzahlungszuschläge u. Ä.; nicht jedoch Kreditbearbeitungsgebühren, Spesen, Mahnkosten u. Ä.

Handelt es sich bei diesen Zinserträgen um solche aus verbundenen Unternehmen, so sind diese gesondert als »Davon-Vermerk« auszuweisen.

7.2.12 Abschreibungen auf Finanzanlagen und auf Wertpapiere des Umlaufvermögens

Ohne Rücksicht auf die Üblichkeit und den Grund sind hier sämtliche **Abschreibungen auf Finanzanlagen** und auf Wertpapiere des Umlaufvermögens auszuweisen, dies schließt auch die Pauschalwertberichtigung auf langfristige Forderungen ein.

Für den Fall der außerplanmäßigen Abschreibungen auf Finanzanlagen (§ 253 Abs. 3 S. 4 HGB) sind gesonderte Ausweise in der GuV oder im Anhang vorgeschrieben (§§ 277 Abs. 3 S. 1 HGB).

7.2.13 Zinsen und ähnliche Aufwendungen

Hier handelt es sich um den Gegenposten zu Nr. 11. Es dürfen nur **Zinsen** und ähnliche Aufwendungen ausgewiesen werden, Kosten des Zahlungsverkehrs sind deshalb unter Nr. 8 auszuweisen.

Handelt es sich bei diesen Zinsaufwendungen um solche aus verbundenen Unternehmen, so sind diese gesondert als »Davon-Vermerk« auszuweisen.

7.2.14 Exkurs: Ergebnis der gewöhnlichen Geschäftstätigkeit

Dieser Posten stellte bis 2015 eine Zwischensumme aller bisher aufgeführten Aufwendungen und Erträge dar. Inhaltlich wurde hier der Überschuss bzw. Fehlbetrag aus der **gewöhnlichen Geschäftstätigkeit** ausgewiesen, wobei sich das Ergebnis der gewöhnlichen Geschäftstätigkeit in der Rückrechnung ergibt als

	Jahresüberschuss/Jahresfehlbetrag
+	Steueraufwand
+	außerordentliche Aufwendungen
–	außerordentliche Erträge
=	Ergebnis der gewöhnlichen Geschäftstätigkeit

Diese Zwischensumme wurde durch das BilRUG entfernt, weil auch die nachfolgenden außerordentlichen Erfolgsbestandteile nicht mehr Pflichtbestandteile der GuV sind. Dennoch darf diese Zwischensumme auch weiterhin gezeigt werden (siehe § 265 Abs. 5 S. 2 HGB), sollte dann jedoch als »Ergebnis vor Steuern« bezeichnet werden.

Außerdem bieten sich – im Gesamtkostenverfahren – für einen freiwilligen Ausweis noch die folgenden Zwischensummen an:

- Betriebsergebnis, als Summe der Posten 1 bis 8
- Finanzergebnis, als Summe der Posten 9 bis 13

7.2.15 Exkurs: Außerordentliches Ergebnis

Durch das BilRUG wurden die Posten »außerordentliche Erträge«, »außerordentliche Aufwendungen« und die Zwischensumme »außerordentliches Ergebnis« mit Wirkung ab 2016 aus dem gesetzlichen Gliederungsschema gestrichen. Vorgeschrieben sind jetzt jedoch Erläuterungen im Anhang zu periodenfremden Aufwendungen und Erträgen (§ 285 Nr. 32 HGB) und zu außergewöhnlichen Aufwendungen und Erträgen (§ 285 Nr. 31 HGB). Um diese Informationspflicht im Anhang zu erfüllen, ist die Führung entsprechender Konten zweckmäßig, auch wenn deren Salden nicht mehr als solche in der GuV gezeigt werden müssen.

Auch an dieser Stelle erfolgt im deutschen Bilanzrecht eine Angleichung an die internationale Rechnungslegung nach IFRS. Während dort jedoch der Ausweis außerordentlicher Erfolgsbeiträge explizit ausgeschlossen ist, bleibt nach dem Wortlaut des HGB ein freiwilliger Ausweis möglich.

7.2.16 Steuern vom Einkommen und vom Ertrag

Es sind hier folgende **Steuern** auszuweisen:
a) Steuern vom Einkommen: Körperschaftssteuer, vor Berücksichtigung etwaiger Anrechnungsbeträge und vor Abzug etwaiger Kapitalertragsteuer, Solidaritätszuschlag,
b) Steuern vom Ertrag: Gewerbeertragsteuer,
c) ausländische Steuern, die in Deutschland den Steuern a) und b) entsprechen.

Auszuweisen sind alle tatsächlichen Zahlungen der Periode sowie Zuführungen zu Rückstellungen und die Passivierung von sonstigen Verbindlichkeiten, soweit die Gesellschaft Steuerschuldner ist.

7.2.17 Sonstige Steuern

Soweit von der Gesellschaft zu tragende Steuern nicht unter Posten 14. ausgewiesen werden, werden sie unter diesem Posten ausgewiesen. Bestimmte Steuern (z. B. Grunderwerbsteuer, Eingangszölle) sind hier nicht auszuweisen, sondern als Anschaffungsnebenkosten zu aktivieren.

Hier auszuweisen sind u. a. die Steuern vom Vermögen (Vermögensteuer, Grundsteuer, Gewerbekapitalsteuer, Erbschaftsteuer, Schenkungsteuer), nicht abziehbare oder nicht aktivierungsfähige Vorsteuer, Mineralölsteuer, Kraftfahrzeugsteuer.

7.2.18 Jahresüberschuss/Jahresfehlbetrag

Der Jahresüberschuss[536] bzw. -fehlbetrag stellt das Periodenergebnis des Unternehmens dar.

Der hier ausgewiesene Betrag ist die Ausgangsbasis für Gewinnverwendungsbeschlüsse von Verwaltung und Hauptversammlung (§ 58 AktG) und für die Berechnung einer gewinnabhängigen Tantieme des Vorstands (§ 86 Abs. 2 AktG). Dabei ist zu beachten, dass nach h. M. die Tantieme von einem nicht um die Tantieme gekürzten Jahresüberschuss zu berechnen ist. Weiterhin ist u. a. die Bildung der gesetzlichen Rücklage von der Höhe des Jahresüberschusses abhängig. Das steuerliche Pendant ist die Ausgangsbasis für die Steuern vom Einkommen und Ertrag.

7.2.19 Überleitung zum Bilanzergebnis

Um einen Bilanzgewinn bzw. -verlust zu errechnen, muss bei Aktiengesellschaften gem. § 158 Abs. 1 AktG[537] vom Ergebnis der Periode, dem Jahresüberschuss bzw. -fehlbetrag ausgegangen werden. Dieser Wert ist um den Vorjahresvortrag, um Entnahmen und Einstellungen in die Rücklage und um weitere bestimmte Posten zu verändern, um den mit dem entsprechenden Bilanzwert identischen Bilanzgewinn bzw. -verlust zu erhalten. Diese Veränderungen des Jahresüberschusses bzw. -fehlbetrags sind buchtechnisch notwendig, da sich andernfalls nicht die Ergebnisidentität mit der Bilanz herstellen ließe; der Vortrag ist in der Bilanz ohnehin unter den Passiven bzw. Aktiven ausgewiesen. Entnahmen und Einstellungen in die Rücklagen müssen gem. § 151 Abs. 2 und 3 AktG bereits in der Bilanz vorgenommen werden.

Im Einzelnen sind – soweit es sich nicht um Leerposten handelt – folgende Posten auszuweisen:

20. Jahresüberschuss/Jahresfehlbetrag
21. Gewinnvortrag/Verlustvortrag aus dem Vorjahr
22. Entnahmen aus der Kapitalrücklage

---

536 Der Gesetzgeber hat hier die alte Schreibweise »Jahresüberschuß« beibehalten.
537 Für Aktiengesellschaften existieren hierzu genaue Regelungen; andere Rechtsformen können sich hier jedoch anlehnen.

23. Entnahmen aus Gewinnrücklagen

 a) aus der gesetzlichen Rücklage

 b) aus der Rücklage für Anteile an einem herrschenden oder mehrheitlich beteiligten Unternehmen

 c) aus satzungsmäßigen Rücklagen

 d) aus anderen Gewinnrücklagen

24. Ertrag aus Kapitalherabsetzung

25. Einstellungen in Gewinnrücklagen

 a) in die gesetzliche Rücklage

 b) in die Rücklage für Anteile an einem herrschenden oder mehrheitlich beteiligten Unternehmen

 c) in satzungsmäßige Rücklagen

 d) in andere Rücklagen

26. Einstellung in Kapitalrücklage bei vereinfachter Kapitalherabsetzung

27. Bilanzgewinn/Bilanzverlust

zu 21.: Wurde in dem Gewinnverwendungsbeschluss des Vorjahres ein Gewinnvortrag (§ 174 Abs. 2 Nr. 4 AktG) vorgesehen, so ist dieser unter diesem Posten auszuweisen. Schloss die Vorjahresbilanz dagegen mit einem Bilanzverlust ab, so muss dieser hier ausgewiesen werden.

zu 22.: Für einen Ausweis unter diesem Posten kommen Entnahmen aufgrund des § 150 Abs. 3, Abs. 4 Nr. 1 und 2 AktG zum Ausgleich eines Jahresfehlbetrags oder Verlustvortrags oder § 229 Abs. 2 AktG zum Zweck einer vereinfachten Kapitalherabsetzung in Betracht.

Eine Entnahme zur Kapitalerhöhung aus Gesellschaftsmitteln (§ 208 AktG) sollte nur in der Bilanz als Umbuchung von den Rücklagen in das Grundkapital, nicht dagegen in der GuV-Rechnung dargestellt werden, da in der GuV-Rechnung andernfalls ein – dem Grunde nach nicht vorhandener – Ertrag ausgewiesen werden müsste.

zu 23. a): Die Ausführungen zu 22. gelten entsprechend.

zu 23. b): Die Auflösung dieser Rücklage (unter der Voraussetzung des § 272 Abs. 4 S. 2 HGB) ist hier auszuweisen.

zu 23. c): Ergebniswirksame Auflösungen von satzungsmäßigen Rücklagen sind hier auszuweisen.

zu 23. d): Die Ausführungen zu 23c) gelten entsprechend.

zu 24.: Buchgewinne, die bei einer Kapitalherabsetzung entstehen, sind gem. § 240 S. 1 AktG an dieser Stelle gesondert auszuweisen.

zu 25. a): Infrage kommt hier nur die Zuweisung zur gesetzlichen Rücklage gem. § 150 Abs. 2 AktG. Einstellungen in die offene Rücklage gem. § 58 Abs. 3 AktG erscheinen grundsätzlich nicht in der GuV-Rechnung, sondern sind in der Bilanz des Folgejahres gesondert zu vermerken (§ 152 Abs. 3 Nr. 1 AktG) und im Beschluss der Hauptversammlung über die Gewinnverwendung aufzuführen (§ 174 Abs. 2 Nr. 3 AktG).

zu 25. b): Einstellungen in die Rücklage für die bezeichneten Anteile sind grundsätzlich hier vorzunehmen.

zu 25. c): Hier werden durch die Satzung vorgeschriebene Rücklagenbildungen ausgewiesen. Bei einer Einstellung durch die Hauptversammlung (§ 58 Abs. 3 AktG), wird die GuV nicht berührt, da eine Umbuchung aus dem Bilanzgewinn direkt vorgenommen wird.

zu 25. d): Posten für den Ausweis der Einstellung in die anderen Gewinnrücklagen.

zu 26.: Beträge, die bei einer vereinfachten Kapitalherabsetzung in die gesetzliche Rücklage einzustellen sind (§§ 229 Abs. 1, 232 AktG), sind gem. § 240 S. 2 AktG in diesem gesonderten Posten auszuweisen.

zu 27.: Der Posten Bilanzgewinn/Bilanzverlust muss stets mit dem entsprechenden Wert der Bilanz übereinstimmen und ist stets anzugeben.

Unter dem Posten Nr. 27 muss ggf. noch ein Sonderposten aufgeführt werden, wenn eine **Sonderprüfung wegen unzulässiger Unterbewertung** (§ 258 f. AktG) und eine mögliche anschließende gerichtliche Entscheidung (§ 260 AktG) den Ansatz von Aktivposten mit einem höheren Wert und von Passivposten mit einem niedrigeren Wert notwendig macht. Während in der Bilanz die Unterschiedsbeträge bei den korrigierten Posten gesondert vermerkt werden müssen (§ 261 Abs. 1 S. 5 AktG), wird in der GuV-Rechnung keine Angabe bei den entsprechenden Erfolgsposten gemacht. In Bilanz und GuV-Rechnung ist die Summe dieser Unterschiedsbeträge in einem gesonderten Posten jeweils nach dem Posten Bilanzgewinn auszuweisen. Die Posten werden nach § 261 Abs. 1 und 2 AktG jeweils letzter S. bezeichnet.

Dieser unter dem Bilanzgewinn auszuweisende Sonderposten muss nicht mit der Summe der durch die Sonderprüfung oder das Gericht festgestellten Bewertungsänderungen übereinstimmen, da die Sonderprüfer bzw. das Gericht die Feststellung auf den Stichtag der bemängelten Bilanz vornehmen (§ 259 Abs. 2 S. 2 AktG), während für den auszuweisenden Ertrag die veränderten Verhältnisse zum Stichtag des Sonderpostenausweises zu berücksichtigen sind (§ 261 Abs. 1 S. 2 AktG). Da den Aktionären die abschließende Feststellung gem. § 259 Abs. 2 bis 4 AktG bekannt ist, muss die sich aus § 261 Abs. 1 S. 2 AktG ergebende Differenz im Anhang erläutert werden (§ 261 Abs. 1 S. 3 u. 4 AktG).

7.2.20 Sonderposten wegen Ergebnissen aus Unternehmensverträgen

Nach § 277 Abs. 3 S. 2 HGB sind bei Kapitalgesellschaften die folgenden Sonderposten in das Gliederungsschema einzufügen, die Erträge und Aufwendungen aus Unternehmensverträgen gesondert darstellen, um für diese Ergebniskomponenten eine verbesserte Aussagekraft zu erhalten. Für die Einordnung dieser Sonderposten gibt es keine Vorschrift, weshalb der Bilanzierende in dieser Frage weitgehend frei ist. Die folgenden Postennummern stellen deshalb nur Vorschläge dar; neben dieser Darstellung an verschiedenen Stellen der GuV bietet sich jedoch auch eine Zusammenfassung in einem Posten 13a. »Ergebnis aus Unternehmensverträgen« an, da es sich hier letztlich um einen Bestandteil des Finanzergebnisses handelt; die gesondert auszuweisenden Beträge wären dann in einer Vorspalte aufzuführen.

Gesondert auszuweisen sind:
1. Erträge aufgrund einer Gewinngemeinschaft, eines Gewinnabführungs- oder eines Teilgewinnabführungsvertrags
2. Erträge aus Verlustübernahme
3. Aufwendungen aufgrund einer Gewinngemeinschaft, eines Gewinnabführungs- oder eines Teilgewinnabführungsvertrags
4. Aufwendungen aus Verlustübernahme

zu 1.: Fallen Erträge aufgrund einer Gewinngemeinschaft, eines Gewinnabführungs- oder eines Teilgewinnabführungsvertrags an, so ist ein neuer Posten mit dieser Bezeichnung einzufügen (§ 277 Abs. 3 S. 2 HGB), der zweckmäßigerweise als Posten 9a eingeordnet werden kann. Die Bezeichnung dieses Postens ist der Begriffsbestimmung der §§ 291 Abs. 1, 292 Abs. 1 Nr. 1 und 2 AktG angepasst und enthält Erträge aus:
a) Gewinngemeinschaften (Interessengemeinschaftsverträgen), nicht jedoch z. B. aus Arbeitsgemeinschaften (z. B. für Großbauten),
b) Gewinnabführungsverträgen einschließlich solcher Verträge, nach denen die Gesellschaft ihr Unternehmen für Rechnung eines anderen Unternehmens zu führen hat,
c) Teilgewinnabführungsverträgen.

zu 2.: Bei Beherrschungs- und Gewinnabführungsverträgen gem. § 302 Abs. 1 AktG und bedingt bei Betriebspacht- und Betriebsüberlassungsverträgen gem. § 302 Abs. 2 AktG zum Ausgleich von sonst entstehenden Jahresfehlbeträgen empfangene Beträge fallen unter diesen Posten. Er kann als Posten Nr. 19a in die GuV eingegliedert werden.

zu 3.: Auszuweisen sind hier die aufgrund der genannten Verträge abgeführten Beträge, es handelt sich um einen Gegenposten zu Posten Nr. 9a, der als Posten Nr. 19b ausgewiesen werden kann.

zu 4.: Sofern Aufwendungen aus Verlustübernahme anfallen, sind diese gesondert unter dieser Postenbezeichnung in der Gewinn- und Verlustrechnung auszuweisen. Es bietet sich dafür ein Posten 12a an.

7.3   Das Umsatzkostenverfahren

7.3.1   Umsatzerlöse

Dieser Posten entspricht dem gleichnamigen Posten des Gesamtkostenverfahrens.

7.3.2   Herstellungskosten der zur Erzielung der Umsatzerlöse erbrachten Leistungen

In diesem Posten werden sämtliche **Herstellungskosten** von Gütern und Dienstleistungen ausgewiesen, die im Geschäftsjahr verkauft wurden und damit zu Umsatzerlösen führten. Dieser Posten stellt damit den Gegenposten zu den Umsatzerlösen dar. Dabei ist es unerheblich, ob die verkauften Leistungen im gleichen Jahr oder in einem früheren Jahr hergestellt wurden. In diesem Posten sind auch die Anschaffungskosten für fremdbezogene Waren und Handelswaren auszuweisen, die im Geschäftsjahr im Rahmen von Verkäufen zu Umsatzerlösen führten.

Für die grundsätzliche Ermittlung der Herstellungskosten (und der Anschaffungskosten) gelten die allgemeinen Regeln des § 255 Abs. 1–3 HGB. Die Restdifferenz (z. B. für Vertriebskosten, die grundsätzlich kein Bestandteil der Herstellungskosten sind) wird als »4. Vertriebskosten«, »5. allgemeine Verwaltungskosten« oder evtl. »7. sonstiger betrieblicher Aufwand« gezeigt.

Der Jahresabschluss stellt mit Bilanz und Gewinn- und Verlustrechnung sowie Anhang eine Einheit dar. Aus diesem Grund müssen die Herstellungskosten in der Bilanz und in der Gewinn- und Verlustrechnung nach denselben Bewertungsmethoden ermittelt werden. Es wäre nicht tragbar und ein Verstoß gegen die Generalnorm des § 264 Abs. 2 HGB, wären die Herstellungskosten in Bilanz und Gewinn- und Verlustrechnung unterschiedlich ermittelt. Somit sind als Herstellungskosten hier auszuweisen:

- bei verkauften Leistungen, die in der Vorjahresbilanz als fertige Leistungen aktiviert waren: die in der Vorjahresbilanz aktivierten Herstellungskosten;
- bei verkauften Leistungen, die in der Vorjahresbilanz als unfertige Leistungen aktiviert waren: die in der Vorjahresbilanz aktivierten Herstellungskosten zuzüglich den Herstellungskosten für die Fertigstellung in der laufenden Periode;
- bei verkauften Leistungen, die in der Vorjahresbilanz noch nicht aktiviert waren: die Herstellungskosten der Leistung in der laufenden Periode.

7.3.3 Bruttoergebnis vom Umsatz

Der Saldo aus den beiden ersten Posten ist hier auszuweisen. Er stellt das Betriebsergebnis im engeren Sinn bzw. den Rohgewinn dar.

7.3.4 Vertriebskosten

Hier sind sämtliche Kosten auszuweisen, die dem Vertriebsbereich zuzurechnen sind. **Vertriebskosten** gehören grundsätzlich nicht zu den Herstellungskosten.

Der Ausweis in diesem Posten ist unabhängig davon, ob es sich um Einzelkosten des Vertriebs handelt, z. B. um
- Verpackung für ein bestimmtes Gut,
- gesondert ermittelte Transportkosten,
- Kosten des Verkaufslagers,
- Provisionen,
oder um Gemeinkosten des Vertriebs, z. B. um
- Kosten der Vertriebs- und Werbeabteilung,
- Kosten eines Vertreternetzes bzw. von Außenlagern,
- allgemeine Transport- und Fuhrparkkosten,
- Messe- und Ausstellungskosten,
- Kosten von Schulungen und Präsentationen.

7.3.5 Allgemeine Verwaltungskosten

Alle Kosten der Verwaltung sind hier auszuweisen; dazu zählen insbesondere auch auf den Verwaltungsbereich entfallende Personalkosten und Abschreibungen. Insbesondere sind hier die Kosten der folgenden Abteilungen auszuweisen:
- Finanz- und Rechnungswesen,
- Organisation und Datenverarbeitung,
- Personalabteilung,

- Interne Revision,
- Steuer- und Rechtsabteilung,
- Vorstand/Geschäftsführung.

Nicht in diesem Posten sind jene Verwaltungskosten auszuweisen, die vorrangig entweder im Posten Nr. 2 »Herstellungskosten der zur Erzielung der Umsatzerlöse erbrachten Leistungen« (z. B. Kosten des Lohnbüros) oder im Posten Nr. 4 »Vertriebskosten« (z. B. Kosten der Werbeabteilung) ausgewiesen werden müssen.

7.3.6 Sonstige betriebliche Erträge

Der Inhalt dieses Postens entspricht dem Inhalt des Postens Nr. 4 des Gesamtkostenverfahrens.

7.3.7 Sonstige betriebliche Aufwendungen

Dieser Posten des Umsatzkostenverfahrens stellt einen Sammelposten für alle betrieblichen Aufwendungen dar, die keinem anderen Aufwandsposten zugeordnet werden können. Die meisten Aufwendungen dürften in den Posten Nr. 2 (Herstellungskosten des Umsatzes) sowie Nr. 4 (Vertriebskosten) und Nr. 5 (allgemeine Verwaltungskosten) enthalten sein.

Für einen Ausweis in diesem Posten verbleiben insbesondere:
- Verluste aus dem Abgang von Gegenständen des Anlagevermögens,
- nicht aktivierbare Herstellungskosten (z. B. Forschungskosten),
- Leerkosten bei starker Unterbeschäftigung,
- übermäßiger Ausschuss.

7.3.8 Weitere Posten des Umsatzkostenverfahrens

Alle weiteren Posten des Umsatzkostenverfahrens (Nr. 8 bis 16) stimmen grundsätzlich mit den entsprechenden Posten des Gesamtkostenverfahrens (dort Nr. 9 bis 17) überein. Dies gilt auch für die Posten der Ergebnisverwendung und für Sonderposten.

8 Jahresabschluss: Nebenrechnungen

Nur für kapitalmarktorientierte Kapitalgesellschaften (§ 264d HGB) ohne eigenen Konzernabschluss sind als weitere Bestandteile des Jahresabschlusses die folgenden Zusatzrechnungen vom Gesetzgeber vorgesehen worden (§ 264 Abs. 1 S. 2 HGB):

- Kapitalflussrechnung (Pflicht)
- Eigenkapitalspiegel (Pflicht)
- Segmentberichterstattung (Wahlrecht)

Diese Verpflichtung für Zusatzrechnungen entfällt bei jenen Unternehmen, die einen Konzernabschluss aufstellen müssen, da der Konzernabschluss diese Zusatzrechnungen ohnehin enthält. An dieser Stelle dient die Ausweitung der Nebenrechnung auch auf Einzelabschlüsse kapitalmarktorientierter Unternehmen dazu, alle kapitalmarktorientierten Unternehmen gleichzustellen. Begründet wird dies auch damit, dass diese Rechnungen Bestandteil des IFRS-Abschlusses seien; damit sollen alle Kapitalmarktteilnehmer identische Informationen von allen Unternehmen erhalten.[538]

Eine Kapitalmarktgesellschaft ist kapitalmarktorientiert, wenn sie gem. § 264d HGB entweder

- selbst ausgegebene Wertpapiere (z. B. Aktien, Schuldverschreibungen, Derivate) an einem organisierten Markt handeln lässt oder
- die Zulassung von Wertpapieren am organisierten Markt beantragt hat.

8.1 Kapitalflussrechnung

Die **Kapitalflussrechnung** stellt *betriebswirtschaftlich* eine reine Kassenrechnung (*cash accounting*) dar, die alle liquiden Geldein- und Geldausgänge einer Periode darstellt. Sie zeigt sowohl die Mittelherkunft als auch die Mittelverwendung und gibt damit Informationen, die sich dem nur aus Bilanz und Gewinn- und Verlustrechnung bestehenden Jahresabschluss kaum oder nur schwer entnehmen lassen. Die Grundform der Kapitalflussrechnung sieht wie folgt aus:

    liquide Geldeingänge der Periode
− liquide Geldausgänge der Periode
= Kapitalfluss der Periode (Cashflow)

---

538 Vgl. BT-Drucks. 16/10067 v. 30.7.2008, S. 63.

Als liquide Geldbewegungen sind sowohl Bargeldflüsse als auch Bargeldäquivalente (Überweisungen, Schecks etc.) anzusehen. Damit wird unmittelbar klar, dass eine Kapitalflussrechnung eben keine Kapitalbewegungen, sondern Geldbewegungen zeigt; der englische Begriff Cashflow-Statement oder der deutsche Begriff **Geldflussrechnung** ist damit unmissverständlicher und klarer als der deutsche Begriff der Kapitalflussrechnung.

Die Kapitalflussrechnung ist gleichzeitig auch eine **Erfolgsrechnung**, die die Erfolgsbeiträge zum Zeitpunkt des Liquiditätsflusses zeigt. Somit steht sie im Gegensatz zur kaufmännischen Buchführung (*accrual accounting*) mit einer Darstellung von Erfolgsbeiträgen (Aufwendungen und Erträge) zum Zeitpunkt ihrer wirtschaftlichen Verursachung bzw. Entstehung.

Beispiel:

Ein Unternehmen kauft im Jahr 01 Handelswaren für 5.000 Euro und verkauft diese im Jahr 02 für 6.500 Euro. Alle Geschäfte werden sofort durch Bezahlung ausgeglichen.

Es werden die folgenden Periodenerfolge gezeigt:

Jahr	Kaufmännische Buchführung	Kapitalflussrechnung
01	0	− 5.000
02	+ 1.500	+ 6.500
Summe	+ 1.500	+ 1.500

Technisch setzt die Erstellung der Kapitalflussrechnung eine dritte Buchungsebene im Rechnungswesen voraus. Neben die Erfassung der Geschäftsvorfälle in der kaufmännischen Buchführung und die Zuordnung von Erfolgsbeiträgen in der Kostenrechnung (insbes. Erfassung von Kostenstellen) tritt nun noch die Erfassung der Liquiditätswirksamkeit der Geschäftsvorfälle. Eine derartige unmittelbare Erfassung von Liquiditätsflüssen wird als **direkte Methode** bezeichnet. Ist die direkte Methode beispielsweise wegen fehlender Möglichkeiten im Buchhaltungssystem nicht einsetzbar, darf die Kapitalflussrechnung auch retrograd mit der **indirekten Methode**[539] erstellt werden.

Da die oben gezeigte Grundform der Kapitalflussrechnung nur eine Grundaussage über die Finanz- und Liquiditätssituation des Unternehmens ermöglicht, hat sich international eine differenziertere Form der Kapitalflussrechnung durchgesetzt. Bei dieser werden die Cashflows einem von drei Bereichen zugeordnet:

---

539 Hinweise zur indirekten Methode finden sich u. a. in IAS 7.

Bereich	Beispiele typischer Geldeingänge	Beispiele typischer Geldausgänge
Cashflow aus operativer Tätigkeit	Zahlungen von Kunden, Erstattungen von Lieferanten	Bezahlung von Waren, Löhne und Gehälter, Versicherungsprämien, Erstattungen an Kunden
Cashflow aus Investitionstätigkeit	Erlöse vom Schrotthändler, Verkauf gebrauchter Maschinen, Versicherungsentschädigungen, Rückerstattungen	Kauf neuer Maschinen, geleistete Anzahlungen auf Maschinen
Cashflow aus Finanztätigkeit	Aufnahme von Krediten	Tilgung eines Kredits

Damit ergibt sich folgende Darstellung der Kapitalflussrechnung unter Einbeziehung der Bestände an liquiden Mitteln zum Bilanzstichtag:

Bestand 1.1.		4.000
operative Zuflüsse	3.000	
operative Abflüsse	2.500	
operativer Cashflow		+ 500
Investitionszuflüsse	300	
Investitionsabflüsse	2.000	
investiver Cashflow		− 1.700
Finanzierungszuflüsse	1.500	
Finanzierungsabflüsse	400	
Finanz-Cashflow	+ 1.100	
Cashflow der Periode		− 100
Bestand 31.12.		3.900

Der deutsche Gesetzgeber hat darauf verzichtet, in § 264 Abs. 1 HGB oder an anderer Stelle[540] die Kapitalflussrechnung und Anforderungen an eine solche Rechnung zu definieren. Dem Bilanzierenden bleibt deshalb neben der Berücksichtigung betriebswirtschaftlicher Überlegungen der Rückgriff auf

- die allgemeinen Anforderungen zum Jahresabschluss, beispielsweise in
  - § 243 Abs. 2 HGB (Klarheit und Übersichtlichkeit) und
  - § 264 Abs. 2 HGB (Vermittlung eines Bilds der Vermögens-, Finanz- und Ertragslage), und/oder
- die Regelungen des DRS 21 oder
- die Regelungen des IAS 7.

---

540 Entsprechende Erläuterungen fehlen auch in § 297 HGB für den Konzernabschluss.

Inwieweit der Bilanzierende auf DRS 21 oder IAS 7 zurückgreift, bleibt ihm überlassen, da beide Regeln für den HGB-Abschluss nicht verbindlich sind. Es empfiehlt sich jedoch, insbesondere die Regelungen des IAS 7 zu beachten, da sie für viele Konzernabschlüsse ohnehin verbindlich sind und darüber hinaus international eine hohe Akzeptanz genießen. Außerdem orientiert sich der DRS 21 in weiten Bereichen am IAS 7.

Die vom Gesetzgeber vorgeschriebene Kapitalflussrechnung ist als Teil des Jahresabschlusses immer *vergangenheitsorientiert*. Freiwillig kann daneben (z. B. im Lagebericht) auch eine *zukunftsorientierte* Kapitalflussrechnung gezeigt werden, um dem Leser des Jahresabschlusses Informationen zur Finanzplanung und zu den Zukunftsaussichten des Unternehmens zu geben. Im Rahmen einer zukunftsorientierten Cashflow-Rechnung werden meistens nur die für die nächsten Jahre erwarteten Cashflows gezeigt; werden diese auf den Bilanzstichtag abgezinst, so spricht man vom **Discounted Cashflow**.

Während die Werte der kaufmännischen Buchführung zu einem nicht unerheblichen Teil auf subjektiven Einschätzungen beruhen (beispielsweise positive oder negative Einschätzung von Abschreibungsdauern, Rückstellungen etc.), sind derartige Ermessensspielräume in einer Kapitalflussrechnung nicht anzutreffen, weil nur tatsächliche Geldflüsse in die Rechnung eingehen. Die Kapitalflussrechnung erlangt deshalb als objektiverer Bestandteil des Jahresabschlusses für die **Bilanzanalyse** zunehmende Bedeutung.

8.2   Eigenkapitalspiegel

Der **Eigenkapitalspiegel** stellt – ähnlich wie beispielsweise der Anlagenspiegel – eine horizontale Aufgliederung der unterjährigen Bewegungen aller Eigenkapitalposten der Bilanz dar. Ausgehend von den Werten der Eröffnungsbilanz werden alle Zugänge und Abgänge der einzelnen Posten dargestellt, sodass sich als Schlusswert der Bilanzwert zum Bilanzstichtag ergibt. Im Eigenkapitalspiegel werden somit die Werte des Jahresabschlusses, der eine Beständebilanz darstellt, um Werte einer **Bewegungsbilanz** ergänzt.

Der Bilanzleser erhält durch den Eigenkapitalspiegel detailliertere Informationen über die unterjährigen Veränderungen der einzelnen Eigenkapitalposten, sodass ein verbesserter Einblick in die Eigenkapitalstruktur entsteht.

Der Eigenkapitalspiegel wird zweckmäßigerweise als Matrix aufgebaut, wobei senkrecht die einzelnen Eigenkapitalposten aufgeführt werden und waagerecht die untergliederten Bewegungen stehen. Daraus kann sich beispielsweise das folgende Bild ergeben:

	01.01.2001	Ausschüttung	Einstellung in Rücklagen	Entnahme aus Rücklagen	Jahresüberschuss	Sonstige Veränderungen	31.12.2001
Eigenkapital	6.500	−550	0	0	800	400	7.150
Stammkapital	3.000	0	0	0	0	0	3.000
Stille Einlagen	500	0	0	0	0	400	900
Kapitalrücklage	2.000	0	300	0	0	0	2.300
erwirtschaftetes Eigenkapital	1.000	−550	−300	0	800	0	950
− Periodengewinn					800		800
− Gewinnvortrag	1.000	−550	−300				150

Abb. 33: Eigenkapitalspiegel

Der Posten »erwirtschaftetes Eigenkapital« enthält im Wesentlichen die – als Davon-Posten benennbaren – Unterposten:

- Periodengewinn oder -verlust
- Gewinn- oder Verlustvortrag
- Gewinnrücklage

Der deutsche Gesetzgeber hat darauf verzichtet, in § 264 Abs. 1 HGB oder an anderer Stelle[541] den Eigenkapitalspiegel und Anforderungen an eine solche Aufstellung zu definieren. Dem Bilanzierenden bleibt deshalb neben der Berücksichtigung betriebswirtschaftlicher Überlegungen der Rückgriff auf

- die allgemeinen Anforderungen zum Jahresabschluss beispielsweise in
  — § 243 Abs. 2 HGB (Klarheit und Übersichtlichkeit) und
  — § 264 Abs. 2 HGB (Vermittlung eines Bilds der Vermögens-, Finanz- und Ertragslage) und/oder
- die Regelungen des DRS 7 oder
- die Regelungen des IAS 1.106 bis 1.110.

Inwieweit der Bilanzierende auf DRS 7 oder IAS 1 zurückgreift, bleibt ihm überlassen, da beide Regeln für den HGB-Abschluss nicht verbindlich sind. Es empfiehlt sich jedoch, insbesondere die Regelungen des IAS 1 zu beachten, da sie für viele Konzernabschlüsse ohnehin verbindlich sind und darüber hinaus international eine hohe Akzeptanz genießen.

---

541 Entsprechende Erläuterungen fehlen auch in § 297 HGB für den Konzernabschluss.

8.3   Segmentberichterstattung

Große Unternehmen haben fast immer unterschiedlichste Geschäftsbereiche aufgrund von Diversifizierungen mit unterschiedlichsten Produkten und Kunden. Dabei ist es nicht unwahrscheinlich, dass in diesen Bereichen die Geschäftsentwicklung unterschiedlich verläuft, was sich jedoch einem einheitlichen, aggregierten Jahresabschluss nicht entnehmen lässt. Aus diesem Grund sollen die einzelnen Geschäftsbereiche in einer **Segmentberichterstattung** getrennt voneinander dargestellt werden, sodass sich für den externen Bilanzleser eine detaillierte Analysemöglichkeit eröffnet. Zu diesem Zweck werden die Zahlen des einheitlichen Jahresabschlusses so auf die einzelnen Geschäftsbereiche aufgeteilt, als ob es sich bei diesen Geschäftsbereichen um selbständige Betriebe handeln würde.

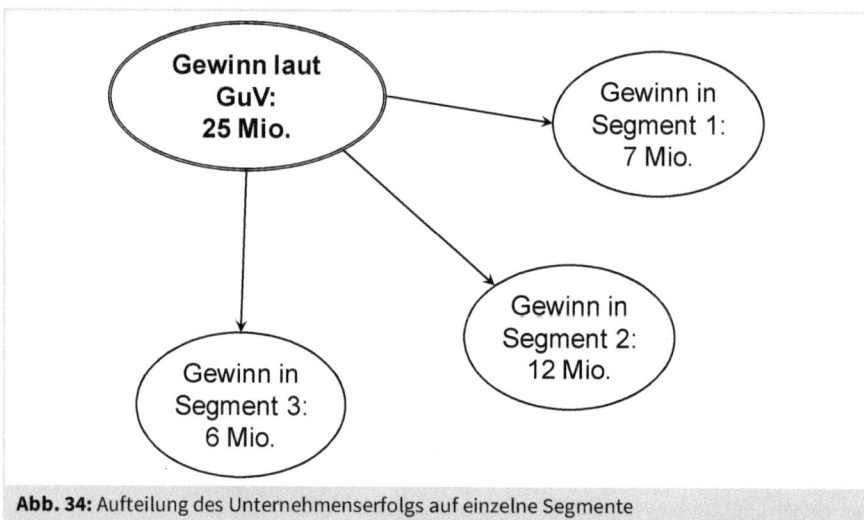

Abb. 34: Aufteilung des Unternehmenserfolgs auf einzelne Segmente

Als voneinander abgrenzbare Geschäftsbereiche, die als Segmente in einer Segmentberichterstattung ausgewiesen werden, kommen insbesondere infrage:

- Produkte bzw. Produktgruppen oder Dienstleistungen
- Kunden bzw. Kundengruppen
- regionale bzw. geografische Bereiche

Die Segmente sind so zu wählen, dass sich keine zu große, schwer überschaubare Anzahl an Segmenten ergibt. Kommt ein Unternehmen auf mehr als zehn Segmente, so sollte über eine Zusammenfassung verwandter Segmente nachgedacht werden. In der Praxis finden sich überwiegend zwischen drei und acht Segmente.

Für die Bildung und Abgrenzung haben sich zwei unterschiedliche Ansätze herausgebildet, der

- *risk and reward approach*,
  der Segmente nach den innewohnenden, einheitlichen Risiken und Chancen bildet, und der
- *management approach*,
  der in der Segmentberichterstattung grundsätzlich identische Strukturen wie im innerbetrieblichen Berichtswesen verwendet.

Die International Financial Reporting Standards (IFRS) schreiben – derzeit – den **Management Approach** vor, sodass sich auch hier die Übernahme der unternehmensinternen Berichtsstruktur in die Segmentberichterstattung anbietet. Weiterhin werden nur Segmente dargestellt, die – mindestens weit überwiegend – Umsätze mit unternehmensfremden Dritten generieren (**operative Segmente**); interne Servicebereiche werden also nicht einzeln dargestellt, sondern fließen in die anderen Segmente ein.

	Lebensmittelhersteller	**Luftfahrtunternehmen**	**Versicherung**
Mögliche Segmente	Getränke	Passagiergeschäft	Personenversicherung
	Tiefkühlkost	Frachtgeschäft	Sachversicherung
	Backwaren	Technik	Projektversicherung
	Life-Style-Produkte	Catering	
		Sonstige Dienste	

Abb. 35: Beispiele für Segmentbildungen

Der deutsche Gesetzgeber hat darauf verzichtet, in § 264 Abs. 1 HGB oder an anderer Stelle[542] die Segmentberichterstattung und Anforderungen an einen solchen Bericht zu definieren. Dem Bilanzierenden bleibt deshalb neben der Berücksichtigung betriebswirtschaftlicher Überlegungen der Rückgriff auf

- die allgemeinen Anforderungen zum Jahresabschluss beispielsweise in
  — § 243 Abs. 2 HGB (Klarheit und Übersichtlichkeit) und
  — § 264 Abs. 2 HGB (Vermittlung eines Bilds der Vermögens-, Finanz- und Ertragslage) und/oder
- die Regelungen des DRS 28 (gültig ab 1.1.2021) oder
- die Regelungen des IFRS 8.

Inwieweit der Bilanzierende auf DRS 3 oder IFRS 8 zurückgreift, bleibt ihm überlassen, da beide Regeln für den HGB-Abschluss nicht verbindlich sind. Es empfiehlt sich jedoch, insbesondere die Regelungen des IFRS 8 zu beachten, da sie für viele Konzernabschlüsse ohnehin verbindlich sind und darüber hinaus international eine hohe Akzeptanz genießen.

---

542 Entsprechende Erläuterungen fehlen auch in § 297 HGB für den Konzernabschluss.

Die Aufstellung einer Segmentberichterstattung ist handelsrechtlich[543] immer freiwillig. Wird aber eine aufgestellt, so empfiehlt es sich, die nach § 285 Nr. 4 HGB geforderten **Anhangangaben** in die Segmentberichterstattung einzubeziehen, um den doppelten Ausweis verwandter Informationen zu vermeiden. In diesem Fall ist im Anhang auf die Segmentberichterstattung zu verweisen.

---

543 Bei IFRS-Abschlüssen besteht partiell die Pflicht, eine Segmentberichterstattung aufzustellen.

9 Der Anhang

9.1 Aufstellung und Aufgaben des Anhangs

9.1.1 Aufstellungspflicht

Nach § 242 Abs. 3 HGB bilden Bilanz und Gewinn- und Verlustrechnung zusammen den Jahresabschluss, der gem. § 264 Abs. 1 HGB bei Kapitalgesellschaften um einen **Anhang** zu erweitern ist. Dieser bildet dann mit der Bilanz und der GuV eine Einheit; einen sog. erweiterten Jahresabschluss.

Diese **Aufstellungspflicht** gilt für alle Kapitalgesellschaften (außer der KleinstKapG) uneingeschränkt, wobei hinsichtlich des Umfangs der zu tätigenden Angaben unternehmensgrößenabhängige Erleichterungen für kleine und mittelgroße Kapitalgesellschaften (§ 267 Abs. 1 und 2 HGB) bei der Aufstellung (§ 288 HGB) und bei der **Offenlegung** (§§ 326, 327 HGB) bestehen. Die gleiche Pflicht trifft

- gem. § 336 Abs. 1 S. 1 HGB auch die eingetragenen Genossenschaften,
- gem. § 264a HGB für Gesellschaften ohne natürliche Person als haftender Gesellschafter,
- gem. §§ 1 Abs. 1, 3 i. V. m. § 5 Abs. 2 S. 1 PublG Unternehmen, die dem Publizitätsgesetz unterliegen sowie
- kapitalmarktorientierte Gesellschaften gem. § 5 Abs. 2a PublG.

Die **Kleinstkapitalgesellschaft** (§ 267a HGB) darf auf die Erstellung eines Anhangs insgesamt verzichten (§ 264 Abs. 1 S. 5 HGB), sofern unter der Bilanz (als **Bilanzvermerk**) gemacht werden

- Angaben zu Haftungsverhältnissen gem. §§ 251, 268 Abs. 7 HGB (Entfall des Wahlrechts zum Angabeort),
- Angaben zu Vorschüssen und Krediten an Mitglieder von Vorstand, Aufsichtsrat und ähnlichen Gremien sowie eingegangene Haftungsverhältnisse gegenüber diesen Personen gem. § 285 Nr. 9c HGB und
- Angaben zum Bestand an eigenen Aktien gem. § 160 Abs. 1 S. 1 Nr. 2 AktG.

Es besteht die Vermutung, dass ein durch eine Kleinstkapitalgesellschaft aufgestellter Jahresabschluss ohne Anhang ein den tatsächlichen Verhältnissen entsprechendes Bild der Vermögens-, Finanz- und Ertragslage vermittelt (§ 264 Abs. 2 S. 4 HGB). »Diese Klarstellung ist wichtig, damit der Verzicht auf den Anhang und auf weiter gehende Angaben unter der Bilanz Bestand haben kann und Unternehmen tatsächlich entlastet werden. Um allerdings dem Bedürfnis nach einer vollständigen Berichterstattung über besondere Umstände (beispielsweise Angabepflichten zu alten Pensionszusagen nach Artikel 28 EGHGB) Rechnung zu tragen, bleibt die Pflicht zu zusätzlichen Angaben aus anderen Gründen unberührt; lediglich der Standort wird verlagert, in dem die Angaben unter der Bilanz zu machen sind.«[544]

Für die Aufstellung des Anhangs gelten selbstverständlich dieselben **Fristen** wie für die Aufstellung des gesamten Jahresabschlusses. Danach haben die großen und mittleren Kapitalgesellschaften den Jahresabschluss innerhalb der ersten drei Monate des folgenden Geschäftsjahres aufzustellen. Kleine Kapitalgesellschaften können, soweit dies einem ordnungsgemäßen Geschäftsgang entspricht, die Aufstellung bis auf die ersten sechs Monate der folgenden Geschäftsperiode ausdehnen (§ 264 Abs. 1 HGB).

9.1.2 Funktionen des Anhangs

Der Anhang erfüllt in erster Linie eine **Interpretations- und Ergänzungsfunktion**, denn er muss als gleichgewichtiger Bestandteil des Jahresabschlusses einer Kapitalgesellschaft mit der Bilanz und GuV gem. § 264 Abs. 2 S. 1 HGB unter Beachtung der Grundsätze ordnungsmäßiger Buchführung insgesamt ein den tatsächlichen Verhältnissen entsprechendes Bild der Vermögens-, Finanz- und Ertragslage vermitteln. Somit kommt dem Anhang zum einen die Aufgabe zu, durch Ergänzung der Bilanz und der GuV einem besseren Verständnis dieser beiden Rechnungslegungsbestandteile zu dienen, und zum anderen, durch die Bereitstellung zusätzlicher Informationen die Interpretationsfähigkeit beider Teile zu verbessern, wodurch eine etwaige Fehlinterpretation des Jahresabschlusses verhindert und die Vermittlung eines den tatsächlichen Verhältnisses entsprechenden Bilds der Gesellschaft gefördert werden soll.

Des Weiteren übt der Anhang eine **Entlastungsfunktion** aus, da in vielen Fällen ein gesetzliches Wahlrecht besteht, ohne Informationsverlust Angaben in den Anhang zu übernehmen, die sonst in der Bilanz oder GuV zu tätigen wären. Durch die Ausübung dieser Wahlrechte lassen sich die Angaben in der Bilanz und der GuV auf das Wesentliche beschränken, wodurch die Übersichtlichkeit und die Aussagefähigkeit der beiden Instrumente gefördert werden können.

Der Anhang erfüllt daneben eine **Erläuterungsfunktion**, indem er im Einzelnen Angaben zu bestimmten Posten der Bilanz und GuV enthält, die Ausübung von Wahlrechten erläutert und die gewählten Bewertungsmethoden und Abweichungen vom Vorjahr darstellt.

Der Anhang besitzt zugleich auch eine **Korrekturfunktion**, die dazu dient, einer unzureichenden Informationsvermittlung in Bilanz und GuV entgegenzuwirken. So sind nach § 264 Abs. 2 S. 2 HGB im Anhang zusätzliche Angaben vorzunehmen, wenn besondere

---

544 Gesetzentwurf des MicroBilG, BT-Drucks. 17/11292 v. 5.11.2012, S. 16.

Umstände dazu führen, dass der Jahresabschluss kein entsprechendes Bild der Vermögens-, Finanz- und Ertragslage der Kapitalgesellschaft vermitteln kann.

Dem Anhang wird auch eine **Public-Relations-Funktion** zugesprochen, die sich in der gewünschten Selbstdarstellung seitens der Gesellschaft durch die Art und Weise der getätigten Angaben im Anhang äußert.

9.1.3 Grundsätze ordnungsmäßiger Anhangerstellung

Als gleichgewichtiger Bestandteil des Jahresabschlusses ist der Anhang an der Zielsetzung des Jahresabschlusses auszurichten. Er übernimmt damit einen erheblichen Teil der gesamten Informationspflichten des Jahresabschlusses.

Entgegen der früheren Verpflichtung einer gewissenhaften und getreuen Rechnungslegung bei der Berichterstattung (§ 160 Abs. 4 AktG a. F.), existiert ein Grundsatz dieser Art im HGB speziell für den Anhang nicht. Dieser unterliegt nun den Grundnormen des Jahresabschlusses einer Kapitalgesellschaft einschließlich der darauf anzuwendenden Grundsätze ordnungsmäßiger Buchführung (§ 243 Abs. 1 HGB).

Bei der Bestimmung der **Grundsätze einer ordnungsmäßigen Anhangerstellung** ist davon auszugehen, dass der Anhang nicht nur ein Instrument der Rechnungslegung gegenüber den Anteilseignern der Kapitalgesellschaft ist, sondern durch die Vorschriften über die Offenlegung auch weitgehende Publizität bei den Gläubigern, Lieferanten, Arbeitnehmern und dem Fiskus erlangt. Er muss dementsprechend auch über Sachverhalte informieren, die den Anteilseignern bereits bekannt sind, die für die Vermittlung des »true and fair view« bei Unternehmensexternen jedoch von wesentlicher Bedeutung sind.

Demgemäß lassen sich folgende Einzelgrundsätze für die Anhangerstellung herleiten:
- Der Anhang hat nach § 243 Abs. 2 HGB klar und übersichtlich zu sein. Das bedeutet, dass der in Wirtschaftsfragen kundige Leser die Angaben in angemessener Zeit finden und verstehen kann.
- Der Anhang muss vollständig sein. Diesem Vollständigkeitsgebot kann er nur dann genügen, wenn alle gesetzlich vorgeschriebenen Pflichtangaben einschließlich der für das Verständnis notwendigen zusätzlichen Angaben nach § 264 Abs. 2 S. 2 HGB enthalten sind. Angaben, die in der Bilanz oder in der GuV vorgeschrieben sind, ohne dass für sie ein Wahlrecht für den Anhang besteht, dürfen nur dort gemacht werden. Allerdings können Angaben, die für den Anhang vorgeschrieben sind, nicht freiwillig in die Bilanz oder in die GuV aufgenommen werden. Nur ein diesen Anforderungen genügender Anhang kann im Zusammenhang mit Bilanz und GuV das nach § 264 Abs. 2 S. 1 HGB geforderte Bild vermitteln.

- Die Angaben im Anhang müssen sich auf das Wesentliche beschränken (**Grundsatz der Wesentlichkeit**). Dieser Grundsatz ist zwar so in aller Deutlichkeit im Gesetz nicht genannt, es finden sich aber an den verschiedensten Stellen des Gesetzes Formulierungen wie »von Bedeutung« (§ 285 Nr. 3a HGB), »erheblich« (§ 285 Nr. 4 HGB), »nicht unerheblicher Umfang« (§ 285 Nr. 12 HGB) etc., in denen dieser Grundsatz der **Materiality** bezüglich der Angaben im Anhang eindeutig zur Geltung kommt. Damit soll hinsichtlich dieser Angaben zum Ausdruck gebracht werden, dass sie nur dann im Anhang vorzunehmen sind, wenn sie für die Vermittlung des »true and fair view« die vom Gesetzgeber geforderte Bedeutung erlangt haben. Entscheidend sind dabei die jeweilige Zielsetzung der Vorschrift und die Bedeutung, die die Angabe oder Nichtangabe für den Empfänger des Jahresabschlusses haben könnte.

Hat der Gesetzgeber für bestimmte Angaben den **Grundsatz der Wesentlichkeit** nicht vorgeschrieben, so besteht die unbedingte Angabepflicht. Der Umfang dieser Pflicht findet jedoch seine Grenze in der Generalnorm des § 264 Abs. 2 HGB für den Jahresabschluss der Kapitalgesellschaft. Danach ist eine Berichterstattung im Anhang bis in das kleinste Detail der erläuterungspflichtigen Sachverhalte abzulehnen, wenn dies den sicheren Einblick in die Vermögens-, Finanz- und Ertragslage »verschleiern« könnte. Im Interesse der Klarheit und Übersichtlichkeit des Jahresabschlusses sind vielmehr nur die Angaben im Anhang aufzunehmen, die in einem unmittelbaren Zusammenhang mit dem Jahresabschluss stehen, zumindest dem gebotenen Verständnis dienen, und die Klarheit und Übersichtlichkeit nicht beeinträchtigen.

Es ist somit immer im Einzelfall zu entscheiden, ob das Kriterium der Wesentlichkeit erfüllt ist oder nicht, wobei stets auf alle Umstände abzustellen ist, die für die Beurteilung der Sachlage von Bedeutung sind:

- Der Anhang muss richtig sein, d. h. die Angaben müssen nach zulässigen nachprüfbaren Regeln gewonnen werden und nach dem Kenntnisstand am Bilanzstichtag zutreffend sein. Für die Angaben besteht somit eine unbedingte Wahrheitspflicht.
- Der Anhang ist in deutscher Sprache zu verfassen. Sämtliche Wertangaben sind in Euro auszuweisen (§ 244 HGB).
- Der Anhang ist als solcher zu bezeichnen und von der Bilanz, der GuV, dem Lagebericht und einer darüber hinausgehenden, freiwilligen Berichterstattung klar abzugrenzen.
- Da die gesetzlich geforderten Einzelangaben im Anhang an verschiedenen Stellen des HGB und in rechtsformspezifischen Gesetzen zu finden sind, bei denen das Gesetz dem Bilanzersteller zusätzlich bei zahlreichen Vorschriften das Wahlrecht einräumt, die Angaben im Anhang oder in der Bilanz oder GuV auszuweisen, ist es unter dem Gebot der Klarheit und Übersichtlichkeit aber auch der Verständlichkeit ratsam, Zusammengehöriges auch zusammenhängend anzugeben bzw. zu erläutern.
- Inwieweit der Anhang in seiner Darstellung dem **Stetigkeitsgrundsatz** unterliegt, ist strittig. Während sich das Gebot der Darstellungsstetigkeit des § 265 Abs. 1

HGB eindeutig auf die Gliederung der Bilanz und der GuV bezieht, ist ein derartiger Grundsatz für die Anhangserstellung weder vorgeschrieben noch umsetzbar, da sich zum einen eine unternehmensindividuelle Darstellungsform erst im Laufe der Zeit entwickeln wird und zum anderen die erforderlichen Angaben im Anhang von Jahr zu Jahr wechseln können.

Dies darf jedoch nicht dazu führen, das Stetigkeitsgebot bei der Anhangserstellung völlig zu ignorieren und den Unternehmen somit die Möglichkeit einzuräumen, die Gliederung des Anhangs in jedem Jahr völlig umzugestalten. Vielmehr unterliegt der Anhang einer Kapitalgesellschaft einer weniger strengen Bindung an eine einmal gewählte Art der Darstellung. Diese ist, wenn sie sich als zweckmäßig erwiesen hat, nach dem Gebot der Klarheit und Übersichtlichkeit und dem nach den Grundsätzen ordnungsmäßiger Buchführung geltenden Willkürverbot im Wesentlichen beizubehalten und kontinuierlich fortzuführen, da andernfalls der Vergleich der Anhangangaben des Berichtjahres mit denen des Vorjahres erheblich erschwert wird.

Dies gilt im Grundsatz auch für die Entscheidung des wahlweisen Ausweises einzelner Posten in der Bilanz, in der GuV oder im Anhang. Ein ständiger Wechsel bei der Ausübung der Wahlrechte von Jahr zu Jahr widerspricht eindeutig dem § 265 Abs. 1 S. 1 HGB, da dies einer Änderung des Angabeorts entspricht und damit i. d. R. die Gliederung der Bilanz oder der GuV beeinflusst wird. Nur besondere Umstände können einen solchen Wechsel rechtfertigen, die gem. § 265 Abs. 1 S. 2 HGB im Anhang zu erläutern sind.

Liegt ein angabepflichtiger Sachverhalt im konkreten Einzelfall nicht vor, so sind keine Fehlanzeigen im Anhang erforderlich (§ 265 Abs. 8 S. 1 HGB), es sei denn, im Vorjahresabschluss waren entsprechende Daten enthalten, deren Fortfall i. S. des § 264 Abs. 2 HGB für die Vermittlung des »true and fair view« von wesentlicher Bedeutung und somit erläuterungspflichtig ist.

9.1.4 Form und Gliederung des Anhangs

Damit der Anhang seiner Funktion genügen kann, die Jahresabschlussadressaten ergänzend zu Bilanz und GuV zu informieren, bedarf es einer systematischen Form, Gliederung und Einordnung des Anhangs, die dem Erfordernis der Klarheit und Übersichtlichkeit genügt.

Die vom Gesetzgeber gewählte allgemeine Formulierung hinsichtlich Klarheit und Übersichtlichkeit bietet dem Bilanzierenden bei der Anhangsgestaltung weite Gestaltungsspielräume. So ist eine fortlaufende verbale Darstellungsweise, bei der die erforderlichen oder gewünschten Zahlenangaben in den Text integriert werden, ebenso denkbar, wie ein rein tabellarischer Anhang, in dem die gesetzlich geforderten Angaben in Form einer Checkliste in der Paragrafenfolge des HGB und der anderen Spezialgesetze getätigt werden.

Andere optische Gestaltungsmittel besitzen dagegen nur die Aufgabe, weitere Darstellungsdifferenzierungen vorzunehmen, um größere Zusammenhänge zu verdeutlichen oder um Wesentliches von Unwesentlichem zu trennen. Derartige Gestaltungsmittel sind:

- Abgrenzung von Berichtskomplexen durch Überschriften,
- Verwendung von Fettdruck und verschiedener Schriftarten bzw. -größen,
- Einrücken und Umranden von Textteilen,
- Versehen des Textrands mit Hauptbegriffen oder Verweisen auf Bilanz und GuV,
- Wahl verschiedener Hintergrundfarben,
- Einsatz von Listbildern und Tabellen und
- Verwendung grafischer Darstellungen.

Auch zur Struktur des Anhangs ist gesetzlich nicht viel geregelt, sodass es den Unternehmen teilweise überlassen bleibt, ein zweckgerechtes Gliederungsschema für die Ordnung der zu tätigenden Anhangangaben zu wählen. Maßstab ist hier wiederum der Grundsatz der Klarheit und Übersichtlichkeit.

Für die Erläuterung der Posten in Bilanz und GuV ist geregelt, dass diese Angaben »in der Reihenfolge der einzelnen Posten der Bilanz und der Gewinn- und Verlustrechnung darzustellen« sind (§ 285 Abs. 1 S. 1 letzter HS HGB).

Des Weiteren bietet sich entsprechend § 264 Abs. 2 S. 1 HGB an, einzelne Angaben zusammenzufassen, die sich jeweils auf die Vermögens-, Finanz- und Ertragslage des Unternehmens beziehen. Die Aussagefähigkeit des Anhangs wird bei einer derartigen Vorgehensweise sicherlich am größten. Aber diesem Schema steht die Unmöglichkeit einer eindeutigen Zuordnung einzelner Angaben zu den drei Teilaspekten entgegen.

Die folgenden in der Literatur vorzufindenden konkreten Vorschläge zur Gliederung und Gestaltung des Anhangs sind den zuvor gezeigten Möglichkeiten vorzuziehen.

So findet sich bei *Russ*[545] das folgende Strukturierungskonzept:
- Erläuterungen zu Bilanz und GuV
- Darstellung der Bewertungsgrundsätze, Erläuterungen zur Bilanz, Erläuterungen zur GuV, Angaben über steuerliche Bewertungseinflüsse, Unterschiedsbetrag, Angaben zu den Haftungsverhältnissen, Angabe der finanziellen Verpflichtungen
- Nebenrechnungen

---

545 Vgl. Russ (Anhang), S. 272.

- Ausgliederung von Pflichtinformationen (z. B. Ergebnisverwendungsrechnung, Eigenkapitalentwicklung, Verbindlichkeitenspiegel etc.)
- freiwillige Nebenrechnungen (z. B. Kapitalflussrechnungen, Wertschöpfungsrechnungen etc.)
- Angaben und Erläuterungen zu den kodifizierten Informationszielen
- Angaben über Beteiligungsunternehmen, Angaben über Organe der Gesellschaft, Angaben über Arbeitnehmer der Gesellschaft

Selchert/Karsten[546] schlagen dagegen die folgende Gliederung vor:
- Abschnitt 1: Angaben und Begründungen zur Form der Darstellung von Jahresabschluss und Lagebericht
- Abschnitt 2: Angaben, Aufgliederungen, Darstellungen, Erläuterungen und Begründungen zu einzelnen Positionen von Bilanz und GuV bezüglich Ausweis, Bilanzierung und Bewertung
- Abschnitt 3: Angaben zum Jahresergebnis
- Abschnitt 4: Zusätzliche Angaben zur Vermittlung eines den tatsächlichen Verhältnissen entsprechenden Bilds der Vermögens-, Finanz- und Ertragslage

Nach *Forster*[547] könnte der Anhang wie folgt eingeteilt werden:
I. Erläuterungs- und Angabepflichten zu Posten der Bilanz und der GuV
II. Erläuterungs- und Angabepflichten zu Bewertungsmethoden
III. sonstige Erläuterungs- und Angabepflichten
IV. Erläuterungs- und Angabepflichten, denen alternativ in der Bilanz und GuV oder im Anhang entsprochen werden kann

Nach *Janz/Schülen*[548] ist die folgende Gliederungsstruktur denkbar:
I. Allgemeine Angaben zu Inhalt und Gliederung des Jahresabschlusses
II. Grundsätze der Bilanzierung und Bewertung
III. Erläuterungen zu Bilanz und GuV
IV. sonstige Angaben
V. Schutzklausel

Dieser Gliederungsvorschlag wird bei den nun folgenden Ausführungen übernommen.

Da der Gesetzgeber hinsichtlich der **Gliederung** des gesamten Jahresabschlusses ebenfalls keine Aussagen gemacht hat, ist auch hier die Frage nach der Einordnung des Anhangs in den Jahresabschluss zu stellen. Da der Anhang neben seiner Erläuterungsfunktion zusätzliche Interpretations-, Entlastungs- und Korrekturaufgaben übernimmt, ist es notwendig, ihn eindeutig in Beziehung zu Bilanz und GuV, auf die er

---

546 Vgl. Selchert/Karsten (Inhalt), S. 1890.
547 Vgl. Forster (Anhang), S. 1580 ff.
548 Vgl. Janz/Schülen (Anhang), S. 57 ff.

sich bezieht, zu setzen und ihn klar gegenüber diesen abzugrenzen. Bei der Einordnung in den Jahresabschluss sollte er als dritter Bestandteil der Bilanz und der GuV folgen, da ein Teil der Angaben die Kenntnis der anderen beiden Rechnungslegungsinstrumente voraussetzt.

9.2 Inhalt des Anhangs

ARBEITSHILFE
ONLINE

Checklisten: Anhangangaben

Checklisten zu den Anhangangaben finden Sie auf den Arbeitshilfen online.

9.2.1 Pflichtangaben

Der Inhalt und der Umfang des Anhangs ergeben sich in seiner Mindestform zwingend durch Gesetz.[549] Der Rahmen, der den Umfang des Anhangs der Größe nach beschränkt, ergibt sich aus dem Grundsatz der Klarheit und Übersichtlichkeit gem. § 243 Abs. 2 HGB und aus der Generalklausel des § 264 Abs. 2 HGB.

In § 284 Abs. 1 HGB ist die grundsätzliche Verpflichtung niedergelegt, diejenigen Angaben in den Anhang aufzunehmen, die in den zahlreichen Einzelbestimmungen des HGB und anderer Gesetze zu einzelnen Posten der Bilanz und GuV vorgeschrieben oder zur Erläuterung von ausgeübten Wahlrechten erforderlich sind. Weitere Angabeverpflichtungen finden sich in den §§ 284 Abs. 2 und 3, 285 HGB.

Bei denjenigen Angaben, die vom Gesetzgeber zu den einzelnen Posten der Bilanz und GuV nur im Anhang vorgeschrieben oder die in Ausübung eines Wahlrechts weder in der Bilanz noch in der GuV, sondern im Anhang aufgenommen werden, spricht man von Pflichtangaben, wobei letztere auch als Wahlpflichtangaben bezeichnet werden.[550]

Die Angaben zu den einzelnen Posten müssen dabei in der Reihenfolge der Posten in Bilanz und GuV gemacht werden (§ 284 Abs. 1 S. 1 letzter HS HGB). Betrifft eine Angabe mehrere Posten, so erscheint ein klarer Verweis auf eine bereits gemachte Angabe sinnvoll.

Bei den **Pflichtangaben** unterscheidet das Gesetz zwischen Angaben, Aufgliederungen, Erläuterungen, Darstellungen, Begründungen und Ausweisen. Dabei versteht das Gesetz unter

---

549 Eine detaillierte Darstellung des Anhangs bieten Eidel/Strickmann (Anhang).
550 Sofern bestimmte Angaben auch in der Bilanz oder in der Gewinn- und Verlustrechnung gemacht werden können, wird dort an entsprechender Stelle darauf hingewiesen.

- **Angabe**: Bloße Nennung eines Gegenstands ohne weitere, ergänzende Bemerkungen. Diese Angabe muss je nach dem anzugebenden Sachverhalt entweder verbal oder quantitativ gemacht werden.
- **Aufgliederung**: Zerlegung eines Berichtsgegenstands in seine Komponenten, sodass dessen Zusammensetzung ersichtlich wird. Die Aufgliederung ist in quantitativer Form vorzunehmen.
- **Erläuterung**: Erklärung, Kommentierung und Verdeutlichung eines Sachverhalts, was über eine reine Darstellung hinausgeht. Eine Erläuterung wird in verbaler Form abgegeben.
- **Darstellung**: Der angabepflichtige Sachverhalt ist so aufzubereiten und darzulegen, dass er aus sich selbst heraus verständlich wird. Dies kann mit Aufgliederungen und Erläuterungen verbunden sein und verbal und/oder quantitativ erfolgen.
- **Begründung**: Offenlegung von Gründen und Grundlagen, die einen bestimmten Vorgang verursacht haben, und zwar so, dass der Vorgang für den Leser nachvollziehbar wird. Die Begründung wird verbal gegeben.
- **Ausweis**: Pflicht zur Offenlegung bestimmter Sachverhalte.

9.2.2 Zusatzangaben nach § 264 Abs. 2 HGB

Gemäß § 264 Abs. 2 S. 1 HGB hat der Jahresabschluss unter Beachtung der Grundsätze ordnungsmäßiger Buchführung ein den tatsächlichen Verhältnissen entsprechendes Bild der Vermögens-, Finanz- und Ertragslage der Gesellschaft zu vermitteln. Wenn besondere Umstände dazu führen, dass der Jahresabschluss ein derartiges Bild nicht vermitteln kann, so sind im Anhang zusätzliche Angaben zu machen (§ 264 Abs. 2 S. 2 HGB).

Da als Voraussetzung für eine zusätzliche Berichterstattung **besondere Umstände** vorliegen müssen, folgt daraus, dass die Diskrepanz zwischen dem Ergebnis der Anwendung der Einzelvorschriften und der tatsächlich bestehenden Lage der Gesellschaft erheblich sein muss. Eine nur unerhebliche Abweichung vom durch den Jahresabschluss zu vermittelnden Bild der Vermögens-, Finanz- und Ertragslage ist daher als systemimmanent hinzunehmen. Lediglich Sachverhalte von außergewöhnlicher Bedeutung und einmaliger Art, für die normalerweise keine Erläuterungspflicht besteht, zwingen zu zusätzlichen Pflichtangaben im Anhang.[551]

Grundsätzlich reicht es aus, wenn die Vorschriften des HGB und der anderen rechtsformspezifischen Gesetze der Rechnungslegung bei der Aufstellung des Jahresabschlusses beachtet werden, damit das gewünschte, den tatsächlichen Verhältnissen entsprechende Bild der Vermögens-, Finanz- und Ertragslage vermittelt wird. Die Generalnorm des »true and fair view« steht somit nicht als allgemeiner Grundsatz

---

551 Vgl. die beispielhafte Diskussion bei Lüdenbach (Rückstellungsbedarf).

über der gesetzlichen Regelung, als sie es erlauben könnte, bei Inhalt und Umfang des Jahresabschlusses von den gesetzlichen Vorschriften abzuweichen. Vielmehr ist sie heranzuziehen, wenn Zweifel bei der Auslegung und Anwendung bestimmter Einzelvorschriften entstehen oder Lücken zu schließen sind.

Damit beschränkt sich die zusätzliche Berichterstattung nach § 264 Abs. 2 S. 2 HGB auf besondere Ausnahmefälle, wie beispielsweise

- die Aufgabe des Going-Concern-Prinzips nach dem Bilanzstichtag,
- der Abschluss von bedeutsamen Unternehmensverträgen,
- die Erzielung von Gewinnen oder Verlusten, die zu einem großen Teil aus Ländern mit hoher Inflationsrate stammen,
- die Liquidation oder der Liquidationsbeschluss nach dem Bilanzstichtag etc.

Liegen die Voraussetzungen des § 264 Abs. 2 S. 2 HGB vor, so sind im Anhang all diejenigen Informationen zu geben, die zur Vermittlung des »true and fair view« notwendig sind, wobei die verbalen und zahlenmäßigen Ausführungen sich auf das Wesentliche zu beschränken haben.

Weiterhin müssen die gesetzlichen Vertreter einer Kapitalgesellschaft gem. § 264 Abs. 2 S. 3 HGB den sog. **Bilanzeid** leisten. Voraussetzung ist, dass die Kapitalgesellschaft

- Inlandsemittent i. S. des § 2 Abs. 7 WPHG des Wertpapierhandelsgesetzes und
- keine Kapitalgesellschaft i. S. des § 327a HGB ist.

Beim Bilanzeid ist schriftlich zu versichern, dass nach bestem Wissen der Jahresabschluss ein den tatsächlichen Verhältnissen entsprechendes Bild i. S. des § 246 Abs. 2 S. 1 HGB vermittelt oder der Anhang die Angaben nach § 256 Abs. 2 S. 2 HGB enthält. Die Abgabe des Bilanzeids hat bei **Unterzeichnung** des Jahresabschlusses i. S. des § 245 HGB zu erfolgen. Eine fehlerhafte Abgabe eines Bilanzeids ist nach § 331 Nr. 3a HGB strafbewehrt.

9.2.3   Freiwillige Angaben

Über die Pflichtangaben hinaus kann der Anhang um freiwillige Angaben erweitert werden. Der Gesetzgeber räumt somit der bilanzierenden Gesellschaft die Möglichkeit ein, über die gesetzliche Normierung hinaus, den Jahresabschluss zu erläutern und damit zu einer besseren Vermittlung des »true and fair view« beizutragen. Daraus folgt im Umkehrschluss, dass Informationen, die in keinem sachlichen Zusammenhang zum Jahresabschluss und der abgelaufenen Geschäftsperiode stehen, möglichst aus dem Anhang herauszuhalten sind, um die Vermittlung des vom Gesetzgeber geforderten Bilds nicht zu gefährden.

Die in den Anhang freiwillig aufgenommenen Angaben unterliegen wie die Pflichtangaben der Offenlegungspflicht und, soweit das betreffende Unternehmen prüfungspflichtig ist, zwangsläufig der Prüfung durch den Abschlussprüfer (§§ 317 Abs. 1, 325 HGB). Sollen die freiwilligen Angaben nicht der Abschlussprüfung unterzogen werden, so muss die Gesellschaft diese im prüfungsfreien Teil des Geschäftsberichts machen.

Der Gesetzgeber hat bei der freiwilligen Berichterstattung auf eine **Begrenzung des Anhangs** verzichtet. Maßgebend für die Beurteilung des Nutzens freiwilliger Angaben im Anhang sind eindeutig der Materiality-Grundsatz und der § 264 Abs. 2 S. 1 HGB, in dem die Wirkungen freiwilliger Angaben auf deren Aussagefähigkeit für den Jahresabschluss zu messen sind. Damit unterliegt die freiwillige Berichterstattung denselben Anforderungen wie der Komplex der Pflichtangaben.

Umfangreiche Mengen von Zahlen und Texten,

- die für den Jahresabschluss somit nichts, zu wenig oder Falsches wiedergeben,
- die von wesentlichen Aussagen der Berichterstattung ablenken oder
- die irreführend bzw. zu einer systematischen Desinformation beitragen,

können

- zur Nichtigkeit des Jahresabschlusses führen,
- nach § 331 Nr. 1 HGB ein Straftatbestand sein oder
- eine Einschränkung oder Versagung des Bestätigungsvermerks seitens des Abschlussprüfers zur Folge haben.

Freiwillige Angaben liegen auch dann vor, wenn kleine oder mittlere Kapitalgesellschaften von ihren größenabhängigen Erleichterungen nicht oder nur teilweise Gebrauch machen.

9.2.4 Schutzklausel

Das gesetzlich normierte Ziel des Jahresabschlusses ist, ein den tatsächlichen Verhältnissen entsprechendes Bild der Vermögens-, Finanz- und Ertragslage einer Kapitalgesellschaft durch das Zusammenspiel von Bilanz, GuV und Anhang zu vermitteln. Diesen Anspruch begrenzt der Gesetzgeber selbst durch die Gewährung sog. Schutzklauseln, die eine Berichterstattung verbieten oder die Nichtangabe bestimmter Sachverhalte zulassen.

Nach § 286 Abs. 1 HGB hat die Berichterstattung im Anhang insoweit zu unterbleiben, als es für das **Wohl der Bundesrepublik Deutschland** oder eines ihrer Länder erforderlich ist (**allgemeine Schutzklausel**). Wann ein derartiger Fall vorliegt, hat der Vorstand oder die Geschäftsleitung nach pflichtgemäßem Ermessen zu entscheiden. Es handelt sich dabei um die objektive Abwägung der Interessen des Staats nach

Geheimhaltung einerseits und der des Gesetzes zur Vermittlung eines möglichst sicheren Einblicks in die wirtschaftliche Lage der Gesellschaft andererseits, wobei das Staatsinteresse stets Vorrang besitzt. Solche Fälle sind in erster Linie Angaben, die mit Aufträgen der Bundeswehr in Zusammenhang stehen, aber auch Forschungsaufträge und Entwicklungsaufträge können zur Geheimhaltung im Anhang verpflichten. Ein Vermerk im Anhang über die Anwendung der allgemeinen Schutzklausel ist zu unterlassen, denn nur so kann sie ihre Funktion letztlich erfüllen.

Des Weiteren räumt der § 286 Abs. 2 bis 5 HGB dem bilanzierenden Unternehmen eine **spezielle Schutzklausel** bei bestimmten Angaben ein. So besteht je ein Unterlassungswahlrecht,

- falls durch die Angaben nach § 285 Nr. 4 HGB (Aufgliederung der Umsatzerlöse) ein erheblicher Nachteil für die Kapitalgesellschaft oder eines ihrer Beteiligungsunternehmen (Anteil 20 %) zu befürchten ist,
- wenn die Angaben nach § 285 Nr. 11 und 11b HGB für die Darstellung der Vermögens-, Finanz- und Ertragslage von untergeordneter Bedeutung sind,
- wenn die Angaben nach § 285 Nr. 11 und 11b HGB nach vernünftiger kaufmännischer Beurteilung geeignet sind, der Kapitalgesellschaft oder dem anderen Unternehmen einen erheblichen Schaden zuzufügen[552] mit Angabepflicht der Wahlrechtsausübung,
- über die Angabe des Eigenkapitals und des Jahresergebnisses in besonderen Fällen,
- bei Angaben über Bezüge bei nicht börsennotierten Gesellschaften,
- bei Angaben über Bezüge nach Beschluss der Hauptversammlung.

Die Anwendung der speziellen Schutzklausel ist aber im Anhang anzugeben.

9.2.5 Identifizierungsangaben

Weiterhin sind bestimmte Angaben zur Identifizierung des bilanzierenden Unternehmens zu machen.[553] Diese Angaben müssen gem. § 264 Abs. 1a HGB »im Jahresabschluss« erfolgen, können also im Anhang, wo sie am besten zu finden sind, oder vor/nach Bilanz und GuV-Rechnung platziert werden.

Diese Angaben umfassen
- die Firma,
- den Sitz,
- das Registergericht und die Nummer, unter der die Gesellschaft in das Handelsregister eingetragen ist, und,
- sofern sich die Gesellschaft in Liquidation oder Abwicklung befindet, diese Tatsache.

---

552 Gilt nicht bei kapitalmarktorientierten Kapitalgesellschaften (§ 286 Abs. 3 S. 3 HGB).
553 Eingefügt in 2016 durch das BilRUG.

9.3   Die im Anhang zu machenden Angaben

9.3.1   Allgemeine Angaben zu Inhalt und Gliederung des Jahresabschlusses

Zusätzliche Angaben zur Erfüllung der Generalnorm
Hier sei auf die Ausführungen im Abschnitt zu den Zusatzangaben verwiesen.

Angabe und Begründung der Abweichungen von der bisherigen Form der Darstellung
§ 265 Abs. 1 HGB schreibt der bilanzierenden Gesellschaft für eine einmal gewählte Form der Darstellung und Gliederung der Bilanz und Gewinn- und Verlustrechnung für aufeinander folgende Geschäftsjahre Stetigkeit vor. Ein Durchbrechen dieses **Stetigkeitsgrundsatzes** ist nur in Ausnahmefällen wegen »besonderer Umstände« zulässig. Dieses Abweichen muss im Anhang angegeben und begründet werden (§ 265 Abs. 1 S. 2 HGB).

Besondere Umstände, die zu einer Abweichung von der bisherigen Darstellung führen, könnten darin liegen, dass der betriebliche Leistungserstellungs- und -verwertungsprozess nicht mehr in den bisherigen Bahnen verläuft. Dies könnte z. B. bei einem verstärkten Firmenwachstum der Fall sein, wenn eine bisher kleine zu einer mittelgroßen Kapitalgesellschaft wird. Eine Unterbrechung des Stetigkeitsgebots wird auch dann erlaubt sein, wenn dadurch der Generalnorm besser entsprochen wird, z. B. durch die Entscheidung, Ausweiswahlrechte zum Zwecke einer zusammengefassten Darstellung und größeren Übersichtlichkeit statt in der Bilanz oder GuV in den Anhang zu verlagern.

Diese Abweichungen werden im Anhang in verbaler nicht mathematischer Form angegeben, wobei im Einzelnen darzustellen ist, bei welchen Punkten die Stetigkeit von Bilanz und GuV durchbrochen wurde. Als Begründung dieser Abweichungen kommt nur infrage, die Überlegungen und Argumente offenzulegen, die ein Abweichen von der bisherigen Darstellungsform erforderlich machten. Dieses Abweichen muss durch die Begründung nachvollziehbar werden.

Angabe bei nicht vergleichbaren oder angepassten Vorjahresbeträgen
Sind Vorjahresbeträge mit denen des laufenden Jahres nicht vergleichbar oder sind im Hinblick darauf die Vergleichszahlen angepasst worden, so ist dies im Anhang anzugeben und zu erläutern (§ 265 Abs. 2 HGB).

Der Sinn dieser Vorschrift liegt darin, bei fehlender **Vergleichbarkeit** der Jahresabschlussdaten mit denen des Vorjahres durch die Offenlegungspflicht die Entwicklung des Unternehmens und damit den Einblick in die Vermögens-, Finanz- und Ertragslage trotzdem zu gewährleisten.

Bei Nichtvergleichbarkeit von Beträgen sind dementsprechend die betroffenen Posten zu nennen und mit Vorjahresbeträgen anzugeben, die mit dem Ausweis im Berichtsjahr vergleichbar sind. Wurden wegen der fehlenden Vergleichbarkeit die Vorjahresbeträge angepasst, so ist auch diese Änderung der Vorjahreszahlen im Anhang anzugeben und zu erläutern. Neben der Angabe bezieht sich die Erläuterung auf die Erklärung, worin die Änderung der Vorjahreszahlen gegenüber dem festgestellten Vorjahresabschluss besteht und warum sie so gewählt wurde.

Mitzugehörigkeitsvermerk

Fällt ein Vermögensgegenstand oder eine Schuld unter mindestens zwei Posten, kann der Mitzugehörigkeitsvermerk (§ 265 Abs. 3 HGB) wahlweise hier im Anhang (statt in der Bilanz) erfolgen.

Angabe und Begründung der Ergänzung eines Gliederungsschemas bei mehreren Geschäftszweigen

Betreibt ein Unternehmen mehrere Geschäftszweige, so kann es erforderlich sein, die Gliederung des Jahresabschlusses nach verschiedenen Vorschriften vorzunehmen. Dabei ist nach § 265 Abs. 4 HGB der Jahresabschluss zunächst nach der für den Geschäftszweig vorgeschriebenen Gliederung aufzustellen und nach den für die anderen Geschäftszweige vorgeschriebenen Gliederungen entsprechend zu ergänzen. Diese Ergänzungen sind im Anhang anzugeben und zu begründen.

Als Angabe reicht der Hinweis aus, dass das Unternehmen in mehreren Geschäftszweigen tätig ist und dass dies rechtlich eine Ergänzung der Gliederung nach sich zieht. Die Begründung hingegen ist für die Wahl der Gliederung eines Geschäftszweigs als Ausgangsgliederung abzugeben.

Gesonderte Darstellung zusammengefasster Posten

Werden Posten von Bilanz oder Gewinn- und Verlustrechnung nach § 265 Abs. 7 HGB zusammengefasst, sind diese Posten im Anhang aufgeschlüsselt darzustellen.

9.3.2   Grundsätze der Bilanzierung und Bewertung

Angewandte Bilanzierungs- und Bewertungsmethoden

Nach § 284 Abs. 2 Nr. 1 HGB müssen die auf die Posten der Bilanz und Gewinn- und Verlustrechnung angewandten Bilanzierungs- und Bewertungsmethoden angegeben werden. Da der Gesetzgeber nur Angaben bezüglich der angewandten Methoden verlangt, sind Angaben und Erläuterungen über den Inhalt, die Zusammensetzung und die Veränderungen einzelner Posten gegenüber dem Vorjahr in diese Vorschrift nicht miteinzubeziehen.

Kommt es bei der Erläuterung der angewandten Bilanzierungs- und Bewertungsmethoden zu inhaltlichen Überschneidungen mit den Angaben zu einzelnen Posten von Bilanz und GuV, so sollten die Angaben, die grundlegender Art sind oder die sich auf mehrere Posten beziehen, im 1. Abschnitt des Anhangs zusammengefasst dargestellt werden, um Wiederholungen zu vermeiden. Auf diese Ausführungen kann dann bei den Erläuterungen zu Einzelpositionen verwiesen werden.

Bilanzierungsmethoden

Unter den anzugebenden **Bilanzierungsmethoden** sind Verfahrensweisen zu Bilanzansätzen dem Grunde und der Höhe nach sowie hinsichtlich des Zeitpunkts der Bilanzierung zu beschreiben. Bei den Angaben der Bilanzierungsmethoden dem Grunde nach geht es in erster Linie um Informationen über die Ausübung von Ansatzwahlrechten, d. h. der wahlweisen Bilanzierung bzw. Nichtbilanzierung bestimmter Aktiv- und Passivposten. Es geht somit also um Angaben zur Aktivierung eines immateriellen Vermögenswerts (§ 246 Abs. 2 HGB), zum Disagio (§ 250 Abs. 3 HGB), der Aktivierung von Fremdkapitalzinsen (§ 255 Abs. 3 HGB) etc. Über die Ausübung dieser Bilanzierungswahlrechte ist stets zu berichten. Eine Begründung für die Inanspruchnahme dieser Ansatzwahlrechte ist dem Gesetz nach nicht erforderlich.

Während bei der Erläuterung der Bilanzierungsmethoden dem Umfang nach darauf einzugehen ist, wie die zu bilanzierenden Gegenstände zu beschreiben und abzugrenzen sind, müssen hinsichtlich des Zeitpunkts der Bilanzierung sämtliche Grundsätze angegeben werden, aus denen ersichtlich wird, welche Voraussetzungen zunächst erfüllt sein müssen, ehe die Gegenstände im Rahmen der gesetzlichen Vorschriften bzw. Grundsätze ordnungsmäßiger Buchführung bilanziell erfasst werden können.

Bewertungsmethoden

Bei den Angaben über die angewandten Bewertungsmethoden reichen allgemein gehaltene Ausführungen nicht aus. Die Angabe über die Bewertungsmethoden bildet nämlich eine der wesentlichen Voraussetzungen dafür, wie die Gesellschaft den »true and fair view« vermittelt.

Unter einer **Bewertungsmethode** versteht man jedes planmäßige Verfahren, um einen Wertansatz zu ermitteln, wobei nicht nur über den Ablauf einer Wertermittlung, sondern auch über die angewandten Rechenformeln und Schemata zu berichten ist. Die vom Gesetzgeber geforderte Angabepflicht bezieht sich in erster Linie auf die eingeräumten Bewertungswahlrechte beim Ansatz bestimmter Gegenstände, sodass aus dieser Erläuterung eindeutig hervorgehen muss, welche der gesetzlich zulässigen Bewertungsmethoden bei den einzelnen Bilanzposten angewandt wurden.

Dies muss um Angaben zur Höhe des Wertansatzes und zum Verfahren seiner Ermittlung ergänzt werden. Die Erläuterung der Bewertungsmethoden muss in jedem Jahresabschluss aufs Neue angegeben werden. Eine Bezugnahme auf frühere Jahre ist damit ausgeschlossen.

Um Wiederholungen gleichlautender Angaben zu vermeiden, empfiehlt es sich, diese grundsätzlichen Ausführungen in einem gesonderten Absatz »Angewandte Bewertungsmethoden« im 1. Abschnitt des Anhangs unter Hinweis auf die jeweils davon betroffenen Bilanzposten zusammenzufassen.

Angabe der Bewertungsmethoden für Gegenstände des Anlagevermögens

Zum Anlagevermögen beziehen sich die Angaben auf die Darstellung der Ermittlungsmethode der Anschaffungs- und Herstellungskosten sowie die angewandten Abschreibungsmethoden. Bei der Erläuterung der **Anschaffungskosten** im Anlagevermögen wird i. d. R. keine besondere Darstellung der Ermittlungsmethode notwendig sein, da der Umfang der Anschaffungskosten in § 255 HGB klar abgegrenzt ist. Angabepflichten ergeben sich jedoch bei der Behandlung von Zuschüssen und Subventionen, wenn sie wesentlich sind, da für ihre Einbeziehung ein Wahlrecht besteht.

Bei der Angabe der **Herstellungskosten** ist die gesetzliche Erläuterungspflicht etwas umfangreicher. Infrage kommen Angaben über

1. die Einbeziehung von Abschreibungen auf das Anlagevermögen,
2. die Einbeziehung von Aufwendungen für soziale Einrichtungen, freiwillige soziale Leistungen sowie der betrieblichen Altersversorgung,
3. die Einbeziehung anteiliger Fremdkapitalzinsen.

Die Einbeziehung oder Nichtberücksichtigung der gezeigten Kostenarten ist in jedem Falle angabepflichtig. Der Ausweis entsprechender Mehr- oder Minderbeträge jedoch nicht. Es ist zulässig, auf die steuerliche Rechtsprechung einschließlich der Steuerrichtlinien zu verweisen. Für die Herstellungskosten ist über den der Bewertung zugrunde liegenden Beschäftigungsgrad zu berichten.

Bei den **Abschreibungsmethoden** ist darzustellen, welche Abschreibungsmethode angewandt wird (linear, degressiv, geometrisch oder arithmetisch, ggf. mit planmäßigem späteren Wechsel auf die lineare Abschreibung, progressiv, nach Maßgabe der Inanspruchnahme oder soweit zulässig nach der Ausbeute). Die Wahl einer bestimmten Methode braucht in der Angabe nicht begründet zu werden.

Die in Zusammenhang mit der Abschreibungsmethode stehende Nutzungsdauer und die Abschreibungssätze sind für die einzelnen Gruppen der Anlagegegenstände stets anzugeben, aus Vereinfachungsgründen kann hier jedoch auf die von der Finanzverwaltung herausgegebenen AfA-Tabellen oder andere branchenübliche Richtwerttabellen Bezug genommen werden.

Da die **Sofortabschreibung** geringwertiger Wirtschaftsgüter eine vereinfachende, planmäßige Abschreibungsmethode darstellt, ist im Rahmen der Angaben zu den planmäßigen Abschreibungsmethoden zu berichten.

Außerplanmäßige Abschreibungen nach § 253 Abs. 2 HGB wegen dauernder oder vorübergehender Wertminderung müssen hinsichtlich der betroffenen Anlagegegenstände und der angewandten Bewertungsverfahren im Anhang erläutert werden. Es ist anzugeben, ob die der Abschreibung zugrunde liegende Wertminderung dauerhafter oder vorübergehender Natur ist und wie der angesetzte, niedrigere Wert ermittelt worden ist. Ein betragsmäßiger Ausweis der außerplanmäßigen Abschreibungen wird jedoch nicht verlangt.

Über **Wertaufholungen** und **Zuschreibungen** im Anlagevermögen, die im Anlagenspiegel gesondert auszuweisen sind, ist im Rahmen der Erläuterung der angewandten Bewertungsmethoden nur dann zu berichten, wenn es sich um einen zwingenden Bewertungsvorgang handelt.

Wird bei Vermögensgegenständen des Anlagevermögens von der Bewertungsvereinfachung des Festwertverfahrens nach § 240 Abs. 3 HGB Gebrauch gemacht, so ist dies anzugeben. Eine betragsmäßige Angabe mit Veränderungsanzeigen ist jedoch wegen der notwendigen nachrangigen Bedeutung für den Gesamtwert des Unternehmens nicht erforderlich. Die Angabe des Bilanzpostens, in dem ein Festwert enthalten ist, gehört jedoch zur Berichterstattung.

Angabe der Bewertungsmethoden für Gegenstände des Umlaufvermögens

Da nicht nur bei Unterposten des Vorratsvermögens, sondern auch innerhalb dieser Posten unterschiedliche Bewertungsmethoden angewandt werden können, sind für alle wesentlichen Gruppen des Vorratsvermögens die angewandten Bewertungsmethoden anzugeben. Dabei ist darauf zu achten, dass eine sachgerechte Verbindung zwischen Beständen und Methoden erkennbar wird.

Bei der Bewertung der Vorräte ist zu erläutern, ob die Anschaffungs- oder Herstellungskosten durch Einzelbewertung oder durch Festwert-, Durchschnittsbewertungs-, Gruppenbewertungs- oder andere Bewertungsvereinfachungsverfahren (wie FIFO, LIFO oder andere Verbrauchsfolgeverfahren) ermittelt wurden. Weitere Angaben zur Ermittlung der Anschaffungs- bzw. Herstellungskosten decken sich mit den Ausführungen zu den Bewertungsmethoden auf Vermögensgegenstände des Anlagevermögens.

Abschreibungen auf Vermögensgegenstände des Umlaufvermögens auf den Markt-preis, den niedrigeren Börsenkurs, auf den niedrigeren beizulegenden Wert oder auf einen nach vernünftiger kaufmännischer Beurteilung niedrigeren Wert, um eine zu-künftige Änderung des Wertansatzes aufgrund von Wertschwankungen zu verhindern (§ 253 Abs. 4 HGB), sind anzugeben, soweit sie wesentlich sind (m. A. des § 277 Abs. 3 HGB). Ferner ist zu erläutern, welche Vorratsgruppen davon betroffen waren und nach welchen Verfahren der niedrigere Wert ermittelt worden ist.

Wie beim Anlagevermögen gilt auch beim Umlaufvermögen das Wertaufholungsge-bot, sodass auf die dortigen Ausführungen verwiesen werden kann. Bei den anderen Vermögensgegenständen des Umlaufvermögens sind Angaben zu den Bewertungs-methoden zu machen, wenn sie in Anwendung des Niederstwertprinzips (§ 253 Abs. 4 HGB) nicht zu ihrem Nennwert bewertet wurden.

Angabe der Bewertungsmethoden für Finanzinstrumente und Finanzderivate

Besondere Berichtspflichten bestehen für

- zu den Finanzanlagen gehörende Finanzinstrumente, die zum beizulegenden Zeitwert (Fair Value) ausgewiesen werden (§ 285 Nr. 18 HGB),
- derivative Finanzinstrumente (§ 285 Nr. 19 HGB),
- gem. § 340e Abs. 3 S. 1 HGB mit dem beizulegenden Zeitwert (Fair Value) bewer-tete Finanzinstrumente (§ 285 Nr. 20 HGB).

Angabe der Bewertungsmethoden für Passivposten

Auch für die Passivposten der Bilanz kommen Angaben zu den angewandten Bewer-tungsmethoden in Betracht. Sie beschränken sich im Allgemeinen jedoch auf die Rück-stellungen und auf die Fremdwährungsverbindlichkeiten. Zum Eigenkapital selbst und zum passiven Rechnungsabgrenzungsposten sind keine Angaben erforderlich, da es sich bei beiden um Rechengrößen handelt, die sich einer Bewertung entziehen.

Die Bewertungsmethoden der **Pensionsrückstellungen** sind in jedem Falle erläu-terungspflichtig. Bei ihnen sind

- die versicherungsmathematischen Berechnungsmethoden (Teilwertmethode, Gegenwartsmethode, Projected-unit-credit-Methode),
- die grundlegenden Annahmen zur Berechnung (Zinsfuß, Lohnsteigerungen) und
- die verwendete Sterbetafel

anzugeben (§ 285 Nr. 24 HGB).

Die **sonstigen Rückstellungen** sind laut Gesetz (§ 253 Abs. 1 HGB) nach einer ver-nünftigen kaufmännischen Beurteilung zu bilden. Die sachgerechte Ermittlung ist da-her bei den wesentlichen Rückstellungen im Anhang zu erläutern. Die Rückstellungen für drohende Verluste aus schwebenden Geschäften sind dahingehend erläuterungs-pflichtig, dass ausgeführt werden muss, ob sie auf Vollkosten- oder Teilkostenbasis ermittelt worden sind. Basiert ihr Wertansatz auf Teilkostenbasis, so sind die einbezogenen Kostenarten anzugeben.

Angaben zu Bewertungseinheiten

Wurden Bewertungseinheiten gem. § 254 HGB gebildet, so sind nach § 285 Nr. 23 HGB die folgenden Angaben erforderlich:

- Beträge der Komponenten in der Bewertungseinheit und Höhe der abgesicherten Risiken
- Angaben zu Umfang und Zeitraum des Risikoausgleichs und zur Ermittlungsmethode
- Erläuterung der mit hoher Wahrscheinlichkeit erwarteten Transaktionen (kann wahlweise auch im Lagebericht erläutert werden)

Angaben zur Kursumrechnung in Euro

Die Grundlagen für die Umrechnung sind in Euro anzugeben, soweit der Jahresabschluss Posten enthält, deren Beträge derzeit oder ursprünglich auf fremde Währungen lauten oder lauteten. Die im Anhang anzugebenden Umrechnungsgrundlagen beziehen sich somit auf die wesentlichen Methoden der **Währungsumrechnung**, wozu die Art des Wechselkurses, die Beachtung des Niederstwertprinzips und die Verrechnung von Währungsgewinnen und -verlusten erläuterungspflichtig ist.

Vermögensgegenstände des Anlage- und Umlaufvermögens sowie Währungsforderungen und -verbindlichkeiten sind entweder bereits bei der Erstbuchung oder zum Bilanzstichtag in Euro zu bewerten. Bewertet wird dabei über eine Umrechnung der Fremdwährungsbeträge in Euro zu dem maßgeblichen Wechselkurs der ausländischen Währung, wobei für die Folgebewertung § 256a HGB zu beachten ist.

Im Anhang sind bezüglich der Währungsumrechnung lediglich die Methoden der Umrechnung anzugeben. Dabei hat sich die Angabe auf alle Posten der Bilanz und GuV zu beziehen, sofern in ihnen umgerechnete Fremdwährungen enthalten sind. Auch hier kann bei verschiedenen Posten, bei denen die gleiche Umrechnungsmethode zugrunde lag, die Angabe zusammengefasst werden. Die Erläuterungspflicht ist jedoch nicht derart auszulegen, dass die einzelnen Umrechnungsmethoden detailliert anzugeben sind. Eine verbale Ausführung zu den Umrechnungsmethoden genügt.

Angabe und Begründung der Abweichungen von Bilanzierung- und Bewertungsmethoden

§ 284 Abs. 2 Nr. 2 HGB schreibt im Anschluss an die Angabepflicht der im Jahresabschluss angewandten Bilanzierungs- und Bewertungsmethoden zwingend vor, **Abweichungen** von diesen Methoden anzugeben und zu begründen. Während es bei der Erläuterung der angewandten Bilanzierungs- und Bewertungsmethoden hauptsächlich um die Angabe der allgemeinen Grundsätze der Bilanzierung und Bewertung im

Jahresabschluss geht, muss über ein in begründeten Fällen vorgenommenes Abweichen von diesen Grundsätzen berichtet werden. Unterbrechungen der Bewertungsstetigkeit und ein Abweichen von den bis dahin angewandten Bilanzierungsmethoden sind daher im Anhang nicht nur anzugeben, sondern auch zu begründen. Dabei ist darzulegen, dass ein besonderer Ausnahmefall vorgelegen hat, der die Gesellschaft berechtigte, von den bisher angewandten Methoden abzuweichen.

Ziel dieser Vorschrift ist, die **Vergleichbarkeit** der Jahresabschlüsse zu wahren und dies nicht nur gegenüber den im Vorjahr angewandten Bilanzierungs- und Bewertungsmethoden, sondern auch, um einen externen Vergleich von Jahresabschlüssen zu ermöglichen. Es soll im Interesse der Vergleichbarkeit des Jahresabschlusses und insbesondere des ausgewiesenen Jahresergebnisses gezeigt werden, inwieweit das Jahresergebnis durch ein Abweichen von den im Vorjahr angewandten Methoden der Bilanzierung und Bewertung beeinflusst worden ist. Das erfordert zugleich die Angabe der Posten, auf die sich die Abweichung bezieht, und eine Gegenüberstellung mit den im Vorjahr angewandten Methoden, damit erkennbar wird, was letztlich geändert worden ist.

Bei der Berichterstattung im Anhang muss grundsätzlich über alle Abweichungen berichtet werden, wobei es aber auch zulässig ist, die Ausführungen auf die wesentlichen Abweichungen zu beschränken.

Die Berichterstattung kann verbal sein. Eine zahlenmäßige Angabe ist nicht notwendig.

Angaben und Begründungen zu Abweichungen von Bilanzierungsmethoden

Die Angabe der Abweichungen bei den Bilanzierungsmethoden bezieht sich in erster Linie auf die gesetzlich zulässigen Gliederungs-, Ausweis- und Ansatzwahlrechte. Es ist somit über den Wechsel der Bilanzierungsmethode dann zu berichten, wenn ein Wahlrecht im Vergleich zum letzten Jahresabschluss in einer anderen Weise ausgeübt worden ist. Schwierigkeiten ergeben sich jedoch i. d. R. bei der Begründung einer anderen Ausübung gesetzlicher Wahlrechte bei der Bilanzierung, da das Gesetz ein derartiges Vorgehen nicht mit dem Vorliegen begründeter Ausnahmefälle verbindet.

Angabe und Begründung zu Abweichungen von Bewertungsmethoden

Abweichungen von den angewandten Bewertungsmethoden liegen vor, wenn sich innerhalb zweier aufeinander folgender Jahresabschlüsse die Bestandteile eines angewandten Verfahrens zur Ermittlung eines Wertansatzes nicht entsprechen.

Hier führen nicht nur Abweichungen von den bisher wahrgenommenen gesetzlichen Bewertungswahlrechten, sondern auch die Abweichungen von den in § 252 Abs. 1 HGB vorgeschriebenen Bewertungsgrundsätzen zur Berichtpflicht im Anhang. Voraussetzung für ein derartiges Abweichen ist dabei die Angabe und die Begründung im Anhang. Beim Grundsatz der Bilanzidentität dürfte es kaum Durchbrechungen geben. Sie stellen somit die Ausnahme dar.

Beim Abweichen vom **Going-Concern-Prinzip** ist über die tatsächlichen Umstände und Gegebenheiten sowie über die juristischen Voraussetzungen zu berichten. Über die Auswirkungen einer Unternehmensaufgabe ist im Rahmen der Angaben zum Abweichen vom Grundsatz der Bewertungsstetigkeit Bericht zu erstatten.

Wird vom Grundsatz der **Einzelbewertung** abgewichen, so ist dies stets anzugeben und zu begründen. Dies gilt besonders für die gesetzlichen Fälle, in denen von der Einzelbewertung auf ein Festwert-, Gruppenbewertungs-, Durchschnittsbewertungs- oder ein anderes Bewertungsvereinfachungsverfahren abgewichen werden kann. Maßgeblich für die Angabe und Begründung der Bewertungsabweichung ist der Zeitpunkt des Wechsels.

Abweichungen vom Vorsichtsprinzip des § 252 Abs. 1 Nr. 4 HGB werden i. d. R. nicht anzutreffen sein, es sei denn, die bilanzierende Gesellschaft hat vorhersehbare Risiken und Verluste nicht durch eine entsprechende Bewertung oder Rückstellungsbildung berücksichtigt.

Abweichungen vom Grundsatz einer periodengerechten Ertrags- und Aufwandsabgrenzung dürften ebenfalls die Ausnahme sein.

Wesentlich ist die Abweichung vom Gebot der **Bewertungsstetigkeit**, denn dies ist nur in begründeten Ausnahmefällen möglich. Wegen des Ausnahmecharakters sind die Abweichungen so detailliert auszuführen, dass dem Leser ersichtlich wird, bei welchen Positionen die Stetigkeit gegenüber der bisherigen Bewertung durchbrochen wurde. Dabei ist darauf zu achten, dass die Begründung die Abweichung auch rechtfertigt, denn einen Zwang zur Unterbrechung der Bewertungsstetigkeit gibt es nicht.

Gesonderte Darstellung des Einflusses von Abweichungen der Bilanzierungs- und Bewertungsmethoden auf die Vermögens-, Finanz- und Ertragslage

Nach § 284 Abs. 2 Nr. 2 HGB ist der Einfluss derartiger Abweichungen auf die Vermögens-, Finanz- und Ertragslage *gesondert* darzustellen. Eine gesonderte Darstellung bedeutet, dass die Angaben nicht in anderen Ausführungen untergehen dürfen, sondern als solche erkennbar sein müssen. Es sind somit andere Faktoren aus dieser Berichterstattung herauszuhalten, die dieses Bild ebenfalls nachhaltig beeinflussen. Darzustellen sind die Auswirkungen der Abweichungen auf das Vermögen bzw. Schulden als auch letztlich auf das Jahresendergebnis des Unternehmens. Wichtig dabei ist, den Umfang des Einflusses anzugeben, d. h. die Auswirkungen sind mit Bezug auf das Jahresendergebnis in ihrem Umfang auf die wesentlich betroffenen Posten darzustellen.

In der Regel dürften verbale Ausführungen genügen, wenn dadurch der Einfluss der Abweichungen erkennbar wird. Ansonsten müssen die verbalen Ausführungen durch entsprechende Zahlenangaben ergänzt werden.

Ausweis von Unterschiedsbeträgen

Werden gleichartige Vermögensgegenstände des **Vorratsvermögens** sowie andere annähernd gleichwertige und gleichartige Vermögensgegenstände zu Gruppen zusammengefasst und mit einem gewogenen Durchschnittswert angesetzt (§ 240 Abs. 4 HGB) oder mithilfe der zulässigen Verbrauchsfolgeverfahren bewertet (§ 256 S. 1 HGB), so ist der Unterschiedsbetrag zu einer Bewertung zum letzten Börsen- oder Marktpreis auszuweisen (§ 284 Abs. 2 Nr. 3 HGB). Sinn und Zweck dieser Vorschrift ist, Bewertungsreserven aufzudecken, die sich durch die Anwendung dieser Bewertungsmethoden ergeben.

Voraussetzung bei der Feststellung des Unterschiedsbetrags ist zunächst eine überschlägige Vergleichsbewertung auf der Basis des gleichen Mengengerüsts, das dem Bilanzansatz zugrunde gelegen hat. Ist nach der Überschlagsrechnung der Bewertungsunterschied erheblich, so muss diese Gruppe mit dem entsprechenden Börsen- oder Marktpreis genauer bewertet werden. Der als Differenz zum Bilanzansatz ermittelte Unterschiedsbetrag ist je Gruppe pauschal auszuweisen; der Gesetzgeber hat somit an die Genauigkeit des Differenzbetrags keine allzu großen Anforderungen gestellt.

In welchem Fall der Unterschiedsbetrag erheblich wird, richtet sich nach dem kaufmännischen Ermessen des Bilanzierenden. Anhaltspunkt ist dabei die Höhe des Betrags gemessen am Umfang des zugehörigen Bilanzpostens. Ist der Unterschiedsbetrag größer als 10 % des Werts der vereinfacht bewerteten Vermögensgegenstände, so gilt dieser Betrag als ausweisungspflichtig.

Eine Angabe entfällt, wenn der Börsen- oder Marktpreis unter der Preiskomponente des Bilanzansatzes liegt oder nicht ermittelbar ist.

Darstellung eines Anlagengitters

§ 284 Abs. 3 S. 1 HGB verlangt die komplette Darstellung eines Anlagengitters (Entwicklung der einzelnen Posten des Anlagevermögens in einer gesonderten Aufgliederung) im Anhang. Dabei sind gem. § 284 Abs. 3 S. 2 HGB prinzipiell, ausgehend von den gesamten Anschaffungs- und Herstellungskosten, die

- Zugänge,
- Abgänge,
- Umbuchungen und
- Zuschreibungen des Geschäftsjahres sowie die
- Abschreibungen

gesondert aufzuführen. Zusätzlich sind zu den Abschreibungen die folgenden Angaben gesondert zu machen (§ 284 Abs. 3 S. 3 HGB):

1. die Abschreibungen in ihrer gesamten Höhe zu Beginn und Ende des Geschäftsjahres,
2. die im Laufe des Geschäftsjahres vorgenommenen Abschreibungen und
3. Änderungen in den Abschreibungen in ihrer gesamten Höhe im Zusammenhang mit Zu- und Abgängen sowie Umbuchungen im Laufe des Geschäftsjahres.

Das **Anlagengitter** – auch als »Anlagenspiegel« bezeichnet – stellt die Entwicklung des Anlagevermögens innerhalb eines Geschäftsjahres dar. Es geht von den Eröffnungsbilanzwerten aus, zeigt sämtliche Veränderungen und kommt dann als Ergebnis zum Wert der Schlussbilanz. Insoweit beinhaltet das Anlagengitter eine Bewegungsbilanz, geht jedoch über eine solche dadurch hinaus, dass die Jahresbewegungen (die mit den Jahresverkehrszahlen auf dem Anlagekonto identisch sind) weiter aufgeteilt werden. So können Sollbuchungen auf dem Anlagenkonto mengenmäßige Zugänge, reine Werterhöhungen (Zuschreibungen) oder Umbuchungen sein.

Das Anlagengitter stellt deshalb ein wesentliches Instrument für den externen Bilanzanalytiker dar. So kann beispielsweise ein wesentlicher Unterschied bestehen, wenn in zwei Unternehmen bei gleichen Anfangs- und Endbeständen eines der Unternehmen erhebliche mengenmäßige Bewegungen ausweist, während in dem anderen Unternehmen das Anlagevermögen über das Geschäftsjahr unverändert bleibt. Im ersten Fall kann z. B. vermutet werden, dass sich das Unternehmen durch Umschichtungen im Anlagevermögen der technischen Entwicklung angepasst hat. Selbstverständlich müssen die Informationen des Anlagengitters immer im Zusammenhang mit anderen Informationen interpretiert werden.

Das **Anlagengitter** ist in § 284 Abs. 3 HGB kodifiziert, d. h. im zweiten Abschnitt des dritten Buchs des HGB, der nur die ergänzenden Vorschriften für Kapitalgesellschaften enthält. Damit ist klargestellt, dass Einzelkaufleute und Personenhandelsgesellschaften kein Anlagengitter aufstellen müssen. Eine abweichende Regelung ergibt sich nur für solche Einzelkaufleute und Personenhandelsgesellschaften, die unter die Vorschriften des Publizitätsgesetzes fallen, d. h. die dort genannten Größenmerkmale überschreiten (vgl. § 5 Abs. 1 PublG), oder die unter die Regelung des § 264a HGB fallen.

Die Bewegungen des Anlagevermögens sind nach der **direkten Bruttomethode** darzustellen. Bei dieser Methode werden die ursprünglichen Anschaffungs- bzw. Herstellungskosten während der gesamten Nutzungsdauer (d. h. bis zum tatsächlichen Ausscheiden des Anlageguts aus dem Anlagevermögen und nicht nur bis zum Ende der Abschreibungsdauer) in voller Höhe ausgewiesen. Dem werden die aufgelaufenen Abschreibungen (kumulierte Abschreibungen) gegenübergestellt. Abgänge und Umbuchungen müssen deshalb ebenfalls immer mit den vollen AK/HK ausgewiesen werden.

Das Anlagegitter umfasst – je nach Aufbau – insgesamt bis zu 14 Spalten.[554] Ohne die zusätzlichen Erläuterungen zu den Abschreibungen ergibt sich folgendes, vereinfachtes Schema:

(1)   Anschaffungs-/Herstellungskosten:

Es sind stets (außer im Zugangsjahr) die ursprünglichen (historischen) AK/HK auszuweisen, die zum Zeitpunkt des Zugangs entstanden sind.

(2)   Zugänge:

Zum Zeitpunkt eines mengenmäßigen Zugangs von Wirtschaftsgütern zum Anlagevermögen sind hier die AK/HK auszuweisen. Der Betrag wird im Folgejahr in die Spalte (1) übernommen.

(3)   Abgänge:

Beim körperlichen Ausscheiden des Wirtschaftsguts aus dem Anlagevermögen (z. B. Verkauf, Verschrottung) ist hier der Abgang mit den ursprünglichen AK/HK aus Spalte (1) auszuweisen. Im Abgangsjahr werden die AK/HK in Spalte (1) noch unvermindert dargestellt.

(4)   Umbuchungen:

Der Wechsel von einem Ausweisposten zu einem anderen Posten ist hier mit den ursprünglichen AK/HK darzustellen, wobei in dieser Spalte Zugänge zu einem Posten mit einem »+« und Abgänge mit einem »–« zu versehen sind.

(5)   Kumulierte Abschreibungen:

Diese Spalte zeigt die aufgelaufenen (planmäßigen und außerplanmäßigen) Abschreibungen. Im Jahr des Abgangs ist hier für das abgegangene Gut keine kumulierte Abschreibung mehr auszuweisen. Es ergibt sich das folgende Rechenschema für die Bilanz des Jahres 02:

kumulierte Abschreibungen gem. Bilanz 01

–   Zuschreibungen (soweit nicht ggf. in Spalte (1) zu übernehmen) gem. Bilanz 01

+   Abschreibungen im lfd. Geschäftsjahr 02

–   auf die Abgänge des lfd. Geschäftsjahres entfallende kumulierte Abschreibung

=   kumulierte Abschreibung in Bilanz 02

(6)   Abschreibung des Geschäftsjahres:

In dieser Spalte sind die in dem laufenden Geschäftsjahr gebuchten Abschreibungen nachrichtlich auszuweisen. Diese Spalte stellt den korrespondierenden Ausweis zur Gewinn- und Verlustrechnung (Gesamtkostenverfahren gem. § 275 Abs. 2 Nr. 7 HGB) dar, d. h., dass auch im Jahr eines Abgangs hier für das betreffende Wirtschaftsgut die erfolgswirksam verrechnete Abschreibung auszuweisen ist. Auch wenn die gesetzliche Gliederung für die Gewinn- und Verlustrechnung nach dem Umsatzkostenverfahren gem. § 275 Abs. 3 HGB keinen Posten für normale Abschreibungen enthält, gilt eine analoge Überlegung.

---

554   Vgl. Theile (Anlagenspiegel).

(7)   Zuschreibungen des Geschäftsjahres:

Wertmäßige Erhöhungen des Anlagenbestands (Rückgängigmachung von außerplanmä-ßigen Abschreibungen früherer Geschäftsjahre bzw. Nachholung einer zu geringen Erstak-tivierung) sind hier im Geschäftsjahr auszuweisen. Das Bruttoprinzip wird dabei durch-brochen, da eine Spalte für den Ausweis kumulierter Zuschreibungen nicht vorgesehen ist; entweder wird deshalb eine solche Spalte freiwillig eingefügt (zulässig gem. § 265 Abs. 5 HGB) oder die Zuschreibung ist im folgenden Geschäftsjahr mit der Spalte 5 (bei Korrektur einer außerplanmäßigen Abschreibung) bzw. 1 (bei Nachholung einer zu niedri-gen Erstaktivierung) zu verrechnen.

(8)   Endbestand:

In dieser Spalte ist der Bilanzwert (Restbuchwert) des Geschäftsjahres auszuweisen, der sich als Querrechnung im Anlagengitter ergibt.

(9)   Vorjahreswert:

Nicht mehr zum Anlagengitter im eigentlichen Sinn gehört die Angabe des Vorjahreswerts gem. § 265 Abs. 2 HGB.

Alle acht bzw. neun Spalten des Anlagengitters sind für sämtliche Bilanzposten des Anlagevermögens einzurichten, wobei die größenabhängigen Vereinfachungen des § 266 Abs. 1 HGB auch für das Anlagengitter gelten. Für unbesetzte Spalten ist die Leerpostenregelung des § 265 Abs. 8 HGB analog anzuwenden.

| **Beispiel:** | | | | | | | !

Anfang 01 wurde eine Maschine mit Anschaffungskosten von 30.000 Euro erworben. Der Ab-schreibungssatz beträgt 10 % linear. Im Jahr 02 wird zusätzlich zur planmäßigen Abschreibung eine außerplanmäßige Abschreibung wegen eines technischen Defekts in Höhe von 5.000 Euro vorgenommen. Im Jahr 03 wird festgestellt, dass die Gründe für die außerplanmäßige Ab-schreibung nicht mehr bestehen.

Anf.-Bestände zu AK/HK	Zugänge zu AK/HK +	Abgänge zu AK/HK −	Umbuchungen zu AK/HK +/−	Abschreibungen kumuliert −	Abschreibungen des GJ nachrichtlich	Zuschreibungen des GJ +	Endbestand =
Jahr 02							
30.000				11.000	8.000		19.000
Jahr 03							
30.000	-	-	-	14.000	3.000	5.000	21.000
Jahr 04							
30.000	-	-	-	12.000	3.000	-	18.000

Trotz des Ausweises des Anlagengitters im Anhang sind die Spalten (8) und (9) in der Bilanz auszuweisen, d. h., die Spalte (8) erscheint sowohl in der Bilanz als auch im Anhang; die Spalte (9) braucht im Anhang nicht wiederholt zu werden.

Angaben über die Einbeziehung von Fremdkapitalzinsen in die Herstellungskosten

Gemäß § 284 Abs. 2 Nr. 4 HGB müssen im Anhang Angaben über die Einbeziehung von Zinsen für Fremdkapital in die Herstellungskosten gemacht werden. Dabei sind die Inanspruchnahme dieser Bewertungshilfe selbst und der Umfang der Aktivierung anzugeben, wenn von dem Bewertungswahlrecht des § 255 Abs. 3 HGB bei einzelnen Posten nur teilweise Gebrauch gemacht wurde. Auch die generelle Nichtaktivierung von Fremdkapitalzinsen ist anzugeben.

Der Angabepflicht wird ebenfalls nachgekommen, wenn im Rahmen der Angaben zu den angewandten Bewertungsmethoden bei der Erläuterung der aktivierten Herstellkosten auf den Umfang der Einbeziehung von Fremdkapitalzinsen eingegangen wird.

Sind in die Herstellungskosten Zinsen für Fremdkapital einbezogen worden, ist (zusätzlich zur o. g. allgemeinen Erläuterung) für jeden Posten des Anlagevermögens anzugeben, welcher Betrag an Zinsen im Geschäftsjahr aktiviert worden ist (§ 284 Abs. 3 S. 4 HGB).

Erläuterung des Abschreibungszeitraums eines Geschäfts- oder Firmenwerts

Ein derivativer Geschäfts- oder Firmenwert soll regelmäßig über die voraussichtliche Nutzungsdauer abgeschrieben werden. Nur wenn die Nutzungsdauer nicht verlässlich geschätzt werden kann, schreibt der Gesetzgeber eine Abschreibungsdauer von 10 Jahren vor (§ 253 Abs. 3 HGB).

Grundsätzlich sind die Gründe für die gewählte Abschreibungsdauer im Anhang zu erläutern (§ 285 Nr. 13 HGB). Gründe für eine besonders kurze oder lange Abschreibungsdauer können u. a. dadurch entstehen, wenn der Geschäfts- oder Firmenwert einen über einen bestimmten Zeitraum nutzbaren Vorteil für das Unternehmen repräsentiert, wie z. B. bei einem besonderen vorhandenen Know-how oder einem Vorteil beim Wettbewerb.

In § 7 Abs. 1 EStG ist die betriebsgewöhnliche Nutzungsdauer des derivativen Geschäfts- und Firmenwerts auf 15 Jahre festgelegt worden. Stimmt diese Nutzungsdauer mit der handelsrechtlichen überein, so darf der Geschäfts- oder Firmenwert auch in der Handelsbilanz entsprechend abgeschrieben werden. Der Verweis auf die steuerrechtlichen Bestimmungen, nach denen der Geschäfts- oder Firmenwert abgeschrieben wurde, als Angabe nach § 285 Abs. 13 HGB dürfte ausreichend sein.

Angabe der außerplanmäßigen Abschreibungen bei Vermögensgegenständen des Anlagevermögens

§ 277 Abs. 3 HGB verlangt den gesonderten Ausweis von außerplanmäßigen Abschreibungen des Anlagevermögens im Anhang, soweit dies nicht bereits in der GuV vorgenommen wurde. Dabei müssen außerplanmäßige Abschreibungen bei vorübergehender Wertminderung getrennt von der bei dauernder Wertminderung angegeben werden.

Hinsichtlich der außerplanmäßigen Abschreibungen wegen vorübergehender Wertminderung besteht für die Inanspruchnahme nach § 253 Abs. 3 HGB ein Wahlrecht. Wird von diesem Wahlrecht insofern Gebrauch gemacht, dass Vermögensgegenstände des Anlagevermögens außerplanmäßig auf den niedrigeren ihnen am Abschlussstichtag beizulegenden Wert abgeschrieben werden, so ist dies im Anhang betragsmäßig anzugeben.

Außerplanmäßige Abschreibungen wegen dauernder Wertminderung sind bei Vermögensgegenständen des Anlagevermögens zwingend vorzunehmen. Auch diese müssen ohne eine Angabe von Gründen betragsmäßig im Anhang ausgewiesen werden. Bei der Angabe sind die Posten, bei denen außerplanmäßige Abschreibungen vorgenommen wurden, zu benennen und die auf sie entfallenen Beträge auszuweisen.

9.3.3 Erläuterungen zu Bilanz und Gewinn- und Verlustrechnung

9.3.3.1 Angaben zur Bilanz

9.3.3.1.1 Angabepflichten für alle Kapitalgesellschaften

Angabe der Mitzugehörigkeit zu mehreren Bilanzposten

Nach § 265 Abs. 3 HGB ist die Mitzugehörigkeit von Vermögensgegenständen oder Schulden zu anderen Posten der Bilanz bei den Posten zu vermerken, unter denen sie ausgewiesen werden, oder im Anhang anzugeben, wenn dies der Klarheit und Übersichtlichkeit des Jahresabschlusses dient.

Maßstab für den Vermerk ist somit der Grundsatz von Klarheit und Übersichtlichkeit des § 243 Abs. 2 HGB. Dienen der Vermerk oder die Angabe diesem nicht, so ist ein Hinweis auf die Mitzugehörigkeit zu anderen Posten nicht erforderlich.

Zusammenfassung von Posten

Werden Posten der Bilanz, um die Klarheit und Übersichtlichkeit der Bilanz zu erhöhen, zulässigerweise zusammengefasst, so sind die zusammengefassten Posten im Anhang aufgegliedert auszuweisen (§ 265 Abs. 7 Nr. 2 HGB). Dies betrifft jedoch nicht Posten, die nach dem Grundsatz der Wesentlichkeit zusammengefasst wurden, d. h. betragsmäßig eine unbedeutende Rolle für die Vermittlung des »true and fair view« spielen. Für diese Posten hat eine Aufgliederung zu unterbleiben (§ 265 Abs. 7 Nr. 1 HGB). Sie müssen im Anhang so dargestellt werden, wie sie ansonsten in der Bilanz dargestellt worden wären. Nur so kann die Gleichwertigkeit der Information gewährleistet werden.

Angabe des Gewinn- und Verlustvortrags bei teilweiser Ergebnisverwendung

Die Bilanz kann unter Berücksichtigung der vollständigen oder teilweisen Ergebnisverwendung aufgestellt werden. Es handelt sich also um das Wahlrecht, vom Gliederungsschema des § 266 HGB, welches eine Bilanz vor Ergebnisverwendung ist, abzuweichen.

Wird sie unter dem Aspekt der teilweisen Ergebnisverwendung aufgestellt, so tritt der Posten Bilanzgewinn/-verlust an die Stelle der Posten Jahresüberschuss/-fehlbetrag und Gewinnvortrag/Verlustvortrag. Da im Posten Bilanzgewinn/-verlust anteilig der Gewinn- bzw. Verlustvortrag enthalten ist, ist der Betrag entweder vorspaltig in der Bilanz bei dem Posten Bilanzgewinn/-verlust oder im Anhang gesondert anzugeben (§ 268 Abs. 1 HGB). Die Aktiengesellschaft muss jedoch die Ergebnisverwendung zwingend in GuV oder Anhang darstellen (§ 158 Abs. 1 AktG). Weitergehende Ausführungen sind nicht erforderlich.

Antizipative Aktiva

Werden unter dem Posten »sonstige Vermögensgegenstände« Beträge ausgewiesen, die erst nach dem Abschlussstichtag rechtlich entstehen, so müssen die Beträge, die einen größeren Umfang erreicht haben, nach § 268 Abs. 4 S. 2 HGB im Anhang erläutert werden.

Die **antizipativen Aktivposten** können nur unter dem Posten »sonstige Vermögensgegenstände« ausgewiesen werden, sofern sie nach den GoB aktivierungsfähig sind.

Erläuterungspflichtig werden diese antizipativen Aktivposten dann, wenn sie einen größeren Umfang erreicht haben. Dabei ist zunächst zu prüfen, ob der Posten »sonstige Vermögensgegenstände« selbst ein bedeutendes Volumen gemessen an der gesamten Bilanzsumme besitzt. Sofern dies zutrifft, sind diejenigen antizipativen Beträge zu erläutern, die innerhalb des Postens einen größeren Umfang besitzen. Wenn keine einleuchtenden Gründe dagegen sprechen, wird man die Beträge erläutern müssen, die 10 % oder mehr des Bilanzpostens ausmachen. Es gilt somit auch hier der Grundsatz der Wesentlichkeit.

Bei der Erläuterung selbst sind die Voraussetzungen für die Aktivierungsfähigkeit dieser Beträge zu nennen und deren Inhalte zu zeigen.

Antizipative Passiva

Sind unter dem Posten »Verbindlichkeiten« Beträge für Verpflichtungen ausgewiesen, die erst nach dem Abschlussstichtag rechtlich entstehen, so müssen diese, sofern sie einen erheblichen Umfang besitzen, nach § 268 Abs. 5 S. 3 HGB im Anhang ebenfalls erläutert werden. In Betracht kommen hier in erster Linie Verpflichtungen, die in einem Zeitraum vor dem Abschlussstichtag entstanden sind, aber erst im kommenden Geschäftsjahr fällig werden. Inwieweit diese Verpflichtungen unter dem Posten »sonstige Verbindlichkeiten« oder als Rückstellung für ungewisse Verbindlichkeiten aus schwebenden Geschäften (§ 249 HGB) bilanziell erfasst werden können, muss im Einzelfall entschieden werden.

Disagio

Nach § 250 Abs. 3 HGB darf, wenn der Rückzahlungsbetrag einer Verbindlichkeit höher als der Ausgabebetrag ist, der Unterschiedsbetrag (Disagio/Damnum) unter dem aktiven Rechnungsabgrenzungsposten aktiviert werden. Wird von diesem Wahlrecht Gebrauch gemacht, so muss der Unterschiedsbetrag in der Bilanz oder alternativ im Anhang nach § 268 Abs. 6 HGB gesondert ausgewiesen werden. Es genügt, die Angabe, sofern sie nicht bereits in der Bilanz vorgenommen wurde, betragsmäßig im Anhang zu machen. Ausführungen über die planmäßige Abschreibung des aktivierten Disagios sind in diesem Zusammenhang nicht erforderlich.

Haftungsverhältnisse

Kapitalgesellschaften müssen die in § 251 HGB näher bezeichneten Haftungsverhältnisse

- Verbindlichkeiten aus der Begebung und Übertragung von Wechseln,
- Verbindlichkeiten aus Bürgschaften, Wechsel- und Scheckbürgschaften,
- Verbindlichkeiten aus Gewährleistungsverträgen,
- Haftungsverhältnisse aus der Bestellung von Sicherheiten für fremde Verbindlichkeiten

im Anhang unter Angabe der gewährten Pfandrechte und sonstigen Sicherheiten anstelle eines Gesamtbetrags nach § 268 Abs. 7 HGB jeweils einzeln ausweisen.

Solche Verpflichtungen gegenüber verbundenen Unternehmen sind jeweils einzeln gesondert anzugeben. Auch hier genügt die rein betragsmäßige Angabe. Nach § 285 Nr. 27 HGB besteht zusätzlich eine Pflicht, die Gründe der Einschätzung des **Inanspruchnahmerisikos** anzugeben.

Angaben zu immateriellen Gütern

Sofern vom Aktivierungswahlrecht für immaterielle Güter des § 246 Abs. 2 HGB Gebrauch gemacht wurde, sind gem. § 285 Nr. 22 HGB anzugeben

- der Gesamtbetrag der Forschungs- und Entwicklungskosten des Geschäftsjahres (also aktivierte und nicht aktivierte Beträge) und
- der darin enthaltene Betrag, der auf aktivierte immaterielle Vermögensgegenstände des Anlagevermögens (im Umlaufvermögen aktivierte Beträge sind nicht gesondert angabepflichtig) entfällt.

Angabe zur Ausschüttungssperre

Sofern eine Ausschüttungssperre gem. § 268 Abs. 8 HGB besteht, ist der Gesamtbetrag dieser Ausschüttungssperre nach § 285 Nr. 28 HGB aufzugliedern in die Teilbeträge aus

- Aktivierung selbst geschaffener immaterieller Vermögensgegenstände des Anlagevermögens,
- Beträge aus der Aktivierung latenter Steuern,
- Aktivierung von Vermögensgegenständen zum beizulegenden Wert (Fair Value).

Latente Steuern

Für nach § 274 HGB angesetzte latente Steuern sind die dafür maßgeblichen Bewertungsdifferenzen zwischen Handelsbilanz und Steuerbilanz sowie ggf. die steuerlichen Verlustvorträge und die der Bewertung zugrunde liegenden Steuersätze anzugeben (§ 285 Nr. 29 HGB). Ebenfalls ist die Entwicklung der Steuerlatenzen im Geschäftsjahr darzustellen (§ 285 Nr. 30 HGB).

Angabe des Gesamtbetrags der Verbindlichkeiten mit einer Restlaufzeit von mehr als fünf Jahren

Nach § 285 Nr. 1 Buchst. a HGB ist der Gesamtbetrag der Verbindlichkeiten mit einer Restlaufzeit von mehr als fünf Jahren von den in der Bilanz ausgewiesenen Verbindlichkeiten im Anhang anzugeben. Basis der Berechnung ist dabei der Abschlussstichtag und der voraussichtliche, vereinbarte oder gesetzlich fixierte Fälligkeitstermin der Verbindlichkeiten. Somit sind demnach keine Verbindlichkeiten anzugeben, die innerhalb der nächsten fünf Jahre fällig werden und deren Laufzeit ursprünglich einmal länger als fünf Jahre war. Bei Verbindlichkeiten, die laufend in Teilbeträgen getilgt werden, sind die Beträge anzugeben, die nach Ablauf von fünf Jahren noch fällig werden.

Die jeweils maßgebliche tatsächliche Restlaufzeit ist bei der Berechnung des Gesamtbetrags letztlich das Entscheidende. Es kommt darauf an, möglichst den Gesamtbetrag der Verbindlichkeiten im Anhang anzugeben, der erst in fünf Jahren zur Belastung der betrieblichen Liquidität führt. Ist ein Fälligkeitstermin im Voraus nicht bestimmbar, so ist dieser zu schätzen. Dabei ist dieser bei Zweifeln am Fälligkeitstermin nach dem Vorsichtsprinzip eher zu früh als zu spät anzunehmen.

Angabe des Gesamtbetrags der Verbindlichkeiten, die durch Pfandrechte oder ähnliche Rechte gesichert sind

Ferner ist gem. § 285 Nr. 1 Buchst. b HGB der Gesamtbetrag der Verbindlichkeiten anzugeben, die durch Pfandrechte oder ähnliche Rechte gesichert wurden sowie die Art und Form der gewährten Sicherheiten. Wurden Verbindlichkeiten durch Pfandrechte gem. der §§ 1204 ff. BGB gesichert, so können diese Pfandrechte an beweglichen Sachen und sonstigen Rechten, wie an Forderungen, Wertpapieren u. Ä., als auch in Form von Grundpfandrechten bestehen (Hypothek, Grundschuld). Unter den ähnlichen Rechten versteht der Gesetzgeber die Gewährung von Sicherheiten, die mit dem Pfandrecht vergleichbar sind. Dies sind insbesondere die Sicherungsabtretungen, die Sicherheitsübereignungen, die Eigentumsvorbehalte und der Nießbrauch an beweglichen Sachen und Rechten.

Alle derart gesicherten Verbindlichkeiten sind betragsmäßig zu addieren und im Anhang als Gesamtbetrag auszuweisen. Dabei ist bei der Berechnung nicht der i. d. R. höhere Betrag der Sicherung, sondern der am Abschlussstichtag für die jeweilige Verbindlichkeit in der Bilanz ausgewiesene Betrag maßgebend. Wird die Sicherung einer Verbindlichkeit nicht von der bilanzierenden Gesellschaft, sondern von einem Unternehmensexternen vorgenommen, so ist dieser Betrag nicht in die Berechnung des Gesamtbetrags miteinzubeziehen.

Neben der Angabe des Gesamtbetrags sind zusätzlich die Art und die Form der gewährten Sicherheiten im Anhang anzugeben. Unter Art der Sicherung sind die bereits oben genannten Sicherungsrechte aufzuführen, d. h. die gewährten Sicherheiten sind dem Gesamtbetrag zuzuordnen und zu benennen, während die Form der Sicherung mehr nach einer Erwähnung von Art und Weise der Umsetzung dieser Sicherungsrechte verlangt.

Aufgliederung der Angaben nach § 285 Nr. 1 HGB für jeden Posten der Verbindlichkeiten

Nach § 285 Nr. 2 HGB sind die besicherten Verbindlichkeiten und die Verbindlichkeiten

- mit einer Laufzeit von mehr als fünf Jahren für jeden Posten der Bilanz
- nach der Reihenfolge des Gliederungsschemas aufzugliedern sind, sofern
- diese Aufgliederung nicht bereits aus der Bilanz ersichtlich ist. Dabei ist es zweckmäßig, sich bei der Darstellung eines sog. Verbindlichkeitenspiegels zu bedienen.

Macht man von dem Wahlrecht des § 265 Abs. 7 Nr. 2 HGB Gebrauch und fasst die Posten 1.–8. des Buchstabens C. des § 266 Abs. 3 HGB zusammen, so müssen diese zusammengefassten Posten im Anhang gesondert ausgewiesen werden.

Der **Verbindlichkeitenspiegel** ist so aufgebaut, dass zeilenweise die einzelnen Posten der Verbindlichkeiten eingetragen werden, während spaltenweise zunächst die Verbindlichkeiten nach ihrer Fälligkeit aufgeteilt werden. In den darauf folgenden Spalten werden jedem einzelnen Posten der Verbindlichkeiten, falls besichert, die entsprechend gewährten Sicherungen nach Art und Form zugewiesen. Eine derartige Darstellung im Anhang ist klar und übersichtlich und gibt dem Leser einen verständlichen Einblick in die Finanzlage des Unternehmens.

Angabe zu anderen Unternehmen, an denen ein Anteilsbesitz von mehr als einem Fünftel besteht

Nach § 285 Nr. 11 HGB muss jede Kapitalgesellschaft im Anhang den Namen und Sitz anderer Unternehmen, die Höhe des Anteils am Kapital, das Eigenkapital und das Ergebnis des letzten Geschäftsjahres dieser Unternehmen, für die ein Jahresabschluss vorliegt, angeben, soweit es sich um Beteiligungen i. S. des § 271 Abs. 1 HGB handelt oder ein solcher Anteil von einer Person für Rechnung der Kapitalgesellschaft gehalten wird.

Von börsennotierten Kapitalgesellschaften sind alle Beteiligungen an großen Kapitalgesellschaften anzugeben, die 5 Prozent der Stimmrechte überschreiten (§ 285 Nr. 11b HGB).

Angaben zu den nicht gesondert ausgewiesenen Rückstellungen

In der Bilanz sind nach § 266 Abs. 3 HGB grundsätzlich folgende Rückstellungsarten auszuweisen:

- die Rückstellungen für Pensionen und ähnliche Verpflichtungen,
- die Steuerrückstellungen und
- die sonstigen Rückstellungen.

Sind die sonstigen Rückstellungen in der Bilanz nicht weiter untergliedert, so sind die in diesem Posten zusammengefassten Rückstellungen nach § 285 Nr. 12 HGB im Anhang zu erläutern, sofern sie einen nicht unerheblichen Umfang besitzen.

Wann die sonstigen Rückstellungen einen nicht unerheblichen Umfang besitzen, ist nach dem Grundsatz der Wesentlichkeit zu beurteilen. Dabei ist jedoch nicht nur auf das Verhältnis der einzelnen Rückstellung innerhalb des Postens »sonstige Rückstellungen« zu achten, sondern auch auf die Bedeutung des gesamten Postens innerhalb der Bilanz. Ist bereits der Gesamtbetrag der sonstigen Rückstellungen unerheblich, so entfällt die Erläuterungspflicht des Postens.

Bei der Erläuterungspflicht der sonstigen Rückstellungen genügen i. d. R. ihre Benennung und die Wiedergabe der Bestimmung und der Gründe, nach denen sie gebildet worden sind. Eine betragsmäßige Angabe wird gesetzlich nicht verlangt. Sie sollte jedoch bei dominierenden Rückstellungsarten gemacht werden. Mögliche erläuterungspflichtige Rückstellungen können nach § 249 HGB sein:

- Rückstellungen für ungewisse Verbindlichkeiten,
- Rückstellungen für drohende Verluste aus schwebenden Geschäften,
- Rückstellungen für unterlassene Aufwendungen für Instandhaltung und Abraumbeseitigung und
- Rückstellungen für Gewährleistungen ohne rechtliche Verpflichtungen.

Nicht passivierte Pensionsverpflichtungen

Bei Pensionszusagen brauchen sog. »Altzusagen« (Zusagen, die vor dem 1.1.1987 gemacht wurden) nicht passiviert werden (Art. 28 Abs. 1 EGHGB). Für den Fall der Nichtpassivierung ist dieser Teil jedoch im Anhang auszuweisen (Art. 28 Abs. 2 EGHGB).

Verbindlichkeiten aus Altersversorgung

Im Zusammenhang mit Pensionen sind Angaben zu machen über

- das angewandte versicherungsmathematische Berechnungsverfahren sowie die grundlegenden Annahmen der Berechnung wie Zinssatz, erwartete Lohn- und Gehaltssteigerungen und zugrunde gelegte Sterbetafeln, und
- für den Fall der Saldierung nach § 246 Abs. 2 S. 2 HGB die Anschaffungskosten und die beizulegenden Zeitwerte der verrechneten Vermögensgegenstände, den Erfüllungsbetrag der verrechneten Schulden sowie die verrechneten Aufwendungen und Erträge (285 Nr. 25 HGB).

Inländisches Investmentvermögen

Hier sind Angaben zu Anteilen oder Anlageaktien an inländischen Investmentvermögen (§ 285 Nr. 26 HGB) zu machen.

9.3.3.1.2 Rechtsformspezifische Angaben der AG und KGaA

Rücklageneinstellung des Eigenkapitalanteils von Wertaufholungen

Gemäß § 58 Abs. 2a AktG können Vorstand und Aufsichtsrat unabhängig von den Beschränkungen der Absätze 1 und 2 den Eigenkapitalanteil von Wertaufholungen bei Vermögensgegenständen des Anlage- und Umlaufvermögens und von steuerrechtlich gebildeten Passivposten, bei denen die umgekehrte Maßgeblichkeit der Handelsbilanz für die Steuerbilanz nicht gilt, in die anderen Gewinnrücklagen einstellen. Die so gebildeten Teile der anderen Gewinnrücklagen sind entweder in der Bilanz gesondert auszuweisen oder alternativ im Anhang betragsmäßig anzugeben. Sollten andere Gewinnrücklagen bereits existieren, so ist dem Ausweis im Anhang Vorrang zu gewähren.

Gesonderte Angabe zum Posten Kapitalrücklage

Nach § 152 Abs. 2 AktG sind in der Bilanz oder im Anhang gesondert anzugeben

- der Betrag, der während des Geschäftsjahres in den Posten Kapitalrücklage eingestellt wurde und
- der Betrag, der für das Geschäftsjahr aus der Kapitalrücklage entnommen wurde.

Weitere Angaben verlangt das Gesetz nicht.

Gesonderte Angaben zu den einzelnen Posten der Gewinnrücklagen

§ 152 Abs. 3 AktG schreibt vor, dass zu den einzelnen Posten der vier Gewinnrücklagenarten die folgenden Veränderungen in der Bilanz oder im Anhang anzugeben sind:

- Die Beträge, die durch Beschluss der Hauptversammlung aus dem Bilanzgewinn des Vorjahres eingestellt worden sind;
- die Beträge, die aus dem Jahresüberschuss des Geschäftsjahres eingestellt worden sind;
- die Beträge, die für das Geschäftsjahr entnommen werden.

Auch hier sind lediglich die einzelnen Beträge je Gewinnrücklagenart anzugeben.

Angaben über Zahl und Nennbetrag der Aktien jeder Gattung

Nach § 160 Abs. 1 Nr. 3 AktG sind die Zahl und der Nennbetrag der Aktien jeder Gattung für sich anzugeben, sofern sich diese Angaben nicht bereits aus der Bilanz ergeben. Aktien, die bei einer bedingten Kapitalerhöhung oder bei einem genehmigten Kapital im Geschäftsjahr gezeichnet worden sind, sind jeweils gesondert angabepflichtig. Die häufigste Unterscheidungsform bei den Aktiengattungen ist die nach Stammaktien und Vorzugsaktien.

Angaben über das genehmigte Kapital

§ 160 Abs. 1 Nr. 4 AktG verlangt die Angabe des genehmigten Kapitals. Die Berichtspflicht beruht auf der Tatsache, dass das genehmigte Kapital sonst in der Bilanz nirgends vermerkt wäre. Angabepflichtig ist der Nennbetrag des genehmigten Kapitals, der dem zugrunde liegende Beschluss sowie die jeweiligen Bedingungen. Des Weiteren sind der Zweck der Ausgabe und die Höhe des im Rahmen der Ermächtigung auszugebenden Kapitals.

Angaben über Bezugsrechte

Nach § 160 Abs. 1 Nr. 5 AktG muss die Zahl der Bezugsrechte gemäß § 192 Abs. 2 Nr. 3 AktG angegeben werden.

9.3.3.1.3 Rechtsformspezifische Angaben der GmbH

Angabe der Ausleihungen, Forderungen und der Verbindlichkeiten gegenüber Gesellschaftern

Nach § 42 Abs. 3 GmbHG sind Ausleihungen, Forderungen und Verbindlichkeiten gegenüber Gesellschaftern i. d. R. als solche gesondert auszuweisen oder im Anhang anzugeben. Sollten sie unter anderen Bilanzposten ausgewiesen sein, so ist dies gesondert zu vermerken.

Angabepflichtig ist der entsprechende Betrag, ohne jedoch den Gesellschafter beim Namen nennen zu müssen.

9.3.3.2   Angaben zur Gewinn- und Verlustrechnung

9.3.3.2.1   Angabepflichten für alle Kapitalgesellschaften

Zusammenfassung von Posten der Gewinn- und Verlustrechnung

§ 265 Abs. 7 HGB gestattet die Zusammenfassung der mit arabischen Zahlen versehenen Posten der Gewinn- und Verlustrechnung, wenn sie für die Vermittlung des »true and fair view« betragsmäßig unerheblich sind oder dadurch die Klarheit und Übersichtlichkeit erhöht werden kann. Da im gesetzlichen Gliederungsschema der Gewinn- und Verlustrechnung sämtliche Oberposten mit arabischen Zahlen versehen sind, ist es gerade bei einer Postenzusammenfassung wichtig, dass diese im Anhang so aufgegliedert werden, als wären sie in der Gewinn- und Verlustrechnung nicht zusammengefasst worden.

Da eine Zusammenfassung von Posten der Gewinn- und Verlustrechnung eine entsprechende Aufgliederung im Anhang nach sich zieht, ist eine Erleichterung durch dieses Ausweiswahlrecht nicht zu erkennen.

Erläuterungen der außergewöhnlichen und der periodenfremden Erträge und Aufwendungen

Im Anhang sind zwei Gruppen von Erträgen und Aufwendungen anzugeben[555]:

- Jeweils der Betrag und die Art der einzelnen Erträge und Aufwendungen von außergewöhnlicher Größenordnung oder außergewöhnlicher Bedeutung, soweit die Beträge nicht von untergeordneter Bedeutung sind (§ 285 Nr. 31 HGB: **außergewöhnliche Erfolgsbeiträge**).
- Die einzelnen Erträge und Aufwendungen hinsichtlich ihres Betrags und ihrer Art, die einem anderen Geschäftsjahr zuzurechnen sind, soweit die Beträge nicht von untergeordneter Bedeutung sind (§ 285 Nr. 32 HGB: **periodenfremde Erfolgsbeiträge**).

Damit scheidet hier die allgemeine betriebswirtschaftliche Definition von außerordentlichen Erträgen und Aufwendungen aus, nach der sich die außerordentlichen Erfolgskomponenten aus betriebsfremden und periodenfremden Komponenten zusammensetzen.

---

555   Diese Erträge und Aufwendungen finden sich in der GuV in den normalen Posten des Gliederungsschemas wie Umsatzerlöse, sonstige Erträge, sonstige Aufwendungen usw. Ob für diese Beträge zusätzliche Posten in die GuV eingefügt werden dürfen, ist umstritten, m. E. jedoch mangels Verbots (wie in den IFRS) möglich. Zumindest sollten Davon-Vermerke zulässig sein.

Als wesentliche Abgrenzungskriterien für die **außergewöhnliche Bedeutung** von Erträgen und Aufwendungen können genannt werden:

1. Die Anlässe (Sachverhalte) müssen außerhalb der gewöhnlichen Geschäftstätigkeit liegen.
   - Innerhalb der gewöhnlichen Geschäftstätigkeit liegen i. d. R. jene Geschäfte, die durch die Satzung gedeckt sind.
   - Für die Annahme der Außergewöhnlichkeit genügt es nicht, dass Erträge und Aufwendungen untypisch sind.
   - Auch mit untypischen Gegenständen oder Dienstleistungen können Erträge aus der gewöhnlichen Geschäftstätigkeit erzielt werden.
2. Zeitliche Seltenheit ist nur ein subsidiäres Kriterium.
   - Zeitliche Seltenheit ist gegeben, wenn die Entstehung der Erfolgskomponenten einmalig oder zumindest selten wiederkehrend ist.[556]
   - Ein Geschäftsvorfall, der in jedem Jahr einmal vorkommt, dürfte i. d. R. nicht außergewöhnlich sein.[557]
3. Abzustellen ist auf den tatsächlichen Sachverhalt eines speziellen Unternehmens, nicht auf die buchmäßige Charakterisierung eines Aufwands/Ertrags.
4. Steueraufwendungen/-erträge gehören nicht zu diesen Posten.

Nach Federmann gibt es zwei Falltypen von außergewöhnlichen Sachverhalten:[558]

a) Sachverhalte, die nicht in der Geschäftstätigkeit der Unternehmung begründet sind, sondern in höherer Gewalt oder im Verhalten unternehmensexterner Dritter oder
b) die durch außergewöhnliche Geschäftstätigkeit begründet sind (Auf-, Um- und Abbau des Unternehmens, Strukturentscheidungen, konstitutive Entscheidungen).

! **Beispiele:**

zu a): Versicherungserträge, Schenkungserträge, Katastrophenaufwand, Verluste aus Enteignung.

zu b): Erträge aus Sanierungsleistungen, Erträge aus Gesellschafterzuschüssen, Aufwand aus Betriebsstilllegung.

Hinsichtlich der **außergewöhnlichen Größenordnung** ist auf die Umstände des bilanzierenden Unternehmens (z. B. Größe von Eigenkapital und/oder Umsatzerlösen und/oder gewöhnliche Größe eines GuV-Postens, der den außergewöhnlichen Posten enthält) abzustellen. Bei einer außergewöhnlichen Größenordnung wird wohl meistens auch eine außergewöhnliche Bedeutung gegeben sein.

Keine außergewöhnlichen Erfolgskomponenten sind beispielsweise gegeben, wenn Erträge oder Aufwendungen aus – gewöhnlichen/regulären – Anlagenverkäufen resul-

---

556 Selchert (Jahresabschlußprüfung), S. 554.
557 Leffson (Grundsätze), S. 331.
558 In enger Anlehnung an Federmann (Gewinn- und Verlustrechnung) Tz. 118.

tieren, da auch bei Produktionsbetrieben der Kauf und Verkauf von Anlagen im Rahmen der gewöhnlichen Geschäftstätigkeit (Produktion von bestimmten Gütern) anfällt.

Praxisfälle: !

- Eine **Ausgleichszahlung**, die an die Stelle des entgangenen Gewinns aus einem Vorgang der gewöhnlichen Geschäftstätigkeit tritt, ist grundsätzlich kein außerordentlicher Ertrag.[559]
- Ein Unternehmen stellt die Geschäftstätigkeit in einem kompletten **Segment** ein und verkauft sämtliche Vermögensgegenstände aus diesem Segment. Die daraus resultierenden Aufwendungen bzw. Erträge sind von außergewöhnlicher Bedeutung (und möglicherweise von außergewöhnlicher Größenordnung).

Diese Angabepflicht verlangt für die in Betracht kommenden Aufwendungen und Erträge jeweils die Angabe ihrer Art bzw. ihres Charakters und die Angabe der entsprechend zugeordneten Beträge. Diese Beträge sind den jeweiligen GuV-Posten zuzuordnen, weil der Gesetzgeber die Angaben »jeweils« verlangt; dies kann ggf. in Form einer tabellarischen Darstellung erfolgen.

Enthalten die außergewöhnlichen Erfolgsbeiträge Beträge, die für die Beurteilung der Ertragslage von untergeordneter Bedeutung sind, müssen diese hinsichtlich ihres Betrags und ihrer Art nicht erläutert werden

Bei **periodenfremden Erfolgsbeiträgen** (Erträge und Aufwendungen, die einem anderen Geschäftsjahr zuzurechnen sind) müssen

- die einzelnen Beträge und
- deren Art

erläutert werden, allerdings nur, soweit die Beträge nicht von untergeordneter Bedeutung sind. Bestehen in einem Geschäftsjahr nur periodenfremde Beträge von untergeordneter Bedeutung (was die Regel sein sollte), entfällt hier also jegliche Erläuterungspflicht; ein diesbezüglicher Hinweis dient aber der Klarheit.

Zu den periodenfremden Erfolgsbeiträgen zählen Aufwendungen und Erträge, bei denen das wertbegründende Ereignis in einer früheren Periode liegt, was damals jedoch vom Bilanzierenden nicht oder unvollständig erfasst oder eingeschätzt wurde.

Keine periodenfremden Erfolgsbeiträge sind z. B. Zuschreibungen, weil die Zuschreibung in dem Jahr des Wegfalls eines Grundes (wertbegründendes Ereignis) für eine frühere außerordentliche Abschreibung und damit periodengerecht zu machen ist.

---

559 BFH v. 11.10.2012, I R 66/11, DB 9/2013, S. 431.

Aufgliederung der Umsatzerlöse

Nach § 285 Abs. 4 HGB sind die Umsatzerlöse im Anhang aufzugliedern, damit ist auch für die Handelsbilanz eine einfache **Segmentberichterstattung** zu erstellen. Die Umsatzerlöse müssen jedoch nur dann aufgegliedert werden, wenn sich unter Berücksichtigung der Organisation des Verkaufs

- die Tätigkeitsbereiche und
- die geografisch bestimmten Märkte

für die typischen Erzeugnisse aus der gewöhnlichen Geschäftstätigkeit und für die typischen Dienstleistungen aus der gewöhnlichen Geschäftstätigkeit untereinander erheblich unterscheiden.

Die Umsatzerlöse müssen nach Tätigkeitsbereichen aufgegliedert werden, wenn diese sich erheblich voneinander unterscheiden. Dabei sind unter Tätigkeitsbereichen sich klar voneinander abgrenzende, betriebliche Organisationseinheiten zu verstehen, die absatzorganisatorisch und/oder produktmäßig deutliche Unterschiede aufweisen, d. h. es muss sich z. B. um unterschiedliche Produkte oder um unterschiedliche Absatzsegmente handeln. Erst wenn die Unterschiede zwischen diesen Tätigkeitsbereichen eindeutig erkennbar sind und sich klar darstellen lassen, kommt es zur Angabepflicht. Dabei ist jedoch zu berücksichtigen, dass die Umsatzerlöse nicht erst dann aufgegliedert werden müssen, wenn die einzelnen Tätigkeitsbereiche keinen wirtschaftlichen Zusammenhang mehr besitzen. Beurteilungsmaßstab ist die Organisation des Verkaufs. Der Gesetzgeber geht davon aus, dass sich ein erheblicher Unterschied zwischen den von dem Unternehmen hergestellten Produktgruppen oder erbrachten Dienstleistungen in entsprechenden Verkaufsstrukturen niederschlägt.

Eine Aufgliederung nach geografisch abgestimmten Märkten setzt die örtliche Differenzierung von Absatzgebieten voraus. So kann eine Aufgliederung der Umsatzerlöse nach Kontinenten, Ländergruppen oder lediglich nach In- und Ausland zwingend sein, sofern sich die geografischen Märkte voneinander erheblich unterscheiden und die Gesellschaft auf diesen Märkten bedeutende Umsätze getätigt hat. Die Aufgliederung ist so zu wählen, dass die wichtigsten Märkte der Gesellschaft und damit die entsprechenden Handelsrisiken sichtbar werden.

Wie die Aufgliederung dargestellt wird, steht letztlich im Ermessen der bilanzierenden Gesellschaft. Sie kann sowohl betragsmäßig als auch in Prozentangaben erfolgen. Wichtig ist, dass die Summe der nach Tätigkeitsbereichen oder nach geografischen Regionen aufgegliederten Einzelumsätze den in der Gewinn- und Verlustrechnung ausgewiesenen Umsatzerlösen entspricht. Eine Anlehnung an die Regeln des IFRS 8 ist möglich.

Angaben zum Material- und Personalaufwand bei Anwendung des Umsatzkostenverfahrens

Macht die bilanzierende Gesellschaft vom Wahlrecht nach § 275 Abs. 1 HGB Gebrauch, die Gewinn- und Verlustrechnung nach dem Umsatzkostenverfahren aufzustellen, so sind der Material- und Personalaufwand nicht mehr zu erkennen. § 285 Nr. 8a und 8b HGB schreiben in diesem Fall der Gesellschaft die Angabe des Materialaufwands und des Personalaufwands entsprechend der Aufgliederung des § 275 Abs. 2 Nr. 5 u. 6 HGB im Anhang vor.

Danach ist der Materialaufwand des Geschäftsjahres im Anhang zu gliedern nach

- Aufwendungen für Roh-, Hilfs- und Betriebsstoffe und
- für bezogene Waren und
- Aufwendungen für bezogene Leistungen.

Der Personalaufwand des Geschäftsjahres ist entsprechend in

- Löhne und Gehälter und in
- soziale Abgaben und Aufwendungen für Altersversorgung und für Unterstützung, davon für Altersversorgung,

aufzuteilen und im Anhang auszuweisen.

Die Angabepflicht erfordert die Angaben von Beträgen. Eine rein verbale Darstellung genügt nicht.

9.3.3.2.2 Rechtsformspezifische Angaben der AG und KGaA

Angaben über die Ergebnisverwendung

§ 158 Abs. 1 AktG schreibt die Überleitung des Jahresergebnisses nach dem Posten 20 beim Gesamtkostenverfahren bzw. Posten 19 beim Umsatzkostenverfahren in der Gewinn- und Verlustrechnung zum Bilanzgewinn bzw. Bilanzverlust in Fortführung der Nummerierung der Posten der Gewinn- und Verlustrechnung vor. Die einzufügenden Posten sind

- der Gewinnvortrag bzw. der Verlustvortrag aus dem Vorjahr,
- die Entnahme aus der Kapitalrücklage,
- die Entnahmen aus den Gewinnrücklagen sowie
- die Einstellungen in die Gewinnrücklagen.

Diese Rücklagenbewegungen können das Gliederungsschema der Gewinn- und Verlustrechnung schwer belasten, sodass auch zulässig ist, die Rücklagenbewegungen im Anhang darzustellen.

9.3.4   Sonstige Angaben

9.3.4.1   Angabepflichten für alle Kapitalgesellschaften

Angabe von Risiken und Vorteilen

Sofern vorhanden, sind gem. § 285 Nr. 3 HGB Angaben zu machen über

- Art und Zweck sowie
- Risiken, Vorteile und finanzielle Auswirkungen

von nicht in der Bilanz enthaltenen Geschäften (*off balance transactions*), soweit

- die Risiken und Vorteile *wesentlich* sind und
- die Offenlegung für die Beurteilung der Finanzlage des Unternehmens *erforderlich* ist.

Die beiden Voraussetzungen der Wesentlichkeit und der Beurteilungserforderlichkeit müssen kumulativ vorliegen, um eine Angabepflicht auszulösen.[560]

Angabe des Gesamtbetrags der sonstigen finanziellen Verpflichtungen

Nach § 285 Nr. 3a HGB haben Kapitalgesellschaften den Gesamtbetrag der sonstigen finanziellen Verpflichtungen, die nicht in der Bilanz enthalten sind, im Anhang anzugeben, sofern diese nicht bereits nach § 268 Abs. 7 oder Nr. 3 HGB anzugeben sind, wenn deren Angabe für den sicheren Einblick in die Finanzlage bedeutend ist. Verpflichtungen gegenüber verbundenen Unternehmen sind dabei gesondert auszuweisen. Eine Fehlanzeige derartiger sonstiger finanzieller Verbindlichkeiten ist nicht erforderlich.

Ziel dieser Verpflichtung zur Angabe ist der Ausweis von bereits ersichtlichen zukünftigen Verpflichtungen, die zum Zeitpunkt ihres Eintretens zu einer erheblichen Belastung der Liquidität führen können.

Marktunübliche Geschäfte

Sofern mit nahe stehenden Unternehmen oder Personen wesentliche Geschäfte zu marktunüblichen Konditionen geschlossen wurden, ist darüber gem. § 285 Nr. 21 HGB regelmäßig zu berichten, wenn dies für die Beurteilung der Finanzlage notwendig ist.

Angabe besonderer Vorgänge (Nachtragsbericht)

Im sog. Nachtragsbericht sind gem. § 285 Nr. 33 HGB jene Vorgänge anzugeben, die

- von besonderer Bedeutung sind und
- erst nach Abschluss des Geschäftsjahres eingetreten sind,

---

560 Nach Vorstellung des Gesetzgebers kann es also z. B. wesentliche Risiken geben, deren Angabe nicht für die Beurteilung der Finanzlage erforderlich ist (und vice versa), mit der Folge, dass keine Angabepflicht eintritt.

wenn sie noch nicht in der Bilanz oder GuV berücksichtigt sind. Dabei müssen die Art und die finanziellen Auswirkungen dieser Vorgänge genannt werden.

Werden nach dem Abschlussstichtag, aber vor Erstellung des Geschäftsberichts, Umstände bekannt, die von der Geschäftsentwicklung des Berichtsjahres abweichen oder die die Lage des Unternehmens wesentlich verändern werden bzw. können (z. B. Auswirkungen drastischer weltwirtschaftlicher Veränderungen, Preisänderungen an Beschaffungs- oder Absatzmärkten), so ist darüber zu informieren. Hier ist insbesondere auch auf jene Vorgänge einzugehen, die sich auch nach dem Wertaufhellungsprinzip nicht im Jahresabschluss niedergeschlagen haben.

Angabe der durchschnittlichen Zahl der während des Geschäftsjahres beschäftigten Arbeitnehmer, getrennt nach Gruppen

Gemäß § 285 Nr. 7 HGB sind im Anhang Angaben zu den während des Geschäftsjahres durchschnittlich beschäftigten Arbeitnehmern, getrennt nach Gruppen, zu machen. Diese Angabe soll den Zusammenhang zwischen der Beschäftigtenzahl und den ausgewiesenen Personalaufwendungen verdeutlichen.

Der Gesetzgeber lässt dabei offen, welchen Personenkreis er den Arbeitnehmern zuordnet. Allgemein werden jene beschäftigten Personen in die Berechnung des durchschnittlichen Bestands einzubeziehen sein, die unterjährig in einem konkreten Arbeitsverhältnis mit der Gesellschaft standen, ausgenommen die gesetzlichen Vertreter der Gesellschaft. Teilzeitbeschäftigte sind anteilig, entsprechend ihrer vollbrachten Arbeitsleistung, auf Vollkräfte umzurechnen und in die Angabe einzubeziehen. Leiharbeitnehmer/Zeitarbeitskräfte sollten hier als gesonderte Gruppe ebenfalls dargestellt werden, wenn sie überwiegend fest angestellte Arbeitnehmer ersetzen und deren Aufwand nicht im »sonstigen betrieblichen Aufwand« sondern im »Personalaufwand« gezeigt wird.

Da die Ermittlung der Zahl der durchschnittlich beschäftigten Arbeitnehmer getrennt nach Gruppen erfolgen soll, bietet sich für eine Gruppierung an

- die Differenzierung in Arbeiter, Angestellte und leitende Angestellte,
- die Unterscheidung in funktionaler Hinsicht nach Beschäftigten in den Bereichen Forschung und Entwicklung, Konstruktion, Produktion, allgemeine Verwaltung und Vertrieb,
- die Auffächerung nach der Beschäftigtenart wie Vollzeitbeschäftigte, Teilzeitbeschäftigte, Auszubildende, Leiharbeitskräfte oder
- die Unterteilung in Männer und Frauen.

Dabei können Gruppierungen unterteilt oder matrixartig verknüpft werden.

Angabe der Gesamtbezüge der tätigen Organmitglieder

Nach § 285 Nr. 9a HGB sind die von der Kapitalgesellschaft an die Mitglieder des Geschäftsführungsorgans, des Aufsichtsrats, des Beirats oder einer ähnlichen Einrichtung innerhalb des Geschäftsjahres gewährten Gesamtbezüge anzugeben. Unter Gesamtbezügen versteht das Gesetz Gehälter, Gewinnbeteiligungen, Aufwandsentschädigungen, Versicherungsentgelte, Provisionen und Nebenleistungen jeder Art. Neben den Bezügen des Geschäftsjahres sind zudem Bezüge einzurechnen, die nicht ausgezahlt, sondern in Ansprüche anderer Art umgewandelt oder zur Erhöhung anderer Ansprüche verwendet werden. Es ist somit unerheblich, ob die Bezüge entgeltlich oder in Form von Sachleistungen oder Rechtsansprüchen gewährt werden.

Ferner sind die Bezüge anzugeben, die im Geschäftsjahr gewährt, aber in keinem Jahresabschluss angegeben worden sind, wobei diese nach dem Wortlaut des Gesetzes gesondert auszuweisen sind. Diese Bezüge müssen dabei getrennt für jede Personengruppe angegeben werden, d. h. für die Mitglieder der Geschäftsleitung, die Mitglieder des Aufsichtsrats, die des Beirats und einer ähnlichen Einrichtung.

Diese Angaben sind unabhängig vom gesondert zu erstellenden **Entgeltbericht** und vom aktienrechtlichen **Vergütungsbericht**.

Angabe der Gesamtbezüge der früheren Mitglieder der Organe und ihrer Hinterbliebenen

Nach § 285 Nr. 9b HGB sind gleichfalls die Gesamtbezüge an ehemalige Mitglieder des Geschäftsführungsorgans, des Aufsichtsrats, des Beirats oder einer ähnlichen Einrichtung und an deren Hinterbliebenen für jede Personengruppe getrennt anzugeben. Die Angabe hat dabei Abfindungen, Ruhegehälter, Hinterbliebenenbezüge und Leistungen verwandter Art zu umfassen.

Da der Begriff Leistungen verwandter Art vom Gesetzgeber nicht näher beschrieben ist, kann es sich nur um Leistungen handeln, die den zuvor erwähnten Begriffen wirtschaftlich ähnlich sind. Ebenfalls sind die Bezüge einzurechnen, die an die früheren Mitglieder oder deren Hinterbliebene nicht ausgezahlt, sondern in Ansprüche anderer Art umgewandelt oder zur Erhöhung anderer Ansprüche verwendet werden.

Gesondert anzugeben sind Bezüge des Geschäftsjahres, die bis dahin in keinem Jahresabschluss angegeben worden sind.

Angabe der Pensionsrückstellungen

Für die früheren Organmitglieder sind nach § 285 Nr. 9b HGB die Rückstellungen für laufende Pensionen und Anwartschaften auf Pensionen sowie der Betrag der für diese Verpflichtungen nicht gebildeten Rückstellungen gesondert nach Vorstand/Geschäftsführung, Aufsichtsrat, Beirat oder einer ähnlichen Einrichtung anzugeben.

Angabe der Vorschüsse und Kredite an die Organmitglieder sowie der zu ihren Gunsten eingegangenen Haftungsverhältnisse

Nach § 285 Nr. 9c HGB sind jeweils getrennt die an die Mitglieder der Geschäftsführung, des Aufsichtsrats, des Beirats oder einer ähnlichen Einrichtung gewährten Vorschüsse und Kredite mit den Zinssätzen und den wesentlichen Bedingungen anzugeben, wie Sicherheiten, Rückzahlungsvereinbarungen, Laufzeiten etc. Des Weiteren sind die im Geschäftsjahr zurückbezahlten Beträge ebenfalls auszuweisen. Daraus folgt, dass nicht nur die mit bereits zurückgezahlten Beträgen saldierten Forderungen gegenüber den Organmitgliedern zum Stichtag anzugeben sind, sondern auch die Nominalbeträge der gewährten Vorschüsse und Kredite.

Wurden zugunsten der Organmitglieder Bürgschaften oder Gestellungen von anderen Sicherheiten übernommen, so sind diese Haftungsverhältnisse für jede Personengruppe getrennt anzugeben. Eine betragsmäßige Angabe der eingegangenen Haftungsverhältnisse wird nicht gefordert.

Angabe der Mitglieder des Vorstands/der Geschäftsführung und des Aufsichtsrats

Im Anhang sind nach § 285 Nr. 10 HGB der Familienname und mindestens ein Vorname eines jeden Mitglieds des Geschäftsführungsorgans und des Aufsichtsrats anzugeben, auch wenn sie bereits unterjährig oder später ausgeschieden sind. Ein etwaiger Vorsitzender des Geschäftsführungsorgans, der Vorsitzende des Aufsichtsrats und seine Stellvertreter sind als solche zu bezeichnen.

Honorare für Abschlussprüfer

Um etwaige unerwünschte Beeinträchtigungen der Unabhängigkeit des Abschlussprüfers erkennen zu können, ist gem. § 285 Nr. 17 HGB das vom Abschlussprüfer für das Geschäftsjahr berechnete Gesamthonorar in die folgenden Honorarkomponenten betragsmäßig aufzuschlüsseln:

- Leistungen der Abschlussprüfung
- andere Bestätigungsleistungen
- Steuerberatungsleistungen
- sonstige Leistungen

Wenn die Angaben bei einer Muttergesellschaft im Konzernabschluss enthalten sind, können sie bei der Tochter entfallen.

Gesonderte Aufstellung des Anteilsbesitzes

Angaben zu Unternehmen, an denen ein Anteilsbesitz von 20 % und mehr besteht (§ 285 Nr. 11 HGB).

Angaben zu spezifischen Tochterunternehmen

Sofern das bilanzierende Unternehmen als Kapitalgesellschaft unbeschränkt haftender Gesellschafter von Tochterunternehmen ist, sind diese Töchter mit Name, Sitz und Rechtsform anzugeben (§ 285 Nr. 11a HGB).

Angaben zu einer ausländischen Muttergesellschaft, wenn deren Konzernabschluss eine befreiende Wirkung haben soll

Ist eine Kapitalgesellschaft zur Aufstellung eines Konzernabschlusses und eines Konzernlageberichts verpflichtet, macht diese jedoch von der befreienden Wirkung des § 291 Abs. 2 HGB Gebrauch, weil sie in den Konzernabschluss und den Konzernlagebericht einer Muttergesellschaft mit Sitz in einem Mitgliedstaat der Europäischen Gemeinschaft eingeht, so muss im Anhang des befreienden Unternehmens nach § 291 Abs. 2 Nr. 3 HGB auf den Namen und den Sitz der Muttergesellschaft, die den befreienden Konzernabschluss und Konzernlagebericht aufstellt, und auf die dadurch mögliche Wahrnehmung des Wahlrechts zur Befreiung von der Pflicht zur Aufstellung eines eigenen Konzernabschlusses und Konzernlageberichts hingewiesen werden.

Angaben zur Muttergesellschaft bei Konzernzugehörigkeit

Ist eine Kapitalgesellschaft ein Tochterunternehmen eines Konzerns in Sicht des § 290 HGB, so hat sie im Anhang Name und Sitz der Muttergesellschaft, die den Konzernabschluss für den größten Kreis von Unternehmen aufstellt, und den Namen und Sitz der Muttergesellschaft, die den Konzernabschluss für den kleinsten Kreis von Unternehmen aufstellt, nach § 285 Nr. 14 HGB anzugeben. Es ist dabei gleichgültig, ob es sich dabei um inländische oder ausländische Muttergesellschaften handelt.

Werden die Konzernabschlüsse der Muttergesellschaften offengelegt, so ist ebenfalls auf den Ort der Offenlegung im Anhang hinzuweisen.

Weiterhin sind anzugeben Name und Sitz des Mutterunternehmens der Kapitalgesellschaft, das den Konzernabschluss für den kleinsten Kreis von Unternehmen aufstellt, sowie der Ort, wo der von diesem Mutterunternehmen aufgestellte Konzernabschluss erhältlich ist (§ 285 Nr. 14a HGB).

Angaben zu Genussscheinen etc.

Anzugeben ist nach § 285 Nr. 15a HGB das Bestehen von Genussscheinen, Genussrechten, Wandelschuldverschreibungen, Optionsscheinen, Optionen, Besserungsscheinen oder vergleichbaren Wertpapieren oder Rechten, unter Angabe der Anzahl und der Rechte, die sie verbriefen.

Angabe zur Gewinnverwendung

Letztlich ist noch

- der Vorschlag für die Verwendung des Ergebnisses *oder*
- der Beschluss über seine Verwendung

anzugeben (§ 285 Nr. 34 HGB). Lassen sich aus dieser Angabe die Gewinnanteile natürlicher Personen in ihrer Eigenschaft als Gesellschafter entnehmen, so kann die Angabe insoweit aus datenschutzrechtlichen Gründen unterbleiben.[561]

Ist im Jahresabschluss nur der Vorschlag für die Ergebnisverwendung enthalten (was die Regel sein dürfte), ist der Beschluss über die Ergebnisverwendung nach seinem Vorliegen nach § 325 Abs. 1 S. 1 HGB offenzulegen.

9.3.4.2 Rechtsformspezifische Angaben der AG und KGaA

Angaben zu Vorratsaktien

Es sind nach § 160 Abs. 1 Nr. 1 AktG Angaben über den Bestand und Zugang an Aktien zu machen, die ein Aktionär

- für Rechnung der Gesellschaft,
- für Rechnung eines von der Gesellschaft abhängigen Unternehmens,
- für Rechnung eines im Mehrheitsbesitz der Gesellschaft befindlichen Unternehmens oder

ein abhängiges oder im Mehrheitsbesitz der Gesellschaft befindliches Unternehmen als Gründer oder Zeichner oder in Ausübung eines bei einer bedingten Kapitalerhöhung eingeräumten Umtausch- oder Bezugsrechts übernommen hat.

Die Angabepflicht umfasst neben der Zahl auch den Gesamtnennbetrag der Vorratsaktien unter Nennung der verschiedenen Übernahmefälle.

Sind derartige Aktien im Geschäftsjahr verwertet worden, so ist auch über die Verwertung unter Angabe des Erlöses und der Verwendung des Erlöses zu berichten.

Angaben zu eigenen Aktien

Nach § 160 Abs. 1 Nr. 2 AktG sind Angaben über den Bestand an eigenen Aktien der Gesellschaft zu machen, auch wenn ein bestimmter Dritter diese erworben oder als Pfand genommen hat. In diesem Zusammenhang müssen die Zahl und der Nennbetrag der Aktien und deren Anteil am Grundkapital angegeben werden.

Bei erworbenen Aktien sind zusätzlich der Zeitpunkt und die Gründe des Erwerbs zu nennen, wobei aus den Gründen die Berechtigung zum Erwerb erkennbar werden muss.

---

561 Vgl. Begr. RegE BilRUG, BR-Drucksache 23/15, S. 81.

Wurden solche Aktien im Geschäftsjahr erworben oder veräußert, so muss neben der Anzahl, dem Nennbetrag und dem Anteil am Grundkapital auch über den Erwerbs- und Veräußerungspreis sowie die Erlösverwendung im Anhang berichtet werden.

Angaben zu wechselseitigen Beteiligungen

Besteht mit einem anderen Unternehmen eine wechselseitige Beteiligung, so muss im Anhang nach § 160 Abs. 1 Nr. 7 AktG über das Bestehen der wechselseitigen Beteiligung unter Angabe des Unternehmens berichtet werden. Weitere Angaben über die Höhe der Beteiligung, über Veränderungen der Beteiligung während des Geschäftsjahres sind nicht erforderlich.

Angabe der Beteiligung in mitteilungspflichtiger Höhe

Nach § 160 Abs. 1 Nr. 8 AktG sind sämtliche Beteiligungen an der Gesellschaft anzugeben, die mehr als ein Viertel des Aktienkapitals übersteigen oder eine Mehrheitsbeteiligung in Sicht von § 16 Abs. 1 AktG darstellen. Dabei ist für jede derartige Beteiligung anzugeben, wem diese Beteiligung gehört.

Diese Pflicht zur Berichterstattung besteht jedoch nur dann, wenn der Gesellschaft mitgeteilt worden ist, dass diese Beteiligung besteht. Ist dies geschehen, so müssen die Angaben jedes Jahr solange wiederholt werden, bis die Aufhebung der mitteilungspflichtigen Beteiligung der Gesellschaft angezeigt wird.

Angabe zur Verwendung der Kapitalherabsetzung

Bei einer Kapitalherabsetzung oder einer Auflösung von Gewinnrücklagen muss im Anhang nach § 240 S. 3 AktG explizit erläutert werden, ob und in welcher Höhe die daraus gewonnenen Beträge

- zum Ausgleich von Wertminderungen,
- zur Deckung von sonstigen Verlusten oder
- zur Einstellung in die Kapitalrücklage

verwendet wurden.

Angaben nach einer Sonderprüfung wegen unzulässiger Unterbewertung

Ist das Ergebnis einer Sonderprüfung die Feststellung einer nicht unerheblichen Unterbewertung, so hat die Gesellschaft im Anhang darauf hinzuweisen. Werden aufgrund veränderter Verhältnisse in den darauf folgenden Jahresabschlüssen andere Werte als die nach Sonderprüfung angesetzt, so müssen im Anhang nach § 261 Abs. 1 S. 3 AktG die entsprechenden Gründe dieser Maßnahme angegeben und die Entwicklung dieser Werte in einer Sonderrechnung dargestellt werden.

Sind die unterbewerteten Gegenstände nicht mehr vorhanden, so muss nach § 261 Abs. 1 S. 4 AktG darüber und über die Verwendung des Ertrags aus dem Abgang berichtet werden.

10 Der Lagebericht

10.1 Aufstellungspflicht

Die Verpflichtung zur Aufstellung eines Lageberichts ergibt sich aus § 264 Abs. 1 HGB. Danach haben die gesetzlichen Vertreter einer Kapitalgesellschaft neben dem Jahresabschluss auch einen **Lagebericht** aufzustellen. Eine weitere Aufstellungspflicht ergibt sich aus § 5 Abs. 2 PublG, diese jedoch ausdrücklich nicht für Unternehmen in der Rechtsform einer Personenhandelsgesellschaft oder des Einzelkaufmanns. Die Genossenschaft ist aufgrund des § 336 Abs. 1 HGB ebenfalls zur Aufstellung eines Lageberichts verpflichtet.

Im Konzernabschluss wird ein **Konzernlagebericht** durch § 290 Abs. 1 HGB verlangt. Daneben bestehen weiterhin für bestimmte Branchen – zusätzliche – Sondervorschriften (z. B. § 57 RechVersV). Unternehmen, die zur Aufstellung eines IFRS-Konzernabschlusses verpflichtet sind, müssen trotzdem einen HGB-Lagebericht erstellen (§ 315e Abs. 1 HGB), weil der IFRS-Abschluss keinen eigenen Lagebericht kennt.

10.2 Abgrenzung des Lageberichts

Die Berichterstattung gem. § 289 HGB soll die allgemeine geschäftliche Lage des Unternehmens darstellen, unabhängig vom Zahlenwerk des Jahresabschlusses. Im Gegensatz dazu steht der Anhang, der als Bestandteil des Jahresabschlusses nähere Angaben zu den einzelnen Posten von Bilanz und Gewinn- und Verlustrechnung machen soll.

Der **Anhang** ist deshalb sehr eng mit der zahlenmäßigen Rechenschaftslegung verknüpft und ergänzt diese insbesondere dort, wo das Zahlenwerk allein entweder nur ein unzureichendes oder sogar ein falsches Bild der Vermögens-, Finanz- und Ertragslage vermittelt und dadurch im Widerspruch zu § 264 Abs. 2 S. 1 HGB stehen würde. Die im Anhang zu machenden Angaben zeichnen sich durch eine hohe Konkretisierung aus, keinesfalls haben allgemeine Ausführungen dort ihren Platz.

Da der Jahresabschluss (Bilanz, Gewinn- und Verlustrechnung und Anhang) bereits ein den tatsächlichen Verhältnissen entsprechendes Bild der Vermögens-, Finanz- und Ertragslage bieten muss, kommt dem Lagebericht eine ergänzende Aufgabe in Form der Darstellung eines Gesamtbilds des Unternehmens zu. Der Lagebericht dient dazu, die dem Jahresabschluss zu entnehmenden Informationen abzurunden oder ein grundsätzliches Bild vom Unternehmen in jenen Fällen zu vermitteln, in denen entsprechende Informationen dem Jahresabschluss nicht zu entnehmen sind.

Insbesondere bei Aktiengesellschaften wird regelmäßig ein Geschäftsbericht erstellt. Dieser **Geschäftsbericht** enthält sehr weitgehende und oft auch sehr allgemeine Informationen über das Unternehmen. Aufgrund der Darstellung der dort gemachten Angaben im Zusammenhang mit farbigen Bildern, eindrucksvollen Grafiken und verdichteten Zahlen in Tabellen hat der Geschäftsbericht oft mehr Werbe- bzw. Promotioncharakter als Informationsaufgabe. Derartige Darstellungen in einem Geschäftsbericht gehören weder zum Anhang noch zum Lagebericht; dies gilt auch dann, wenn Jahresabschluss und Lagebericht zusammen mit weiteren – werbemäßigen – Darstellungen in einer als »Geschäftsbericht« bezeichneten Form dargeboten werden.

Wird ein einheitlicher Geschäftsbericht mit Jahresabschluss und Lagebericht erstellt, so müssen die Teile jedoch deutlich voneinander getrennt sein. Werden die werben-den Aussagen in den Lagebericht einbezogen, so unterliegen sie auch den Prüfungsvorschriften des § 317 Abs. 2 HGB.

Neben den gesetzlichen Anforderungen gibt es auch den Vorschlag des International Integrated Reporting Council (IIRC)[562] eines Frameworks zum **Integrated Reporting** (IR) mit dem Ziel einer einheitlichen Unternehmensberichterstattung.[563]

10.3 Inhalt des Lageberichts

10.3.1 Bericht zur Situation des Unternehmens

Der Inhalt des Lageberichts richtet sich für den Einzelabschluss nach § 289 HGB (auch im Fall der Aufstellungspflicht nach § 5 Abs. 2 PublG) und für den Konzernabschluss – sinngleich – nach § 315 HGB, ergänzt durch DRS 20[564].

Der Lagebericht muss gem. § 289 Abs. 1 HGB eine Darstellung bieten über
1. den Geschäftsverlauf,
2. die Lage der Kapitalgesellschaft und
3. die voraussichtliche Entwicklung mit ihren wesentlichen Chancen und Risiken.

Dies ist der gesetzlich vorgeschriebene Mindestumfang, der jederzeit freiwillig erweitert werden kann. Die beiden ersten Teildarstellungen sind – ebenso wie der Jahresabschluss – vergangenheitsbezogen.

---

562 Näheres unter http://www.theiirc.org.
563 Haller/Zellner (Reporting).
564 Vgl. ausführlich Zülch/Höltken (Lageberichterstattung).

zu 1.: Zur Analyse des **Geschäftsverlaufs** gehört im Wesentlichen die Berichterstattung über die Auftrags- und Umsatzentwicklung, die Kostensituation, Belegschaftsveränderungen und wesentliche Maßnahmen der Verwaltung (z. B. Gründung von Tochterunternehmen). Zur Darstellung des Geschäftsverlaufs können außer Schaubildern etc. auch Nebenrechnungen verwandt werden. Zwingend ist die Angabe bedeutsamer **finanzieller Leistungsindikatoren** (z. B. Finanzkennzahlen), die im Hinblick auf die Zahlen des Jahresabschlusses zu erläutern sind (§ 289 Abs. 1 S. 3 HGB). Große Kapitalgesellschaften müssen auch **nichtfinanzielle Leistungsindikatoren** angeben, soweit sie für das Verständnis von Lage oder Geschäftsverlauf der Gesellschaft erforderlich sind (§ 289 Abs. 3 HGB), dazu zählen u. a. Indikatoren über Umwelt- und Arbeitnehmerbelange.[565] Die finanzielle Entwicklung kann beispielsweise auch mit Kapitalflussrechnungen und die Umsatzzahlen können mit Wertschöpfungsrechnungen erläutert werden.

zu 2.: Die Berichterstattung über die **Lage der Kapitalgesellschaft** ist zu großen Teilen auf die Berichterstattung über den Geschäftsverlauf zurückzuführen. Dies beinhaltet eine ausgewogene und umfassende, dem Umfang und der Komplexität der Geschäftstätigkeit entsprechende Analyse. Eine klare Trennung zwischen Geschäftsverlauf und Lage der Gesellschaft ist nicht möglich. Ergänzend sind hier die Darstellung der Markt- und Konkurrenzsituation und die der allgemeinen Stellung des Unternehmens hinzuzufügen. Auch Hinweise auf die Auslastung und das Bestehen von Kapazitätsreserven für eine Produktionssteigerung gehören hierher.

zu 3.: In einem **Prognosebericht** ist auf die voraussichtliche Entwicklung des Unternehmens einzugehen (§ 289 Abs. 1 S. 4 HGB, § 315 Abs. 1 S. 5 HGB). Dabei sind wesentliche Chancen und Risiken zu beurteilen und zu erläutern; ebenso sind zugrunde liegende Annahmen anzugeben.[566] Auf einen Prognosebericht darf auch dann nicht verzichtet werden, wenn wirtschaftliche Krisen die Prognosemöglichkeiten erschweren, wenngleich dies zu einer Erweiterung des ohnehin für die Prognose bestehenden Einschätzungsspielraums führen kann; die aus der Sicht der Unternehmensleitung relevanten Gesamt- und Einzelumstände und ihre Auswirkungen bezogen auf das Unternehmen sind dennoch auszuführen.[567] Insbesondere werden konkrete Prognosen zur Umsatz- und Gewinnentwicklung erwartet. Eine Untersuchung unter DAX-Unternehmen für 2005 bis 2008 zeigt jedoch, dass beispielsweise jeweils mehr als ein Drittel aller Unternehmen weder Umsatzprognosen angeben noch einen mehrjährigen Prognosehorizont haben.[568]

---

565 Siehe unten die Ausführungen zur nichtfinanziellen Erklärung (CSR-Bericht).
566 Vgl. mit weiteren Hinweisen Baetge/Hippel/Sommerhoff (Anforderungen).
567 OLG Frankfurt/Main, Beschluss v. 24.11.2009, WpÜG 11 und 12/09.
568 Knauer/Wömpener (Prognoseberichterstattung).

! Praxisfall: Fehlerhafter Prognosebericht

Ein Unternehmen veröffentlicht unter der Überschrift »Prognosebericht« den folgenden Text:

»Das gesamte wirtschaftliche Umfeld ist derzeit nicht einschätzbar. Innerhalb kürzester Zeit entwickelte sich die US-Immobilien- und Bankenkrise zu einer globalen Finanz- und Wirtschaftskrise. Die Dynamik dieser Entwicklung, verbunden mit der Komplexität und Vernetzung weltweiter Finanz- und Realmärkte, ist beispiellos. Die damit einhergehenden Unsicherheiten spiegeln sich in der Kurzlebigkeit aller während des abgelaufenen Jahres gegebenen wirtschaftlichen Voraussagen und in grotesken Fehleinschätzungen wider.«

Ein derartiger Bericht ist fehlerhaft, da er weder in quantitativer noch in qualitativer Hinsicht irgendwelche Angaben zu der voraussichtlichen Entwicklung des Unternehmens macht.[569]

In welchem Umfang zu einzelnen Fragen berichtet wird, liegt im Ermessen[570] des Bilanzierenden. Eine Untergrenze wird durch § 289 Abs. 1 HGB insoweit gegeben, als die Darstellung im Lagebericht ein den tatsächlichen Verhältnissen entsprechendes Bild vermitteln muss. Diese Formulierung entspricht der Generalnorm des § 264 Abs. 2 HGB, ist jedoch dadurch weiter, dass die Einschränkung auf die Vermögens-, Finanz- und Ertragslage entfällt. Durch diese Vorschrift wird deshalb eine sehr umfassende Darstellung verlangt – insbesondere hinsichtlich jener Informationen, die nicht dem Jahresabschluss zu entnehmen sind.

Eine Interpretationshilfe[571] kann § 317 Abs. 2 HGB bieten. Danach hat der Abschlussprüfer des Einzelunternehmens den Lagebericht daraufhin zu prüfen, ob der Lagebericht mit dem Jahresabschluss in Einklang steht und ob die sonstigen Angaben im Lagebericht nicht eine falsche Vorstellung von der Lage des Unternehmens erwecken. Da die Berichterstattung im Lagebericht jedoch über eine Erläuterung des vorgelegten Zahlenmaterials deutlich hinausgeht, kann die »Übereinstimmung mit dem Jahresabschluss« nur dahingehend interpretiert werden, dass die Darstellung von Geschäftsverlauf und Gesellschaftslage nicht in einem Widerspruch zum Jahresabschluss stehen darf (z. B. Klagen über zunehmende Absatzschwierigkeiten bei Ausweis eines steigenden Gewinns im Jahresabschluss). Eventuell entstehende Unklarheiten und Abweichungen müssen zusätzlich erläutert werden.

10.3.2 Bericht über einzelne Sachverhalte

Neben den grundsätzlichen Darstellungen wird durch § 289 Abs. 2 S. 1 HGB auch eine einzelfallbezogene Darstellung verbindlich gefordert. Dabei ist einzugehen auf:

---

569   OLG Frankfurt/Main, Beschluss v. 24.11.2009, WpÜG 11 und 12/09.
570   Vgl. für die Aktiengesellschaft auch § 93 AktG.
571   Weitere Unterstützung bietet »DRS 20 Konzernlagebericht«.

1. a) die **Risikomanagementziele und -methoden** der Gesellschaft einschließlich
        ihrer Methoden zur Absicherung aller wichtigen Arten von Transaktionen, die
        im Rahmen der Bilanzierung von Sicherungsgeschäften erfasst werden sowie
    b) die Preisänderungs-, Ausfall- und Liquiditätsrisiken sowie die **Risiken** aus
        Zahlungsstromschwankungen, denen die Gesellschaft ausgesetzt ist, sofern
        dies von Belang ist,
        jeweils in Bezug auf Finanzinstrumente;
2. den Bereich der Forschung und Entwicklung;
3. bestehende Zweigniederlassungen der Gesellschaft;

zu 1. a): Die **Risikoberichterstattung** soll über die Risiken der künftigen Entwicklung des Unternehmens Auskunft geben.

zu 1. b): Auf die folgenden **spezifischen Risiken** in Bezug auf Finanzinstrumente muss nur dann eingegangen werden, wenn diese einen wesentlichen Einfluss auf die voraussichtliche Entwicklung der Gesellschaft haben. Dies wird insbesondere dann nicht der Fall sein, wenn das Unternehmen keinen wesentlichen Bestand an Finanzinstrumenten hat.

*   **Preisänderungsrisiko**: Kosten und Erlöse eines Geschäfts sind risikobehaftet (z. B. aufgrund von Kursschwankungen).
*   **Ausfallrisiko**: Forderungen gehen gar nicht oder mit Verspätung ein, Verluste trägt das Unternehmen.
*   **Liquiditätsrisiko**: Das Unternehmen besitzt keine – ausreichenden – liquiden Mittel mehr und kann Verbindlichkeiten nicht – fristgerecht – begleichen.
*   **Risiken aus Zahlungsstromschwankungen**: Erwartete Zahlungsströme sind Schwankungen (z. B. niedrigere Zinserträge aufgrund sinkender Zinssätze) unterworfen.

Da sich die hier zu machenden Angaben nur auf die Verwendung von Finanzinstrumenten beschränken, hat dieser Teil nur eine eingeschränkte Aussagekraft in Bezug auf die gesamte Lage des Unternehmens.

zu 2.: Ein wesentlicher Erfolgsfaktor für die zukünftige Entwicklung eines Unternehmens sind dessen Forschungs- und Entwicklungsaktivitäten. Deshalb soll im Lagebericht über den Bereich der **Forschung und Entwicklung** berichtet werden. Gerade in diesem Punkt kann die Leistungsfähigkeit eines Unternehmens besonders deutlich hervorgehoben werden.

Es bieten sich hierfür z. B. Aufstellungen über die F&E-Kosten im Geschäftsjahr, den Anteil des F&E-Budgets am Umsatz und die F&E-Kapazitäten an. Sofern es absehbar ist, dass F&E-Aktivitäten nicht zum Erfolg führen (z. B. Fehlschlagen eines Forschungsprojekts), so ist auch darüber entsprechend zu berichten.

zu 3.: Die Auskunft über **Zweigniederlassungen** des Mutterunternehmens soll über die Gewichtigkeit der einzelnen Niederlassungen zum Mutterunternehmen berichten, um daraus etwaige Risiken zur Gesamtlage des Unternehmens ableiten zu können.

Zusätzlich ist im Lagebericht darauf zu verweisen, wenn im Anhang Angaben nach § 160 Abs. 1 Nr. 2 AktG zu machen sind (§ 289 Abs. 2 S. 2 HGB).

10.3.3 Zusatzangaben der AG und KGaA

Börsennotierte Aktiengesellschaften und Kommanditgesellschaften auf Aktien haben zusätzlich die Angaben gem. § 289a HGB hinsichtlich der Kapitalzusammensetzung, der Stimmrechte und der Kontrollbefugnisse in den Lagebericht aufzunehmen

Bei der Aktiengesellschaft ist durch eine abhängige Gesellschaft noch der **Abhängigkeitsbericht** nach § 312 AktG in den Lagebericht aufzunehmen. In diesem Abhängigkeitsbericht ist für den Fall, dass kein Beherrschungsvertrag (§ 291 Abs. 1 AktG) besteht, über mögliche Nachteile und deren Ausgleich zu berichten.

10.3.4 Risikobericht

Kapitalmarktorientierte Kapitalgesellschaften müssen in einem **Risikobericht**[572] die wesentlichen Merkmale des internen Kontroll- und Risikomanagementsystems im Hinblick auf den Rechnungslegungsprozess beschreiben (§ 289 Abs. 4 HGB). In diesen Risikobericht können die Erläuterungen nach § 289 Abs. 2 Nr. 1 HGB (Finanzrisiken) aufgenommen werden, der damit zu einem umfassenderen Risikobericht wird. Eine weitere, sinnvolle Ergänzung des Risikoberichts kann in der Integration von Angaben zur freiwilligen Anwendung von risikoorientierten Unternehmenspraktiken i. S. d. § 289f HGB einschließlich freiwillig angewandter Risikomanagementmodelle (z. B. COSO) bestehen[573]. Die (möglicherweise sinnvolle) Einbettung von risikoorientierten Angaben aus dem Anhang ist nicht zulässig.

---

572 Erläuterungen zum Risikobericht finden sich in »DRS 20 Risikoberichterstattung« Tz. 135 ff., wobei DRS 20 allerdings über die gesetzlichen Anforderungen hinausgeht.
573 In diesem Fall ist in der Erklärung zur Unternehmensführung auf den Risikobericht zu verweisen.

10.3.5 Erklärung zur Unternehmensführung

Kapitalmarktorientierte Kapitalgesellschaften haben in einem gesonderten Abschnitt[574] des Lageberichts[575] eine **Erklärung zur Unternehmensführung** gem. § 289f HGB aufzunehmen. Vorstand und Aufsichtsrat haben die Erklärung gemeinsam abzugeben. Diese Erklärung umfasst:

1. Die **Entsprechenserklärung** gem. § 161 AktG hinsichtlich der Einhaltung des Deutschen Corporate Governance Kodex[576].
1a. Bezugnahme auf die Internetseite der Gesellschaft, auf der
   — der **Vergütungsbericht**[577] über das letzte Geschäftsjahr und der Vermerk des Abschlussprüfers gem. § 162 AktG,
   — das geltende **Vergütungssystem** gem. § 87a Abs. 1 und 2 S. 1 AktG und
   — der letzte **Vergütungsbeschluss** gem. § 113 Abs. 3 AktG
   öffentlich zugänglich gemacht werden.
2. Relevante Angaben zu **freiwilligen Unternehmensführungspraktiken**. Hier kommen insbesondere – aber nicht nur – Hinweise auf die freiwillige Einhaltung der Vorschläge von Verbänden, Institutionen und Gremien in Betracht.
3. Für Vorstand und Aufsichtsrat eine Beschreibung der **Arbeitsweise** und für Aufsichtsratsausschüsse eine Beschreibung der Zusammensetzung und Arbeitsweise.
4. Bei börsennotierten Aktiengesellschaften die Festlegungen nach §§ 76 Abs. 4 und § 111 Abs. 5 AktG (Zielgröße des Frauenanteils) und die Angabe, ob die festgelegten Zielgrößen während des Bezugszeitraums erreicht worden sind, und wenn nicht, Angaben zu den Gründen.
5. Bei bestimmten Publikumsgesellschaften die Angabe zu Mindestanteilen von Frauen und Männern im Aufsichtsrat.
6. Bei bestimmten Aktiengesellschaften eine Beschreibung
   — des Diversitätskonzepts hinsichtlich des vertretungsberechtigten Organs und des Aufsichtsrats sowie
   — der Ziele dieses Diversitätskonzepts,
   — der Art und Weise seiner Umsetzung und
   — der im Geschäftsjahr erreichten Ergebnisse.

Die Angaben zu den vorstehenden Nummern 4 bis 6 werden auch als **Diversity-Bericht** bezeichnet.

---

574 Alternativ darf diese Erklärung auch nur im Internet veröffentlich werden; dann ist die entsprechende URL im Lagebericht anzugeben.
575 Obwohl diese Erklärung innerhalb des Lageberichts abzugeben ist, unterliegt sie nur einer formellen Prüfung (Wurden die Angaben überhaupt gemacht?) durch den Abschlussprüfer (§ 317 Abs. 2 S. 6 HGB).
576 https://www.dcgk.de/de/.
577 Vgl. Orth u. a. (ARUG II).

10.3.6 Nichtfinanzielle Erklärung (CSR-Bericht)

Bestimmte Unternehmen haben ihren Lagebericht[578] um eine nichtfinanzielle Erklärung (CSR-Bericht) zu ergänzen (§§ 289b bis 289e HGB)[579], um über die vielschichtigen Aspekte der sozialen Verantwortung des berichtenden Unternehmens (Corporate Social Responsibility – CSR) zu berichten.[580]

Diese Erklärung umfasst[581]

- eine kurze Beschreibung des Geschäftsmodells (§ 289c Abs. 1 HGB),
- bestimmte CSR-relevante Angaben (§ 289c Abs. 2 HGB) zu
  — Umweltbelangen,
  — Arbeitnehmerbelangen,
  — Sozialbelangen,
  — der Achtung der Menschenrechte,
  — der Bekämpfung von Korruption und Bestechung
    und
- zusätzliche Angaben, die für das Verständnis
  — des Geschäftsverlaufs,
  — des Geschäftsergebnisses,
  — der Lage der Kapitalgesellschaft sowie
  — der Auswirkungen ihrer Tätigkeit auf die zuvor genannten Aspekte erforderlich sind (§ 289c Abs. 3 HGB)
  einschließlich Angaben zu
  — Konzepten,
  — wesentlichen Risiken[582],
  — bedeutsamsten nichtfinanziellen Leistungsindikatoren und
  — ggf. Hinweisen auf Beträge aus dem Jahresabschluss.

---

578 Obwohl diese Erklärung innerhalb des Lageberichts abzugeben ist, unterliegt sie nur einer formellen Prüfung (Wurden die Angaben überhaupt bzw. pünktlich gemacht?) durch den Abschlussprüfer (§ 317 Abs. 2 S. 6 HGB). Jedoch obliegt dem Aufsichtsrat auch eine inhaltliche Prüfung (§ 171 Abs. 1 S. 4 AktG).

579 Eingefügt durch das CSR-RL-UmsG (RLUG) vom 11.4.2017 als Umsetzung der CSR-Richtlinie der EU von 2014.

580 Ergänzende Hinweise finden sich im DRS 20 i. d. F. des DRÄS 8, in den »Leitlinien für die Berichterstattung über nichtfinanzielle Informationen« vom 5.7.2017 der EU (https://eur-lex.europa.eu/legal-content/DE/TXT/?uri=CELEX%3A52017XC0705%2801%29) und im IDW Positionspapier: Pflichten und Zweifelsfragen zur nichtfinanziellen Erklärung als Bestandteil der Unternehmensführung vom 14.06.2017 (https://www.idw.de/idw/idw-aktuell/idw-positionspapier-zur-nichtfinanziellen-erklaerung/101500).

581 Vgl. ausführlich Tanski, in: Petersen/Zwirner (Bilanzrecht) § 289c HGB.

582 Ein Verweis z. B. auf einen Risikobericht ist zulässig, vgl. DRS 20.156 i. d. F. des DRÄS 8.

Im Rahmen des § 289e HGB kann ein Unternehmen bestimmte nachteilige Angaben weglassen, wenn diese nach vernünftiger kaufmännischer Beurteilung dem Unternehmen einen erheblichen Nachteil zufügen können.

Für diese nichtfinanzielle Erklärung sind drei Formate zulässig:

1. Integration der notwendigen Angaben in den Lagebericht an verschiedenen (und passenden) Stellen[583] (Umkehrschluss aus § 289b Abs. 1 S. 3 HGB), obwohl der Begriff »eine ... Erklärung« eher eine geschlossene Darstellung erwarten lässt.
2. Zusammenfassung der notwendigen Angaben in einem besonderen Abschnitt des Lageberichts (§ 289b Abs. 1 S. 3 HGB), wobei auf die an anderer Stelle im Lagebericht enthaltenen nichtfinanziellen Angaben (z. B. die nichtfinanziellen Kennzahlen gem. § 289 Abs. 3 HGB) verwiesen werden darf. Obwohl nicht ausdrücklich im Gesetz erwähnt, ist die sinnvolle Variante der Einbindung sämtlicher nichtfinanzieller Kennzahlen in diese nichtfinanzielle Erklärung m. E. ebenfalls zulässig.
3. Zusammenfassung der notwendigen Angaben in einem gesonderten nichtfinanziellen Bericht außerhalb des Lageberichts, wenn dieser öffentlich zugänglich ist (§ 289b Abs. 3 HGB).

10.4 Weitere Berichte

Als Pflichtbericht ist hier der – außerhalb des Lageberichts stehende – **Vergütungsbericht** gem. § 162 AktG für börsennotierte[584] Gesellschaften (AG, SE oder KGaA)[585] zu nennen. Dieser Bericht ist durch Vorstand und Aufsichtsrat in klarer und verständlicher Form abzugeben und muss die in § 162 Abs. 1 und 2 AktG genannten Angaben (im Wesentlichen Angaben zur aufgeschlüsselten Vergütung) für jedes einzelne Organmitglied unter Namensnennung beinhalten. Der Bericht ist durch einen Abschlussprüfer nur formal zu prüfen (§ 162 Abs. 3 AktG) und für 10 Jahre auf der Internetseite der Gesellschaft kostenlos zugänglich zu machen (§ 162 Abs. 4 AktG). Mögliche Einschränkungen der Berichtspflicht finden sich in § 162 Abs. 5 und 6 AktG).

Ein weiterer Pflichtbericht ist der **Entgeltbericht** nach dem Entgelttransparenzgesetz (EntgTransG).[586] Dieser – 5-jährlich zu erstellende – Bericht ist kein Teil des Lageberichts, jedoch ist die Verpflichtung zur Erstellung des Entgeltberichts u. a. von der Verpflichtung zur Erstellung eines Lageberichts abhängig (§ 21 Abs. 1 EntgTransG). Die Veröffentlichung erfolgt als Anhang zum Lagebericht (§ 22 Abs 4 EntgTransG).

---

583 In diesem Fall sollte zumindest eine Übersicht über die verschiedenen Fundstellen der nichtfinanziellen Erklärung im Lagebericht enthalten sein, vgl. DRS 20.242 i. d. F. des DRÄS 8.
584 Die *Börsennotierung* i. S. d. § 3 Abs. 2 AktG i. V. m. §§ 32 ff. BörsG ist enger als die *Kapitalmarktorientierung*, damit sind z. B. Gesellschaften mit Aktienhandel im Freiverkehr nicht börsennotiert.
585 Vgl. Orth u. a. (ARUG II) S. 2815.
586 Vgl. Rimmelspacher/Kliem (Entgeltbericht) mit Beispielen.

Weitere, gesonderte Angaben können beispielsweise in einem

- Sozialbericht und/oder
- Umweltbericht

gemacht werden; allerdings sind derartige Angaben teilweise bereits Bestandteil der nichtfinanziellen Erklärung (CSR-Bericht). Dennoch können freiwillig komplette Zusatzberichte erstellt werden, die dann weitere Rechnungen wie beispielsweise eine **Humankapitalrechnung** oder eine **Umweltbilanz** enthalten, deren Aussagekraft jedoch nicht unumstritten ist.[587] Eine Einbeziehung derartiger Rechnungen in die nichtfinanzielle Erklärung würde deren Umfang so stark ausweiten, dass keine klare und verständliche Aussage gegeben wäre; ein entsprechender Hinweis in der nichtfinanziellen Erklärung auf weiterführende Berichte ist aber zulässig.

Der früher durch den *Deutschen Corporate-Governance-Kodex* verlangte **Corporate-Governance-Bericht** zur Darstellung der gesellschaftlichen Verantwortung des Unternehmens, aber auch zur Führungsstruktur des Managements[588], ist entfallen. Diese Angaben sind jetzt im Wesentlichen Teil der ohnehin vorgeschriebenen **Erklärung zur Unternehmensführung**.[589]

---

587   Vgl. Tanski (Rechnungslegung) S. 40 ff.
588   Vgl. DCGK i. d. F. v. 7.2.2017, Tz. 3.10.
589   Vgl. DCGK i.d.F.v. 16.12.2019, Grundsatz 22.

11 Weitere gesetzliche Regelungen zum Jahresabschluss

11.1 Regelungen bei ausgewählten Rechtsformen

11.1.1 Der Jahresabschluss des Einzelkaufmanns

Sofern an dem Handelsgewerbe eines Kaufmanns gem. § 1 Abs. 1 HGB keine gesellschaftsrechtlichen Beteiligungen bestehen, spricht man von einem »Einzelkaufmann«. Der **Einzelkaufmann** unterliegt nur den Vorschriften des 1. Abschnitts des 3. Buchs des Handelsgesetzbuchs (§§ 238–263 HGB). Im Gegensatz zu den auch für Kapitalgesellschaften geltenden Regelungen enthalten diese Paragraphen weniger Detailvorschriften zur Bilanzierung und Bewertung, insbesondere bleiben Fragen des Ausweises im Jahresabschluss weitgehend ungeregelt, weiterhin besteht für diesen Kreis der Bilanzierenden keine Pflicht zur Aufstellung eines Anhangs.

An dem Jahresabschluss des Einzelkaufmanns besteht regelmäßig nur ein geringeres Interesse externer Informationsempfänger. Dies ist darauf zurückzuführen, dass der Einzelkaufmann für seine Verbindlichkeiten grundsätzlich mit seinem gesamten Privatvermögen haftet, und dass der Einzelkaufmann keinen an seinem Unternehmen Beteiligten hat, welchem er zur Rechenschaftslegung verpflichtet ist. In der Praxis führt das dazu, dass der Einzelkaufmann in der Mehrzahl der Fälle eine Bilanz entsprechend den strengeren steuerlichen Vorschriften erstellt, und diese dann gleichzeitig zu seiner Handelsbilanz macht, um die Arbeit der Aufstellung von zwei Bilanzen zu sparen. Diese sog. »**Einheitsbilanz**« führte zu der Bildung des Begriffs »Umkehrung des Maßgeblichkeitsprinzips«.

Aus dieser Tatsache und dem Umstand, dass der handelsrechtliche Jahresabschluss des Einzelkaufmanns keiner Pflichtprüfung unterliegt, wird beim Einzelkaufmann die – ggf. durch die steuerliche Betriebsprüfung geprüfte – Steuerbilanz auch Informationsinstrument für weitere externe Informationsempfänger, so z. B. für Banken im Fall einer Kreditbeantragung des Einzelkaufmanns.

Wesentliches Merkmal der Einzelkaufmannsbilanz ist das variable **Eigenkapitalkonto**, über welches das Privatkonto abgeschlossen wird und welches den Gewinn oder Verlust aufnimmt. Das **Privatkonto** dient vor allem der Ausgrenzung privater Vorgänge (z. B. Entnahme von Waren zum persönlichen Bedarf, Bezahlung privater Rechnungen); dies verhindert insbesondere, dass Kosten der privaten Lebensführung (§ 12 EStG) den gewerblichen Erfolg mindern. Die ordnungsgemäße Führung der Privatkonten ist deshalb regelmäßig Prüfungsgegenstand bei Betriebsprüfungen. Weiterhin kommt für den

Einzelkaufmann der Frage nach der Unterscheidung von notwendigem Betriebs- bzw. Privatvermögen und gewillkürtem Betriebsvermögen Bedeutung zu.

Wie gezeigt wurde, gelten für den Einzelkaufmann nur eingeschränkte gesetzliche Regelungen. Diese Einschränkung wurde vom Gesetzgeber bewusst vorgenommen, um dem Einzelkaufmann (gleiches gilt für die Personenhandelsgesellschaft) Erleichterungen gegenüber den strengeren Vorschriften für die Kapitalgesellschaften zu gewähren.

In der Praxis ist aber festzustellen, dass auch der Einzelkaufmann die Rechnungslegungsvorschriften für Kapitalgesellschaften gerne als »Auslegung« der für ihn geltenden Regelungen heranzieht. Es muss deshalb davon ausgegangen werden, dass die Regelungen für Kapitalgesellschaften auch in Zukunft verstärkt als freiwilliger Rahmen für den Jahresabschluss von Einzelkaufleuten (und Personenhandelsgesellschaften) angenommen werden. Wegen des höheren Einblicks in die Vermögens-, Finanz- und Ertragslage sollte diese Entwicklung eher positiv aufgenommen werden, ohne dass einem Bilanzierenden mit einer »einfacheren« Bilanz daraus ein Nachteil erwachsen darf.

11.1.2 Der Jahresabschluss der Personenhandelsgesellschaft

Die Offene Handelsgesellschaft (§§ 105 ff. HGB) und Kommanditgesellschaft (§§ 166 ff. HGB) sind als **Personenhandelsgesellschaften** grundsätzlich Vollkaufleute, da eine Personengesellschaft als Kleingewerbetreibender (früher: Minderkaufmann) nur als BGB-Gesellschaft oder als Stille Gesellschaft mit einem Kleingewerbetreibenden möglich ist. Für die OHG und die KG gilt deshalb die Buchführungspflicht für Kaufleute (§§ 238 ff. HGB) uneingeschränkt[590].

Bei den Personenhandelsgesellschaften ist die Frage der Kodifizierung von Rechnungslegungsvorschriften ebenso wie beim Einzelkaufmann zu beantworten. Die wichtigsten Besonderheiten bei der Personenhandelsgesellschaft werden nachfolgend skizziert.[591]

Zu den bilanzierungsfähigen Wirtschaftsgütern zählen danach nur diejenigen Vermögensgegenstände, die bei wirtschaftlicher Betrachtung **Gesellschaftsvermögen** sind, dabei ist es unerheblich, ob die Vermögensgegenstände betrieblich genutzt werden oder nicht. Andererseits können im Eigentum von Gesellschaften stehende Gegenstände nicht Gesellschaftsvermögen sein, wenn dieser Gegenstand nicht in das Gesellschaftsvermögen mit seinem Wert überführt wurde; dies gilt auch dann, wenn der

---

590 Die größenabhängige Befreiung des § 241a HGB gilt nur für Einzelkaufleute.
591 Vgl. auch IdW-Stellungnahme zur Rechnungslegung bei Personenhandelsgesellschaften (IdW RS HFA 7) vom 30.1.2018.

Gegenstand betrieblich genutzt wird und er einkommensteuerrechtlich zum notwendigen Betriebsvermögen gerechnet wird.

In Analogie zu den Vermögensgegenständen dürfen bei einer Personenhandelsgesellschaft nur jene Schulden passiviert werden, welche Gesellschaftsschulden (**Gesamthandsverbindlichkeiten**) darstellen. So kann beispielsweise auch die auf Gewinne aus der Personenhandelsgesellschaft entfallende Einkommensteuerverbindlichkeit nicht passiviert werden.

Weiterhin ist auf eine genaue Trennung zwischen Eigenkapital und Fremdkapital zu achten. So dürfen Verbindlichkeiten gegenüber Gesellschaftern nicht als Eigenkapital ausgewiesen werden. Sind bei einer Personengesellschaft feste Kapitalanteile vereinbart (z. B. im Gesellschaftsvertrag), dann finden sich diese Beträge auf dem Eigenkapitalkonto i. e. S. (sog. **Kapitalkonto I**); ein zweites Gesellschafterkonto (sog. Kapitalkonto II) hat dann Fremdkapitalcharakter, wenn auf dem zweiten Gesellschafterkonto Beträge stehen, die nicht zur Deckung eines Verlusts verwandt werden können (Eigenkapital muss **Verlustdeckungspotenzial** haben). Ein etwaiges Privatkonto ist dann ein Unterkonto des Kapitalkontos II. Dagegen können gleichartige Eigenkapitalkonten bei der OHG in einem Bilanzposten und bei der KG getrennt nach Komplementären und Kommanditisten in zwei Posten ausgewiesen werden. Positive und negative Kapitalanteile dürfen dabei saldiert werden.

Für den **Gewinnausweis** in der Bilanz der OHG gibt es in Analogie zur Bilanz des Einzelkaufmanns drei Ausweismöglichkeiten:
1. getrennter Ausweis von Gewinn und Kapitalkonto innerhalb des Eigenkapitals,
2. Einbeziehung in eine Darstellung der Veränderung der Kapitalanteile im Laufe des Geschäftsjahres in der Vorspalte der Bilanz,
3. Ausweis lediglich des Endstands der Gesellschafterkonten nach der Gewinnverteilung (einfachste Lösung bei Gewinnverteilung ausschließlich nach Gesetz).

Für die KG ist ergänzend zu beachten, dass Gewinnanteile des Kommanditisten nicht dem Eigenkapital gut geschrieben werden, soweit der Betrag der bedungenen (vereinbarten) Einlage überschritten ist. Diese Gewinnanteile müssen einem Verbindlichkeitskonto (Privatkonto des Kommanditisten) gutgeschrieben werden.

Das **Informationsinteresse** an der Bilanz einer Personenhandelsgesellschaft ist bedeutend größer als jenes an der Bilanz eines Einzelkaufmanns. Dies liegt, neben anderen Gründen, wie z. B. der meist größeren Geschäftstätigkeit, vor allem in den den Gesellschaftern zustehenden Kontrollrechten begründet. § 118 HGB räumt dem Gesellschafter an einer OHG ein weitgehendes **Kontrollrecht** ein.

§ 166 Abs. 1 HGB gestattet dem Kommanditisten einer KG, eine Abschrift der Bilanz zu verlangen und ihre Richtigkeit unter **Einsicht** der Bücher und Papiere zu prüfen. Dieses Kontrollrecht ist wegen § 163 HGB dispositiv[592], darf also im Gesellschaftsvertrag abweichend geregelt werden. Das in § 166 Abs. 3 HGB geregelte außerordentliche **Informationsrecht** des Kommanditisten ist nicht auf Auskünfte beschränkt, die der Prüfung des Jahresabschlusses dienen oder zum Verständnis des Jahresabschlusses erforderlich sind; vielmehr erweitert § 166 Abs. 3 HGB das Informationsrecht des Kommanditisten bei Vorliegen eines wichtigen Grundes auch auf Auskünfte über die Geschäftsführung des Komplementärs allgemein und die damit im Zusammenhang stehenden Unterlagen der Gesellschaft.[593]

Für den Jahresabschluss der Personengesellschaften sind regelmäßig auch die Anforderungen an die Steuerbilanz der Mitunternehmerschaft (siehe dort) zu beachten.

11.1.3 Der Jahresabschluss der stillen Gesellschaft

11.1.3.1 Grundlagen

Die stille Gesellschaft ist eine beliebte Gesellschaftsform zur Aufnahme eines Gesellschafters (stiller Gesellschafter, stiller Sozius, stiller Kompagnon) und dessen Kapital bei Unternehmen nahezu jeder Rechtsform. Die Bedeutung der stillen Gesellschaft resultiert vorrangig aus den drei Vorteilen

- problemlose, schnelle Gründung,
- kein – notwendiger – Außenauftritt des Gesellschafters,
- viele individuelle Spielarten,

welche von einer zunehmenden Zahl von Unternehmen genutzt werden, um entweder einen steigenden Kapitalbedarf zu befriedigen oder um durch die gesellschaftliche Verbindung zu einem Gesellschafter die eigene Marktposition zu stärken.[594]

Die **Gründung** der stillen Gesellschaft wird ausschließlich zwischen dem stillen Gesellschafter und dem Kaufmann vollzogen und kann sogar mündlich geschehen (was jedoch nicht zu empfehlen ist). Auf jeden Fall ist weder eine notarielle Beurkundung noch eine Eintragung in das Handelsregister notwendig, was auch zu einer Einsparung von Kosten gegenüber anderen Gesellschaftsformen führt. Damit ist die stille Gesellschaft auch für eher kurzfristige Beteiligungen einfach zu handhaben.

---

592 OLG München, Urteil v. 31.1.2018, 7 U 2600/17, CB 10(2019, S. 391-392.
593 BGH, Beschluss v. 14.06.2016, II ZB 10/15.
594 Zur stillen Gesellschaft vgl. allgemein: Volb (Gesellschaft).

Es ist keinesfalls erforderlich, den stillen Gesellschafter zu »verstecken«, jedoch wird häufig kein **Außenauftritt** gewünscht, wenn der stille Gesellschafter (oder auch der Kaufmann) nicht möchte, dass die Beteiligung bekannt wird. Dies kann beispielsweise der Fall sein, wenn eine Beteiligung vor Mitbewerbern nicht gezeigt werden soll oder wenn der stille Gesellschafter die Beteiligung selbst nicht offenbaren will bzw. darf.

Die Intensität der Beteiligung durch eine stille Gesellschaft reicht von der reinen kapitalmäßigen Beteiligung bis hin zur aktiven Mitarbeit des stillen Gesellschafters. Die aktive Mitarbeit kann sich dabei auf die Übernahme bestimmter Tätigkeiten (Übernahme der Buchführung in einem handwerklichen Betrieb) beschränken, aber auch bis zur – gleichberechtigten – Mitwirkung in der Geschäftsführung reichen. Die kapitalmäßige Beteiligung erfolgt meistens durch die Einlage von Geld, es ist aber auch die Einlage einer Forderung[595] oder einer Dienstleistung möglich.

Von einer **stillen Gesellschaft** (§ 230 HGB) spricht man, sobald sich irgendjemand (stiller Gesellschafter) bei dem Handelsgewerbe eines anderen mit einer Vermögenseinlage beteiligt. Die Einlage muss dazu in das Vermögen des Inhabers des Handelsgeschäfts übergehen; daraus folgt, dass die stille Gesellschaft kein Gesellschaftsvermögen hat, sondern nur das Vermögen des Inhabers einschließlich der geleisteten Einlage. Der stille Gesellschafter hat deshalb im Umkehrschluss auch keine Beteiligung an der stillen Gesellschaft sondern eine Forderung.

Das Geschäft, in das der Stille seine **Einlage** gibt, ist das Geschäft eines Kaufmanns i. S. des § 1 Abs. 1 HGB. Der Begriff der und die Regeln zur stillen Gesellschaft können aber auch auf vergleichbare Beteiligungsformen übertragen werden. Damit sind stille Gesellschaften auch bei Personenhandelsgesellschaften, Kleingewerbetreibenden, der BGB-Gesellschaft und Kapitalgesellschaften möglich.

Die stille Gesellschaft ist – ihrem Wesen entsprechend – eine reine **Innengesellschaft** (§ 705 BGB), die grundsätzlich zwischen dem Inhaber des Handelsgeschäfts und einem stillen Gesellschafter besteht. Nimmt ein Kaufmann mehrere stille Gesellschafter auf, so handelt es sich um eine entsprechende Anzahl von stillen Gesellschaften. Die stillen Gesellschafter stehen untereinander in keiner – gesetzlich geregelten – Beziehung.

Da der stille Gesellschafter – im gesetzlichen Grundfall – nicht an der Geschäftsführung beteiligt ist, stehen ihm die **Kontrollrechte** aus § 233 HGB zu.

Wenngleich die Beteiligung eines stillen Gesellschafters typisch als Beteiligung am Gewerbe des Einzelkaufmanns und schon seltener an einer OHG vorkommt, so ist

---

595 BFH, Urteil v. 28.11.2019, IV R 54/16, DStRE 2020, S. 453.

doch eine stille Beteiligung an nahezu jeder Rechtsform möglich. Eine gewisse Bedeutung hat hier noch die **GmbH & Still**.[596]

Für die Bilanzierung der stillen Einlage gibt es Unterschiede zwischen der

- typischen stillen Gesellschaft (gesetzlicher Grundfall) und der
- atypischen stillen Gesellschaft (gesellschaftsvertragliche Erweiterung mit Beteiligung des stillen Gesellschafters an den stillen Reserven bis hin zu einer Annäherung des stillen Gesellschafters an den Status eines OHGisten),

jedoch können sich weitere Abweichungen bzw. Besonderheiten aufgrund von Regelungen in einem Gesellschaftsvertrag ergeben.

11.1.3.2   Das Eigenkapital der typisch stillen Gesellschaft

Die Vermögenseinlage eines stillen Gesellschafters bei einer **typisch stillen Gesellschaft** (§§ 230 ff. HGB) wird zweckmäßigerweise in einem Posten »Stille Einlage« unterhalb des Eigenkapitals ausgewiesen. Ein Ausweis unter den Eigenkapitalanteilen voll haftender Gesellschafter ist nicht zulässig, da der stille Gesellschafter gegenüber den Gläubigern nicht voll haftet (§ 236 Abs. 1 HGB). Der Auffassung des BFH[597], die Einlage des Stillen als »qualifizierter Kredit« im Fremdkapital auszuweisen, kann jedoch nicht gefolgt werden, da die Einlage des Stillen regelmäßig nicht den Kurzfristcharakter einer Kredits hat, sondern zur Stärkung des Eigenkapitals des Inhabers des Handelsgewerbes dienen soll.

Der auf den stillen Gesellschafter entfallende **Gewinn** wird wie folgt gebucht:

- Ist die vereinbarte Einlage durch den Stillen in voller Höhe eingezahlt, so wird der Gewinn auf ein Konto »Verbindlichkeiten gegenüber stillem Gesellschafter« gebucht; zulasten dieses Kontos wird dann der Gewinn ausbezahlt (vgl. § 232 Abs. 1 HGB).
  Alternativ darf vereinbart werden, dass der auf den stillen Gesellschafter entfallende Gewinn ganz oder teilweise seinem Einlagenkonto gutgeschrieben wird (§ 232 Abs. 3 HGB). In diesem Fall sollten auch Entnahmeregeln festgelegt werden.
- Ist die vereinbarte Einlage entweder noch nicht voll einbezahlt oder durch vorjährigen Verlust aufgezehrt, wird der Gewinn des stillen Gesellschafters seinem Einlagekonto solange gutgeschrieben, bis die vereinbarte Einlage erreicht ist (§ 232 Abs. 2 S. 2 HGB).
- Entfällt auf den stillen Gesellschafter ein Verlust, so wird dieser auf seinem Einlagenkonto abgezogen bis die Einlage durch die Verluste aufgezehrt ist. Darüber hinausgehende Verluste werden dem stillen Gesellschafter nicht belastet (es entsteht kein negatives Kapitalkonto), sondern sind vom Inhaber zu tragen (§ 232 Abs. 2 S. 1 HGB).

---

596   Vgl. ausführlich Schulze zu Wiesche (GmbH & Still).
597   BFH v. 14.11.2012, I R 19/12, BFH/NV 2013, S. 1389.

Diese gesetzliche Regelung kann in zwei Punkten vertraglich verändert werden: Zum einen kann der stille Gesellschafter (unter Annäherung an ein **partiarisches Darlehen**[598]) von jeder Verlustbeteiligung ausgeschlossen werden (§ 231 Abs. 2 HGB), zum anderen kann für den Verlustfall auch ein negatives Kapitalkonto für den stillen Gesellschafter vereinbart werden.

Die Gewinngutschrift beim stillen Gesellschafter führt beim Inhaber des Geschäfts zu einem Aufwand. *Steuerlich* erzielt der typisch stille Gesellschafter Einkünfte aus Kapitalvermögen (§ 20 Abs. 1 Nr. 4 EStG), während der Inhaber einen geringeren steuerpflichtigen Gewinn (nach Gewinnverteilung) hat. Demzufolge hat der typisch stille Gesellschafter weder Sonderbetriebsvermögen noch Sonderbetriebseinnahmen oder -ausgaben im Zusammenhang mit der stillen Gesellschaft.

Die Bestimmung des auf den stillen Gesellschafter entfallenden Gewinnanteils sollte unbedingt im Gesellschaftsvertrag festgelegt werden, weil der Gesetzgeber nur ungenau von einem »den Umständen nach angemessener Anteil« spricht (§ 231 Abs. 1 HGB). Der typisch stille Gesellschafter erhält aber immer nur seinen Anteil am rechnerischen Nominalgewinn. Auch bei einer Auflösung der stillen Gesellschaft erhält der stille Gesellschafter nur sein Guthaben (und ggf. Gewinnanteile aus schwebenden Geschäften) ausbezahlt (§ 235 HGB), aber keine Anteile an Wertsteigerungen.

11.1.3.3 Das Eigenkapital der atypisch stillen Gesellschaft

Für Ausweis, Bilanzierung und Bewertung des Eigenkapitals der **atypisch stillen Gesellschaft** gilt zunächst das für die typisch stille Gesellschaft gesagte. Für Abweichungen dazu kommt es darauf an, in welchem Umfang die gesetzlichen Regelungen für die stille Gesellschaft durch gesellschaftsvertragliche Regelungen modifiziert werden. Die »klassische« atypische stille Gesellschaft (mit letztlich weitreichender Anlehnung der Stellung des stillen Gesellschafters an die eines OHG-Gesellschafters) ist durch die folgenden Punkte gekennzeichnet:

- **Mitunternehmerrisiko**: Der stille Gesellschafter wird an den Wertsteigerungen des (materiellen und immateriellen) Vermögens beteiligt (Partizipation an den stillen Reserven) und trägt ein Verlustrisiko[599].
- **Mitunternehmerinitiative**: Der stille Gesellschafter entfaltet unternehmerische Initiative, evtl. mit Einbindung in die Geschäftsführung.
- Der stille Gesellschafter wird steuerlich als **Mitunternehmer** angesehen, wenn die beiden vorgenannten Punkte kumulativ vorliegen.[600]

---

598 Das partiarische Darlehen wird buchtechnisch wie eine normale Verbindlichkeit behandelt.
599 »Mitunternehmerrisiko setzt einen Gesellschaftsbeitrag voraus, durch den das Vermögen des Gesellschafters belastet werden kann.« BFH v. 13.7.2017, IV R 41/14, BFH/NV 11/2017, S. 1508.
600 BFH v. 27.06.2013, IV R 53/10.

Die beiden erstgenannten Punkte haben regelmäßig keinen Einfluss auf die laufende Buchführung und Bilanzierung. Der erste Punkt erlangt erst bei Auflösung der stillen Gesellschaft Bedeutung, wenn eine Auseinandersetzungsbilanz aufzustellen ist; bei einer Auszahlung an den stillen Gesellschafter über dem Buchwert seines Einlagekontos ist die Differenz gem. §§ 16 Abs. 1 Nr. 2 i. V. m. § 34 EStG zu versteuern. Der zweite Punkt ist vorrangig für gesellschaftsrechtliche Fragen wichtig.

Der dritte Punkt hat zur Folge, dass der stille Gesellschafter **Einkünfte aus Gewerbebetrieb** gem. § 15 Abs. 1 Nr. 2 EStG erzielt. Daraus ergeben sich als steuerliche Folgen:

- Für die atypisch stille Gesellschaft ist als **Mitunternehmerschaft** eine Gesellschaftsbilanz aufzustellen. Diese ist Grundlage für die gesonderte und einheitliche Gewinnfeststellung (Feststellung der Besteuerungsgrundlagen nach § 180 Abs. 1 Nr. 2 i. V. m. § 179 AO).
- Der atypisch stille Gesellschafter kann **Sonderbetriebseinnahmen** und/oder **ausgaben** haben. Diese fließen in die gesonderte und einheitliche Gewinnfeststellung ein.
- Der atypisch stille Gesellschafter kann (notwendiges oder gewillkürtes) **Sonderbetriebsvermögen** haben. Dafür ist für die stille Gesellschaft eine Sonderbilanz aufzustellen, die ebenfalls in die gesonderte und einheitliche Gewinnfeststellung eingeht.

Obwohl die vorgenannten Punkte steuerrechtlicher Natur sind, wird für die handelsrechtliche Bilanzierung analog verfahren.

11.1.4 Der Jahresabschluss der BGB-Gesellschaft

11.1.4.1 Grundlagen

Bedeutung und Anwendungsbereich der **BGB-Gesellschaft** (Gesellschaft bürgerlichen Rechts, GbR) sind sehr groß. Sämtliche gesellschaftlichen Zusammenschlüsse von Personen, die kein vollkaufmännisches Gewerbe betreiben, werden in der Rechtsform einer BGB-Gesellschaft geführt, die die Grundform der Personengesellschaft darstellt. Häufige Anwendungsfälle sind

- Sozietäten und Gemeinschaftspraxen von Anwälten, Ärzten, Wirtschaftsprüfern und Steuerberatern,
- Konsortien, Interessengemeinschaften (z. B. zur Wahrnehmung von günstigen Einkaufsmöglichkeiten),
- Poolverträge (z. B. zur Gewinnpoolung),
- Arbeitsgemeinschaften (z. B. zur gemeinschaftlichen Durchführung eines Auftrages, sehr häufig in der Baubranche).

Die BGB-Gesellschaft stellt somit eine relativ oft gewählte Rechtsform dar, die insbesondere dann eine besondere Bedeutung hat, wenn mehrere Unternehmen nur bestimmte Aufgaben in die BGB-Gesellschaft verlagern, sodass diese Gesellschaft selbst nicht als Vollkaufmann eingestuft wird.

Eine BGB-Gesellschaft kann auch automatisch entstehen, wenn eine OHG oder KG ihr Handelsgewerbe freiwillig oder unfreiwillig aufgibt oder wenn dieses auf den Umfang eines Kleingewerbes (**Kleingewerbetreibender** i. S. des § 1 Abs. 2, 2. Halbs. HGB) zurückgeht. Bei dieser automatischen Umwandlung ändert sich die Identität der Gesellschaft nicht, weshalb es für diese Umwandlung keiner Handlung durch die Gesellschafter bedarf.

Voraussetzung für eine BGB-Gesellschaft ist das Bestehen eines gemeinsamen Zwecks (§ 705 BGB). Als gemeinsamer Zweck ist dabei sowohl ein ideeller als auch ein wirtschaftlicher Zweck möglich. Soll ein wirtschaftlicher Zweck – meist die Erzielung eines wirtschaftlichen Erfolgs – angestrebt werden, so stellt sich die Frage, ob und in welchem Umfang über die Aktivitäten der Gesellschaft Rechenschaft zu legen ist. Bezüglich der Rechnungslegung kennt das BGB nur sehr wenige, im Gesetz weit verstreute Vorschriften, die für die praktische Anwendung teilweise nur im Wege der ergänzenden Auslegung konkrete Rechenschaftsregeln bieten. Eine hilfsweise Heranziehung von handelsrechtlichen Regelungen ist nicht möglich, da es hier gerade darauf ankommt, für die kleingewerbetreibende Gesellschaft (bei einer vollkaufmännischen Gesellschaft ist zwingend das Recht der OHG, §§ 105 ff. HGB, anzuwenden) einen gesetzlichen Rahmen zu schaffen.

Für die Rechenschaftslegung der BGB-Gesellschaft ist deshalb eine individuelle Regelung im Gesellschaftsvertrag empfehlenswert. Insbesondere kann in einem OHG-Gesellschaftsvertrag vereinbart werden, dass die OHG-Regelungen über den Jahresabschluss auch dann anzuwenden sind, wenn die OHG freiwillig oder unfreiwillig in eine BGB-Gesellschaft umgewandelt wird. Über die Vorschriften des BGB hinausgehende Regelungen finden sich nur noch im Konzernrecht und im Steuerrecht sowie in einigen, meist branchenabhängigen Sondergesetzen. Keine Bedeutung hat das Publizitätsgesetz für die BGB-Gesellschaft, da diese Rechtsform dem Publizitätsgesetz grundsätzlich nicht unterliegt.

11.1.4.2 Bürgerlich-rechtliche Kontrollrechte und Rechenschaftspflicht

11.1.4.2.1 Kontrollrecht des Gesellschafters

Wesentlichste Vorschrift ist § 716 Abs. 1 BGB, der jedem Gesellschafter das Recht einräumt, u. a. die Geschäftsbücher und die Papiere der Gesellschaft einzusehen und sich aus ihnen eine Übersicht über den Stand des Gesellschaftsvermögens anzufertigen.[601] Dieses **Kontrollrecht** setzt notwendigerweise das Vorhandensein von geeigneten Geschäftsbüchern und Gesellschaftspapieren voraus. Was dabei als geeignet anzusehen ist, bleibt der Beurteilung im Einzelfall vorbehalten. Keinesfalls kann hieraus bereits auf eine Buchführungspflicht geschlossen werden, jedoch müssen die einzusehenden Unterlagen so beschaffen sein, dass das Kontrollrecht wahrgenommen werden kann.

Im Zweifelsfall muss der Gesellschafter aus den Unterlagen die gewünschten Werte (z. B. den Gewinn) selbst errechnen. Auch eine fertige Vermögensaufstellung ist nach dem Wortlaut des Gesetzes nicht notwendig, da diese Vorschrift dem Gesellschafter nur das Recht einräumt, sich eine Übersicht über den »Stand« des Gesellschaftsvermögens anzufertigen. Insoweit ist auch wesentlich, dass der Gesellschafter keinen Anspruch auf Auskunft[602] – also auf aktive Mitwirkung anderer Personen (Gesellschafter, Geschäftsführer) – aus dieser Norm ableiten kann, sondern nur auf passive Duldung durch andere Personen.

11.1.4.2.2 Rechenschaftspflicht des Geschäftsführers

Bei der BGB-Gesellschaft gilt aufgrund des § 709 BGB das Prinzip der gemeinschaftlichen Geschäftsführung durch alle Gesellschafter. Sie kann jedoch gemäß § 710 BGB auf einen oder mehrere Gesellschafter übertragen werden. Für die Rechte und Pflichten der geschäftsführenden Gesellschafter bestimmt § 713 BGB, dass die Vorschriften der §§ 664 bis 670 BGB aus dem Auftragsrecht anzuwenden sind.

In diesem Zusammenhang ist nur § 666 BGB von Interesse, welcher dem Geschäftsführer drei **Informationspflichten** auferlegt:

- Verpflichtung zur unaufgeforderten Benachrichtigung,
- Auskunftspflicht auf Verlangen,
- Rechenschaftspflicht auf Verlangen.

Der **Benachrichtigungspflicht** hat der Geschäftsführer unaufgefordert nachzukommen. Dabei sind jene Informationen zu geben, die zur Erreichung des gemeinsamen Zwecks, d. h. zur ordnungsgemäßen Abwicklung der Geschäfte, notwendig sind. Welche Informationen dazu zählen, richtet sich jeweils nach den Umständen des Einzelfalls. Eine generelle Buchführungspflicht lässt sich auch hieraus nicht ableiten. Allerdings besteht die Verpflichtung zur unaufgeforderten Information über finanzielle Angelegenheiten, die sich u. U. nur aus einer Buchführung ableiten lassen, immer dann, wenn besondere Umstände, z. B. schwere Liquiditätsengpässe, die Erreichung des gemeinsamen Zwecks gefährden.

---

601 Vgl. Fleischer/Heinrich (Informationsrechte).
602 Es ist jedoch die nachfolgend dargestellte Informationspflicht eines Geschäftsführers zu beachten.

Nur auf Verlangen ist der Geschäftsführer verpflichtet, allgemeine Auskünfte und Rechenschaft zu geben, letzteres nur nach Abschluss des Geschäfts. Darüber hinaus kann nach § 667 BGB die Herausgabe der Belege verlangt werden. Der Inhalt der **Rechenschaftslegungspflicht** ist in § 259 Abs. 1 BGB geregelt. Danach ist eine Rechnung zu erstellen, die eine geordnete Zusammenstellung der Einnahmen und Ausgaben beinhaltet; gemäß § 242 BGB muss die Rechnung übersichtlich, verständlich und nachprüfbar sein, d. h., sie muss allgemeinen Ansprüchen an eine Ordnungsmäßigkeit genügen. Dies wird bei umfangreicheren Geschäften und Teilnahme am allgemeinen Wirtschaftsverkehr häufig nur dann der Fall sein, wenn eine Buchführung erstellt wird.

Ist die Gesellschaft auf längere oder unbestimmte Zeit angelegt, so muss von einer **periodischen Rechenschaftspflicht** ausgegangen werden; dies wird insbesondere immer dann zutreffen, wenn die Gesellschaft einen wirtschaftlichen Zweck (z. B. Gewinnerzielung) verfolgt (vgl. im nächsten Abschnitt die Ausführungen zu § 271 BGB). Erfolgt eine periodische Rechenschaftslegung, so entfällt die Verpflichtung, für den Gesamtzeitraum Rechenschaft zu legen.

Aus § 667 BGB ist nicht nur ein Herausgabeanspruch bezüglich der Belege abzuleiten, vielmehr trifft den Geschäftsführer auch ein Herausgabeanspruch bezüglich des Gesellschaftsvermögens. Über § 260 BGB folgt, dass der Geschäftsführer ein Verzeichnis dieses Gesellschaftsvermögens (**Bestandsverzeichnis**) vorzulegen hat. Umfang und Ausführlichkeit richten sich wiederum nach dem Gesellschaftszweck. Der für die Aufstellung erforderliche Zeit- und Arbeitsaufwand darf nicht übermäßig sein, jedoch wird man bei einer Gesellschaft, die sich wirtschaftlich betätigt, ein der kaufmännischen Bilanz entsprechendes Verzeichnis verlangen dürfen. Da sich § 260 an § 667 BGB anlehnt, ist das Verzeichnis erst zu erstellen, wenn der Herausgabeanspruch wirksam wird, z. B. in den geregelten Fällen der §§ 712, 723 ff. BGB.

Sofern anzunehmen ist, dass den Verpflichtungen der §§ 259 Abs. 1 und 260 Abs. 1 BGB nicht mit der erforderlichen Sorgfalt nachgekommen wurde (z. B. unvollständige, mehrfach berichtigte Angaben), so besteht – abweichend von handelsrechtlichen Regelungen – kein Anspruch auf Ergänzung oder Korrektur, sondern das Recht, vom Geschäftsführer eine eidesstattliche Versicherung gem. § 259 Abs. 2 und 260 Abs. 2 BGB zu verlangen. Der Anspruch auf eidesstattliche Versicherung setzt das Vorliegen einer – nicht sorgfältigen – Rechenschaftslegung voraus. Die Versicherung wird gemäß § 261 BGB abgegeben. Bei Verweigerung durch den Geschäftsführer kann Klage auf Rechenschaftslegung, eidesstattliche Versicherung und gleichzeitig gegebenenfalls auf Leistung (z. B. Herausgabe) erhoben werden (Stufenklage gem. § 254 ZPO).

11.1.4.2.3 Gewinn- und Verlustverteilung

Ist die Gesellschaft zum Zweck der Gewinnerzielung gegründet worden oder ist ein Gewinn oder Verlust entstanden, so haben die Gesellschafter einen Anspruch auf **Rechnungsabschluss** und Verteilung des Ergebnisses, dies jedoch erst nach Auflösung der Gesellschaft (§ 721 Abs. 1 BGB). Wenn die Gesellschaft für längere Dauer besteht, so haben Rechnungsabschluss und **Gewinnverteilung** am Schluss eines jeden Geschäftsjahres (mangels weiterer Vereinbarung am Schluss eines jeden Kalenderjahres) zu erfolgen (§ 721 Abs. 2 BGB).

Als Gewinn ist hier nicht der Überschuss der Einnahmen über die Ausgaben, wie dies aus der Rechenschaftspflicht des Geschäftsführers gefolgert werden könnte, anzusetzen, sondern der Überschuss des aktiven Vermögens über die Schulden und die Einlagen (analog zu § 734 BGB). Insoweit besteht die unbedingte Notwendigkeit der Bilanzierung auch für eine BGB-Gesellschaft. Die Pflicht zur Bilanzaufstellung trifft die geschäftsführenden Gesellschafter gemäß § 713 BGB.

Zur **Bewertung** der einzelnen Bilanzposten enthält das BGB keine Regelungen. Bei einer kaufmännisch handelnden Gesellschaft ist es m. E. sinnvoll und richtig, Wertansätze unter Zugrundelegung handelsrechtlicher Vorschriften und der Grundsätze ordnungsmäßiger Buchführung (GoB) zu wählen.

Es ist zu beachten, dass § 721 BGB neben § 260 Abs. 1 BGB anzuwenden ist. Für alle auf einen finanziellen Erfolg gerichteten BGB-Gesellschaften besteht somit eine Verpflichtung zur Erstellung von Bilanz und Einnahmen-Ausgaben-Rechnung, während in den §§ 238 ff. HGB der Kaufmann zur Bilanz- und G+V-Erstellung verpflichtet wird. Eine weitere Abweichung zum Handelsrecht ergibt sich in der Behandlung nicht entnommener Gewinne. Während § 120 Abs. 2 HGB den Gewinn als Kapitalerhöhung der einzelnen Gesellschafter behandelt, bleibt hier der nicht entnommene Gewinn Gesellschaftsschuld (vgl. § 733 Abs. 1 BGB) und ist in der Bilanz als Verbindlichkeit gegenüber den Gesellschaftern darzustellen. Ein Verlustausgleich erfolgt erst bei Gesellschaftsauflösung (§§ 707, 734 BGB), jedoch wird ein späterer Gewinn mit Verlustvorträgen verrechnet.

Die **Verteilung** des laufenden Gewinns und Verlusts erfolgt stets nach Köpfen (§ 722 BGB), wenn nichts anderes vereinbart ist. Bei Auflösung der Gesellschaft wird ein restlicher Überschuss dagegen nach Kapitalanteilen verteilt (§ 734 BGB).

11.1.4.3 Steuerrechtliche Rechnungslegungspflichten

Grundsätzlich unterliegt die BGB-Gesellschaft den gleichen steuerlichen Regelungen wie jede andere Rechtsform. Die BGB-Gesellschaft kann auch Einkünfte aus allen Einkunftsarten (§ 2 Abs. 1 EStG) haben, außer aus nichtselbständiger Arbeit.

Sofern die BGB-Gesellschaft einen Gewerbebetrieb gemäß § 1 GewStDV unterhält, hat sie Einkünfte gemäß § 15 EStG. Es gilt somit **Mitunternehmerschaft** (§ 2 Abs. 3 GewStG, Ausnahme für Arbeitsgemeinschaften § 2 a GewStG). Eine gewerbliche Tätigkeit und Mitunternehmerschaft liegt in der Regel bei der kleingewerblichen Gesellschaft, der Arbeitsgemeinschaft, der Vorgesellschaft u. Ä. vor. Keine Mitunternehmerschaft ist gewöhnlich bei Interessengesellschaften, Metaverbindungen, Konsortien, Gewinn-Poolungsgesellschaften u. Ä. anzunehmen.

Bezieht die BGB-Gesellschaft Einkünfte aus Gewerbebetrieb oder aus Land- und Forstwirtschaft, so ist die Gesellschaft auf Grund des § 141 AO buchführungspflichtig, wenn eine der in § 141 Abs. 1 AO erwähnten Grenzen überschritten wird und die Finanzbehörde gemäß § 141 Abs. 2 AO den Beginn dieser Verpflichtung mitteilt. Durch die letzte Regelung kann die Finanzbehörde bei nur einmaliger oder geringfügiger Überschreitung der Buchführungsgrenzen von einer entsprechenden Mitteilung absehen (§ 148 AO). Die Mitteilung ist zu begründen (§ 121 Abs. 1 AO). Nach erfolgter Mitteilung beginnt die **Buchführungspflicht** am Anfang des folgenden Wirtschaftsjahres (§ 141 Abs. 2 AO i. V. m. § 4 a EStG).

§ 141 Abs. 1 AO verweist ausdrücklich auf die **Buchführungsvorschriften** der §§ 238, 240 bis 242 Abs. 1 und 243 bis 256 HGB, die nun gegebenenfalls auch für die BGB-Gesellschaft gelten. Danach muss die Buchführung kaufmännisch gestaltet sein, insbesondere ist eine Bilanz zu erstellen. Da § 242 Abs. 2 HGB durch § 141 Abs. 1 AO jedoch nicht für anwendbar erklärt wird, braucht die BGB-Gesellschaft weder eine doppelte Buchführung noch eine Gewinn- und Verlustrechnung aufzustellen. Insoweit ist allerdings zu beachten, dass dadurch die Buchführungsregelungen des BGB nicht aufgehoben werden. Eine gegebenenfalls nach BGB erstellte GuV-Rechnung wäre gemäß § 140 AO auch der Besteuerung zugrunde zu legen.

Erweiterungen gegenüber der BGB-Buchführungspflicht bestehen in der Pflicht zur Inventur (§ 240 HGB i. V. m. § 141 AO), der laufenden Aufzeichnung von Kassenbewegungen (§ 146 Abs. 1 AO), zur Führung von Kontokorrentkonten außer bei kurzfristigen Kreditgeschäften sowie in der allgemeinen Beachtung der § 142 ff. AO. Die Gewinnermittlung erfolgt stets nach § 5 EStG, wenn ein Gewerbebetrieb gegeben ist. Insgesamt trifft die gewerbliche BGB-Gesellschaft über das Steuerrecht somit weit über die BGB-Anforderungen hinausgehende Rechnungslegungspflichten.

Nicht unter den § 141 AO fallende Gesellschaften müssen – sofern sie Einkünfte aus einer Einkunftsart haben – ihre Einnahmen und Ausgaben für eine Einnahme-Überschuss-Rechnung gemäß § 4 Abs. 3 EStG aufzeichnen (Ausnahme: § 13a EStG), welche sich durch unterschiedliche Behandlung von Kreditgeschäften und Abschreibungen von der Einnahme-Ausgabe-Rechnung gemäß § 259 Abs. 1 BGB unterscheidet. Weitere Aufzeichnungspflichten, z. B. § 22 UStG, bleiben grundsätzlich unberührt.

11.1.5 Der Jahresabschluss der Gesellschaft mit beschränkter Haftung

11.1.5.1 »Reguläre« GmbH

Bei der **Gesellschaft mit beschränkter Haftung** sind die Geschäftsführer gem. § 41 GmbHG verpflichtet, für die ordnungsmäßige Buchführung zu sorgen und innerhalb der in § 264 Abs. 1 HGB bezeichneten Fristen einen Jahresabschluss aufzustellen. Bei Verstoß gegebenenfalls Haftung nach § 43 GmbHG.

Die Geschäftsführer haben den Jahresabschluss nach seiner Aufstellung, ggf. zusammen mit den Prüfungsberichten von Abschlussprüfer und/oder Aufsichtsrat, unverzüglich den Gesellschaftern vorzulegen (§ 42a Abs. 1 GmbHG). Den Gesellschaftern obliegt dann die unabdingbare Pflicht, die Feststellung des Jahresabschlusses und die Gewinnverwendung innerhalb von acht Monaten (kleine GmbH: elf Monate) herbeizuführen (§ 42a Abs. 2 GmbHG).

In § 42 GmbHG sind spezifische Bilanzierungsgrundsätze für die GmbH kodifiziert. Das konstante Eigenkapital der GmbH ist das **Stammkapital** (§ 5 GmbHG), dieses ist aufgrund des § 42 Abs. 1 GmbHG als **gezeichnetes Kapital** i. S. des § 272 Abs. 1 S. 1 HGB in der Bilanz mit dem Nennbetrag auszuweisen.

Sofern die Gesellschaft das Recht zur Einziehung von **Nachschüssen** der Gesellschafter hat, sind diese gem. § 42 Abs. 2 zu aktivieren, wenn die Einziehung bereits beschlossen ist und den Gesellschaftern ein Recht, sich durch Verweisung auf den Geschäftsanteil von der Zahlung der Nachschüsse zu befreien, nicht zusteht. Die Aktivierung muss in einem gesonderten Posten »Eingeforderte Nachschüsse« unter den Forderungen erfolgen, sofern mit der Zahlung gerechnet werden kann. Kann mit der Zahlung nicht gerechnet werden, so ist es entbehrlich erst eine Aktivierung vorzunehmen, um danach den aktivierten Betrag abzuschreiben. Gleichzeitig mit der Aktivierung ist ein Betrag in gleicher Höhe zu passivieren und in dem Posten »Kapitalrücklage« gesondert, d. h. in einem »Davon-Vermerk«, auszuweisen.

Ausleihungen, Forderungen und Verbindlichkeiten gegenüber Gesellschaftern sind gem. § 42 Abs. 3 GmbHG i. d. R. als solche jeweils gesondert (also in einem neuen

Posten) auszuweisen oder im Anhang anzugeben. Werden sie abweichend von dieser Regel unter einem anderen Posten (z. B. »Forderungen gegen verbundene Unternehmen«, wenn dies gleichzeitig zutreffend ist) ausgewiesen, so ist dies (im Anhang) zu vermerken.

Aufgrund des § 29 Abs. 4 S. 1 GmbHG haben die Geschäftsführer das Recht mit Zustimmung von Aufsichtsrat oder Gesellschaftern den Eigenkapitalanteil von Wertaufholungen bei Vermögensgegenständen des Anlage- und Umlaufvermögens und von bei der steuerrechtlichen Gewinnermittlung gebildeten Passivposten, die nicht im Sonderposten mit Rücklageanteil ausgewiesen werden dürfen, in die anderen Gewinnrücklagen einzustellen. Der Betrag dieser Rücklagen ist entweder in der Bilanz gesondert auszuweisen oder im Anhang anzugeben (§ 29 Abs. 4 S. 2 GmbHG).

11.1.5.2 Unternehmergesellschaft (haftungsbeschränkt)

Die Unternehmergesellschaft (haftungsbeschränkt) oder UG (haftungsbeschränkt) ist eine Sonderform der GmbH mit der wichtigsten Besonderheit einer Gründung ohne Mindeststammkapital, aber mit mindestens 1 € pro Geschäftsanteil (§ 5a Abs. 1 GmbHG). Diese Variante ist deshalb für sehr kleine Unternehmen oder Existenzgründer besonders geeignet.

Besonderheiten in der Rechnungslegung ergeben sich insbesondere aus § 5a Abs. 3 GmbHG für die pflichtgemäße Rücklagenbildung und aus § 5a Abs. 4 GmbHG für die drohende Zahlungsunfähigkeit. Ansonsten gelten die normalen Regelungen zur GmbH.

Die Unternehmergesellschaft kann durch Barkapitalerhöhung so zu einer Vollgesellschaft erstarken, dass die Summe ihres ursprünglichen, der Volleinzahlungspflicht unterliegenden Stammkapitals und des auf den neuen Anteil eingezahlten Anteils zusammen dem Halbaufbringungsgrundsatz genügen. Die Versicherung des Geschäftsführers aus Anlass der Kapitalerhöhung muss sich – wenn dem Halbaufbringungsgrundsatz Genüge getan ist – nur auf den neuen Kapitalanteil beziehen (§ 57 Abs. 2 GmbHG). Die Fortdauer des Vorhandenseins des ursprünglichen Stammkapitals der UG muss der Geschäftsführer bei Anmeldung der Kapitalerhöhung nicht versichern.[603] Wird aus einer UG eine GmbH, handelt es sich nicht um eine Umwandlung oder einen Formwechsel, sondern nur um einen Firmenwechsel.

---

603 Vgl. OLG Celle, Beschluss v. 17.7.2017, 9 W 70/17, BB 2017, S. 2448.

11.1.6 Der Jahresabschluss der Aktiengesellschaft und der Kommanditgesellschaft auf Aktien

Auch für den Jahresabschluss der **Aktiengesellschaft** (AG) und der **Kommanditgesellschaft auf Aktien** (KGaA) gelten die bereits dargestellten Regelungen für Kapitalgesellschaften des Handelsgesetzbuchs. Lediglich einige rechtsformspezifische Sonderregelungen finden sich im Aktiengesetz, die nachfolgend skizziert werden.

Die Verantwortung für die Erfüllung der **Buchführungspflicht** der AG trifft den Vorstand, der für die Führung der Handelsbücher Sorge zu tragen hat (§ 91 Abs. 1 AktG); es handelt sich stets um eine Gesamtverantwortung aller Vorstandsmitglieder. In diese Verantwortung sind auch stellvertretende Vorstandsmitglieder eingebunden (§ 94 AktG). Bei einer ressortmäßigen Aufteilung der Aufgaben verbleibt bei den übrigen Vorstandsmitgliedern auf jeden Fall die Pflicht zur Überwachung.

Bei der KGaA haben die Komplementäre die entsprechenden Pflichten (§ 283 Nr. 9–11 AktG).

Die Aktiengesellschaft und die Kommanditgesellschaft auf Aktien (letztere i. V. m. § 278 Abs. 3 AktG) müssen in der handelsrechtlichen Bilanz eine **gesetzliche Rücklage** bilden (§ 150 Abs. 1 AktG), die bereits im Gliederungsschema des § 266 Abs. 3 HGB vorgesehen ist. Das Aktienrecht betrachtet im weiteren Bildung und Auflösung der gesetzlichen Rücklage zusammen mit der **Kapitalrücklage** im Sinn des § 272 Abs. 2 Nr. 1 bis 3 HGB. Die Kapitalrücklage gem. § 272 Abs. 2 Nr. 4 (»andere Zuzahlungen, die Gesellschafter in das Eigenkapital leisten«) ist für die Aktiengesellschaft nicht relevant und deshalb im Aktiengesetz nicht erwähnt. Gesetzliche Rücklage und Kapitalrücklage bilden besonders gebundenes Eigenkapital.

Für die Einstellung in die gesetzliche Rücklage bestimmt § 150 Abs. 2 AktG, dass in diese 5 % des um einen Verlustvortrag verminderten Jahresüberschusses einzustellen sind. Diese Einstellung ist für jedes Geschäftsjahr vorzunehmen, bis die gesetzliche Rücklage und die Kapitalrücklage zusammen 10 % oder einen in Satzung festgelegten höheren Prozentsatz des Grundkapitals erreichen.

Nach dem Willen des Gesetzgebers soll dieser gesetzliche Reservefond mindestens 10 % oder einen in der Satzung festgelegten höheren Prozentsatz des Grundkapitals umfassen. Ist dieser Mindestumfang nicht erreicht, darf die gesetzliche Rücklage oder die Kapitalrücklage gem. § 150 Abs. 3 AktG nur in den beiden folgenden Verlustsituationen verwandt werden:

- Zum Ausgleich eines Fehlbetrags, soweit er nicht durch einen Gewinnvortrag aus dem Vorjahr gedeckt ist und nicht durch Auflösung anderer Gewinnrücklagen ausgeglichen werden kann.

- Zum Ausgleich eines Verlustvortrags aus dem Vorjahr, soweit er nicht durch einen Jahresüberschuss gedeckt ist und nicht durch die Auflösung anderer Gewinnrücklagen ausgeglichen werden kann.

Ist dagegen der genannte Mindestumfang dieses gesetzlichen Reservefonds überschritten, so darf der übersteigende Teil gem. § 150 Abs. 4 AktG verwandt werden

- zum Ausgleich eines Jahresfehlbetrags, soweit er nicht durch einen Gewinnvortrag aus dem Vorjahr gedeckt ist,
- zum Ausgleich eines Verlustvortrags aus dem Vorjahr, soweit er nicht durch einen Jahresüberschuss gedeckt ist,
- zur Kapitalerhöhung aus Gesellschaftsmitteln nach den § 207 bis 220 AktG.

Die Verwendung in den beiden erstgenannten Fällen ist nicht zulässig, wenn gleichzeitig Gewinnrücklagen zur Gewinnausschüttung aufgelöst werden.

Weitere Regelungen zur Bilanz der Aktiengesellschaft enthält § 152 AktG. Nach § 152 Abs. 1 S. 1 AktG ist das **Grundkapital** gem. § 1 Abs. 2 AktG als gezeichnetes Kapital auszuweisen. Diese Regelung ist nur zur Klarstellung notwendig, da das HGB generell und rechtsformübergreifend von **gezeichnetem Kapital** spricht. Bei der KGaA sind jedoch nur die Kapitalanteile der Kommanditisten als gezeichnetes Kapital auszuweisen, während gem. § 286 Abs. 2 S. 1 AktG die Kapitalteile der Komplementäre (Vollhafter) nach dem Posten »Gezeichnetes Kapital« gesondert auszuweisen sind.

Im Posten »Gezeichnetes Kapital« sind die Gesamtnennbeträge der Aktien jeder Gattung gesondert zu vermerken (§ 152 Abs. 1 S. 2 AktG). Als Aktiengattungen kommen in Betracht:

1. Stammaktien (Normalfall),
2. Vorzugsaktien ohne Stimmrecht (§§ 12 Abs. 1 S. 2, 139 ff. AktG),
3. Mehrstimmrechtsaktien (verboten durch § 12 Abs. 2 S. 1 AktG, Ausnahme nur für alte Mehrstimmrechte durch Fortführungsbeschluss gem. § 5 Abs. 1 EGAktG möglich).

Bestehen Mehrstimmrechtsaktien, so sind beim gezeichneten Kapital die Gesamtstimmenzahl der Mehrstimmrechtsaktien und die der übrigen Aktien zu vermerken (§ 152 Abs. 1 S. 4 AktG).

Ist **bedingtes Kapital** (§ 192 ff. AktG) gegeben, so ist dieses gem. § 152 Abs. 1 S. 3 AktG mit dem Nennbetrag zu vermerken.

Zu dem Posten **Kapitalrücklage** (§ 266 Abs. 3 HGB) sind gem. § 152 Abs. 2 AktG in der Bilanz oder im Anhang gesondert anzugeben

1. der Betrag, der während des Geschäftsjahres eingestellt wurde (§ 150 Abs. 2 AktG),
2. der Betrag, der für das Geschäftsjahr entnommen wird (§ 150 Abs. 3 und 4 AktG).

Zu den einzelnen Posten der **Gewinnrücklagen** (§ 266 Abs. 3 HGB) sind gem. § 152 Abs. 3 AktG in der Bilanz oder im Anhang jeweils gesondert anzugeben:

1. die Beträge, die die Hauptversammlung aus dem Bilanzgewinn des Vorjahres eingestellt hat (§§ 58 Abs. 3, 174 Abs. 2 Nr. 3 AktG),
2. die Beträge, die aus dem Jahresüberschuss des Geschäftsjahres eingestellt werden (§ 58 Abs. 1 bis 2a AktG),
3. die Beträge, die für das Geschäftsjahr entnommen werden.

Für die Gewinn- und Verlustrechnung der Aktiengesellschaft enthält § 158 AktG weitere Vorschriften. Gem. § 158 Abs. 1 AktG ist die G+V-Rechnung nach dem Posten »Jahresüberschuss/Jahresfehlbetrag« um weitere Posten zu ergänzen.[604]

Bei bestimmten Unternehmensverträgen sind gem. § 158 Abs. 2 AktG weitere Sonderposten in die G+V-Rechnung einzufügen.[605]

Rechtsformspezifische Ergänzungen für den Anhang bestehen aufgrund des § 160 AktG.[606]

11.1.7 Der Jahresabschluss der Erwerbs- und Wirtschaftsgenossenschaft

Nach § 33 Abs. 1 GenG hat der Vorstand einer **Genossenschaft** dafür zu sorgen, dass die erforderlichen Bücher ordnungsgemäß geführt werden. Für diese Bücher sind die handelsrechtlichen Buchführungsregeln der §§ 238 ff. HGB anzuwenden, da die Genossenschaft aufgrund des § 17 Abs. 2 GenG als Kaufmann im Sinn des Handelsgesetzbuchs gilt.

Der nach § 242 HGB unter Beachtung der §§ 336 Abs. 2 bis 339 HGB aufzustellende – und offen zu legende – Jahresabschluss ist durch den Vorstand der Genossenschaft um einen Anhang und einen Lagebericht zu erweitern; der Anhang bildet wie bei der Kapitalgesellschaft zusammen mit der Bilanz und der Gewinn- und Verlustrechnung eine Einheit (§ 336 Abs. 1 S. 1 HGB). Die Aufstellung von Jahresabschluss und Lagebericht hat in den ersten fünf Monaten des Geschäftsjahres für das vergangene Geschäftsjahr zu erfolgen (§ 336 Abs. 1 S. 2 HGB).

---

604 Vgl. Abschn. 7.2.21.
605 Vgl. Abschn. 7.2.22.
606 Vgl. Abschn. 9.3.4.2.

11.2 Regelungen bei bestimmter Unternehmensgröße

11.2.1 Kleinere Unternehmen

Rechnungslegungsvorschriften richten sich in ihren Anforderungen an Buchführungspflicht und Form und Inhalt des Jahresabschlusses teilweise nach der Unternehmensgröße. Kleinere Unternehmen erfahren danach für ihre Rechnungslegung **Erleichterungen** (z. B. gem. §§ 264 Abs. 1 S. 3 und 4, 266 Abs. 1 Sätze 3 und 4, 276, 288 HGB), da u. a. das Informationsbedürfnis externer Informationsempfänger als nicht so groß angesehen wird, oder werden von der kaufmännischen Buchführungspflicht ganz oder teilweise befreit.

Für *Nicht-Kapitalgesellschaften* greift eine **Befreiung** von Buchführung und Jahresabschlusserstellung

- entweder mangels Kaufmannseigenschaft (§ 1 Abs. 2 HGB, weil kein in kaufmännischer Weise eingerichteter Geschäftsbetrieb existiert)
- oder unterschreiten der Grenzwerte[607] des § 241a HGB i. V. m. § 242 Abs. 4 HGB.[608]

Für *Kapitalgesellschaften* gibt es keine generellen Buchführungsbefreiungen. Moderate Erleichterungen durch

- Befreiung von der Anwendung bestimmter Regelungen (§ 274a HGB),
- eine verkürzte Bilanz (§ 266 Abs. 1 S. 3 HGB) und
- G+V (§ 276 HGB) sowie
- Befreiung von etlichen Anhangangaben (§ 288 Abs. 1 HGB)

gelten für die **kleine Kapitalgesellschaft** i. S. des § 267 Abs. 1 HGB.

Nur rudimentäre Erleichterungen (u. a. gem. § 288 Abs. 2 HGB) bestehen für die **mittelgroße Kapitalgesellschaft** i. S. des § 267 Abs. 2 HGB.

Die weitreichendsten Erleichterungen existieren hier für **Kleinstkapitalgesellschaften** (267a HGB), die 2012 durch das **MicroBilG**[609] in das Handelsgesetzbuch eingefügt wurden.[610] Diese Gesellschaften können folgende Entlastungen in Anspruch nehmen:

- weiter verkürzte Bilanz (§ 266 Abs. 1 S. 4 HGB)
- weiter verkürzte Gewinn- und Verlustrechnung im Gesamtkostenverfahren (§ 275 Abs. 5 HGB)

---

607 Die handelsrechtlichen Grenzwerte entsprechen denen des § 141 AO. Steuerlich ist dann jedoch regelmäßig eine Einnahmen-Überschuss-Rechnung (§ 4 Abs. 3 EStG) zu erstellen.

608 Siehe Kap. 1.1.

609 Kleinstkapitalgesellschaften-Bilanzrechtsänderungsgesetz (MicroBilG) v. 27.12.2012 aufgrund der Richtlinie 2012/6/EU v. 14.3.2012 über den Jahresabschluss von Gesellschaften bestimmter Rechtsformen hinsichtlich Kleinstbetrieben.

610 Vgl. Wader/Stäudle (Kleinstkapitalgesellschaften).

- Befreiung von der Anhangserstellung, wenn bestimmte Angaben unter der Bilanz gemacht werden (§ 264 Abs. 1 S. 5 HGB)
- Hinterlegung der Rechnungslegungsunterlagen statt Offenlegung (§ 326 Abs. 2 HGB).

Für jede dieser vier Erleichterungen besteht ein gesondertes Wahlrecht, sodass beispielsweise nur die verkürzte Bilanz und die Anhangsbefreiung gewählt werden.

Obwohl die Kleinstkapitalgesellschaft von der Anhangserstellung befreit ist, müssen die **Identifizierungsangaben** nach § 264 Abs. 1a HGB (z. B. über oder unter der Bilanz) gemacht werden, weil diese Angaben »im Jahresabschluss« und nicht (nur) im Anhang zu machen sind.

Für die Kleinstkapitalgesellschaft gelten darüber hinaus sämtliche Erleichterungen der kleinen Kapitalgesellschaft, soweit die Regelungen der Kleinstkapitalgesellschaft nicht weitergehend sind (§ 267a Abs. 2 HGB).

Bestimmte Unternehmen sind von den Erleichterungen für Kleinstkapitalgesellschaften ausgenommen (§ 267a Abs. 3 HGB).

11.2.2 Größere Unternehmen

Andererseits müssen Unternehmen, die eine bestimmte Größenordnung überschreiten, sich den strengeren Vorschriften des Gesetzes über die Rechnungslegung von bestimmten Unternehmen und Konzernen (**Publizitäts-Gesetz/ PublG**) unterwerfen.

Nach § 1 Abs. 1 PublG ist ein Unternehmen zur (über die sonstigen Vorschriften des HGB hinausgehenden) Rechnungslegung verpflichtet, wenn für den Tag des Ablaufs eines Geschäftsjahres (Abschlussstichtag) und für die zwei darauf folgenden Abschlussstichtage (insgesamt also für drei aufeinander folgende Abschlussstichtage) jeweils mindestens zwei der drei nachfolgenden Merkmale zutreffen:

1. Die *Bilanzsumme* einer auf den Abschlussstichtag aufgestellten Jahresbilanz übersteigt 65 Mio. Euro.
2. Die Umsatzerlöse des Unternehmens in den zwölf Monaten vor dem Abschlussstichtag übersteigen 130 Mio. Euro.
3. Das Unternehmen hat in den zwölf Monaten vor dem Abschlussstichtag durchschnittlich mehr als 5000 Arbeitnehmer beschäftigt.

Bei Feststellung der Bilanzsumme ist gem. § 1 Abs. 2 PublG von einer Bilanz auszugehen, die nach den Vorschriften des § 5 Abs. 2 PublG erstellt wurde. Bilanziert ein Unternehmen z. B. nach den allgemeinen Regeln des HGB, so muss eine Probebilanz aufgestellt werden.

Treffen die vorgenannten Merkmale zu, so ist der dritte der aufeinander folgenden Jahresabschlüsse bereits nach den Vorschriften des PublG zu erstellen (§ 2 Abs. 1 S. 1 PublG); unter den in § 2 Abs. 1 S. 2 PublG genannten Voraussetzungen (insbes. Umwandlungsfälle) ist jedoch für den ersten Stichtag der Jahresabschluss gem. PublG aufzustellen. Die Rechnungslegungspflicht endet, wenn für drei aufeinander folgende Abschlussstichtage mindestens zwei der drei Merkmale nicht mehr zutreffen (§ 2 Abs. 1 S. 3 PublG).

Beispiel: !

Die C-OHG weist während drei Jahren folgende Größenmerkmale auf:

Jahr	01	02	03
Bilanzsumme	70.000.000	80.000.000	90.000.000
Umsatzerlöse	100.000.000	130.000.000	140.000.000
Arbeitnehmer	5.010	5.020	5.000

Nach welchen Vorschriften hat die OHG zu bilanzieren, wenn sie im Jahr 01 gegründet wurde?

Jahr 01: §§ 238–263 HGB.

Jahr 02: §§ 238–263 HGB.

Jahr 03: §§ 1 ff. PublG; obwohl in allen drei Jahren jeweils genau zwei Größenmerkmale überschritten sind, ist erst im dritten Jahr die 3-Jahres-Grenze überschritten.

Nach dem Publizitäts-Gesetz können nur Unternehmen der folgenden **Rechtsformen** zur Rechnungslegung verpflichtet werden (§ 3 Abs. 1 PublG):

1. Die Personenhandelsgesellschaft (für die nicht bereits ein Abschluss nach § 264a oder § 264b HGB erstellt wird) oder der Einzelkaufmann.
2. Der Verein, dessen Zweck auf einen wirtschaftlichen Geschäftsbetrieb gerichtet ist.
3. Die rechtsfähige Stiftung des bürgerlichen Rechts, wenn sie ein Gewerbe betreibt.
4. Die Körperschaft, Stiftung oder Anstalt des öffentlichen Rechts, die Kaufmann nach § 1 HGB ist oder als Kaufmann in das Handelsregister eingetragen ist.

§ 3 Abs. 2 und 3 PublG bestimmt, dass die Vorschriften für bestimmte aufgeführte Unternehmensrechtsformen und für Unternehmen in Abwicklung (Liquidation) keine Anwendung finden. Die Kapitalgesellschaften sind im § 3 PublG weder als rechnungslegungspflichtig noch als nicht pflichtig aufgeführt; da diese Rechtsformen bereits nach den strengeren (aber gem. § 5 Abs. 2 PublG weitgehend deckungsgleichen) Vorschriften Rechnung legen müssen, erübrigt sich eine Anwendung der Vorschriften des Publizitäts-Gesetzes.

Treffen die Voraussetzungen der §§ 1 bis 3 PublG zu, so unterliegen die betreffenden Unternehmen den folgenden **Rechnungslegungspflichten**:

1. Aufstellung einer Bilanz und Gewinn- und Verlustrechnung sowie – wenn es sich beim Bilanzierenden nicht um einen Einzelkaufmann oder eine Personenhan-

delsgesellschaft handelt – eines Anhangs und Lageberichts nach den im PublG genannten Bestimmungen (§ 5 PublG),

2. Prüfung des Jahresabschlusses und des Lageberichts durch einen oder mehrere Abschlussprüfer (§ 6 PublG) und durch den Aufsichtsrat, falls das Unternehmen einen hat (§ 7 PublG) und

3. Offenlegung von Jahresabschluss und weiteren Unterlagen gem. § 325 Abs. 1 HGB (§ 9 PublG).

Für die **Aufstellung** von Jahresabschluss und Lagebericht wird weitgehend auf die entsprechenden Vorschriften des Handelsgesetzbuchs verwiesen. Bemerkenswert ist insbesondere, dass die Generalnorm des § 264 Abs. 2 HGB nicht beachtet werden muss; es gelten deshalb nur die Ordnungsmäßigkeitsanforderungen des § 243 Abs. 1 und 2 HGB (Einhaltung der GoB, Klarheit, Übersichtlichkeit); außerdem sind die Aufstellungsregeln des HGB durch § 5 Abs. 1 PublG ersetzt.

Gewisse **Erleichterungen** bestehen für Personenhandelsgesellschaften und Einzelkaufleute, die keinen Anhang und keinen Lagebericht erstellen müssen (§ 5 Abs. 2 PublG) und die eine Gewinn- und Verlustrechnung nur nach den für ihr Unternehmen geltenden Bestimmungen (meistens nur nach GoB) aufzustellen haben (§ 5 Abs. 5 PublG). Wird die Gewinn- und Verlustrechnung dagegen nach der Gliederungsvorschrift des § 275 HGB aufgestellt, so dürfen die Steuern unter den sonstigen Aufwendungen ausgewiesen werden (§ 5 Abs. 5 S. 2 PublG); damit wird eine Bilanzanalyse durch Rückrechnung auf den steuerpflichtigen Gewinn praktisch unmöglich gemacht.

Für Einzelkaufleute und Personenhandelsgesellschaft (Nicht-Kapitalgesellschaften) besteht eine – eigentlich selbstverständliche[611] – Pflicht zur Trennung von Privatvermögen und **Betriebsvermögen** (§ 5 Abs. 4 PublG). Danach darf in der Bilanz nicht das Privatvermögen des Einzelkaufmanns bzw. der Gesellschafter ausgewiesen werden, ebenso dürfen die auf dieses Privatvermögen entfallenden Aufwendungen und Erträge nicht in die Gewinn- und Verlustrechnung aufgenommen werden. Obwohl der Gesetzgeber nur auf die auf das Privatvermögen entfallenden Erfolgsbeiträge abstellt, muss davon ausgegangen werden, dass auch für sonstige private Erfolgsbeiträge ein Ausweisverbot besteht. Diese Unterscheidung entspricht der steuerrechtlichen Unterscheidung in Privatvermögen und (notwendiges und gewillkürtes) Betriebsvermögen.

Bei der **Offenlegung** der Gewinn- und Verlustrechnung besteht für Einzelkaufleute und Personenhandelsgesellschaften folgendes Wahlrecht: An Stelle der Gewinn- und Verlustrechnung braucht nur die Jahresbilanz mit einem Anhang offengelegt zu werden (§ 9 Abs. 2 PublG), in diesem Anhang sind die folgenden Angaben zu machen (§ 5 Abs. 5 S. 3 PublG):

---

611 Die Trennung von Betriebs- und Privatvermögen ist im HGB selbst nicht bestimmt, jedoch wird diese Trennung seit langem als Handelsbrauch angesehen.

1. Umsatzerlöse i. S. des § 277 Abs. 1 HGB
2. Erträge aus Beteiligungen
3. Löhne, Gehälter, soziale Abgaben sowie Aufwendungen für Altersversorgung und Unterstützung
4. Bewertungs- und Abschreibungsmethoden einschließlich wesentlicher Änderungen
5. Zahl der Beschäftigten

Eine weitere Erleichterung enthält § 9 Abs. 3 PublG für Personenhandelsgesellschaften. Danach dürfen bei der Offenlegung (nicht aber bei der Aufstellung) die Kapitalanteile der Gesellschafter, die Rücklagen, ein Gewinnvortrag und ein Gewinn unter Abzug der nicht durch Vermögenseinlagen gedeckten Verlustanteile von Gesellschaftern, eines Verlustvortrags und eines Verlusts in einem Posten »Eigenkapital« ausgewiesen werden, d. h., dass die weitgehende Aufgliederung des Eigenkapitals nicht erforderlich ist.

Der Jahresabschluss eines nach dem PublG bilanzierenden Unternehmens ist – überwiegend in Anlehnung an die allgemeinen handelsrechtlichen Normen – durch die folgenden **Rechtsfolgen** bei Gesetzesverstößen geschützt:

- Nichtigkeit des Jahresabschlusses (§ 10 PublG)
- Strafen bei unrichtiger Darstellung (§ 17 PublG)
- Strafen bei Verletzung der Berichtspflicht (§ 18 PublG)
- Strafen bei Verletzung der Geheimhaltungspflicht (§ 19 PublG)
- Bußgelder bei Ordnungswidrigkeiten (§ 20 PublG)
- Ordnungsgelder bei unterlassener Offenlegung (§ 21 PublG)

11.2.3 Tochterunternehmen

Tochterunternehmen, die in den Konzernabschluss eines Mutterunternehmens mit Sitz in einem Mitgliedstaat der Europäischen Union oder einem anderen Vertragsstaat des Abkommens über den Europäischen Wirtschaftsraum einbezogen sind, brauchen die Vorschriften der §§ 264–339 HGB nicht anzuwenden, wenn alle in der Befreiungsvorschrift genannten Voraussetzungen kumulativ erfüllt sind (§ 264 Abs. 3 und 4 HGB).

11.3 Die Steuerbilanz der Mitunternehmerschaft

Neben den allgemeinen steuerlichen Regelungen gelten für die Mitunternehmerschaft einige Sonderregelungen, die im Folgenden dargestellt werden, soweit Personengesellschaften[612] betroffen sind. Als **Mitunternehmerschaft** kommen hier vor allem in Betracht:

- Offene Handelsgesellschaft (OHG)
- Kommanditgesellschaft (KG)
- BGB-Gesellschaft (GbR)
- atypische Stille Gesellschaft

Als Mitunternehmer in einer Mitunternehmerschaft ist nur anzusehen, wer

- als Gesellschafter einer Personengesellschaft oder als Teilhaber einer wirtschaftlich vergleichbaren Gemeinschaft
- ein Mitunternehmerrisiko (unternehmerisches Risiko) trägt und Mitunternehmerinitiative (unternehmerische Initiative) entfalten kann.

Mitunternehmerrisiko bedeutet gesellschaftsrechtliche oder wirtschaftlich vergleichbare Teilnahme am Erfolg oder Misserfolg eines gewerblichen Unternehmens. Dieses Risiko wird im Regelfall durch Beteiligung am Gewinn und Verlust sowie an den stillen Reserven des Anlagevermögens einschließlich eines Geschäftswerts vermittelt. **Mitunternehmerinitiative** bedeutet vor allem Teilnahme an unternehmerischen Entscheidungen. Ausreichend ist bereits die Möglichkeit zur Ausübung von Gesellschafterrechten, die wenigstens den Stimm-, Kontroll- und Widerspruchsrechten angenähert sind, die z. B. den gesellschaftsrechtlichen Kontrollrechten nach § 716 Abs. 1 BGB bzw. denjenigen eines Kommanditisten entsprechen.[613]

Da der gesetzlich nicht erläuterte Begriff des Mitunternehmers einer abschließenden Definition, d. h. einer tatbestandlichen Kennzeichnung durch eine begrenzte Anzahl von Kriterien nicht zugänglich ist, können die Merkmale der Mitunternehmerinitiative und des Mitunternehmerrisikos im Einzelfall mehr oder weniger ausgeprägt sein (sog. **Typusbegriff**). So ist der Umstand, dass ein Komplementär weder am Gewinn bzw. Verlust noch am Vermögen der KG teilhat (sog. kapitalistisch organisierte KG), nicht geeignet, dessen Mitunternehmerstellung auszuschließen, weil das weitgehend fehlende Mitunternehmerrisiko (es verbleibt nur die unbeschränkte Haftung) durch eine starke Ausprägung der Initiativrechte kompensiert wird.[614]

Die geforderte Stellung als Gesellschafter in einer Personengesellschaft kann auch durch ein verdecktes Gesellschaftsverhältnis begründet werden[615]; jedoch reicht die sogenannte **faktische Mitunternehmerschaft**, bei der kein Gesellschaftsverhältnis vorhanden ist, nicht aus, um eine Mitunternehmerschaft zu begründen.

---

612 Der Begriff der Personengesellschaft ist weiter als der der Personenhandelsgesellschaft, da nur für letztere das Erfordernis der Betätigung in einem Handelsgewerbe gilt.
613 FG Köln, Urteil v. 20.3.2019, 4 K 3252/13, DStRE 2020, S. 399, Tz 130f.
614 BFH, Urteil vom 25. 4. 2006, VIII R 74/03, BFH/NV 2006, S. 1564
615 BFH v. 6.12.1988, VIII R 362/83 (= BB 17/1989, S. 1171).

11.3.1 Das Betriebsvermögen der Personengesellschaften

11.3.1.1 Das Gesamthandseigentum der Personengesellschaften

Eine sich im Wirtschaftsleben betätigende Gesellschaft (OHG, KG, BGB-Gesellschaft, etc.) wird regelmäßig auch ein eigenes Vermögen, das **Gesellschaftsvermögen** nach § 718 BGB besitzen. Generell sind für eine Personengesellschaft sowohl der schlichte Mitbesitz (Bruchteilseigentum) oder der gesamthänderische Mitbesitz (Gesamthandseigentum) denkbar. Für die Personengesellschaften ist für das Gesellschaftsvermögen in § 719 Abs. 1 BGB das **Gesamthandseigentum** zwingend vorgeschrieben, eine vertragliche Abdingung dieser Vorschrift ist nicht zulässig.

Durch die gesamthänderische Bindung wird dem einzelnen Gesellschafter die Verfügungsmacht über das Gesellschaftsvermögen bzw. Teile davon entzogen. Stattdessen können die Gesellschafter nur gemeinschaftlich (»mit gemeinsamer Hand«) über Teile des Gesellschaftsvermögens verfügen, wobei diese gemeinschaftliche Verfügungsmacht gem. § 710 BGB einem oder mehreren Geschäftsführern übertragen werden kann. Darüber hinaus ist es dem einzelnen Gesellschafter untersagt, Teilungen im Gesellschaftsvermögen zu verlangen. Durch diese Regelungen wird eine starke Bindung des Gesellschaftsvermögens an die Gesellschaft erreicht. Dies versetzt die Gesellschaft in die Lage, wirtschaftliche Aktivitäten zu entwickeln, die nicht durch Verfügungsentscheidungen einzelner Gesellschafter gestört werden können. Auch Gläubigern einzelner Gesellschafter ist damit der Durchgriff auf Teile des Gesellschaftsvermögens verwehrt.

Statt der Verfügungsmacht an Teilen des Gesellschaftsvermögens steht dem einzelnen Gesellschafter dafür das Recht zur Verfügung an seinem Gesellschaftsanteil zu; für einen Gesellschafterwechsel (bzw. einen Neueintritt) ist allerdings aufgrund des persönlichen Vertrauensverhältnisses der Gesellschafter die Einwilligung aller Gesellschafter notwendig.

Das Gesellschaftsvermögen ist das in der **Handelsbilanz** ausweispflichtige Vermögen. Aufgrund des Maßgeblichkeitsgrundsatzes der Handelsbilanz für die Steuerbilanz ist das Gesellschaftsvermögen deshalb regelmäßig als **Betriebsvermögen** anzusehen. Dies gilt umso mehr, wenn man bedenkt, dass die geschäftsführenden Gesellschafter als zu ökonomisch sinnvollen Handlungen angehaltene Personen nur solche Gegenstände in das Vermögen der Gesellschaft nehmen, welche der Gesellschaft dienen und damit auch nach der Definition zum notwendigen Betriebsvermögen gehören. Diese Auffassung wurde bis zum Ende der 60er Jahre einschränkungslos auch von der Rechtsprechung vertreten.

Nach einem BFH-Urteil[616] reicht der Umstand, dass ein Wirtschaftsgut zivilrechtlich zum Gesellschaftsvermögen gehört, nicht aus, um es zum Betriebsvermögen zu rechnen. Vielmehr müssen die allgemeinen Merkmale des Betriebsvermögens gegeben sein. Trotzdem gilt die **Vermutung**, dass ein in der Handelsbilanz ausgewiesenes Gut auch Bestandteil des Betriebsvermögens ist.

Liegen jedoch ausnahmsweise die Merkmale für die Zugehörigkeit eines Gutes zum Betriebsvermögen nicht vor, so wird der Grundsatz der Maßgeblichkeit der Handelsbilanz für die Steuerbilanz insoweit durchbrochen, dass das betreffende Gut nicht zum Betriebsvermögen gerechnet werden darf. Danach gehört ein Wirtschaftsgut nicht zum Betriebsvermögen, wenn

1. aus der Sicht der Personengesellschaft jeglicher betriebliche Anlass für den Erwerb des Wirtschaftsguts fehlt, d. h., dass das Gut aus außerbetrieblichen Erwägungen erworben wurde, oder wenn
2. ein zum Gesamthandsvermögen der Gesellschaft gehörendes Wirtschaftsgut ausschließlich oder fast ausschließlich der privaten Lebensführung eines, mehrerer oder aller Gesellschafter dient.

Damit werden jene Fälle unterbunden, in denen Gesellschafter Gegenstände des Privatvermögens in das Gesamthandsvermögen einbrachten, um daraus steuerliche Vorteile (z. B. Abschreibungen) zu erlangen. Werden Wirtschaftsgüter (z. B. Personenkraftwagen) zu mindestens 10–20 % betrieblich genutzt, so ist eine ansonsten private Nutzung durch einzelne Gesellschafter unschädlich. In Höhe der Privatnutzung liegt dann einkommensteuerlich eine Entnahme (§ 4 Abs. 1 EStG) und umsatzsteuerlich eine unentgeltliche Wertabgabe (§ 3 Abs. 9a UStG) vor.

Überträgt ein Gesellschafter ein Wirtschaftsgut seines Privatvermögens gegen Gewährung von Gesellschaftsrechten in das Gesamthandsvermögen einer Personengesellschaft (**Einlage**), wird dieser Vorgang nach ständiger Rechtsprechung als Anschaffung des Wirtschaftsguts zu einem dem gemeinen Wert des Wirtschaftsguts entsprechenden Preis beurteilt. Gehört das eingebrachte Wirtschaftsgut bei der Personengesellschaft zu deren abnutzbarem Anlagevermögen, ergibt sich die Bemessungsgrundlage für die AfA folglich aus dem gemeinen Wert des Wirtschaftsguts.[617]

11.3.1.2 Betrieblich genutztes Vermögen einzelner Gesellschafter

Die enge Bindung des Gesellschaftsvermögens an die Personengesellschaft ist für eine kontinuierliche, störungsfreie Tätigkeit der Gesellschaft von besonderer Wichtigkeit. Es würde den Betrieb der Gesellschaft erheblich beeinträchtigen oder gar unmöglich machen, wenn einzelne Gesellschafter nach Belieben über ihren Teil des

---

616 BFH v. 22.5.1975, IV R 193/71, BStBl. II, S. 804.
617 BFH, Urteil v. 26.03.2015, IV R 7/12, BFH/NV 2015, S. 1091.

Gesellschaftsvermögens verfügen könnten. Aus diesem Grund ist die Einschränkung der Verfügungsmacht auf den Gesellschaftsanteil insgesamt unerlässlich.

Besitzt ein Gesellschafter oder eine Gruppe von Gesellschaftern ein Wirtschaftsgut, welches durch die Gesellschaft genutzt werden soll, so wird dieses Gut regelmäßig im Wege einer Einlage in das Gesellschaftsvermögen eingebracht und damit der direkten Zugriffsmöglichkeit des Gesellschafters entzogen. Es kann nun aber der Wille eines Gesellschafters sein, ein in seinem Eigentum befindliches Wirtschaftsgut der Gesellschaft zur Nutzung zu überlassen, ohne jedoch daran die Verfügungsmacht zu verlieren. In diesem Fall wird er der Gesellschaft das Gut im Wege der unentgeltlichen (leihweisen) oder entgeltlichen (mietweisen) Überlassung zur Verfügung stellen. Die Gesellschaft kann ein ihr auf diese Weise überlassenes Wirtschaftsgut ebenso nutzen, als ob es Bestandteil des Gesellschaftsvermögens sei, der Eigentümer behält jedoch die direkte Verfügungsmacht, insbesondere kann dieses Wirtschaftsgut auch nicht Bestandteil einer evtl. Konkursmasse der Gesellschaft werden, da der Gesellschafter im Konkursfall ein Aussonderungsrecht hat.

Während dieser Fall zivilrechtlich als Leihe oder Miete angesehen wird, ist dieses der Gesellschaft überlassene Wirtschaftsgut steuerrechtlich als **Betriebsvermögen** zu behandeln, wenn die Merkmale der Betriebsvermögenszugehörigkeit gegeben sind. Dies wird z. B. immer dann gegeben sein, wenn die Gesellschaft dieses Gut andernfalls von anderer Seite beschafft hätte. Nach einem BFH-Urteil[618] ist ein Wirtschaftsgut (im entschiedenen Fall handelte es sich um ein Grundstück) dann dem Betriebsvermögen der Gesellschaft zuzurechnen, wenn es objektiv dazu geeignet ist, der Gesellschaft zu dienen und wenn der Eigentümer es subjektiv dazu bestimmt. Wesentlich ist somit, dass die Nutzung bei der Gesellschaft liegen muss und nicht beim Eigentümer des überlassenen Gutes[619].

Da die Zurechnung des überlassenen Wirtschaftsguts zum Betriebsvermögen der Mitunternehmerschaft nur für das Steuerrecht erfolgt, d. h., dass dieses Gut nicht in der Handelsbilanz der empfangenden Gesellschaft ausgewiesen wird, wurde hierfür der Begriff **Sonderbetriebsvermögen** geprägt. Dem Sonderbetriebsvermögen können zugerechnet werden

- Wirtschaftsgüter, die einem Mitunternehmer allein gehören,
- Wirtschaftsgüter, die einer Bruchteilsgemeinschaft gehören, an der ein Gesellschafter oder mehrere Gesellschafter beteiligt sind,
- Wirtschaftsgüter, die einer neben der Personengesellschaft bestehenden Gesamthandsgemeinschaft gehören, an der ein Gesellschafter oder mehrere Gesellschafter oder alle Gesellschafter beteiligt sind.

---

618 BFH v. 19.3.1981, IV R 39/78, BStBl. II, S. 254.
619 Vgl. dazu auch BFH, Urteil v. 22.1.1981, IV R 107/77, BStBl. II, S. 204.

Diese im Eigentum von Gesellschaftern stehenden Wirtschaftsgüter, die unmittelbar dem Betrieb der Personengesellschaft dienen, werden als **Sonderbetriebsvermögen I** bezeichnet.

Sind an der Bruchteilsgemeinschaft oder an der Gesamthandsgemeinschaft auch Personen beteiligt, die nicht Mitunternehmer der Personengesellschaft sind, so kann das Wirtschaftsgut nur insoweit Sonderbetriebsvermögen sein, als es anteilig auf die Beteiligten entfällt, die auch Mitunternehmer sind. Danach kann Sonderbetriebsvermögen nur im Verhältnis zwischen Gesellschafter und der Gesellschaft, an welcher er beteiligt ist, entstehen. Allerdings werden auch Wirtschaftsgüter, die über ein Dreiecksverhältnis der Gesellschaft zur Verfügung gestellt werden, als Sonderbetriebsvermögen erfasst[620] so wenn der Gesellschafter einer Personengesellschaft einem Dritten ein Gebäude vermietet, damit dieser es der Gesellschaft zur betrieblichen Nutzung überlässt.

Zu beachten ist, dass Sonderbetriebsvermögen grundsätzlich bei der empfangenden Personengesellschaft entsteht, nicht dagegen beim hingebenden Gesellschafter, der u. U. überhaupt kein Betriebsvermögen besitzt bzw. besitzen kann. Insoweit muss die gelegentlich auftauchende Ansicht, welche das Sonderbetriebsvermögen dem Gesellschafter zurechnet, als unzutreffend angesehen werden, da das Steuerrecht hier eine Zurechnung vornimmt, die gerade im Gegensatz zu der zivilrechtlichen Betrachtungsweise steht.

Auch ein im gewerblichen Betriebsvermögen eines Mitunternehmers stehendes Wirtschaftsgut ist grundsätzlich in das Sonderbetriebsvermögen einzubeziehen, wenn es einer Personengesellschaft zur Nutzung überlassen wird.[621] Dies gilt auch dann, wenn der hingebende Mitunternehmer eine Kapitalgesellschaft ist, was zur Folge hat, dass das überlassene Wirtschaftsgut bei der Kapitalgesellschaft zwar in der Handelsbilanz, nicht jedoch in der Steuerbilanz ausgewiesen wird, während die Personengesellschaft dieses Gut nicht in der Handelsbilanz, wohl aber in der steuerlichen Ergänzungsbilanz ausweist.

Wird der Gesellschafter einer Personengesellschaft, der *zugleich* einen eigenen Betrieb unterhält, in diesem Betrieb *ausschließlich* für die Personengesellschaft i. S. von § 15 Abs. 1 Nr. 2 EStG tätig, so ist das Betriebsvermögen des eigenen Betriebs in vollem Umfang dem notwendigen Sonderbetriebsvermögen des Gesellschafters für diese Personengesellschaft zuzurechnen.[622]

---

620 BFH, Urteil v. 15.1.1981, IV R 76/77, BStBl. II, S. 110.
621 BFH v. 18.7.1979, BStBl. II, S. 750.
622 BFH v. 14.4.1988, BStBl. II, S. 667.

Ist jemand als Gesellschafter an *zwei* Personenhandelsgesellschaften beteiligt, so sind das Sonderbetriebsvermögen bzw. die Sonderbetriebsausgaben die ihre Wurzel in der Gesellschafterstellung der einen Gesellschaft haben und dem Betrieb dieser Gesellschaft dienen, grundsätzlich auch dem Sonderbetriebsvermögen dieser Gesellschaft zuzuordnen. Ein Abzug dieser Aufwendungen bei der anderen Gesellschaft ist auch dann ausgeschlossen, wenn diese Aufwendungen die Stellung des Gesellschafters in der anderen Gesellschaft mittelbar stärken[623]. Insoweit hat jemand der als Gesellschafter an zwei Gesellschaften beteiligt ist kein Wahlrecht, bei welcher Gesellschaft er Sonderbetriebsausgaben im Rahmen der Gewinnfeststellung geltend macht, sondern die Gesellschaft mit der engeren Bindung hat grundsätzlich den Vorrang.

Die rechtliche **Entstehung von Sonderbetriebsvermögen** ist an keine Form gebunden, insbesondere ist ein (schriftlicher) Vertrag, in welchem die Überlassung eines Wirtschaftsguts in das Sonderbetriebsvermögen der Gesellschaft festgelegt wird, entbehrlich. In Anlehnung an das BFH-Urteil[624], wonach selbst eine Personengesellschaft stillschweigend entstehen kann, dürfte auch für die Entstehung von Sonderbetriebsvermögen konkludentes Handeln ausreichend sein.

Auch beim Sonderbetriebsvermögen ist zwischen

- notwendigem (Sonder-)Betriebsvermögen und
- gewillkürtem (Sonder-)Betriebsvermögen

zu unterscheiden.[625]

Jeder Mitunternehmer kann grundsätzlich nach den gleichen Grundsätzen **gewillkürtes Sonderbetriebsvermögen** bilden, nach denen auch ein Alleinunternehmer gewillkürtes Betriebsvermögen bilden darf. Voraussetzung ist deshalb, dass das betreffende Wirtschaftsgut dazu bestimmt ist, dem Betrieb der Personengesellschaft oder der Beteiligung des Gesellschafters an der Personengesellschaft zu dienen[626]. Weiterhin ist zur Bildung von gewillkürtem (Sonder-)Betriebsvermögen eine eindeutige **Einlagehandlung** notwendig, die zu einem Ausweis in Buchführung und Steuerbilanz, für gewillkürtes Sonderbetriebsvermögen zu einem Ausweis in Ergänzungsbuchführung und steuerlicher Ergänzungsbilanz, führt. Wird ein Wirtschaftsgut nicht in der steuerlichen Ergänzungsbilanz ausgewiesen, kann es nicht gewillkürtes Sonderbetriebsvermögen (ggf. aber falsch zugeordnetes notwendiges Sonderbetriebsvermögen) sein.

Weiterhin zählen jene Wirtschaftsgüter zum Betriebsvermögen, die nicht durch die Gesellschaft wie Betriebsvermögen genutzt werden, sondern in der Nutzung eines

---

623 BFH v. 6.10.1987, BStBl. 1988 II, S. 679.
624 BFH v. 27.2.1980, BStBl. 1981 II, S. 210.
625 Vgl. Abschn. 2.4.2.
626 BFH v. 21.10.1976, BStBl. 1977 II, S. 150.

Gesellschafters verbleiben, dort aber zur Begründung oder Stärkung seiner Gesellschafterstellung oder zur Durchführung von Gesellschafteraufgaben dienen. Solche Wirtschaftsgüter werden als **Sonderbetriebsvermögen II** bezeichnet.

Dazu gehören beispielsweise:

- Ein im Privatbesitz eines Gesellschafters befindlicher PC, mit dessen Hilfe der Gesellschafter bestimmte Aufgaben für die Gesellschaft in seiner Privatwohnung ausführt.
- Ein Darlehen (= negatives Sonder-BV II), das zum Erwerb oder zur Aufstockung der Beteiligung an einer Mitunternehmerschaft aufgenommen wird.
- Eine Beteiligung an einer Kapitalgesellschaft; diese Beteiligung kann die Stellung des Gesellschafters an der Personengesellschaft sowohl dadurch stärken, dass sie für das Unternehmen der Personengesellschaft wirtschaftlich vorteilhaft ist, als auch dadurch, dass sie der Mitunternehmerstellung selbst dient, weil durch die Beteiligung an der Kapitalgesellschaft der Einfluss des Gesellschafters in der Personengesellschaft steigt bzw. gestärkt wird.[627]

11.3.1.3 Entstehung von Mehr- und Minderkapital aus Sonderbetriebsvermögen

Als Gewinn gilt nach § 4 Abs. 1 EStG der Unterschiedsbetrag zwischen dem Betriebsvermögen am Schluss des Wirtschaftsjahres und dem Betriebsvermögen am Schluss des vorangegangenen Wirtschaftsjahres, vermehrt um den Wert der Entnahmen und vermindert um den Wert der Einlagen. Als Betriebsvermögen im Sinn dieser Norm ist die Differenz zwischen dem positiven Betriebsvermögen (Aktivvermögen) und dem negativen Betriebsvermögen (Schulden) zu verstehen (vgl. auch die Begriffe »positives Wirtschaftsgut« und »negatives Wirtschaftsgut«). Diese Differenz wird regelmäßig als Eigenkapital bezeichnet.

Wird ein Wirtschaftsgut dem notwendigen oder gewillkürten Sonderbetriebsvermögen zugeordnet, so ist insoweit auch eine Berichtigung des Kapitals erforderlich, da das Sonderbetriebsvermögen für die steuerliche Gewinnermittlung dem übrigen Betriebsvermögen gleichgestellt ist. Befinden sich im Sonderbetriebsvermögen ausschließlich oder überwiegend positive Wirtschaftsgüter, so entsteht ein **steuerliches Mehrkapital**.

Sind dagegen ausschließlich oder überwiegend negative Wirtschaftsgüter im Sonderbetriebsvermögen ausgewiesen, so spricht man von **steuerlichem Minderkapital**.

---

627 BFH, Urteil v. 19.12.2019, IV R 53/16, DB 27-28/2020, S. 1430, Tz. 35.

Mehr- und Minderkapital sind grundsätzlich in die steuerliche Gewinnermittlung der Mitunternehmerschaft einzubeziehen. Das schließt nicht aus, dass die aus dem Vergleich des Sonderbetriebsvermögens resultierenden Gewinne oder Verluste im Wege der Gewinnverteilung regelmäßig einem einzelnen Gesellschafter oder einer Gruppe von Gesellschaftern vorab zugerechnet werden.

11.3.1.4 Mehr- und Minderkapital in der Ergänzungsbuchführung

11.3.1.4.1 Die steuerliche Ergänzungsbuchführung

Nach § 238 Abs. 1 HGB ist jeder Kaufmann verpflichtet, seine Handelsgeschäfte in der Buchführung darzustellen. Bei Personengesellschaften besteht jedoch in Einzelfällen der Wille, bestimmte im Zusammenhang mit dem Gewerbe stehende Geschäfte nicht oder nicht in vollem Umfang als Handelsgeschäft zu erfassen, womit für diese Fälle die Vermutung des § 344 Abs. 1 HGB widerlegt wird. Während es zulässig ist, handelsrechtlich entsprechend zu verfahren, ist dies, wie vorstehend dargestellt, steuerrechtlich oft nicht möglich.

Entsteht durch Handlungen der Gesellschafter einer Personengesellschaft steuerliches Sonderbetriebsvermögen (welches nach der Definition keinen Niederschlag in der handelsrechtlichen Buchführung und damit auch nicht im handelsrechtlichen Jahresabschluss findet), so sind die damit verbundenen Geschäftsvorfälle in einer die handelsrechtliche Buchführung ergänzenden Steuerbuchführung festzuhalten. Diese steuerliche **Ergänzungsbuchführung** muss nicht im System der doppelten Buchhaltung erfolgen, jedoch empfiehlt sich dies, wenn eine etwas größere Zahl von Geschäftsvorfällen zu erfassen ist. Organisatorisch kann die Ergänzungsbuchführung sowohl beim einzelnen Gesellschafter als auch im Rechnungswesen der Gesellschaft durchgeführt werden, wobei letzteres aus Gründen der Praktikabilität bevorzugt wird. Wegen der Klarheit und Übersichtlichkeit sollte es jedoch vermieden werden, die Ergänzungsbuchführung in das Kontensystem der Gesellschaft einzubeziehen; stattdessen ist eine gesonderte Buchführung anzuraten.

Abgeschlossen wird die Ergänzungsbuchführung durch die jährliche **Ergänzungsbilanz** und (bei doppelter Buchführung) Ergänzungsgewinn- und Verlustrechnung. Im Bereich der Gewinnermittlung einer Mitunternehmerschaft werden Ergänzungsbilanzen gebildet, um Wertansätze in der Steuerbilanz (= **Gesamthandsbilanz**) der Mitunternehmerschaft für den einzelnen Mitunternehmer zu korrigieren. Bezugsgrößen hierfür sind einerseits das anteilige Eigenkapital an der Mitunternehmerschaft und andererseits die Anschaffungskosten bzw. die Tauschwerte der in die Mitunternehmerschaft eingebrachten Wirtschaftsgüter. Im Falle des entgeltlichen Erwerbs eines Gesellschaftsanteils ist in der Ergänzungsbilanz das Kapitalkonto des Veräußerers in der Gesellschaftsbilanz auf den Anschaffungspreis zu berichtigen; so sind insbeson-

413

dere die Erwerbsaufwendungen des neuen Gesellschafters, soweit diese den Buchwert seines Kapitalkontos in der Bilanz der Gesellschaft übersteigen, in einer Ergänzungsbilanz als Anschaffungskosten für die erworbenen Anteile an den einzelnen Wirtschaftsgütern des Gesellschaftsvermögens zu aktivieren.[628]

Terminologisch sollte keinesfalls von Sonderbilanz gesprochen werden, da dieser Begriff für außerordentliche Bilanzen (Gründungs-, Fusionsbilanzen, etc.) gebräuchlich ist, während die Ergänzungsbilanz – ergänzender – Bestandteil der ordentlichen (Steuer-)Bilanz ist.

11.3.1.4.2 Die Ergänzungsbilanz

Die **Ergänzungsbilanz** weist die der Gesellschaft zuzurechnenden Sonderbetriebsvermögensteile sowie das daraus resultierende Mehr- oder Minderkapital eines Gesellschafters aus, wobei im Regelfall für jeden betroffenen Gesellschafter eine gesonderte Ergänzungsbilanz aufzustellen ist. Eine gemeinschaftliche Ergänzungsbilanz ist denkbar, wenn eine Gesellschaftergruppe der Gesellschaft ein Wirtschaftsgut gemeinschaftlich zur Verfügung stellt und keine anderen Geschäftsvorfälle zu erfassen sind.

Die Grundform der Ergänzungsbilanz:

Ergänzungsbilanz Gesellschafter X	
Aktiva per 31.12.20..	**Passiva**
positives Sonderbetriebsvermögen	negatives Sonderbetriebsvermögen
Minderkapital (bei Passivsaldo)	Mehrkapital (bei Aktivsaldo)

In der Ergänzungsbilanz sind neben (handelsrechtlich nicht erfassten) Wirtschaftsgütern im Sonderbetriebsvermögen auch aufgrund zwingender steuerlicher Vorschriften entstehende Bewertungsdifferenzen zwischen Handelsbilanz und Steuerbilanz auszuweisen, soweit ein Gesellschafter oder eine Gruppe von Gesellschaftern davon betroffen ist. Insoweit entsteht ein Mehr- oder Minderkapital nicht aufgrund eines mengenmäßigen Mehr- oder Mindervermögens, sondern aufgrund eines wertmäßigen Mehr- oder Mindervermögens.

Die Fälle eines wertmäßigen Mehr- oder Mindervermögens sind analog zum materiellen Mehr- oder Mindervermögen zu behandeln. Der Unterschied besteht lediglich darin, dass das zu bewertende Wirtschaftsgut außer in der Ergänzungsbilanz

---

628 BFH, Urteil v. 29.10.2019, IX R 38/17, BFH/NV 2020, S. 720, Rz. 29.

auch bereits in der Gesamthandsbilanz der Gesellschaft erfasst ist, jedoch mit einem höheren oder niedrigeren Wert.

Für die Bewertung von Wirtschaftsgütern in einer Ergänzungsbilanz gilt, dass der Gesellschafter so weit wie möglich einem Einzelunternehmer gleichzustellen ist. Deshalb stehen dem Gesellschafter, der einen Anteil an einer Personengesellschaft erwirbt, die Abschreibungswahlrechte zu, die auch ein Einzelunternehmer in Anspruch nehmen könnte, wenn er ein entsprechendes Wirtschaftsgut im Zeitpunkt des Anteilserwerbs angeschafft hätte. Im Hinblick auf den Zweck der Ergänzungsbilanz, den Mitunternehmer möglichst einem Einzelunternehmer gleichzustellen, kann die Auflösung der in der Ergänzungsbilanz ausgewiesenen Anschaffungskosten nicht von der Handhabung in der Gesamthandsbilanz abhängig sein, sondern muss die steuerlichen Verhältnisse in der Person des Mitunternehmers berücksichtigen.[629]

Anteilserwerb an einer Personengesellschaft !

An der ABC-OHG sind die Gesellschafter A, B und C beteiligt. C verkauft seinen Anteil für 300.000 Euro an D. Das Gesellschafter-Konto des C weist 250.000 Euro aus. Die Differenz ist darauf zurückzuführen, dass ein Gebäude mit einer Restnutzungsdauer von 38 Jahren um 30.000 Euro und ein Grundstück um 20.000 Euro höher bewertet werden.

Für den Erwerber D ist die folgende Ergänzungsbilanz aufzustellen:

Ergänzungsbilanz Gesellschafter D		
Aktiva	**per 31.12.20XX**	**Passiva**
Gebäude	30.000 Mehrkapital	50.000
Grundstück	20.000	

Das Gebäude kann nachfolgend jährlich mit 3 % (§ 7 Abs. 4 EStG) über rund 33 Jahre abgeschrieben werden.

Kein Fall einer Ergänzungsbilanz (sondern einer Mehr- und Wenigerrechnung) ist gegeben, wenn die Wertdifferenz die Gesamtheit aller Gesellschafter gleichmäßig betrifft (üblicher Fall unterschiedlicher Bewertung in Handelsbilanz und Steuerbilanz).

11.3.1.4.3 Die Ergänzungsgewinn- und -verlustrechnung

Die **Ergänzungsgewinn- und -verlustrechnung** tritt in folgender Grundform sowohl bei materiellem als auch bei wertmäßigem Mehr- oder Mindervermögen auf:

---

629 BFH, Urteil v. 20.11.2014, IV R 1/11, BFH/NV 2015, S. 409.

Ergänzungs-G+V des Gesellschafters X	
Aufwendungen vom 1.1. bis 31.12.20XX	**Erträge**
Sonderbetriebsausgaben	Sonderbetriebseinnahmen
Mehrerfolg (bei Habensaldo)	Mindererfolg (bei Sollsaldo)

11.3.2 Sonderbetriebseinnahmen und -ausgaben

Im Zusammenhang mit seiner Stellung als Gesellschafter einer Personengesellschaft kann der einzelne Mitunternehmer Sonderbetriebseinnahmen oder -ausgaben haben. Relativ häufig sind in der Praxis **Sonderbetriebsausgaben** zu finden, die immer dann entstehen, wenn ein Gesellschafter in seiner Eigenschaft als Mitunternehmer Aufwendungen tätigt, die durch den Betrieb veranlasst sind (§ 4 Abs. 4 EStG). Dazu zählen u. a. Reisekosten des Kommanditisten zur Gesellschafterversammlung oder Rechtsberatungskosten in Bezug auf die Gesellschafterstellung.

Neben den Sonderbetriebsausgaben treten auch **Sonderbetriebseinnahmen** auf, die durch die Qualifikationsnorm des § 15 Abs. 1 und 2 EStG geregelt sind. Diese Vorschrift bestimmt, dass Vergütungen, die der Gesellschafter von der Gesellschaft für seine Tätigkeit im Dienst der Gesellschaft oder für die Hingabe von Darlehen oder für die Überlassung von Wirtschaftsgütern bezieht, als Einkünfte aus Gewerbebetrieb zu erfassen sind.

Insoweit kann (und wird meistens) mit der Bildung von Sonderbetriebsvermögen stets auch die Entstehung von Sonderbetriebseinnahmen oder -ausgaben verbunden sein. Sonderbetriebseinnahmen würden hier beispielsweise durch die Zahlung einer Miete oder Pacht durch die Gesellschaft an den Gesellschafter für ein im Sonderbetriebsvermögen stehendes Wirtschaftsgut entstehen. Dies bedeutet, dass nicht nur Vermögensteile als dem Gewerbe zuzurechnend umqualifiziert werden können, sondern auch entsprechende Erfolgsanteile. Damit soll verhindert werden, dass Gewinnanteile in einen nicht-gewerblichen Bereich verlagert werden (z. B. zur Vermeidung der Gewerbebesteuerung).

Anders dagegen, wenn der Gesellschafter selbst Unternehmer ist und der Gesellschaft ein Wirtschaftsgut gegen Mietzahlung überlässt. Hier fallen die Vergütungen im Rahmen eines inländischen Gewerbebetriebs an, sodass sie als Betriebseinnahme im Rahmen dieses Betriebs ohnehin Einkünfte aus Gewerbebetrieb sind, weshalb § 15 Abs. 1 EStG auf sie nicht anwendbar ist.

Sonderbetriebsausgaben können im Zusammenhang mit Sonderbetriebsvermögen z. B. dadurch anfallen, dass der Gesellschafter Aufwendungen für das Wirtschaftsgut (Reparatur, Wartung, Ersatzteile) selbst trägt. Werden diese selbst übernommenen

Aufwendungen von der Gesellschaft erstattet, so handelt es sich dabei um Sonderbetriebseinnahmen, die den entsprechenden Sonderbetriebsausgaben gegenüberstehen.

11.3.3 Gesonderte und einheitliche Gewinnfeststellung

Bei einer Personengesellschaft sind stets die einzelnen Gesellschafter Steuerschuldner für die Einkommensteuer. Da jedoch nicht der einzelne Gesellschafter als Teil einer Gesellschaft auftritt, sondern die Gesellschaft als Gesamtheit aller Gesellschafter, ist es sinnvoll für diese Gesellschaft einen einheitlichen Gewinn in einem gesonderten Verfahren festzustellen, um diesen danach im Wege der Gewinnverteilung den einzelnen Gesellschaftern zuzurechnen.

Für die steuerliche **Mitunternehmerschaft**, hier insbesondere für die Personengesellschaft, erfolgt deshalb die **gesonderte Feststellung** der einkommensteuerlichen **Besteuerungsgrundlage** gem. § 180 Abs. 1 Nr. 2 AO auf der Grundlage einer Steuerbilanz einschließlich der Ergänzungsbilanz(en) der Mitunternehmerschaft (Gesellschaft). Diese Feststellung der Besteuerungsgrundlage wird allen Gesellschaftern gegenüber **einheitlich** vorgenommen (§ 179 Abs. 2 S. 2 AO), sodass z. B. Bilanzierungs- und Bewertungswahlrechte nur in der – einheitlichen – Steuerbilanz dieser Mitunternehmerschaft ausgeübt werden können.

Der aufgrund dieser gesonderten und einheitlichen Feststellung ergehende Steuerbescheid (**Grundlagenbescheid**) für die Gesellschaft hat für die einzelnen und persönlichen Steuerbescheide (**Folgebescheide**) eines jeden Gesellschafters bindende Wirkung (§ 182 Abs. 1 AO).

Da auch Sonderbetriebseinnahmen und -ausgaben in dem Grundlagenbescheid festgestellt werden, kann ein Gesellschafter diese Sonderbetriebseinnahmen und -ausgaben nicht in seiner persönlichen Steuererklärung geltend machen.

12 Die Erstellung des Einzelabschlusses

12.1 Regelungen für alle Kaufleute

Die handelsrechtlichen Regelungen zur **Aufstellung des Jahresabschlusses** für alle Kaufleute ergeben sich aus den §§ 242–245 HGB, für Kapitalgesellschaften gelten die Regelungen der §§ 264 ff. HGB zusätzlich; nur im Fall des Überschreitens bestimmter Größenmerkmale oder bei bestimmten Branchen kommen Sondervorschriften zum Tragen (z. B. PublG oder KWG). Soweit eine Bedeutung für die Aufstellung des Jahresabschlusses gegeben ist, kommen die Regelungen über die Buchführung (§§ 238, 239 HGB) und die Inventur (§§ 240, 241 HGB) ergänzend hinzu, da sowohl die Buchführung als auch die Inventur eine Voraussetzung für die Aufstellung des Jahresabschlusses sind.

Der Kaufmann muss aufgrund des § 242 Abs. 1 S. 1 HGB für jeden Schluss eines Geschäftsjahres eine Bilanz aufstellen (**Aufstellungspflicht**), wobei diese als ein »das Verhältnis seines Vermögens und seiner Schulden darstellenden Abschluss« definiert ist. Weiterhin ist durch ihn aufgrund des § 242 Abs. 2 HGB eine Gewinn- und Verlustrechnung aufzustellen, die durch die Legaldefinition als »Gegenüberstellung der Aufwendungen und Erträge des Geschäftsjahres« bestimmt ist. Dabei darf ein Geschäftsjahr nicht länger als zwölf Monate sein (§ 240 Abs. 2 S. 2 HGB).

Die Legaldefinition des § 242 Abs. 3 HGB für den **Jahresabschluss** umfasst die Bilanz und die Gewinn- und Verlustrechnung. Bei Kapitalgesellschaften zählt (zumindest) auch der Anhang zum Jahresabschluss (§ 264 Abs. 1 HGB). Wird ein Anhang freiwillig aufgestellt, so sollte dieser auch bei Einzelkaufleuten und Personengesellschaften als Teil des Jahresabschlusses angesehen werden.

Die Aufstellung des Jahresabschlusses obliegt den zur Geschäftsführung berechtigten Personen. Sind mehrere Personen dazu berechtigt, so kann die Aufstellung im Innenverhältnis einer Person oder bestimmten Personen übertragen werden, die zur Geschäftsführung berechtigt sind.

Die in § 243 HGB genannten Aufstellungsgrundsätze umfassen:

- Aufstellung gem. den GoB
- Wahrung der Klarheit und Übersichtlichkeit
- Aufstellung innerhalb der einem ordnungsgemäßen Geschäftsgang entsprechenden Zeit

Während die beiden ersten Aufstellungsgrundsätze im Wesentlichen materielles Recht beinhalten, stellt der dritte Grundsatz eine formelle Anforderung dar. Das

Gesetz enthält für Nichtkapitalgesellschaften weder eine Legaldefinition, was unter einer einem **ordnungsmäßigen Geschäftsgang** entsprechenden Zeit zu verstehen sei, noch eine Auslegungshilfe. Es ist deshalb auf den Zweck des Jahresabschlusses abzustellen; danach soll der Jahresabschluss der Information des Kaufmanns selbst, seiner Gesellschafter und ggf. seiner Geschäftspartner dienen. Dieser Zweck kann aber nur erreicht werden, wenn der Jahresabschluss so zeitig aufgestellt wird, dass die darin enthalten Informationen noch eine ausreichende Aktualität besitzen. Für Kapitalgesellschaften existieren in § 264 Abs. 1 HGB eindeutige Fristgrenzen.

Zur Frage der **Aufstellungsfrist** hat der Bundesfinanzhof Stellung genommen.[630] Nach seiner Auffassung liegt eine ordnungsgemäß aufgestellte Bilanz nicht vor, wenn diese nicht innerhalb eines Jahres nach dem Bilanzstichtag aufgestellt wird. Aus steuerlicher Sicht stellt sich die Frage, ob eine nicht fristgerechte Aufstellung der Bilanz ein Grund zur Schätzung gem. § 162 AO sei. In dem genannten Urteil wird dazu ausgeführt, dass die Buchführung (und damit die Bilanz) der Besteuerung gem. § 158 AO zugrunde zu legen ist, wenn die sachliche Richtigkeit der Buchführung durch die verspätete Bilanzaufstellung nicht beeinträchtigt wird.

Diese durch den BFH vorgenommene Fristendefinition kann als großzügige Auslegung verstanden werden. Im Allgemeinen wird man regelmäßig von kürzeren Fristen ausgehen müssen; einen Anhaltspunkt hierfür bilden die Regelungen des § 264 Abs. 1 S. 3 HGB für kleine Kapitalgesellschaften, die ihren Jahresabschluss spätestens innerhalb von sechs Monaten aufzustellen haben oder für GmbHs (§ 42a Abs. 2 GmbHG), bei denen die Gesellschafter nach acht bzw. elf Monaten den Jahresabschluss feststellen müssen.

Der Jahresabschluss ist gem. § 244 HGB in **deutscher Sprache** und in **Euro** aufzustellen. Während die Bücher auch in einer anderen, jedoch lebenden Sprache aufgestellt werden dürfen (§ 239 Abs. 1 HGB), ist der Jahresabschluss ohne Ausnahme in deutscher Sprache zu erstellen. Dies entspricht auch den steuerrechtlichen Regelungen, wonach die Amtssprache deutsch ist (§ 87 Abs. 1 AO) und die Finanzbehörde bei Führung der Bücher in anderen als der deutschen Sprache eine Übersetzung verlangen kann (§ 146 Abs. 3 AO). Damit ist sichergestellt, dass die Bücher beispielsweise bei einer ausländischen Niederlassung auch in einer anderen Sprache geführt werden dürfen, dass jedoch für den Jahresabschluss immer die deutsche Sprache zu verwenden ist. Werden die Bücher in einer ausländischen Währung geführt (z. B. bei Auslandskonten), so sind diese Währungen für die Erstellung des Jahresabschlusses in Euro umzurechnen.

Der Jahresabschluss muss unter Angabe des Datums durch den Kaufmann unterzeichnet werden (§ 245 S. 1 HGB). Da der Jahresabschluss zu unterzeichnen ist, hat

---

630   BFH v. 6.12.1983, VIII R 110/79, BStBl. 1984 II, S. 227.

diese Unterzeichnung unter der Gewinn- und Verlustrechnung (bei Kapitalgesellschaften unter dem Anhang) und nicht unter Bilanz zu erfolgen. Als Datum sind Tag, Monat und Jahr anzugeben, um die notwendige Beweisfunktion – z. B. für die fristgerechte Aufstellung – zu erfüllen. Mit der Unterzeichnung ist der Jahresabschluss des Einzelkaufmanns gleichzeitig auch festgestellt.

Bei *Personengesellschaften* haben alle persönlich haftenden Gesellschafter den Jahresabschluss zu unterzeichnen (§ 245 S. 2 HGB). Nicht unterzeichnen brauchen deshalb die Kommanditisten und die stillen Gesellschafter. Die Unterzeichnung hat nach der Feststellung zu erfolgen; fehlt ein gesonderter Feststellungsakt, so ist der Jahresabschluss auch bei Personengesellschaften mit der Unterzeichnung festgestellt.

Bei *Kapitalgesellschaften* haben die Unterschrift gem. § 245 HGB zu leisten

- bei der AG sämtliche Vorstandsmitglieder,
- bei der KGaA sämtliche Komplementäre,
- bei der GmbH sämtliche Geschäftsführer,
- bei der GmbH & Co. KG jene Geschäftsführer, die die GmbH vertreten (bei Alleinvertretung bei mehreren Geschäftsführern reicht deshalb eine Unterschrift), da hier nur die »Unterschrift der GmbH« gefordert ist.

Sieht man von der fehlenden Beweisfunktion ab, so hat eine fehlende Unterschrift unter dem Jahresabschluss keine Rechtsfolgen. So ist beispielsweise der Jahresabschluss einer Aktiengesellschaft nicht deshalb unwirksam, weil er nicht von den Vorstandsmitgliedern unterschrieben ist.[631]

Für die **Gewinnverwendung** und -verteilung bestehen, insbesondere für die OHG und die KG, eine Reihe von Vorschriften (§§ 121, 168 HGB), die dem Umstand Rechnung tragen, dass die vollhaftenden Gesellschafter regelmäßig auch ihre Arbeitskraft für die Geschäftsführung einsetzen. Danach wird teils das Kapital mit einem bestimmten Prozentsatz verzinst, teils die Arbeitsleistung mit einem Betrag pro Kopf entlohnt. Der Kommanditist erhält statt des Pro-Kopf-Anteils einen angemessenen Anteil. Änderungen der gesetzlichen Regelungen, insbesondere zur Gewinnverwendung, sind möglich, soweit sie kein zwingendes Recht darstellen. Die Änderungen sind im Gesellschaftsvertrag zu vereinbaren.

Für Unternehmen, die bestimmte Größenmerkmale überschreiten, sind weiterhin die Bestimmungen des Publizitätsgesetzes zu beachten, weiterhin können bestimmte Anforderungen nach dem Betriebsverfassungsgesetz entstehen.

---

631   OLG Frankfurt v. 10.5.1988, 5 U 285/86 (BB 6/89, S. 395).

Rechtsform	Aufstellung des Jahresabschlusses durch	Feststellung des Jahresabschlusses durch	Gewinnverwendung (-verteilung)	Publizität[1]
1. Einzelkaufmann	Einzelkaufmann selbst § 242 HGB	Nicht direkt geregelt, Rechtswirkung erst mit Bekanntgabe oder Übersendung (z. B. an Finanzamt), da Personenidentität zw. Aufsteller und Feststeller. Unterzeichnung (§ 245 HGB) ist nicht unbedingte Voraussetzung zur Rechtswirksamkeit.	Regelung überflüssig	keine
2. Stille Gesellschaft	wie 1.	wie 1.	§ 231 f. HGB § 722 II BGB	nur im Rahmen des § 233 HGB
3. Offene Handelsgesellschaft	alle Gesellschafter gemeinschaftlich (§ 114 I HGB) oder zur Geschäftsführung berechtigte(r) Gesellschafter (§ 114 II HGB)	alle Gesellschafter bei Unterzeichnung der Bilanz, § 245 S. 2 i. V. m. § 116 II HGB; unbegründete Verweigerung der Unterschrift ist erzwingbar	§ 120 f. HGB; Einschränkung der Entnahme von Gewinnen durch § 122 HGB (dadurch ggf. Rücklagenbildung)	keine
4. Kommanditgesellschaft	Komplementär(e), § 164 HGB, abweichende Regelung durch Vertrag	dito	§ 167 f. HGB, Auszahlung gem. § 169 HGB	nur im Rahmen des § 166 HGB
5. Gesellschaft mit beschränkter Haftung	Geschäftsführer, § 41 GmbHG i. V. m. § 264 I HGB	Gesellschafter, § 46 Nr. 1 GmbHG	durch Gesellschafter, § 46 Nr. 1 GmbHG	§§ 325 ff. HGB
6. Genossenschaft	Vorstand, § 336 HGB i. V. m. § 33 GenG	Generalversammlung, § 48 I i. V. m. § 43 GenG	dito	§ 339 HGB
7. Aktiengesellschaft	Vorstand, § 91 AktG i. V. m. § 264 HGB	Vorstand und Aufsichtsrat, § 172 AktG oder Hauptversammlung, § 173 AktG	durch Hauptversammlung § 174 AktG	§§ 325 ff. HGB
8. Kommanditgesellschaft auf Aktien	Komplementär(e), § 283 Nr. 9 AktG i. V. m. § 264 HGB	Hauptversammlung mit Zustimmung der Komplementäre, § 286 I AktG	wie 7. (über § 278 III AktG)	wie 7. aber § 285 III AktG ist zu beachten
9. BGB-Gesellschaft	Wie 3. § 709 BGB bzw. § 710 BGB	a) bei gemeinschaftlicher Geschäftsführung aller Gesellschafter: Zustimmung (§ 709 I 2. Halbsatz BGB, z, B. Unterzeichnung ggf. einklagbar) b) bei nicht gemeinschaftlicher Geschäftsführung: durch einseitigen Beschluss; Einspruch der Nicht-Geschäftsführer über § 259 II BGB	§§ 721 f. BGB	keine

[1] ggf. (zusätzlich) gem. § 9 f. PublG für Nr. 1–4

Abb. 36: Erstellung des Jahresabschlusses bei verschiedenen Rechtsformen

12.2 Besondere Regelungen bei Kapitalgesellschaften

12.2.1 Die Aufstellung des Jahresabschlusses

Nach § 264 Abs. 1 HGB haben die **gesetzlichen Vertreter** einer Kapitalgesellschaft die Pflicht, in den ersten drei Monaten des Geschäftsjahres für das vergangene Jahr den Jahresabschluss[632] (Bilanz, Gewinn- und Verlustrechnung sowie Anhang) und den Lagebericht aufzustellen. Eine Ausnahme von dieser Regelung besteht für *kleine Kapitalgesellschaften* gem. § 267 Abs. 1 HGB, die den Jahresbericht innerhalb von sechs Monaten nach Ablauf des jeweiligen Geschäftsjahres auszustellen haben. Sie sind des Weiteren von der Aufstellung des Lageberichts befreit (§ 264 Abs. 1 S. 3 HGB).

Gesetzliche Vertreter einer Kapitalgesellschaft sind

- bei der AG der Vorstand (§ 78 i. V. m. § 76 AktG),
- bei der KGaA die persönlich haftenden Gesellschafter (§ 283 AktG),
- bei der GmbH die Geschäftsführer (§ 35 i. V. m. § 6 GmbHG).

Die Verpflichtung zur Aufstellung trifft bei der Aktiengesellschaft grundsätzlich den *gesamten* Vorstand, da es sich um eine Geschäftsführungsmaßnahme nach § 77 AktG (für das Steuerrecht siehe § 34 AO) handelt. Wenn auch die mit dem Rechnungswesen betrauten Vorstandsmitglieder den Abschluss und evtl. den Geschäftsbericht allein erstellen, muss die Aufstellung durch den Gesamtvorstand einstimmig gebilligt werden, es sei denn, dass die Satzung oder die Geschäftsordnung etwas anderes bestimmt.

Eine **Geschäftsverteilung** oder Ressortaufteilung (z. B. Zuständigkeit für die Rechnungslegung) auf der Ebene der Geschäftsführung setzt eine klare und eindeutige Abgrenzung der Geschäftsführungsaufgaben aufgrund einer von allen Mitgliedern des Organs mitgetragenen Aufgabenzuweisung voraus, die die vollständige Wahrnehmung der Geschäftsführungsaufgaben durch hierfür fachlich und persönlich geeignete Personen sicherstellt und ungeachtet der Ressortzuständigkeit eines einzelnen Geschäftsführers die Zuständigkeit des Gesamtorgans (z. B. Überwachung der mit einer Aufgabe betrauten Geschäftsführer) insbes. für nicht delegierbare Angelegenheiten der Geschäftsführung wahrt. Eine diesen Anforderungen genügende Aufgabenzuweisung bedarf – zivilrechtlich[633] – nicht zwingend einer schriftlichen Dokumentation.[634]

---

632 Daneben besteht die Verpflichtung, einen Steuerabschluss vorzulegen (§ 140 AO), die Frist richtet sich nach den Erklärungsterminen, wegen der Wechselwirkungen erscheint die Aufstellung von Handels- und Steuerbilanz zum gleichen Termin angebracht.
633 Für das Steuerrecht fordert der BFH regelmäßig eine schriftliche Aufgabenverteilung.
634 BGH, Urteil v. 6.11.2018, II ZR 11/17, jurisPR-HaGesR 4/2019 Anm. 3.

Im Fall der reinen **Nichtaufstellung** drohen nur mittelbare Sanktionen. Diese Sanktionen beruhen im Wesentlichen auf Regelungen

- zur Offenlegung (ein nicht aufgestellter Abschluss kann auch nicht offengelegt werden),
- zur Besteuerung,
- zur zivilrechtlichen Haftung (z. B. Schadensersatzansprüche),
- zum Insolvenzstrafrecht (§ 283b StGB) und
- zur Zivilprozessordnung.

12.2.2 Besonderheiten bei AG und KGaA

Für die Aktiengesellschaft und die Kommanditgesellschaft auf Aktien bestehen die ausführlichsten Regelungen für die Aufstellung und Feststellung des Jahresabschlusses und für die Zuständigkeit zur Gewinnverwendung. Diese Regelungen sind u. a. darauf abgestellt, die große Masse der anonymen Aktionäre zu schützen, weshalb andere Rechtsformen, bei denen die Inhaber i. d. R. an der Geschäftsführung beteiligt sind, naturgemäß mit einer geringeren Zahl von Vorschriften auskommen.

Unverzüglich nach der Prüfung bzw. bei ungeprüften Jahresabschlüssen nach der Aufstellung muss der Vorstand gem. § 170 Abs. 1 AktG den Jahresabschluss und den Lagebericht dem Aufsichtsrat vorlegen. Zugleich muss nach § 170 Abs. 2 AktG vom Vorstand ein Vorschlag zur Verwendung des Bilanzgewinns an die Hauptversammlung ausgearbeitet und ebenfalls dem Aufsichtsrat vorgelegt werden.

Nach dem Eingang des Berichts des Aufsichtsrats hat der Vorstand die Hauptversammlung nach den Vorschriften des § 175 AktG einzuberufen. Da die Hauptversammlung in den ersten acht Monaten des Geschäftsjahres stattzufinden hat, ist damit auch die Prüfung durch die Abschlussprüfer und die Feststellung durch den Aufsichtsrat terminiert.

Für die Hauptversammlung trifft den Vorstand insbesondere die Erläuterungspflicht des § 176 Abs. 1 AktG.

12.2.2.1 Prüfung und Feststellung durch den Aufsichtsrat

Der **Aufsichtsrat** hat gem. § 171 AktG den Jahresabschluss, den Lagebericht und den Vorschlag zur Verwendung des Bilanzgewinns zu prüfen. Die **Prüfungspflicht** trifft dabei den gesamten Aufsichtsrat. Um Auskünfte zu erteilen, müssen die Abschlussprüfer an Verhandlungen des Aufsichtsrats oder des Prüfungsausschusses hierzu teilnehmen und über wesentliche Erkenntnisse der Prüfung berichten. Die Prüfung des Aufsichtsrats ist jedoch eine umfassendere Prüfung als die der Abschlussprüfer, so kann beispielsweise nur der Aufsichtsrat die Bilanzpolitik des Vorstands prüfen und dagegen Einwendungen erheben.

Über das Ergebnis der Prüfung hat der Aufsichtsrat einen schriftlichen **Bericht** gem. § 171 Abs. 2 AktG mit folgenden Bestandteilen an die Hauptversammlung zu geben:

1. Ergebnis der eigenen Prüfung
2. Mitteilung über Art und Umfang der Geschäftsführungsprüfung während des Geschäftsjahres
3. bei börsennotierten Gesellschaften bestimmte Informationen über Ausschüsse des Aufsichtsrats
4. Stellungnahme zum Ergebnis der Abschlussprüfer
5. Erklärung, ob Einwendungen bestehen
6. Erklärung, ob der Jahresabschluss gebilligt wird

Der BGH hat dazu klargestellt, dass der Bericht über die Prüfung des Jahresabschlusses, des Lageberichts und des Vorschlags für die Verwendung des Bilanzgewinns (§ 171 Abs. 2 AktG) durch förmlichen Beschluss festgestellt und zumindest durch den Aufsichtsratsvorsitzenden unterschrieben werden muss.[635]

Die Frist für die Abgabe dieses Berichts an den Vorstand beträgt einen Monat nach Erhalt der Unterlagen (§ 171 Abs. 3 S. 1 AktG). Diese Frist muss vom Vorstand bis zu einem weiteren Monat verlängert werden, wenn der Bericht nicht innerhalb des ersten Monats vorliegt (§ 171 Abs. 3 S. 2 AktG). Der Jahresabschluss gilt als nicht genehmigt, wenn er auch mit Ablauf der Fristverlängerung nicht dem Vorstand vorliegt (§ 171 Abs. 3 S. 3 AktG).

---

635 BGH-Urteil v. 21.6.2010, II ZR 24/09.

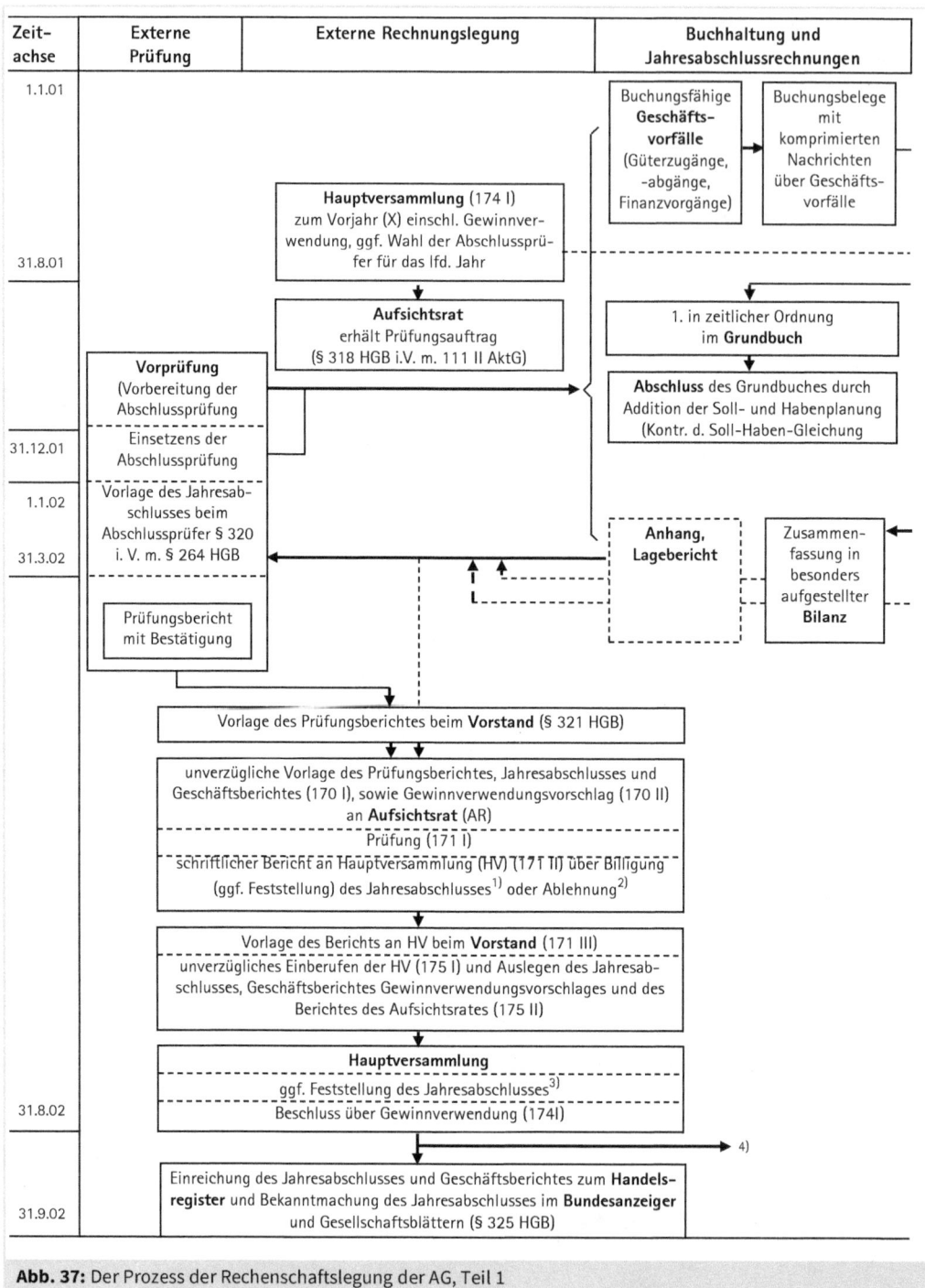

Abb. 37: Der Prozess der Rechenschaftslegung der AG, Teil 1

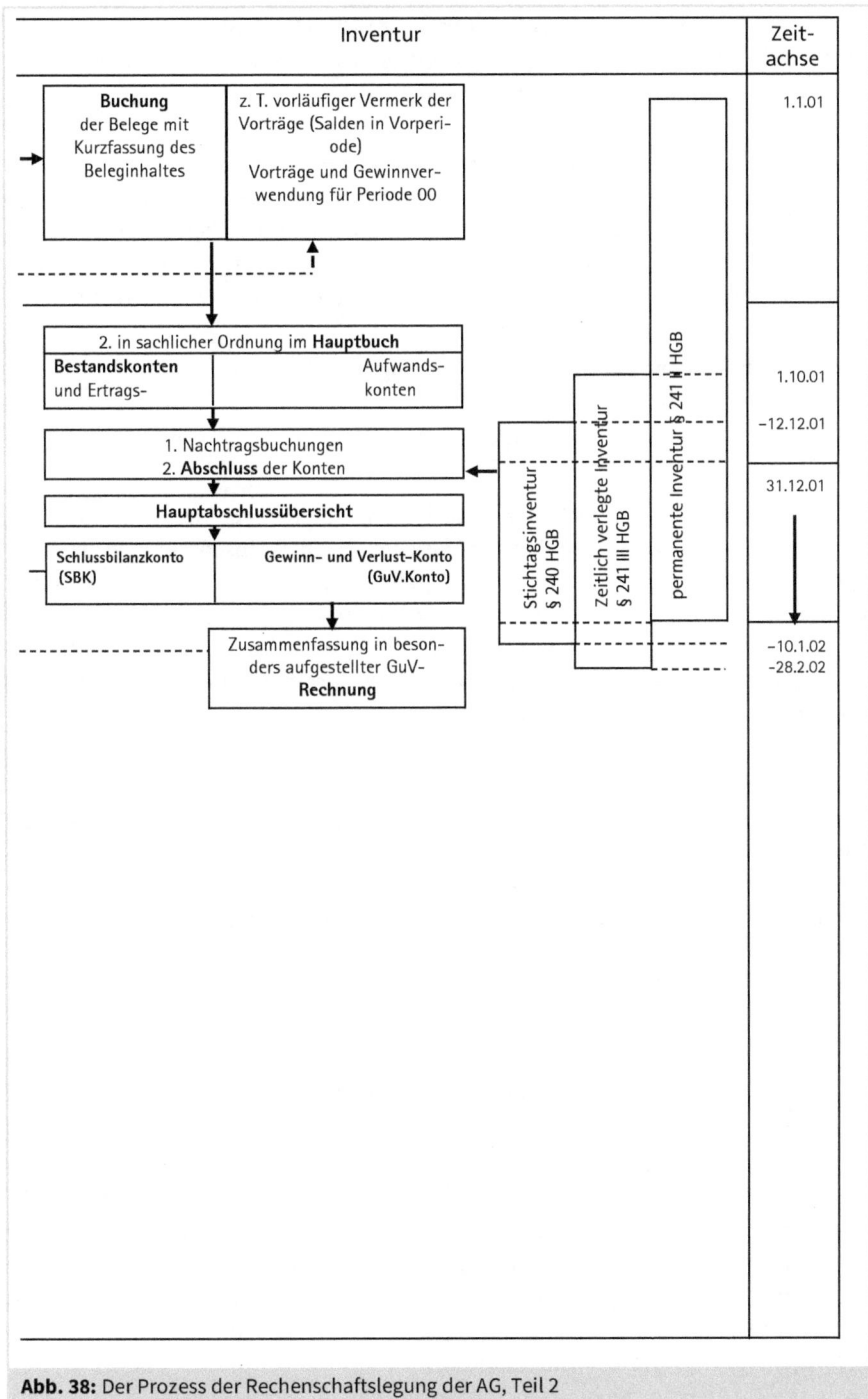

Abb. 38: Der Prozess der Rechenschaftslegung der AG, Teil 2

Besteht für den Vorstand die Verpflichtung, einen **Abhängigkeitsbericht** zu erstellen, so muss der Aufsichtsrat dazu ebenfalls gem. § 314 Abs. 2 und 3 AktG Stellung nehmen und erklären, ob Einwendungen bestehen.

Nach § 172 AktG hat der Aufsichtsrat den Jahresabschluss zu billigen. Billigt er ihn, so ist der Jahresabschluss damit festgestellt, es sei denn, dass Vorstand und Aufsichtsrat beschließen, die Feststellung der Hauptversammlung zu überlassen. Billigt der Aufsichtsrat ihn nicht, so muss die Hauptversammlung über die Feststellung beschließen. Im Regelfall erfolgt in der Praxis die Feststellung durch den Aufsichtsrat.

12.2.2.2 Die Rechte der Hauptversammlung

12.2.2.2.1 Feststellung des Jahresabschlusses im besonderen Fall

Haben Vorstand und Aufsichtsrat beschlossen, die **Feststellung** der Hauptversammlung zu übertragen, oder hat der Aufsichtsrat den Jahresabschluss nicht gebilligt, so stellt die Hauptversammlung den Jahresabschluss fest (§ 173 Abs. 1 AktG). Darüber hinaus ist noch in anderen Fällen die Hauptversammlung für die Feststellung des Jahresabschlusses zuständig, beispielsweise wird der Jahresabschluss einer KGaA gem. § 286 Abs. 1 AktG unter notwendiger Zustimmung des Komplementärs stets von der Hauptversammlung festgestellt.

Grundsätzlich ist die Hauptversammlung bei der Feststellung an die handelsrechtlichen Regelungen zu Form und Inhalt des Jahresabschlusses gebunden; der Lagebericht wird nicht durch die Hauptversammlung festgestellt. Ändert die Hauptversammlung den vom Vorstand aufgestellten und vom Abschlussprüfer geprüften Jahresabschluss, ist gem. § 316 Abs. 3 HGB die erneute Prüfung durch die Abschlussprüfer notwendig; eine Feststellung des Jahresabschlusses wird in diesem Fall erst wirksam, wenn ein Bestätigungsvermerk für den geänderten Jahresabschluss vorliegt (§ 173 Abs. 3 AktG).

12.2.2.2.2 Der Beschluss über die Gewinnverwendung

Der Vorstand hat zwar der Hauptversammlung einen Vorschlag über die **Gewinnverwendung** zu unterbreiten (§ 175 Abs. 2 AktG), die Beschlussfassung darüber steht aber allein der Hauptversammlung gem. § 174 Abs. 1 AktG zu, sie ist dabei allerdings an den festgestellten Jahresabschluss gebunden. Der Beschluss führt auch nicht zu einer Änderung des festgestellten Jahresabschlusses (§ 174 Abs. 3 AktG), d. h., dass sich in der Rechnungslegung der Beschluss erst in dem auf das abgeschlossene Geschäftsjahr folgende Geschäftsjahr auswirkt.

In dem Beschluss ist nach § 174 Abs. 2 AktG die Verwendung des Bilanzgewinns einzeln darzulegen, namentlich sind anzugeben

1. der Bilanzgewinn,
2. der an die Aktionäre auszuschüttende Betrag oder Sachwert,
3. die in die Gewinnrücklagen einzustellenden Beträge,
4. ein Gewinnvortrag,
5. der zusätzliche Aufwand[636] aufgrund des Beschlusses.

Insbesondere für die Beschlussfassung steht der Hauptversammlung bzw. dem einzelnen Aktionär das Informationsrecht gem. §§ 175 Abs. 2, 176 Abs. 1 AktG zu.

12.2.3 Besonderheiten bei der Gesellschaft mit beschränkter Haftung

Bei der Gesellschaft mit beschränkter Haftung steht durch § 46 Nr. 1 GmbHG die **Feststellung** des Jahresabschlusses und die Bestimmung der **Ergebnisverwendung** den Gesellschaftern zu. Zur Ausübung dieses Rechts haben die Geschäftsführer den Jahresabschluss und den Lagebericht unverzüglich nach der Aufstellung den Gesellschaftern vorzulegen (§ 42a Abs. 1 S. 1 GmbHG). Dabei ist ggf. auch das Ergebnis der Prüfung des Jahresabschlusses durch einen Abschlussprüfer und/oder einen Aufsichtsrat beizufügen (§ 42a Abs. 1 Sätze 2 und 3 GmbHG). Die – durch Gesellschaftsvertrag abdingbare – Verpflichtung des Aufsichtsrats, den Jahresabschluss zu prüfen, ergibt sich aus § 52 Abs. 1 GmbHG i. V. m. §§ 170, 171 AktG.

Die durch Gesellschaftsvertrag nicht verlängerbare **Frist** für die Feststellung des Jahresabschlusses und den Beschluss über die Gewinnverwendung beträgt längsten acht Monate (bei kleinen GmbHs längsten elf Monate) seit Ablauf des Geschäftsjahres (§ 42a Abs. 2 GmbHG). Werden die Gesellschafter erst nach Ablauf der genannten Frist tätig, so hat dies auf die Wirksamkeit der gefassten Beschlüsse allerdings keine Auswirkungen.

Die Gesellschafter haben ein Recht auf Auskunft und **Einsichtnahme** in die Bücher und Schriften der Gesellschaft (§ 51a GmbHG). Dieses Recht bleibt bis zehn Jahre nach einer Liquidation der Gesellschaft bestehen (§ 74 GmbHG). Ohne Belang ist es dabei, ob die Bücher in physischer oder elektronischer Form vorliegen, soweit die elektronische Ablage nach § 347 Abs. 4 HGB zulässig ist.[637]

---

636 Ein zusätzlicher Aufwand kann z. B. aufgrund von Steuerauswirkungen entstehen.
637 OLG Celle, Beschluss v. 22.1.2018, 9 W 8/18, DB 11/2018, S. 629.

12.3 Ergänzende Regelungen bei der Genossenschaft

Wie bei den Kapitalgesellschaften hat der Vorstand einer Genossenschaft den Jahresabschluss gem. § 242 HGB um einen Anhang zu erweitern, sodass der Jahresabschluss hier einheitlich aus Bilanz, Gewinn- und Verlustrechnung und Anhang besteht. Dieser Jahresabschluss ist um einen Lagebericht zu ergänzen (§ 336 Abs. 1 S. 1 HGB). Die Frist für die Aufstellung von Jahresabschluss und Lagebericht beträgt fünf Monate (§ 336 Abs. 1 S. 2 HGB).

Nach der Aufstellung von Jahresabschluss und Lagebericht sind diese Unterlagen zuerst dem Aufsichtsrat und danach zusammen mit dessen Bemerkungen der Generalversammlung vorzulegen (§ 33 Abs. 1 S. 2 GenG). Der Aufsichtsrat hat den Jahresabschluss, den Lagebericht und den Vorschlag für die Verwendung des Jahresüberschusses oder die Deckung des Jahresfehlbetrags zu prüfen und über seine Prüfung der Generalversammlung einen Bericht zu erstatten (§ 38 Abs. 1 S. 3 GenG).

Nach Vorlage des Aufsichtsratsberichts beschließt die Generalversammlung über die Feststellung des Jahresabschlusses sowie über die Verwendung des Jahresüberschusses (bzw. die Deckung des Jahresfehlbetrags). Die hierüber beschließende Generalversammlung muss innerhalb von sechs Monaten nach Ablauf des Geschäftsjahres stattfinden (§ 48 Abs. 1 GenG).

13 Die Prüfung des Jahresabschlusses

13.1 Die handelsrechtliche Prüfung des Einzelabschlusses

13.1.1 Die Aufgabe der Jahresabschlussprüfung

Das Management von Kapitalgesellschaften ist für die Führung des Unternehmens und für die Erhaltung seiner Rentabilität voll verantwortlich. Die Kapitalgeber, Aktionäre und Gläubiger haben i. d. R. keinen oder nur einen geringen Einfluss auf die Unternehmensführung und dementsprechend auch keine oder nur eine geringe Kontrollmöglichkeit.[638] Der Vorstand ist deshalb verpflichtet, (mindestens) einmal im Jahr Rechenschaft zu legen. Da diese **Rechenschaftslegung** die wesentliche Informationsquelle für die Kapitalgeber darstellt, muss hier ein hoher Grad an Sicherheit und Objektivität gewährleistet werden. Aber auch andere gesellschaftliche Gruppen können aus den verschiedensten Gründen ein Interesse an einer ordnungsmäßigen Rechenschaftslegung haben, als Beispiel sei hier nur das Interesse an der Sicherung von Arbeitsplätzen und an Maßnahmen zum Umweltschutz gedacht.[639]

Um die Informationsempfänger vor willentlicher oder unwillentlicher Fehlinformation zu schützen, ist die in den §§ 316–324a HGB geregelte **Pflichtprüfung**[640] nach Handelsrecht unabdingbar. Hat keine Prüfung stattgefunden, so kann der Jahresabschluss nicht festgestellt werden (§ 316 Abs. 1 S. 2 HGB). Gem. § 316 Abs. 1 S. 1 i. V. m. § 317 Abs. 1 S. 2 HGB sind bei mittelgroßen und großen Kapitalgesellschaften

- der Jahresabschluss und
- der Lagebericht

auf die Einhaltung der Bestimmungen des Gesetzes und der Satzung zu prüfen.

Weitere **Prüfungspflichten** knüpft der Gesetzgeber an die Unternehmensgröße. Unternehmen, die nach dem Publizitätsgesetz rechnungslegungspflichtig sind, unterliegen ebenfalls einer Prüfungspflicht, die durch einen Abschlussprüfer (§ 6 PublG) vorzunehmen ist.

Soweit sich ein Unternehmen in bestimmten Wirtschaftszweigen betätigt, können daraus besondere Prüfungspflichten erwachsen. So z. B. für Kreditinstitute und Versicherungsunternehmen.

---

638 Dies trifft insbesondere auf große Publikumsgesellschaften zu.
639 Das Interesse kann sich auch auf die Überwachung bestimmter Wirtschaftszweige richten, z. B. auf Kreditinstitute.
640 Unter »Pflichtprüfung« wird i. d. R. nur die Jahresabschlussprüfung durch den Wirtschaftsprüfer verstanden, obwohl auch der Aufsichtsrat den Jahresabschluss pflichtmäßig zu prüfen hat (z. B. § 171 AktG, § 52 Abs. 1 GmbHG i. V. m. § 171 AktG, § 7 PublG).

13.1.2 Gegenstand und Umfang der Prüfung

Grundsätzlich unterliegen der Jahresabschluss und der Lagebericht der Abschlussprüfung (§ 316 Abs. 1 S. 1 HGB). Damit ist klargestellt, dass hinsichtlich des Jahresabschlusses

- die Bilanz,
- die Gewinn- und Verlustrechnung und
- der Anhang

der Prüfungspflicht unterliegen.

Aufgrund des § 317 Abs. 1 S. 1 HGB ist in die Prüfung des Jahresabschlusses die Buchführung einzubeziehen. Damit folgt der Gesetzgeber der betriebswirtschaftlichen Tatsache, dass sich der Jahresabschluss aus der Buchführung entwickelt und ohne diese nicht prüfbar ist.

Der **Jahresabschluss** ist daraufhin zu prüfen, ob »die gesetzlichen Vorschriften und sie ergänzenden Bestimmungen des Gesellschaftsvertrags oder der Satzung« beachtet sind (§ 317 Abs. 1 S. 2 HGB). Der Abschlussprüfer prüft somit vorrangig an dem gesetzlichen Maßstab und hat diesen Maßstab um die ergänzenden Regelungen der Gesellschaft zu erweitern. Weiterhin ist der **Lagebericht** darauf zu prüfen,

- ob er mit dem Jahresabschluss in Einklang steht,
- ob die sonstigen Angaben im Lagebericht insgesamt eine zutreffende Vorstellung von der Lage des Unternehmens vermitteln und
- ob Chancen und Risiken der künftigen Entwicklung zutreffend dargestellt sind (§ 317 Abs. 2 HGB).

Ohne dass dieses im Gesetz ausdrücklich erwähnt wird, muss der Abschlussprüfer bezüglich des Lageberichts prüfen, ob die Darstellung des Geschäftsverlaufs und der Lage der Gesellschaft ein den tatsächlichen Verhältnissen entsprechendes Bild vermitteln (vgl. § 289 Abs. 1 HGB).

Aufgabe der Abschlussprüfer ist jedoch *nicht,* die Geschäftsführung zu überprüfen. Sie können beispielsweise nicht bemängeln, dass bei anderer (besserer) Geschäftsführung ein höherer Gewinn hätte erwirtschaftet werden können; ergeben sich aus einer fehlerhaften oder schlechten Geschäftsführung jedoch besondere Risiken oder Ersatzansprüche Dritter, so ist dieses z. B. durch die Bildung von Rückstellungen zu berücksichtigen und insoweit auch der Jahresabschlussprüfung unterworfen. Entsprechendes gilt auch für die Prüfung der Einhaltung steuerlicher Normen.

13.1.3 Prüfungsorgane

In § 319 Abs. 1 S. 1 HGB ist bestimmt, dass handelsrechtliche Jahresabschlussprüfungen nur von Wirtschaftsprüfern (WP) oder Wirtschaftsprüfungsgesellschaften (WPg) als **Prüfungsorgan** vorgenommen werden dürfen. Bei mittelgroßen Gesellschaften mit beschränkter Haftung darf die Prüfung auch von einem vereidigten Buchprüfer (vBp) oder einer Buchprüfungsgesellschaft vorgenommen werden (§ 319 Abs. 1 S. 2 HGB). Damit ergibt sich folgende Aufteilung:

1. kleine Kapitalgesellschaft
   — keine Prüfungspflicht
2. mittelgroße Kapitalgesellschaft
   a) GmbH: WP/WPg oder vBp
   b) AG: WP/WPg
3. große Kapitalgesellschaft
   a) GmbH: WP/WPg
   b) AG: WP/WPg

Der Jahresabschluss der *Genossenschaft* ist außer durch den Aufsichtsrat (§ 38 Abs. 1 GenG) auch durch einen Pflichtprüfer (§ 53 GenG) zu prüfen. Als Pflichtprüfer ist dabei ausschließlich ein genossenschaftlicher Prüfungsverband zulässig (§§ 55 i. V. m. 54 f. GenG).

13.1.3.1 Wirtschaftsprüfer

Wirtschaftsprüfer ist gem. § 1 WPO, wer als solcher öffentlich bestellt ist. Aufgrund der hohen vom Wirtschaftsprüfer zu tragenden Verantwortung und des in ihn gesetzten Vertrauens muss der Wirtschaftsprüfer einen an strengen Maßstäben gemessenen Qualifikationsnachweis in fachlicher und nichtfachlicher Art erbringen.[641] Insgesamt sind drei Nachweise zu erbringen:

1. Erfüllen der Prüfungsvoraussetzungen (§§ 8–10 WPO),
2. Ablegen der Prüfung zum Wirtschaftsprüfer als Bestellungsvoraussetzung (§ 12 i. V. m. § 15 WPO) mit den Prüfgebieten (§ 4 WiPrPrüfV),
   — wirtschaftliches Prüfungswesen, Unternehmensbewertung und Berufsrecht,
   — angewandte Betriebswirtschaftslehre, Volkswirtschaftslehre,
   — Wirtschaftsrecht,
   — Steuerrecht.
3. Abwesenheit von Versagungsgründen (§ 16 WPO).

13.1.3.2 Wirtschaftsprüfungsgesellschaften

Wirtschaftsprüfungsgesellschaften müssen von Wirtschaftsprüfern verantwortlich geführt werden und bedürfen der Anerkennung (§§ 1 Abs. 3 i. V. m. 28 WPO).

---

641 Weitere Vorschriften für den Wirtschaftsprüfer finden sich unter https://www.wpk.de/wpk/rechtsvorschriften/.

13.1.3.3 Vereidigte Buchprüfer

Vereidigter Buchprüfer ist, wer nach den Vorschriften der WPO als solcher anerkannt oder bestellt ist; vereidigte Buchprüfer dürfen sich auch zu Buchprüfungsgesellschaften zusammenschließen (§ 128 WPO).

Vereidigte Buchprüfer haben gem. § 129 Abs. 1 WPO die berufliche Aufgabe, Prüfungen auf dem Gebiet des betrieblichen Rechnungswesens durchzuführen, insbesondere Buch- und Bilanzprüfungen, jedoch nicht für große Kapitalgesellschaften. Die weiteren Berufsaufgaben (steuerliche Beratung und Tätigkeit als Sachverständiger) entsprechen denen der Wirtschaftsprüfer. Neue Bestellungen zum vereidigten Buchprüfer sind seit 2005 nicht möglich, sodass es sich hier um einen »sterbenden« Berufsstand (ähnlich dem Steuerbevollmächtigten) handelt.

13.1.3.4 Ausschlussgründe für Abschlussprüfer

Da der Abschlussprüfer seine Prüfung unbefangen und unbeeinflusst (objektiv) durchführen soll, stellt das Gesetz in §§ 319 Abs. 2 bis 5, 319a und 319b HGB unwiderlegbare Vermutungen auf, wann diese Voraussetzungen nicht gegeben sind. Bei Vorliegen dieser Vermutungen (**Ausschlussgründe**) darf der entsprechende Prüfer bzw. die Prüfungsgesellschaft nicht Abschlussprüfer sein.

Dabei reicht es aus, wenn ein Ausschlussgrund für eine Person gegeben ist, die mit dem zu bestellenden Abschlussprüfer den Beruf zusammen ausübt, d. h., dass der Ausschlussgrund nicht nur in der Person des Abschlussprüfers liegen muss. Dieser Fall kann beispielsweise eintreten, wenn aus einer Wirtschaftsprüfersozietät ein Wirtschaftsprüfer als Abschlussprüfer bestellt werden soll, für einen anderen – an der Prüfung nicht beteiligten – Wirtschaftsprüfer oder vereidigten Buchprüfer jedoch ein Ausschlussgrund vorliegt.

13.1.3.5 Die Bestellung des Prüfers

Da die Abschlussprüfung u. a. ein wesentliches Interesse der Gesellschafter ist, steht der Hauptversammlung bei der AG (§ 119 Abs. 1 Nr. 4 AktG) bzw. der Gesellschafterversammlung bei der GmbH (§ 48 GmbHG) das Wahlrecht für den Abschlussprüfer gem. § 318 Abs. 1 S. 1 HGB zu. Bei der GmbH kann durch Gesellschaftsvertrag jedoch bestimmt werden, dass der Abschlussprüfer nicht durch die Gesellschafter zu wählen ist (§ 318 Abs. 1 S. 2 HGB). Bei der AG müssen Wahlvorschläge vom Aufsichtsrat (§ 124 Abs. 3 und 4 AktG) vorgebracht werden, da andernfalls keine Beschlussfassung möglich ist. Dies führt – insbesondere bei Publikumsgesellschaften – dazu, dass der Aufsichtsrat den Abschlussprüfer auswählt. Gem. § 127 AktG ist zusätzlich jeder Aktionär vorschlagsberechtigt.

Die Wahl soll gem. § 318 Abs. 1 S. 3 HGB vor Ablauf des Geschäftsjahres erfolgen, auf das sich die Prüfungstätigkeit erstreckt, damit der Abschlussprüfer ausreichende Vorbereitungszeit und Zeit beispielsweise für eine Inventurbegleitung hat. Deshalb hat nach der Wahl der gesetzliche Vertreter der Kapitalgesellschaft (Vorstand bzw. Geschäftsführer) dem Abschlussprüfer unverzüglich den Auftrag zu erteilen (**Bestellung des Abschlussprüfers**, § 318 Abs. 1 S. 4 HGB).

Nach § 318 Abs. 3 HGB haben die gesetzlichen Vertreter, der Aufsichtsrat oder die Gesellschafter (bei Aktionären jedoch nur dann, wenn deren Anteile zusammen den zwanzigsten Teil des Grundkapitals oder den Nennbetrag von 500.000 Euro erreichen) die Möglichkeit, Widerspruch gegen die Wahl einzulegen, um die Prüfung durch einen ungeeigneten Prüfer zu verhindern, insbesondere bei Besorgnis der Befangenheit. Sind die weiteren Voraussetzungen des § 318 Abs. 3 HGB gegeben, kann das Gericht nach Anhörung der Parteien einen anderen Prüfer bestellen, wenn dies aus einem in der Person des Prüfers liegenden Grund geboten erscheint.

13.1.4 Der Bestätigungsvermerk

Nach § 321 HGB hat der Abschlussprüfer den gesetzlichen Vertretern einen unterzeichneten **Prüfungsbericht** über das Ergebnis ihrer Prüfung vorzulegen.

Kernstück des Prüfungsberichts ist nach § 322 HGB der **Bestätigungsvermerk**, der im Gegensatz zum Prüfungsbericht auch der Öffentlichkeit zugänglich ist. Dieser Bestätigungsvermerk muss Gegenstand, Art und Umfang der Prüfung beschreiben und gilt als die Zusammenfassung des Prüfungsergebnisses im Sinne eines Gesamturteils.

§ 322 Abs. 2 HGB legt vier Arten der Beurteilung für den Bestätigungsvermerk fest

- den uneingeschränkten Bestätigungsvermerk,
- den eingeschränkten Bestätigungsvermerk,
- den Bestätigungsvermerk, der aufgrund von Einwendungen versagt wird und
- den Bestätigungsvermerk, der versagt wird, weil der Prüfer (nach Ausschöpfung aller rechtlich und wirtschaftlich vertretbaren Klärungsmöglichkeiten) nicht in der Lage ist, sein Prüfungsurteil abzugeben und die Einschränkung des Bestätigungsvermerks nicht ausreicht.[642]

Der **uneingeschränkte Bestätigungsvermerk** wird erteilt, wenn keine wesentlichen Einwendungen seitens des Abschlussprüfers bestehen. Bestehen jedoch Einwendungen, kann der Bestätigungsvermerk nur eingeschränkt oder gar nicht erteilt werden. Bei einem uneingeschränkten Buchungsvermerk hat der Abschlussprüfer nach § 322

---

642 Merkt in: Baumbach/Hopt (HGB) § 322 Tz. 12.

Abs. 3 S. 1 HGB zu erklären, dass die bei der Prüfung gewonnenen Erkenntnisse »den gesetzlichen Vorschriften entsprechen und unter Beachtung der Grundsätze ordnungsgemäßer Buchführung oder sonstiger maßgeblicher Rechnungslegungsgrundsätze ein den tatsächlichen Verhältnissen entsprechendes Bild der Vermögens-, Finanz- und Ertragslage des Unternehmens vermittelt«.

Der uneingeschränkte Bestätigungsvermerk in der jeweils erteilten Fassung ermöglicht es dem Adressaten (sowohl unternehmensintern als auch unternehmensextern), eine stets gleich bleibende Interpretation mit dem formelhaft verwendeten Text zu verbinden. Dies setzt aber voraus, dass dem Leser der gesetzlich gezogene Rahmen der Rechnungslegung und Prüfung vertraut ist. Kürzungen der Kernfassung sind, abgesehen von wenigen Ausnahmen (z. B. aufgrund anderer Vorschriften oder durch den Prüfungsgegenstand erforderlicher Anpassungen), ebenso wenig zulässig wie eine Steigerung des Positivbefunds oder sonstige Änderungen, auch wenn diese die Aussage inhaltlich nicht verändern.

Wenn zur Vermeidung eines falschen Eindrucks über den Inhalt der Prüfung und die Tragweite des uneingeschränkten Bestätigungsvermerks zusätzliche Bemerkungen erforderlich erscheinen, so müssen diese als **Ergänzung zum Bestätigungsvermerk** angebracht werden (§ 322 Abs. 3 S. 2 HGB).

Wenn der Gesellschaftsvertrag oder die Satzung in zulässiger Weise ergänzende Vorschriften über den Jahresabschluss enthalten, ist ebenso eine zusätzliche Bemerkung zum Bestätigungsvermerk über die Einhaltung dieser zusätzlichen Vorschriften zu machen. Diese Ergänzungen stellen keine Einschränkungen des Bestätigungsvermerks dar (§ 322 Abs. 3 S. 5 HGB).

Weiterhin muss im Prüfungsergebnis auf den Fortbestand des Unternehmens gefährdende **Risiken** eingegangen werden (§ 322 Abs. 2 S. 3 HGB).

Hat der Abschlussprüfer Einwendungen, so muss aufgrund des § 322 Abs. 4 HGB ein **eingeschränkter Bestätigungsvermerk** erteilt werden oder er ist zu versagen. **Der Bestätigungsvermerk** muss versagt werden, wenn der Jahresabschluss so schwere Mängel aufweist, dass sich der Prüfer keine sichere Beurteilung erlauben kann. Eine Versagung ist durch einen Vermerk zum Jahresabschluss zu erklären; weiterhin sind eine Einschränkung oder Versagung zu begründen, wobei Einschränkungen so darzustellen sind, dass ihre Tragweite deutlich erkennbar wird.

Der – uneingeschränkte oder eingeschränkte – Bestätigungsvermerk oder der Vermerk über die Versagung des Bestätigungsvermerks ist vom Prüfer mit Angabe von Ort und Tag zu unterzeichnen und in den Prüfungsbericht aufzunehmen (§ 322 Abs. 7 HGB).

Das Vorliegen eines uneingeschränkten oder eingeschränkten Bestätigungsvermerks ist nicht Voraussetzung für die **Feststellung** des Jahresabschlusses. Eine Ausnahme bildet § 173 Abs. 3 AktG; danach wird der Jahresabschluss einer Aktiengesellschaft erst nach der Erteilung des uneingeschränkten Bestätigungsvermerks des Prüfers festgestellt. Dies wiederum ist jedoch nur der Fall, wenn die Hauptversammlung den Jahresabschluss aufgrund gesetzlicher Verpflichtungen nach der vorherigen Prüfung ändert.

Da die zur Feststellung berechtigten Organe einer Kapitalgesellschaft die Bedenken des Abschlussprüfers ohne rechtliche Folgen ignorieren können, kann die Versagung des Testats insoweit wirkungslos bleiben. Wird ein Jahresabschluss festgestellt, obwohl der Bestätigungsvermerk versagt wurde, so ist der Vermerk über die Versagung zusammen mit dem Jahresabschluss offenzulegen (§ 328 Abs. 1 Nr. 1 S. 3 HGB). Lediglich über diese **Offenlegungspflicht** wird ein gewisser Druck erreicht, einen ordnungsgemäßen Jahresabschluss zu erstellen.

Andererseits ist auch nicht zwingend, dass der Wirtschaftsprüfer bei vorliegender Nichtigkeit des Jahresabschlusses grundsätzlich das Testat verweigert.

Es ist jedoch nicht notwendig, dass eine Kapitalgesellschaft eine Einschränkung des Testats, seine Verweigerung oder bestimmte Anmerkungen im Prüfungsbericht grundsätzlich hinnehmen muss, obwohl § 324 HGB a. F. aufgehoben wurde. **Meinungsverschiedenheiten** zwischen der Kapitalgesellschaft und dem Abschlussprüfer werden regelmäßig durch die berufsständischen Gremien entschieden und nicht durch Gerichte. Für dennoch auftretende gerichtlich zu klärende Meinungsverschiedenheiten steht der Zivilrechtsweg offen.[643]

Während der Prüfungsbericht nur eine interne Information für den Vorstand und den Aufsichtsrat bzw. den Geschäftsführer darstellt, unterliegt der Bestätigungsvermerk der **Bekanntmachungspflicht**. Es ist jeweils der vollständige Wortlaut des Bestätigungsvermerks oder der Versagung wiederzugeben (§ 328 Abs. 1 Nr. 1 S. 3 HGB).

Der **Aufsichtsrat** hat gegenüber der Hauptversammlung zum Ergebnis der Prüfung Stellung zu nehmen (§ 171 Abs. 2 S. 3 AktG). Ist ein eingeschränkter Bestätigungsvermerk erteilt worden oder wurde dieser versagt, ist der Aufsichtsrat dazu verpflichtet, der Hauptversammlung eine Stellungnahme vorzulegen, mithilfe derer diese eine zusätzliche Beurteilungsgrundlage gewinnt.

Für den externen Informationsempfänger – dazu zählen bei einer Publikumsgesellschaft auch die Aktionäre – ist deshalb vorrangig der Bestätigungsvermerk von Interesse, wenn er den Jahresabschluss beurteilen soll.

---

643   BT-Drucks. 16/10067 v. 30.7.2008, S. 91.

Insbesondere beim externen Informationsempfänger taucht immer wieder die Frage auf, ob ein Wirtschaftsprüfer für eine mangelhafte Leistung haftbar ist. Hierzu sind u. a. diese beiden Urteile von Bedeutung:

- Eine mögliche **Haftung** des Abschlussprüfers nach § 823 Abs. 2 BGB (Schadensersatzpflicht) i. V. m. § 332 Abs. 1 HGB setzt voraus, dass der Gegenstand der Prüfung eine nach Maßgabe des Handelsrechts vorgeschriebene Pflichtprüfung ist.[644]
- Ein Anspruch eines Anlegers aus § 826 BGB wegen **vorsätzlicher sittenwidriger Schädigung** gegen einen Wirtschaftsprüfer kommt in Betracht, wenn der in einem Wertpapierprospekt enthaltene Bestätigungsvermerk nicht nur unrichtig ist, sondern der Wirtschaftsprüfer seine Aufgabe nachlässig erledigt, z. B. durch unzureichende Ermittlungen oder durch Angaben ins Blaue hinein, und dabei eine Rücksichtslosigkeit an den Tag legt, die angesichts der Bedeutung des Bestätigungsvermerks für die Entscheidung Dritter als gewissenlos erscheint.[645]

13.2 Gesetzlich vorgesehene und vertraglich ausbedungene Prüfungen

Durch die gesetzlich vorgeschriebenen Pflichtprüfungen wird ein bestimmter Personenkreis (z. B. Aktionäre, Gläubiger), der keine anderen Kontrollmöglichkeiten besitzt, vor einer unwahren Darstellung des Jahresabschlusses geschützt. Bei anderen Rechtsformen ist das Interesse Dritter an einer Jahresabschlussprüfung regelmäßig geringer, so hat z. B. ein Einzelkaufmann nur selten einen Gesellschafter (dann nur als stillen Gesellschafter), und die Gläubiger haben den Zugriff auf das Privatvermögen. Deshalb wird hier auf eine **Prüfungspflicht** verzichtet.[646] Da jedoch auch in diesen Fällen u. U. wichtige Interessen an einer Prüfung bestehen, können gesetzlich vorgesehene oder vertraglich ausbedungene Prüfungen durchgeführt werden.

Insbesondere, wenn Gesellschafter von der Geschäftsführung ihrer Gesellschaft ausgeschlossen sind, besteht ein starkes Interesse daran, sowohl die Geschäftsführung als auch den Jahresabschluss als Ausfluss dieser Geschäftsführung zu prüfen. Für diese Fälle gibt es die Möglichkeit, **gesetzlich vorgesehene Prüfungen** durchzuführen, es handelt sich dabei um uneinschränkbares Recht des von der Geschäftsführung ausgeschlossenen Gesellschafters. Sowohl dem Kommanditisten einer KG als auch dem stillen Gesellschafter einer stillen Gesellschaft steht das Recht zu, die abschriftliche Mitteilung der jährlichen Bilanz zu verlangen und ihre Richtigkeit unter Einsicht der Bücher und Papiere zu prüfen (§§ 166, 233 HGB). Aufgrund der weiteren Haftung eines Gesellschafters einer OHG steht diesem auch ein erweitertes Prüfungs-

---

644 BGH, Urteil v. 12.3.2020, VII ZR 236/19, DB 2020, S. 1114.
645 BGH, Urteil v. 19.11.2013, VI ZR 336/12, NJW 2014, S. 383.
646 Ausnahmen können z. B. aufgrund des PublG oder bei bestimmten Branchen bestehen.

recht zu (§ 118 HGB); ein entsprechendes Recht hat auch der Gesellschafter einer BGB-Gesellschaft (§ 716 BGB).

Die Prüfungsrechte stehen i. d. R. nur dem Gesellschafter persönlich zu. Durch vertraglich ausbedungene Prüfungen kann jedoch die Mitwirkung oder die vollständige Durchführung der Prüfung durch einen sachverständigen Dritten vorgesehen werden. Durch vertragliche Regelung ist auch eine Erweiterung des Prüfungsrechts bzw. der Prüfungspflicht (**vertragliche Prüfungen**) möglich.

Obwohl für die GmbH eine **Sonderprüfung** gesetzlich nicht ausdrücklich vorgesehen ist, kann sie dennoch beantragt werden. Gemäß § 46 Nr. 6 GmbHG unterliegen die Maßregeln zur Prüfung und Überwachung der Geschäftsführung der Bestimmung der Gesellschafter. Darunter fällt auch das Recht zur Bestellung von Sonderprüfern. Der Beschluss zur Durchführung einer Sonderprüfung wird mit einfacher Mehrheit gefasst. Anders als im Aktiengesetz gibt es grundsätzlich keine Einschränkungen bezüglich des Gegenstands der Sonderprüfung. Erforderlich und ausreichend ist, dass der Gesellschafterversammlung ein konkreter, auf Tatsachen gestützter Anlass vorgetragen wird. Die Tatsachen müssen den Verdacht einer Pflichtverletzung rechtfertigen und der vorgetragene Anlass muss die Überprüfung in ihrer konkret beantragten Form als zweckdienlich erscheinen lassen. Die Sonderprüfung ist nur dann unzulässig, wenn die Beantragung der Durchführung einer Sonderprüfung rechtsmissbräuchlich ist und eine Treuepflichtverletzung des beantragenden Gesellschafters darstellt.[647]

13.3 Die Außenprüfung

Im weiten Sinne stellt auch die steuerliche Außenprüfung (§§ 193–207 AO) eine Jahresabschlussprüfung dar, denn auch hier werden die jährlich zu erstellenden (Steuer-)Bilanzen geprüft. Es bestehen jedoch einige deutliche Unterschiede zur handelsrechtlichen Pflichtprüfung und weitgehend auch zu einer vertragsmäßig ausbedungenen Prüfung.

Unter den Begriff der **Außenprüfung** fallen sämtliche steuerlichen Prüfungen, die dazu dienen, die steuerlichen Verhältnisse des Steuerpflichtigen zu ermitteln (§ 194 AO). Steuerpflichtige, die Einkünfte aus den drei Gewinneinkunftsarten haben, unterliegen der Außenprüfung uneingeschränkt, andere Steuerpflichtige unterliegen ihr eingeschränkt(§ 193 AO). Soweit sich die Außenprüfung auf Unternehmen erstreckt, spricht man von einer **Betriebsprüfung**, für die weitere Einzelheiten in einer allgemeinen Verwaltungsvorschrift, der Betriebsprüfungsordnung (BpO), enthalten sind.

---

647 OLG München, Urteil v. 14.12.2017, 23 U 1481/17, EWiR 2018, S. 197 m. w. N.

Im Gegensatz zur handelsrechtlichen Jahresabschlussprüfung kommt es bei der Betriebsprüfung nur darauf an, die den steuerlichen Normen entsprechende Gewinnermittlung zu überprüfen, um eine gleichmäßige Besteuerung zu gewährleisten. Dabei ist sowohl zugunsten als auch zuungunsten des Steuerpflichtigen zu prüfen (§ 199 Abs. 1 AO).

Prüfungsorgan sind die für die Besteuerung zuständigen Finanzbehörden[648] (§ 195 AO), bei Betriebsprüfungen die zuständigen Betriebsprüfungsstellen (§ 2 BpO). Die Finanzbehörde bestimmt den Umfang der Außenprüfung (§ 196 AO, ggf. i. V. m. § 4 BpO). Die Betriebsprüfung ist auf das Wesentliche abzustellen, der Betriebsprüfer soll vor allem auf solche Sachverhalte achten, die zu endgültigen Steuerausfällen oder Steuererstattungen oder zu nicht unbedeutenden Gewinnverlagerungen führen (§ 7 BpO).

Nach § 197 AO soll dem Steuerpflichtigen der **Prüfungsbeginn** zu einer angemessenen Zeit vor der Prüfung mitgeteilt werden. Die Frist wird jeweils unter Berücksichtigung des Einzelfalls bestimmt.

Nach § 3 BpO sind sämtliche Unternehmen in **Größenklassen** (Groß-, Mittel-, Klein- sowie Kleinstbetriebe) eingeteilt. Entsprechend diesen Klassen sind die Prüfungszeiträume festgelegt (§ 4 BpO). Danach soll sich in Großbetrieben jeder Prüfungszeitraum an den jeweils vorhergehenden Prüfungszeitraum anschließen. Bei allen anderen Betrieben soll der Prüfungszeitraum nicht über die letzten drei Besteuerungszeiträume zurückreichen, für die vor Bekanntgabe der Prüfungsanordnung (gem. § 197 AO) Steuererklärungen für Ertragsteuern abgegeben wurden. Da mit abnehmender Betriebsgröße der Prüfungsturnus immer größer wird (manch ein Klein- oder Kleinstunternehmen wurde noch nie geprüft), werden bei der Außen- bzw. Betriebsprüfung nur bei Großunternehmen alle Abschlüsse lückenlos nacheinander geprüft.

Eine Außenprüfung bzw. Betriebsprüfung wird sich meistens schwerpunktmäßig auf die Buchführung ausrichten. Wenn der Steuerpflichtige bei einer solchen Prüfung

- entweder den **Datenzugriff** nach § 147 Abs. 6 AO nicht, nicht zeitnah oder nicht in vollem Umfang einräumt
- oder seiner Pflicht zur Erteilung von Auskünften oder zur Vorlage von Unterlagen i. S. des § 200 Abs. 1 AO nicht, nicht zeitnah oder nicht vollständig nachkommt,

kann ein (steuerlich nicht abziehbares, § 12 Nr. 3 EStG) **Verzögerungsgeld**[649] gem. § 146 Abs. 2b AO festgesetzt werden. Das Verzögerungsgeld kann insbesondere festgesetzt werden, wenn der Steuerpflichtige

---

648 Aufgrund des § 19 Abs. 1 FVG i. V. m. § 20 BpO (St) ist das Bundesamt für Finanzen zur Mitwirkung an Prüfungen berechtigt.
649 Ein Fragen- und Antwortenkatalog findet sich unter:
https://www.bundesfinanzministerium.de/Content/DE/Standardartikel/Themen/Steuern/

- der Aufforderung zur Rückverlagerung seiner im Ausland befindlichen elektronischen Buchführung oder Teilen davon nicht nachkommt,
- seiner Pflicht zur Mitteilung der unter § 146 Abs. 2a S. 4 AO genannten Umstände nicht unverzüglich nachkommt,
- den Datenzugriff nach § 147 Abs. 6 AO nicht, nicht zeitnah oder nicht in vollem Umfang einräumt,
- Auskünfte im Rahmen einer Außenprüfung nicht, nicht zeitnah oder nicht vollständig erteilt,
- angeforderte Unterlagen im Rahmen einer Außenprüfung nicht, nicht zeitnah oder nicht vollständig vorlegt,
- seine elektronische Buchführung ohne Bewilligung der zuständigen Finanzbehörde verlagert hat.

Das Verzögerungsgeld beträgt mindestens 2.500 Euro und höchstens 250.000 Euro. Die Festsetzung unterliegt einem zweifachen Ermessen der Finanzverwaltung:

- Entschließungsermessen (ob eine Festsetzung erfolgt)
- Auswahlermessen (Höhe des Verzögerungsgelds)

Die Buchführung muss also nicht nur korrekt und ordnungsmäßig sein, sondern auch ausreichend schnell bei einer Prüfung zur Verfügung stehen. Die **Vorlage** von Buchführungsunterlagen und damit zusammenhängenden Aufzeichnungen ist allerdings nur verpflichtend für gesetzlich vorgeschriebene Unterlagen; freiwillige Aufzeichnungen müssen auch dann nicht vorgelegt werden, wenn diese für das Finanzamt für eine Verprobung interessant und hilfreich sein können.[650]

Über die Prüfung wird eine **Schlussbesprechung** (§ 201 AO) durchgeführt und ein **Prüfungsbericht** (§ 202 AO) angefertigt.

Gegenüber der handelsrechtlichen Abschlussprüfung bestehen noch zwei weitere Abweichungen, die für den Steuerpflichtigen sehr bedeutungsvoll sind. Erstens wird der Betriebsprüfer nicht nur prüfend tätig, sondern auch korrigierend, da er auch ggf. die zutreffenden Besteuerungsgrundlagen ermittelt. Zweitens muss die Finanzbehörde auf Antrag eine **verbindliche Zusage** aufgrund einer Außenprüfung geben (§§ 204–207 AO). Darin wird zugesagt, wie ein für die Vergangenheit geprüfter und im Prüfungsbericht dargestellter Sachverhalt in Zukunft steuerrechtlich behandelt wird. Dadurch wird dem Steuerpflichtigen die Möglichkeit gegeben, sich auf eine bestimmte Behandlung von steuerlichen Sachverhalten einzustellen, und er ist ggf. nicht einer großen Ungewissheit über das Verhalten der Finanzbehörden ausgesetzt.

Weitere_Steuerthemen/Betriebspruefung/BMF_Schreiben_Allgemeines/2011-09-28-Fragen-Antwort-Katalog-Verzoegerungsgeld.html.
650 FG Hessen, Urteil v. 24.4.2013, 4 K 422/12.

14 Die Offenlegung des Jahresabschlusses

Um eine ausreichende Information externer Informationsempfänger zu gewährleisten, unterliegt der Jahresabschluss der Kapitalgesellschaft einer durch §§ 325-329 HGB geregelten **Publizität**,[651] die durch **Offenlegung** des Jahresabschlusses und anderer Unterlagen erreicht wird. Diese Publizität liegt in erheblichem Allgemeininteresse zum Zweck eines effektiven Schutzes des Wirtschaftsverkehrs durch Information der Marktteilnehmer und einer Kontrollmöglichkeit vor dem Hintergrund einer beschränkten Gesellschaftshaftung, weshalb dadurch entstehende Eingriffe in Grundrechte gerechtfertigt sind.[652]

Der sich aus § 325 HGB ergebende Umfang der Offenlegung stellt sich wie folgt dar:

- Jahresabschluss (Bilanz, GuV, Anhang) nach den Vorschriften des HGB *oder* den IFRS
- Bestätigungsvermerk
- Lagebericht
- Bericht des Aufsichtsrats
- Entsprechenserklärung gem. § 161 AktG
- ggf. Gewinnverwendungsvorschlag

Für kleine und mittlere Kapitalgesellschaften bestehen hinsichtlich des Umfangs Erleichterungen (§§ 326 und 327 HGB). Weitere Erleichterungen bestehen für bestimmte kapitalmarktorientierte Kapitalgesellschaften (§ 327a HGB).

Unverzüglich nach der Vorlage an die Gesellschafter, spätestens jedoch innerhalb von zwölf Monaten nach dem Abschlussstichtag, haben die gesetzlichen Vertreter der großen Kapitalgesellschaft gem. § 325 Abs. 1 HGB die Unterlagen beim Betreiber des **elektronischen Bundesanzeigers** elektronisch[653] einzureichen.

Unverzüglich nach Einreichen der genannten Unterlagen zum Handelsregister ist im Bundesanzeiger bekanntzumachen, bei welchem Handelsregister und unter welcher Nummer diese Unterlagen eingereicht worden sind (§ 325 Abs. 1 S. 2 HGB).

Ausgehend von dieser Regelung für große Kapitalgesellschaften bestehen die folgenden größenabhängigen Abweichungen:

- Mittelgroße Kapitalgesellschaften brauchen lediglich eine leicht verkürzte Bilanz sowie einen verkürzten Anhang offenzulegen (§ 327 Abs. 1 und 2 HGB).

---

651 Eine weitere Publizitätsvorschrift findet sich u. a. in § 9 PublG.
652 BVerfG, Beschluss v. 13.4.2011, 2 BvR 822/11, BFH/NV 7/2011, S. 1277.
653 Eine Einreichung in Papierform ist nicht mehr zulässig.

- Kleine Kapitalgesellschaften haben lediglich die – ohnehin verkürzte – Bilanz sowie den Anhang (ohne GuV-Angaben) offenzulegen (§ 326 Abs. 1 HGB).
- Kleinstkapitalgesellschaften dürfen statt der Offenlegung ihres Jahresabschlusses diesen beim Betreiber des elektronischen Bundesanzeigers einreichen und diesen beim Unternehmensregister hinterlegen lassen[654]; eine Erklärung über die Einhaltung der Größenkriterien ist beizufügen (§ 326 Abs. 2 HGB).

Aktiengesellschaften haben gem. § 130 Abs. 5 AktG zusätzlich eine öffentlich beglaubigte Abschrift der Niederschrift über die Hauptversammlung beim Handelsregister einzureichen und gem. § 25 AktG den Jahresabschluss in den Gesellschaftsblättern (was ggf. nur der elektronische Bundesanzeiger sein kann) bekannt zu machen.

Form und Inhalt der Offenlegung ist in § 328 Abs. 1 HGB geregelt. Insbesondere muss der Jahresabschluss vollständig und richtig mit dem vollen Wortlaut des Bestätigungsvermerks wiedergegeben werden. Nach § 328 Abs. 2 HGB gilt das Gesagte auch für freiwillige Veröffentlichungen. Wird aber von § 328 Abs. 1 HGB in einer freiwilligen Veröffentlichung abgewichen, so ist in der Überschrift zu der Veröffentlichung darauf hinzuweisen, dass es sich um einen nicht der gesetzlichen Form entsprechenden – gekürzten – Jahresabschluss handelt, statt des Bestätigungsvermerks ist ein Hinweis auf die Art des Vermerks (uneingeschränkt, eingeschränkt, versagt) beizufügen (§ 328 Abs. 2 S. 2 und 3 HGB). Ferner ist anzugeben, bei welchem Handelsregister und in welcher Nummer des Bundesanzeigers die Offenlegung erfolgt ist; ist die Offenlegung noch nicht erfolgt, so ist dies anzugeben (§ 328 Abs. 2 S. 4 HGB).

Die Abs. 1 und 2 des § 328 HGB gelten nach Abs. 3 sinngemäß auch für Veröffentlichungen des Lageberichts, des Vorschlags für die Verwendung des Ergebnisses und des Beschlusses über seine Verwendung.

Zur Erfüllung der **Publizitätsfunktion** hat jeder beim Handelsregister das Recht auf
1. Einsichtnahme (§ 9 Abs. 1 HGB) und
2. Erlangung einer Abschrift von Eintragungen und eingereichten Unterlagen (§ 9 Abs. 2 HGB).

Durch § 325 Abs. 5 HGB wird klargestellt, dass die Offenlegungspflichten aufgrund der §§ 325 ff. HGB keine abschließende Aufzählung beinhalten, weshalb weitergehende Publizitätspflichten nicht berührt werden.

Als Publizitätsvorschrift, wenn auch mit besonderer Bedeutung für den beschlussfassenden Aktionär, muss auch der § 175 Abs. 2 AktG angesehen werden.

---

654 Dies verhindert nicht die Einsichtnahme durch andere Personen.

Beim **Einreichen** der Unterlagen zum elektronischen Bundesanzeiger obliegt diesem eine Prüfung aufgrund des § 329 HGB.

Formell ist für die Einreichung folgendes zu beachten:

- Die Einreichung erfolgt beim elektronischen Bundesanzeiger per Datei oder über dessen Webseite.[655]
- Word- oder Excel-Dateien sind – ebenso wie Ausdrucke – unzulässig. Es wird allein das XML- oder XBRL-Format akzeptiert. Nicht zulässige oder fehlerhafte Formate ziehen Extragebühren nach sich.
- Die Nichteinreichung hat ein Bußgeld zur Folge.

Alternativ hat das Unternehmen das Wahlrecht, statt eines *handelsrechtlichen Einzelabschlusses* einen Einzelabschluss nach den **International Financial Reporting Standards** offenzulegen (§ 325 Abs. 2a HGB), Die Offenlegung eines **IFRS-Abschlusses** befreit aber nicht von der Pflicht, einen HGB-Abschluss aufzustellen. Ein nach IFRS/IAS aufgestellter Abschluss erfüllt damit nur eine **Informationsfunktion**. Auch bei Offenlegung eines IFRS-Abschlusses sind gem. § 325 Abs. 2a Sätze 3 und 4 HGB zahlreiche Normen des HGB zusätzlich zu den IFRS anzuwenden. Das Wahlrecht zur Offenlegung eines IFRS-Abschlusses anstelle eines HGB-Abschlusses entfällt, wenn durch die dadurch notwendig werdenden Angaben das Wohl der Bundesrepublik Deutschland oder eines ihrer Länder gefährdet ist (§ 325 Abs. 2a S. 6 i. V. m. § 286 Abs. 1 HGB).

Die Frage, ob die Offenlegung eines alternativen IFRS-Abschlusses sinnvoll oder gar empfehlenswert ist, lässt sich nicht allgemeingültig beantworten. *Für* eine IFRS-Offenlegung könnte beispielsweise eine bessere Vergleichbarkeit mit anderen IFRS-Abschlüssen der eigenen Branche oder das Demonstrieren einer »Modernität« sprechen. *Gegen* eine IFRS-Offenlegung kann argumentiert werden, dass hierbei zusätzliche Kosten für die IFRS-Aufstellung anfallen (insbesondere, wenn kein IFRS-Konzernabschluss zu erstellen ist), dass bestimmte IFRS-Informationen weniger zuverlässig sind oder dass unter den IFRS deutlich mehr Informationen zu veröffentlichen sind.

---

655 https://www.ebilanzonline.de/.

15 Bilanzberichtigung und Bilanzänderung

15.1 Bilanzberichtigung

Bilanzberichtigung und Bilanzänderung sind steuerrechtliche Begriffe, die jedoch für die Handelsbilanz regelmäßig analog angewandt werden. Entspricht ein beim Finanzamt eingereichter[656] Jahresabschluss nicht den Grundsätzen ordnungsmäßiger Buchführung und den Regelungen des Einkommensteuergesetzes sowie damit des Handelsgesetzbuchs (**Bilanzierungsfehler**), so darf der Steuerpflichtige *bis zur Rechtskraft* der Veranlagung eine **Bilanzberichtigung** (§ 4 Abs. 2 S. 1 EStG) vornehmen.[657] Weiterhin kann eine Bilanzberichtigung durch die Finanzverwaltung (z. B. aufgrund einer Betriebsprüfung) erfolgen. Es muss sich grundsätzlich um eine fehlerhafte bzw. inkorrekte Bilanz handeln.

Für die Besteuerung und damit auch für eine Bilanzberichtigung ist abgesehen von im Einzelfall gebotenen Billigkeitsmaßnahmen (§§ 163, 227 AO) generell die **objektive Rechtslage** maßgebend. Den vom Steuerpflichtigen vertretenen, subjektiven Rechtsansichten kommt auch dann keine Bedeutung zu, wenn sie bei der Aufstellung der Bilanz vertretbar waren oder der damals herrschenden Auffassung entsprachen. Die Besteuerung knüpft an den tatsächlich verwirklichten Sachverhalt an (§ 38 AO), nicht aber an Rechtsansichten des Steuerpflichtigen, und erfolgt materiell-rechtlich ohne Rücksicht auf deren Vertretbarkeit oder Verschulden des Steuerpflichtigen. Auf die objektive Rechtslage kommt es auch dann an, wenn die vom Steuerpflichtigen einem Bilanzansatz zugrunde gelegte Rechtsauffassung der seinerzeit von der Finanzverwaltung und/oder Rechtsprechung gebilligten Bilanzierungspraxis entsprach. Auch in einem solchen Fall ist allein die im Zeitpunkt der endgültigen Entscheidung maßgebliche, objektiv zutreffende Rechtslage zugrunde zu legen. Mit diesen Überlegungen stellt der Große Senat ausschließlich auf den **objektiven Fehlerbegriff** ab.[658] Auf die objektive Rechtslage kommt es nach Auffassung des Großen Senats nunmehr auch dann an, wenn die vom Steuerpflichtigen einem Bilanzansatz zugrunde gelegte Rechtsauffassung der seinerzeit von der Finanzverwaltung und/oder Rechtsprechung gebilligten Bilanzierungspraxis entsprach. Auch in einem solchen Fall ist allein die im

---

656 Ein noch nicht eingereichter Abschluss kann jederzeit berichtigt und geändert werden.

657 Gem. § 88 AO auch von Amts wegen durchzuführen; es ist jedoch § 90 AO zu beachten, der eine Mitwirkungspflicht der Beteiligten vorsieht. Dabei sind steuerlich bedeutsame Tatbestände auch dann anzugeben, wenn sie auf gesetz- oder sittenwidrigem Handeln (§ 40 AO) oder unwirksamen Rechtsgeschäften (§ 41 AO) beruhen; für die bekannt gegebenen Tatbestände unterliegt der Amtsträger (§§ 7, 30 Abs. 3 AO) dem Steuergeheimnis (§ 30 Abs. 1 und 2 AO), Durchbrechung: § 30 Abs. 4 und 5 AO.

658 BFH, Beschluss v. 31.1.2013, GrS 1/10, BFH/NV 2013, S. 832, mit diesem Beschluss wurde der subjektive Fehlerbegriff aufgegeben.

Zeitpunkt der endgültigen Entscheidung maßgebliche, objektiv zutreffende Rechtslage zugrunde zu legen.

Unter Bezugnahme auf die vorstehende Entscheidung des Großen Senats wurde auch für die *Handelsbilanz* in Fällen unklarer, auslegungsbedürftiger Vorschriften oder Standards, in denen sich ggf. strittige Bilanzrechtsfragen stellen, bestätigt, dass eine Auslegung und Anwendung des Unternehmens nicht zu akzeptieren und als fehlerhafte Rechnungslegung festzustellen ist, auch wenn die Rechtsansicht des Unternehmens zumindest nachvollziehbar und vertretbar ist. Für die Frage der Fehlerhaftigkeit der Rechnungslegung ist vielmehr grundsätzlich die objektiv richtige Rechtslage zugrunde zu legen.[659]

Nach Bestandskraft der Veranlagung ist eine *steuerliche* Bilanzberichtigung nur insoweit möglich, als die Veranlagung nach den Vorschriften der Abgabenordnung, insbesondere nach § 173 oder § 164 Abs. 2 AO, noch geändert werden kann oder die Bilanzberichtigung sich auf die Höhe der veranlagten Steuer nicht auswirken würde.

Bilanzierungsfehler sind grundsätzlich und vorrangig in der Bilanz des Wirtschaftsjahres zu berichtigen, in dem es zu der fehlerhaften Bilanzierung gekommen ist. Liegt für das Jahr, in dem es zu der fehlerhaften Bilanzierung gekommen ist, bereits ein Steuerbescheid vor, der aus verfahrensrechtlichen Gründen nicht mehr geändert werden kann, so ist nach dem Grundsatz des formellen **Bilanzenzusammenhangs** der unrichtige Bilanzansatz grundsätzlich in der ersten Schlussbilanz richtigzustellen, in der dies unter Beachtung der für den Eintritt der Bestandskraft und der Verjährung maßgeblichen Vorschriften möglich ist.[660] Der formelle Bilanzenzusammenhang durchbricht nicht die Bestandskraft der Veranlagung des Fehlerjahres. Der Bilanzierungsfehler wird vielmehr unter Beachtung der Zweischneidigkeit der Bilanz (§ 252 Abs. 1 Nr. 1 HGB: Bilanzidentität zwischen Endvermögen des Wirtschaftsjahres und Anfangsvermögen des Folgejahres) sowohl im Interesse eines zutreffenden periodenübergreifenden Gesamtgewinns als auch im Interesse der Praktikabilität in die Folgejahre transportiert und dort (unter Wahrung der verfahrensrechtlichen Schranken für den Erlass von Steuer- und Steueränderungsbescheiden) korrigiert.[661]

Wurde ein Fehler in einem Vorjahr mit bestandskräftiger Veranlagung nicht korrigiert, so kann in nachfolgenden Jahren der alte Fehler nicht unter Berufung auf den Bilanzenzusammenhang korrigiert werden, wenn in den Folgejahren die Bilanzansätze korrekt sind. Wurden in der Vergangenheit Sonderbetriebsausgaben oder Einlagen

---

659 OLG Frankfurt Wertpapiererwerbs- und Übernahmesenat, Beschluss v. 4.2.2019, WpÜG 3/16, WpÜG 4/16, AG 2019, S. 687-695; diese Entscheidung ist zwar zu einem IFRS-Abschluss ergangen, dürfte aber auch für einen HGB-Abschluss von Bedeutung sein, weil sich das OLG auf den GrS des BFH bezieht. Vgl. Ergänzend Ebeling/Häsner (Beschluss).
660 BFH, Urteil v. 19.7.2011, IV R 53/09, BFHE 234, 221, BStBl II 2011, 1017, Rz 13.
661 BFH, Urteil v. 25.6.2014, I R 29/13, BFH/NV 2015, S. 27, Rz 20.

versehentlich in der Buchführung vergessen, so kann dieser Fehler dennoch nicht in einem Folgejahr unter Berufung auf den Bilanzenzusammenhang korrigiert werden, weil der Fehler des Vergessens nicht zu einem fehlerhaften Jahresabschluss im Jahr des Vergessens führte.[662]

> **Bilanzberichtigung und Bilanzenzusammenhang**   !
>
> Wird ein unzutreffender Bilanzansatz (hier: Warenbestand im Jahr xx03) entgegen den Grundsätzen des Bilanzzusammenhangs nicht in die Anfangsbilanz des Folgejahres (hier: xx04) übernommen und wird der auf dieser Grundlage ergehende Einkommensteuerbescheid bestandskräftig, kann dieser Fehler nicht im nachfolgenden Jahr (hier: xx05) korrigiert werden, wenn die Bilanzansätze in der Schlussbilanz des Vorjahres (hier: xx04) zutreffend sind.[663]

Weicht das Finanzamt (z. B. im Rahmen einer Betriebsprüfung) fehlerhaft von der Bilanz des Steuerpflichtigen ab, wird dieser Bilanzierungsfehler nicht Teil der maßgeblichen Steuerbilanz, die in den Folgejahren über den Bilanzenzusammenhang korrigiert werden könnte. In einem solchen Fall muss vielmehr die (richtige) Bilanz des Steuerpflichtigen für den Betriebsvermögensvergleich im Folgejahr herangezogen werden.[664]

15.2 Bilanzänderung

Von der Bilanzberichtigung zu unterscheiden ist die **Bilanzänderung** (§ 4 Abs. 2 S. 2 EStG), bei der der Steuerpflichtige einen richtigen Bilanzansatz durch einen anderen richtigen Bilanzansatz ersetzen darf. Voraussetzung für eine Bilanzänderung ist ein enger zeitlicher und sachlicher Zusammenhang mit einer Bilanzberichtigung (keine Bilanzänderung ohne vorherige Bilanzberichtigung!). Weiterhin darf die Auswirkung der Bilanzänderung auf den Gewinn nur bis zur Gewinnveränderung durch die Bilanzberichtigung reichen. Gewinn i. S. d. § 4 Abs. 2 S. 2 EStG ist der Bilanzgewinn i. S. d. § 4 Abs. 1 EStG und nicht der steuerliche Gewinn; § 4 Abs. 2 S. 2 EStG erlaubt daher eine Bilanzänderung lediglich in Höhe der sich aus der Steuerbilanz infolge der Bilanzänderung des § 4 Abs. 2 S. 1 EStG ergebenden Gewinnänderung und nicht in Höhe der sich aus einer Bilanzänderung ergebenden steuerlichen Gewinnänderung, die auf einer Hinzurechnung außerhalb der Steuerbilanz beruht.[665]

Handelsrechtlich kann von einer Bilanzberichtigung nur dann gesprochen werden, wenn ein bereits festgestellter Jahresabschluss zu berichtigen ist. Solange ein Jahresabschluss nicht festgestellt ist, befindet er sich ohnehin in der Aufstellungsphase,

---

662 BFH, Urteil v. 17.6.2019, IV R 19/16, BFH/NV 2019, S. 1288.
663 BFH, Beschluss v. 15.6.2010, X B 40/10, BFH/NV 2010, S. 1632.
664 FG Sachsen-Anhalt, Urteil v. 27.2.2019, 3 K 972/14, DStRE 2019, S. 985.
665 BFH, Urteil v. 27.5.2020, XI R 8/18, NWB OAAAH-60316.

sodass kein berichtigungsfähiges Objekt gegeben ist. Wird ein bereits geprüfter, aber noch nicht festgestellter Jahresabschluss geändert, so hat der Abschlussprüfer die Unterlagen erneut zu prüfen, soweit es die Änderung erfordert (§ 316 Abs. 3 HGB).

Sowohl eine Bilanzberichtigung als auch eine Bilanzänderung werden *handelsrechtlich* für zulässig gehalten.[666] Dabei wird jedoch davon ausgegangen, dass Berichtigungen/Änderungen des Jahresabschlusses nach seiner Feststellung zu vermeiden sind, da i. d. R. eine Berichtigung im nächst erreichbaren Jahresabschluss ausreichend ist. Wird ein bereits festgestellter Jahresabschluss berichtigt/geändert, so ist auch die Feststellung und ggf. die Offenlegung zu wiederholen.

Bei **Nichtigkeit** des Jahresabschlusses ist seine Berichtigung unumgänglich.

---

666 Schubert (Beck Bil-Komm.) § 253 Tz. 806 f. und 835 ff.

16 Verletzungen der Regelungen zum Jahresabschluss und zur Buchführung

16.1 Der fehlerhafte Jahresabschluss als Verletzungsfolge

Jahresabschlüsse sind entsprechend den bestehenden Regelungen über die Bilanzierung und Bewertung, Jahresabschlussprüfung und den Grundsätzen ordnungsmäßiger Buchführung zu erstellen (**Compliance** der Jahresabschlusserstellung)[667]. Soweit in diesen Regelungen keine Wahlmöglichkeiten für den Bilanzierenden enthalten sind, stellen sie zwingendes Recht dar, gegen das nicht verstoßen werden darf.

Trotzdem kommt es in der Praxis häufig zu Verletzungen eben dieser Regelungen (**Bilanzverstöße**). Die Gründe dafür sind vielfältig. Gerade in kleineren Unternehmungen wird es oft die Unkenntnis bestehender Regelungen sein, die den Bilanzierenden zu einer ungewollten Verletzung von Rechnungslegungsregelungen führt; unzureichende kaufmännische Kenntnisse im Unternehmen selbst und ggf. eine nicht ausreichende Hilfe und Überwachung durch einen beauftragten Steuerberater sind der Grund. In größeren Unternehmungen ist es eher das möglichst weitgehende Ausschöpfen gegebener Spielräume zu bilanzpolitischen Zwecken, das zu einer Überschreitung gesetzlich gezogener Grenzen führen kann. Dazu kommen noch jene Verletzungen, die aus betrügerischen Absichten bewusst angestrebt werden, um bestimmte Ziele (z. B. Steuerminderung) zu erreichen.

Um derartige **Regelverletzungen** zu unterbinden, oder, wenn dies nicht (mehr) möglich ist, zu sanktionieren, bestehen verschiedene Vorschriften, die sich im Wesentlichen nur im Handelsgesetzbuch, in der Abgabenordnung und im Strafrecht finden. Im handelsrechtlichen Bereich ist darüber hinaus fast nur die Handelsbilanz von Kapitalgesellschaften geschützt (Ausnahme z. B. § 17 ff. PublG). Auch im Bereich der Rechtsfolgen besteht deshalb, insbesondere für Einzelkaufleute und Personengesellschaften eine »Umkehrung des Maßgeblichkeitsprinzips«, da die Handelsbilanz in vielen Fällen nur durch abgabenrechtliche Normen indirekt geschützt ist.

16.2 Allgemeine Sanktionen

Wie bereits erklärt wurde, stellt das Handelsrecht im HGB zwar eine Buchführungs- und Bilanzierungspflicht auf, es werden jedoch nur wenig Rechtsfolgen angedroht für den Fall, dass diesen Pflichten entweder durch Schlechterfüllen oder durch Nichter-

---

667 Tanski (Accounting-Compliance).

füllen nicht gefolgt wird. Insbesondere ist die Versagung des Bestätigungsvermerks (und damit die Testierung der mangelhaften Buchführung) durch den Abschlussprüfer von keinen direkten Rechtsfolgen berührt.

Da es sich bei den im HGB kodifizierten Rechnungslegungsvorschriften um eine Generalnorm (Lex generalis) handelt, greifen ggf. die Spezialvorschriften für bestimmte Rechtsformen oder Branchen (Lex specialis). Darüber hinaus sind durch die Abgabenordnung verschiedene Rechtsfolgen angedroht, die über die bereits erwähnte »Umkehrung des Maßgeblichkeitsprinzips« eine ordnungsmäßige Rechnungslegung erzwingen. Insbesondere ist zu beachten, dass aufgrund des Maßgeblichkeitsprinzips eine gültige Steuerbilanz regelmäßig nur dann vorliegt, wenn auch die Handelsbilanz gültig ist, d. h. dass die Nichtigkeit der Handelsbilanz grundsätzlich die Nichtigkeit der Steuerbilanz zur Folge hat.

Trotzdem ist die aufgrund der §§ 238 ff. HGB erstellte Handelsbilanz nicht gänzlich ungeschützt. **Rechtsfolgen** treten allerdings oft nur als Folge bestimmter Ereignisse ein: Zum Beispiel muss der Insolvenzfall eintreten, damit der buchführungspflichtige Kaufmann ggf. nach §§ 283 Abs. 1 und 283 b StGB bestraft werden kann; weiterhin gelten bestimmte Vorschriften des Strafgesetzbuchs auch, wenn Regelungen zum Jahresabschluss verletzt wurden.

Ist gegen den buchführungspflichtigen Kaufmann ein Zivilverfahren eingeleitet worden, so ergeben sich auch aus der Zivilprozessordnung verschiedene Rechtsfolgen, die Parallelen zur Abgabenordnung aufweisen.

Ist eine Personenmehrheit (Vorstand, mehrere Geschäftsführer etc.) für die Erfüllung der Buchführungspflichten etc. verantwortlich, so kann sich die Frage nach der **Verantwortung** eines »nicht zuständigen« Mitglieds stellen. Nach Auffassung des BGH[668] setzt eine **Geschäftsverteilung** oder Ressortaufteilung auf der Ebene der Geschäftsführung eine klare und eindeutige Abgrenzung der Geschäftsführungsaufgaben aufgrund einer von allen Mitgliedern des Organs mitgetragenen Aufgabenzuweisung voraus, die die vollständige Wahrnehmung der Geschäftsführungsaufgaben durch hierfür fachlich und persönlich geeignete Personen sicherstellt und ungeachtet der Ressortzuständigkeit eines einzelnen Geschäftsführers die Zuständigkeit des Gesamtorgans insbes. für nicht delegierbare Angelegenheiten der Geschäftsführung wahrt. Das aufgrund einer Aufgabenverteilung »nicht zuständige« Mitglied der Geschäftsführung hat dabei auf jeden Fall eine **Kontroll- und Überwachungspflicht** gegenüber dem »zuständigen« Mitglied. Eine Geschäfts- oder Ressortverteilung bedarf nicht zwingend der Schriftform[669] oder einer ausdrücklichen Absprache, wenngleich die

---

668   BGH, Urteil v, 6.11.2018, II ZR 11/17, DB 2019 S. 300 Nr. 6.
669   Die Schriftform wird jedoch regelmäßig vom BFH gefordert, sodass darauf nicht verzichtet werden sollte.

schriftliche Dokumentation regelmäßig das naheliegende und geeignete Mittel für eine klare und eindeutige Aufgabenabgrenzung darstellt. Ob und ggf. in welchem Umfang eine solche Dokumentation erforderlich ist, muss unter Berücksichtigung der konkreten Verhältnisse im Einzelfall bestimmt werden.

Gem. §§ 258 f. HGB kann das Gericht in einem Rechtsstreit die **Vorlage der Handelsbücher** verlangen (§ 258 Abs. 1 HGB). Wenn zur Klärung des Sachverhalts nur ein Teil der Handelsbücher erforderlich ist, so beschränkt sich die Vorlegungspflicht auf diesen Teil, da nicht benötigte Teile nicht unnötig aufgedeckt werden sollen, insbesondere soweit dies dem Interesse des Kaufmanns zuwiderläuft (§ 259 HGB). Da § 258 HGB nur die Vorlagepflicht für Handelsbücher begründet, kann allein aus dieser Norm keine Vorlagepflicht für Bilanzen oder Inventare abgeleitet werden.[670]

Weitergehende Vorlagepflichten kennt dagegen die Zivilprozessordnung, deren Vorschriften durch handelsrechtliche Regelungen unberührt bleiben (ausdrückliche Klarstellung durch § 258 Abs. 2 HGB). So kann in einem Rechtsstreit der Kaufmann zur Bilanzvorlage vor dem Gericht gem. § 422 ZPO verpflichtet sein, wenn die beweisführende Partei ein Recht auf die Vorlage hat (hier insbes. § 810 BGB, aber auch § 716 BGB). Wer auf in seinen Händen befindliche Urkunden (z. B. Bilanzen) Bezug nimmt, ist ebenfalls zur Vorlage verpflichtet (§ 423 ZPO).

Wird in einem Verfahren dem Gericht eine Bilanz als Beweis vorgelegt, so ist das Gericht gehalten, sie nach dem Grundsatz der freien Beweiswürdigung zu bewerten (§ 286 ZPO). Der Richter hat gewissenhaft zu prüfen und abzuwägen, ob der Inhalt der Bilanz als wahr zu erachten ist. Dabei muss der Richter nicht bloß von der Wahrscheinlichkeit, sondern von der Wahrheit persönlich überzeugt sein. Dies gilt nur für den Zivilprozess, im Fall des § 162 AO reicht bereits die Wahrscheinlichkeit aus.

Hat der zur Buchführung verpflichtete Kaufmann keine oder keine vollständige Bilanz erstellt (**Nichtaufstellung**, prozessrechtlich: **Nichterfüllung**), so kann der Gläubiger gem. § 887 ZPO vom Prozessgericht ermächtigt werden, die Bilanz auf Kosten des Kaufmanns erstellen zu lassen. Voraussetzung ist das Vorliegen eines vollstreckbaren Titels;[671] weiterhin musste dem Kaufmann ausreichend Gelegenheit gegeben werden, die Bilanz in angemessener Frist selbst zu erstellen. Soweit die Mitwirkung des Kaufmanns notwendig ist, greift § 888 ZPO (vgl. unten).

---

670 Leinen/Paulus, in: Bertram u. a. (Haufe HGB Bilanz Kommentar), § 258 Tz. 7.
671 Urteil nach einem Rechtsstreit; §§ 704 ff. ZPO.

Leistet der Kaufmann Widerstand, so kann zur Beseitigung des Widerstands ein Gerichtsvollzieher hinzugezogen werden (§ 892 ZPO), der wiederum kann nötigenfalls die Polizei hinzuziehen. Selbsthilfe steht dem Gläubiger zwar zu, jedoch nur soweit dies gem. § 229 BGB zulässig ist. Dies sind für die Praxis zwar Grenzfälle, sie treten jedoch z. B. dann ein, wenn der Kaufmann versucht, die Bundesrepublik Deutschland mit beweiskräftigen Unterlagen zu verlassen, oder wenn er versucht, diese Unterlagen zu vernichten.

§ 887 ZPO greift nur, wenn ein Dritter in der Lage ist, die Bilanz selbständig zu erstellen (**vertretbare Handlung**). Wenn dies nicht möglich ist, z. B. weil die Bilanz nicht ohne Mitwirkung (z. B. durch Erklärungen) des verpflichteten Kaufmanns erstellt werden kann, oder weil es dem Gerichtsvollzieher nicht gelang, unter Durchsuchung der Geschäftsräume bzw. der Wohnung (§ 758[672] i. V. m. § 892 ZPO) die für die Bilanzerstellung notwendigen Unterlagen zu finden, so kann die die Bilanz nicht von einem Dritten erstellt werden (**unvertretbare Handlung**).

Im Fall der unvertretbaren Handlung kann der pflichtige Kaufmann, wenn die Bilanzerstellung ausschließlich von seinem Willen abhängig ist, durch die Festsetzung eines Zwangsgelds bis zum Betrag von 25.000 Euro oder durch die Festsetzung einer Zwangshaft zur Vornahme der Bilanzerstellung angehalten werden (§ 888 ZPO); dies gilt auch, wenn eine Bilanz zu vervollständigen oder zu korrigieren ist. Die Wahl des Zwangsmittels steht im pflichtgemäßen Ermessen des Gerichts. Voraussetzungen sind auch hier ein vollstreckbarer Titel sowie die Einräumung einer angemessenen Frist.

16.3 Handelsrechtliche Sanktionen bei Kapitalgesellschaften

16.3.1 Festsetzung von Bußgeldern bei Ordnungswidrigkeiten

Um die Mitglieder des vertretungsberechtigten Organs (Vorstand, Komplementär, Geschäftsführer) und des Aufsichtsrats einer *Kapitalgesellschaft* zu gesetzmäßigem Tun anzuhalten, sind durch § 334 HGB Bußgeldvorschriften gegeben, durch die bestimmte Ordnungswidrigkeiten sanktioniert werden. Als **Ordnungswidrigkeit** i. S. des § 334 Abs. 1 HGB wird eine Tat geahndet, die durch eine der genannten Personen dadurch begangen wird, dass diese einer bestimmten (im Gesetz genannten) Vorschrift zuwiderhandelt

---

672 Vgl. entsprechend § 287 AO. Außer bei Gefahr im Verzug ist die Durchsuchung wegen des Art. 13 Abs. 2 GG nur aufgrund einer richterlichen Anordnung zulässig (Beschluss des BVerfG v. 3.4.1979, 1 BvR 994/76, BVerfGE 51, S. 97).

1. bei der Aufstellung oder Feststellung des Jahresabschlusses
   a) über Form und Inhalt,
   b) über die Bewertung,
   c) über die Gliederung oder
   d) über die in der Bilanz oder im Anhang zu machenden Angaben;
2. bei der Aufstellung des Konzernabschlusses
   a) über den Konsolidierungskreis,
   b) über Inhalt und Form,
   c) über die Konsolidierungsgrundsätze oder das Vollständigkeitsgebot,
   d) über die Bewertung,
   e) über die Behandlung assoziierter Unternehmen oder
   f) über die im Anhang zu machenden Angaben;
3. bei der Aufstellung des Lageberichts über den Inhalt des Lageberichts;
4. bei der Aufstellung des Konzernlageberichts über den Inhalt des Konzernlageberichts;
5. bei der Offenlegung, Veröffentlichung oder Vervielfältigung über Form oder Inhalt oder
6. einer aufgrund des § 330 S. 1 HGB erlassenen Rechtsverordnung, soweit sie für einen bestimmten Tatbestand auf den § 334 HGB verweist.

Weitere Bußgeldvorschriften bestehen für Mitwirkende bei Abschlussprüfungen (§ 344 Abs. 2 HGB) und für Mitglieder eines Prüfungsausschusses (§ 344 Abs. 2a HGB).

Der mögliche **Täterkreis** ist durch diese Norm bestimmt; da jedoch ergänzend das Gesetz über Ordnungswidrigkeiten gilt, wird durch § 9 Abs. 2 OWiG der Täterkreis auch auf Arbeitnehmer (z. B. Buchhalter) und Berater (z. B. Steuerberater) ausgedehnt, wenn diesen Personen die Aufstellung der bußgeldbewerten Unterlagen in eigener Verantwortung übertragen wurde.

Die Ordnungswidrigkeit muss vorsätzlich begangen werden, damit sie verfolgt werden kann (§ 10 OWiG); jedoch reicht bedingter Vorsatz.

Das **Bußgeld** für eine der genannten Ordnungswidrigkeiten kann bis zu 50.000 Euro festgesetzt werden (§ 334 Abs. 3 HGB). Im Fall von kapitalmarktorientierten Kapital-gesellschaften besteht eine Bußgeldandrohung (§ 344 Abs. 3a HGB) bis zu

- 2 Mio. Euro,
- 5 % des jährlichen Gesamtumsatzes oder
- dem 2-Fachen des aus der Ordnungswidrigkeit gezogenen Vorteils.

Die Verjährungsfristen werden durch die Höhe der Bußgeldandrohung bestimmt. Die Verjährungsfrist beträgt für Ordnungswidrigkeiten, die mit einem Bußgeld von mehr als 15.000 Euro bedroht sind, drei Jahre, für Ordnungswidrigkeiten, für die ein Bußgeld von 2.500 bis 15.000 Euro festgesetzt ist, zwei Jahre und für Ordnungswidrigkeiten, die mit 1.000 bis 2.500 Euro Bußgeld geahndet werden, ein Jahr. Alle anderen Ordnungswidrig-keiten verjähren innerhalb von sechs Monaten (§ 31 OWiG).

16.3.2   Zwangsgelder bei Pflichtverletzungen

Werden bestimmte gesetzlich geforderte Handlungen nicht vorgenommen, so kann die Vornahme durch die Festsetzung eines Zwangsgelds erzwungen werden. Durch § 335 HGB können die Mitglieder des vertretungsberechtigten Organs einer Kapital-gesellschaft, die den Pflichten zur **Offenlegung** (§§ 325, 325a HGB) nicht oder nicht fristgemäß nachkommen, mit einem **Ordnungsgeld** bis zur Höhe der vorstehend genannten Bußgelder belegt werden.

16.3.3   Besonderheiten beim aktienrechtlichen Jahresabschluss

Bei Verletzungen von Regelungen zum aktienrechtlichen Jahresabschluss ist eine Vielzahl von Rechtsfolgen vorgesehen, die in folgender Abbildung dargestellt sind. In dieser Übersicht wurde jedoch aus zwei Gründen eine wesentliche Rechtsfolge nicht mit erfasst. Bei dieser handelt es sich um die Versagung oder Einschränkung des Bestätigungsvermerks durch den Abschlussprüfer, da dies erstens keine weiteren Rechtsfolgen nach sich zieht, und da die Abschlussprüfung zweitens als Erstellungs-akt des Jahresabschlusses angesehen wird.

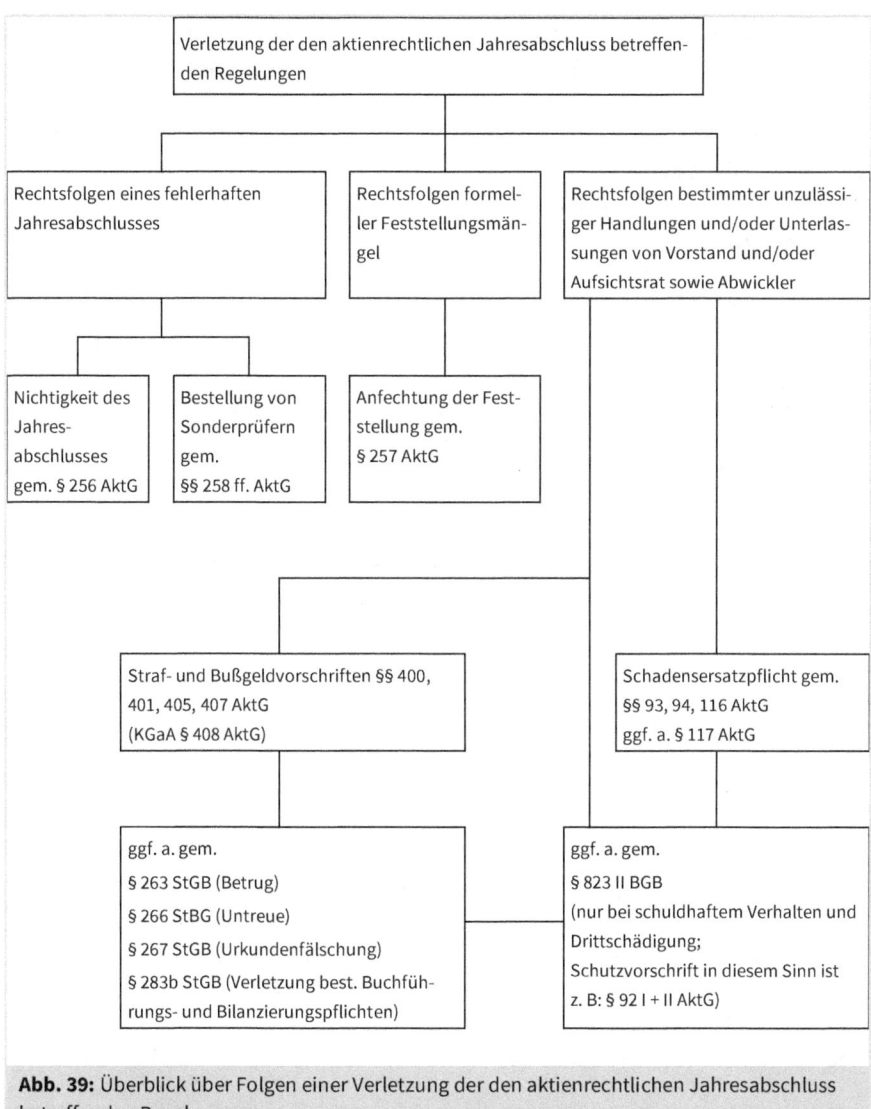

Abb. 39: Überblick über Folgen einer Verletzung der den aktienrechtlichen Jahresabschluss betreffenden Regelungen

16.3.4 Nichtigkeit des Jahresabschlusses

Die bedeutendste (aber partiell wirkungslose) Rechtsfolge einer Verletzung ist die Nichtigkeit des gesamten Jahresabschlusses gem. § 256 AktG. Der Begriff der **Nichtigkeit** ist in Anlehnung an den bürgerlich-rechtlichen Nichtigkeitsbegriff (insb. §§ 134, 139 BGB) zu verstehen, deshalb ist ein nichtiger Jahresabschluss stets von Anfang an nichtig, ebenso wenig gibt es i. d. R. eine Teilnichtigkeit des Jahresabschlusses. Die Nichtigkeit kann nur dadurch beseitigt werden, dass die Ursache der Nichtigkeit beseitigt wird (vgl. 0).

Die Nichtigkeit des Jahresabschlusses umfasst das gesamte korporationsrechtliche Rechtsgeschäft bestehend aus[673]

- Vorlage des Jahresabschlusses durch den Vorstand,
- Billigungsbeschluss des Aufsichtsrats und
- Schlusserklärung des Aufsichtsrats zum Prüfungsbericht.

AktG	§ 256 I Nr. 3	§ 256 II	§ 256 III Nr. 1	§ 256 III Nr. 2	§ 256 I Nr. 4
Nichtigkeitsgrund	Prüfung des JA durch Nicht-WP oder durch nicht bestellte WP	nicht ordnungsmäßige Mitwirkung von Vorstand oder Aufsichtsrat an der Freistellung	beschlussfassende HV war nicht gem. § 121 II + III AktG einberufen	fehlende Beurkundung der Freistellung gem. § 130 AktG	Verletzung von Bestimmungen über Einstellung und Entnahme von offenen Rücklagen
Heilung	Heilung gem. § 256 VI AktG nach 6 Monaten seit Bekanntmachung des Jahresabschlusses; Fristhemmung bei Rechtshängigkeit				
Beseitigung der Nichtigkeit	durch erneute Prüfung durch bestellten WP	durch Wiederholung der Feststellung			

Nichtigkeitsgrund	Verletzung von bestimmten Schutzvorschriften	wesentliche Beeinträchtigung von Klarheit und Übersichtlichkeit bei Verstoß gegen bestimmt Vorschriften	bestimmte Über- oder Unterbewertung von Posten (beachte auch § 258 I Nr. 1 AktG)	keine Prüfung gem. § 316 I + III HGB	rechtskräftige Nichtigkeitserklärung	§§ 173 III, 234 III, 235 II AktG
Heilung	Heilung gem. § 256 VI AktG nach 3 Jahren seit Bekanntmachung des Jahresabschlusses; Fristhemmung bei Rechtshängigkeit			keine Heilung möglich		
Beseitigung der Nichtigkeit	durch Änderung des Jahresabschlusses mit erneuter Prüfung und Feststellung			durch Vornahme der Prüfung	durch Beseitigung des spez. Nichtigkeitsgrunds	

Abb. 40: Nichtigkeitsgründe des Aktiengesetzes für den Jahresabschluss

---

673   BGH, Urteil v. 15.11.1993, II ZR 235/92, NJW 1994, S. 520.

16.3.5 Sonderprüfung wegen unzulässiger Unterbewertung

Wegen bestimmter weiterer materieller Mängel kann beim Gericht die Bestellung von Sonderprüfern gem. § 258 AktG beantragt werden, soweit diese Mängel nicht bereits zur Nichtigkeit geführt haben. Die **Sonderprüfung** ist vom Gericht anzusetzen, wenn Anlass zu der Annahme besteht, dass

1. in einem festgestellten Jahresabschluss bestimmte Posten wesentlich unterbewertet sind (d. h., dass wesentliche stille Reserven gebildet wurden), oder
2. der Anhang die vorgeschriebenen Angaben nicht oder nicht vollständig enthält und der Vorstand in der Hauptversammlung die fehlenden Angaben, obwohl nach ihnen gefragt worden ist, nicht gemacht hat und die Aufnahme der Frage in die Niederschrift verlangt worden ist.

Im Fall der **Unterbewertung** von Posten sind die unterschiedlichen Bestimmungen der § 256 Abs. 5 Nr. 2 und § 258 Abs. 1 Nr. 1 AktG zu beachten. **Nichtigkeit** tritt bei jeder Unterbewertung ein, durch die die Vermögens- und Ertragslage der Gesellschaft vorsätzlich unrichtig wiedergegeben oder verschleiert wird. Die Möglichkeit, Sonderprüfer zu bestellen, ist bei jeder Unterbewertung gegeben, die als nicht unwesentlich angesehen werden muss.

Im Verhältnis von § 256 AktG zu § 258 AktG ist zu beachten, dass die Nichtigkeit des Jahresabschlusses ohne Antrag aufgrund der gesetzlichen Vorschrift gegeben ist und entsprechend Beseitigung des Nichtigkeitsgrunds fordert (es sei denn, dass Heilung eingetreten ist), während Sonderprüfer nur auf Antrag von Aktionären innerhalb eines Monats nach der Hauptversammlung zum Jahresabschluss bestellt werden (§ 258 Abs. 2 AktG) und die Anhörung von Vorstand, Aufsichtsrat und Abschlussprüfer vorgeschrieben ist (§ 258 Abs. 3 AktG). Bestätigen die Sonderprüfer die Unterbewertung, so werden die beanstandeten Posten erst im nächsten erreichbaren Jahresabschluss korrigiert (§ 261 AktG).

16.3.6 Anfechtung der Feststellung

Neben den Rechtsfolgen der Nichtigkeit und der Sonderprüfung besteht für die Aktionäre noch die Möglichkeit, die Feststellung des Jahresabschlusses durch die Hauptversammlung anzufechten (§ 257 AktG). Die **Anfechtung** kann jedoch nur darauf gestützt werden, dass die Feststellung formelle Mängel aufweist, nicht jedoch darauf, dass der Inhalt des Jahresabschlusses gegen Gesetz und Satzung verstößt (in letztem Fall bestehen ggf. nur Nichtigkeit und Anspruch auf Sonderprüfung; es ist jedoch zu beachten, dass bestimmte Formmängel der Feststellung bereits gem. § 256 Abs. 3 Nr. 1 und 2 AktG ebenfalls zur Nichtigkeit führen). Insgesamt bleibt damit für die Durchführung der Anfechtung (gem. §§ 243 ff. AktG) nur ein sehr geringer Anspruchsraum.

16.4 Strafrechtliche Sanktionen

16.4.1 Normen im Handelsrecht

Mit Freiheitsstrafe bis zu drei Jahren oder mit Geldstrafe werden nicht der Wahrheit entsprechende (unrichtige Wiedergabe) oder verschleierte Angaben gem. § 331 HGB bei Organmitgliedern von *Kapitalgesellschaften* geahndet, wenn diese Angaben in Eröffnungsbilanz, Jahresabschluss oder Lagebericht der Darstellung der Verhältnisse der Kapitalgesellschaft dienen. Entsprechendes gilt für die Verhältnisse im Konzern (§ 331 Nr. 2 HGB) und bei Aufklärungen und Nachweisen gem. § 320 HGB gegenüber den Abschlussprüfern (§ 331 Nr. 4 HGB).

Straftatbestand ist nach dieser Vorschrift grundsätzlich jede **unrichtige Darstellung;** dabei ist es unerheblich, in welcher Form (Geschäftsbericht, Vortrag etc.) oder bei welcher Gelegenheit (Hauptversammlung, Kreditverhandlung etc.) die Tat begangen wird. Da die Strafbarkeit jedoch auf eine unrichtige Darstellung in Eröffnungsbilanz, Jahresabschluss oder Lagebericht eingeschränkt ist, bleiben nach dieser Vorschrift unrichtige Darstellungen in einem anderen Zusammenhang als mit diesen genannten Instrumenten der Rechnungslegung straffrei. So bleibt beispielsweise nach dieser Vorschrift straffrei, wer ein insolvenzreifes Unternehmen allgemein positiv und lebensfähig darstellt, ohne dabei z. B. auf den – richtigen – Jahresabschluss Bezug zu nehmen.

Eine unrichtige Wiedergabe oder Verschleierung sind beispielsweise die Einstellung fiktiver Posten in den Jahresabschluss, eine unrichtige Gliederung und die unzutreffende Bewertung von Aktiv- und Passivposten.

Wenn in einem befreienden (§ 291 f. HGB) Konzernabschluss oder Konzernlagebericht die Verhältnisse des Konzerns unrichtig wiedergegeben oder verschleiert worden sind, wird das Mitglied des vertretungsberechtigten Organs einer Kapitalgesellschaft bestraft, wenn dieser Konzernabschluss oder -lagebericht von ihm vorsätzlich oder leichtfertig offengelegt wird (§ 331 Nr. 3 HGB). Diese Strafvorschrift ist notwendig, da der befreiende Konzernabschluss im Ausland aufgestellt werden kann, weshalb eine Bestrafung bei unrichtiger Darstellung dann oft nicht möglich sein wird. Deshalb wird hier derjenige mit Strafe bedroht, der diesen Konzernabschluss im Inland offenlegt.

Täter für eine der genannten Straftaten kann ein Mitglied des Vorstands, ein Komplementär, ein Geschäftsführer oder eine Personenmehrheit aus diesem Personenkreis sein. Ein Mittäter i. S. des § 25 Abs. 2 StGB (z. B. Abteilungsleiter, Buchhalter, Steuerberater, Wirtschaftsprüfer) ist wegen Beihilfe zu bestrafen (§ 27 StGB), wenn er die Beihilfe vorsätzlich begangen hat. Jedoch ist auch denkbar, dass ein leitender Angestellter oder Berater selbst Täter i. S. des § 14 Abs. 2 StGB sein kann.

Die **Verjährungsfrist** für diese Straftaten beträgt gem. § 78 Abs. 3 Nr. 4 StGB fünf Jahre. Die Frist beginnt mit der Beendigung der Tat.

Rechtsformspezifische Strafvorschriften finden sich für die *Aktiengesellschaft* im § 400 AktG. Dort werden die unrichtige Darstellung in der Hauptversammlung und die unrichtige Darstellung gegenüber den Abschlussprüfern unter Strafe gestellt, sofern die Tat nicht bereits gem. § 331 HGB geahndet wird.

Für die dem Publizitätsgesetz unterliegenden Unternehmen finden sich Strafvorschriften für die Ahndung von unrichtigen Darstellungen in § 17 PublG; diese Vorschrift entspricht § 331 HGB.

Im Zusammenhang mit der Verletzung von Regelungen zum Erstellen von Jahresabschlüssen müssen ggf. auch die Strafvorschriften der § 332 HGB und § 403 AktG gesehen werden, die eine unrichtige Darstellung durch den Abschlussprüfer unter Strafe stellen.

16.4.2 Normen im Strafgesetzbuch

Bestraft wird wegen **Bankrott** gem. § 283 StGB, wer bei **Überschuldung** oder bei drohender oder eingetretener **Zahlungsunfähigkeit** (**Krisenzeitraum**) die in § 283 Absatz 1 Nr. 5–7 StGB genannten Handlungen (**Manipulation der Buchführung und des Jahresabschlusses**) vornimmt und dadurch die Übersicht über seinen Vermögensstand erschwert.

Die Tat ist aber nur dann strafbar, wenn der Täter seine Zahlungen eingestellt hat oder über sein Vermögen das **Insolvenzverfahren** eröffnet oder der Eröffnungsantrag mangels Masse abgewiesen worden ist (§ 283 Abs. 6 StGB).

Strafbar macht sich nach § 283 Abs. 1 StGB nur derjenige, der die in § 283 Abs. 1 Nr. 1 bis Nr. 8 StGB näher beschriebenen Tathandlungen bei **Überschuldung** oder drohender oder eingetretener **Zahlungsunfähigkeit** der Gesellschaft begeht. Daher ist ein Verstoß gegen die **Bilanzerstellungspflicht** i. S. des § 283 Abs. 1 Nr. 7 Buchst. b StGB nicht anzunehmen, wenn bei Ablauf der Bilanzfrist (§§ 242, 264 Abs. 1 S. 3, 267 HGB) die Zahlungsunfähigkeit der Gesellschaft noch nicht eingetreten war.[674]

---

674 BGH v. 5.11.1997, 2 StR 462/97, BB 1998, S. 476.

Zahlungsunfähigkeit liegt nach § 17 Abs. 2 S. 1 InsO vor, wenn der Schuldner (objektiv) nicht in der Lage ist, die fälligen Zahlungspflichten zu erfüllen. Auf die nach früherem Recht geforderten Merkmale der »Dauer« und der »Wesentlichkeit« kommt es nicht mehr an. In der Regel manifestiert sich die Zahlungsunfähigkeit durch Zahlungseinstellung, die dann vorliegt, wenn der Schuldner für die betreffenden Verkehrskreise erkennbar nicht in der Lage ist, seine fälligen Zahlungsverpflichtungen gegenüber dem Gläubiger zu erfüllen. Eine bloße Zahlungsunwilligkeit oder Zahlungsstockung reicht nicht aus. Eine Zahlungsunfähigkeit kann durch Wiederaufnahme der Zahlungen beseitigt werden.[675]

Die Tat ist begangen, sobald und solange der Täter die erforderlichen Eintragungen in die Handelsbücher schuldhaft nicht vornimmt oder vornehmen lässt.[676]

Eine Strafbarkeit nach § 283 Abs. 1 Nr. 5 oder Nr. 7b StGB entfällt bei rechtlicher oder tatsächlicher Unmöglichkeit zur Buchführung oder Bilanzerstellung. Eine solche Unmöglichkeit wird etwa dann angenommen, wenn sich der Täter zur Erstellung einer Bilanz oder zu ihrer Vorbereitung der Hilfe eines Steuerberaters bedienen muss und er die erforderlichen Kosten nicht aufbringen kann.[677] Unabhängig davon könnte evtl. in Betracht zu ziehen sein, dass ein Geschäftsführer, der ein Unternehmen betreibt, so rechtzeitig Vorsorge zu treffen hat, dass das Führen der Bücher und Erstellen der Bilanzen gerade auch in der Krise, bei der dem Führen ordnungsgemäßer Bücher besondere Bedeutung zukommt, gewährleistet ist.[678] Auf mangelnde Zahlungsfähigkeit kann sich nicht berufen, wer

- als »Einzelhandels- bzw. Großhandelskaufmann« ausgebildet, selbst in der Lage ist, eine den Anforderungen des § 238 HGB entsprechende Buchhaltung zu erstellen oder wer
- ein Handelsgewerbe betreibt oder als **Organ** eine ins Handelsregister einzutragende juristische Person leitet und daher gemäß § 238 HGB (gegebenenfalls i. V. m. § 241a HGB) buchführungspflichtig ist und deshalb regelmäßig die Gewähr dafür bietet, zur Führung der Bücher und Erstellung der Bilanzen auch selbst in der Lage zu sein.[679]

Die Straftatbestände der **Verletzung der Buchführungspflicht** (§ 283 b StGB) stimmen weitestgehend mit den Tathandlungen des § 283 Abs. 1 Nr. 5–7 StGB überein, auch die objektive Strafbarkeitsbedingung des § 283 Abs. 6 StGB gilt gem. § 283b Abs. 3 StGB. Erweitert ist diese Strafvorschrift dadurch, dass die Verletzung der Buchführungspflicht auch außerhalb des Krisenzeitraums begangen worden sein kann,

---

675   ArbG Naumburg v. 13.6.2007, 2 Ca 3403/06.
676   BayObLG v. 19.4.1983, 4 St 31/83.
677   BGH-Beschluss v. 30.1.2003, 3 StR 437/02, NStZ 2003, S. 546.
678   BGH-Beschluss v. 20.10.2011, 1 StR 354/11, NStZ 2012, S. 511.
679   BGH-Beschluss v. 20.10.2011, 1 StR 354/11, NStZ 2012, S. 511.

und dadurch, dass der Täter auch dann strafbar wird, wenn er die eingetretene Krise ohne Fahrlässigkeit nicht kennt.

Aufgrund der *objektiven Strafbarkeitsbedingung* setzt § 283b StGB eine Beziehung zwischen der Verletzung der Buchführungs- und Bilanzierungspflicht und dem wirtschaftlichen Zusammenbruch des Täters oder des von ihm geführten Unternehmens voraus. Die Verletzung dieser Pflichten ist nicht strafbar, wenn es nicht zum Zusammenbruch kommt.

Eine Verurteilung nach § 283b Abs. 1 Nr. 3 StGB kommt nur in Betracht, wenn zwischen der verspäteten Bilanzerstellung und dem wirtschaftlichen Zusammenbruch der Gesellschaft ein tatsächlicher Zusammenhang festgestellt wird. Die unterlassene Bilanzierung muss zum Zeitpunkt des Zusammenbruchs noch irgendwelche Auswirkungen haben, die sich als gefahrenerhöhende Folge der Pflichtverletzung darstellen.[680]

Ein Zusammenhang derart, dass die Verletzung für den Zusammenbruch kausal gewesen sein muss, ist dafür jedoch nicht zu fordern;[681] es reicht aus, wenn die Bilanzierungspflicht bei Konkurseintritt noch nicht erfüllt war und vom Konkursverwalter nachgeholt werden musste.

Konkrete Formen des erforderlichen Zusammenhangs zwischen **Buchführungsdelikt** und Strafbarkeitsbedingung, die eine Bestrafung rechtfertigen, lassen sich nach der Auffassung des OLG Hamburg nur unter Beachtung des gesetzgeberischen Willens bestimmen, wie er in den von § 283b StGB angesprochenen Vorschriften des Handelsrechts zum Ausdruck kommt. Danach haben die Art und das Ausmaß des erforderlichen Zusammenhangs dem gesetzgeberischen Zweck der **Buchführungspflicht** Rechnung zu tragen, nämlich der Selbstinformation des Kaufmanns über seine wirtschaftliche Lage und dem Gläubigerschutz. Dem entspricht, den erforderlichen Zusammenhang zwischen Buchführungsdelikt und Strafbarkeitsbedingung nur dann anzunehmen, wenn das pflichtwidrige Unterlassen einer Buchführung und/oder Bilanzerstellung innerhalb der gesetzlich vorgeschriebenen Zeit auch Folgen zeigt, etwa weil die Säumnis das rechtzeitige Erkennen der bedrohlichen Geschäftslage verhindert oder aber die frühzeitige Beantragung der Eröffnung des Konkursverfahrens verzögert hat.

Hierbei genügt es allerdings, wenn für einen solchen Zusammenhang nahe liegende wirtschaftliche Erwägungen sprechen und dieser nicht auszuschließen ist. Eine Verpflichtung des Tatrichters, bei Feststellung des erforderlichen Zusammenhangs die

---

680 OLG Rostock 1. Strafsenat v. 7.4.2005, 1 Ss 393/04 I 5/05.
681 OLG Düsseldorf v. 27.9.1979, 5 Ss 391/79, NJW 1980, S. 1292, wonach der Tatbestand bei einer KG regelmäßig erfüllt ist, wenn die Bilanz nicht innerhalb des Bilanzaufstellungszeitraums erstellt ist.

theoretisch mögliche Geschäftsführung eines Unternehmens bei rechtzeitigem Vorliegen der Bilanz im Einzelnen nachzuvollziehen, besteht nicht.

Da der Verstoß gegen Buchführungs- und Bilanzierungspflichten als abstraktes Gefährdungsdelikt gefasst ist, wird vom Gericht grundsätzlich eine Gefährdung des geschützten Rechtsguts vermutet. Der Zusammenhang zwischen Buchführungsdelikt und Strafbarkeitsbedingung muss deshalb auszuschließen sein, wenn das Gericht den Angeklagten freisprechen will. Etwaige Zweifel gehen – ohne Verstoß gegen den Grundsatz »in dubio pro reo« – zulasten des Täters.[682]

Der Tatbestand des § 283b Abs. 1 Nr. 3 a StGB ist nicht erfüllt, wenn der Täter neben den ordnungsgemäß geführten Büchern und zutreffenden Bilanzen davon abweichende Bilanzen anfertigt, die dazu dienen sollen einzelne Geschäftspartner zu täuschen.[683]

Der Gläubiger eines Konkursunternehmens ist durch den § 823 Abs. 2 BGB i. V. m. §§ 283, 283b StGB nur dann geschützt, wenn die nach diesen Vorschriften verfolgte Tathandlung zu einer Schädigung des Gläubigers führte. Nicht notwendig ist jedoch, dass sich der Täter mit seiner Handlung gegen das Interesse des Gläubigers selbst richtet, sondern es genügt die Verletzung der Norm selbst.[684]

Durch das 1. Gesetz zur Bekämpfung der Wirtschaftskriminalität wurde der § 265b StGB, der den **Kreditbetrug** unter Strafe stellt, in das Strafgesetzbuch eingefügt. Bestraft wird, wer im Zusammenhang mit einem Kredit (Erlangung, Verlängerung etc.) über wirtschaftliche Verhältnisse unrichtige oder unvollständige Unterlagen, namentlich Bilanzen, Gewinn- und Verlustrechnungen, Vermögensübersichten oder Gutachten vorlegt (§ 265b Abs. 1 Nr. 1 a StGB), die für ihn vorteilhaft und für die Kreditentscheidung erheblich sind.

Wird willkürlich das Vermögen einer GmbH eigennützig oder im Interesse Dritter verschoben und diese Vermögensverschiebung unter Missachtung der Buchführungspflicht gem. § 41 GmbHG durch den Geschäftsführer durch Falsch- oder Nichtbuchen verschleiert, so stellt dies regelmäßig auch dann einen Fall der **Untreue** (§ 266 StGB) dar, wenn die Zustimmung der Gesellschafter erteilt wurde.[685]

Der Straftatbestand der **Urkundenunterdrückung** (§ 274 StGB) ist erfüllt, wenn ein Unternehmer seine eigene Buchführung vernichtet, zu deren Erstellung er gesetzlich

---

682 OLG Hamburg v. 31.10.1986, 2 Ss 98/86.
683 BGH v. 15.7.1981, 3 StR 230/81.
684 Im Beschluss vom 15.11.2012 verweist der BGH (5 StR 122/11) darauf, dass die Strafvorschriften der §§ 283, 283b StGB hinsichtlich der Buchführungs- und Bilanzdelikte die Gläubigerinteressen als auch »die Sicherheit des Geschäftsverkehrs als solchen« schützen.
685 BGH v. 29.5.1987, 3 StR 242/86.

verpflichtet ist (z. B. §§ 238 ff. HGB, §§ 140 ff. AO), da die Buchführung als Urkunde Beweisfunktion hat;[686] Entsprechendes gilt, wenn die Buchführung der Benutzung des Berechtigten (z. B. Finanzamt) zu Beweiszwecken entzogen wird, ohne dass eine Vernichtung vorgenommen wird.

Weiterhin sind als Straftaten im Zusammenhang mit Bilanzmanipulationen ggf. die Tatbestände der **Unterschlagung** (§ 246 StGB), **allgemeiner Betrug** (§ 263 StGB), **Subventionsbetrug** (§ 264 StGB) sowie **Urkundenfälschung** (§ 267 StGB) anzusehen.

16.5 Steuerrechtliche Sanktionen

Den steuerrechtlichen Bestimmungen über Verletzungen von Regelungen zum Jahresabschluss kommt besondere Bedeutung zu, weil sie in einer Vielzahl von Fällen die einzigen Vorschriften darstellen, die dafür zu sorgen haben, dass die einschlägigen Regelungen eingehalten werden. Zu erklären ist dies einerseits u. a. durch das Interesse der Finanzbehörden an ausreichenden Grundlagen für das Festsetzen der Besteuerung und das Erreichen einer gleichmäßigen Besteuerung für alle Steuerpflichtigen und andererseits durch das nicht immer stark ausgeprägte Interesse anderer, externer Informationsempfänger an einem handelsrechtlichen Jahresabschluss. Deshalb kann – insbesondere bei Personenunternehmen – ein korrekter handelsrechtlicher Abschluss nur indirekt dadurch erreicht werden, dass dieser Voraussetzung für die Ordnungsmäßigkeit des steuerlichen Jahresabschlusses ist.[687]

Liegt ein Jahresabschluss aufgrund einer Buchführung vor, so gilt grundsätzlich die Vermutung des § 158 AO (**Beweiskraft der Buchführung**), dass die sachliche Richtigkeit gegeben ist und deshalb aufgrund dieses Abschlusses die Besteuerung ermittelt werden kann. Diese Vermutung kann jedoch durch die Finanzbehörde widerlegt werden, z. B. wenn die Ergebnisse der Buchführung ganz offensichtlich nicht richtig sind, dabei kann sowohl der Nachweis von formellen als auch von materiellen Mängeln die Vermutung entkräften.

Die Vermutung eines korrekten Jahresabschlusses kann weiterhin – und dies ist in der Praxis der häufigere Fall – durch das Ergebnis einer **Außenprüfung** gem. § 193 ff. AO widerlegt werden.

---

686 BGH v. 29.1.1980, 1 StR 683/79.
687 Deshalb wird u. a. bei Nichtkapitalgesellschaften und nicht publizitätspflichtigen Unternehmen oft nur eine Steuerbilanz erstellt, die zugleich auch den Anforderungen des Handelsrechts genügt (sog. Einheitsbilanz). Tatsächlich ist eine echte Einheitsbilanz regelmäßig bestenfalls bei Einzelkaufleuten realisierbar.

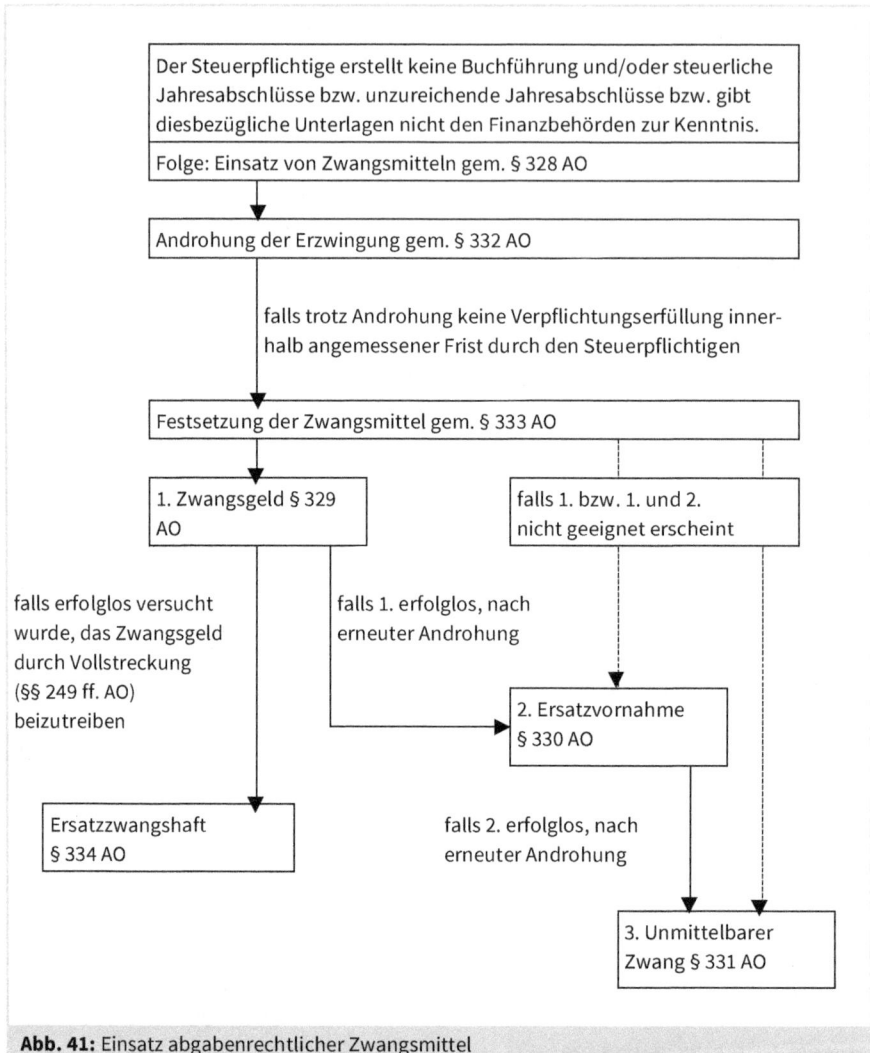

Abb. 41: Einsatz abgabenrechtlicher Zwangsmittel

Kann die Finanzbehörde die Besteuerungsgrundlagen weder ermitteln noch berechnen, so sind sie gem. § 162 AO zu schätzen. Durch den Wortlaut des Gesetzestexts wird klargestellt, dass die Finanzbehörde vor einer **Schätzung** zuerst versuchen muss, die Besteuerungsgrundlagen zu ermitteln oder, wenn dies nicht möglich ist, zu errechnen.[688] Erst wenn diese Maßnahmen nicht zu einem Erfolg führen oder nicht durchführbar sind, darf geschätzt werden. Dabei sind von der Finanzbehörde alle Umstände zu berücksichtigen, die für die Schätzung von Bedeutung sind. Das heißt,

---

688 Werden Buchführungsmängel anlässlich einer Außenprüfung festgestellt, so wird der Prüfer (falls dies möglich ist) die zutreffenden Daten für die Besteuerung bereits im Prüfungsbericht (§ 202 AO) feststellen.

dass soweit wie möglich auf bekannte Umstände zurückgegriffen werden muss (Teil-schätzung) und dass nicht willkürlich geschätzt werden darf; jedoch braucht von mehreren **Richtsätzen** nicht der niedrigste genommen zu werden und es darf ein gewisser Sicherheitszuschlag hinzugerechnet werden.

Bei der Beurteilung eines **Buchführungsmangels** ist nicht auf die formale Bedeutung des Mangels, sondern auf dessen sachliches Gewicht abzustellen, weshalb bei formel-len Mängeln nur dann geschätzt werden darf, soweit sie Anlass für Zweifel an der sachlichen Richtigkeit sind.[689]

In § 162 Abs. 2 AO sind einige Fälle aufgezählt, in denen regelmäßig zu schätzen ist; dazu zählt auch das Nichtvorlegen von Buchführungsunterlagen und der gem. § 158 AO verworfene Jahresabschluss.

Auch im **Steuerstrafverfahren** ist die Schätzung von Besteuerungsgrundlagen zuläs-sig, wenn feststeht, dass der Steuerpflichtige einen Besteuerungstatbestand erfüllt hat, aber das Ausmaß der verwirklichten Besteuerungsgrundlagen ungewiss ist, insbesondere wenn Belege nicht mehr vorhanden sind. Fehlende Buchhaltung befreit nicht von strafrechtlicher Verantwortung. Dies gilt auch dann, wenn keine handels-rechtliche Buchführungspflicht besteht, etwa ab dem Geschäftsjahr 2008 in den Fällen des § 241a HGB, zumal besondere steuerrechtliche Aufzeichnungspflichten hiervon unberührt bleiben.[690]

Stellt ein Steuerpflichtiger der Finanzbehörde keine Unterlagen für eine Besteuerung zur Verfügung, so kann das Einreichen dieser Unterlagen durch die Bestimmung von **Zwangsmitteln** (§ 328 ff. AO) durch die Finanzbehörde erzwungen werden (vgl. für Einzelheiten Abb. 41). Bei Festsetzung und Auswahl ist jedoch die Verhältnismäßigkeit der Mittel zu beachten, d. h., dass das Zwangsmittel dem Zweck angemessen sein muss und dass der Steuerpflichtige nicht unnötig durch das Zwangsmittel belastet werden soll; insbesondere ist jeweils zu prüfen, ob das Ziel, Besteuerungsgrundlagen festzustel-len, nicht bereits durch eine Schätzung gem. § 162 AO erreicht werden kann.

Ein fehlerhafter Jahresabschluss kann auch nach den Vorschriften des Steuerstraf- und Bußgeldrechts geahndet werden. Dabei sind im Wesentlichen die folgenden Regelungen von Bedeutung:

Steuerstraftaten (als solche bezeichnet man u. a. Taten, die nach Steuergesetzen strafbar sind, § 369 Abs. 1 AO):

---

689 BFH v. 14.11.2011, XI R 5/10, BFH/NV 12/2012, S. 1921.
690 BGH v. 28.7.2010, 1 StR 643/09, NStZ 2011, S. 233.

1. **Steuerhinterziehung** gem. § 370 Abs. 1 AO bei vorsätzlicher Steuerverkürzung, z. B. dadurch, dass vorsätzlich keine oder falsche oder unvollständige Angaben gemacht werden. Steuerhinterziehung kann dabei nicht nur der Steuerpflichtige selbst, sondern auch der angestellte Buchhalter oder der Steuerberater begehen. Oft besteht Tateinheit mit Betrug (§ 263 StGB). Steuerhinterziehung wird mit einer Freiheitsstrafe bis zu fünf Jahren oder einer Geldstrafe bestraft.

Steuerordnungswidrigkeiten (bezeichnen Zuwiderhandlungen, die nach Steuergesetzen mit Geldbuße geahndet werden können, § 377 Abs. 1 AO):

2. **Leichtfertige Steuerverkürzung** gem. § 378 AO. Der Tatbestand ist hier mit § 370 Abs. 1 AO gleich, jedoch liegt ein geringeres Verschulden vor. Der Begriff der »Leichtfertigkeit« im Steuerrecht kann etwa mit dem zivilrechtlichen Begriff der »groben Fahrlässigkeit« gleichgesetzt werden. Dieses Vergehen kann mit Geldbuße bis zu 25.000 Euro bestraft werden (§ 378 Abs. 2 AO).
3. **Steuergefährdung** gem. § 379 Abs. 1 AO. Eine Steuergefährdung liegt nur vor, wenn es (noch) nicht zu einer Steuerverkürzung gekommen ist. Die Tat kann sowohl vorsätzlich als auch leichtfertig begangen worden sein. § 379 AO ist gegenüber den vorgenannten Vorschriften stets subsidiär. Diese Ordnungswidrigkeit kann mit einem Bußgeld bis 5.000 Euro bestraft werden.

Mittäter einer Steuerhinterziehung kann auch eine Person sein, der das Gesetz keine steuerlichen Pflichten zuweist, sofern nur die Voraussetzungen einer gemeinschaftlichen Begehungsweise i. S. des § 25 Abs. 2 StGB gegeben sind; wer also nicht nur fremdes Tun fördert, sondern einen eigenen Tatbeitrag derart in eine gemeinschaftliche Tat einfügt, dass sein Beitrag als Teil der Tätigkeit des anderen und umgekehrt dessen Tun als Ergänzung seines eigenen Tatanteils erscheint.[691]

Eine Befreiung von einer Strafe oder einem Bußgeld i. S. der Abgabenordnung ist nur durch eine Selbstanzeige möglich. Die **Selbstanzeige** ist gem. § 371 AO erstattbar für die Fälle des § 370 AO einschließlich der besonders schweren Steuerhinterziehung i. S. des § 370 Abs. 3 AO sowie kraft ausdrücklicher Verweisung in anderen Gesetzen, wie z. B. § 128 BranntwMonG. Gem. § 378 Abs. 3 AO ist eine Selbstanzeige auch bei leichtfertiger Steuerverkürzung (§ 378 AO) möglich, nicht jedoch bei den Gefährdungstatbeständen der §§ 379–382 AO. Hier ist selbst bei wirksamer Selbstanzeige wegen Steuerhinterziehung oder -verkürzung eine Ahndung wegen Steuergefährdung möglich.

Die Selbstanzeige muss durch die Person des Täters erstattet werden, da die Anzeige nur zugunsten desjenigen wirkt, der sie erstattet. Besteht Mittäterschaft, z. B. durch einen Buchhalter, so hat auch der Mittäter ausdrücklich eine Selbstanzeige zu erstat-

---

691 BGH v. 9.4.2013, 1 StR 586/12, NJW 2013, S. 2449.

ten. Der Täter kann sich jedoch eines Bevollmächtigten durch einen speziellen Auftrag bedienen.

Die Selbstanzeige kann formlos bei jeder Finanzbehörde erstattet werden. Inhaltlich muss die Behörde der Anzeige ausreichende Einzelheiten entnehmen können, nach denen sie die Steuer nun richtig berechnen kann. Es wird also eine Mitwirkung des Täters (der Täter) gefordert. Die bloße Erklärung, Selbstanzeige erstatten zu wollen, reicht nicht aus.

Ausgeschlossen wird die Selbstanzeige durch die in § 371 Abs. 2 AO genannten Umstände, nämlich wenn

- ein Amtsträger der Finanzbehörde (z. B. Außenprüfer) zur Prüfung oder Ermittlung erschienen ist,
- dem Täter oder seinem Vertreter die Einleitung des Straf- oder Bußgeldverfahrens bekannt gegeben worden ist oder wenn
- die Tat bereits entdeckt war und der Täter dies wusste bzw. damit rechnen musste.

Die Ausschließungsgründe 1. und 3. gelten nicht bei leichtfertiger Steuerverkürzung.

Wirksam wird die Selbstanzeige erst, wenn die hinterzogenen Steuern fristgerecht nachgezahlt wurden, wenn bereits eine Steuerverkürzung eingetreten ist oder Steuervorteile erlangt wurden.

Die Selbstanzeige befreit nicht von einer Strafverfolgung nach den allgemeinen Strafgesetzen.

16.6 Haftung wegen fehlerhafter Jahresabschlüsse

16.6.1 Wesen und Umfang einer Haftung

Vorab ist zwischen den Begriffen »Schuld« und »Haftung« zu unterscheiden. Als Schuld ist gem. § 241 BGB die Leistungspflicht des Schuldners zu verstehen, so z. B. auch die Verpflichtung, eine ordnungsgemäße Buchführung aufgrund eines gesetzlich begründeten Schuldverhältnisses zu erstellen (§ 238 HGB).

Die **Haftung** besteht darin, dass der Schuldner bei Nichterfüllung seiner Leistungspflicht in Regress genommen werden kann. Nur wenn eine Haftung besteht, kann die Leistung auf prozessualem Weg erzwungen werden. Unterlässt eine zur Buchführung- und Bilanzerstellung verpflichtete Person diese Leistung, so besteht die Möglichkeit zur Zwangsvollstreckung gem. § 887 ZPO (vertretbare Handlung, d. h., ein Dritter kann die Bilanz für den Schuldner erstellen) oder § 888 ZPO (nicht vertretbare Handlung, d. h., ohne Mitwirkung des Schuldners ist die Leistung nicht zu erbringen).

Besteht die Haftung für eine eigene Schuld, so handelt es sich um die Eigenhaftung (Regelfall); muss dagegen für eine – ursprünglich – fremde Schuld eingestanden werden, so wird dies als Fremdhaftung (z. B. Bürgschaft) bezeichnet.

Beruht die Haftung auf einem vertraglichen Schuldverhältnis, so richtet sich der Haftungsumfang u. a. nach dem Vertragsinhalt; liegt der Haftungsgrund dagegen in einer Gesetzesnorm, so wird durch dieses Gesetz auch abschließend der Haftungsumfang bestimmt. Vertragliche Schuldverhältnisse haben für die Haftung bei Bilanzmanipulationen keine nennenswerte Bedeutung, sodass sich eine Haftung weitgehend nur nach dem Gesetz ergibt, die Gegenstand der nachfolgenden Ausführungen ist.

16.6.2 Haftung im Zivilrecht

16.6.2.1 Haftung aus Verstoß gegen Schutzgesetze

Wie bereits ausgeführt, kennt das Handelsrecht die **Bilanzmanipulation** (vorsätzlich oder fahrlässig herbeigeführte Bilanzfehler) nicht als eigenständigen Haftungsgrund. Eine zivilrechtliche Haftung kann deshalb nur über das Rechtsinstitut der unerlaubten Handlung (§ 823 BGB) begründet werden. Die Verletzung eines geschützten Rechtsguts i. S. des § 823 Abs. 1 BGB scheidet für Bilanzmanipulationen aus, da die Verletzung des Eigentums (nur die käme hier überhaupt in Betracht) eine Einwirkung auf die Sache voraussetzt. Somit kommt bei Bilanzmanipulationen nur die Haftung aus **unerlaubter Handlung** wegen Verletzung eines Schutzgesetzes gem. § 823 Abs. 2 BGB zum Tragen.

Als **Schutzgesetz** i. S. des § 823 Abs. 2 BGB ist eine Rechtsnorm anzusehen, die durch ein bestimmtes Gebot oder Verbot einem gezielten Individualzweck dienen und das Individuum gegen die Schädigung eines im Gesetz erklärten Rechtsguts oder Individualinteresses schützen soll. Es genügt deshalb nicht, dass die Norm im allgemeineren Sinn Schutz und Förderung einzelner Bürger oder bestimmter Personenkreise bewirkt oder bezweckt. Vielmehr muss die Schaffung eines individuellen Schadensersatzanspruchs erkennbar vom Gesetz erstrebt sein oder zumindest im Rahmen des haftpflichtrechtlichen Gesamtsystems tragbar erscheinen.

Aufgrund dieser vom Bundesgerichtshof gegebenen Definition eines Schutzgesetzes können die grundlegenden Buchführungsvorschriften wie z. B. die §§ 238 ff. HGB, § 91 AktG oder § 33 GenG *nicht* als Schutzgesetze angesehen werden, sodass auch insoweit bei Verstößen gegen Bilanzierungsvorschriften kein Haftungsgrund besteht.

Für die Frage der **Haftung bei Bilanzmanipulationen** kommen als Schutzgesetze nur bestimmte Vorschriften infrage, die jene Handlungen – i. d. R. Vergehen (§ 12 StGB) – unter Strafe stellen, die insbesondere dem Bereich der Wirtschaftskriminalität zuzuordnen sind. Dies hat fast immer zur Folge, dass »etwas passiert sein« muss, da bei Vergehen meistens nur die vollendete Tat, selten dagegen der Versuch strafbar ist (§ 23 StGB).

Liegt ein Verstoß gegen ein Schutzgesetz i. S. des § 823 Abs. 2 BGB vor, so kann der Geschädigte zivilrechtlich **Schadensersatz** gem. § 249 BGB verlangen; jedoch steht dieses Recht nur dem Geschädigten zu, zu dessen Schutz die Vorschrift erlassen wurde, nicht dagegen irgendeinem weiteren Geschädigten. Darüber hinaus sind nicht alle Schäden ersatzpflichtig, sondern nur jene, die durch die Vorschrift verhütet werden sollen. So schützt § 64 Abs. 1 GmbHG (Konkursantragspflicht) nach herrschender Meinung nur den Gesellschaftsgläubiger und nur, wenn dieser erst nach der Überschuldung Gläubiger wurde; weiterhin ist es Zweck der Norm, dem Gläubiger eine hohe Konkursquote zu sichern, nicht jedoch, ihn überhaupt vor einem Geschäft mit der überschuldeten Gesellschaft zu bewahren.

Der Geschädigte hat sowohl die Verletzung eines Schutzgesetzes als auch den erlittenen Schaden zu beweisen. Der nach § 823 Abs. 2 BGB notwendige Verschuldensnachweis kann aufgrund der Rechtsprechung durch den Anscheinsbeweis (Primafacie-Beweis) geführt werden, d. h., dass nach der Vermutung eine Schutzgesetzverletzung immer schuldhaft erfolgt; eine Beweislastumkehr bedeutet dies jedoch nicht.

Einzelfälle von **Schutzgesetzen** finden sich vorrangig in den Straf- und Bußgeldvorschriften des *Handelsgesetzbuchs* (§§ 331 bis 335b HGB).

Diese Straf- und Bußgeldvorschriften befinden sich als sechster Unterabschnitt im zweiten Abschnitt des Dritten Buchs des HGB und gelten deshalb nur für *Kapitalgesellschaften*. Für Einzelkaufleute und Personengesellschaften kommen diese Normen deshalb nicht zur Anwendung, weshalb für diese Rechtsformen auf die allgemeinen Regelungen des Strafgesetzbuchs zurückgegriffen werden muss. Für den Fall einer Bilanzmanipulation ist vor allem § 331 HGB von Bedeutung.

Für alle Kaufleute sind die einschlägigen Normen des Strafgesetzbuchs als Schutzgesetz i. S. des § 823 Abs. 2 BGB anzusehen. Entgegen der überwiegenden Meinung in der Literatur hat sich der BGH entschieden, dass § 283b Abs. 1 Nr. 3 Buchst. a StGB (Bilanzaufstellung so, dass die Übersicht über den Vermögensstand erschwert wird) *kein* Schutzgesetz i. S. d. § 823 Abs. 2 BGB ist, weil das in der Norm enthaltene gesetzliche Verbot nicht hinreichend konkret ist, da es an einem bestimmbaren Personen-kreis fehlt.[692]

Weiterhin sind die Strafbestimmungen für die Fälle der Computerkriminalität (insbes. §§ 263a, 269 StGB) auch im Zusammenhang mit Straftaten bei fehlerhaften Jahres-abschlüssen oder Buchführungen anzusehen, wenn die Fehlerhaftigkeit durch Ein-griffe in EDV-Anlagen oder EDV-Software hervorgerufen wird.

16.6.2.2   Haftung aus anderen Gründen

Eine Haftung bei fehlerhaftem Jahresabschluss oder Buchwerk können auch die folgenden Anspruchsgrundlagen in Betracht kommen:

- sittenwidrige vorsätzliche Schädigung (§ 826 BGB)
- Verschulden bei Vertragsverhandlungen (*Culpa in contrahendo*)

Für die folgenden Personen existieren beispielsweise die folgenden besonderen Haf-tungstatbestände:

- Geschäftsführer der GmbH (§ 43 GmbHG)
- Vorstand der AG (§ 93 AktG)
- Aufsichtsrat der AG (§ 116 AktG)
- Vorstand der Genossenschaft (§ 34 GenG)
- Wirtschaftsprüfer und Steuerberater (§ 323 HGB)

Der **Wirtschaftsprüfer** ist seinem Auftraggeber aus § 280 Abs. 1 BGB zum Ersatz des Schadens verpflichtet, wenn er bei der Erstellung des Abschlussberichts die ihm aus §§ 317 ff. HGB resultierenden Pflichten, insbesondere die in § 323 Abs. 1 S. 1 HGB normierte Pflicht zur gewissenhaften Prüfung, verletzt hat. Allerdings tritt eine Haf-tung des Abschlussprüfers wegen Missachtung der ihm aus § 323 Abs. 1 S. 1 HGB obliegenden Pflichten hinter eine der zu prüfenden Gesellschaft zuzurechnende vorsätzliche Bilanzfälschung des Geschäftsführers vollständig zurück, solange der Pflichtverstoß des Abschlussprüfers die Grenze zur groben Fahrlässigkeit nicht er-reicht. Es stellt keinen groben Fehler im vorgenannten Sinne dar, wenn der Ab-schlussprüfer von der Routine der vorangegangenen Jahre nicht abweicht und er die Funktionsweise des Warenwirtschaftssystems sowie dessen konkreten Einsatz nicht durch unmittelbaren Einblick in den virtuellen Datenbestand überprüft.[693]

---

692   BGH, Urteil v. 11.12.2018, II ZR 455/17, BB 2019, S. 721.
693   OLG Saarbrücken v. 18.7.2013, 4 U 278/11-88, DB 2013, S. 2324.

16.6.3 Haftung im Steuerrecht

Während im Zivilrecht nur die Eigenhaftung von Bedeutung ist, gilt im Steuerrecht in einer Reihe von Fällen auch eine **Fremdhaftung**, d. h. ein Einstehenmüssen für fremde Steuerschulden. Die grundsätzliche Eigenhaftung wird dadurch nicht ausgeschlossen, wenngleich der Rechtsbegriff der Haftung im Steuerrecht – im Gegensatz zum Zivilrecht – stets nur im Sinn der Fremdhaftung gebraucht wird.

Um die Stellung des Steuergläubigers (des Fiskus) zu stärken und eine Sicherung des Steueraufkommens zu erreichen, kennt das Steuerrecht eine Reihe von Fällen der gesetzlichen Haftung, die in der Abgabenordnung (§§ 69–77 AO) und in verschiedenen Einzelsteuergesetzen sowie in einigen zivilrechtlichen Vorschriften geregelt sind. Eine **steuerliche Haftung** bei Bilanzmanipulationen ist insbesondere denkbar in den Fällen der

- Haftung wegen Pflichtverletzung (§ 69 AO),
- Haftung des Steuerhinterziehers oder -hehlers (§ 71 AO),
- Haftung gem. §§ 25, 27 und 28 HGB.

Wer kraft Gesetzes für eine Steuer haftet, gilt als **Haftungsschuldner** (Legaldefinition des § 191 AO = Fremdhafter). Fremdhafter und Steuerschuldner (Eigenhafter) gelten gem. § 44 Abs. 1 AO als Gesamtschuldner mit der Wirkung, dass jeder der Gesamtschuldner für die gesamte Leistung einzustehen hat. Der Haftungsschuldner kann durch einen **Haftungsbescheid** in Anspruch genommen werden (§ 191 Abs. 1 AO). Die Inanspruchnahme ist eine Ermessensentscheidung,[694] d. h. es ist in das Ermessen der Finanzverwaltung gestellt, ob die Inanspruchnahme erfolgt, wer von ggf. mehreren Schuldnern (Eigen- und Fremdhaftern) in Anspruch genommen wird und in welcher Höhe der Haftungsbescheid erteilt wird.

Die Inanspruchnahme durch einen Haftungsbescheid ist jedoch noch keine Zahlungsaufforderung, die gem. § 219 AO gesondert zu erfolgen hat und nur dann, soweit die Vollstreckung in das bewegliche Vermögen des Steuerschuldners ohne Erfolg geblieben oder anzunehmen ist, dass die Vollstreckung aussichtslos sein würde. § 219 AO ist Ausdruck des Grundsatzes, dass der Haftungsschuldner nur nach dem Steuerschuldner (subsidiär) für die Steuerschuld einzustehen hat, d. h., dass die Haftung der Schuld nachgeordnet ist. Auch in den Fällen des § 219 S. 2 AO, in denen das Gesetz die unmittelbare Inanspruchnahme des Haftungsschuldners erlaubt (z. B. Steuerhinterziehung oder Steuerhehlerei durch den Haftungsschuldner), kann es der Ausübung pflichtgemäßen Ermessens entsprechen, sich zunächst an den Steuerschuldner zu halten,[695] d. h., dass hier das Subsidiaritätsprinzip nicht gilt.

---

694   BFH v. 5.3.1981, BStBl. 1981 II, S. 471.
695   AEAO zu § 219 Abs. 2.

Entfällt der gesetzliche Inanspruchnahmevorrang des Steuerschuldners, so steht es jedoch unbeschadet der vorstehenden Ausführungen im Ermessen der Finanzbehörde, an welchen der Gesamtschuldner sie sich zuerst hält.

Hat jemand vorsätzlich Beihilfe zur Steuerhinterziehung geleistet und wird deshalb nach § 71 AO als Haftender in Anspruch genommen, so ist diese Inanspruchnahme im Regelfall nicht ermessensfehlerhaft und braucht die Ausübung dieses Ermessens im Haftungsbescheid nicht begründet zu werden.

Hat jemand vorsätzlich Steuern hinterzogen oder Beihilfe zur Steuerhinterziehung geleistet, so ist es im Regelfall billig und gerecht, wenn ihn das Finanzamt als Haftenden in Anspruch nimmt. Dabei kommt es auch auf das Maß des strafrechtlichen Verschuldens, die Höhe des angerichteten Schadens und den Umfang der erlangten Vorteile an.[696]

---

696   BFH v. 12.4.1983, VII R 3/80, BFHE 138, S. 157.

Literaturverzeichnis

Arbeitskreis »Steuern und Revision« im Bundesverband Deutscher Volks- und Betriebswirte e. V.: Bilanzierungsfragen bei **Urlaubsrückständen** im Baugewerbe, in: DStR 18/1993, S. 661–665.

Arbeitskreis »Steuern und Revision« im Bund der Wirtschaftsakademiker e. V.: Gesetzeskonforme Definition des **Rechnungsabgrenzungspostens** – Eine Analyse vor dem Hintergrund des true and fair view, in: DStR 51-52/1999, S. 2135–2142.

Arbeitskreis »Steuern und Revision« im Bund der Wirtschaftsakademiker e.V. (BWA): **Ansatzpflicht** für Rückstellungen künftiger Prüfungskosten, in: DStR 2013, S. 373–375.

Atilgan, Erdogan: **Steuerfalle**: Teilwertabschreibung, in: StuB 12/2017, S. 456–461.

Baetge, Jörg/Hippel, Boris/Sommerhoff, Dominic: **Anforderungen** und Praxis der Prognoseberichterstattung, in: DB 7/2011, S. 365–372.

Baumbach, Adolf/Hopt, Klaus J.: **Handelsgesetzbuch**, München, 38. Aufl. 2018.

Bernert, Günther Karl: Gleichartige **Vermögensgegenstände** des Vorratsvermögens sowie andere gleichartige oder annähernd gleichwertige bewegliche Vermögensgegenstände, in: Leffson/Rückle/Großfeld (Hrsg.): Handwörterbuch unbestimmter Rechtsbegriffe, Köln 1986.

Bertram, Klaus/Brinkmann, Ralph/Kessler, Harald/Müller, Stephan (Hrsg.): **Haufe HGB Bilanz Kommentar**, Freiburg u. a., 10. Aufl. 2019.

Biener, Herbert/Berneke, Wilhelm: **Bilanzrichtlinien-Gesetz**, Düsseldorf 1986.

BMWi und BMF: **Blockchain-Strategie** der Bundesregierung, 18.9.2019 (abrufbar unter https://www.blockchain-strategie.de/BC/Redaktion/DE/Externe-Links/strategie-bc.html, zuletzt abgerufen am 2.3.2020).

Bömelburg, Peter/Rägle, Achim Curd/Gahm, Marco: **Aufwendungen** für Zeitarbeitskräfte in der GuV – betriebswirtschaftliche Analyse einer nicht mehr zeitgemäßen Systematik, in: DB 15/2013, S. 765–768.

Bünning, Martin: Bilanzielle **Behandlung** von Ertragszuschüssen und anderen Erfolgsbeiträgen durch Gesellschafter und nahestehende Personen, in: BB 39/2020, S. 2155–2158.

Chemische Industrie e. V., Verband der (Hrsg.): **Übertragung** des neuen Bilanzrechts in die Unternehmenspraxis, Frankfurt 1987.

De la Paix, Gerhard/Plankensteiner, Hermann: Neue Definition der **Umsatzerlöse** nach HGB im Rahmen des BilRUG – eine neue Lücke zu IFRS?, in: IRZ 9/2015, S. 331–333.

Dürr, Christiane: **Aufwendungen** für die Beseitigung nachträglicher Schäden: Sofort abzugsfähiger Aufwand oder anschaffungsnahe Herstellungskosten?, in: DB 41/2016, S. 2380–2383.

Ebeling, Ralf M./Häsner, Christoph: **Beschluss** des OLG Frankfurt zum handelsrechtlichen Fehlerbegriff – Konsequenzen für die Steuerbilanz?, in: FR 2020, S. 858–862.

Eidel, Ulrike/Strickmann, Michael: Der **Anhang** nach HGB, Freiburg, 2. Aufl. 2017.

Engel-Ciric, Dejan: Bilanzierung des **Sachanlagevermögens** nach dem Komponentenansatz (IAS 16), in: BC 2005, S. 25–30.

Eggert, Wolfgang: **Latente Steuern** nach dem BilMoG – bei allen Kaufleuten?, in: Stbg 7/2011, S. 318–321.

Federmann, Rudolf: **Bilanzierung** nach Handelsrecht, Steuerrecht und IAS/IFRS, 12. Aufl. 2010.

Federmann, Rudolf: **Gewinn- und Verlustrechnung**, in: Gnam/ Federmann (Hrsg.): Handbuch der Bilanzierung (HdB), Freiburg 1960 ff., Stand 2.1990.

Fleischer, Holger/Heinrich, Elke: **Informationsrechte** in der BGB-Gesellschaft: Rechtsdogmatik – Rechtsvergleichung – Rechtspolitik, in: DB 16/2020, S. 827–835.

Forster, Karl-Heinz: **Anhang**, Lagebericht, Prüfung und Publizität im Regierungsentwurf eines Bilanzrichtlinie-Gesetzes, in: DB 31 und 32/1982, S. 1578 und S. 1632.

Frank, Ingo/Wittmann, Markus: **Abschreibung** von Aktien des Anlagevermögens in der Handels- und Steuerbilanz, in: Stbg 4/2010, S. 162–165.

Freericks, Wolfgang: **Bilanzierungsfähigkeit** und Bilanzierungspflicht in Handels- und Steuerbilanz, Köln u. a. 1976.

Friedrich, Rouven/Schade, Philipp: Vergleichender **Überblick** über die Bewertungsmethoden von Pensionsrückstellungen und deren Auswirkungen auf die Anhangangaben nach BilMoG, in: Stbg 3/2011, S. 119–127.

Grottel, Bernd/Schmidt, Stefan/Schubert, Wolfgang J./Störk, Ulrich (Hrsg.): **Beck'scher Bilanz-Kommentar**, 12. Aufl. 2020.

Grube, Georg: Zur **Absetzung** wegen Abnutzung insbesondere von Gebäuden – Analyse der neueren Rechtsprechung, in: FR 2011, S. 633–640.

Haller, Axel/Zellner, Paul: **Integrated Reporting Framework** – eine neue Basis für die Weiterentwicklung der Unternehmensberichterstattung, in: DB 6/2014, S. 253–258.

Hargarten, Sebastian/Claßen, Dominik: **Praxisfragen** zur handelsrechtlichen Größenklassifizierung, in: BB 6/2020, S. 299–302.

Hermesmeier, Timo/Heinz, Stephan: Die neue **Gewinnausschüttungssperre** nach § 272 Abs. 5 HGB, in: DB Beilage 5 zu 36/2015.

Heyd, Reinard/Kreher, Markus: **BilMoG** – Das Bilanzrechtsmodernisierungsgesetz, München 2010.

Hoffmann, Wolf-Dieter/Lüdenbach, Norbert: **NWB Kommentar** Bilanzierung, Herne, 2. Aufl. 2011.

Hötzel/Krüger/Niermann/Scherer/Lehmann: Unternehmensfinanzierung durch Ausgabe von Kryptotoken – Besteuerung in Deutschland und in der Schweiz, ifst-Schrift 533, Berlin 2020.

Janz, R./Schülen, W.: Der **Anhang** als Teil des Jahresabschlusses und des Konzernabschlusses, in: WPg 3/1986, S. 57.

Kellinghausen, Georg: **Rückstellungsprognosen**, München 1978.

Kessler, Harald/Leinen, Markus/Strickmann, Michael (Hrsg.): Leitfaden **BilMoG**, Freiburg. u. a. 2009.

Knauer, Thorsten/Wömpener, Andreas: **Prognoseberichterstattung** gemäß DRS 15, in: Corporate Finance, 2/2010, S. 84–92.

Knobbe-Keuk, Brigitte: **Bilanz**- und Unternehmens**steuerrecht**, Köln, 7. Aufl. 1989.

Knobloch, Alois Paul: Offene Fragen zu eigenen **Anteilen** nach dem Bilanzrechtsmodernisierungsgesetz, in: StuW 4/2013, S. 343–366.

Köhler, Birgit: **Bilanzierung** und Bewertung von Investmentanteilen, in: DStR 2020, S. 1697–1705.

Kort, Michael: **Kriterien** für das Betreiben eines Handelsgewerbes i. S. v. § 1 Abs. 2 HGB, in: DB 14/2019, S. 771–774.

Kosiol, Erich: **Bilanzreform** und Einheitsbilanz, Grundlegende Studien zu den Möglichkeiten einer Rationalisierung der pagatorischen Erfolgsrechnung, Berlin/Stuttgart 1949.

Kosiol, Erich: Pagatorische **Bilanz**, Die Bewegungsbilanz als Grundlage einer integrativ verbundenen Erfolgs-, Bestand- und Finanzrechnung, Berlin 1976.

Kraus, Stefan: **Rückstellungen** in der Handels- und Steuerbilanz, Bergisch-Gladbach 1987.

Kühner, Christian: Bilanzielle Darstellung der **6b-Rücklage**, in: EStB 2014, S. 411–417.

Künkele, Kai Peter/Zwirner, Christian: Eigenständige **Steuerbilanzpolitik** durch das Bilanzrechtsmodernisierungsgesetz (BilMoG), in: StuB 9/2010, S. 335–343.

Küting, Karlheinz/Grau, Philipp/Seel, Christoph: Grundlagen der **Konzernrechnungslegung**, in DStR Beihefter 22/2010, S. 33–52.

Ley, Ursula: Der Begriff ›**Wirtschaftsgut**‹ und seine Bedeutung für die Aktivierung, Bergisch Gladbach 1984.

Lopatta, Kerstin/Gloger,Mario/Kaspereit, Thomas/Nordbrock, Michael: **Neudefinition** der Umsatzerlöse und Anpassung der Größenklassen gem. BilRUG, in: DB 26–27/2016, S. 1516–1520.

Lüdenbach, Norbert: Tatsachengetreue Darstellung des **Rückstellungsbedarfs** – Einschränkungen von Ermessensspielräumen durch die Generalnorm?, in: StuB 19/2009, S. 735–736.

Lüdenbach, Norbert/Freiberg, Jens/Hoffmann, Wolf-Dieter: Der **GuV-Ausweis** von Sachbezügen als Lehrstück innovativer Weiterentwicklung der GoB?, in: DB 19/2016, S. 1085–1089.

Lüngen, Larsen/Resing, Klaus: Die **Veräußerung** von Vermögensgegenständen des Anlagevermögens als Umsatzerlöse i. S. v. § 277 Abs. 1 HGB, in: DB 9/2017, S. 437–441.

Mayer-Wegelin, Eberhard: Zum Anwendungsbereich der **Lifo-Methode** bei der Bewertung von Vorräten, in: DB 1989, S. 937.

Müller, Ingo: **Rückstellungen** für passive Steuerlatenzen gemäß § 249 Abs. 1 Satz 1 HGB, in: DStR 22/2011, S. 1046–1050.

Niemeyer, Markus/Froitzheim, Aurelia: **Praxisfragen** nach Aufgabe der umgekehrten Maßgeblichkeit, in: DStR 11/2011, S. 538–540.

Orth, Christian/Oser, Peter/Philippsen, Katharina/Sultana, Ahmad: **ARUG II**: Zum neuen aktienrechtlichen Vergütungsbericht und sonstigen Änderungen im HGB, in: DB 51-51/2019, S. 2814–2821.

Perridon, Louis/Steiner, Manfred/Rathgeber, Andreas: **Finanzwirtschaft** der Unternehmung, München 2009.

Petersen, Karl/Zwirner, Christian/Brösel, Gerrit (Hrsg.): **Systematischer Praxiskommentar** Bilanzrecht, 4. Aufl., 2020.

Peun, Michael/Rimmelspacher, Dirk: **Änderungen** in der handelsrechtlichen GuV durch das BilRUG, in: DB Beilage 05 zu 36/2015.

Pougin, Erwin: Die Abgrenzung zwischen **Herstellungs**- und Erhaltungs**aufwand** in Handels- und Steuerbilanz, in: Tanski, Joachim S. (Hrsg.): Handbuch Finanz- und Rechnungswesen (HFR), 6. NL 1985, Landsberg/Lech.

Prinz, Ulrich/Ludwig, Fabian: **Due Diligence-Aufwand** bei geplanten Akquisitionsmaßnahmen, in: DB 5/2018, S. 213–218.

Prinz, Ulrich/Ludwig, Fabian: **Bilanzierung** vereinnahmter/verausgabter Pfandgelder in der Getränkeindustrie, in: FR 2020, S. 153–157.

Rädlein, Hanno/Windeisen, Simone/Eppinger, Christoph/Kübler, Julian: Virales **Kurzarbeitergeld** – Gesetzliche Voraussetzungen und bilanzielle Behandlung, in: DB 25/2020, S. 1297–1301.

Rimmelspacher, Dirk/Kliem, Bernd: Der **Entgeltbericht** – die neue Anlage zum Lagebericht, in: DB 6/2018, S. 265–271.

Ross, Benjamin: **Bilanzierung** von Kunstgegenständen im handelsrechtlichen Jahresabschluss, in: DStR 2020, S. 1753–1758.

Russ, Wolfgang: Der **Anhang** als dritter Bestandteil des Jahresabschlusses, Köln, 2. Aufl. 1986.

Rzepka, Maximilian/Scholze, Andreas: Voraussichtlich dauernde **Teilwerterhöhungen** bei langfristigen Fremdwährungsverbindlichkeiten, in: StuW 1/2011, S. 92–99.

Schmidt, Helmut: Ist die **Optionsprämie** Teil der Anschaffungskosten?, in: DStR 51-51/2019, S. 2674–2676.

Schmidt, Ludwig/Weber-Grellet, Heinrich (Hrsg.): **EStG Kommentar**, München, 37. Aufl. 2018.

Schmidtmann, Dirk: Abstrakte und konkrete **Bilanzierungsfähigkeit** eigener Anteile nach dem Bilanzrechtsmodernisierungsgesetz, in: StuW 3/2010, S. 286–300.

Scholze, Andreas/Wielenberg, Stefan: Der **Ausweis** von Zinseffekten bei der Folgebewertung von Rückstellungen, in: DBW 3/2012, S. 255–268.

Schülke, Thilo: Zur **Aktivierbarkeit** selbstgeschaffener immaterieller Vermögensgegenstände, in: DStR 19/2010, S. 992–998.

Schulz, Horst/Fischer, Norbert: Die **Lifo-Bewertung** nach Handels- und Steuerrecht, in: WPg 17 + 18/1989, S. 489 ff. und 525 ff.

Schulze zur Wiesche, Dieter: Die **GmbH & Still**, 2013.

Schultze-Osterloh, Joachim: Handelsrechtliche **GoB** und steuerliche Gewinnermittlung, in: DStR 11/2011, S. 534–538.

Schumann, Jan Chr.: **Absetzung** für außergewöhnliche wirtschaftliche und technische Absetzung, in: ESTB 2018, S. 351–358.

Schuster, Philipp/Theissen, Erick/Uhrig-Homburg, Marliese: Finanzwirtschaftliche **Anwendungen** der Blockchain-Technologie, in: ZfbF 2/2020, S. 125–147.

Schwemmer, Anja Sophia: **Gutscheine** als neue Krisenwährung? – Bilanzielle Behandlung der Ausgabe von Gutscheinen und Auswirkungen auf die Insolvenzreife, in: DStR 2020, S. 1585–1591.

Selchert, F.-W./Karsten, J.: **Inhalt** und Gliederung des Anhangs, in: BB 10/1985, S. 1890.

Sixt, Michael: Die bilanzielle und ertragsteuerliche **Behandlung** von Token beim Investor, in: DStR 2019, S. 1766–1773.

Sixt, Michael: Die handelsbilanzielle und ertragsteuerliche Behandlung von **Token** beim Emittenten, in: DStR 2020, S. 1871–1878.

Söffing, Andreas/Schaz, Simon: **Bilanzierung** von Werbespots, in: DB 32/2016, S. 1838–1841.

Streim, Hannes: Betriebsbereiter Zustand, in: Leffson/Rückle/Großfeld (Hrsg.): Handwörterbuch unbestimmter **Rechtsbegriffe** im Bilanzrecht des HGB, Köln 1986.

Tanski, Joachim S.: **Accounting-Compliance**, in: Heyd/Beyer (Hrsg.): Corporate Governance in der Finanzwirtschaft, Berlin 2016.

Tanski, Joachim S.: **Betriebsausgaben** versus Herstellungskosten – ein Dauerbrenner, in: DStR 42/2020, S. 2284–2288.

Tanski, Joachim S.: **Bilanzrechtsmodernisierung** und IFRS: Distanz und Nähe, in IRZ 1/2010, S. 15–19.

Tanski, Joachim S.: **Rechnungslegung** und Bilanztheorie, 2013.

Tanski, Joachim S.: **Rückstellungen** nach BilMoG – eine Annäherung an die IFRS? in: IRZ 9/2009, S. 297–301.

Tanski, Joachim S.: **Sachanlagen**, München 2006.

Tanski, Joachim S.: **Technische Anlagen** und Maschinen, in: Federmann, Rudolf/Kußmaul, Heinz/Müller, Stefan (Hrsg.): Handbuch der Bilanzierung (HdB), Freiburg 2019.

Tanski, Joachim S.: **Zeitwert**, in: Federmann, Rudolf/Kußmaul, Heinz/Müller, Stefan (Hrsg.): Handbuch der Bilanzierung (HdB), Freiburg 2017.

Theile, Carsten: **Prüfung** der Größenkriterien von Kapitalgesellschaften, in: StuB 11/2013, S. 411–416.

Theile, Carsten/Grzechnik, Agnes: **Anlagenspiegel** nach BilRUG, in: DB 49/2015, S. 2835–2836.

Velte, Patrick: Perspektiven der **Teilwertabschreibung** bei voraussichtlich dauernder Wertminderung, in: StuW 1/2016, S. 33–49.

Velte, Patrik: Zur »asymmetrischen« **Maßgeblichkeit** bei der Rückstellungsbewertung nach den EStR 2012, in: Stbg 12/2013, S. 486–489.

Volb, Helmut: Die **stille Gesellschaft**, 2013.

Wader, Dominic/Stäudle, Frank: Geänderte Rechnungslegungs- und Offenlegungsvorschriften für **Kleinstkapitalgesellschaften** durch das MicroBilG, in: WPg 6/2013, S. 249–254.

Weber-Grellet, H.: **Anmerkungen** zu BFH XI R 2/19, in: FR 2020, S. 779–784.

Wichmann, Gerd: Zur Frage nach der Bedeutung der handelsrechtlichen **Rechnungslegung** für das Steuerrecht, in: Stbg 12/2014, S. 486–492.

Zülch, Henning/Höltken, Matthias: Die »neue« (Konzern-)**Lageberichterstattung** nach DRS 20 – ein Anwendungsleitfaden, in: DB 44/2013, S. 2457–2465.

Stichwortverzeichnis

Inklusive
**Arbeits-
hilfen**
online

Exklusiv für Buchkäufer!

Ihre Arbeitshilfen zum Download:

▶ http://mybook.haufe.de/

▶ Buchcode: WNB-4583